2025

한 권으로 합격!하기

나무쌤 김희성 편저

▶ 유튜버 나무쌤

나무의사 필기

핵심 이론서 & 단원별 마무리 문제

01 나무의사 필수 이론 노하우 수록!

02 이론/문제 한 권으로 시험 완벽 대비!

03 핵심이론 요약 단기간 필기 합격!

04 최신 출제유형 반영 핵심문제 수록!

05 유튜브 강의 네이버 카페 저자 원활소통!

PREFACE

나무의사 필기핵심이론서 & 단원별마무리문제

Thanks to

안녕하세요. 나무쌤입니다.
먼저, 이번 나무의사 2025 개정판을 출간하게 되어 매우 기쁩니다.
많은 분들께서 찾아주시고 응원해주셔서 이번 개정판 작업을 거의 오랜시간동안 몰입해서 할 수 있었습니다.

기존 개정판 교재는 기본서의 내용들 중 제가 중요하다고 생각되는 부분들을 중점으로 요약하고 약간의 살을 덧붙인
교재였습니다.

지금까지는 나무의사 시험은 거의 대부분이 기본서에서 출제되었기 때문에 다행히도 기존 개정판 교재로도 대응이
가능했습니다. 하지만 차수를 거듭해가면서 기본서 내용 중 간과할 수 있는 부분에서 출제가 되고 있습니다. 기본서에서 단어
몇 개만 수정하여 출제되는 경우도 굉장히 많습니다.

하여, 이번 개정판 교재는 5회~10회차 기출문제의 모든 영역을 구석구석 반영하여 시험에 나왔던 부분들을 100%
반영하였습니다.
기출문제를 여러차례 분석하면서 제가 느낀점은 이제는 더이상 나무의사 시험이 지난 2회차, 4회차 시험처럼 문턱이 높은
시험이 아니라는 것입니다.
지금까지는 나무의사 시험의 '막연함'으로 인해 많은 수험생분들이 힘들어 하셨지만, 필기의 경우 이제 공부방법이 어느정도
확실해졌습니다.

"기본서를 정독하시면 됩니다."

저의 이번 교재도 기본서의 전문성을 뛰어넘을 수는 없습니다.
하지만 나무의사를 준비하시는 비전공자분들, 공부를 오랫동안 하지 못하신 분들, 새로운 도전을 하고 싶지만 어떻게
해야할지 막막하신 분들이 최대한 쉽고 편안하게 이해하며 공부하실 수 있게끔 책을 구성하였습니다.
우리 수험생 분들께서 좌절하시지 않고 꿈을 향해, 목표를 향해 저와 함께 나아가셨으면 좋겠습니다.

오늘도 도전 가득한 하루 되세요. 화이팅!

나무쌤

GUIDE

나무의사 필기 핵심이론서 & 단원별 마무리문제

교재의 구성과 특징(이론)

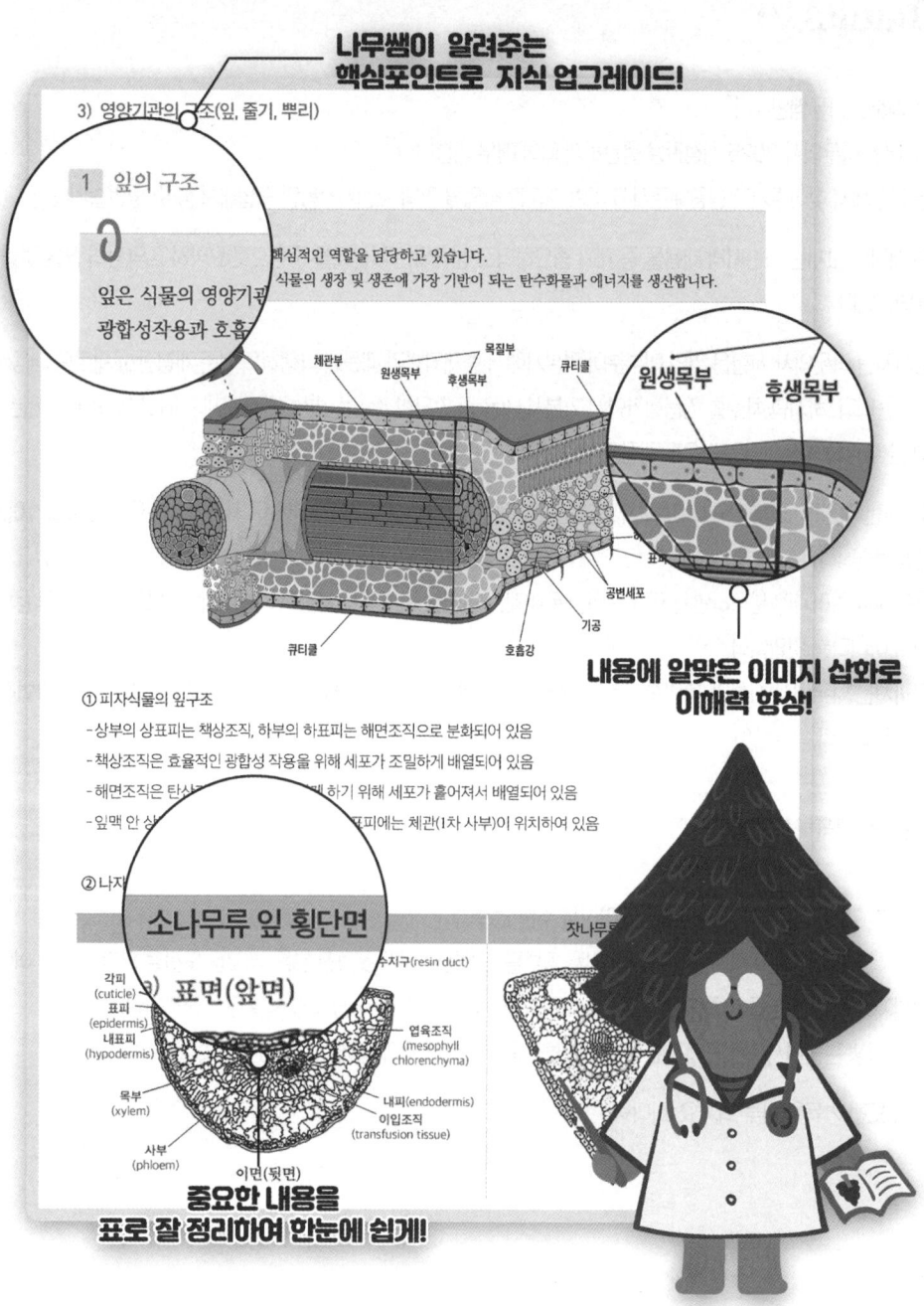

교재의 구성과 특징(문제)

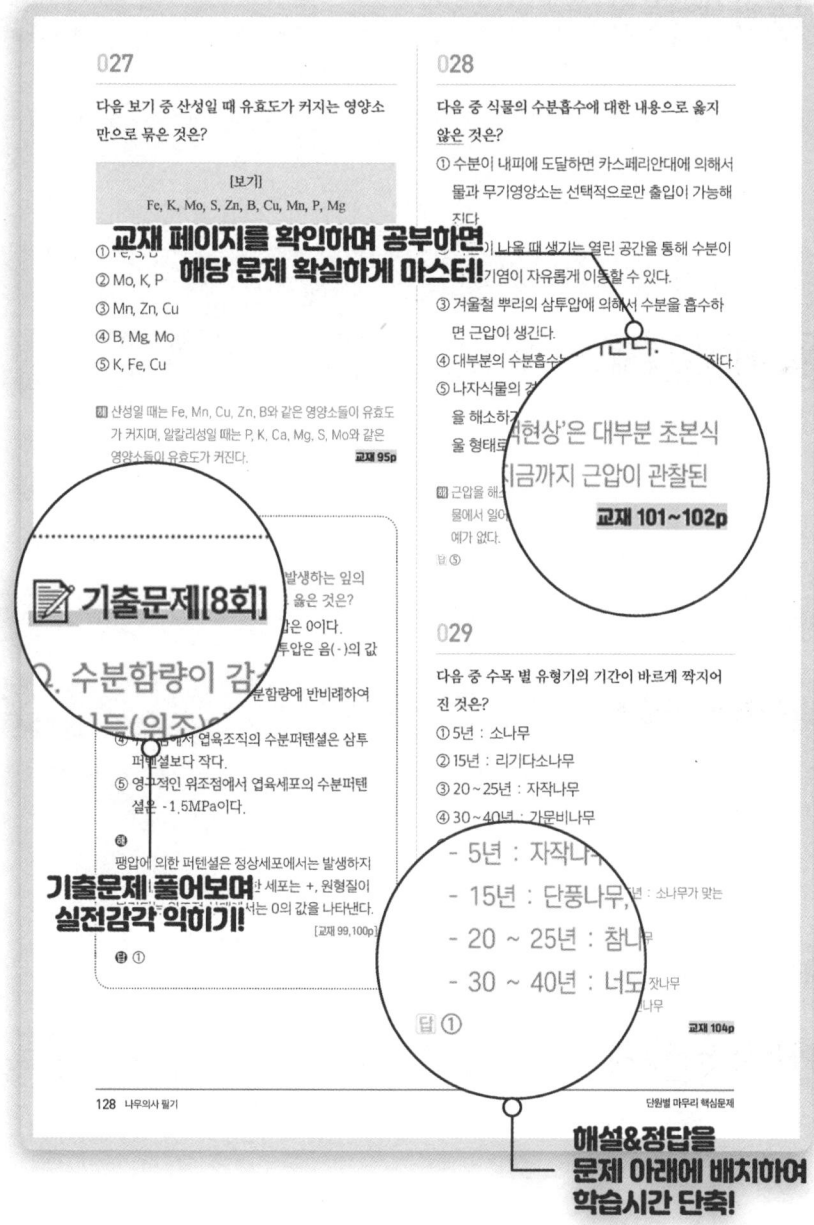

CONTENTS

나무의사 필기 핵심이론서 & 단원별 마무리문제

01 수목생리학   10
단원별 마무리 핵심문제   119

02 토양학   132
단원별 마무리 핵심문제   227

03 수목병리학   238
단원별 마무리 핵심문제   296

04 수목해충학   306
단원별 마무리 핵심문제   374

05 수목관리학 — 384
단원별 마무리 핵심문제 — 423

06 농약학 — 432
단원별 마무리 핵심문제 — 489

07 산림정책 및 「산림보호법」 등의 관계법령 — 494
단원별 마무리 핵심문제 — 519

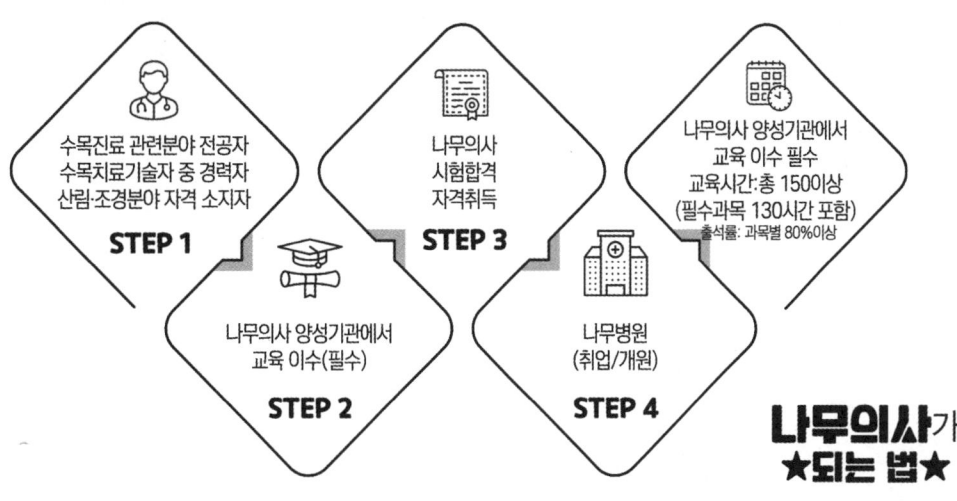

나무의사 필기 핵심 이론서 & 단원별 마무리 문제집

수목생리학

수목생리학

-수목이 살아가는 원리를 연구하는 학문-

"시작하는 방법은 그만 말하고 이제 행동하는 것이다."

-월트 디즈니-

우리가 살아가면서 사용하는 DNA의 유전정보는 전체 중 약 1~2%정도라고 합니다.
나머지 유전정보들은 필요에 의해서 발현이 될 수도 있고,
사용하지 않는다면 평생 발현이 되지 않는다고 합니다.
여러분들이 현재에 안주하지 않고 용기내어 지금과는 다른 생각과 행동을 할 때,
여러분들 안에서 잠자고 있던 새로운 유전정보들이 발현되어
여러분들이 하는 생각과 행동을 현실화 시킬 수 있도록 도와주는 것입니다.
여러분들은 모두 훌륭한 삶을 살 수 있는 자질을 가지고 있는 사람입니다.
두려워하지마시고 용기내어 자신을 믿고 나아가봅시다. 화이팅!

1. 수목의 기본

1) 나무와 수목

1. 나무 : 식물, 목재, 땔감을 아우르는 말
2. 수목 : 이용 형태(목재, 땔감)를 제외한 살아있는 나무

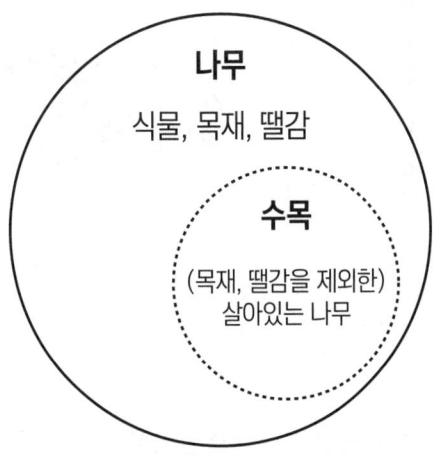

2) 수목의 구조

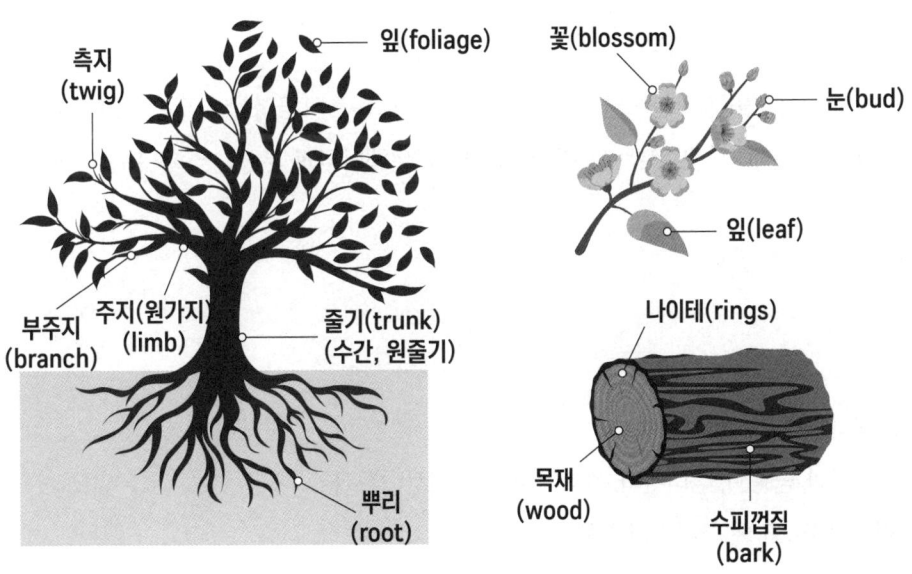

3) 수목의 구분

1 교목과 관목

4m 이상 하나의 줄기(교목) / 4m 이하 여러 개의 줄기(관목)

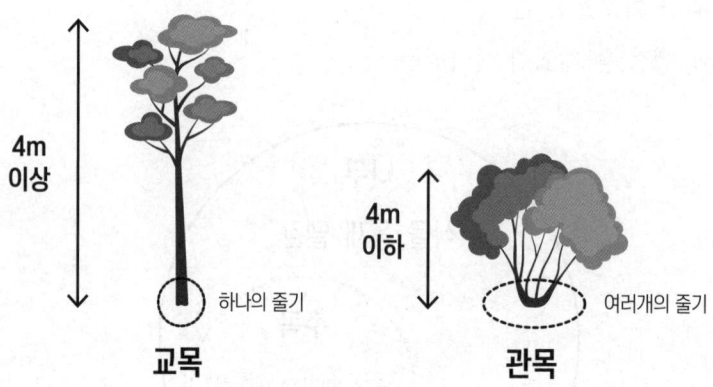

2 초본과 목본

- 지상부 월동과 형성층에 의한 2차생장이 가능하다 = 대부분 목본
- 지상부 월동과 형성층에 의한 2차생장이 불가능하다 = 대부분 초본
  (※예외: 대나무, 청미래덩굴류, 야자류, 소철류, 나무고사리류)

4) 수목의 분류학적 구분

1 대부분 계, 문, 강, 목, 과, 속, 종으로 분류

예 소나무: 식물**계**-나자식물**문**(구과식물문)-소나무**강**-소나무**목**-소나무**과**-소나무**속**- 소나무

예 은행나무: 식물**계**-은행나무**문**-은행나무**강**-은행나무**목**-은행나무**과**-은행나무**속**- 은행나무

2 나무의사에서 다루는 식물문

① 나자식물문
 - 소철아문
 - 은행나무문: 은행나무
 - 구과식물문: 소나무과, 금송과, 삼나무과, 측백나무과, 개비자나무과
② 피자식물(속씨식물)문: 그 외 대다수의 식물

📖 나무쌤 잡학사전

분류학에 대하여

분류학은 지구상에 살고 있는 모든 생물을 특정 기준에 따라 나누는 것을 말합니다.
별로 중요하게 생각하지 않을 수 있지만, 분류를 하면 자연스럽게 내가 알고 싶어하는 생물의 기원을 알 수가 있는데 이로인해 그 생물이 어디서부터 비롯해서 진화해왔는지 알 수 있으며, 어떤 생물학적 특성을 가지고 있는지 빠르게 알 수가 있습니다.
즉, 다양한 분야의 학문적 연구에 필요한 기본적인 정보를 제공할 수 있게 되는 것입니다.
그나저나… 인간은 어떻게 진화해 나갈까요?

5) 종자식물의 구분

1 나자식물(=침엽수, 겉씨식물): 종자가 겉으로 드러나는 식물
2 피자식물(=활엽수, 속씨식물): 종자가 자방(씨방)안에 들어가있는 식물

① 단자엽식물(=외떡잎식물)
- 종자가 발아하여 나온 자엽(떡잎)이 1개인 식물
- 대부분의 초본식물, 목본식물 중에서는 대나무류와 청미래덩굴류가 속함

② 쌍자엽식물(=쌍떡잎식물)
- 종자가 발아하여 나온 자엽(떡잎)이 2개인 식물
- 대부분의 목본식물이 속함

식물	쌍떡잎식물	외떡잎식물
줄기의 모양	형성층, 체관, 물관	체관, 물관
관다발의 배열	규칙적	불규칙적
형성층	있다	없다
예	봉선화, 복숭아나무, 민들레, 해바라기 등	옥수수, 보리, 대나무, 백합 등

2. 세포

우리가 무엇에 대해서 이해하기 위해선 그것을 이루고 있는 근본적인 것들에 대해서 파악하고 있어야 합니다.
우리는 나무에 대해서 알아야 하고, 나무는 '세포(cell)'로 이루어져 있습니다.
나무를 이해하기 위해선 우리는 세포에 대해서 잘 알고 있어야 합니다.

1) 세포, 조직, 기관

1. 세포 : 모든 생물체의 구조적, 기능적 기본 단위
2. 조직 : 같은 형태나 기능을 가진 세포의 모임
3. 기관 : 조직이 모여 만들어진 통합된 구조로 특정 기능을 수행

세포 (cell) → 조직 (tissue) → 조직계 (organizational system) → 기관 (organ) → 개체 (organism)

> **나무쌤 잡학사전**
>
> "그럼 기관은 뭘로 이루어져 있나요?"
> 모든 생명에는 어느 특정한 역할을 수행하는 기관들이 있습니다.
> 우리 몸에 위, 간, 눈, 코, 입 등의 기관들이 각자 다른 역할을 하듯이, 식물에도 잎, 줄기, 뿌리 등의 기관들이 각자 다른 역할들을 해내고 있습니다.
> 이처럼 기관이 각자 다른 역할을 수행할 수 있는 것은 기관을 구성하는 '단백질'이 다르기 때문입니다.
> 기관은 각자의 역할에 맞는 특성을 가진 단백질들이 붙어서 형성됩니다.

2) 세포의 종류 : 세포는 원핵세포와 진핵세포로 나뉜다.

1. 원핵세포 : 원시적인 핵을 가진 세포

   유전물질인 DNA를 둘러싸는 핵막이 없어 DNA가 세포질에 떠다니는 세포를 말함

2. 진핵세포 : 진짜 핵을 가졌으며, 다양한 세포 내 소기관이 있음

   유전물질인 DNA를 둘러싸는 핵막이 있어 유전정보가 그 안에서 보관됨

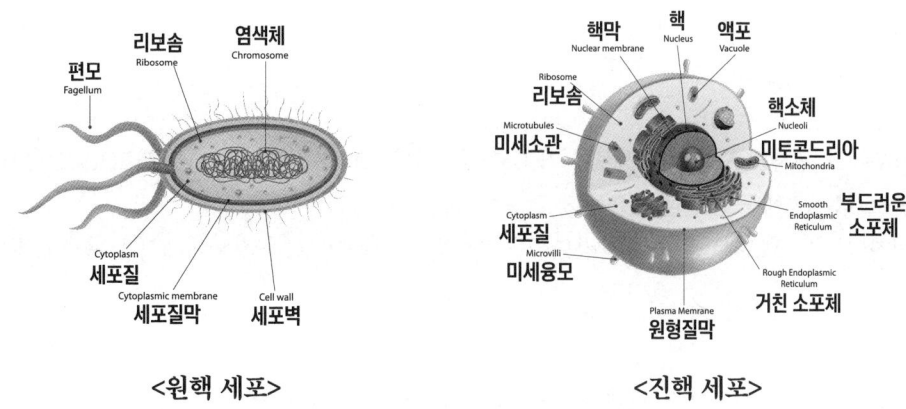

<원핵 세포> <진핵 세포>

3 세포의 형성 : 세포는 세포분열을 하여 숫자를 늘려나간다.

✓ 세포분열은 체세포분열과 감수분열로 나뉘어진다.

① 체세포 분열 : 성장할 때, 상처가 났을 때 유합조직 생성
 - 1개의 모세포(2n)가 2개의 딸세포(2n)로 갈려져 세포의 개수가 불어나는 분열
 - 유전적으로 동일한 세포를 생성(똑같은 세포가 계속해서 늘어나는 것)
 - 소기관의 복제 → DNA 복제 → 효소 형성 → 세포가 갈라짐 순으로 진행

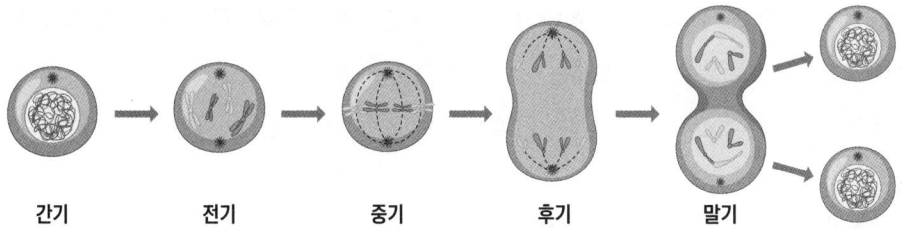

간기   전기   중기   후기   말기

② 감수 분열 : 종자를 만들기 위해 정세포(수술)와 난세포(암술)를 만들 때 생성
 - 1개의 모세포(2n)가 4개의 딸세포(n)로 나뉘는 분열
 - 1개의 딸세포에는 모세포의 반의 염색체를 가지게 됨

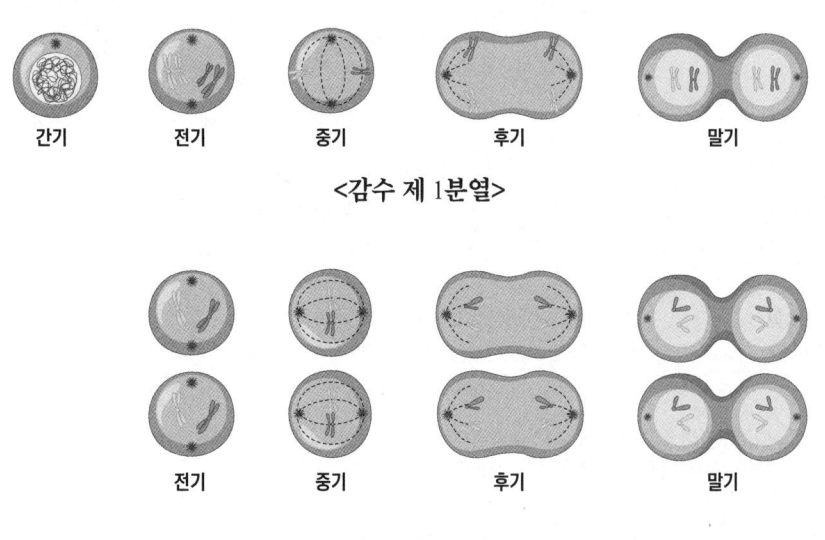

간기   전기   중기   후기   말기

<감수 제 1분열>

전기   중기   후기   말기

<감수 제 2분열>

4 단백질의 형성

한 생물의 DNA는 그 생물의 모든 유전정보를 가지고 있습니다. 그래서 '유전자 지도'라고도 불립니다.
하지만 지도만으로는 그 생물을 만들 수는 없겠죠.
그럼 생물들이 어떤 방식으로 DNA속 유전정보들을 현실화 시키는지 그 과정에 대해서 살펴보도록 하겠습니다.

① DNA
- 핵 내에 존재하는 DNA는 23개의 염색체 쌍으로 이루어져 있으며, 이중나선 구조로 되어 있고, 염색체는 뉴클레오타이드라는 분자의 중합체로 이루어져 있다. 또한 뉴클레오타이드는 기다란 사슬 두 가닥이 새끼줄처럼 꼬여 있는 이중나선 구조로 되어 있다.
- 뉴클레오타이드는 인산기, 5탄당(디옥시리보스), 핵염기로 이루어져 있으며, 이 핵염기의 배열에 따라서 유전정보는 달라진다.
- 핵염기는 A(아데닌), C(시토신), G(구아닌), T(티민) 네가지로 구성된다.

② 단백질의 형성
- DNA는 RNA중합효소와 만나 DNA 이중나선 중 한 선의 유전정보를 복사하여 mRNA를 만들어낸다. (→ 이 과정을 '전사'라고 한다.)
- 복사가 끝난 mRNA는 핵막에서 핵공을 통해 나와 소포체에 붙어있는 리보솜에서 tRNA에 의해 해석(아미노산으로 해석한다)되어 최종적으로 유전정보에 맞는 단백질이 형성된다.
  → 결론적으로 DNA의 유전정보에 맞게 설계된 단백질들로 모든 생명체들은 구성된다.

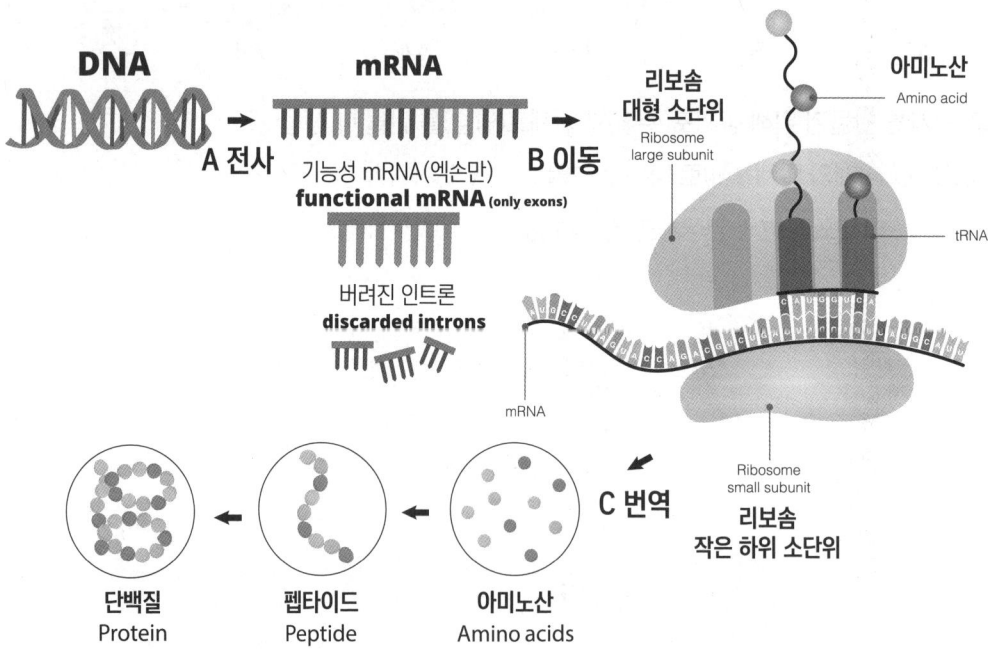

A 전사 : DNA 이중나선이 풀리고 한쪽 가닥을 주형으로 삼아 상보적인 전령RNA(mRNA)가 만들어진다.
B 이동 : 진핵생물의 경우 핵 안에서 만들어진 mRNA가 세포질로 이동한다.
C 번역 : 단백질 제조공장인 리보솜에 자리 잡은 mRNA의 염기에 상보적인 전달RNA(tRNA)가 순서대로 배열돼 펩타이드(아미노산 사슬)가 만들어진다. 사슬이 3차원으로 접히면서 단백질이 완성된다.

제가 지금 말씀드린 과정은 '센트럴 도그마(분자생물학의 중심원리)'라고 부르는 과정입니다.
센트럴 도그마는 DNA가 전사되어 tRNA에서 번역되어 단백질이 된다는 유전정보의 흐름을
나타낸 이론인데요.
모든 생물학 중에서도 가장 중요한 기초가 되는 내용입니다.
생물을 다루는 사람이라면 명확하게 이해하고 넘어가야 할 부분이라고 생각합니다.

단백질 형성과정

5 식물세포의 구성

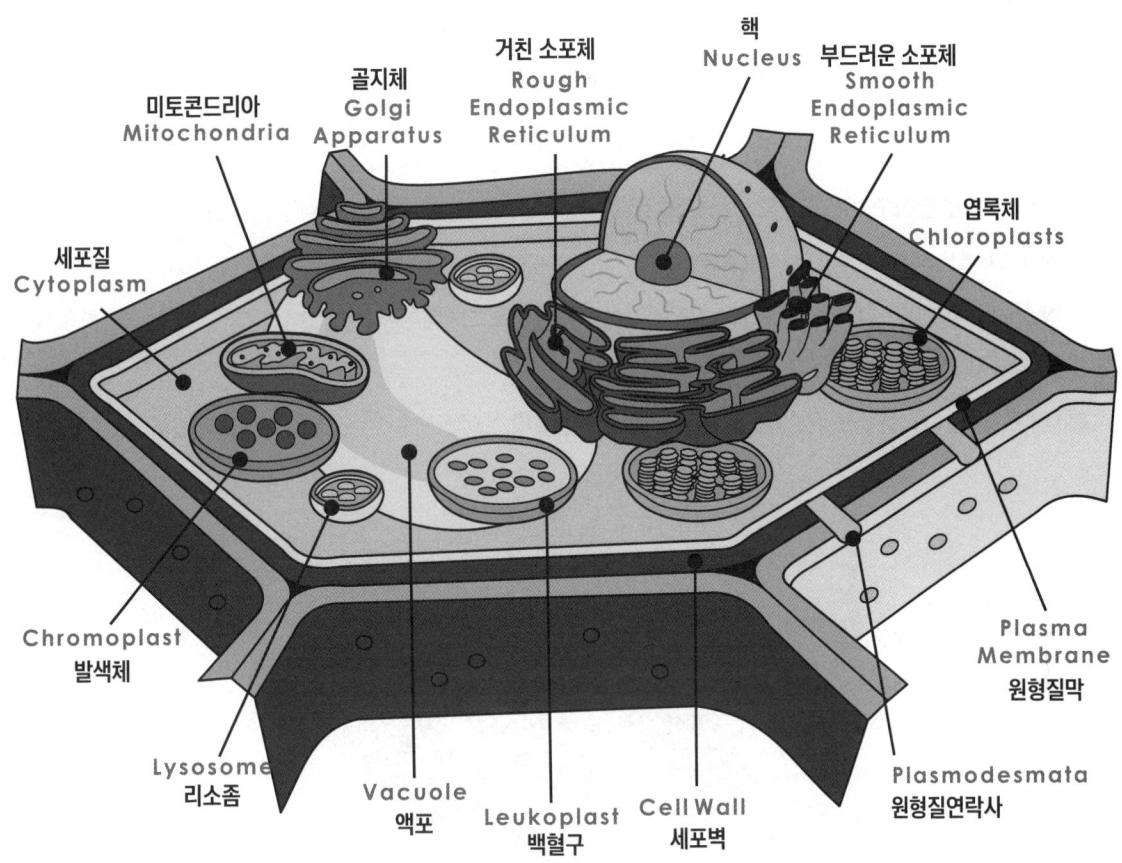

① 세포핵 : 유전정보(DNA) 보유 및 보호, 유전자 발현 조절

② 세포막(원형질막)
- 세포를 둘러싸고 있는 얇은 막으로 세포 안팎의 물질 출입을 조절함
- 인지질 2중층으로 되어있으며, 소수성이 강해 친수성을 갖는 분자들은 통과하기 어렵다.
- 다양한 통로단백질과 운반체단백질이 있어 선택적인 물질의 출입이 이루어진다.

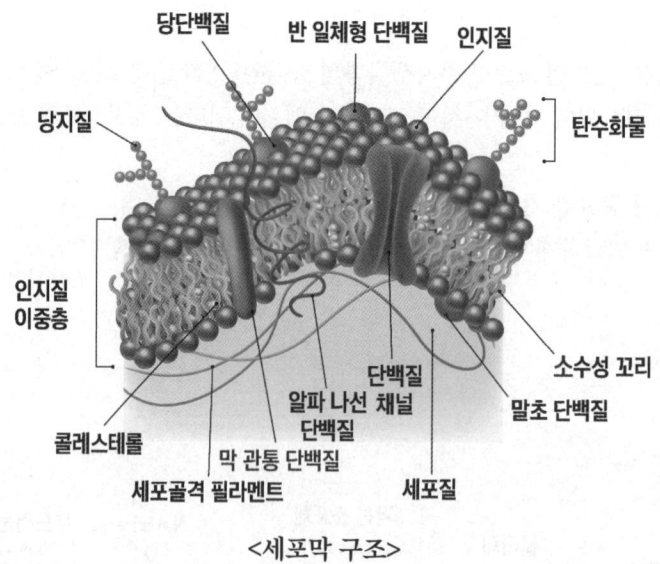

<세포막 구조>

③ 세포벽 : 세포를 보호하고, 모양을 유지하도록 함

　가. 세포벽의 주요성분

　　- 1차 세포벽[바깥쪽] : 헤미셀룰로오스(가장 많음), 셀룰로오스, 펙틴

　　- 중엽층(세포와 세포사이) : 펙틴

　　- 2차 세포벽[안쪽] : 셀룰로오스(가장 많음), 헤미셀룰로오스, 리그닌, 수베린, 펙틴(거의 없음)

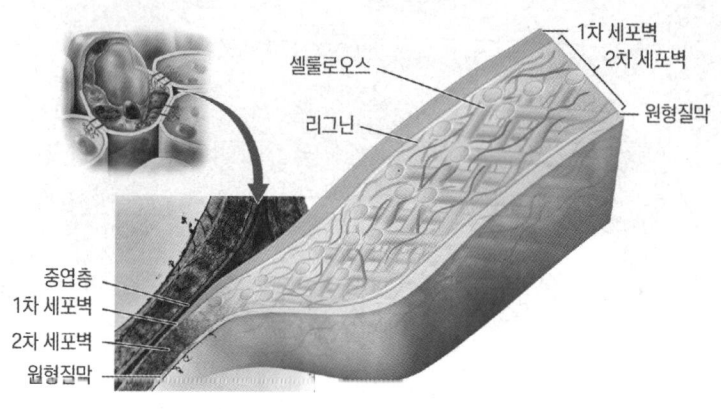

④ 세포질 : 세포핵을 제외한 나머지 부위, 다양한 소기관을 포함하며 효소, 탄수화물, 단백질, RNA 등 다양한 거대분자들이 떠다님, 액체상태 혹은 젤(gel)상태임

　가. 리보솜 : 세포 활동에 필요한 단백질을 합성하는 기관, 거친면 소포체에 부착되어 있음

　나. 엽록체 : 엽록소라는 녹색색소가 있으며 그곳에서 광합성이 이뤄짐

　　- 독자적인 DNA와 리보솜을 가지고 있어, 세포 내 공생설이 유력하게 받아들여진 소기관

　　- 내막과 외막의 이중막으로 구성되어 있음

　　- 광반응은 틸라코이드가 겹겹이 쌓인 구조인 그라나에서, 암반응은 기질 부분인 스트로마에서 일어남

다. 미토콘드리아 : 호흡작용이 일어나는 장소, 세포의 생명 활동에 필요한 에너지(ATP)를 만듦
　- 독자적인 DNA와 리보솜을 가지고 있어, 세포 내 공생설이 유력하게 받아들여진 소기관(=엽록체)
　- 이중 막으로 둘러싸여 있으며, 내부는 크리스테(Cristae)라고 불리는 구불구불한 내막으로 이루어져 있다.
　- 막 사이 공간 - 크리스테(내막) - 기질을 오고가는 호흡작용을 통해 에너지를 생성한다.
라. 액포 : 물과 노폐물이 들어있음, 오래된 식물세포에서 특히 발달함
　- 식물 세포의 항상성을 유지하는데 핵심적인 역할을 함(이온, 단백질 등의 농도 조절)
　- 물을 담고 있으며, 식물 세포의 수분을 조절함
마. 소포체 : 리보솜과 결합하여 있기도 하며(거친면 소포체), 리보솜에서 합성된 단백질의 이동에 관여
바. 골지체 : 세포의 우체국 역할, 지질 및 단백질을 저장하거나 적절한 위치로 운송시켜주는 역할을 하며, 헤미셀룰로오스, 펙틴 등을 합성하기도 함
사. 원형질연락사 : 인접한 세포에서 세포벽을 통과해 세포 간의 세포질을 연결해주는 통로

3. 수목의 구조

1) 영양구조와 생식구조

1 영양구조 : 잎, 줄기, 뿌리

  나무의 '생장'을 목적으로 한 기관

2 생식구조 : 꽃, 열매, 종자

  나무의 '생식'을 목적으로 한 기관

2) 조직의 구분(형태별 분류)

종류	특성	생사여부	관련조직 또는 세포
표피조직	어린 식물의 표면을 보호하며 수분 증발을 억제함	죽어있는 조직 (기공, 뿌리털 제외)	표피층, 털, 기공, 각피층, 뿌리털
코르크조직	-코르크층, 코르크형성층, 코르크피층을 포함한 층 -표피 탈락 후 표피조직을 대신하여 표면을 보호함 -수베린이 함유되어 있어 단열성, 내화성이 강함	죽어있는 조직 (코르크층) 살아있는 조직 (코르크형성층, 코르크피층)	코르크층(외부), 코르크형성층(중간), 코르크피층(내부) 피목, (표피탈락 후) 수피
유조직	신장, 세포분열, 광합성, 호흡, 양분 저장, 저수, 통기, 유합조직 생성, 부정아, 부정근 등 왕성한 대사작용 담당	살아있는 조직	생장점, 분열조직, 형성층, 방사(수선)조직, 동화조직, 저장조직, 저수조직, 통기조직 등의 유세포
후각조직	-1차 세포벽이 두꺼움 -지탱역할을 해주며, 특수한 형태를 가짐	살아있는 조직	줄기, 엽병, 엽맥
후벽조직	2차 세포벽에 리그닌이 함유되어 있어 세포벽이 두꺼움	죽어있는 조직	섬유세포, 참나무류 종피, 호두껍질
목부조직	수분 통도 및 지탱의 역할	죽어있는 조직 (수선 제외)	도관, 가도관, 수선, 목부섬유, 춘재, 추재
사부조직	사부섬유를 제외하고는 살아있는 세포로 구성	살아있는 조직 (사부섬유 제외)	사관세포, 사세포, 반세포, 알부민세포, 사부섬유

→ 유조직, 후각조직, 사부조직을 제외한 나머지 조직은 대부분 '죽어있는 세포'로 구성되어 있다.

1. 유세포(유조직을 이루고 있는 세포)
   - 살아있는 부분을 이루고 있는 세포, 원형질을 가지고 있으면서 세포벽이 얇음
   - 식물의 생명현상이라고 할 수 있는 세포분열, 광합성, 호흡, (수분을 제외한) 물질이동과 분비, 생합성, 무기염의 흡수, 증산작용 등의 대사작용을 담당
   - 잎, 눈, 꽃, 형성층, 세근, 뿌리 끝 등에 집중적으로 모여 있음
   - 여러 세포 소기관들과 세포의 연결망인 원형질 연락사를 가지고 있음

2. 유세포 – 방사조직[1](ray, 수선)
   - 일반적으로 형성층에 의해 물관부에서 체관부에 걸쳐 존재하는 2차 조직이다.
   - 수평방향의 물질이동은 대부분 방사조직을 통해 이루어진다.
   - 탄수화물을 저장하기도 하며, 필요할 때에는 세포분열을 재개할 수 있는 능력을 가지고 있다.
   - 형성층은 방추형시원세포와 방사조직시원세포 2가지로 나뉘는데, 이 중 방사조직을 만들어내는 시원세포는 '방사조직시원세포'이다.

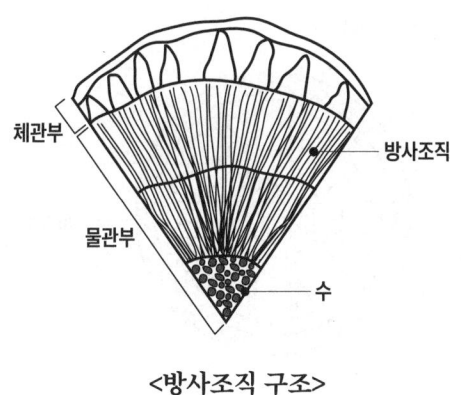

<방사조직 구조>

3. 유세포 – 동화조직[2]
   - 대표적인 예로 엽육의 책상조직, 해면조직이 있다.
   - 초본식물, 수생식물에서는 일반적으로 줄기의 피층세포도 엽록체를 함유해서 동화조직으로 간주한다.

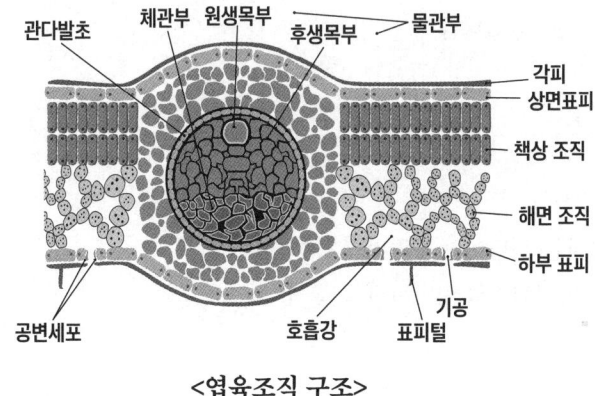

<엽육조직 구조>

---

1) 관다발 내를 방사방향으로 수평하게 뻗는 가늘고 긴 조직
2) 세포내에 다수의 엽록체를 함유하며 오로지 광합성만을 담당하는 유조직

4 유세포 – 저장조직[3]

- 저장을 해야하기 때문에 일반적으로 각 세포가 크다.
- 저장물질은 전분과 당 형태가 가장 많다.

5 유세포 – 저수조직[4]

- 염생식물, 건생식물 등 물의 혜택이 적은 식물에 잘 발달되어 있다.
- 저장조직과 마찬가지로 세포가 크며 세포 내에 물을 저장했다가 건조기에는 다른 조직으로 물을 공급하고 수축한다.

6 유세포 – 통기조직[5]

- 일부 수생식물의 잎, 줄기, 뿌리에서 발견되는 조직이다.
- 공기가 순환할 수 있도록 세포 사이에 큰 간격이 있으며, 외벽이 얇은 세포로 이루어져 있다.
- 통기조직은 저산소 조건(hypoxia)에서 이산화탄소, 산소, 에틸렌과 같은 가스의 교환에 도움을 주며, 수생식물에서는 식물체가 물에 뜨게 해주는 역할을 한다.

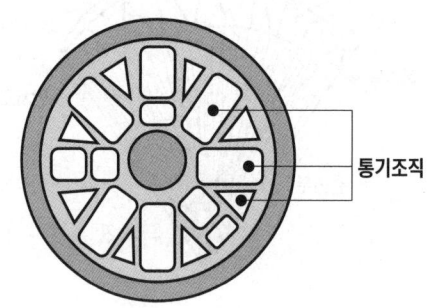

<줄기의 횡단면으로 본 통기조직 모식도>

'살아있다 혹은 죽어있다' 라는 것에 대한 명확한 정의는 아직까지도 정해지지 않았습니다.
그리고 앞으로도 나오지 못할 가능성이 많습니다. 많은 논의와 토론이 이루어졌지만 합의점이 도출되지 않았죠.
하지만 많은 과학자분들에게 받아들여지고 있는 '살아있다' 라는 것의 정의는 있습니다.
아래 4가지를 모두 만족시켰을 때 입니다.
1. 외부 자극에 반응한다.
2. 생장한다.
3. 물질대사를 한다.
4. 진화한다.
그렇다면 여러분들이 생각하는 생명이란 무엇인가요?
우리가 생명체라면 우리의 어디까지를 살아있다고 볼 수 있을까요?

---

3) 식물체에서 특정물질을 다량으로 저장하는 조직
4) 물을 저장하는 조직
5) 동화작용, 호흡작용, 증산작용에 필요한 공기나 수증기의 통로가 되는 조직

3) 영양기관의 구조(잎, 줄기, 뿌리)

 잎의 구조

> 잎은 식물의 영양기관 중 가장 핵심적인 역할을 담당하고 있습니다.
> 광합성작용과 호흡작용을 통해 식물의 생장 및 생존에 가장 기반이 되는 탄수화물과 에너지를 생산합니다.

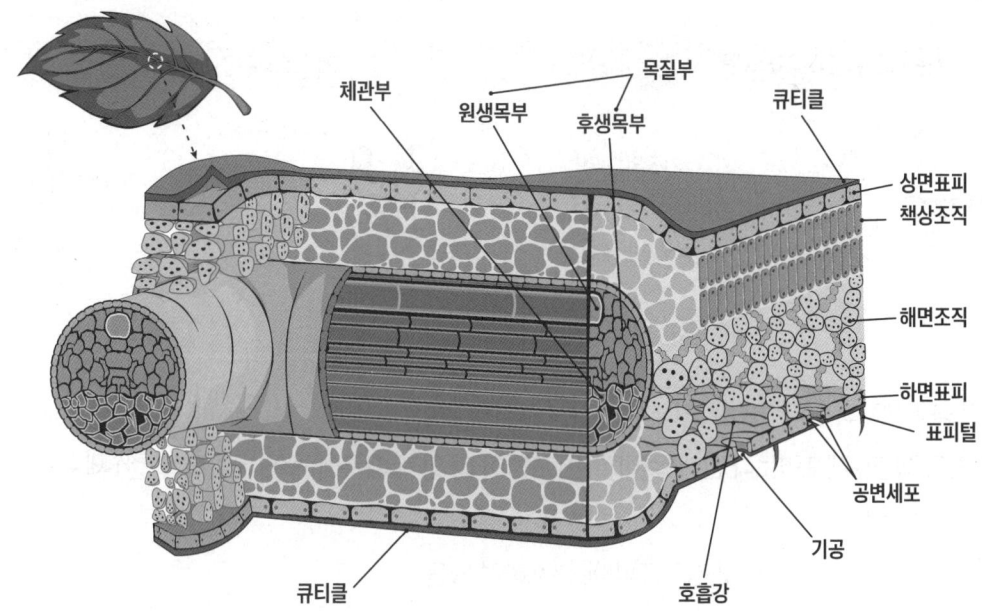

① 피자식물의 잎 구조
- 상부의 상표피는 책상조직, 하부의 하표피는 해면조직으로 분화되어 있음
- 책상조직은 효율적인 광합성 작용을 위해 세포가 조밀하게 배열되어 있음
- 해면조직은 탄산가스 확산을 용이하게 하기 위해 세포가 흩어져서 배열되어 있음
- 잎맥 안 상표피 쪽에는 물관(1차 목부)이 하표피에는 체관(1차 사부)이 위치하여 있음

② 나자식물의 잎 구조

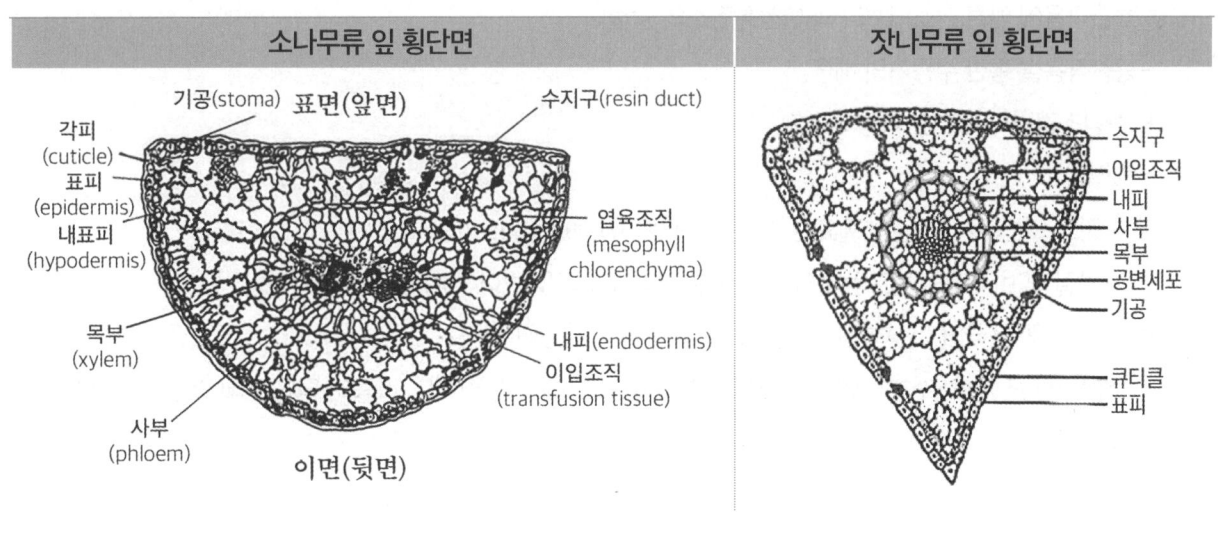

구분	소나무류	잣나무류 외(은행나무속, 주목속, 전나무속, 미송속)
종류	소나무, 곰솔, 리기다소나무	은행나무, 주목, 전나무, 미송, 잣나무, 스트로브잣나무
조직의 분화 (책상조직, 해면조직)	분화되어 있지 않음	분화되어 있음
유관속 갯수	2개	1개
구조적 특성	내피와 이입조직이 유관속을 둘러싸고 있는 형태로 되어 있음	

③ 기공의 구조

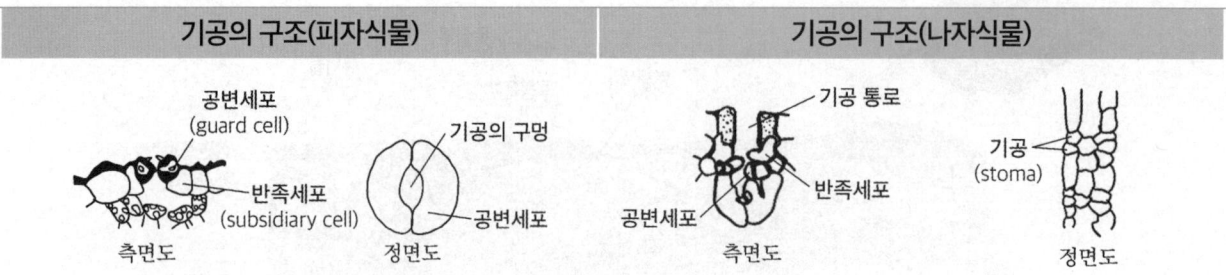

- 기공은 2개의 공변세포의 형태 변화로 인해서 생기는 구멍을 말함
- 공변세포의 기공 쪽(안) 세포벽보다 반대 쪽(바깥) 세포벽이 더 얇기 때문에 늘어나 기공 쪽(안) 세포벽이 끌어당겨지면서 기공이 열린다.
- 피자식물에서 기공은 대부분 잎의 뒷면(하표피)에 분포하여 있음
  ※ 예외 : 포플러는 양면에 모두 균등하게 분포
- 피자식물에서는 공변세포가 반족세포 바깥쪽에 위치하여 있음
- 나자식물에서는 공변세포가 반족세포 안쪽에 위치하여 있음
- 나자식물에서는 왁스층이 기공의 입구를 에워싸고 있어 증산작용을 효율적으로 억제한다.
- 식물이 생존하기 위해서 필요한 이산화탄소와 산소의 절대량이 존재하기 때문에 기공 분포 밀도에 따라서 기공의 크기가 변한다(예 분포밀도가 크면 기공의 크기가 작고, 분포밀도가 작으면 기공의 크기가 크다).

  가. 기공의 역할
  - 광합성작용에 따른 이산화탄소 흡수와 산소의 방출
  - 호흡작용에 따른 산소의 흡수와 이산화탄소의 방출
  - 증산작용을 통한 수증기의 배출

  나. 환경조건변화에 따른 기공의 개폐
  a. 햇빛
    - 광도 : 기공이 열리는데 필요한 광도는 전광의 1/1,000~1/30 가량
    - 광질 : 공변세포의 세포막에 있는 청색광 수용체가 빛을 받아야 기공 개폐가 시작됨
  b. CO_2 : 세포 간극의 이산화탄소의 농도가 낮아지면 기공이 열림
  c. 수분퍼텐셜 : 잎의 수분퍼텐셜이 낮아지면 수분 스트레스가 커지며 기공이 닫히는데, 이는 독립적으로 작용함

d. 에브시식산(abscisic acid, ABA) : 수분 스트레스 시 에브시식산의 농도가 증가하는데, 에브시식산은 기공을 닫게하여 더 이상 수분손실이 없게끔 조절한다.

e. 온도 : 온도가 35°C이상으로 높아지면 기공이 닫힘, 이후 세포 내 호흡작용의 촉진으로 인한 CO_2농도 증가

다. 기공 개폐 기작

　a. 기공 개방 기작

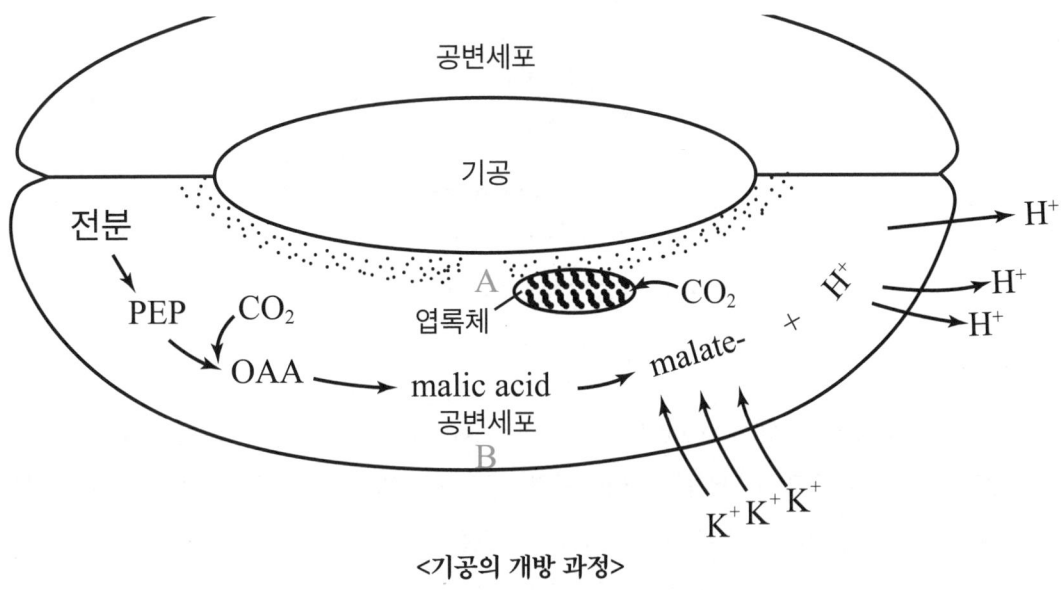

<기공의 개방 과정>

> ✔ 기공을 개방하기 위해선 공변세포 내 액포의 삼투압을 높여 물이 들어오게끔 해야 한다.

이 과정에 대한 다양한 추측이 있지만 시험에 출제된 기작을 중심으로(기본서) 기재하고자 한다.

1. 공변세포의 세포막에 있는 청색광 수용체에 의해 공변세포막의 H^+ATPase(H^+전달효소)가 활성화되어 H^+이 공변세포 바깥으로 유출
2. 세포질 안으로 동반수송체(2가지 이상의 이온을 같이 수송)를 통해 Cl^-와 H^+이 세포질 안으로 유입 이때 Cl^-만이 액포로 진입하여 전하의 불균형 발생
3. 전하 불균형 해소를 위해 K^+가 유입
4. K^+와 Cl^-가 증가함에 따라 삼투압이 증가하여 외부로부터 물이 유입
5. 공변세포가 팽창하여 기공이 열림

이때 같이 진행되는 단계 (전분 → 포스포엔올피루브산(PEP) → 말산(Malic acid) → 말산염(malate−))

1. 햇빛을 받은 전분이 분해되어 포스포엔올피루브산(PEP, C3)이 생성됨
2. 포스포엔올피루브산 탄산화효소와 작용하여 CO_2를 흡수해 옥살아세트산(OAA, 4C)로 바뀌고 곧이어 말산(Malic acid)이 됨
3. 말산(Malic acid)는 해리되어 음전하(−)를 띈 말산염(malate−)이 되며, 액포에 축적됨
4. 음전하로 인해 K^+가 유입

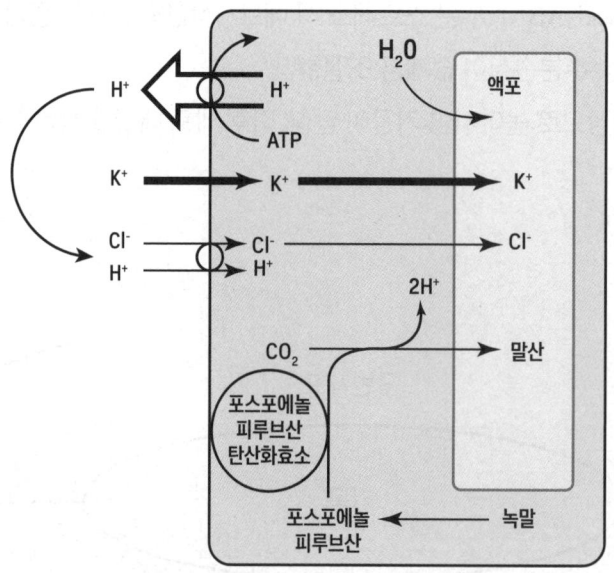

기공 개방 기작 – 세포 내 이온흐름

b. 기공 폐쇄 기작

　　수분 스트레스→뿌리에서 ABA(에브시식산, Abscisic acid)의 합성 증가→물관을 따라 잎으로 이동→공변 세포의 ABA 증가→공변 세포의 Ca^{2+} 증가→공변 세포의 탈분극→공변 세포의 K^+ 유입 억제, K^+ 유출 촉진, Cl^- 유출 촉진→삼투압 감소→물(H_2O) 방출→기공 닫힘

　　※ 기공의 개폐는 능동적인 작용이므로 ATP(에너지)가 사용된다.

2 줄기(수간)의 구조

줄기는 잎을 지탱하는 기둥의 역할을 하며, 아래로는 식물의 뿌리와 연결되고 위로는 잎과 연결되어 있어 수분과 양분의 통로가 되는 영양기관입니다.

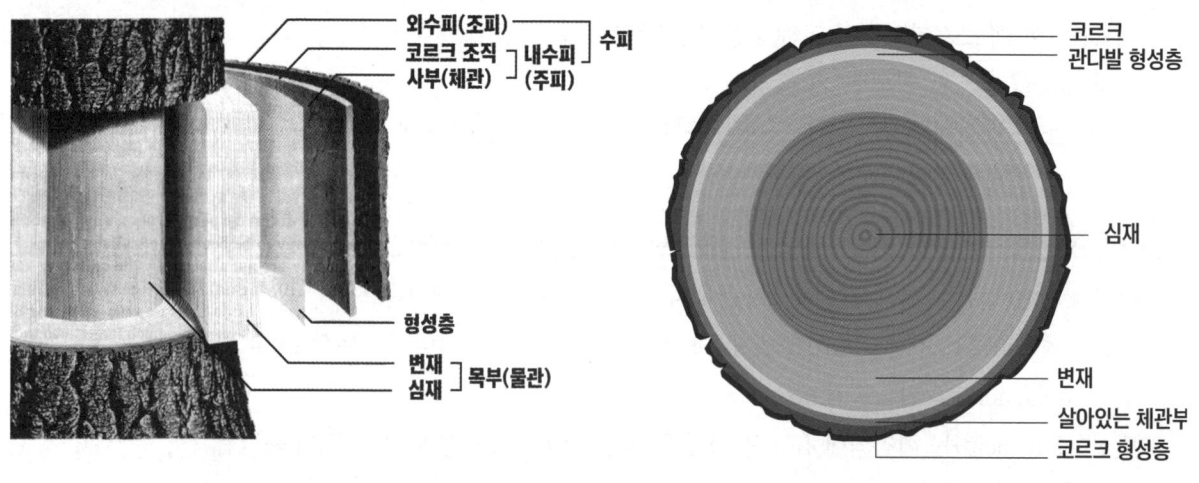

<줄기(수간)의 구조-잎면>　　　<줄기(수간)의 구조-횡단면>

① 줄기의 구조(전체)
- 바깥쪽부터 외수피(조피)→코르크조직(주피)→피층→사부조직→형성층→변재→심재 순으로 구성되어 있음
- 줄기는 미분화 세포분열층인 형성층을 통해 2차 생장이 이루어 짐
- 형성층의 안쪽으로는 목부조직(변재, 심재)을 형성하며, 형성층 바깥쪽으로는 수피조직(사부조직, 피층, 코르크조직, 외수피)을 형성함
    ※ 변재는 물과 무기물을 운반하는 역할을 하므로 물관이라고도 하며, 사부는 잎에서 생산된 광합성 물질을 운반하는 역할을 하여 조직에 구멍이 많은데, 이 때문에 '체'와 같다하여 체관이라고도 한다.

② 줄기의 구조(수피조직)
  가. 외수피(조피)
    - 줄기의 가장 바깥부분으로 죽은 조직으로 이루어져 있음
    - 수분의 침투와 증발을 막으며, 직사광선이나 추위로부터 나무를 보호함
    - 안쪽 조직들의 생장에 의해 탈락하고, 재생산되고, 탈락하고, 재생산되고를 반복함
  나. 코르크조직(주피)
    - 바깥쪽부터 코르크층→코르크형성층→코르크피층으로 이루어져 있음
    - 코르크형성층이 세포분열하여 안쪽과 바깥쪽에 층을 만들며, 이 중 코르크형성층과 코르크피층은 살아있는 조직임
    - 식물의 오래된 줄기나 뿌리의 세포벽이 코르크(Cork)화 되었을 때 퇴적되는 물질인 '수베린(suberin)'이 함유되어 있음
    - 코르크를 나타내는 용어인 목전을 사용하여 목전층이라고도 불리움

> ✅ **코르크화와 목질화**
>
> 코르크화는 세포벽에 '수베린'이 축적되는 과정을 말하며, 목질화는 세포벽에 '리그닌'이 축적되는 과정을 말합니다.
> 코르크화가 되면 부드럽고 탄력적이며, 목질화가 되면 단단하고 딱딱해집니다.
> 간혹가다 둘이 혼용되어 사용될 때가 있는데 전혀 다른 말이며 명확히 구분해주어야 합니다.

③ 피층
- 어린나무일 때는 형성되어 있지만, 형성층에 의해 직경생장을 시작하면서 피층은 찢어져 사라짐
- 피층이 있던 자리는 2차 사부와 코르크조직으로 채워짐

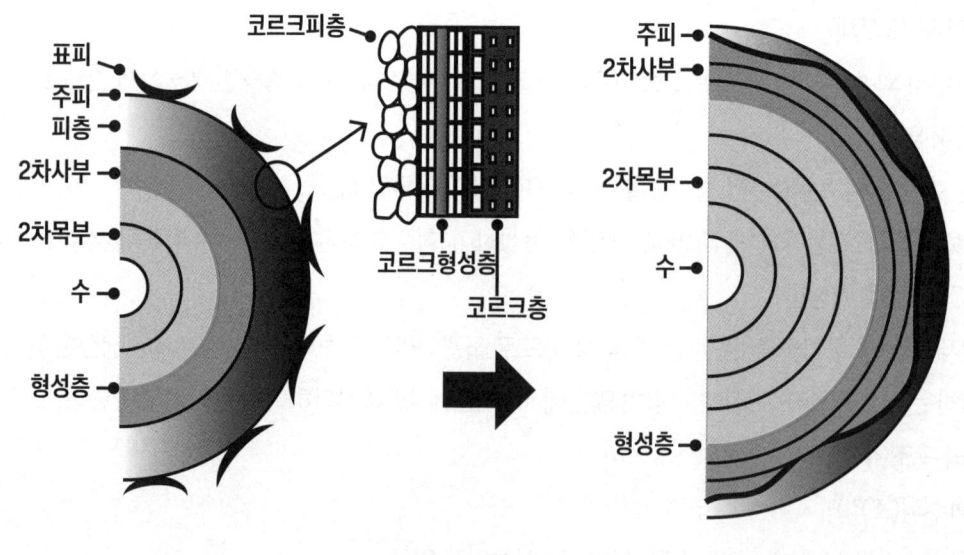

<줄기의 변화>

④ 사부조직(체관)
- 형성층이 바깥쪽으로 생성해낸 조직
- 잎에서 생산한 광합성 물질(탄수화물)의 운반 통로
- 전형성층을 기원으로 먼저 만들어진 1차 사부와 유관속형성층을 기원으로 나중에 만들어진 2차 사부로 구성됨
  가. 1차 사부
   - 전형성층으로부터 형성된 사부, 생장 초기에 물질운반의 통로 역할을 함
   - 초기에 형성된 원생사부와 후기에 형성된 후생사부로 나뉘며, 2차 사부가 생장하면 후생사부는 없어짐
  나. 2차 사부
   - 1차 사부가 완성되면 더 이상의 1차 사부는 형성되지 않고 2차 사부가 형성됨
   - 2차 사부는 유관속 형성층에 기원하여 생성됨
   - 2차 사부는 바깥쪽의 오래된 조직부터 차례대로 외수피로 변화된 다음 떨어져 나가기 때문에 직경생장에 기여하지 않음

⑤ 형성층
- 물관과 체관사이에 있는 세포분열층이며, 미분화세포를 형성하여 안쪽으로는 물관세포를 바깥쪽으로는 체관세포를 형성함
- 직경생장에 기여함
- 전형성층 → 속간형성층 → 유관속형성층 순으로 발달됨

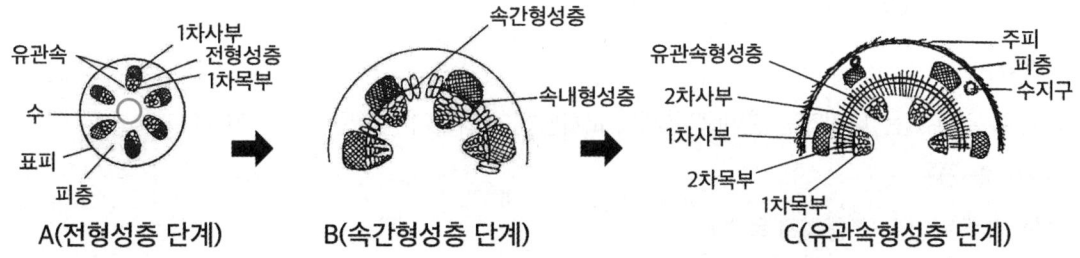

A(전형성층 단계) B(속간형성층 단계) C(유관속형성층 단계)

① A-전형성층 단계:시원세포에서 파생된 조직으로 1차사부와 1차목부를 형성함
② B-속간형성층 단계:유관속과 유관속 사이에 피층 일부 유조직이 속간형성층이 됨
③ C-유관속형성층 단계:원형의 유관속형성층 형성되며, 2차 목부, 2차 사부가 형성됨

<형성층 발달단계>

⑥ 목부(변재와 심재)
- 뿌리에서부터 물과 무기물질을 이동시켜주는 통로역할을 함
- 나무 중심의 죽은 조직들은(심재) 나무를 지탱해주는 역할을 함
- 먼저 생산된 1차 목부와 나중에 생산된 2차 목부로 이루어져 있음
- 대부분의 직경생장은 목부조직의 생산에 의해 이루어짐
- 시장에서의 목재는 변재와 심재 부위를 말하는 것임

　가. 변재(물관부)
　　- 최근에 생산된 목부조직으로 대부분의 물과 무기물질을 이동시키는 역할을 함
　　- 방사조직, 유세포 등 살아있는 세포조직이 포함되어 있는 부분

　나. 심재
　　- 변재 안쪽의 죽은 조직, 지탱의 역할을 함
　　- 기름·검(gum)·송진·타닌·페놀 등이 축적되어 있어 짙은 색깔을 띰

구분	변재	심재
조직의 생사여부	살아있는 세포조직이 포함되어 있음	죽은조직
내구성	작음	큼
강도	작음	큼
비중	작음	큼
신축성	큼	작음

3 목재의 특성(춘재와 추재, 환공재와 산공재)

① 춘재와 추재

우리가 잘 알고 있는 '나이테'는 춘재와 추재의 교차발생에 의하여 형성된 것임(추재+춘재=1년)

가. 춘재(春材)
- 생장기 초반인 봄에 형성된 목재
- 세포의 지름이 크며, 세포벽이 얇음→생장량이 큼

나. 추재(秋材)
- 생장기 후반인 여름~겨울에 형성된 목재
- 세포의 지름이 작으며, 세포벽이 두꺼움→생장량이 작음

다. 식물호르몬 옥신[6]의 작용
- 춘재와 추재형성은 식물호르몬인 옥신에 의해서 조절됨
- 옥신이 전달되면 춘재가 형성되고 옥신이 사라지면 추재가 형성됨
- 추재는 수간의 밑부분부터 형성되기 시작해 위쪽으로 올라가면서 진행되는데, 그 이유는 옥신이 수관 상단에 있는 눈에서 형성되어 밑동으로 전달되고 밑동부터 사라지기 때문에 수관 상단부터 생장이 시작되어 가장 늦게 밑동이 발달하고, 밑동은 가장 빨리 추재로의 변화가 이루어짐

"춘재와 추재를 토대로 식물이 지내온 세월을 알 수 있다!"
춘재와 추재를 자세히 들여다보면 그 식물이 지내온 세월을 알 수 있습니다.
실제로 수간석해라 해서 목재를 잘라 나이테를 분석하는 방법이 있습니다.
식물이 특정연도에 건조, 수분, 병해충 등 다양한 스트레스에 노출되면 춘재의 생장이 다른 연도에 비해 급격하게 감소하며, 세포벽이 얇아집니다. 그리고 한창 생장 할 때는 춘재가 형성되어야 하지만 곧바로 추재가 형성되는 이상현상도 나타납니다.
비록 말을 못하는 나무이지만, 나무는 자기나름대로 매일 삶을 기록하고 있으며, 나무의사는 그 기록들을 해석할 수 있어야만 합니다.

② 환공재와 산공재

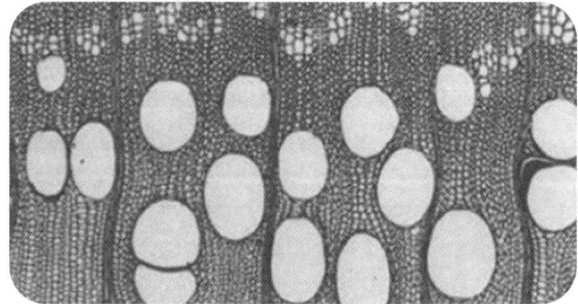

<환공재>

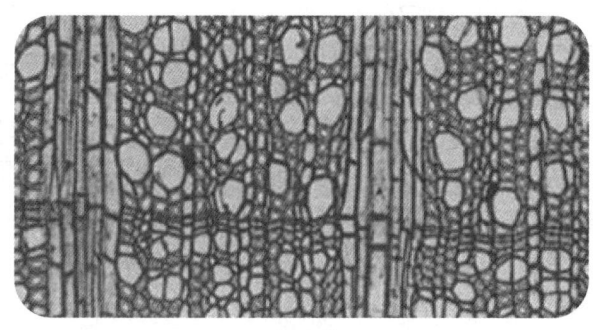

<산공재>

---

6) 옥신은 식물의 생장을 촉진시키는 신호를 전달함

가. 산공재 : 춘재와 추재의 도관의 크기가 같음
　　※ 수종 : 단풍나무, 벚나무, 양버즘나무, 포플러, 피나무, 자작나무, 칠엽수, 목련, 상록성 참나무류(가시나무 등)에서 발견됨
나. 환공재 : 춘재 도관의 지름이 추재 도관의 지름보다 훨씬 더 큼
　　※ 수종 : 낙엽성 참나무류, 물푸레나무, 느티나무, 느릅나무, 팽나무, 회화나무, 아까시나무, 이팝나무, 밤나무 등
다. 반환공재 : 환공재와 산공재의 중간 형태
　　※ 수종 : 가래나무, 호두나무, 중국굴피나무 등
라. 공통특성
　- 수액의 이동 속도 : 환공재 > 산공재 > 침엽수재 순(조직 중에서는 가도관이 가장 느리다.)
　- 환공재는 산공재보다 기포에 의한 공동현상(공동화현상, cavitation)에 취약함
　　→ 환공재가 도관이 커 기포가 잘 발생한다.
　- 목재의 특성은 유형기보다 성숙기에서 더 잘 나타난다.

③ 2차 목부의 구성성분

피자식물(활엽수)		나자식물(침엽수)	
종축방향	수평방향(방사조직)	종축방향	수평방향(방사조직)
도관(수분이동) 가도관(수분이동) 목부섬유(지탱역할) 종축유세포	수선유세포	가도관(수분이동) 종축유세포 수지도세포	수선가도관 수선유세포 수지도세포

가. 도관, 가도관, 목부섬유는 모두 2차 세포벽을 가지고 있으며, 원형질이 없고 중앙이 비어있는 성숙세포임
나. 도관 : 격막이 없어 위아래가 뚫림, 가도관 : 세포가 폐쇄 상태이므로 막공으로만 수분이 이동함
　　→ 기포가 발생하는 공동현상은 직경이 더 큰 도관에서 더 많이 발생하며, 기포의 재흡수도 가도관이 더 용이함
다. 수평방향의 물질이동은 대부분 수선유세포(방사조직, 살아있는 유세포)를 통해서 이루어짐
　　→ 나자식물의 경우 방사조직을 구성하는 세포에 가도관세포와 수지도세포도 포함됨
라. 가도관의 경우 원절에 의한 막공폐쇄가 이루어져 수분이동이 안될 때도 있음

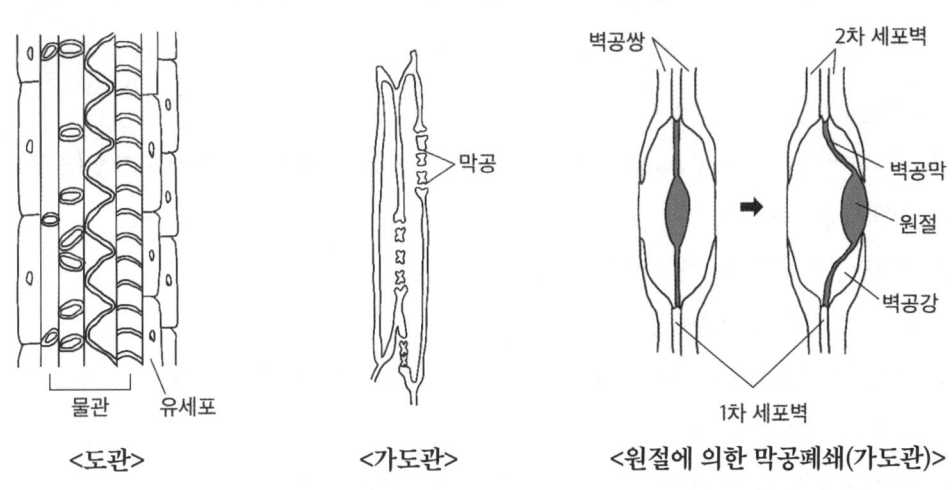

〈도관〉　　〈가도관〉　　〈원절에 의한 막공폐쇄(가도관)〉

> ✅ 도관의 공동화를 유발시키는 원인
>
> 1. 벽공의 손상
> 2. 가뭄으로 인한 토양의 건조
> 3. 도관의 길이와 직경의 증가
> 4. 목부의 반복되는 동결과 해동

4 뿌리의 구조

> 뿌리는 땅속 깊숙이 박혀 식물의 몸을 지탱해주는 역할과 물과 그 속에 이온 형태로 녹아있는 무기물질을 흡수하는 역할을 합니다. 가장 근본이 되는 것을 비유할 때 '무엇의 뿌리다.'라는 말을 많이 하죠. 그만큼 뿌리는 나무가 생존함에 있어서 근본적인 역할을 해주는 중요한 영양기관 입니다.

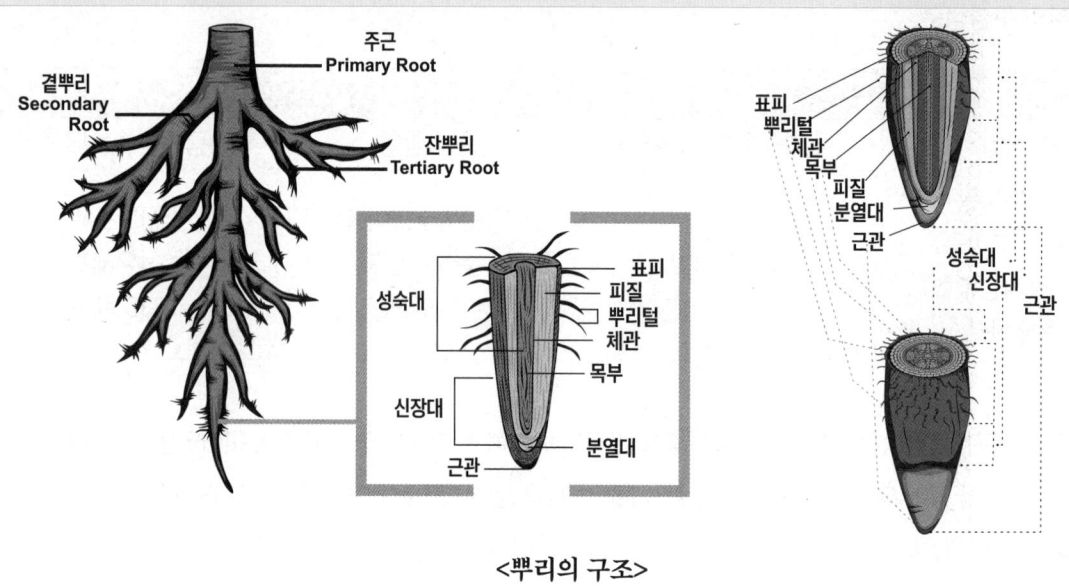

<뿌리의 구조>

> ✅ 뿌리의 구조(바깥쪽부터)
>
> 뿌리털→표피→피층→내피→내초→물관부, 체관부

① 뿌리 구조적 특성
- **내피**에는 카스페리안대(Casparian srtip)라고 하는 수베린(suberin)으로 이루어져 있는 띠가 있어 무기물질의 이동을 제한하고 선택적 흡수를 도움
- **내초**에서는 코르크형성층을 생성하여 뿌리를 보호한다.
- **내초**에서는 측근이 분열하여 만들어진다.
- 뿌리 끝부분인 정단분열조직으로부터 근관(정단분열조직 보호)→세포분열대(종축방향)→세포신장대→세포성숙대→뿌리털(표피) 순으로 형성됨
- 근관은 가장 끝부분에 있으며 중력을 감지하는 역할을 하여 굴지성을 유도한다.

② 뿌리의 생장 특성
- 장근에서 기원된 단근의 경우 형성층이 없어 직경생장을 하지 않으며, 1~2년밖에 살지 못하지만, 수분과 영양분의 대부분을 흡수하며 균근을 형성하는 세근이 됨
  ※ 세근은 대부분의 수종에서 토심 20~30cm에 80~90% 정도가 존재함
- 무시겔(Mucigel)을 분비 → 토양미생물 활동 유도, 윤활제 역할

> **나무쌤 잡학사전**
>
> 정단분열조직이란?
> 분열조직은 위치에 따라 정단분열조직과 측방분열조직으로 나눌 수 있습니다. 그 중 정단분열조직은 줄기, 가지, 뿌리의 끝에 있는 조직입니다. 아직 분화되지 않은 세포로 되어있어 그 어떤 세포로도 분화하여 기관을 형성해낼 수 있습니다.
> 정단분열조직은 위치에 따라서 지상부면 슈트 정단분열조직(shoot apical meristem), 지하부면 뿌리 정단분열조직(root apical meristem) 두가지로 나뉘는데, 슈트 정단분열조직은 지상부의 모든 기관을 만들고 (잎, 줄기, 가지 등) 뿌리 정단분열조직은 뿌리를 만들어 냅니다.

4. 수목의 생장

눈(bud)은 미성숙한 조직으로 대부분 줄기 끝의 분열조직에서 만들어집니다. 눈은 꽃이 될수도, 가지가 될수도, 잎이 될수도 있는데 이는 이 눈이 어떤 원기를 가지고 있느냐에 따라 결정됩니다.
눈은 가장 생명력이 왕성한 시기에 대부분 만들어 지는데, 이때 나중에 자랄 잎이나 가지, 꽃의 원기를 보호하고 보관해두는 장소로 사용됩니다.

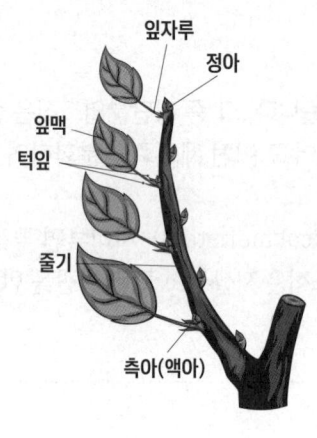

정아, 측아 등

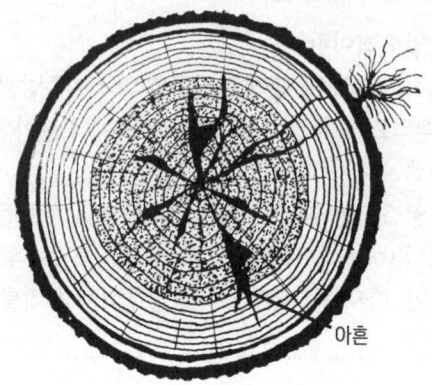

잠아(맹아지), 근맹아

1) 눈(잎, 꽃, 가지의 원기)

1 함유조직에 의한 분류

- 화아 : 꽃의 원기를 가진 눈
- 엽아 : 잎의 원기를 가진 눈
- 혼합아 : 잎과 꽃의 원기를 함께 가진 눈

2 가지에서의 위치에 의한 분류

- 정아 : 가지 끝에 위치한 눈, 주지로 자람
- 측아 : 정아 측면에 위치한 눈, 측지로 자람
- 액아 : 가지와 잎 사이(겨드랑이 부분)에 위치한 비교적 작은 눈, 동아가 되거나 잠아로 남음

3 형성시간에 의한 분류

- 잠아 : 수피 밑에 묻힌 액아, 발달 시 나이테에 아흔이 생김, 외부자극에 의해 맹아지로 자람
- 부정아 : 눈이 없는 곳에서 삽목 시 이상적으로 형성되는 눈, 아흔이 없음
- 도장지 : 잠아로 인해 형성되는 웃자란 가지, 영양상태나 환경조건이 변할 때 생긴다.
- 도장지는 우세목보다 피압목에서, 성목보다는 유목에서 더 많이 만든다.
- 도장지는 침엽수보다 활엽수에 더 많이 나타난다.

4 수목 위치에 의한 분류

- 주맹아 : 지상부 그루터기의 잠아에서 자라는 눈
- 근맹아 : 지하부 뿌리 삽목 시 형성되는 부정아의 일종인 눈

2) 잎의 생장

1 생장과정

① 잎은 호르몬에 의존하여 형성된다.
② 옥신(auxin)이 축적되는 영역에 잎의 원기가 형성된다.
③ 잎의 상부는 향축면(책상조직의 원기), 잎의 하부는 배축면(해면조직의 원기)으로 나누어진다.
④ 병층분열을 통한 가로 생장을 한다.
⑤ 세포 분화를 통한 잎의 완성

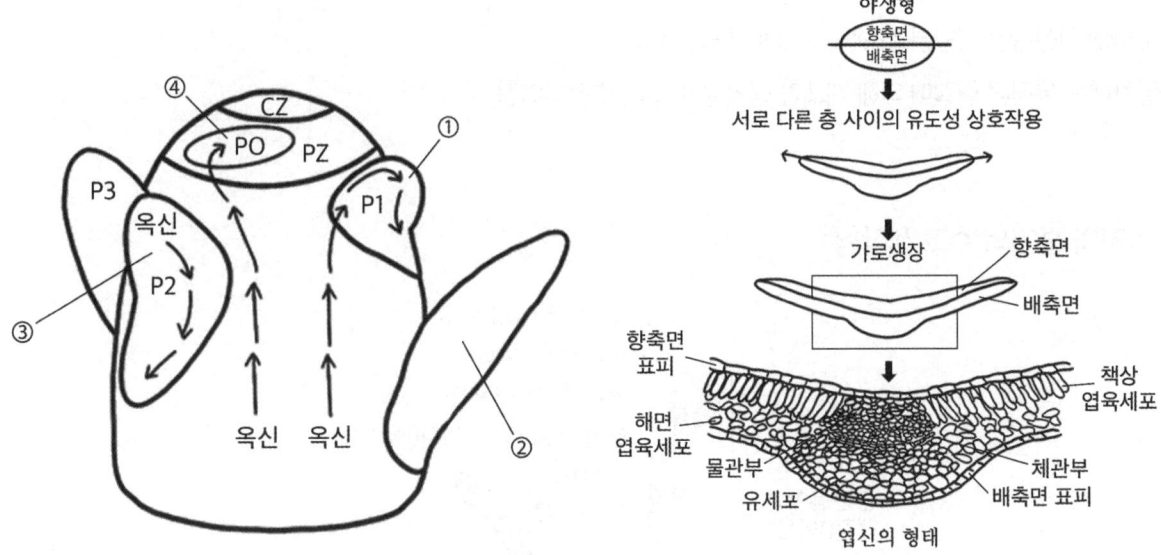

① 가장 최근에 형성된 엽원기 이 단계에서는 방사 대칭을 갖는다.
② 엽원기는 편평해지기 시작하여 향축성-배축성 축을 발달시킨다.
③ 엽원기는 근위부-원위부 축을 따라 신장한다.
④ 다음 엽원기 위치

<잎의 생장 과정>

2 생장특성

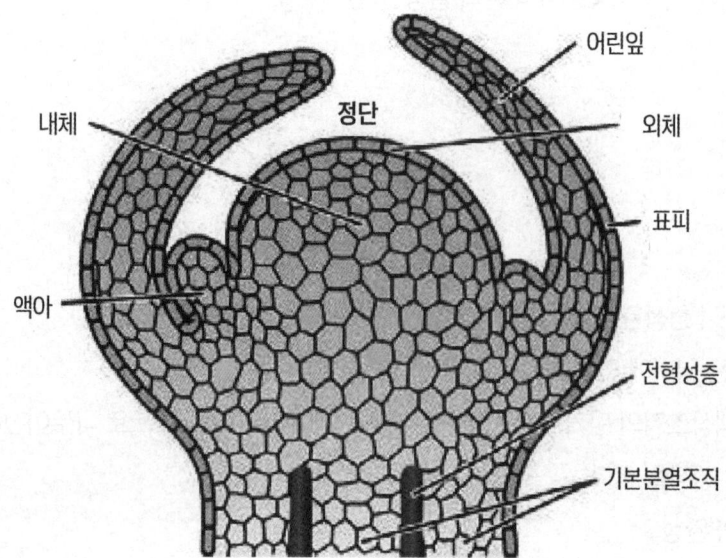

- 잎의 전형성층은 정단분열조직(슈트)에서 발생한다.
- 잎차례는 유전적 형질에 의해 개체가 생겨날 때부터 결정되어짐

3) 가지와 줄기의 수고 생장형

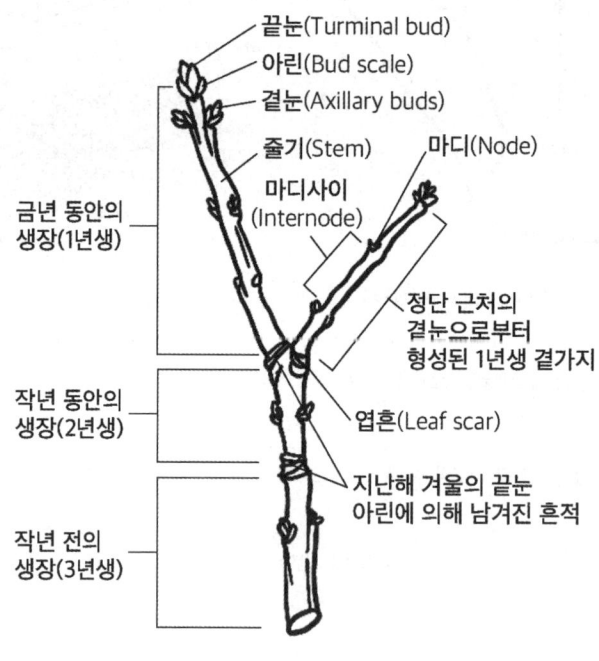

<무한생장 수종의 가지>

① 수고 생장형(유한생장, 무한생장, 고정생장, 자유생장)

	고정생장	자유생장			
	잣나무(1년에 한 마디만 자람)		포플러(1년에 여러 마디가 자람)		
생장 모양	(동아 → 춘엽, 정아)		(동아 → 춘엽, 정아 → 하엽, 춘엽)		
생장 시기	전년도 늦여름	당년도 봄, 초여름	전년도 가을	당년도 봄, 초여름	당년도 여름, 가을
영향을 주는 계절별 수분 스트레스	전년도 늦여름	당년도 봄, 초여름	전년도 늦여름	당년도 봄, 초여름	당년도 초여름, 늦여름

구분	내용	수종
유한생장	정아가 주지의 중심을 차지하여 줄기의 생장을 조절 및 제한하는 것	소나무, 참나무, 주목, 가문비나무
무한생장	정아의 끝부분이 죽었을 때 측아가 정아 역할을 해서 이듬해 봄 다시 줄기가 자라는 것(가지 끝에 죽은 흔적(scar)이 남음)	자작나무, 서어나무, 버드나무, 버즘나무, 아까시나무, 피나무, 느릅나무
고정생장	당년에 자랄 모든 줄기의 원기가 전년도 동아 속에 미리 형성(생장이 느림)	소나무, 참나무, 가문비나무, 너도밤나무, 잣나무, 솔송나무, 동백나무
자유생장	동아는 춘엽이 되고, 곧이어 바로 눈을 만들어 여름 내내 하엽을 생산함(생장이 빠름) (춘엽과 하엽이 공존하여 이엽지를 만듦)	과수, 사과나무, 포플러, 은행나무, 낙엽송, 주목, 자작나무, 메타세쿼이아, 버즘나무, 벚나무, 느티나무, 단풍나무
특이생장 (자유→고정)	유묘시기 때는 자유생장을 하다가 고정생장으로 변화하는 수종	가문비나무, 은행나무, 포플러류

② 수고 생장형(유한생장, 무한생장, 고정생장, 자유생장)의 특성
- 수고생장 유형은 수종 고유의 유전적 형질에 따라 결정된다.
- 고정생장을 하는 수목은 한 해에 줄기가 한 마디만 자란다.
- 고정생장을 하는 수종은 여름 이후에는 키가 자라지 않는다.
- 자유생장을 하는 벚나무를 이식하면 수년간 고정생장에 그치는 경우가 많다.

- 자유생장을 하는 수목은 계속해서 생장을 하기에 고정생장에 비해 한 해동안 자라는 양이 크다.
- 자유생장 수종은 단일조건에 의해 줄기생장이 정지되는데, 이는 저에너지 광효과[7] 때문이다.
- 젓나무, 전나무와 같이 가지가 윤생을 하는 고정생장 수종은 줄기의 마디 수를 세어 수령을 추정할 수 있다.
- 자유생장을 하던 수종도 노령기에는 거의 고정생장을 한다.

4) 직경 생장

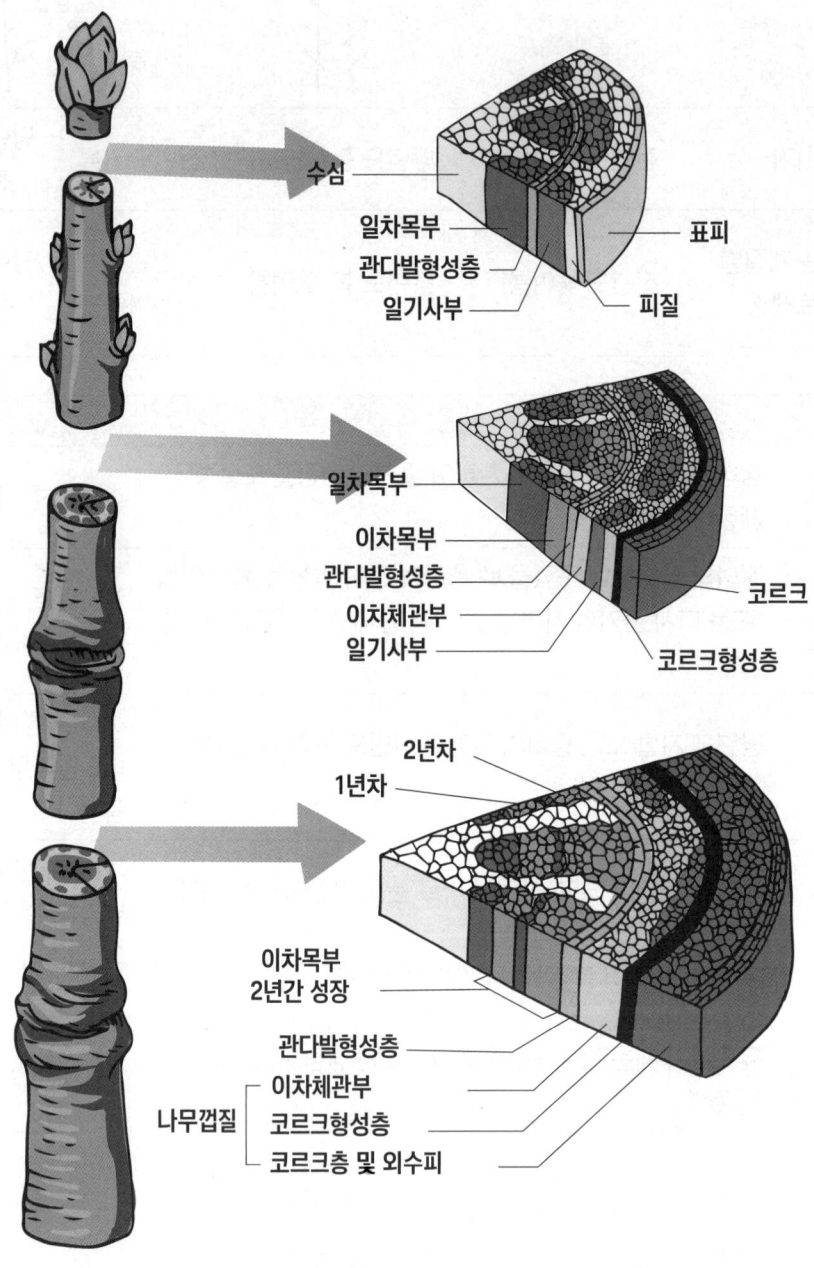

---

7) **저에너지 광효과**: 광도가 10olx이하에서도 생리적 효과를 나타내는 경우로서 광주기나 굴광성이 이에 해당한다.

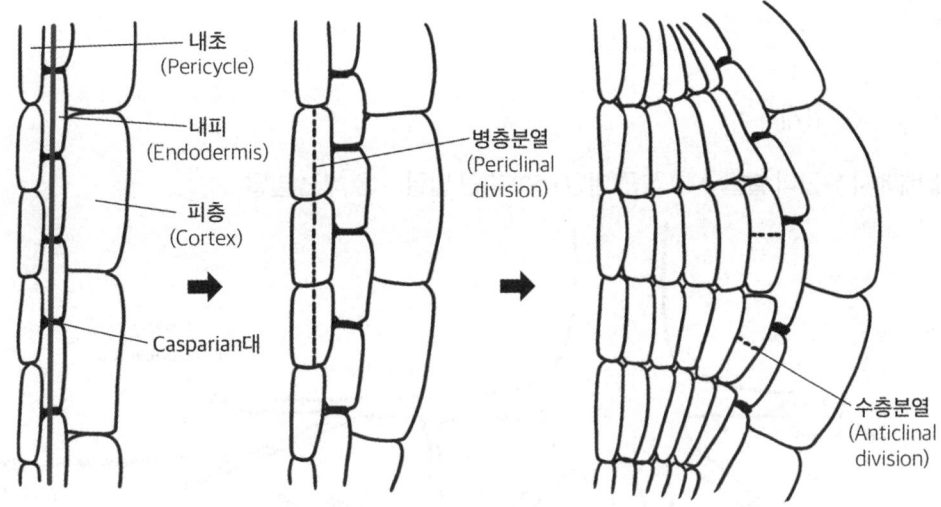

<병층분열, 수층분열(종축 방향에서 본 측근의 발달 과정)>

1 직경 생장의 특성

- 직경생장은 유관속형성층의 병층분열[8]과 수층분열[9]로 인해 이루어지며, 이것을 2차 생장이라고 한다.
- 직경생장은 대부분 형성층 안쪽으로 생산한 2차 목부조직에 의해 이루어진다.

2 목부와 사부의 생장

- 사부가 목부보다 먼저 형성됨
- 옥신/지베렐린값이 높으면 목부를 생산하며 낮으면 사부를 생산함(옥목, 지사)
- 유관속형성층이 생산하는 목부의 생산량은 항상 사부의 생산량보다 많음
- 목부는 환경 예민도가 높아 환경에 따라 생산량의 차이가 극심함

3 형성층 생장 특성

- 옥신에 의해 조절되며, 옥신은 식물의 정단부에서부터 아랫방향으로 생성됨(옥신에 의해 정단부 줄기의 형성층부터 세포분열이 시작된다)
- 겨울에는 생장이 중단됨
- 봄에 수고생장과 함께 재개됨
- 생장형태(고정생장, 무한생장)와 관계없이 수고생장이 정지한 후에도 지속적으로 생장함
- 상록활엽수는 사계절 내내 물질대사를 하므로 낙엽활엽수보다 더 늦은 계절까지 지속함
- 임분 내에서 우세목이 피압목보다 더 늦게까지 지속함

---

8) **병층분열**: 목부와 사부의 시원세포를 추가로 만들기 위해 횡단면상에서 접선방향으로 세포벽을 만드는 세포분열(평행분열)
9) **수층분열**: 형성층 세포수를 증가시키기 위하여 방사선 방향으로 세포벽을 만드는 세포분열(직교분열)

5) 뿌리 생장

1 뿌리의 발달 순서(개략적)

① 종자 내 배에서 유근이 발달 → ② 직근 발달 → ③ 측근 발달 → ④ 세근 발달

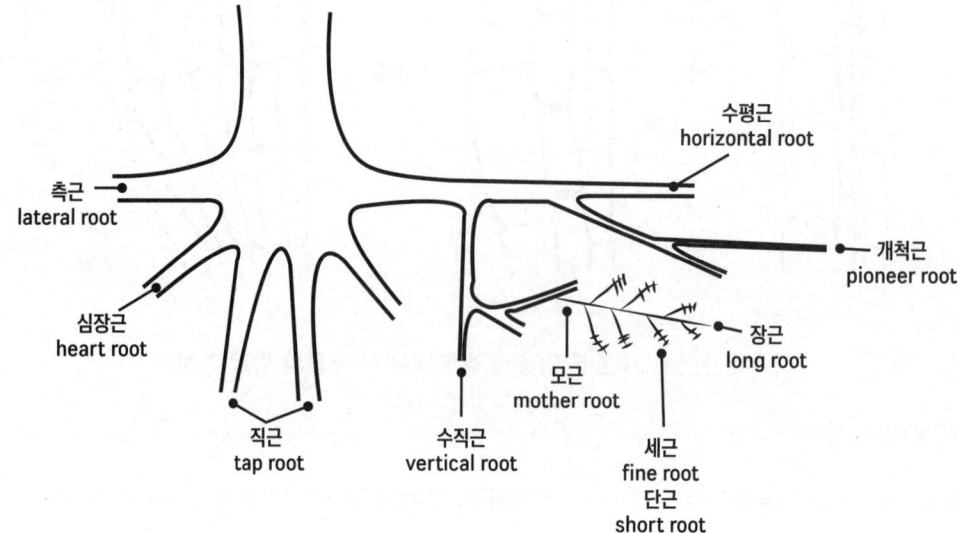

<뿌리의 종류>

2 측근

① 기원 : 내초세포

② 과정 : 내초세포가 병층분열 후 수층분열하여 피층을 뚫고 나와 측근이 됨

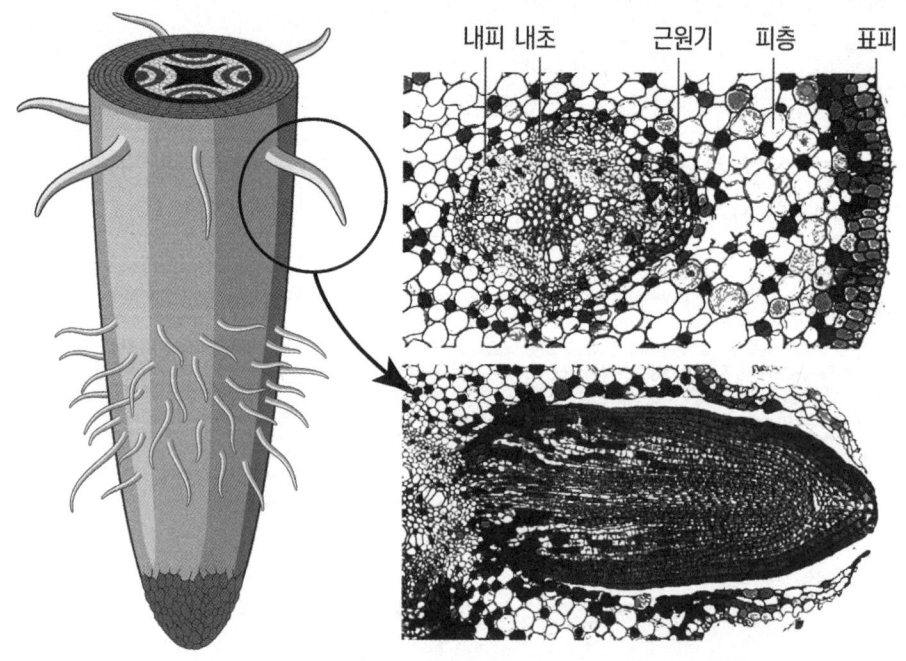

<측근의 발달>

3 뿌리의 계절적 활동

뿌리는 이른 봄 줄기의 생장보다 먼저 시작하며, 가을에 줄기보다 더 늦게까지 생장이 지속됨

※ 뿌리는 줄기와 다르게 탄수화물과 온도의 영향을 받으며 독자적으로 시작 및 정지되기 때문

예) 탄수화물을 다 사용하거나, 겨울에 토양 온도가 낮아지면 다시 뿌리생장이 정지됨

4 뿌리의 토성별 발달특성

① 모래가 많은 사토 : 뿌리가 깊게 뻗어나가는 '심근성'으로 발달
② 점토가 많은 식토 : 뿌리가 얕게 뻗어나가는 '천근성'으로 발달

5 형성층 발달과정(뿌리)

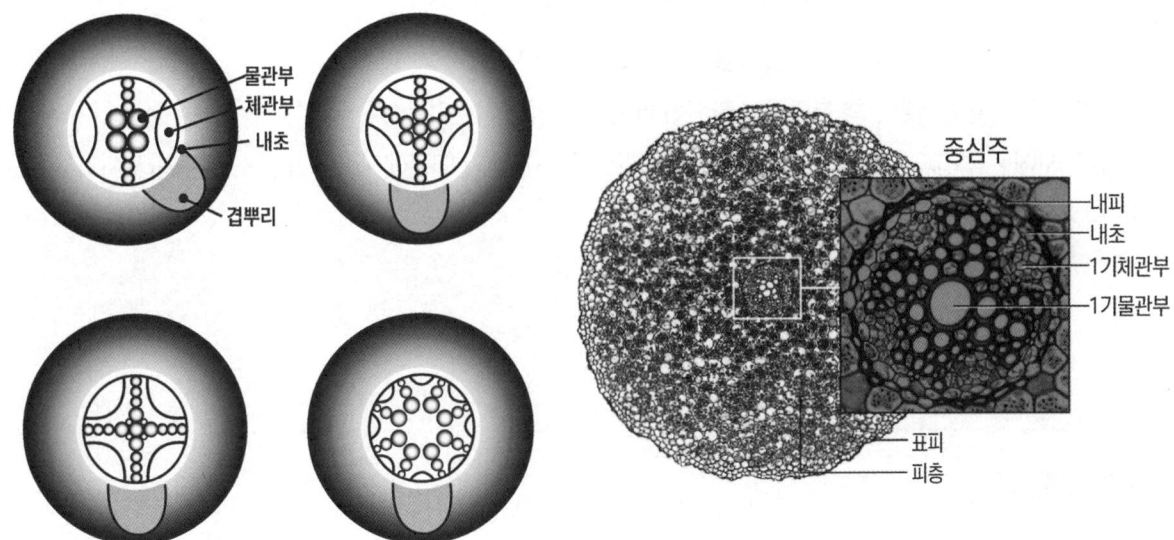

<다양한 뿌리구조 형태>

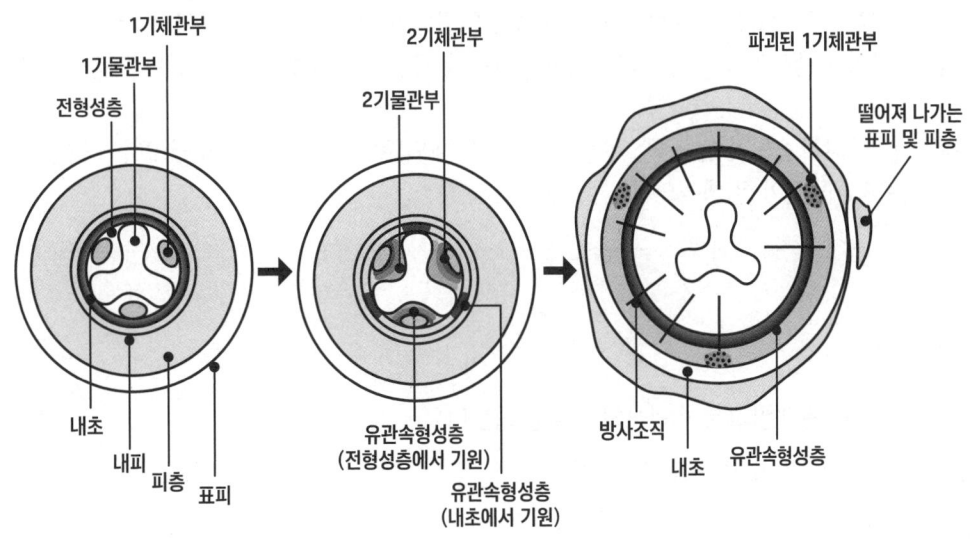

<뿌리 형성층 발달과정>

① 조직 발달순서

유근으로부터 전형성층 발달→ 1차 목부,사부 발달→ 유관속 형성층 발달→ 2차 목부, 사부 발달→ 내초에서 분열하여 만들어진 코르크 형성층과 조직으로 인해 어릴 때의 피층과 표피는 찢어져 없어짐

※ 뿌리의 형성층 모양은 1차 목부의 모양에 따라서 다른 형태로 발달됨

② 형성층 발달 특성

뿌리의 형성층은 지제부에서부터 시작해서 토양 깊숙이 밑으로 파급됨
→ 이 이유 때문에 지제부의 뿌리가 가장 굵고 내려갈수록 뿌리가 가늘어짐

6 T/R율, S/R율

- 여기서 T와 S는 지상부의 비율을, R은 지하부의 비율을 나타냄
- 지상부가 크고 비율이 높을수록 분자값이 높아지므로 값이 커지고
- 지하부가 크고 비율이 높을수록 분모값이 커지기 때문에 값이 줄어든다.
- 수분 부족 시에는 뿌리가 수분을 흡수하기 위해 아래로 더 많이 뻗기 때문에 T/R율이 감소하는 형태(지하부 증가)로 생장을 한다.

6) 균근

나무쌤 잡학사전

균근이란?
- 식물의 뿌리와 곰팡이의 공생체를 말하며, 대부분 어린뿌리와 공생한다.
- 균근은 수목으로부터 탄수화물을 얻으며, 나무에 대해서는 암모늄태질소나 인산 등 유효도가 낮거나 낮은 농도로 존재하는 양분들을 섭취하는데 있어 중개 역할을 해주는 것으로 추정되고 있다.
- 균근은 식물과 공생체이긴 하지만 곰팡이이기 때문에 곰팡이가 잘 발달할 수 있는 환경에서 증식이 가능하다.
  - 예 죽은조직 내, 습도기 높을 때, 적정온도(30°C 내외)일 때, 토양 환경이 열악하여 식물체 내에서 발산하는 항균물질이 잘 생성되지 않을 때

1 균근의 역할

① 무기염의 흡수를 촉진한다(특히 인산의 흡수를 돕는다).
② 산성토양에서 NH_4^+(암모늄)의 흡수를 돕는다.
③ 토양의 건조저항성을 높인다.
④ 토양 pH의 완충성을 높인다.
⑤ 토양의 입단화 촉진

⑥ 식물에 특정 생장호르몬을 제공
⑦ 항생제를 생산함으로써 병원균에 대한 저항성(내병성) 증가
⑧ 토양 온도 변화에 대한 저항성(내한성, 내건성 등) 증가
⑨ 토양 독극물에 대한 저항성 증가

2 외생균근(세포 외 간극으로 침입)

① 균사는 뿌리표면을 두껍게 싸서 균투(버섯 균, 씌울 투)를 형성
② 뿌리 속으로 피층까지 침투하여 세포와 세포 사이의 간극에 균사에 의한 하티그망(Hartig net)을 만든다.
③ 피층보다 더 안쪽(내피)으로는 들어가지 않는다.
④ 천연상태에서 소나무과는 균근 없이는 살아갈 수 없다.
⑤ 외생균근을 형성하는 수종은 균근이 형성되기 전에는 정상적으로 뿌리털을 생성하나, 균근이 형성되고 나서는 뿌리털을 생성하지 않는다.

3 내생균근(세포 내부로 침입)

① 균사가 피층세포 안까지 침투하여 자라며, 균사의 생장은 피층세포에 국한된다.
  → 내피부터 안쪽은 들어갈 수 없다.
② 외생균근과는 달리 균투를 형성하지 않으며, 뿌리털이 정상적으로 발달한다.
③ 가장 흔한 것은 '소낭(베시클)'과 '가지 모양의 균사(아뷰스클)'를 가지고 있는 VAM(vesicular - arbuscular mycorrhiza) 균이다.
④ 그 밖에 난초형 균근, 철쭉형 균근이 있다.
⑤ 곰팡이는 접합자균에 속하는 균으로 글로무스(Glomus)와 스큐텔로스포라(Scutelospora)가 가장 흔하게 발견되며 포자가 직경이 커서 바람에 전파되지 못한다.
⑥ 물푸레나무, 백합나무, 향나무, 낙우송 등이 내생균근을 형성하는 수종이다.

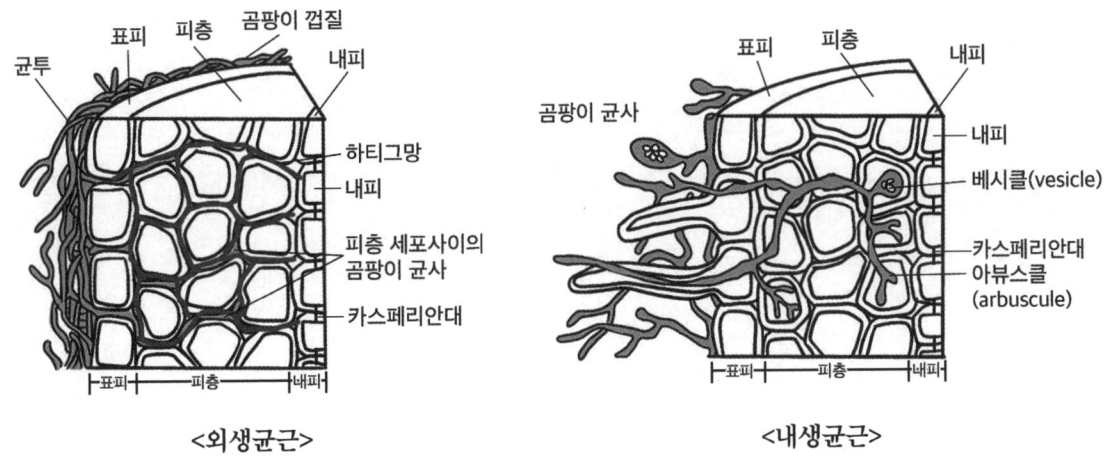

<외생균근>　　　　　　<내생균근>

4 외생균근, 내생균근 형성수종 및 버섯

외생균근 형성 수종	내생균근 형성 수종
• 소나무과(소나무, 잣나무, 가문비나무, 잎갈나무) • 버드나무과(버드나무, 사시나무(포플러)) • 자작나무과(자작나무, 서어나무, 박달나무, 오리나무, 개암나무) • 피나무과(피나무, 염주나무) • 참나무과(떡갈나무, 신갈나무, 갈참나무, 졸참나무, 상수리나무, 밤나무 등)	물푸레나무, 백합나무, 향나무, 낙우송, 과수류(사과나무 등)

✓ 내외생균근(외생균 + 내생균) : 오리나무류, 버드나무류, 유칼리나무

외생균근 형성 버섯	내생균근 형성 버섯
광대버섯류, 무당버섯류, 젖버섯류, 그물버섯류, 송이버섯류	천마버섯 등

5. 햇빛과 광합성

1) 햇빛의 중요성

1. 광합성작용의 필수요소(광반응 중 제일 첫 번째 단계에 관여)
2. 수목의 형태를 결정
3. 생리적인 현상을 발현
4. 식물분포를 결정

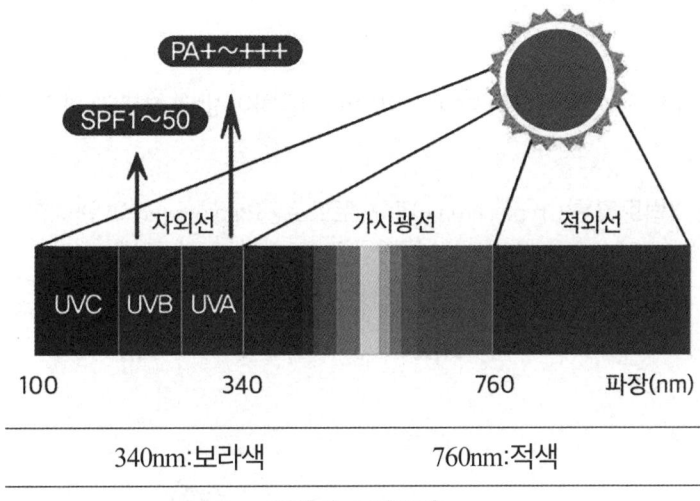

<태양의 스펙트럼>

2) 햇빛의 생리적 효과

1. 광질(파장)

   ① 빛의 파장
   ② 자외선(~340nm) : 오존층에 흡수
   ③ 적외선(760nm~) : 탄산가스와 수분에 흡수
   ④ 가시광선(340~760nm) : 광합성에 이용되는 파장의 빛
   ⑤ 활엽수림 : 파장이 긴 적색 광선이 주로 분포, 침엽수림 : 다양한 파장의 스펙트럼이 골고루 분포

2. 광도(lx)

   ① 빛의 밝기
   ② 100lx 이하 : 저에너지 광효과(광주기, 굴광성)
   ③ 1,000lx 이상 : 고에너지 광효과(광합성)
   예 단일조건에 의해서 줄기생장이 정지되는 수종이 있다면 그것은 저에너지 광효과 때문임

3 일장(광주기)

① 낮과 밤의 상대적인 길이
② 계절의 변화 감지 등 다양한 생리적 활동의 기본이 됨
③ 광주기에 의해 낙엽이 지는 수목 : 백합나무
④ 온도에 의해 낙엽이 지는 수목 : 아까시나무, 자작나무
⑤ 북반구 고위도 : 낮의 해가 김, 북반구 저위도 : 낮의 해가 짧음

3) 햇빛과 수목의 생리현상

1 굴광성

① 햇빛을 한쪽으로 비춰주면 옥신이 햇빛의 반대 방향으로 이동하여 반대 부분의 세포 신장을 촉진하여 자엽초가 구부러지게 하는 성질
② 굴광성에는 광색소인 크립토크롬(Cryptochrome)과 포토트로핀(Phototropin)이 관여함

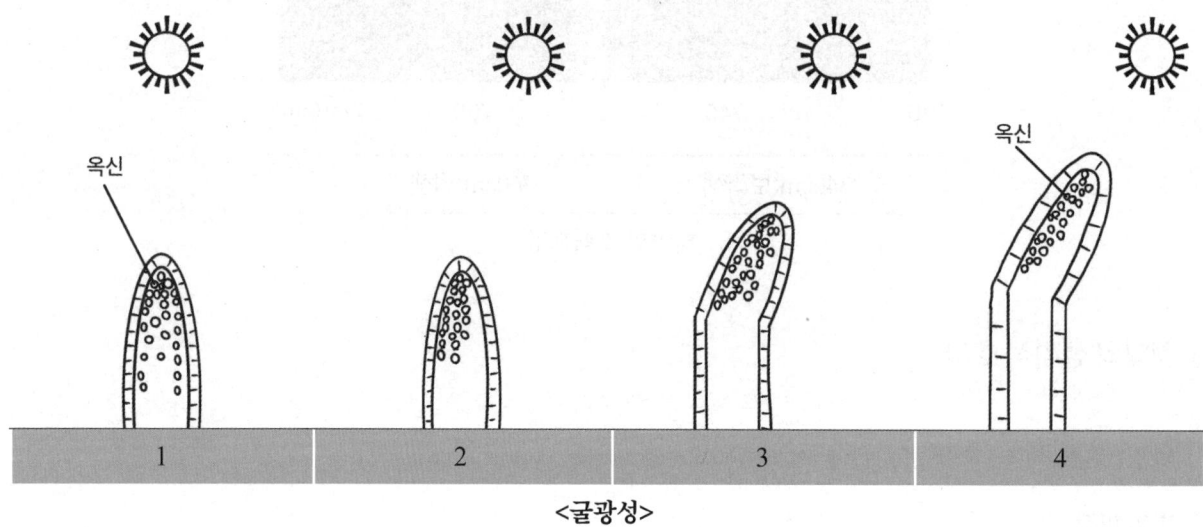

<굴광성>

2 굴지성

① 뿌리가 밑으로 자라는 원리, 지구의 중심을 향하여 자라는 뿌리는 양성(+)굴지성을 나타내며, 나무의 수간과 꽃은 양성(+)굴지성의 정반대인 음성(-)굴지성을 나타냄
② 수평근이 밑으로 구부러지는 원리 : 옥신이 뿌리의 아래쪽으로 이동하여 아래쪽 세포의 신장을 억제하고 위쪽의 세포가 빨리 자라게 함(뿌리에서 옥신이 고농도인 부위는 생장이 억제됨)
③ 굴지성에는 뿌리끝의 근관과 포토트로핀(Phototropin)이 관여함

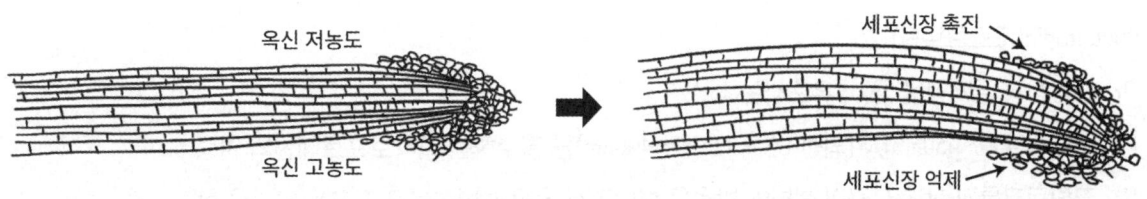

<뿌리의 굴지성>

4) 색소(광색소, 광합성색소, 광수용체)

> 광색소는 빛에 노출될 시 물리 화학적 변화를 일으키는 색소로서, 자극이 주어졌을 때 '인지'하는 역할을 하게 됩니다. 인지 후에는 적절한 신호를 전달하고 그 이후엔 적절한 반응이 일어납니다.

 광형태형성을 조절하는 색소(광수용체)

① Phytochrome(피토크롬, 파이토크롬)

    가. 분자량이 각각 120,000da 가량 되는 두 개의 동일한 폴리펩타이드(polypeptide)로 구성되어있음

    나. 피롤(pyrrole)이 4개 모여서 이루어진 발색단을 가지고 있음

    다. 암흑 속에서 기른 식물 체내에 가장 많은 양이 들어 있고 햇빛을 받으면 합성이 금지되거나 파괴됨

    라. 뿌리를 포함한 생장점 근처에 가장 많이 존재하며, 세포 내에서는 세포질과 핵 속에 존재하지만, 세포소기관이나 원형질막, 액포 내에서는 존재하지 않는다.

형태	조건	내용
Pr(비활성형태)	730nm 파장	대부분이 Pr로 존재, 전체의 99%가 Pr
Pfr(활성형태)	660nm 파장	대부분이 Pfr로 존재, 전체의 80%가 Pfr

    a. 피토크롬은 파장이 660nm일 때와 730nm일 때에 따라서 활성의 여부가 달라짐

    b. 활성상태가 되면 광주기 현상, 줄기생장, 종자 휴면, 광형태 변화 등을 지배하여 생리적 활성화 상태가 됨

    c. 식물은 Pfr과 Pr의 상대적 비례로써 밤의 길이를 측정함. 암흑 상태가 되면 Pfr은 Pr로 천천히 환원된다.(이 이유 때문에 암흑 속에서 기른 식물 체내에 가장 많은 양이 들어있게 된 것임)

② Cryptochrome(크립토크롬)

    가. 굴광성에 관여하는 색소

    나. 320~450nm의 파장을 흡수하여 감지한다.(보라색~청색)

    다. 피토크롬(Phytochrome)과 함께 작용하여 햇빛에 의한 식물의 반응이 일어남

    라. 크립토크롬은 식물과 동물에 모두 존재하는 광수용체로 야간에 잎이 접히는 등의 일주기 현상에 관여한다.

③ Phototropin(포토트로핀)

　　가. 굴광성과 굴지성을 둘 다 유도하는 색소

　　나. 청색광(400~450nm), 자외선 UV-A(320~400nm)를 흡수하는 플라보프로테인의 일종

　　다. 크립토크롬과 함께 식물이 햇빛에 반응을 보이면서 생장의 변화를 가져오는 역할을 함
　　　　(잎의 확장, 어린식물의 생장조절, 줄기 생장 유도 등)

2 광합성을 돕는 색소(광합성 색소, 광색소)

① 엽록소

　　가. 광합성 과정에서 가장 핵심적인 역할을 하는 색소, 지구상에서 가장 흔한 색소 중 하나임

　　나. 세포 소기관인 엽록체 안에 들어있는 색소이며, 적색광과 청색광을 흡수하는 반면 녹색광은 반사하여 내보내 식물을 초록색으로 보이게 함

　　다. 엽록체 중 그라나에 특히 많이 존재하며 그 중에서도 틸라코이드막에 다수 존재함, 스트로마에는 존재하지 않는다.

　　라. 대부분 엽육세포에 들어있으나, 어린 가지의 수피와 어린 과일에도 들어있다.

　　마. 피롤(pyrrole)이 4개 모여서 고리를 만들고 4번째 피롤(pyrrole) 분자에 긴 꼬리 모양의 파이톨(phytol)이 부착되어 있으며, 마그네슘이 중심 원소이다.

　　바. 비극성 화합물이기 때문에 물에는 잘 녹지 않으며, 에테르에 잘 녹는 지질 화합물이다.

　　사. 녹색광에서도 광합성이 이루어지므로 엽록소 외에도 광합성에 기여하는 색소가 존재함을 알 수 있음

② 카로티노이드(carotenoids)

　　가. 이소프레노이드(isoprenoid) 화합물의 한 종류

　　나. 식물의 노란색, 오렌지색, 적색 등을 나타내는 광합성 보조색소

　　다. 광산화 작용에 의한 엽록소의 파괴 방지

5) 광합성

인간은 유기물을 따로 섭취해야지만 살 수 있는 생물입니다. 그리고 그 유기물들은 대부분 식물을 통해서 만들어집니다.
식물은 지구의 생태계에 핵심적인 역할을 하고 있으며, 그 중에서도 가장 핵심적인 작용은 광합성 작용입니다. 광합성 작용은 빛에너지를 통해 무기물을 유기물로 만드는 신비한 과정이며, 이를 통해 우리에게 필요한 모든 유기물들이 제공되고 있습니다.

※ 광합성은 햇빛이 있어야지만 반응할 수 있는 광반응과 햇빛이 없어도 반응할 수 있는 암반응으로 나뉘어 지며, 광합성은 전체적으로 보았을 때 이산화탄소(CO_2)를 포도당($C_6H_{12}O_6$)으로 환원시키므로 '환원과정'으로 볼 수 있다.

$$6CO_2 + 6H_2O = C_6H_{12}O_6 + 6O_2$$

1 1단계 : 광반응

'물과 빛에너지를 통해 ATP, NADPH와 같은 에너지(조효소)를 만드는 과정'

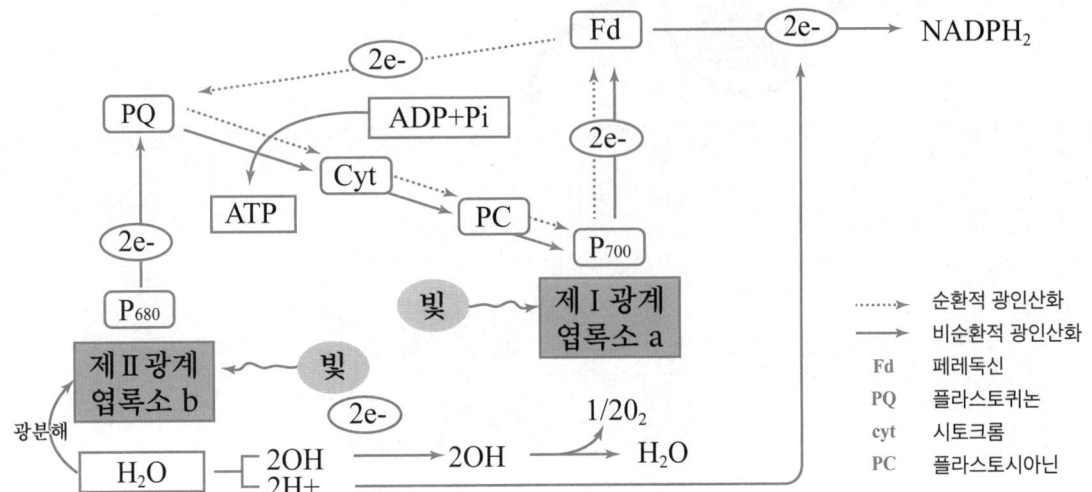

<광반응 전체과정>

① 물(H_2O)의 광분해로 인해 수소이온(H^+), 전자(e^-)와 산소(O) 세 가지로 나누어지고 전자는 전자전달계로, 산소는 부산물로 방출됨(Mn, Cl는 이 과정을 촉진하는 효소의 구성 성분임).

② 광계2(P680)의 안테나색소들이 빛에너지를 받아 들뜬 상태가 되며, 이때 생긴 전자(에너지)를 전달하여 최종적으로 반응중심복합체까지 전자(에너지)가 전달이 됨

③ 전자는 광계2에서 플라스토퀴논(PQ)을 거쳐 광계1(P700)으로 이동함(이동 시 중간에 사이토크롬(Cyt), 플라스토시아닌(PC)을 추가로 거치며, 이때 산화-환원 전위차에 의해 ADP가 ATP가 되어 에너지를 얻는다).

④ 전자는 광계1에서 페레독신(Fd)을 거쳐 NADP로 전자를 전달하여 NADPH를 만든다. - 비순환적 광인산화

⑤ 광계1에서는 순환적 광인산화과정을 통해 ATP를 반복적으로 얻는다. - 순환적 광인산화

⑥ ATP와 NADPH가 생성되는 과정은 산화-환원 전위차에 의해 발생하며, 산화환원전위란 '어떤 물질이 산화되거나 환원되려는 경향의 세기'를 말한다.

⑦ 위에서 밑으로(이미지 기준) 전위를 떨어뜨리면서 에너지를 생성해낸다.

⑧ 순환적 광인산화(제 I 광계) : P700 → 전자 전달계 → P700 : ATP생성

  비순환적 광인산화(제 II 광계) : P680 → 전자 전달계 → P700 : ATP, $NADPH_2$, O_2 생성

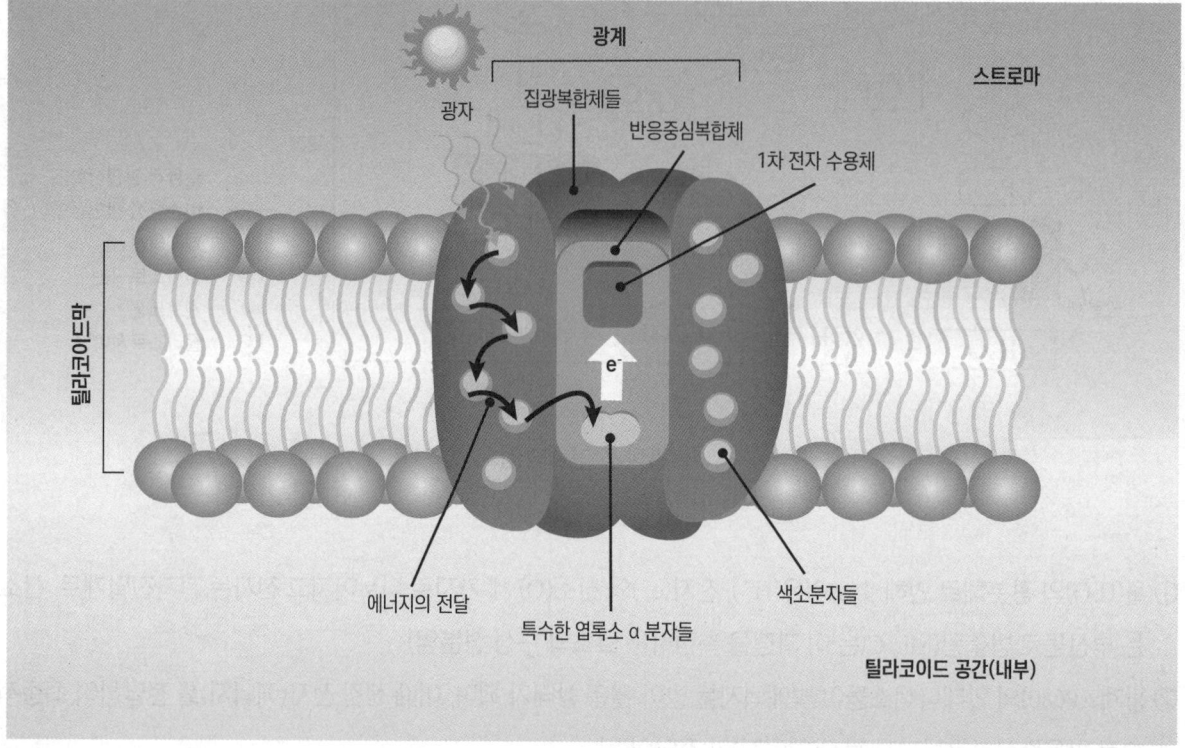

<광계에서의 반응>

나무쌤 잡학사전

광계가 빛을 수확하는 방법
광자가 집광복합체의 색소에 부딪히면, 반응중심복합체에 도달할 때까지 에너지는 한 분자로부터 다른 분자로 전달된다. 반응중심복합체의 특별한 엽록소 α 분자 쌍에서 들뜬 전자 하나가 1차 전자수용체로 전달된다.

2 2단계 : 암반응(= 캘빈회로)

'광반응에서 만들어진 에너지(ATP, $NADPH_2$)와 CO_2로 탄수화물을 합성하는 과정'

① 엽록체 내에서 엽록소가 없는 스트로마(Stroma)에서 반응, ATP와 NADPH가 있을 때만 가능(낮과 야간 모두 일어날 수 있음)

② 합성과정에서의 첫 화합물이 C3화합물인지 C4화합물인지에 따라서 C3식물과 C4식물로 나뉨
  - C3식물 : C5화합물 + CO_2 → 2분자의 C3화합물
  - C4식물(or CAM식물) : C3화합물 + CO_2 → C4화합물

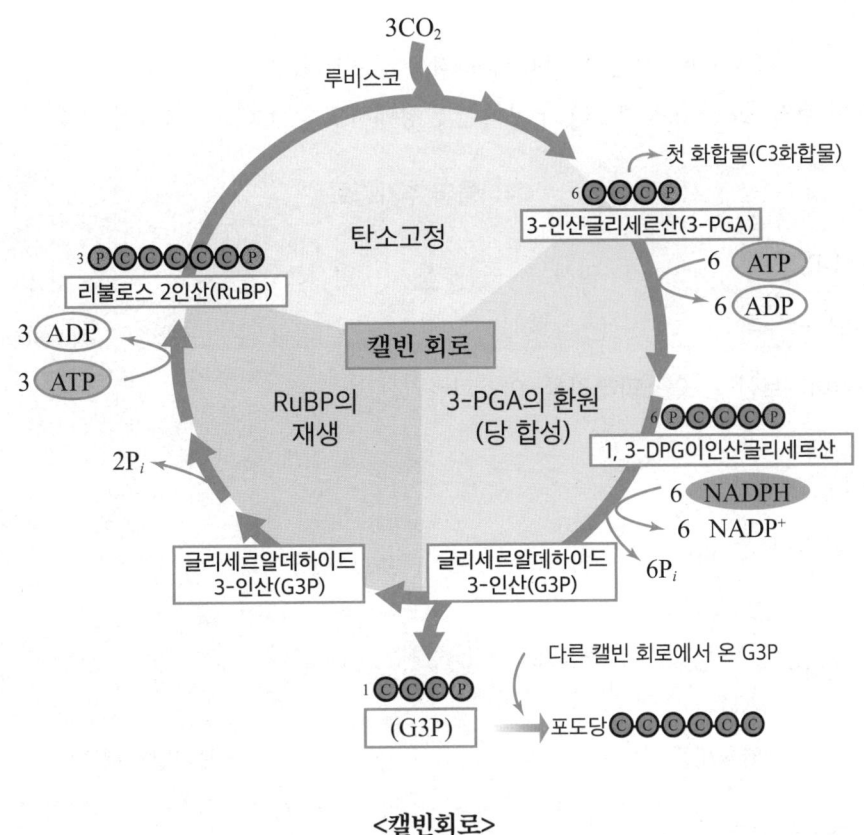

<캘빈회로>

✅ C3식물의 암반응과정

① 탄소고정 과정

　5탄소 화합물인 리불로스 2인산(ribulose bisphosphate, RuBP)이 루비스코 효소를 사용하여 CO_2를 고정 후 6탄소 화합물이 형성되고 이후 반으로 갈라져 첫 번째 화합물인 2분자의 3-인산글리세르산(3-PGA)이 생성(이때, 첫 번째 화합물이 C3화합물 이므로 C3식물이라고 불린다)

② 3-PGA의 환원(당 합성) 과정

　3-PGA에 인산기가 하나 더 붙으면서 1,3-DPG가 되고 이후 NADPH로부터 에너지를 받아 G3P를 만든다. 여기서 형성된 G3P 한 분자와 다른 캘빈회로에서 만들어진 G3P 한 분자가 만나 포도당을 합성한다.

③ RuBP의 재생

　G3P에서 ATP가 사용되며 캘빈회로 최초 산물인 5탄소 화합물 리불로스 2인산(ribulose bisphosphate, RuBP)을 만든다.

④ 즉, RuBP→3-PGA→1,3-DPG→G3P를 거쳐 포도당이 형성됨

✓ C4식물의 암반응과정

'C3식물 암반응 전에 C4, CAM식물만의 탄소동화작용 경로가 있음'
→C4식물은 이 추가경로를 이용해 CO_2가 부족한 환경에서도 암반응을 계속할 수 있음.

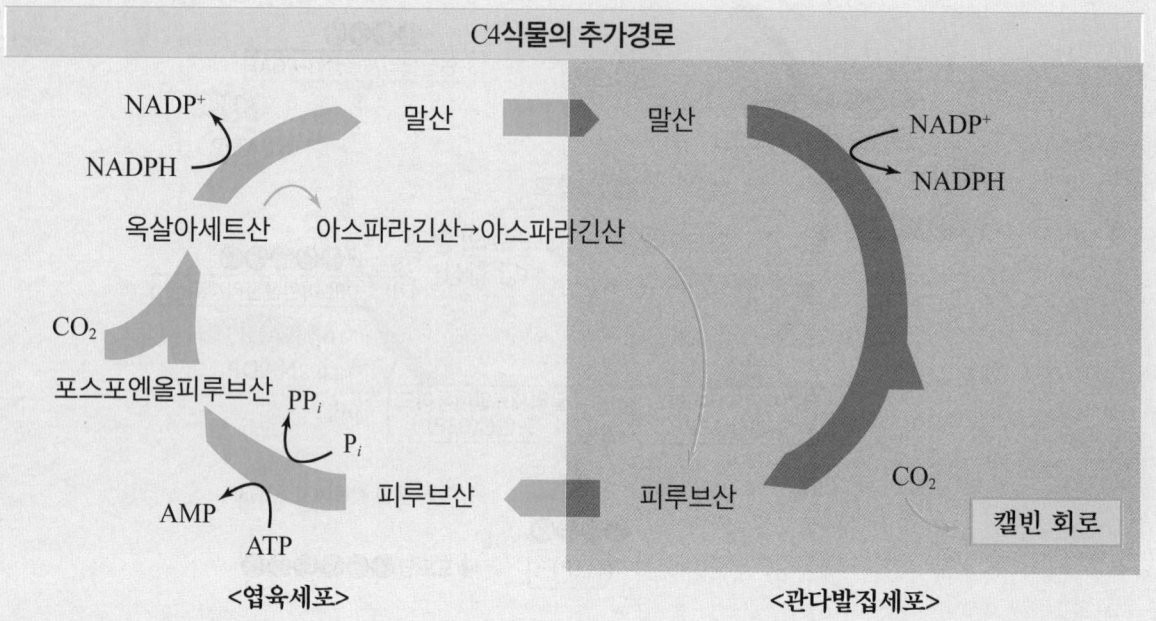

① C4식물 추가경로 과정
  1. 포스포엔올피루브산(phosphoenolpyruvate, PEP(C3))가 CO_2를 고정하여 옥살아세트산(OAA, C4)을 만든다(이때, 첫 번째 화합물이 C4화합물 이므로 C4식물이라고 불린다).
  2. OAA은 에너지(NADPH)를 사용하여 말산(malic acid, C4)을 만든다.
  3. 말산은 CO_2를 방출하고(이 CO_2는 암반응의 캘빈회로에 쓰여 암반응을 지속할 수 있도록 해줌) C3화합물인 피루브산이 되어 다시 PEP를 합성하고 위 과정을 반복한다.
  4. 대표적인 C4 수종 : 사탕수수, 옥수수, 수수
  5. 특징 : 광합성 효율이 좋음(광호흡을 거의 하지 않기 때문에)

C3 식물과 C4 식물의 특징비교		
구분	C3 식물	C4 식물
광합성 최초 생산물질	3탄당	4탄당
담당 효소명	루비스코(Rubisco)	PEP carboxylase
유관속초 존재	있거나 없다	반드시 있다
광합성 최적온도	20~25℃	30~35℃
광포화점	낮다	높다
CO_2 보상점	높다	낮다
광호흡량	많다(광합성량의 25~40%)	적다(광합성량의 5~10%)
순광합성량	적다	많다
생장속도	보통	빠름
식물 예	대부분의 식물	수수, 옥수수, 사탕수수
분포지역	온대, 열대, 한대	열대

✅ CAM식물의 암반응과정

CAM식물의 경로는 암조건일 때와 명조건일 때 서로 다르게 일어남

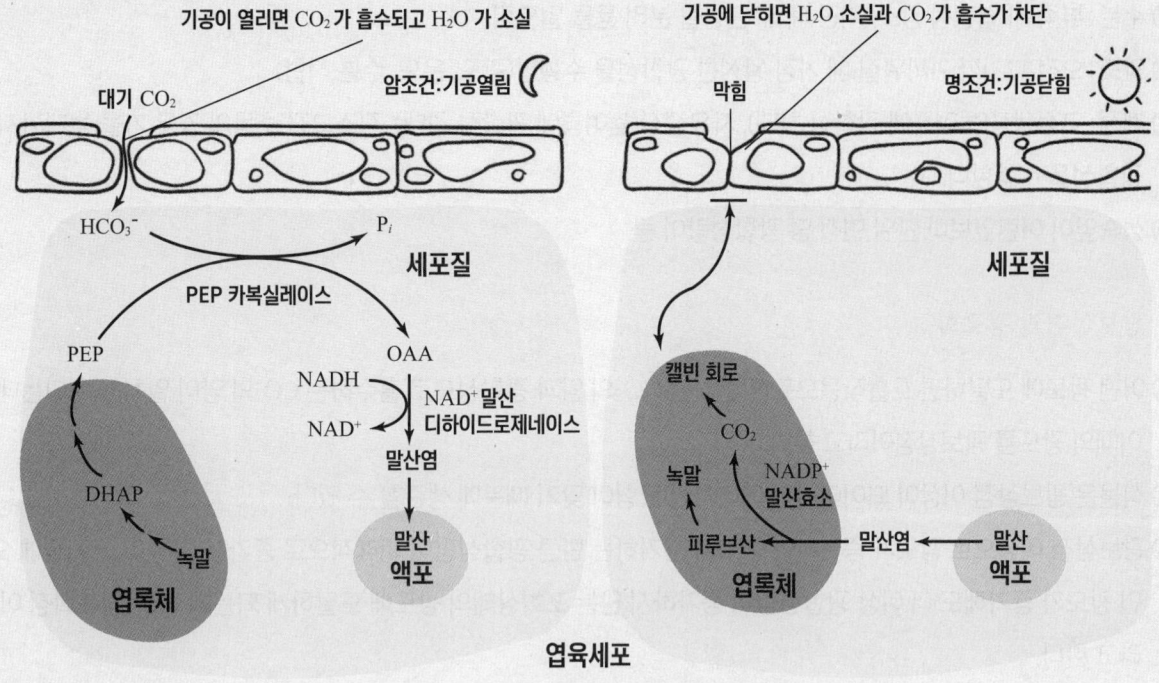

<CAM식물의 경로>

① **암조건 일 때**
   기공을 열고 C4경로로 CO_2를 말산에 고정한 후 액포에 저장함

② **낮조건 일 때**
   - 수분 손실을 줄이기 위해 기공을 닫으며, 밤 사이 고정한 말산이 피루브산으로 분해되면서 CO_2가 방출되고 방출된 CO_2는 캘빈회로로 유입되어 탄수화물로 전환됨

③ 대표적인 CAM수종 : 다육식물, 염분지대식물, 난초, 나리, 대극과, 돌나물과, 선인장과
   ※ 나자식물 중 유일하게 Welwitschia속만이 CAM경로를 거침
   ※ 특징 : 우기가 오면 낮에 기공을 열고 C3식물과 마찬가지로 광합성을 함

3 광호흡

① 리불로스 2인산(RuBP)이 루비스코 효소에 의해 이산화탄소와 결합해야하는데, 이산화탄소가 부족할 시 이산화탄소 대신 산소가 반응하여 오히려 고정된 탄소를 잃어버리는 경로
② 광조건 하에서만 일어남
③ 온도가 높을수록, 산소가 많을수록, 이산화탄소가 적을수록 광호흡이 커짐
④ 미토콘드리아에서 탄수화물의 일부가 산소를 소모하여 분해되면서 이산화탄소를 방출함
⑤ C4식물과 CAM식물의 경우 CO_2가 부족하지 않도록 해주는 추가경로가 있어 해당식물들은 광호흡을 거의 하지 않는다.

4 광합성에 영향을 주는 요인

① 온도 : 암반응에 영향을 많이 줌(효소에 의한 생화학적 반응이기 때문), 너무 높으면 광호흡이 증가하여 광합성 효율이 감소함
② 수분 : 부족 시 엽면적 감소, 기공 폐쇄, 원형질 분리 등을 일으킴
③ 광도 : 오전 12시가 가까워질 때 가장 왕성한 광합성을 수행함(광도, 온도, 수분 적합)
④ 계절 : 고정생장(초여름에 광합성 최대), 자유생장(늦여름에 광합성 최대), 질소고정 수목의 경우 가을 늦게까지 광합성을 수행한다.
⑤ 성숙잎이 어린잎보다 단위 면적 당 광합성량이 큼

5 광보상점과 광포화점

① 어떤 광도에 도달하면 호흡작용으로 방출되는 CO_2의 양과 광합성으로 흡수하는 CO_2의 양이 일치하게 되는데, 이때의 광도를 광보상점이라고 한다.
② 식물은 광보상점 이상이 되어야만 에너지의 균형이 맞기 때문에 생존할 수 있다.
③ 광보상점 이상으로 광도가 증가하면 광도가 증가하는 만큼 광합성량이 비례적으로 증가하다가, 어느 지점에 오면 광도가 증가해도 더 이상 광합성량이 증가하지 않는 포화상태의 광도에 도달하게 되는데 이를 '광포화점'이라고 한다.
④ 대부분 전광을 120,000lx 정도로 가정할 때, 광보상점은 2,000lx(1.5%) 정도, 광포화점은 20,000~80,000lx(약 15~65%) 정도이다.
⑤ 양수는 광보상점과 광포화점 모두 높고, 음수는 광보상점과 광포화점 모두 낮다.

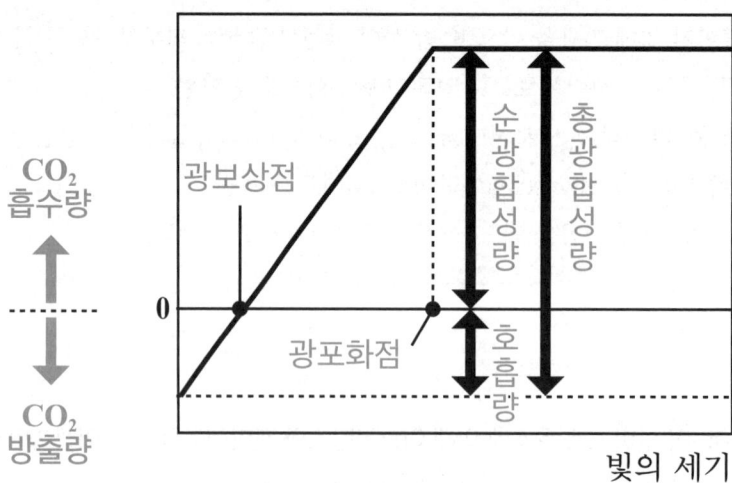

<광보상점과 광포화점>

6. 호흡

1) 호흡이란

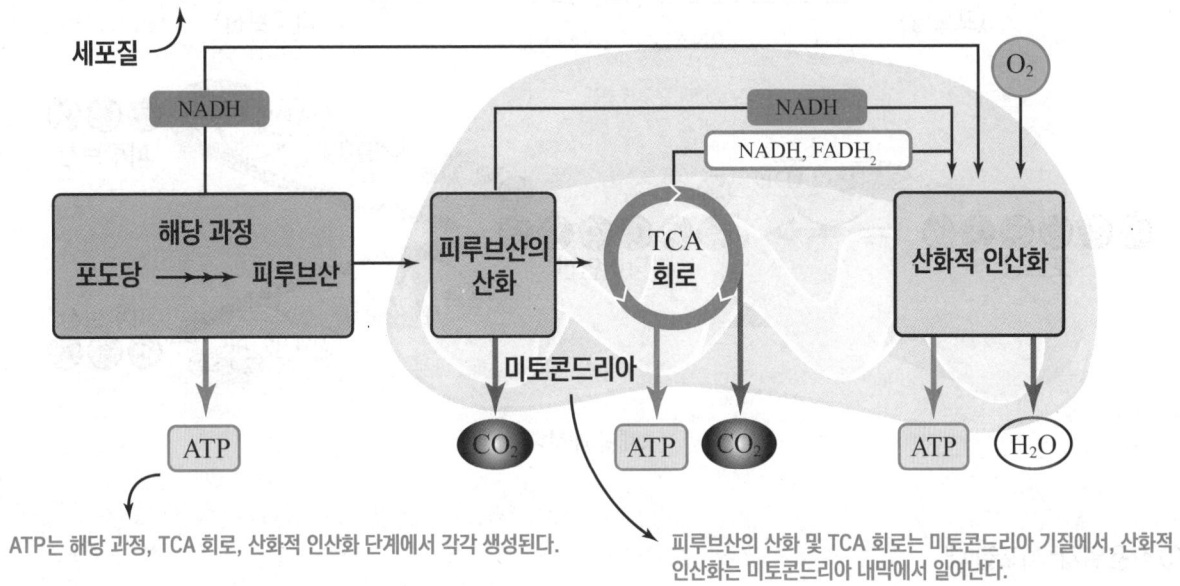

<호흡작용의 전 과정>

- 에너지를 가지고 있는 물질인 기질(포도당)을 산화시키면서 에너지(ATP)를 발생시키는 과정
- 쉽게 말해서, 광합성으로부터 만들어진 포도당을 분해하여 에너지(ATP)를 얻는 과정
- 총 3과정으로 이루어져 있으며, 세포질(해당작용)과 미토콘드리아(TCA회로, 산화적인산화)에서 단계적으로 이루어진다.
- 포도당을 산화시킨다고 하는 것은 $C_6H_{12}O_6$인 포도당이 결과적으로 $6CO_2$가 되어 수소와 전자를 잃고 산소를 얻었기 때문이다.
- 호흡에서 생산되는 ATP는 광합성 광반응에서 생기는 ATP와 같은 형태의 '조'효소이다.

2) 호흡의 중요성

- 생명 활동에 필요한 '에너지'를 얻을 수 있음
- 에너지가 될 수 있는 물질을 아무리 만들어 낸들, 분해하여 사용가능한 상태로 만들지 못한다면 아무 의미가 없을 것이다. 호흡은 에너지를 가지고 있는 기질을 사용가능한 상태(ATP)로 만들어준다.

3) 호흡 기작

1 해당작용

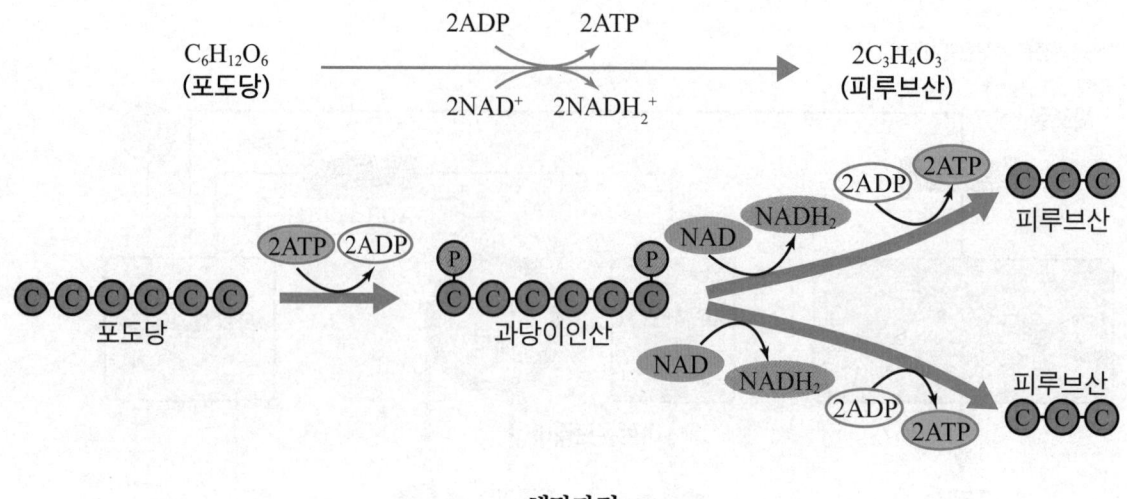

<해당과정>

① 작용위치 : 세포질 내
② 작용결과 : 포도당($C_6H_{12}O_6$)이 2분자의 피루브산($C_3H_4O_3$)으로 분해됨
③ 특성
  - 해당과정에서 약간의 에너지(ATP, $NADH_2$)가 생성됨
  - 산소가 필요하지 않음
  - 에너지 생산효율이 낮음 → NAD를 NADH로 변환하는 데 에너지를 사용하기 때문
④ 과정
  가. 에너지 투자 단계

  광반응의 산물인 포도당(C_6)에 에너지(2ATP)가 사용되어 포도당에 2개의 인산기가 붙은 과당이인산(6C)이 된다.

  나. 에너지 생산 단계

  과당이인산(6C)이 분해되면서 투자했던 에너지(2ATP) 보다 더 많은 에너지(4ATP, $2NADH_2$)가 생성이 되며 결과적으로 피루브산(3C) 2분자를 형성한다.

2 Krebs회로 = TCA회로 = 시트르산 회로

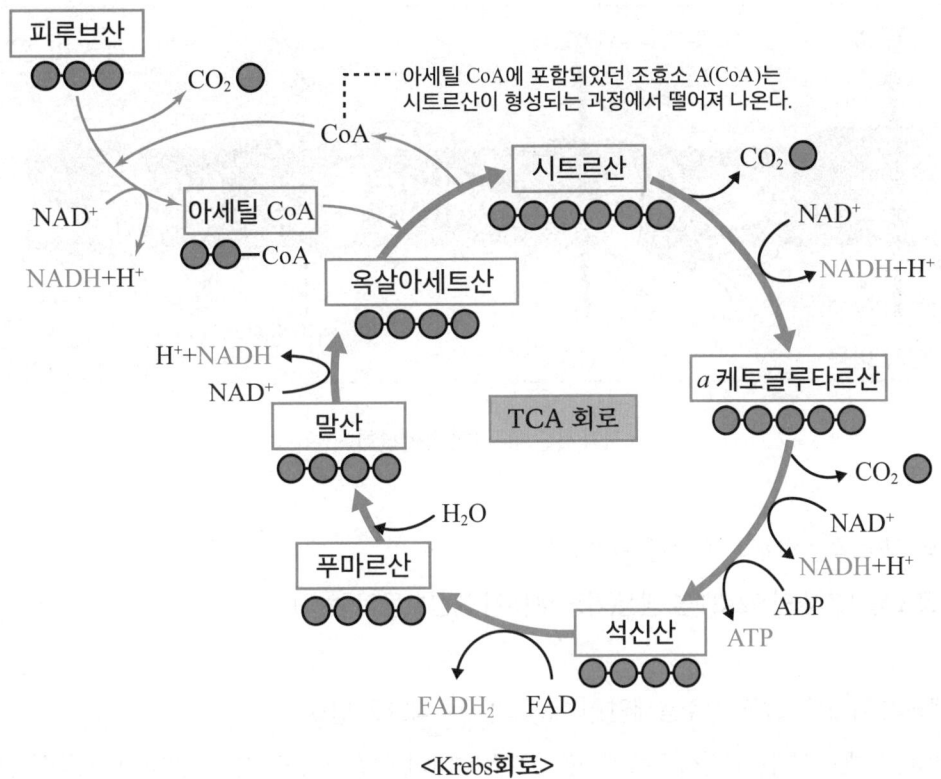

<Krebs회로>

① 작용위치 : 미토콘드리아 기질
② 작용결과 : 마지막 과정인 산화적 인산화 단계에서 사용 될 에너지(ATP, NADH, FADH$_2$)와 CO_2가 생성됨
③ 특성
- 산소(O_2)가 충분히 존재할 때 가장 활발하게 작용하며, 산소가 없는 혐기성 상황일 때는 피루브산에서 바로 젖산 발효 대사가 일어난다.
- 에너지 생산효율이 낮음→NAD를 NADH로 FAD를 FADH$_2$로 변환하는 데 에너지를 사용하기 때문
④ 과정 [피. 아. 시. 아. 석. 푸. 말. 옥]
- [C3]피루브산→[C2]아세틸 CoA→[C6]시트르산→[C5]α-케토글루타르산→[C4]석신산→[C4]푸마르산→[C4]말산→[C4]옥살아세트산
- 해당작용으로 생성된 피루브산(C3)에서 이산화탄소(CO_2)가 빠져나가고 조효소 CoA가 붙어 아세틸 CoA가 생성됨
- 이후 Krebs회로의 마지막 산물인 옥살아세트산과 반응하여 시트르산을 생성하며, Krebs회로가 연속적으로 진행됨

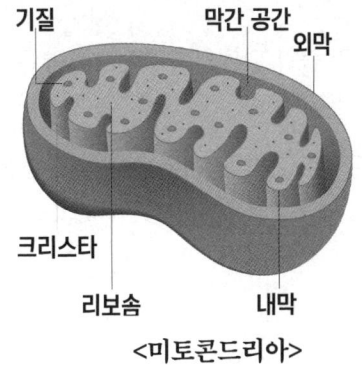

<미토콘드리아>

3 전자전달계 = 말단전자전달경로 = 산화적인산화

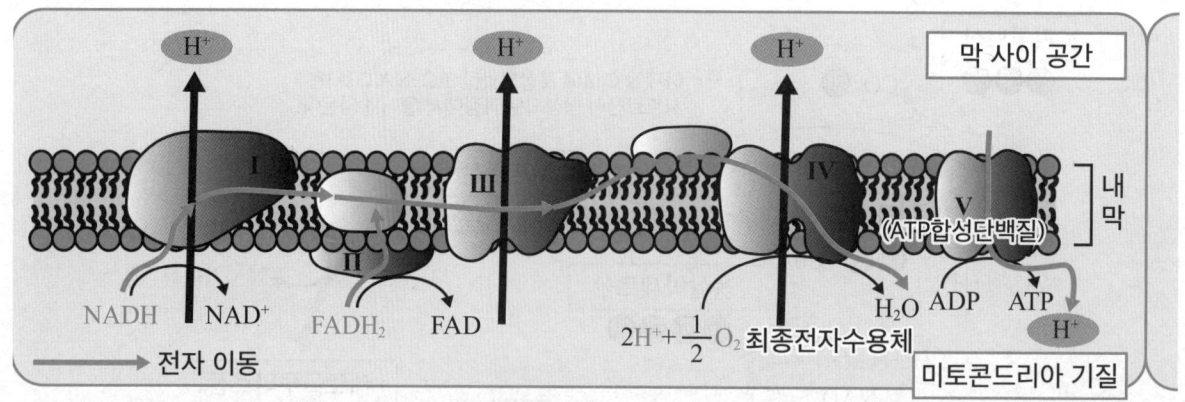

<전자전달계=산화적인산화>

① 작용위치 : 막 사이 공간 - 내막 - 미토콘드리아 기질
② 작용결과 : 포도당 1분자 당 32ATP를 생성(가장 에너지 생산효율이 높음)
③ 특성
  - 경로가 진행되기 위해선 최종전자수용체인 산소(O_2)가 필수적으로 필요함
  - NADH로부터 시작된 전자는 최종적으로 산소(O_2)에 전달되며, 산소와 수소이온이 만나 H_2O(물)을 형성함
  - 전자전달경로는 모든 호흡과정 중에서 가장 에너지 생산효율이 높음
④ 과정
  - Krebs회로에서 만들어진 NADH, $FADH_2$가 산화되어 전자를 전자전달계로 보냄
  - 전자들이 전자전달경로를 통해 이동할 때의 에너지로 수소이온이 수소운반 막단백질(Ⅰ, Ⅱ, Ⅲ, Ⅳ)을 타고 미토콘드리아 기질에서 막 사이 공간으로 이동함
  - 막 사이 공간과 미토콘드리아 기질 간에 수소 농도 차이가 발생함(화학 삼투)
  - 화학 삼투현상에 의해 수소이온 농도가 높아진 막 사이공간에서 농도가 낮아진 미토콘드리아 기질로 수소이온이 ATP합성 단백질(Ⅴ)을 타고 이동하며, 이때 ATP가 만들어짐

4) 호흡에 영향을 주는 요인

1 수목의 나이

- 어린 숲과 성숙한 숲을 비교하였을 때, 어린 숲이 '단위건중량당 호흡량'은 많지만 '전체 광합성에 대한 호흡량'의 비율은 낮음
- 성숙한 숲은 죽어있는 조직이 많아 중량은 높고, 광합성량은 줄어들며, 호흡량은 늘어남

2 수목의 부위

- 수목의 호흡은 살아있는 세포에서 가장 높게 일어나며, 죽은 부위에서는 잘 일어나지 않음
- 전체 비율로 보았을 때, 잎이 가장 많이 호흡하며(30% 이상), 뿌리의 경우 전체의 8% 정도를 호흡함(이 중 세근이 95% 이상 차지함)
- 줄기의 호흡은 수피와 형성층 주변조직에서 주로 일어남
- 형성층은 외부와 직접 접촉하지 않기 때문에 주로 혐기성 호흡이 일어남
- 뿌리에 균근이 형성되면 호흡이 증가함(대부분 세근에 발달, 뿌리호흡 전체의 25%차지)

3 온도에 따른 호흡량

- 온도에 변화에 따른 호흡량의 변화는 보통 Q10이라는 단위로 나타내며, 이것은 온도가 10도 상승함에 따라 나타나는 호흡량의 증가율을 의미함
- Q10의 값은 겨울에는 높고 여름에는 낮은데, 그 이유는 여름에는 온도가 올라가도 한계 호흡량이 있어 더 이상 호흡량이 증가하지 않기 때문임

4 광량에 따른 호흡량

음수는 양수에 비해 광합성량이 적지만, 호흡량도 낮은 수준을 유지하여 광량이 적은 그늘에서도 잘 생존할 수 있음

5 임분에 따른 호흡량

밀식된 임분은 개체 수가 많고 직경이 작아 임분 전체 호흡량이 많아짐

6 대기에 따른 호흡량

잎 주위에 이산화탄소 농도가 높아지면 기공이 닫혀 호흡량이 감소함

5) 호흡량이 가장 높을 때 부위 별 비교

부위	호흡량이 가장 높을 때	호흡량이 가장 낮을 때
잎	완전히 만들어진 직후	생장을 정지하거나, 낙엽이 지기 직전
눈	생장기(개엽이 시작될 때)	휴면기
과실	결실 직후에 가장 높고 이후 떨어짐	-
종자	종자가 자라고 있는 기간(미성숙종자)	종자가 자라지 않는 기간(성숙종자)

7. 탄수화물 대사와 운반

1) 탄수화물의 기능

① 세포벽의 주요 성분
② 에너지를 저장하는 주요 화합물
③ 지방, 단백질과 같은 다른 화합물을 합성하기 위한 기본물질
④ 광합성 최초 생성물질
⑤ 세포액의 삼투압을 증가시키는 물질
⑥ 겨울철 빙점을 낮춰 세포가 어는 것을 방지해주는 화합물
⑦ 호흡 과정에서 산화되어 에너지를 발생시키는 주요 화합물
⑧ 잎에서 광합성으로 만든 탄수화물을 뿌리로 안전하게 이동시킬 때 활용하는 화합물
⑨ 균근균에게 제공되어 균근균과 공생할 수 있게 해주는 매개물

2) 탄수화물의 종류

	3탄당	4탄당	5탄당	6탄당	7탄당	비고
단당류	glycer-aldehyde	erythrose	-ribose -xylose -arabinose -ribulose	-glucose -fructose -galactose -mannose	heptulose	

		2당류	3당류	4당류	5당류	그 이상	
올리고당류 (2~10개의 단당류)		-maltose(환원당) -lactose(환원당) -cellobiose(환원당) -sucrose(비환원당)	-raffinose -melezitose	stachyose	verbascose	dextrine (환원당)	3, 4, 5당류 모두 비환원당임

다당류	종류	-starch(전분) -cellulose(섬유소) -callose(칼루스)	hemicellulose(헤미셀룰로스)	-pectin(펙틴) -mucilage(식물 점액질) -gum(검)	
	기본 구성요소	-glucose(포도당) -amylose (아밀로오스)	-xylan -mannan -galactan -araban	-galacturonic acid (갈락투론산)	

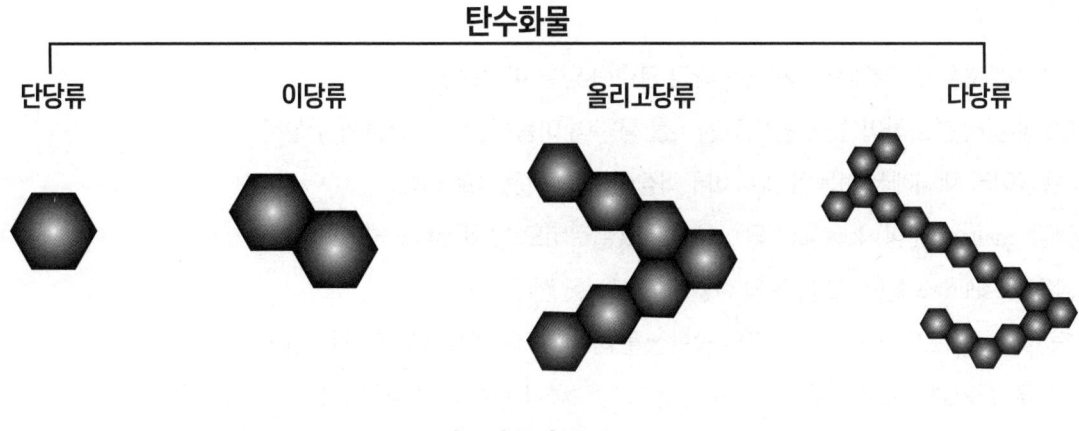

<탄수화물의 종류>

1 단당류

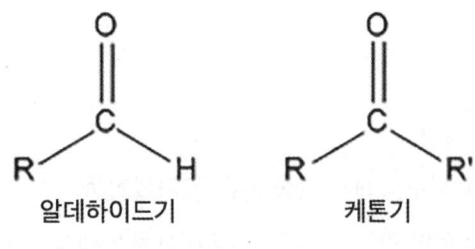

<알데하이드기와 케톤기>

- 탄수화물의 기본단위. 선형구조일 때 작용기를 알데하이드기나 케톤기 중 하나를 가지고 있음
- 조효소인 ATP, NAD 등의 구성 성분, RNA, DNA의 기본골격을 구성
- 탄소의 이동에 직접적으로 관여
- 물에 잘 녹고 이동이 용이하게 이루어짐(수용성)
  → 단당류에는 하이드록시기와 알데하이드기 등 친수성을 나타내는 작용기가 많다.
- 단당류는 모두 환원당에 속한다.

> ✓ **단당류 별 특성**
>
> ribose(리보스)는 핵산(RNA)와 ATP등의 조효소의 구성 물질임

2 올리고당류

- 단당류의 분자가 2개에서 10개 정도까지 연결된 당을 아우르는 말
- 세포에 널리 분포하며, 높은 농도로 사부를 통하여 이동하는 탄수화물의 주성분
- 수용성이라 체내에서 이동이 쉽게 이루어짐(친수성 작용기로 인해)
  - 환원당 : maltose(엿당), lactose(젖당), cellobiose(셀로비오스), dextrine(덱스트린)
  - 비환원당 : sucrose(설탕) 포함, 위의 환원당을 제외한 전부
- 설탕(sucrose, 포도당 + 과당)의 경우 광합성을 하는 잎에서 단당류보다 훨씬 농도가 높음
  → 이유 : 캘빈회로에서 만들어진 포도당 등의 단당류가 즉시 다른 당류로 합성된다는 뜻

3 다당류

- 단당류의 분자가 수백 개 이상 대부분 직선으로 연결된 형태
- 물에 잘 녹지 않기 때문에 이동이 잘 안됨

① 주요 다당류

가. glucose(포도당)으로 구성된 다당류

a. cellulose(셀룰로스, 섬유소) : 지구상에서 가장 흔한 유기화합물
- 여러 초식동물의 주요한 먹이로써 인간의 경우 3당류 이상을 분해할 수 있는 소화효소가 없지만 초식동물과 토양세균, 곰팡이 등에 섬유소를 분해하는 cellulase(셀룰라아제)가 있어 섬유소를 분해하여 섭취할 수 있다.
- 세포벽의 주요 성분이며, 2차세포벽에서는 가장 많이 존재함
- β-포도당에 의한 β1-4연결식의 사슬 모양을 하고 있으며, 선형으로 연결되어 있다.
  → β(베타) 연결은 견고하고 잘 풀리지 않아 구조용 탄수화물에 사용된다.
- 200여 개의 사슬이 모여서 미세섬유를 이루고, 목부 조직의 경우 섬유 사이를 리그닌이 채우면서 세포벽을 구성하고 있다.

b. starch(전분) : 가장 흔한 저장 탄수화물
- α-포도당에 의한 α1-4연결식으로 사슬 모양을 하고 있음
  → α(알파) 연결은 나선형 구조로 유동성이 좋기 때문에 필요할 때마다 분해하여 사용가능한 저장용 탄수화물에 사용된다.
- 세포에서 세포로 이동이 안 되기 때문에 저장되는 세포 내에서 만들어짐
- 저장조직에서는 여러 층으로 전분립을 형성하여 전분체(색소체)에 축적
- 살아있는 유세포에 저장(ex : 잎의 경우 엽록체에 직접 축적)

c. amylose(아밀로오스) : 가장 흔한 저장 탄수화물
- D-글루코오스가 α1-4 연결식으로 연결되어 곧은 사슬 모양으로 결합한 고분자 화합물

나. arabans, xylans와 같은 5탄당, galactans, mannans와 같은 6탄당의 중합체로 구성된 다당류
  a. hemicellulose(헤미셀룰로스, 반섬유소) : 1차세포벽에 가장 많이 존재
  - 1차세포벽에 가장 많이 존재(25~50%), 2차벽은 두 번째로 많이 존재함(30%, 제일 많은 건 셀룰로스)

다. 갈락투론산(galacturonic acid)로 구성된 다당류
  a. pectin(펙틴)
  - galacturonic acid의 중합체, 중엽층에서 이웃 세포를 서로 접합시키는 시멘트 역할을 함
  - 1차벽에서는 10~35%가량을 차지, 2차벽에서는 거의 존재하지 않음
  b. gum(검)과 mucilage(식물 점액질)
  - gum(검) : 상처받을 때 밖으로 분비되는 물질, 침공당했을 때 조직을 막는 역할도 함
  - mucilage(식물 점액질) : 식물이 생성하는 끈끈한 액체물질을 모두 일컫는 말로 콩꼬투리, 느릅나무의 내수피, 잔뿌리의 표면 주변에서 분비되어 뿌리가 토양을 뚫고 들어갈 때 윤활유 물질이 된다.

3) 탄수화물의 특성

1 탄수화물 중 설탕(sucrose)의 합성과 전환

> ✅ **탄수화물의 합성과 전환**
>
> 탄수화물은 세포벽과 같은 구조를 구성하는 구조 탄수화물, 전분과 같은 저장탄수화물, 그리고 설탕과 같은 사용 탄수화물로 구분됩니다.
> 전분은 저장 탄수화물, 설탕은 사용 탄수화물입니다.
> 에너지를 써야 할 곳에는 사용 탄수화물인 설탕이 이용되며, 에너지를 저장해야 할 때는 저장 탄수화물인 전분이 이용됩니다. 예를들어 종자는 대부분 양분을 저장 탄수화물인 전분형태로 저장합니다.
> 그 외에, 단당류, 올리고당류 그리고 전분 사이에서는 지방이나 단백을 합성하기 위한 예비화합물로 쉽게 전환이 이루어지지만, 셀룰로스나 펙틴과 같이 한번 세포벽의 구성요소로 합성되어 세포벽에 부착된 탄수화물은 거의 다른 형태로 전환되지 않습니다.

- 설탕(포도당+과당)은 사용 탄수화물로써 사용되어야 할 곳에서 포도당과 과당으로 분해되어 사용된다.
- 설탕의 합성은 엽록체 내에서 이루어지지 않고 세포질에서 이루어짐
- Calvin Cycle(캘빈회로)에서 만들어진 2개의 3탄당(G3P)이 결합하여 과당(6탄당)을 만들고 2개의 6탄당(과당+포도당)이 결합하여 2당류인 설탕이 됨(이때, UTP가 에너지를 공급함)
- 설탕에서 전분으로의 전환은 영양조직이나 생식조직에서 쉽게 이루어짐
- 설탕이 전분으로 전환되는 경우 : 자라고 있는 종자
- 전분이 설탕으로 전환되는 경우 : 성숙해가는 과실 내

2 탄수화물의 축적과 분포

- 탄수화물은 광합성으로 생산된 양이 호흡이나 새로운 조직의 형성에 소모되는 양보다 많을 경우에 그 잉여분만큼 축적됨
- 지하부가 지상부보다 농도가 높아 뿌리가 중요한 탄수화물 저장소 역할을 함
    - ※ 탄수화물의 총량은 지상부의 생장에 따라서 달라질 수 있음
        - → 외떡잎식물 뿌리의 중앙에 있는 수(pith)는 살아있는 유세포로 이루어져 있어 탄수화물 저장이 가능하다.
- 살아있는 조직에서만 저장될 수 있음(ex : 심재×, 변재○, 특히 사부조직에 많음)
- 잎에서 합성된 전분은 설탕으로 전환되어 사부에 적재된다.

3 탄수화물의 이용

① 새 조직 형성 : 새잎, 새가지, 가지 끝의 눈, 뿌리 끝의 분열조직, 형성층 등 새조직 형성에 이용
② 호흡작용 : 대사작용에 필요한 에너지를 공급하기 위한 호흡작용에 사용
③ 저장물질 : 전분과 같이 저장물질로 전환
④ 미생물과의 공생 : 공생하는 질소고정박테리아나 균근곰팡이에게 탄수화물을 제공
⑤ 세포농도조절 : 빙점을 낮춰서 세포가 겨울에 어는 것을 방지
⑥ 탄수화물이 가장 많이 이용되는 곳은 세포벽 성분인 셀룰로스, 헤미셀룰로스, 펙틴과 같은 물질이다.

> ✓ **저장 탄수화물의 이용**
> - 이른 봄 ① 뿌리가 먼저 세포분열을 시작할 때, ② 개엽 시 잎이나 줄기의 초기생장은 저장되어 있던 탄수화물을 이용함
> - 맹아지가 나올 때도 저장 탄수화물을 이용
>   - ※ 활엽수의 밑동제거는 탄수화물을 모두 소모한 6~7월에 실시하면 맹아지의 발생을 줄일 수 있음
>   - ※ 자유생장수종은 수고생장이 이루어 질 때마다 탄수화물 함량이 감소한 후 회복됨

4 탄수화물의 계절적 변화

- 겨울철에 전분의 함량은 감소하고 환원당의 함량은 증가하는데, 이것은 전분이 설탕과 환원당으로 바뀌어 가지의 내한성을 증가시키는 역할을 하기 때문
    - ※ 환원당은 세포 내 농도를 증가시켜 내한성을 증가시킬 수 있음
- 낙엽수의 경우 가을철 낙엽이 질 때 회수를 하므로 줄기의 탄수화물 농도가 최고치에 도달하며, 탄수화물을 사용한 늦은 봄에 최저치에 도달한다.
- 상록수의 경우 사계절 변화 폭이 매우 적다.
    - ※ 낙엽수와 상록수를 비교해 보았을 때 탄수화물 함량 변화폭은 낙엽수가 훨씬 크다.
- 상록수는 새순이 나올 때 전년도 줄기의 탄수화물 농도는 최소화 하기 때문에 감소하고 새 줄기의 탄수화물 농도는 증가한다.

5 탄수화물의 운반

- 사부조직을 통해 사부수액의 형태로 이루어지며, 피자식물과 나자식물 간에 차이가 있음
- 사부조직에서 환원당은 없고, 대부분 비환원당인 설탕으로 운반되며 존재함
- 탄수화물 수용부-공급원으로의 역할은 점차 바뀌는데, 처음엔 수용부였던 당년생 잎이 자라서 완전히 성숙하면 공급원으로써 탄수화물을 공급하기 시작함
- 탄수화물 운반의 원리를 설명하는 가장 유력한 설로는 압력유동설이 있음
  ※ 부위별 수용부로서의 강도
- 열매, 종자 > 어린 잎, 줄기 끝의 눈 > 성숙잎 > 형성층 > 뿌리 > 저장조직
  ※ 그 밖에 당 알코올로 물푸레나무(mannitol), 장미과(sorbitol), 노박덩굴과(dulcitol + galactitol, myoinositol)등이 있으며, 이를 제외하고는 대부분 설탕(sucrose)형태로 운반됨

6 사부수액의 특성

- 설탕이 주성분임(당 함유율 약 20%)
- 목부수액보다 매우 진한 용액임(1,000배 이상)
- 약한 알칼리성(pH 7.5)을 띰
- 그 밖에 미량의 아미노산과 K, Mg, Na, Ca, P등 무기원소가 검출됨

✓ 피자-나자식물 간 사부조직 운반체계의 구조적 차이

구분	기본세포	보조세포	유세포	지지세포	물질이동수단
피자식물	사관세포	반세포	사부유세포	사부섬유	사공, 사역
나자식물	사세포	알부민세포	사부유세포	사부섬유	사역

- 사관세포 : 살아있는 세포, 성숙하면 핵이 없어짐, 사공을 통해 상하로 효율적인 영양분 운반 가능
  ※ 사공이 callose(칼루스)로 막혀 있는 경우가 있는데, 휴면 시 막았다가 봄에 다시 없어지기도 함
- 반세포 : 사관세포와 운명을 같이함, 핵을 가지고 있는 살아있는 세포, 사관세포의 보조 역할
- 사부유세포 : 탄수화물의 측면이동 지원
- 사부섬유 : 물리적으로 조직을 단단하게 함
- 사세포 : 사관세포보다 길고, 사판이 없고, 작은 구멍인 사역을 통해 비효율적으로 이루어짐
- 알부민 세포 : 피자식물의 반세포와 비슷함

8. 단백질과 질소대사

1) 아미노산과 단백질

1 아미노산

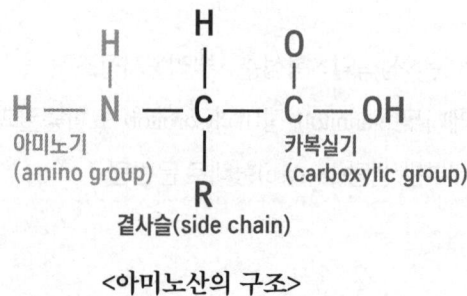

<아미노산의 구조>

① 단백질을 구성하는 기본적인 성분, 질소를 구성원소로 가지고 있음
② 알칼리성을 띤 아미노기($-NH_2$)와 산성을 띤 카르복실기($-COOH$), 그리고 특정한 곁사슬(R기)가 하나의 같은 탄소에 부착된 유기 화합물
③ 식물은 식물체 내에서 21종을 모두 합성할 수 있지만, 포유류의 경우 비교적 간단한 경로를 거치는 11종 정도만 합성이 가능하여, 나머지는 식이로 부터 공급받아야 한다.

2 구성(표준) 아미노산의 종류와 분류

※ 구성(표준) 아미노산 : 단백질을 구성하는 아미노산 21종을 말함

구분	종류
필수 아미노산 (10종, 인간기준)	발린, 류신, 이소류신, 메티오닌, 트레오닌, 리신, 페닐알라닌, 트립토판, 히스티딘, 아르기닌
비필수 아미노산 (11종, 인간기준)	알라닌, 아스파라진, 아스파르트산, 시스테인, 셀레노시스테인, 글루탐산, 글루타민, 글라이신, 프롤린, 세린, 티로신

구분	종류
지방족 아미노산	글리신, 알라닌, 발린, 류신, 이소류신
하이드록시기를 갖는 아미노산	세린, 트레오닌, 티로신
황 함유 아미노산	시스테인, 메티오닌
방향족 아미노산	페닐알라닌, 티로신, 트립토판
알칼리성 아미노산	리신, 아르기닌, 히스티딘
산성 아미노산	아스파르트산, 글루탐산
아미드기를 갖는 아미노산	아스파라진, 글루타민

3 아미노산의 구조

Glycine(Gly, G)
MW: 75.07

Alanine(Ala, A)
MW: 89.09

<지방족 아미노산 - 글리신, 알라닌>

Serine (Ser, S)
MW: 105.09, pK_a ~ 16

Threonine (Thr, T)
MW: 119.1, pK_a ~ 16

<하이드록시기를 갖는 아미노산 - 세린, 트레오닌>

Cysteine (Cys, C)
MW: 121.2, pK_a = 8.18

<황 함유 아미노산 - 시스테인>

Phenylalanine (Phe, F)
MW: 165.2

Tyrosine (Tyr, Y)
MW: 181.2, pK_a = 10.46

Tryptophan (Trp, W)
MW: 204.2

<방향족 아미노산 - 페닐알라닌, 티로신, 트립토판>

Histidine (His, H)
MW: 155.2, pK_a = 6.04

Lysine (Lys, K)
MW: 146.2, pK_a = 10.79

Arginine (Arg, R)
MW: 174.2, pK_a = 12.48

<알칼리성 아미노산 - 리신, 아르기닌, 히스티딘>

<산성 아미노산 – 아스파르트 산, 글루타민 산>

<아미드기를 갖는 아미노산 – 아스파라진, 글루타민>

4 단백질

① 여러 개의 아미노산이 펩타이드(peptide) 결합을 하는 화합물

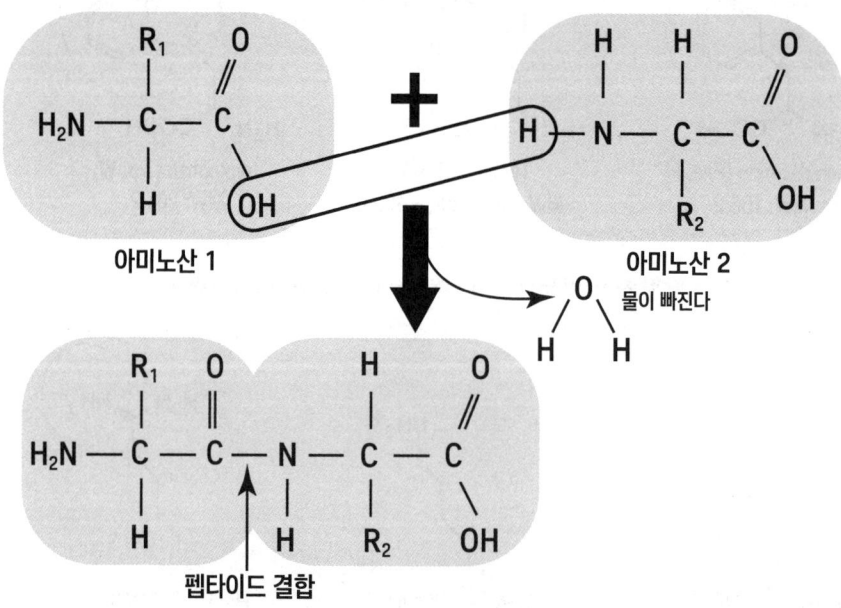

<펩타이드 결합>

② 세포막에 부착되어 선택적 흡수 기능에 기여, 엽록체에서는 엽록소와 카로티노이드(carotenoid)가 단백질에 부착되어 있어 효율적으로 광에너지를 모음

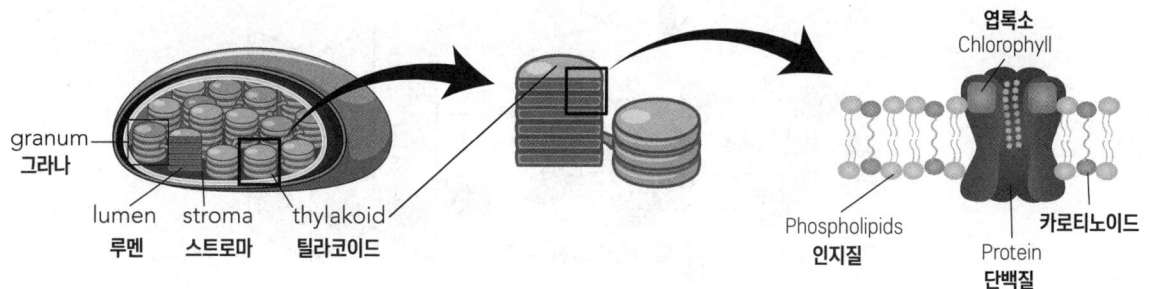

<엽록소와 카로티노이드>

③ 모든 효소는 단백질로 구성되어 있음
④ 저장물질로써도 단백질을 가지고 있음(예 종자=200,000~400,000dalton)
⑤ 전자전달 매개체를 하는 시토크롬(cytochrome), 페레독신(ferredoxin) 등의 단백질

> ✓ **단백질의 종류**
>
> ① 효소 단백질 : 화학 반응의 촉매역할을 하는 단백질(예 효소)
> ② 구조 단백질 : 세포나 조직의 구조 유지에 관여하는 단백질(세포벽 등)
> ③ 수송, 수용체 단백질 : 이온의 수송과, 세포막 인지질 이중층에 박혀서 세포막의 안과 밖 사이의 물질의 수송에 관여하는 단백질
> ④ 저장 단백질 : 아미노산 및 무기이온을 저장하는 역할을 하는 단백질, 대부분 종자의 배 발생과정에 필요한 아미노산을 공급해준다.
> ⑤ 신호, 조절 단백질 : 세포 간 또는 세포 내에서 정보를 전달해주는 역할과 환경 스트레스에 대한 대응, 성장 및 발달 등에 관여하는 단백질

✅ **단백질의 구조(1차, 2차, 3차, 4차)**

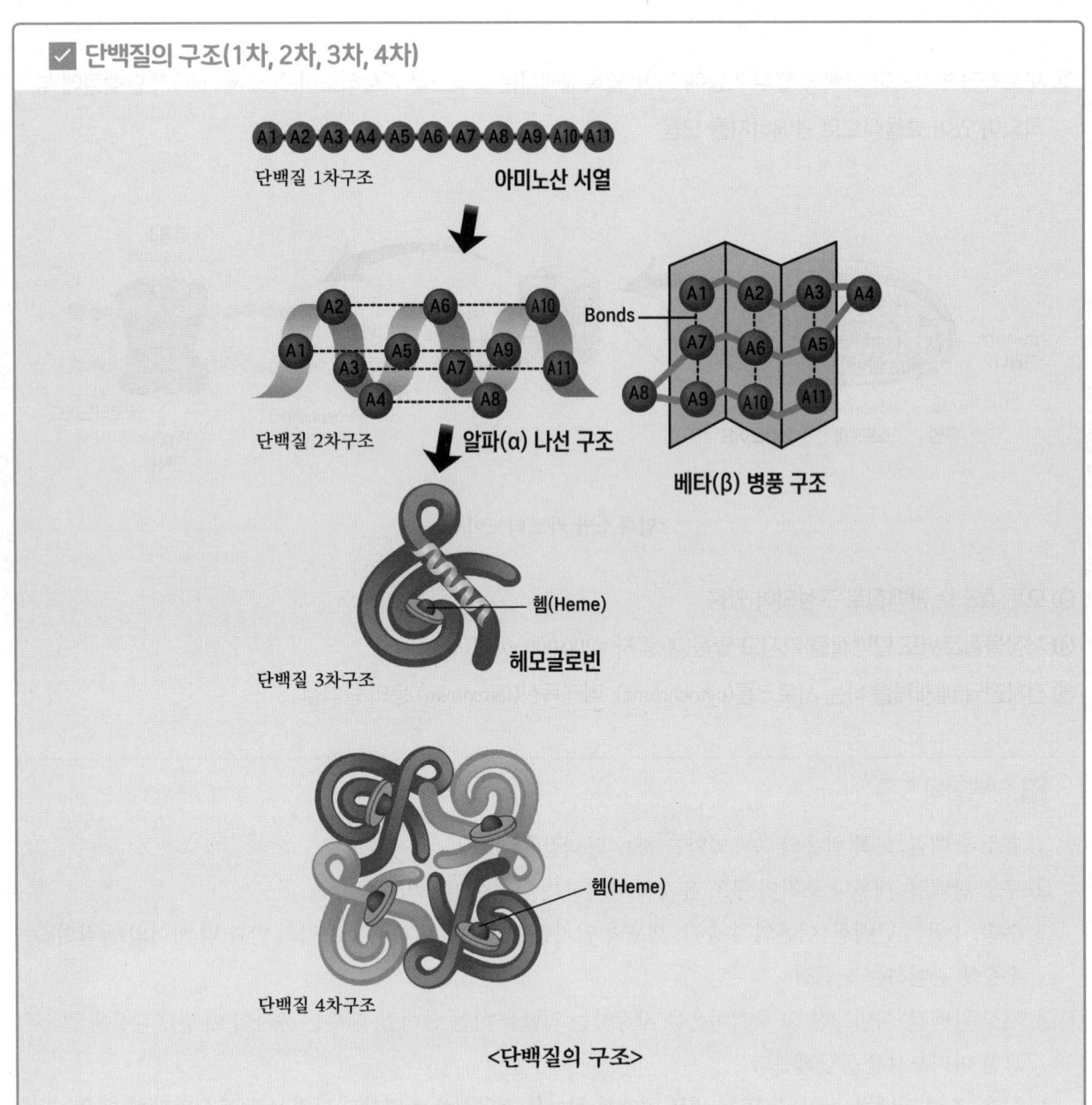

<단백질의 구조>

2) 주요 질소화합물과 기능

1 핵산 관련 그룹

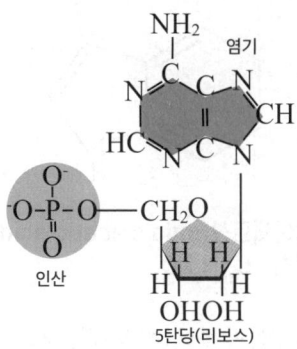

<핵산[10]의 기본단위인 뉴클레오타이드(5탄당+인산기+염기)>

① 핵산은 단백질 합성을 결정하는 물질로서 염색체 내에 각 생물의 독특한 단백질 합성에 필요한 정보를 DNA(핵산의 일종)의 형태로 가지고 있다가 필요한 때에 필요한 만큼의 단백질을 합성할 수 있도록 조절한다.
② AMP, ADP, ATP, NAD, NADP, Coenzyme A와 같이 에너지 생산에 직접 관여하는 조효소와 비타민 B_1(thiamine), 사이토키닌(cytokinins)와 같은 화합물의 필수 구성성분이다.

2 대사 중개물질 그룹

① 피롤(pyrrole)은 질소를 함유한 물질로 피롤 화합물의 기본이 되는 물질이다.
② 포르피린(porphyrin)은 피롤(pyrrole) 4개가 모여서 형성됨 (= 고리화 된 테트라피롤)
③ 포르피린(porphyrin)을 가지고 있는 화합물에는 엽록소와 피토크롬, 레그헤모글로빈(leghemoglobin)이 있다.

<피롤의 구조>   <엽록소의 구조>

④ 식물호르몬 중에서는 아미노산인 트립토판(tryptophan)으로부터 만들어지는 천연옥신인 IAA, 사이토키닌, 폴리아민은 질소를 가지고 있으며, 나머지 식물호르몬은 질소를 함유하고 있지 않다.

---

10) **핵산**: 뉴클레오타이드가 중합된 고분자 물질, 유전정보 저장과 단백질 합성에 관여함(보통 DNA와 RNA로 나뉨)

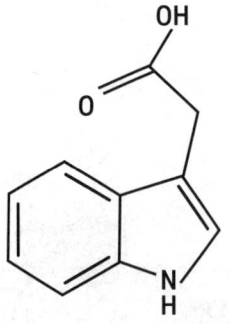

인돌아세트산(indole acetic acid)
화학식 : $C_{10}H_9NO_2$

<인돌아세트산(IAA)의 구조>

3 2차 대사산물 그룹

① 2차 대사산물은 주로 세포 성장이 정체되는 시점에서 생성되며, 생존에 도움을 줄 수 있는 물질들로 구성되어 있다.

② 질소대사의 부산물인 알칼로이드(alkaloids)

구분	초본식물	목본식물
알칼로이드(alkaloids) 화합물 (질소원자를 갖는 화합물)	-모르핀(morphine) -아트로핀(atropine) -에페드린(ephedrine) -퀴닌(quinine) -니코틴(nicotine)	카페인(caffeine)

3) 질소의 체내분포

① 식물은 질소를 NO_3^-(질산태질소), NH_4^+(암모늄태질소) 두가지로 흡수할 수 있음.

② 이 중 뿌리에서는 대부분 NO_3^-(질산태질소)로 질소를 흡수하며, 일반적으로 질산화균에 의해 NH_4^+(암모늄태질소)를 NO_3^-(질산태질소)로 변환하여 흡수한다.

※ 산성토양에서는 대부분 NH_4^+ 형태로 존재한다.

※ 이유 : 산성토양에서는 미생물의 활동이 억제되어 분해가 잘 안되는 타닌이나 페놀화합물이 축적되어 있으며, 타감작용에 의해 질산화 박테리아의 활동이 억제되기 때문에

③ 흡수된 NO_3^-는 뿌리에서 곧 NH_4^+로 환원되거나 NO_3^- 형태를 유지하며 잎으로 이동한 후 잎에서 NH_4^+로 바뀐다.

④ 질소의 저장과 이동에는 특히 아미노산 중 아르기닌(arginine)이 많이 관여함(때문에 봄에는 아르기닌이 감소하였다가 질소비료를 주면 다시 증가하게 됨)

⑤ 질소의 함량 : 잎, 눈, 뿌리끝, 형성층 > 가지, 수피 > 변재 > 심재

1 질산환원[11]의 구분

질산환원 장소	명칭	수종
뿌리	루핀(lupine)형	나자식물, 진달래류, 우의목(proteaceae)
잎(엽록체)	도꼬마리형	그 외 나머지

① 광합성 속도가 늘어날수록 질산환원도 많이 일어나게 되고, 반대로 광합성 속도가 줄어 들면 질산환원도 적게 일어나게 된다.
　→ 탄수화물이 공급되어야지만 질산환원이 진행되기 때문
② 소나무와 진달래류의 경우 산성토양처럼 NO_3^-(질산태질소)가 적은 토양에서 자라면서 질산환원 대사가 뿌리에서 일어나고 줄기수액을 조사해 보면 NO_3^- 대신 아미노산과 질소가 농축된 우레이드(Ureides)가 검출됨
　→ NO_3^-(질산태질소)가 거의 없음을 알 수 있음
③ 소나무의 경우 유기태질소의 73~88%가 아미노산인 시트룰린(citrullin)과 글루타민(glutamine)으로 되어있음

2 질산환원의 과정

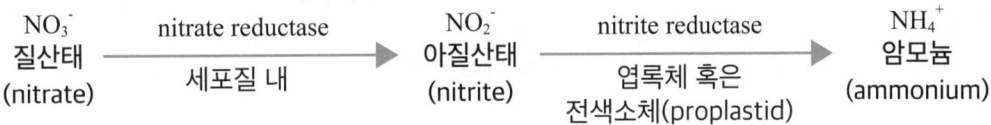

<질산환원 과정>

① 질산태(NO_3^-)가 질산환원효소(nitrate reductase)에 의해서 아질산태(NO_2^-)가 됨
✓ 이 과정은 세포질 내에서 일어나며, 관련되는 소기관은 없음
② 아질산태(NO_2^-)가 아질산환원효소(nitrite reductase)에 의해 암모늄태(NH_4^+)로 됨
✓ 이 반응에서 lupine형은 뿌리세포의 전색소체(proplastid)에 탄수화물 공급이 있어야만 일어난다. 도꼬마리형은 엽록체 안에서 일어나며, 광합성으로 환원된 페레독신(ferredoxin)으로부터 전자와 수소이온을 전달받음으로써 발생한다.

※추가내용
　1. 질산환원효소는 Fe와 Mo을 가지고 있음
　2. 질산환원효소는 햇빛에 의해 활력도가 높아짐(밤에 활력이 낮아짐)

---

11) **질산환원**: NO_3^-(질산태질소)로 흡수된 질소는 체내에서 아미노산을 합성하기 위해선 NH_4^+(암모늄태질소) 형태로 바뀌어야 하는데 이러한 과정을 질산환원이라고 함

3 암모늄의 유기물화[12]

① 암모늄이온(NH_4^+)은 식물 체내에 축적되지 않음
   → NH_4^+(암모늄이온)이 체내에 머물 시 ATP생산 방해 등 독성을 띠기 때문
② 암모늄이온은 아미노기($-NH_2$)가 함유된 물질을 만들기 위해서 환원적 아미노화(탈아미노화)(Reductive Amination)라는 화학 반응을 진행하여 아미노산의 일부로 분해된다.

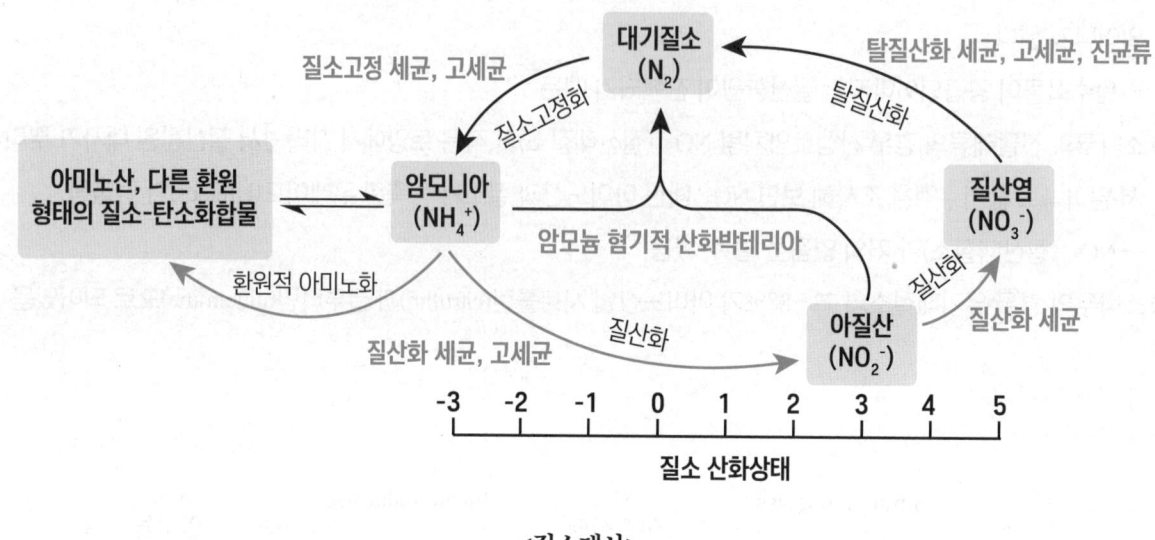

<질소대사>

4) 질소고정

> ✅ **질소의 성질**
>
> 질소는 공기 중 가장 높은 비중을 차지하고 있지만(78%), 일반적인 방법으로는 질소를 흡수할 수 없습니다. 왜냐하면 공기 중의 질소는 3중 결합을 하고 있는 N_2분자 형태로 되어있기 때문이죠.

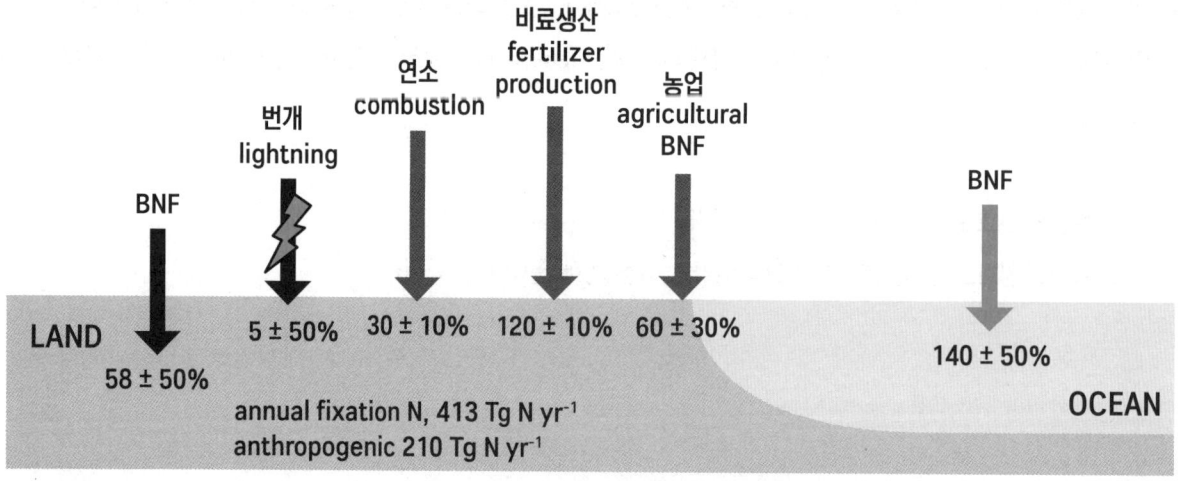

<질소고정량(생물적, 산업적, 광화학적)>

---

12) **암모늄의 유기물화**: 뿌리로부터 흡수된 NO_3^-(질산이온)이 NH_4^+(암모늄이온)으로 질산환원이 된 후 NH_4^+가 체내에 머물지 않고 바로 아미노산 생산에 이용되는 현상

1 질소고정 방법

① 생물학적 질소고정 - 고정량 top1

  가. 생물학적 질소고정은 미생물에 의해 N_2가스가 암모늄태질소(NH_4^+)로 환원되는 과정을 의미함

  나. 생물학적 질소고정은 원핵생물만이 가지고 있는 독특한 과정으로서 녹조류(algae)나 고등식물은 이 기능을 가지고 있지 않음(원핵생물 = 세균류, 남조류)

② 산업적 질소고정 - 고정량 top2

  가. 고압·고열을 이용하여 공기 중의 질소와 수소를 합성해 암모니아를 생성함

  나. 19세기 식량문제를 해결한 방법으로써 화학자 하버와 보슈의 이름을 따서 하버-보슈법이라고도 불리움

③ 광화학적 질소고정 - 고정량 top3

  가. 번개가 칠 때 질소의 3중결합이 분해되어 질소가 질산이온 형태($N_2 + O_2 \rightarrow NO_2, NO_3^-$)로 변함

2 생물학적 질소고정

① 산림토양의 질소고정 미생물

구분	미생물 종류	생활 형태	기주	산림 내 질소고정량(kg/ha/년)
자유생활	Azotobacter	호기성	-	0.2~1.0
	Clostridium	혐기성	-	15~44
공생	Cyanobacteria	외생공생	지의류	3~4
	Cyanobacteria	외생공생	소철	-
공생	Rhizobium	내생공생	콩과식물	100~200
	Bradyrhizobium	내생공생	콩과식물(콩)	
	Frankia(방선균)	내생공생	오리나무류	12~300
	Frankia(방선균)	내생공생	보리수나무류	133~145

  가. 우리나라 산림토양의 특징: 산성토, 호기성토양, C/N율이 높음(25:1)

  나. 내생공생인 리조비움(Rhizibium)과 프랑키아(Frankia)는 세포 안에서 질소고정을 할 수 있도록 분화된 형태인 박테로이드로 존재한다.

  다. 탈질작용은 오랫동안 침수된 토양이나 산소공급이 안 되는 답압토양에서 슈도모나스(seudomonas) 박테리아에 의해 일어난다.

  라. 산림의 경우 아족토박터(Azotobacter)보다 클로스트리디움(Clostridium)에 의한 고정량이 많다.

> ☑ **생물학적 질소고정 과정**
>
> $$N_2 + 8e^- + 8H^+ \xrightarrow{\text{nitrogenase}} 2NH_3 + H_2$$
>
> $$16\ mgATP + 16H_2O \longrightarrow 16\ mgADP + 16Pi$$
>
> <질소고정 과정>
>
> ① 공기 중의 질소분자(N_2)가 질소고정효소(Nitrogenase)에 의해서 ATP와 물 각각 16분자를 소모하여 암모니아(NH_3)로 환원되는 과정이다.
> ② 생성된 암모니아 분자(NH_3)는 이후 토양의 수소이온과 결합하여 암모늄이온(NH_4^+) 형태로 수목에 이용된다.
> ③ 이 과정은 산소가 없을 때 발생하는 환원과정($N_2 \rightarrow NH_3$)이기 때문에 산소의 적절한 공급과 차단은 미생물이 해결해야 하는 가장 어려운 문제이다.
> ④ 콩과식물의 경우에는 뿌리혹 속에 붉은색을 띤 '레그헤모글로빈(leghemoglobin)'이 산소의 공급과 차단을 조절한다.

3 산림토양 내 질소순환

① 식물에서는 대부분의 질소를 NO_3^-(질산이온)형태로 흡수한다.
② 질소고정된 NH_4^+(암모늄이온)이 NO_2^-(아질산이온)를 거쳐 NO_3^-(질산이온)형태가 되는데, 이것을 질산화작용이라고 한다.
③ NH_4^+(암모늄이온)→NO_2^-(아질산이온)으로 산화될 때는 Nitrosomonas(니트로소모나스)가 관여하며, NO_2^-(아질산이온)→NO_3^-(질산태이온)으로 산화될 때는 Nitrobacter(니트로박터)가 관여한다.
→ 해당내용은 토양학에서 깊이있게 다룰 예정이다.

5) 질소이동

1 질소이동(체내 분포)

① 식물의 경우 질소는 동물과 같이 몸의 구성성분만이 아니고 대사작용에 직접 관여하기 때문에 주로 활발하게 생장하고 있는 부위에 집중적으로 모여 있다.
② 광합성 조직인 잎, 분열조직인 눈과 뿌리 끝, 형성층과 같이 왕성하게 세포분열을 하는 살아 있는 조직에서 질소함량이 높고, 지지역할을 하는 2차목부의 수간 중앙부위에는 질소함량이 극히 적다.
③ 따라서 수목은 제한된 질소를 효율적으로 활용하기 위하여 오래된 조직에서 새로운 조직으로 재분배한다는 것을 알 수 있다.(→나이가 들수록 오래된 조직의 질소함량비는 감소한다)

2 질소의 계절적 변화

> ✅ **공통**
>
> ① 목본식물(낙엽수, 상록수 모두)은 낙엽 전에 대부분의 무기양분을 줄기나 가지로 회수하는 기작을 가지고 있음
> ② 계절에 따른 질소의 이동은 대부분 사부를 통해 이루어 짐
> ③ 봄이 되면 저장 단백질은 분해되어 아미노산, 우레이드, 아미드류 및 유기화합물로 이동된다.

① 계절별 변화

    가. 봄~여름: 영양기관의 생장이 시작되면서 질소를 사용하여야 하기 때문에, 봄부터 감소하여 생장이 정지 될 때까지 감소한다.

    나. 가을~겨울: 생장이 정지 된 후 가을부터는 낙엽이 지며 질소가 회수되는 등 다시 질소가 축적되면서 증가한다.

② 부위별 변화

    가. 목부와 사부: 탄수화물의 운반수단인 사부에서 계절에 따른 질소의 변화가 더 심하다.

    나. 잎: 봄~여름에는 질소가 많았다가 회수되는 시점인 가을~겨울에는 감소한다.

    다. 가지, 줄기: 봄~여름에는 질소가 사용되므로 감소했다가 가을~겨울에는 축적되므로 증가한다.

    ※ 수목 내 질소의 계절적 변화폭은 잎이 뿌리보다 크다.

③ 낙엽

    가. 낙엽 전 잎에서는 N, P, K와 같은 무기영양분은 감소하고, Mg, Ca와 같은 영양분은 일시적으로 증가함

    나. 반대로 줄기에서는 잎으로부터 영양분을 받아 N, P, K가 증가함

    다. 잎에서 회수된 질소는 뿌리와 줄기의 수선유조직(=방사유조직)에 저장된다.

    라. 낙엽 전 잎을 떼어내기 위해 엽병에 분리층과 보호층으로 구성된 이층(abscission layer)을 만들어낸다. 이층 세포는 몇 층의 세포로 되어있는 작고 연약한 조직이다.

> 📖 **나무쌤 잡학사전**
>
> **식물은 왜 낙엽 전 Mg과 Ca은 회수하지 않는 걸까?**
> Ca과 같은 영양분은 속도가 느려서 회수될 수가 없으며, Mg의 경우 엽록소에 포함되어 있는데 낙엽이 진행되면 엽록소가 파괴되므로 Mg도 같이 소실되어 버립니다. 그렇다면 Mg, Ca는 왜 일시적으로 증가하는 걸까?
> 이 부분에 대한 이해를 위해서 가장 먼저 아셔야 할 개념은 '부동화'와 '무기화' 입니다. 무기화는 화합물이 분해되어 아주작은 분자단위나 원자단위로 무기물화 되는 것을 말합니다. 부동화는 그 반대죠. 분자나 원자가 미생물 등의 몸에 흡수되어 유기화합물이 될 수도 있고, 분자끼리 중합체를 만들어 유기화합물을 만들어 낼 수도 있습니다. 어찌 건 분자나 원자가 다양한 과정을 거쳐 유기화합물이 되어 고정되어버리는 상태를 말하는 것입니다. 우리가 증가한다, 감소한다는 것은 식물이 이용할 수 있는 무기화된 영양분을 가지고 이야기하는 것입니다. 그러다 보니 잎의 질소 인 칼륨은 낙엽과정에서 분해되어 분자나 원자 단위로 무기화되어 수간으로 향하게 되구요. 칼슘은 세포벽의 성분이기때문에 낙엽 시 서서히 무기화가 진행되어 측정값이 증가하고, 마그네슘은 엽록소에 포함되어 있는데 엽록소가 파괴되면서 무기화가 진행되어 측정값이 증가하게 되는 것입니다.

9. 지질대사

1) 지질이란?

체내에서 극성을 갖지 않은 물질로서, 극성을 가진 물에 잘 녹지 않고, 유기용매(클로로포름, 아세톤, 벤젠, 에테르)에 잘 녹는다. 지질의 주성분은 C(탄소), H(수소)이며, 극성을 유발하는 O(산소)를 극히 적게 또는 전혀 가지고 있지 않다. 즉, 유기용매에 잘 녹는 물질과 소수성을 가진 물질을 통틀어서 지질이라고 한다.

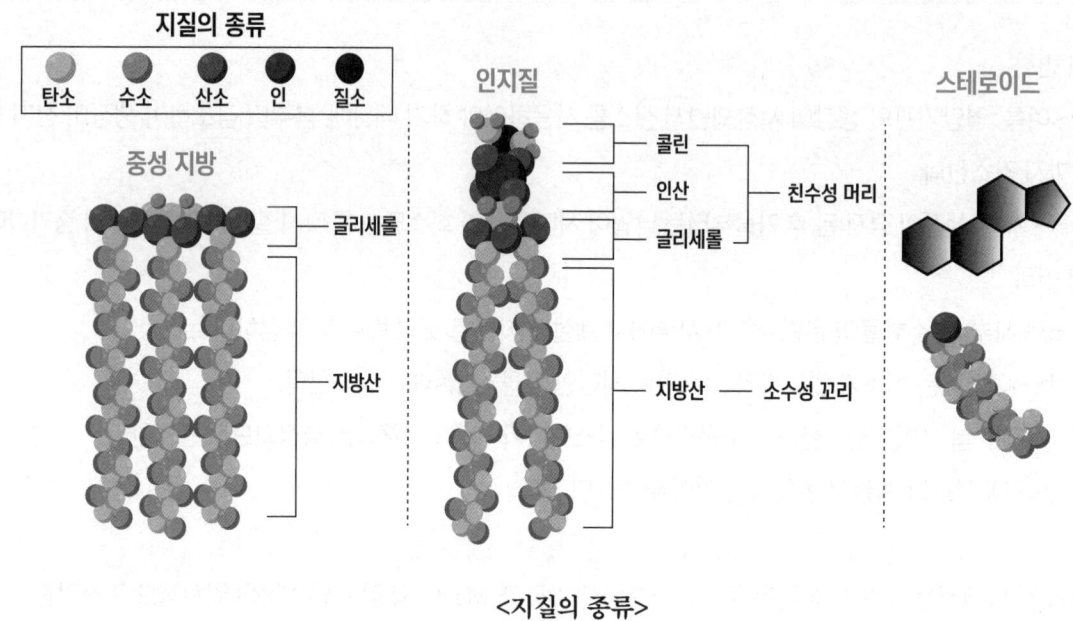

<지질의 종류>

2) 지질의 기능

① 세포의 구성 성분 : 인지질(원형질막의 구성 성분)

② 저장물질 : 지질은 종자나 과일의 중요한 저장물질

③ 보호층 조성 : 왁스(wax), 큐틴(cutin), 수베린(suberin) 등

④ 저항성 증진
  - 수지(resin) = 병해충의 침입 방지
  - 페놀(phenol), 타닌(tannin), 리그닌(lignin) = 곤충과 초식동물이 잘 소화하지 못하게 하여 섭식을 저해함
  - 플라보노이드(flavonoids) = 병원균의 공격 억제
  - 인지질 = 내한성 증진, 물질의 무분별한 침입조절

⑤ 2차산물의 역할 : 고무, 타닌(tannin), 알칼로이드(alkaloids) 등의 2차산물

3) 지질의 종류

구분	종류
지방산 및 지방산 유도체	-포화지방산(palmitic acid) -불포화지방산(linoleic acid, oleic acid) -단순지질(지방, 기름) -복합지질(인지질, 당지질) -납(wax), 큐틴(cutin), 수베린(suberin)
이소프레노이드(Isoprenoid) 화합물	-테르펜(terpenes) -카로티노이드(carotenoids) -고무 -수지 -스테롤(sterol) -파이톨(phytol) -아브시식산(abscisic acid), 지베렐린(gibberellins)
페놀(phenol) 화합물	-리그닌(lignin) -타닌(tannin) -플라보노이드(flavonodis)

1 지방산 및 지방산 유도체

① 단순지질(지방, 기름) : 세분자의 지방산이 글리세롤과 에스테르화하여 만든 단순지질

② 지방산

- 포화지방산(이중결합이 없는 것)인 팔미트산(palmitic acid)
- 불포화지방산(이중결합이 있는 것)인 올레산(oleic acid), 리놀레산(linoleic acid)
  → 불포화지방산은 추운 지방에 자라는 식물에 많이 포함되어 있음
  → 불포화지방산은 어는점이 낮기 때문에 세포막의 유동성을 증가시킴

③ 포화지방산 : 라우르산(lauric acid), 미리스트산(myristic acid), 팔미트산(palmitic acid), 스테아르산(stearic acid)

④ 불포화지방산 : 올레산(oleic acid), 리놀레산(linoleic acid), 리놀렌산(linolenic acid)

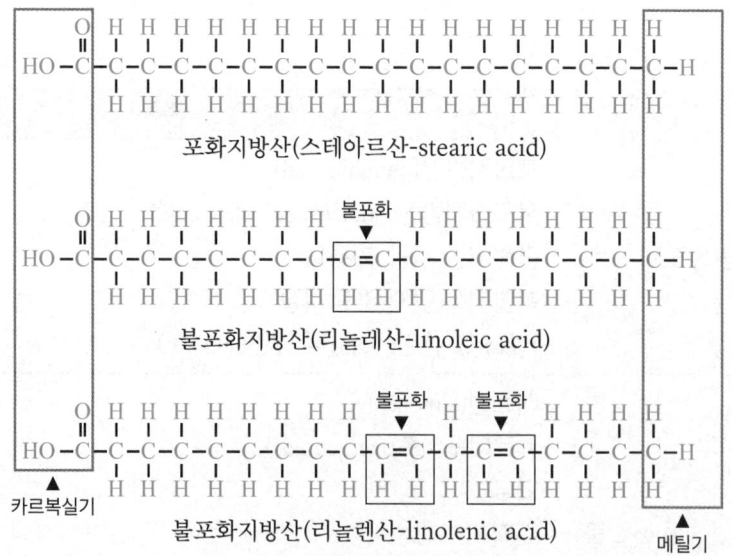

<포화지방산과 불포화지방산>

⑤ 복합지질 : 단순지질의 세분자의 지방산 중 한 분자가 인산이나 당으로 대체된 형태
   가. 인지질 : 친수성의 머리(원형질막 형성 시 외부로 노출), 소수성의 꼬리(막 내부)를 가지고 있어 반투과성 기능을 가짐
   나. 당지질 : 탄수화물(당)이 글리코시드 결합으로 지질에 결합한 것, 엽록체에서 주로 발견됨

> ✅ **인지질이 선택성 투과성을 가지는 원리**
>
> 세포가 필요할 때마다 원하는 물질을 출입시키기 위해선 일단 아무나 들어올 수 없게 세포 전체를 보호하는 막이 있어야 합니다. 그것이 세포막의 인지질 2중층 입니다. 인지질은 친수성과 소수성 모두를 포함한 구조를 가짐으로써 모든 물질의 침입을 막을 수 있습니다. 친수성 물질이 와도 소수성의 꼬리에 의해서 차단되고 소수성물질이 오면 친수성머리에 의해서 차단되니까요.
> 필요한 물질들은 대부분 세포막에 붙어있는 여러 운반 단백질, 통로 단백질, 수용체 등에 의해서 출입하여 선택적인 물질대사를 가능케 합니다.

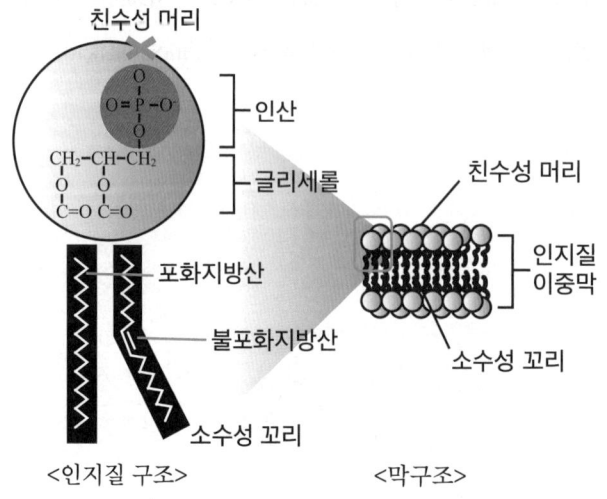

<인지질의 친수성 머리와 소수성의 꼬리>

> ### 나무쌤 잡학사전
> **인지질이 머리에는 친수성을 꼬리에는 소수성을 가지게 된 이유**
> 우리 몸 안의 세포와 세포 바깥을 차지하는 물질 중에 가장 많은 것은 무엇일까요? 바로 물(H_2O)입니다. 세포와 세포 바깥을 연결하기 위해선 세포 안쪽과 바깥쪽에 친수성의 물질이 있어야 잘 결합하여 있을 수가 있겠죠? 그래서 인지질 이중층이 생겨난 것이며, 친수성의 머리를 가지게 된 이유입니다.

⑥ **보호층 조성물질(wax, cutin, suberin)**: 각피층은 표면에 왁스(wax) 층이 있고 그 밑에 큐틴(cutin)이 펙틴(pectin)과 결합하여 두꺼운 층을 만들고 있다.

　가. 왁스(납, wax)
　　a. 긴 사슬을 가진 알코올이 긴 사슬을 가진 지방산과 에스테르화하여 이루어진 화합물
　　b. 산소분자를 거의 가지고 있지 않음(친수성이 적음)
　　c. 식물 체내에서도 물에 안 녹기 때문에 이동이 잘 안되어 왁스(wax)가 축적되는 곳과 가까운 표피세포에서 합성되어 밖으로 분비된다.

　나. 큐틴(cutin)
　　a. 엽록체에서 주로 발견됨
　　b. 수산기(OH^-)를 2개 이상 가진 지방산이 다른 지방산과 중합체를 만들면서 페놀(phenolic) 화합물이 약간 첨가된 형태이며, 각피층에 주로 축적됨

　다. 수베린(suberin)
　　a. 식물의 오래된 줄기나 뿌리의 세포벽이 코르크화 되었을 때 세포벽 안에 퇴적하는 물질
　　b. 긴 사슬을 가진 지방산, 긴 사슬을 가진 알코올, 그리고 페놀 화합물의 중합체
　　　→ 큐틴(cutin)보다 페놀화합물의 함량이 많다.
　　c. 코르크세포를 둘러싸고 있어 수분의 증발을 억제
　　d. 이층에 축적되어 상처를 보호
　　e. 뿌리 내피에 있는 카스페리안대의 구성 성분

> ✅ **wax, cutin, suberin의 구분법**
> - wax : 지방산 + 알코올
> - cutin : 지방산 + 지방산 + 페놀화합물 소량
> - suberin : 지방산 + 알코올 + 페놀화합물 대량
>
> ※ 산소분자가 많으면 극성이 잘 유발되어 친수성이 강하며, 산소분자가 적으면 극성이 잘 유발되지 않아 친수성이 약합니다.

2 이소프레노이드[13] (Isoprenoid) 화합물 (=terpenes, terpenoids)

$(C_5H_8)n \rightarrow$ 이소프렌
$(C_{10}H_{16})n \rightarrow$ 테르펜

<이소프렌의 구조>

isoprenoids의 개수	명칭	탄소수(개)	예
2	모노테르펜 (monoterpenes)	C_{10}	정유, α-피넨(α-pinene), 솔향, 장미향, 피톤치드(phytoncide), 수지(resin)
3	세스키테르펜 (sesquiterpenes)	C_{15}	정유, 앱시스 산(abscisic acid), 수지(resin)
4	디테르펜 (diterpenes)	C_{20}	정유, 수지(resin), 지베렐린(gibberellins), 피톨(phytol)
6	트리테르펜 (triterpenes)	C_{30}	수지(resin), 라텍스(latex), 피토스테롤(phytosterols), 브라시노스테로이드(brassinosteroid), 사포닌(saponin)
8	테트라테르펜 (tetraterpenes)	C_{40}	카로티노이드(carotenoids)
n	폴리테르펜 (polyterpenes)	$(C_5H_8)n$	고무

① 정유(essential oil) - 향기

    가. 탄소수가 10~20개가량 되는 사슬모양 또는 고리 모양의 테르펜(terpene)으로 초본이나 수목의 잎, 꽃 또는 열매에서 독특한 냄새(향기)를 유발하는 휘발성 물질

    나. 풀을 베었을 때 생기는 독특한 풀냄새와 소나무류 숲의 냄새는 이것으로 유발됨

    다. 정유의 역할 : ①타감작용, ②수분유도(곤충유인), ③포식자의 공격을 억제하는 역할

② 카로티노이드(녹색 이외의 색)

    가. isoprene 단위가 8개 모여 이루어진 화합물, 영양-생식기관의 색소체에 존재함

    나. 카로티노이드는 카로틴(carotene)과 잔토필(xanthophyll)의 두 가지로 나뉨

      a. 카로틴(carotene) : 탄소 40개를 가지고 있고, 그중 β-carotene은 동물에게 노란 색소를 제공해주는 역할을 함

      b. 잔토필(xanthophyll) : 산소분자를 함유하여 노란색 내지 갈색을 띰. 그중 루테인(lutein)은 β-carotene과 더불어 엽록체에 가장 많이 존재하는 카로티노이드임

    다. 엽록체 보조색소 역할을 하며, 광산화 작용을 방지함

    라. 카로티노이드는 암흑 속에서도 합성될 수 있어 암흑에서 자란 식물은 카로티노이드의 영향으로 노란색을 띰

---

13) 이소프렌의 구조를 단위로 하여 C_{5n}의 탄소골격이 있는 화합물의 총칭

③ 수지(resin)

　가. $C_{10} \sim C_{30}$의 탄소수를 가진 지방산+납(wax)+테르펜(terpenes) 등의 혼합체

　나. 수지는 수목에서 저장 에너지의 역할을 하지 않음

　다. 목재의 부패 방지

　라. 천공성해충(나무좀 등)에 대한 저항성 증진

　　→가해 받을 시 유세포가 추가로 수지구를 생성하며 수지구의 피막세포에서 수지가 분비됨

　마. 상업적으로 가장 중요한 것은 소나무류의 올레오레진(oleoresin, 향미료)

④ 고무

　가. 500~6000개의 isoprene 단위가 직선상으로 연결된 화합물로서, 가장 분자량이 큼

　나. 쌍자엽식물에서만 합성이 됨(단자엽식물에서는 생산이 되지 않음)

⑤ 스테롤

　가. 6개의 isoprene 단위로 만들어짐

　나. 막의 안정성 및 타감물질로 작용하기도 함

　다. 스테로이드(steroid) 유도체인 브라시노스테로이드(brassinosteroid)는 줄기의 생장을 촉진하는 효과가 있다는 것이 알려짐

3 페놀(phenol) 화합물

① 방향족 고리를 가지고 있는 화합물로서 벤젠고리에 하이드록시기가 결합된 화합물의 총칭이다.

<페놀화합물 중 하나인 타닌의 구조>

② 지질보다는 약간의 수용성을 가지고 있음 리그닌(lignin), 타닌(tannins), 플라보노이드(flavonoids)가 중요한 그룹

③ 초본식물보다 목본식물에 페놀화합물이 더 많다.

④ 대부분 토양에서 타감작용을 한다.

⑤ 페놀화합물은 미생물에 의해 분해가 잘 안되기 때문에 수목의 조직이 땅속에서 분해될 때 가장 최후까지 남아 있는 화합물이다.

가. 리그닌(lignin)
- 여러 가지 방향족 알코올이 복잡하게 연결된 중합체로 분자량이 크며, 가수분해하면 주로 다음의 세 가지 방향족 알코올이 생김 = coniferyl, sinapyl, coumaryl
- 리그닌은 주로 '목부'조직에서 발견되며, 세포벽(중엽층, 1차벽, 2차벽)의 구성 성분으로 셀룰로스(cellulose)의 미세섬유 사이를 충진시켜 압축강도를 높여 물리적 지지력을 크게 해줌
- 리그닌(lignin) 자체는 동물에 의하여 소화가 안 되기 때문에, 셀룰로스가 병해충이나 동물에 의해 먹이로 사용되는 것을 방지함

나. 타닌(tannin)
- 폴리페놀(polyphenol)의 중합체이며, 그중에서도 갈로타닌(gallotannin)은 갈릭산(gallic acid)과 포도당의 중합체임
- 떫은맛을 내어 초식동물이 싫어하도록 유도함
- 낙엽 진 후 토양 속에서 분해되지 않고 남아 있으면서 타감물질 역할을 함

다. 플라보노이드(flavonoids)
- 탄소를 15개 가진 화합물로 방향족 고리를 가지고 있으며, 포도당과 같은 당류가 결합하여 페놀화합물로서는 드물게 수용성을 나타내며, 꽃잎에서 붉은색, 보라색, 노란색 등의 화려한 색깔을 만든다.
- 주로 세포 내 액포에 존재함
- 맑고 서늘한 날씨에 잎에서 합성되며 이후 축적됨
- 종자의 번식과 수분을 용이하게 하고, 단풍이 들 때 엽록소가 없어진 후 잎의 광산화를 방지, 잎의 질소회수를 촉진, 병해충에 대한 저항성 증진 등의 다양한 역할을 수행함
- 자외선(UV)으로부터 식물을 방어

> ✓ **플라보노이드(flavonoids) 화합물의 종류 및 기능**
>
> **안토시아닌(anthocyanins)**
> ① 꽃에서 붉은색, 보라색, 청색을 나타내며, 열매와 꽃이 붉은색을 가진 것은 대부분 안토시아닌 때문임
> ② 나자식물은 거의 가지고 있지 않다.
>
> **이소플라본(isoflavone)**
> 식물이 병원균의 공격을 받을 때 감염부위가 확대되는 것을 억제하기 위해서 합성하는 파이토알렉신(phytoalexin)과 같은 역할을 한다.
>
> **나린제닌(naringenin)**
> ① 밀감과 자몽에서 쓴맛을 내는 플라보노이드의 일종
> ② 강한 항산화 기능을 발휘하며, 항생물질로 의료용으로도 쓰임
> ③ 지베렐린(gibberellin)에 대한 길항작용을 보임

4 수목 내 지질의 분포와 변화

① 월동 기간(겨울철)에는 에너지를 저장하고 내한성을 증대시키기 위해 지질의 함량이 높아지고(인지질의 함량도 높아진다.) 여름에는 낮아진다.
② 수피의 지질함량은 목부의 심재나 변재의 지질함량보다 높다.
③ 지질은 단백질이나 탄수화물에 비해 에너지 생산량이 많아 작은 공간에 효율적으로 에너지를 많이 저장할 수 있다. 따라서, 작은 종자에는 주로 지질이 많고, 큰 종자에는 탄수화물이 주성분인 경우가 많다.
④ 지질은 살아있는 유세포의 세포질에 저장, 종자의 경우 올레오좀(oleosome, 반막으로 이루어져 있음)에 저장

5 지방의 분해와 전환

① 개요
- 지방은 수용성이 아니기 때문에 세포 내 이동이 곤란하므로 일단 분해되어 설탕으로 전환되어야 에너지가 필요한 곳으로 이동될 수 있다.
- 특히, 종자에 저장된 지질은 어린 식물이 광합성 할 수 있을 때까지의 에너지원이지만, 이를 직접 이용할 수는 없으므로 저장된 지질을 설탕이나 포도당으로 변환되어 에너지를 사용해야 한다.
- 분해는 탄수화물과 마찬가지로 O_2를 소모하고 ATP를 생산하는 호흡작용과 유사하다.
- TCA회로의 변형 회로인 '글리옥실산 회로'에 의해 지방산으로부터 포도당을 전환시킬 수 있다.

② 분해장소

세포 내 지질체 → 글리옥시좀(해당과정, 베타산화) → 미토콘드리아(TCA회로) 순으로 진행

③ 분해과정
- **반응1**: 지방이 올레오좀(oleosme)에 있는 리파아제(lipase) 효소에 의해 글리세롤(glycerol)과 지방산으로 분해됨
- **반응2**: 이때 만들어진 지방산은 글리옥시좀(glyoxysome)으로 이동하여 베타 산화과정을 거치며 분해된다.(해당작용)
  → 베타 산화과정: β-탄소가 산화되어 1회에 2개의 탄소가 떨어져 나가면서 분해되는 과정
- **반응3**: 지방산은 위 과정을 통해 아세틸-CoA로 산화되고 이후 글리옥실산 회로를 통해 시트르산 → 석신산이 생성된다.
- **반응4**: 석신산은 TCA회로(미토콘드리아)를 통해 말산 → 옥살아세트산(OAA)이 된다.
- **반응5**: OAA는 포도당신생합성 과정을 통해 포스포엔올피루브산(PEP) → 최종적으로 포도당으로 전환된다.
- **반응6**: 포도당이 설탕으로 합성

  ※ 결론적으로 지방의 분해에는 크게 1개의 물질 및 2곳의 소기관이 관여한다.
  = lipase(리파아제 효소), glyoxysome(지방의 해당과정, 베타산화), mitochondria(TCA회로, ATP생산)

  ※ 동물세포에서는 지방산으로 포도당 신생합성 과정을 하지 못한다.

10. 무기영양소

무기영양소의 역할 - 총괄	
구분	영양소
식물조직의 구성 성분	[C, H, O, N, P, S, Ca, Mg] ① C, H, O:탄수화물 ② N:아미노산, 단백질 ③ P:핵산 ④ S:황 함유 아미노산, 비타민B_1 등 조효소 ⑤ Ca:세포벽 ⑥ Mg:엽록소
효소의 활성제	[K, Ca, Mg, Mn, Zn] ① K:광합성, 호흡작용 효소 활성 ② Ca:아밀라아제(amylase), 에이티피아제(ATPase)의 활성 ③ Mg:인산전달효소(ATP phosphotransferase)의 활성 ④ Mn:IAA 산화제(IAA oxidase) 등 활성 ⑤ Zn:탄산탈수효소, 알코올 탈수소효소 등 활성
삼투압 조절제	[K, Na, Cl] ① K:이온균형 유지, 기공 개폐 ② Na(기타):내염성 식물에서 필수적 ③ Cl:삼투압 및 이온균형 조절
산화환원반응에 관여	[Fe, Cu, Mo, Mn]
막의 투과성 조절제	[Ca] ① Ca:세포벽에 다량 존재
기타 기능의 원소군	[B, Cl, Co, Na, Si] ① B:생장점의 생장과 동화산물의 수송에 관여 ② Cl:삼투압-이온균형 조절, 광합성 과정에서 물의 광분해에 관여 ③ Co:질소고정식물에서 레그헤모글로빈(leghaemoglobin)의 합성에 필요 ④ Na:간척지 염생식물에서 나트륨(Na)이 필수적 ⑤ Si:벼와 같은 화본과에서 필수

필수원소의 종류와 이용형태					
대량원소(식물조직 내 건중량의 0.1% 이상 함유)			미량원소(식물조직 내 건중량의 0.1% 미만 함유)		
명칭	화학기호	이용 형태	명칭	화학기호	이용 형태
탄소	C	CO_2	철	Fe	Fe^{2+} Fe^{3+}
산소	O	O_2, H_2O	염소	Cl	Cl^-
수소	H	H_2O	망간	Mn	Mn^{2+}
질소	N	NO_3^- NH_4^+	붕소	B	H_3BO_3 $H_2BO_3^-$
칼륨	K	K^+	아연	Zn	Zn^{2+}
칼슘	Ca	Ca^{2+}	구리	Cu	Cu^{2+} Cu^+
인	P	$H_2PO_4^-$ HPO_4^{2-}	몰리브덴	Mo	MoO_4^{2-}
마그네슘	Mg	Mg^{2+}	니켈	Ni	Ni^{2+}
황	S	SO_4^{2-}			

※ C, O, H는 CO_2와 H_2O를 통하여 얻을 수 있고, 흡수 후 바로 유기물질로 사용되기 때문에 무기영양소에 포함되지 않고, 비무기성 원소에 포함시킨다.

1) 필수원소 이외의 주요원소

1. 규소(Si) : 화본과 식물은 많이 함유하고 있음. 내병성 증대, 생장 촉진
2. 나트륨(Na) : 염분이 많은 땅에서 자라는 식물에서 삼투압을 유지하는 데 필요함
3. 코발트(Co)
   - 질소를 고정하는 미생물과 식물에서는 반드시 필요한 필수원소에 속함
     (※ 콩과작물에서 질소고정에 필요한 레그헤모글로빈(leghaemoglobin)의 합성에 필요함)
   - pH가 높은 담수 토양과 산성 토양에서 코발트 흡수가 훨씬 많아진다.

2) 필수원소의 기능 및 특징과 결핍

식물 필수원소에 대한 내용은 토양학에서도 다루고 있기 때문에 추후에 공부하실 때 생리학 부분인지 토양학 부분인지 혼돈이 생길 수가 있습니다. 하여 저는 수목생리학에서 식물 필수원소에 대한 토양학 내용까지도 모두 한번에 다루기로 하였습니다. 참고하여 주시기 바랍니다.

- 필수원소에 따라 식물체가 살아감에 있어 꼭 필요한 역할이 다르다.
- 일반적으로 17가지 필수원소 중에서 어느 하나라도 모자라면 식물은 결핍증상을 나타낸다(리비히의 최소량의 법칙).
- 무기영양소를 체내에서 재분배하기 위하여 이동시킬 때는 목부를 이용하지 않고 사부를 이용한다.
- 이동이 잘 안된다는 것은 사부로의 적재가 잘 안된다는 뜻이다.

1 질소(N)

① 공급
  가. 주로 유기물의 분해로 토양에 공급됨
  나. 질소는 암석에 의해 발생하지 않으므로 일반토양에서 부족하기 쉬움

② 기능과 특징
  가. 아미노산과 단백질, 엽록소의 주요 구성 성분
  나. 무기영양소 중에서 가장 많은 양이 식물 체내에 함유되어 있음
  다. 질소 흡수량이 많아지면 단백질합성이 증가하고 영양생장이 촉진된다.
  라. 체내 이동이 빠르며, 뿌리에서 물관(도관)부를 통하여 지상부로 이동한다.

③ 결핍
  가. 질소는 유기물 분해로 주로 공급되기 때문에 결핍되기 쉽고 결핍될 시 T/R율이 감소한다.
  나. 결핍 시 성숙잎에서 황화현상을 나타냄
  ※ 잎의 황화 현상은 대부분 질소 부족 때문이다.

2 인(P)

① 공급
  가. 인은 공업적으로 만들기가 힘들어 토양에서 수급해야 한다.(토양침식에 의한 유실이 빈번하다)
  나. 인회석과 같은 인산염을 함유하고 있는 인광석을 통해 얻을 수 있다.

② 기능과 특징
  가. 인은 세포분열·뿌리생장·분얼·개화·결실과정에 결정적 영향을 줌
  나. 인의 농도는 잎 < 수간 < 뿌리의 순서대로 높다.
  다. 염색체의 구성 성분인 핵산(DNA, RNA)의 주요 구성성분
  라. 원형질막의 구성 성분인 인지질의 주요 구성성분

마. 에너지라 부르는 ATP의 구성성분이며, ATP 반응의 핵심원소

　※ 광합성을 통하여 얻은 에너지를 저장하고 전달하는 기능이 가장 중요하다. 에너지는 ATP형태로 저장되고, ATP로부터 인산기가 하나 떨어질 때마다 저장된 에너지가 방출되며, 이 에너지는 식물체 내의 각종 대사 과정에 전달되어 이용된다.

바. 광합성과 호흡작용에서 당류와 결합하여 여러 가지 대사를 주도함

③ 기능과 특징 - 토양

가. 인은 인회석에서 유래되었다.

나. 토양용액 중에 pH~7.22 범위에서는 주로 $H_2PO_4^-$, pH 7.22~ 범위에서 HPO_4^{2-} 형태로 존재한다.

다. 유기태인 : 이노시톨(inositol), 핵산, 인지질 등(이들이 전체 유기태 인산의 50~60%를 차지함)

라. 무기태인 : 산성토에서는 철, 알루미늄 수산화물과 흡착하며, 배위자 교환에 의한 흡착이 많이 나타난다. 2 : 1형 광물보다 1 : 1형 광물에서 많이 흡착한다.

④ 결핍

가. 산성토양에서는 철(Fe)과 알루미늄(Al)에, 알칼리성 토양에서는 칼슘(Ca)에 결합(고정)하여 불용화됨
→ 토양 pH에 따라 유효도가 제한적이다.

나. 결핍 시 소나무 잎과 1년생 식물의 줄기는 자주색을 띠게 된다.

3 칼륨(K)

① 공급 : 순수한 칼륨은 화학반응성이 강해 대부분 암석형태(운모, 장석류, illite)로 존재하며, 이 암석들의 풍화로부터 공급됨

② 기능과 특징 - 생리

가. 조직의 구성 성분은 아니기 때문에 유기질 형태로 존재하지 않음

나. 광합성과 호흡작용에 관여하는 효소의 활성제 역할을 함

다. 전분과 단백질 합성효소를 활성화

라. 식물체 내에서 NO_3^-이나 SO_4^{2-}와 대응하여 이온 균형을 유지하는 역할을 한다.

마. 삼투압 조절, 기공의 개폐, 효소의 형태 유지 등에 관여

③ 기능과 특징 - 토양

가. 칼륨은 대부분 운모, 장석류, illite 같은 칼륨 함유 광물을 포함하는 암석의 풍화로부터 생김

나. 백운모, 미사장석, 정장석, 흑운모, 장석 등으로부터 장기간 K를 공급받는다.

다. 풍화 과정에서 생성된 hydrous mica(가수운모)나 illite와 같은 점토광물들은 2 : 1층 사이 공간에 K^+을 고정할 수 있다.

라. 교환성 칼륨 함량은 토양용액의 K^+보다 10배 이상 높음

마. 식물은 K^+형태로 흡수하며, 흡수된 칼륨은 가용성 K^+형태로서 존재하며 체내 이동성이 매우 크다.

바. 식물이 성장함에 따라 체내 칼륨 함량이 감소하고, 영양기관의 칼륨은 종자나 과실 또는 다른 저장기관으로 이동한다.

④ 결핍 : 결핍 시 잎에 검은 반점이 생기며 황화현상이 일어남

4 칼슘(Ca)

① 공급 : 칼륨과 같이 순수한 칼슘은 화학반응성이 강해 탄산염 또는 황산염 등의 화합물인 암석(석회암 등)에 주로 포함되어 있다.

② 기능과 특징 - 생리

　가. 세포벽에 다량 존재하며, 펙틴(Pectin) 등 세포벽 구성물질의 카복실기($-COOH, -COO-$)에 결합하여 세포벽·세포막의 구조적 안정성을 높여 준다. (세포 사이의 중엽층 구성)

　나. 세포 외부와의 상호작용에서 신호전달에 필수적임(2차 전령체)

　다. 아밀라아제(amylase), 에이티피아제(ATPase)의 활성제 역할

　라. 식물체의 물관에서만 이동이 가능하다.

　마. 형성순서 : 중엽층 → 1차 세포벽 → 2차 세포벽

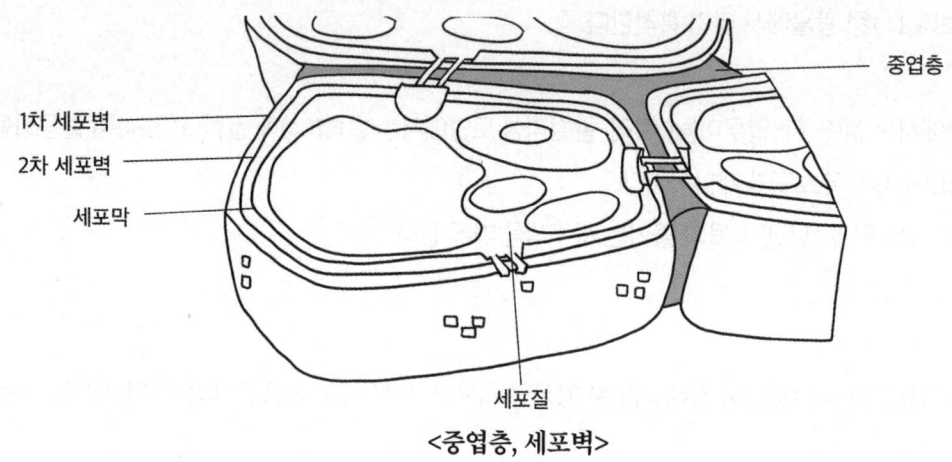

<중엽층, 세포벽>

③ 기능과 특징 - 토양

교질에 흡착된 교환성 Ca^{2+} 함량은 용액 중 함량보다 1,000배 이상 높으며, 교환성 염기의 60~70%를 Ca이 차지한다.

④ 결핍

　가. 칼슘은 체내에서 이동이 안 되기 때문에 결핍 시 항상 어린 조직에서 증상이 나타나며, 어린잎이 기형으로 변한다.

　나. 심하게 결핍되면 어린순이 고사된다.

5 마그네슘(Mg)

① 공급 : 광석과 바닷물로부터 얻을 수 있다. 대부분 백운석(dolomite, 돌로마이트)을 통해서 공급한다.

② 기능과 특징 - 생리

　가. 엽록소 분자의 중심 원소이다.

　나. ATP와 결합하여 ATP가 제 기능을 하도록 활성화함

　다. 광합성, 호흡작용 그리고 핵산합성에 관여하는 효소의 활성제 역할을 함(인산전달효소 - ATP phosphotransferase)

　라. Ca과는 달리 체관부를 통한 이동이 가능하여 식물체 내 재분배가 가능하다.

③ 기능과 특징 - 토양

가. 마그네슘은 비교환성과 교환성 및 수용성으로 나뉘어진다.

   a. 비교환성

  - 대부분의 마그네슘은 비교환성 광물 형태로 존재한다.

  - 2차 광물의 풍화과정에서 유리되는 Mg는 식물에 대한 중요한 공급원이 된다.

   b. 교환성과 수용성

  - 교환성 및 수용성 Mg이 식물에 직접 이용될 수 있는 형태이고, 이들 간 동적 평형관계가 이루어진다.

  - 교환성 Mg은 토양 중 총 Mg함량의 5%를 차지하고, 교환성양이온 중 Mg비율은 4~17%이다.

④ 결핍 : 결핍 시 엽맥과 엽맥 사이에 있는 조직에서 먼저 황화현상이 일어남

6 황(S)

① 공급 : 자연 상태에서 홑원소로 발견, 대기유해물질(이산화황, 아황산가스 등)에도 포함되어 있다.

② 기능과 특징 - 생리

  가. 시스테인(cysteine), 메티오닌(methionine)과 같은 황 함유 아미노산의 주요 구성 성분

  나. 비타민B_1(thiamine), 비오틴(biotin), 코엔자임 A(coenzyme A)와 같이 호흡작용에 관여하는 조효소의 구성성분

  다. 대기에 황이 많으면 HSO_3^-가 되는데, 이 분자는 광합성을 방해하고 엽록소를 파괴함

③ 기능과 특징 - 토양

  가. 황은 대표적인 황화 광물 pyrite가 풍화 과정에서 유황세균(Thiobacillus)의 자가영양세균에 의해서 산화되어 만들어진다.

  나. 담수상태의 혐기 토양에서는 황산염은 미생물의 작용을 받아 황화수소(H_2S)로 환원되며, 유기물이 혐기적으로 분해될 때도 H_2S가 발생한다.

  다. 생성된 H_2S의 대부분은 Fe^{2+}와 반응하여 FeS나 FeS_2 같은 불용성 철화합물(pyrite)로 토양에 집적되어 안정화된다.

  라. 호기상태일 경우에는 화학적·미생물적 반응을 거쳐 SO_4^{2-}으로 산화된다.

④ 결핍 : 광합성을 방해하고 엽록소를 파괴하여 어린 잎에서 황화현상이 발생된다.

7 철(Fe)

① 공급 : 철광석과 같은 광석의 형태로 존재하며 공급됨

② 기능과 특징

  가. 전자전달계에서 전자를 전달하는 단백질(ferredoxin, cytochrome)과 효소의 구성 성분

  나. 엽록소를 합성하는 단백질에 철분이 필요하므로 엽록체에 많이 존재

  다. 질소고정효소(nitrogenase)의 구성 성분

  라. 산화환원반응에 관여

③ 결핍 : 결핍 시 Mg와 같이 엽맥 사이에서 황화현상이 일어남(Fe는 어린잎에서 일어난다는 것이 다름)

8 붕소(B)

① 공급 : 붕사나 붕산석 등의 붕산염 광물상태로 존재

② 기능과 특징

    가. 생장점의 생장과 동화산물의 수송에 관여

    나. 화분관의 생장에 관여

    다. 핵산과 헤미셀룰로스(hemicellulose)의 합성에 관여

    라. 붕소는 식물에 흡수되어 주로 잎의 끝과 테두리에 축적된다.(생장점, 정단분열조직)

③ 결핍 : 결핍 시 정단분열조직이 죽고 수분 흡수력이 떨어짐 → 생장점 파괴

9 망간(Mn)

① 공급 : 망간을 함유한 광물형태로 존재한다.(갈망가니즈석, 이산화망간 등)

② 기능과 특징 - 생리

    가. 엽록소의 합성에 필수적인 역할, IAA 산화제(IAA oxidase) 등 효소의 활성제

    나. 광합성 시 물 분자를 가르는 광분해를 촉진함

    다. 산화환원반응에 관여

    라. 유해 활성 산소를 없애는 superoxide dismutase(SOD)의 보조인자로 작용

③ 기능과 특징 - 토양

    pH가 높거나 유기물함량이 많으면 망간결핍이 일어나기 쉽다(유기교질과 복합체형성)

④ 결핍 : 결핍 시 잎에 반점을 만듦(대부분 어린 잎에 발생)

10 아연(Zn)

① 공급 : 아연을 함유한 광물형태로 존재한다.(섬아연광 등)

② 기능과 특징

    가. 아미노산의 일종인 트립토판(tryptophan)의 생산에 관여함으로써 부수적으로 이 아미노산으로 만들어지는 식물호르몬인 옥신(Auxin) 생산에 관여한다.

    나. RNA 중합효소(RNA polymerase)와 리보뉴클레아제(RNase) 활성 및 리보솜 구조의 안정화에 관여하여 단백질대사에 영향을 준다.

    다. 아연은 탄산 탈수 효소(carbonic anhydrase), 알코올 탈수소효소(alcohol dehydrogenase) 등의 효소 활성화에 관여한다.

③ 결핍 : 따라서 결핍 시 절간생장이 억제되고, 잎이 작아진다(옥신 부족 시 생기는 증상과 같음).

11 구리(Cu)

① 공급 : 구리를 함유한 광물형태로 존재한다.(황동석 등)
② 기능과 특징 - 생리
    가. 산화환원 반응에 관여하는 효소의 구성 성분, 엽록체 단백질 플라스토시아닌(plastocyanin)의 구성 성분
    나. 산화환원반응에 관여
③ 기능과 특징 - 토양
    가. 토양용액 중에서 주로 Cu^{2+}형태로 존재, 유기물과의 결합력이 매우 강하고 이동성이 낮은 특징이 있다(Cu, Mn은 유기교질과 강한 복합체를 형성한다).
    나. 구리는 유기질과 복합체를 만드는 특성이 있음
④ 결핍
    가. 결핍 시 소나무 어린줄기와 잎이 꼬이는 증상이 나타낸다.
    나. 유기질과 복합체를 만드는 특성 때문에 유기질 퇴비를 시용했을 경우 복합체를 형성해 결핍 가능성이 높아질 수 있음

12 몰리브덴(Mo)

① 공급 : 몰리브덴을 함유한 광물형태로 존재한다.(휘수연광 등)
② 기능과 특징
    가. 체내에서 가장 적은 농도로 발견되며, 필수 영양소 중 식물요구도가 가장 낮음
    나. 질소환원효소의 구성 성분(nitrogenase, nitrate reductase)
    다. 몰리브덴은 주로 Mo^{6+}(MoO_4^{2-})의 산화상태로 존재하며, Mo^{5+}을 거쳐 Mo^{4+}까지 환원될 수 있어 여러효소의 보조인자로 산화환원 반응에 관여한다.
    라. 핵산의 구성요소인 퓨린(purines)계의 해체 및 식물호르몬 에브시식산(abscisic acid)의 합성에 관여
    마. 질소고정 하는 콩과작물에서 몰리브덴이 많이 필요하며, 일반식물과 같이 NO_3^-을 주로 이용하는 경우 Mo이 필수이지만, NH_4^+을 이용하는 경우 결핍증상이 나타나지 않는다.
③ 결핍 : 결핍 시 잎의 끝부분부터 황화현상과 괴사 현상이 일어나며 잎 끝은 위로 구부러진다.

13 염소(Cl)

① 공급 : 소금을 전기분해 시켜서 얻음(염화나트륨)
② 기능과 특징
    가. Mn과 함께 물(H_2O)의 광분해를 촉진하며, 옥신 계통 화합물의 구성 성분
    나. 삼투압 및 이온균형 조절
③ 결핍 : 염소 결핍 증상은 거의 발생하지 않으나, 결핍 시 어린잎이 황화되며, 식물체가 위조된다.

14 니켈(Ni)

① 공급 : 니켈을 함유한 암석형태로 존재한다.
② 기능과 특징
   가. 가장 최근(1980년도)에 필수원소임이 증명되었다.
   나. 질소 대사에서 요소(urea)를 CO_2와 NH_4^+로 분해하는 우레아제(Urease)의 구성 성분이다.
③ 결핍 : 결핍증상은 잘 발생하지 않지만 발생 시 황백화 현상, 잎의 위축이 발생됨

3) 토양산도에 따른 무기영양소의 유효도 변화

> ✅ **TIP**
> - 유효도 : 토양에 함유된 양분의 총량 중에서 식물이 흡수 이용할 수 있는 형태의 양분 비율
> - 용해도 : 포화용액 속 용질의 농도(즉, 해당 용액안에 최대로 들어갈 수 있는 용질의량을 말하며 용해도가 커진다는 것은 최대 용질의 농도를 더 높일 수 있다는 것을 말한다)

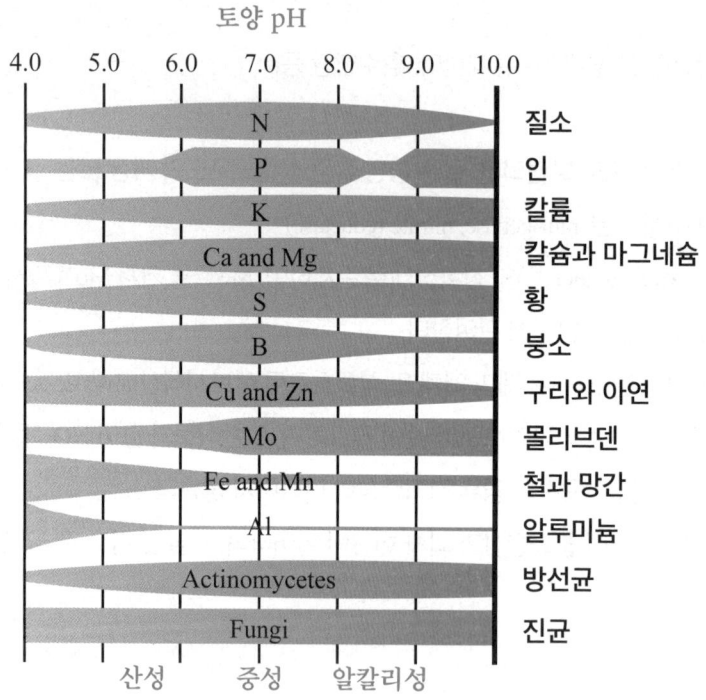

<pH변화에 따른 무기영양소의 유용성 변화>

1 산성일 때 유효도가 커지는 영양소 - Fe, Mn, Cu, Zn, B

> **📖 나무쌤 잡학사전**
>
> 유효도가 커지는 이유
> - Fe, Mn의 경우 pH가 낮아질수록 산화물의 용해도가 커지기 때문
> - (전체) 산성조건에서 토양교질에 의한 해당 원소들의 흡착이 최소화되기 때문
> ※ 추가적으로 산성조건일 경우 Al(알루미늄)이 치환성 알루미늄이 되어 식물이 흡수하여 체내에 축적되고 체내에서 독성을 나타낸다.

2 알칼리성일 때 유효도가 커지는 영양소 - P, K, Ca, Mg, S, Mo

> **✓ 추가 특성**
>
> Mo은 산성조건에서 Fe, Al과 결합하여 용해도가 매우 낮은 화합물을 형성함

3 토양산도 변화에 따른 인산의 유효도 변화

① 산성일 때: Fe, Al과 결합하여 불용성 인산으로 바뀜
② 알칼리성일 때: Ca과 결합하여 불용성 인산으로 바뀜(pH 8~9구간)

4) 무기영양소의 진단

1 무기영양상태 진단방법

① 가시적 결핍증 분석
② 시비실험
③ 토양분석
④ 엽분석
 - 이 중에서 가장 신빙성 있는 방법은 엽분석임
 - 엽분석은 7월 말~8월 초 '여름'잎으로 분석하는 것이 가장 좋음

5) 무기영양소의 체내 분포 및 변화

1 식물 체내 분포

① 무기영양소는 일반적으로 살아 있는 조직에서 함량이 많고, 죽어 있는 조직에서는 적다.
② 어린 잎에서 무기영양소가 가장 많으며, 이후 낙엽이 질 때는 감소함

③ 식물 부위 별 무기영양소 함량 비교
- 전체 : 잎 > 가지 > 줄기(수간)
- 잎 : 1년생 잎 > 성숙 잎
- 줄기(수간) : 내수피(사부) > 변재(목부) > 심재(목부)
- 가지 : 작은 가지(측지) > 큰 가지(주지)

2 식물 별 무기영양소 요구도 비교

농작물 > 활엽수 > 침엽수 > 소나무류

6) 무기영양소 흡수

1 무기영양소가 흡수되는 과정

① 무기염이 토양에서 모세관 현상으로 뿌리 표면으로 이동
② 뿌리로 진입한 뒤 뿌리 피층세포 내에 축적
③ 중앙의 목부조직을 향해 횡방향 이동
④ 목부조직에서 도관 등 목부 내 조직을 따라서 줄기방향으로 상승(수액상승과 함께 작용)

2 무기영양소의 이동

※ 무기영양소는 항상 이온형태로 물과 함께 이동된다.

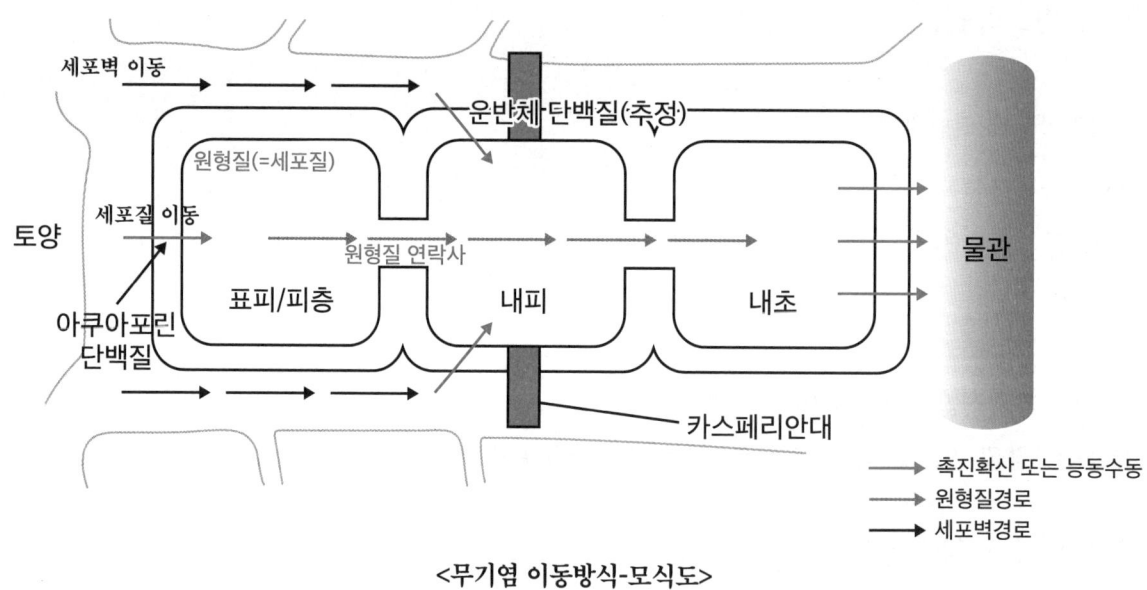

<무기염 이동방식-모식도>

① 토양→뿌리 내피 직전
  ✓ 토양에서 모세관현상에 의해 뿌리 표면에 도달한 무기영양소는 2가지 이동방식에 의해 이동한다.
  가. 첫째는, 세포벽 이동(apoplastic movement)으로 아포플라스트 경로라고도 한다.
     이 경로는 세포벽과 도관, 가도관 공기가 차 있는 공간 등 식물의 죽어 있는 부분으로 이동하며, 뿌리에서 흡수된 대부분의 물과 무기영양소는 이 경로를 통해 이동한다.

- 세포벽 이동은 자유공간[14]의 개념과 같으며, 세포질 이동과는 대립하는 말이다.
- 자유공간을 이용한 이동은 비선택적이고, 가역적이며, 에너지를 소모하지 않는다.

나. 둘째는, 세포질 이동(symplastic movement)으로 심플라스트 경로라고도 한다.

이 경로는 세포의 살아 있는 부분으로 이동하는데 즉, 원형질 내 원형질연락사로 이동한다.

- 세포질 이동처럼 식물이 직접 능동적으로 무기영양소를 흡수하는 과정은 선택적이고, 비가역적이며, 에너지를 소모한다.

※ 세포질 이동(symplastic movement)으로 원형질막을 통과할 때 인지질의 이중 막으로 인해 극성을 띄고 있는 물이 쉽게 통과하지는 못한다. 이때 식물은 액포막에 있는 '아쿠아포린'이라는 단백질을 원형질막에 부착하여 수분 통과를 돕는다. 수분의 조절을 통해 세포의 삼투조절에 관여한다.

② 뿌리 내피→식물 체내

- 내피의 세포벽에는 카스페리안대(Casparian strip)라고 하는 수베린(suberin)으로 만들어진 벽이 완전히 한 바퀴 둘러쳐져 있어 세포벽 이동을 통한 무기영양소의 이동은 이곳에서 차단되며, 무기영양소를 원형질막을 통해서만 세포질 이동을 통해 선택적으로 흡수할 수 있도록 해준다.
- 이 때문에 모든 물과 이온은 내피세포에서는 반드시 내피세포 내로 이동하여 세포질 이동 경로로 이동하여야 한다.
  → 이때 내피세포로 들어오기 위해선 원형질막을 거쳐야 하고 원형질막에는 무기영양소를 '선택적으로 흡수(selective absorption)'하기 위한 '운반체'가 있을 것으로 학자들은 추측한다.
  → 식물이 운반체를 통해 직접 무기영양소를 흡수하는 과정은 선택적이고, 비가역적이며, 에너지를 소모한다.
- 내피를 통과 후에 무기영양소는 통수저항이 적은 목부 조직에 도착하고 줄기로 올라가는데, 이 과정은 세포벽 이동(apoplastic movement)에 해당한다.
- 집단 유동의 대표적인 예이며, 도관 내 무기영양소의 이동속도는 증산속도에 비례한다.

> ✓ **선택적 흡수에 대한 학설 "운반체설"의 내용**
> 1. 원형질막에는 운반체 단백질이 있을 것이다.
> 2. 운반체 단백질은 에너지를 소모하여 농도가 낮은 곳에서 높은 곳으로 농도 기울기에 역행하여 운반을 한다.
>   (운반과정: 원형질막 밖에서 이온과 결합하면 운반체가 구조적으로 변화를 일으키면서 방향을 전환해서 무기영양소가 안쪽으로 향하도록 해준다. 막 안으로 들어오면 운반체와 분리됨)
> 3. 필요에 의해 선택적으로 무기영양소가 이동된다.

3 무기영양소의 흡수 및 이동 특성

① 식물의 생육환경에 따라 무기이온 흡수가 조절될 수 있다.

예 뿌리가 침수되어 뿌리 호흡이 억제되면 무기이온 흡수는 감소된다.

② 토양 환경이 척박하거나 인산의 함량이 낮은 경우 균근균을 통해 무기영양소를 흡수할 수 있다.

---

14) **자유공간**: 표피~피층까지의 공간으로 무기영양소와 물 분자들이 자유로이 드나들 수 있는 공간

11. 수분생리와 증산작용

1) 물의 성격

1 물의 특성

① 높은 비열
② 높은 기화열
③ 높은 융해열
④ 극성
⑤ 자외선과 적외선의 흡수

2 물의 기능

① 원형질 구성 성분
② 가수분해 반응물질
③ 여러 물질의 용매 역할
④ 운반체
⑤ 팽압 유지
⑥ 체온 조절

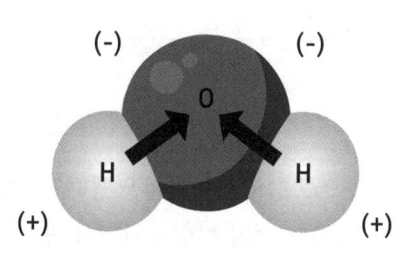 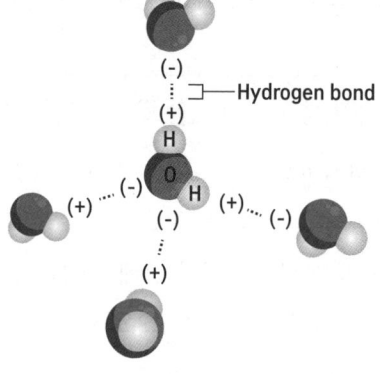

<물의 구조와 역할>

3 물의 구조

① 산소와 수소가 104.5°의 각도로 결합되어 있음
② 결합 형태와 산소-수소의 전기음성도 차이에 의해 산소부분에는 음(-)전하가 발생되며, 수소부분에는 양(+)전하가 발생되어 자석과 같은 성질이 생김. 이를 '극성'이라고 함
③ 물분자는 원래 공기보다 가벼워 대기 중으로 날아가 버려야 하지만, 산소의 음(-)전하와 수소의 양(+)전하가 전기적 인력에 의한 '수소결합'을 하고 있어 강한 응집력을 가져 대부분 액체상태로 존재한다.

2) 수분퍼텐셜 (=수분포텐셜)

> **📖 나무쌤 잡학사전**
>
> 수분퍼텐셜이란?
> - 수분퍼텐셜의 물이 가지고 있는 잠재력을 나타내는 용어입니다. 물은 에너지를 가지고 있으며, 물의 위치, 압력, 화학적 조성에 따라 이 에너지의 크기는 달라집니다. 수분퍼텐셜은 이러한 물의 에너지의 값들을 모두 합쳐 하나의 값으로 나타낸 것으로 물의 흐름 방향을 결정하는 중요한 지표입니다. 즉, 물을 움직이는 힘을 모두 합친 것입니다.
> - 수분퍼텐셜은 수목생리학과 토양학에서 똑같이 나오지만 각각 다루는 퍼텐셜의 종류가 다르니 수험생 여러분들께서는 꼭! 참고하여주시기 바랍니다.
>   • 수목생리학 : 삼투퍼텐셜, 압력퍼텐셜
>   • 토양학 : 매트릭퍼텐셜(기질퍼텐셜), 중력퍼텐셜

1 수분퍼텐셜의 종류

삼투퍼텐셜 / 압력퍼텐셜 / 매트릭퍼텐셜(기질퍼텐셜) / 중력퍼텐셜

2 수분퍼텐셜 별 특성

- 수분퍼텐셜이 높은 곳에서 낮은 곳으로 물이 흐른다.
- 물이 많으면 수분퍼텐셜 값이 높고, 물이 적으면 수분퍼텐셜 값이 낮다.

① 삼투퍼텐셜

용질의 농도에 따라 결정되는 수분퍼텐셜, 용질의 농도가 높을수록 삼투퍼텐셜은 낮아지고 용질의 농도가 작을수록 삼투퍼텐셜은 커진다.

가. 순수한 물의 값은 0, 용질의 농도가 증가할수록 마이너스 값이 커짐

나. 항상 0보다 작은 음수(-)이다. → 순수한 물은 현실에서 거의 존재하기 힘들기 때문

다. 어린잎이 성숙 잎보다 값이 더 낮다(삼투퍼텐셜이 높은 곳에서 낮은 곳으로 수분이 이동함).

② 압력퍼텐셜

물의 압력에 의해 결정되는 수분퍼텐셜, 여기서 압력은 대부분 세포 내에서 물이 세포벽을 밀어내는 '팽압'에 의한 것으로 물이 많을수록 퍼텐셜 값이 커진다.

가. 수분을 충분히 흡수한 세포 = +값, 증산작용으로 인해 장력 하에 있을 때 = -값, 원형질분리 상태(위조점) = 0으로 나타냄

나. +값은 세포 안에서 발생하는 팽압에 의해서 생김

다. 주로 목부 도관의 수분퍼텐셜이 압력퍼텐셜에 의해 결정된다.

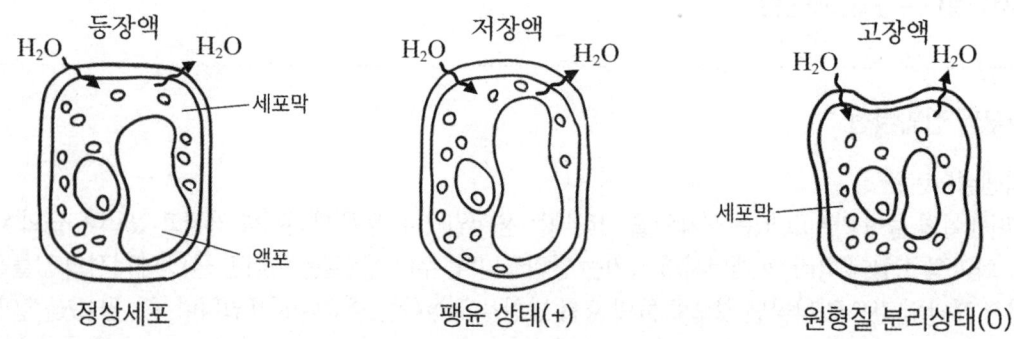

<압력퍼텐셜의 세 가지 상태>

③ 매트릭퍼텐셜(기질퍼텐셜, matric potential)

토양 입자 표면에 흡착된 물의 에너지에 의해 결정되는 수분퍼텐셜, 토양입자의 음(-)전하와 물분자의 양(+)전하 간의 전기적인 인력과 물 분자들끼리의 응집력에 의해 발생됨

가. 입자 등의 표면에 흡착되려고 하는 물 분자의 힘

나. 평소에 수분을 함유하고 있으면 0에 가까운 값을, 건조한 토양에서는 흡착력이 늘어 음(-)의 값을 나타냄

다. 수목생리학에서는 매트릭퍼텐셜과 중력퍼텐셜에 대해서는 값이 무시되며 다루지 않는데 이는 매트릭퍼텐셜이 수목 내 수분의 이동에 대해서는 전혀 영향을 주지 않기 때문이다.

④ 중력퍼텐셜(gravitational potential)

가. 중력에 역행하여 물을 위로 끌어올리는 힘

나. 기준점 아래는 음(-)의 값을 가지며 기준점 위는 양(+)의 값을 갖는다. 대부분 기준점이 토양 표면이므로 음(-)의 값을 갖는다. 기준점은 측정자와 환경에 따라 달라질 수 있다.

다. 기준점은 임의로 설정되며, 임의로 설정된 기준점보다 상대적 위치가 높을수록 커진다.

라. 10m 미만의 키가 작은 수목에서는 무시되는 항목

마. 매트릭퍼텐셜과 같이 수목생리학에서는 값이 무시되며 다루지 않는다.

⑤ 수목에서의 퍼텐셜 별 측정값 범위

가. 삼투퍼텐셜 : 항상 음수(-)이다.→ **퍼텐셜 값 중 가장 낮은 값을 나타낸다.**

나. 압력퍼텐셜 : +, 0, - 모두 가능하다.

다. 중력퍼텐셜 : 대부분 음수(-)이며, 10m 미만의 키가 작은 수목에서는 무시된다.

라. 매트릭퍼텐셜 : 수목에서는 0에 가까워 무시되는 항목이다.

3 수분퍼텐셜의 분포와 수분의 이동

① 토양→뿌리→줄기(수간)→가지→잎→대기 순으로 수분퍼텐셜이 낮아지며, 수분포텐셜 기울기에 따라 해당 순서대로 수분이 이동함
② 물을 최대로 흡수한 팽윤세포는 물이 이동하지 않으므로, 수분퍼텐셜 값은 0이다.

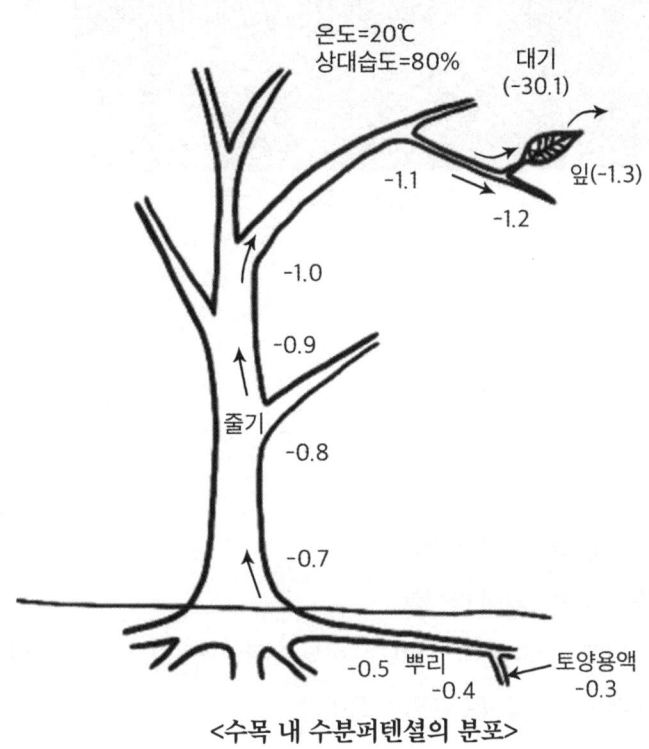

<수목 내 수분퍼텐셜의 분포>

3) 수분의 흡수

1 뿌리의 구조와 수분 흡수

① 어린뿌리에서 수분이 흡수되기 위해서는 표피와 피층을 통과하게 되는데, 이 두 층은 비교적 세포가 느슨하게 배열되어 있어서 수분의 이동이 쉽게 이루어진다.
② 수분이 내피에 도달하면 '카스페리안대(수베린띠)'에 의해서 물과 무기영양소는 선택적으로 출입이 가능해진다.
③ 측근은 내초에서 기원해서 주변 조직을 찢으면서 자라 나오기 때문에 열린 공간을 통해 수분이나 무기염이 자유롭게 이동할 수 있다.
④ 뿌리가 나이를 먹으면 코르크형성층이 피층 안쪽에서 생기면서 표피, 뿌리털, 피층이 파괴되어 없어진다. 후에 내초에서 형성층이 생기면 내피마저도 없어지고 목부, 사부, 목전질층(코르크층) 이 생긴다.
⑤ 뿌리의 능동흡수 : (증산작용을 하지 않는)겨울철, 뿌리의 삼투압에 의해서 수분을 흡수하는 경우이다. 뿌리는 무기염을 축적하여 삼투압을 늘리고 토양에서 수분을 흡수한다.
→ 이때, 근압을 해소하기 위해서 일액현상(잎의 수공에서 수분이 나오는 것)이 일어난다. 추가로 일액현상은 대부분 초본식물에서 일어나며, 나자식물에서는 지금까지 근압이 관찰된 예가 없다.

<일액현상>

2 수분흡수 기작

✓ 수분흡수는 수동흡수와 능동흡수 두 가지로 나뉨

① 수동흡수[15]
- 대부분의 수분흡수는 수동흡수를 통해 이루어진다.
- 물의 수동흡수는 대부분이 증산작용에 의해 발생함
- 증산작용이 진행되면 수분을 위에서 끌어올리는 힘으로 목부 도관에 장력이 생기며, 이에 따라 뿌리의 도관에 축적된 무기염들이 수분이동과 더불어 수동적으로 빨려 올라감
- 식물은 이 과정에서 에너지를 소모하지 않음
- 이 외에도 잎의 기공, 각피층, 가지의 엽흔, 수피의 피목에서도 수분을 흡수할 수 있다.

② 능동흡수[16]
- 목본식물의 경우 낙엽수가 증산작용을 하지 않는 겨울철, 뿌리의 삼투압에 의하여 수분을 흡수하는 경우
- 초본식물의 경우 증산작용을 하지 않는 야간에 뿌리 내에 무기염을 축적하여 뿌리의 삼투압에 의하여 토양의 수분을 흡수하는 경우
- 위와 같은 상황이 되면, 증산작용을 하지못해 뿌리에는 근압이 쌓이며, 초본식물의 경우 이 근압을 해소하기 위하여 '일액현상'이 일어난다.
- 일액현상은 수동흡수에 의한 것보다 느리게 진행된다.

---

15) **수동흡수** : 에너지를 소모하지 않고 발생하는 흡수작용
16) **능동흡수** : 에너지를 소모하여 선택적으로 흡수하는 것

4) 증산작용

1 증산작용이란?

식물체 내의 물이 잎의 기공을 통해 수증기 형태로 빠져나가는 현상

2 증산작용의 역할

- 뿌리에서 흡수된 물이 증산작용 시 발생하는 장력을 통해 끌어올려지며 식물체 내부의 물이 지속적으로 순환될 수 있게 해준다.
- 무기영양소의 흡수와 이동을 촉진시킨다.
- 뜨거운 여름, 증산작용에 의한 물이 기화할 때 주변의 열을 빼앗기 때문에 고온에 의한 피해를 줄일 수 있음

3 증산작용에 따른 수액의 상승

- 수액의 상승 속도는 가도관으로 이루어진 침엽수가 주로 도관으로 이루어진 활엽수보다 느림
- 수액의 상승 속도는 증산작용이 활발한 주간이 야간보다 빠름
- 환공재의 긴 도관은 시간이 지남에 따라 기포, 전충체 등에 의해 막히는 티로시스(tylosis) 현상 때문에 효율이 떨어짐
- 변재 중에서도 수액 이동에 기여하는 건 일부분인데, 환공재의 경우 마지막 1~2년에 형성된 도관에 의존하는 경우가 대부분임
- 수액은 점진적으로 나선 방향으로 돌면서 올라가는데 이러한 현상은 침엽수에서 도드라짐, 일반적으로 활엽수는 곧바로 올라가는 경향이 있음

> ✓ **수액의 구성**
>
> - 수액은 목부수액과 사부수액으로 나뉘어 지며, 목부수액이 사부수액보다 더 묽음
> - 목부수액의 pH는 산성(4.5~5.0)이며, 사부수액의 pH는 알칼리성(7.5)임
> - 목부수액에는 질소화합물, 탄수화물, 식물호르몬 등이 용해되어 있음
> - 수액에서 질소화합물로는 아미노산과 우레이드(ureides)가 검출됨
> - 사과나무의 경우 여름철에 아스파르트산(aspartic acid)와 글루타민(glutamine)이 주종을 이루고, 가을에 아르기닌(arginine)이 증가함
> - 소나무류의 경우 유기태 질소 대부분이(85% 이상) 시트룰린(citrulline), 글루타민(glutamine)으로 되어 있음

12. 유성생식과 개화생리

1) 유시성과 성숙

- 유생기란 영양생장만을 하면서 어린 형태로 개화하지 않는 기간을 말함(유형기라고도 불리움)
- 유시성이란 수목이 영양생장만을 하면서 어린 형태로서 개화하지 않는 상태에 있는 것
- 유생기가 길어지는 이유는 이 기간에 모든 에너지를 영양생장에만 투입함으로써 경쟁속에서 수고생장을 도모하여 산림 내에서 햇빛을 유리하게 받기 위함으로 해석됨
- 정단분열조직이 세포분열을 한 횟수가 적은 수목은 유시성을 보이는데, 이것은 수목 별 일정한 횟수 이상의 세포분열을 거쳐야만 개화할 수 있는 능력이 생긴다고 할 수 있다.

> ✅ **영양생장과 생식생장**
> - 영양생장은 식물체의 발생부터 영양기관(뿌리, 잎, 줄기)가 생장하는 것을 말한다.
> - 생식생장은 영양생장이 완료되어 성숙된 시기에서부터 종자를 생산하기 위한 개화, 수분, 종자의 성숙에 이르기까지의 과정을 말한다.
> - 대부분 모든 식물이 영양생식 중에는 생식생장을 할 수 없거나 줄어들고(과실의 격년 흉년, 풍년 반복), 생식생장 중에는 영양기관이 발달하는 영양생장을 할 수 없거나 줄어들게 된다.
> - 자작나무의 경우 영양생장이 끝나갈 때쯤 아브시스산(abscisic acid)이 관여하여 줄기의 생장을 억제하고 생식생장을 촉진함

2) 유생기간 수목 별 특징

1 유형기 기간(개화하지 않는 상태에 있는 기간)

① 3년 이내 : 방크스소나무, 리기다소나무
② 5년 : 자작나무, 소나무, 유럽소나무
③ 15년 : 단풍나무, 물푸레나무, 낙엽송, 잣나무
④ 20~25년 : 참나무, 가문비나무, 전나무
⑤ 30~40년 : 너도밤나무

2 잎의 모양

① 향나무 - 유엽(어린 잎)은 침엽을 만들며, 성엽(성숙 잎)은 비늘 잎인 인엽을 만듦
② 소나무 - 발아한 첫 해에 1차엽(유엽)을 만듦
③ 담쟁이덩굴 - 유엽은 잎이 셋으로 갈라진 삼출엽(결각) 모양을 하는 반면, 성엽은 하나로 되어 있다.

- 가시의 발달 : 귤나무, 아까시나무는 유생기에 가시가 발달함
- 엽서 : 유칼리나무의 경우 잎이 배열하는 순서와 각도가 성숙하면서 변화함
- 삽목 : 유생기에 삽목이 쉬움
- 곧추선 가지 : 낙엽송의 경우 유생기에는 가지가 왕성하게 곧추 자람
- 낙엽의 지연성 : 참나무류의 경우, 가을에 낙엽이 늦게 짐
- 수간의 해부학적 특성
    - 가. 활엽수 : 환공재 특성이 유생기에는 잘 나타나지 않으며, 성숙기가 되어야 나타난다.
    - 나. 침엽수 : 춘재에서 추재로의 전이가 점진적으로 나타나며, 추재의 비중이 비교적 낮음

<향나무(인엽)>   <향나무(유엽)>   <아까시나무 유생기의 가시>

3) 꽃의 구조

1 꽃의 구조(활엽수)

① 꽃받침, 꽃잎, 수술, 암술이 모두 존재하면 = **완전화**(예 벚나무, 자귀나무)
② 꽃받침, 꽃잎, 수술, 암술 중 하나라도 없으면 = **불완전화**(예 양버들(포플러), 가래나무, 버드나무)
③ 암술과 수술 중 한 가지만 가진 꽃 = **단성화**(예 버드나무류, 자작나무류)
④ 암술과 수술 모두를 가진 꽃 = **양성화**(예 벚나무, 자귀나무)
⑤ 암꽃과 수꽃이 한 그루 안에 달리는 경우 = **1가화**(예 참나무류, 오리나무류, 가래나무)
⑥ 암꽃과 수꽃이 각각 다른 그루에 달리는 경우 = **2가화**(예 버드나무류, 양버들(포플러))
⑦ 양성화와 단성화가 한 그루에 달리는 경우 = **잡성화**(예 물푸레나무, 단풍나무)

<벚나무-왕벚> <버드나무>
<자작나무> <자귀나무>
<참나무> <포플러>

2 꽃의 구조(침엽수)

① 나자식물은 양성화가 없으며, 모두 1가화 혹은 2가화이다.
② 소철류와 은행나무는 대표적인 2가화이며, 주목과 향나무는 개체에 따라 1가화 혹은 2가화이며, 소나무과, 낙우송과, 측백나무과는 1가화로 암·수 꽃이 한 그루에 달린다.

4) 생식생장

1 화아(꽃눈) 형성

① 피자식물
- 봄부터 6월까지 왕성한 영양생장을 끝나면, 일시적으로 생장이 정지하는 동안 기존에 있던 눈의 일부가 꽃눈으로 전환된다.
- 봄에 일찍 꽃이 피는 수종의 경우 세포분열과 확장을 반복하여 화서(꽃차례)를 만들며, 이 상태로 월동한 후 봄에 빠른 속도로 화서가 자라서 꽃이 핀다.
- 여름에 꽃이 피는 수종은 같은 해 봄이나 여름에 꽃눈의 원기가 형성되고, 늦여름에 피는 수종은 한여름에 원기가 생긴다.
- 산림수목 중 1가화(암꽃과 수꽃이 한 그루에 달리는 것)를 형성하는 수목의 경우 수꽃의 원기 형성과 발달이 암꽃보다 먼저 이루어진다.
- 결실 풍년에는 탄수화물이 고갈되어 화아발달이 억제된다.

② 나자식물
- 암꽃과 수꽃의 구별이 있으며, 피자식물과 마찬가지로 수꽃의 원기 형성이 암꽃보다 먼저 이루어진다.
- 소나무류의 암꽃과 수꽃의 화아 원기가 발달하는 모양을 비교해 보면, 암꽃의 정단 조직은 수꽃과 비교할 때 훨씬 더 크고 넓어서 둥근 형태를 하지만, 수꽃은 정단조직이 암꽃보다 작고 뾰족하다.

2 개화
- 소나무과에 속하는 수종들의 암꽃은 주로 수관 상단에 달리고 수꽃은 하단에 달린다.
- 탄수화물의 공급이 적은 상태에서는 수꽃으로, 공급을 많이 할 수 있는 상황에서는 암꽃으로 분화한다.
- 암꽃이 수관 상단에 달리는 이유는 수관 꼭대기 즉, 탄수화물을 가장 많이 공급할 수 있는 왕성한 활력지에 암꽃이 달림으로써 충실한 종자 생산을 도모할 수 있기 때문
- 반면, 수꽃은 수관 아래쪽의 활력이 약한 가지에 달린다.
- 수꽃이 많이 달린 가지는 수꽃의 수만큼 엽량이 줄어들기 때문에 가지의 활력이 약해진다.
- 수목의 성결정엔 식물호르몬이 관련되어 있음
    - 옥신/지베렐린 비율이 높을 때 : 암꽃
    - 옥신/지베렐렌 비율이 중간정도 될 때 : 수꽃
- 또한 옥신은 낮은 농도를 유지함으로써 영양생장을 억제해 정단 분열조직이 정지 상태에 있도록 유도하여 개화를 촉진한다.
- 소나무에서 암꽃의 개화는 질소를 포함한 수목의 영양상태가 양호할 때 촉진된다.

> ✅ **개화 촉진**
>
> -개화를 촉진하는 방법에는 여러 가지가 있다.
>   1. 춘화처리(버날리제이션): 생육기간 내 저온을 처리하여 개화를 촉진하는 방법
>   2. 고온처리: 감온형 식물의 경우 높은 온도에 의해 개화가 촉진될 수 있음
>   3. 단일처리: 단일성을 가진 식물의 경우 단일처리를 통해 개화를 촉진할 수 있음
>   가. 단일성 식물: 진달래, 목서, 비파나무, 구실잣밤나무
>   4. 장일처리: 장일성을 가진 식물의 경우 장일처리를 통해 개화를 촉진할 수 있음
>   가. 장일성 식물: 무궁화, 장미, 배롱나무
>   5. 지베렐린 처리: 식물호르몬은 지베렐린을 처리하여 개화를 촉진할 수 있음
>   가. 장일성 초본류 중에는 단일조건에서 GA처리로 개화하는 경우가 많음
>   나. 나자식물에서는 GA_3 혹은 GA_4+GA_7이 개화 촉진 효과가 입증됨
>   다. 아직까지 목본 쌍자엽식물의 개화를 촉진시키는 효과는 입증되지 못함(→동백나무에서는 GA_3를 처리했을 때 개화량과 개화기간이 길어짐)
>   6. 환경의 변화: 가지치기, 단근, 이식 등의 환경스트레스나 환경의 변화는 수목의 내적 생리균형을 파괴시켜 개화를 촉진시킨다.

3 화분(꽃가루)의 비산

- 화분 비산은 기상조건의 영향을 많이 받으며, 온도가 높고 건조한 낮에 집중적으로 이루어진다.
- 야간에도 습도가 낮아지면 화분 비산은 일어난다.
- 비산거리는 일반적으로 화분입자가 작을수록 더 늘어난다.
- 비산량은 개화기 중간에 최고치를 나타낸다.(정규곡선 분포)
- 풍매화인 꽃이 충매화인 꽃보다 화분 생산량이 많다.
  - ※ 충매화: 과수류, 피나무, 단풍나무, 버드나무류
  - ※ 풍매화: 침엽수, 호두나무, 자작나무, 포플러, 참나무류

4 수분[17]

① 피자식물
- 1가화를 가진 피자식물 간에는 암꽃과 수꽃의 화기가 일치함
- 주두(암술머리)는 감수성을 보일 때 세포 외 분비물을 분비하는데, 이 분비물에 의하여 화합성을 감지한다.
- 주두에 화합성이 있는 화분(꽃가루, 꽃밥)이 도착하면 화분은 곧 발아하여 화분관을 형성하면서 자란다.
- 화분관은 효소를 분비하여 화주의 중엽층에 있는 펙틴(pectin) 물질을 녹이면서 밑으로 자방을 향해 자라 내려간다.

② 나자식물
- 감수 기간에는 노출된 배주 입구에 있는 주공에서 수분액을 분비하는데, 화분이 부착되기 쉽게 하며, 주공 안으로 수분액이 후퇴할 때 화분이 함께 안으로 빨려 들어간다.

---

17) **수분**: 종자식물에서 수술의 화분이 암술머리에 붙는 것을 말합니다.

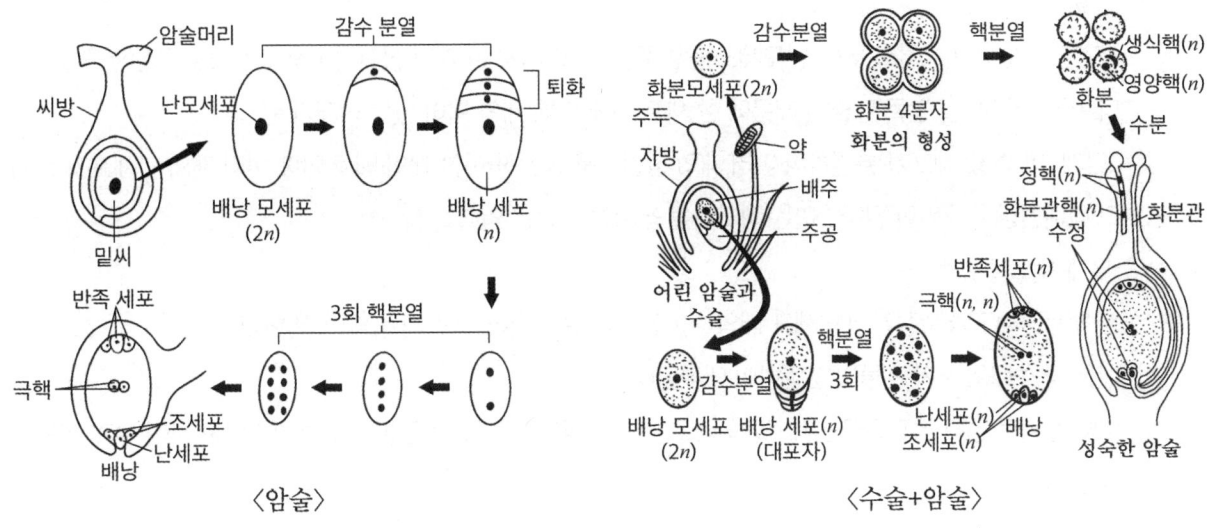

<종자의 수정과정>

5 수정

① 피자식물

가. 수술
- 화분모세포(2n)가 1회의 감수분열과 1회의 핵분열을 거쳐 4개의 화분을 생산
- 화분에는 핵이 형성되는데 화분관핵(n)과 생식핵(n) 두 가지가 생긴다.
- 화분이 암술머리에 닿으면(=수분) 발아하여 화주를 뚫으며 내려가는데, 이때 생식핵이 다시 분열하여 2개의 정핵(n, n)이 된다.

나. 암술
- 배주가 성숙하면서 가운데 위치한 주심 내의 한 개의 세포가 난모세포로 분화한다.
- 난모세포를 포함한 세포 전체를 배낭 모세포라고 하며 배낭 모세포는 감수분열과 3회의 핵분열을 거쳐 3개의 반족세포, 2개의 극핵, 1개의 난세포와 2개의 조세포를 형성한다.

다. 중복수정
- 화분관핵을 따라 내려온 2개의 정핵은 각각 하나는 2개의 극핵과 만나 배유(3n)를 만들며, 하나는 1개의 난세포와 만나 배(2n)를 만든다.
- 배유는 수정 후 배보다 먼저 발달하기 시작하여 씨앗의 형태를 형성한다.
- 각각 다른 정핵이 다른 결합과정을 거치므로 중복 수정이라고 불리운다.

② 나자식물
- 피자식물은 개화 당시 배낭이 성숙해 있어 난모세포가 분화하여 만들어진 난세포를 이미 형성한 상태에서 수분이 되지만, 나자식물은 겨우 난모세포를 형성한 단계에 머물러 있기 때문에 암꽃의 수정 준비가 아직 안 되어 있다.
- 암꽃은 주로 수관의 상단에 달리고 수꽃은 하단부에 달림

가. 암술
- 1단계 : 수분이 이루어질 무렵, 난모세포를 만들며, 이 중에서 한 개가 살아남아 연속적으로 핵분열을 실시한다. 이때 세포벽을 만들지 않기 때문에 한 세포 내에 수백 개의 핵이 있는 상태가 됨
- 2단계 : 이 중 몇 세포가 분열하여 여러 개의 장란기를 형성하고 한 개의 배주 안에 여러 개의 난세포가 생기고 다배현상의 근원이 된다. - 이는 피자식물의 배유와 같은 역할을 함

나. 부계 세포질 유전
- 정핵이 난세포와 수정하면 난세포 내의 소기관(미토콘드리아, 색소체 등)이 소멸한다.
- 대신 정핵 내의 소기관 들이 분열하여 대체된다.
- 이렇게 새로 생긴 세포질을 신세포질이라고 하는데, 정핵 내의 소기관들이 대체하였다고 하여 부계세포질 유전이라고 한다.

13. 식물 호르몬

1) 정의

식물의 생장, 분화 및 생리적 현상에 영향을 끼치는 물질이며, 동물과는 다르게 생산하는 장소가 뚜렷하게 분화되어 있지 않으며, 아래와 같은 특징을 가지고 있다.

① 유기물
② 한 곳에서 생산되어 다른 곳으로 이동함
③ 이동된 곳에서 생리적 반응을 나타내며, 아주 낮은 농도에서 작용하는 화합물(에틸렌은 유일하게 생산된 곳에서도 생리적 작용을 나타냄)

2) 작용

① 식물호르몬이 어떤 수준 이상으로 존재하면, 그 호르몬에 대하여 반응을 보이는 수용단백질이 해당 호르몬과 결합한다. = 신호 감지
② 호르몬과 결합한 수용단백질은 분자의 공간배열이 변하여 활성화되면서 신호를 다른 물질에 전달하고 호르몬의 신호를 증폭시킨다.
③ 증폭된 물질은 DNA를 자극해 필요한 효소를 생산하며, 생산된 효소는 특수한 화학반응을 주도하여 새로운 물질을 합성한다.

※ 이때, 인지질 분해효소(phospholipase)와 다른 효소에 ATP를 부착시켜서 활성화시키는 효소인 단백질 인산화효소(protein kinase)가 활성화 된다.

3) 식물 주요 호르몬

명칭	발견	생합성장소 및 이동	특성
옥신	귀리의 자엽초가 굴광성을 나타냄	① 어린 조직(자라나는 잎, 눈, 열매 등)에서 주로 생산하여 분비됨 ② 유관속 조직에 인접해 있는 유세포를 통해 이동함 ③ 속도가 느림 ④ 극성을 띔(줄기=구기적, 뿌리=구정적) ⑤ 옥신의 운반은 에너지를 소모함	① 아미노산인 트립토판(tryptophan)으로부터 합성된다. ② 아주 높은 농도:제초효과 　높은 농도:정아우세효과 　낮은 농도:뿌리의 생장 ③ 줄기에서 부정근 발달 촉진 ④ 베어낸 자엽초나 줄기의 신장생장을 주로 촉진 ⑤ 상처난 관다발 조직에서 옥신의 공급부는 절단된 관다발의 위쪽 끝이다. ⑥ 측아의 생장을 억제 또는 둔화시킨다.

명칭	발견	생합성장소 및 이동	특성
지베렐린	벼의 키다리병 연구	① 미성숙 종자, 어린잎에 많음 ② 목부와 사부를 통해 양방향 이동 ③ 뿌리와 줄기의 수액에서 검출되며, 뿌리의 GA가 목부 조직을 통해 줄기로 운반	① diterpene의 일종 ② 모든 지베렐린은 산성을 띰 ③ 원형 그대로의 식물체에서 세포신장과 세포분열을 촉진(옥신과 함께 사용 시 상승효과) ④ 초본류와 나자식물에서 개화 및 결실을 촉진한다(쌍자엽식물에서는 나타나지 않음). ⑤ 곡류에서 종자가 수분을 흡수하면 GA가 생산되어 효소의 생산을 촉진하고, amylase와 같은 효소가 전분을 분해하여 발아함

사이토키닌	담배 유상 조직(callus)의 조직배양 연구	① 식물의 어린 기관과 특히 뿌리 끝 부분에서 생산됨
		② 뿌리에서 목부 조직을 통하여 상승(유일한 운반수단)→이것을 제외하고는 줄기 내에서의 이동은 거의 이루어지지 않는다.
			① 세포분열 촉진
			② 기관형성(눈, 대, 잎)
			③ 사이토키닌/옥신의 함량
			  -높으면:눈, 대, 잎 형성
			  -낮으면:뿌리 형성
			④ 노쇠지연(사이토키닌은 주변으로부터 영양소를 모음)→예 녹병균의 green islands
			⑤ 액아에 처리하면 정아우세 현상이 소멸하고, 측지 및 곁가지가 발달함
			⑥ 종자를 암흑에서 발아 시 처리하면 엽록체 발달 촉진가능

ABA (앱시스산, 아브시식산)	휴면 및 낙엽연구	① 색소체를 가지고 있는 식물의 여러 기관에서 생합성된다.
		  -잎:엽록체
		  -열매:색소체
		  -뿌리와 종자:백색체, 전색소체
		② 목부와 사부를 통해서 이루어지며, 유세포를 통해서도 이동이 가능한데 유세포로 이동 시 극성을 띠지 않는다.
			① C15, sesquiterpene의 일종
			② 눈과 종자의 휴면
			③ 탈리현상 촉진[간접](조기 노화를 촉진하여 에틸렌이 생산되고 그로 인한 탈리현상이 발생)
			④ 식물 스트레스호르몬(수분조절, 기공 폐쇄)
			⑤ 잎의 노화 · 낙엽 촉진
			⑥ 이층형성
			⑦ 발아억제

에틸렌	과실의 성숙 연구	① [생합성 과정] methionine(아미노산)→S-adenosyl methionine(SAM)→ACC(옥신에서 촉진)+산소→에틸렌 ② 살아있는 모든 조직에서 생성 ③ 침수될 경우 에틸렌이 뿌리 밖으로 확산에 의해 나가지 못하고 줄기 이동 후 독성	① 지용성, 기체(세포간극이나 빈 공간을 통하여 확산) ② 원형질막에 쉽게 부착됨→다른 호르몬들과 같이 수용단백질에 의해 작용기작이 나타남 ③ 과실의 성숙촉진(climacteric, 세포호흡의 폭발적 증가) ④ 침수될 경우 생성되어 잎의 상편생장 및 탈리현상(낙엽) 촉진 ⑤ 식물호르몬 중 유일한 기체형태

4) 이층과 탈리현상

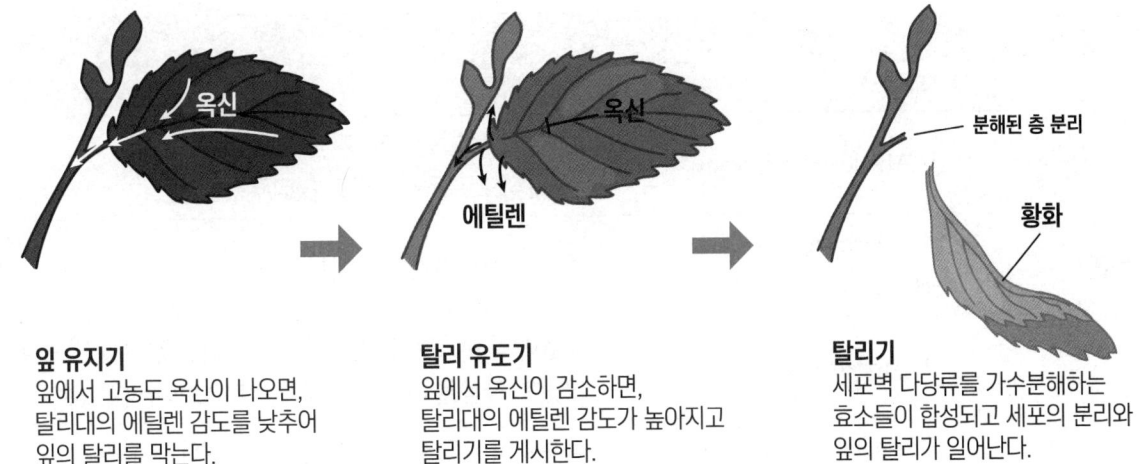

잎 유지기
잎에서 고농도 옥신이 나오면, 탈리대의 에틸렌 감도를 낮추어 잎의 탈리를 막는다.

탈리 유도기
잎에서 옥신이 감소하면, 탈리대의 에틸렌 감도가 높아지고 탈리기를 게시한다.

탈리기
세포벽 다당류를 가수분해하는 효소들이 합성되고 세포의 분리와 잎의 탈리가 일어난다.

<탈리현상>

1 탈리현상과 이층

- 탈리현상은 이층에 의해서 잎, 꽃, 과실의 기관이 분리되는 현상을 일컫는다.
- 이층은 분리층과 보호층 두가지로 나뉜다.
- 많은 경우 기관의 초기 발달 단계에서부터 분리층(이층)이 형성되어 있는데, 특정 조건에서 분리층이 활성화되면 다량의 세포벽 분해효소들이 분비되어 기관분리가 유도됨.
- 분리층의 세포는 작고 세포벽이 얇다.
- 탈리가 일어나기 전부터 보호층에 목전질(Suberin)이 축적되기 시작한다.
- 잎 유지기→탈리 유도기(옥신 생산량 감소, 에틸렌 합성 증가)→탈리기(세포벽 가수분해효소 분비)의 과정을 거쳐 탈리된다.
- 식물호르몬 중 옥신은 탈리를 지연시키고 에틸렌은 탈리를 촉진한다.

> **📚 나무쌤 잡학사전**
>
> **식물의 뿌리가 침수되면?**
> ① 뿌리에서 생산된 에틸렌이 확산에 의해 뿌리 밖으로 나가지 못함
> ② 나가지 못한 에틸렌 가스가 줄기로 이동하여 여러 독성을 나타냄
> ③ 잎이 상편생장을 일으킴(잎의 위쪽이 더 많이 자라 잎이 아래쪽으로 말려들어감)
> ④ 잎이 시들면서 탈리됨

5) 식물 호르몬과 생장조절제의 종류

호르몬 명칭	종류	내용
	천연옥신	
옥신	IAA(indole-acetic acid)	-가장 먼저 발견, 연구가 가장 많이 됨 -일반적으로 옥신이라고 불리우는 물질
	4-chloro IAA (4-chloro indole-acetic acid)	콩과식물의 어린 종자에서 발견
	PAA(phenylacetic acid)	식물에서 IAA보다 더 흔하게 발견되는 경우가 많으나, 옥신의 작용을 나타내는 정도가 IAA보다 약함
	IBA(indole-butyric acid)	옥수수의 잎과 여러 가지 쌍자엽식물에서 발견
	합성옥신(synthetic auxin)	
옥신	NAA (α-naphthalene acetic acid)	단자엽식물에는 피해가 없고, 쌍자엽식물을 죽이는 선택성 제초효과 발현
	2,4-D, 2,4,5-T (2-4-dichlorophenoxyacetic acid)	
	MCPA (2-methyl-4-chlorophenoxyacetic acid)	
지베렐린	GA3	신장생장×, 개화 및 결실 촉진(나자식물, 초본식물)
	GA4+GA7	신장생장○, 개화 및 결실 촉진(나자식물, 초본식물)
사이토키닌	아데닌형 사이토키닌	[천연 사이토키닌] -zeatin -zeatin riboside -dihydrozeatin -isopentenyl adenine(IPA) — 옥수수 종자에서 추출됨
		[합성 사이토키닌] kinetin benzyladenine(BA) — 키네틴(kinetin)의 경우 사이토키닌 중에서 제일 먼저 알려짐
	페닐우레아형 사이토키닌	diphenylurea thidiazuron

> ✅ **호르몬별 추가적인 특징**
>
> 1. 옥신: 농도를 조절하는 기작이 있어, IAA 농도를 낮추고자 할 때 다른 화합물(aspartic acid, glucose 등)과 결합해 불활성의 결합옥신을 만들었다가 필요할 때 재사용
> 2. 유상조직(callus): 분화되지 않은 유세포의 덩어리
> 3. 사이토키닌: 천연 및 합성 사이토키닌 전부가 아데닌(adenine)의 구조로 되어 있으며, 합성된 사이토키닌에는 키네틴(kinetin)이 있는데 가장 먼저 알려진 물질이고 담배 수조직의 조직배양에 사용되었던 물질임
> 4. 에틸렌: 발아하면서 상배축이나 하배축이 토양을 뚫고 올라올 때 갈고리 모양을 갖추는데, 갈고리는 에틸렌이 갈고리의 안쪽 세포의 신장을 억제함으로 형성
> 5. 지베렐린: GA는 일부 과수에서 단위결과를 유도

6) 그 외 호르몬(최근 식물호르몬으로 분류)

1. **브라시노스테로이드(brassinosteroid)**: 세포의 성장과 길이 신장을 촉진, 관다발 조직 분화, 꽃가루관 신장, 냉해 및 가뭄 스트레스에 대한 식물 보호 등에 관여
2. **살리실산(salicylic acid)**: 페놀류 화합물, 식물의 병 저항성에 관여
3. **스트리고락톤(strigolactone)**: 이소프레노이드 화합물, 측지 발달 억제, 측근발생 촉진, 균근균과의 공생적 상호작용 촉진, 기생식물의 종자발아 촉진
4. **자스몬산(jasmonic acid)**: 식물의 성장과 발달을 광범위하게 조절, 초식곤충에 대한 식물의 방어와 스트레스반응에 기능
5. **폴리아민(polyamine)**: 아미노기($-NH_2$)를 2개 이상 가지고 있는 화합물을 총칭, 수용액에서 양(+)전기를 띤 작은 화합물로서, 핵산을 포함하여 음(-)전기를 띠는 화합물(효소, 단백질, 인지질)과 정전기적 상호작용을 하여 막의 안정성을 높여준다.

Bonus. 종자 생리

1. 종자 기본
    1) 종자 : 식물에서 나온 씨 또는 씨앗
    2) 발아
        - 식물의 종자·포자·화분에서 자엽이 발생 하거나 생장을 개시하는 현상
        - 종자식물의 경우 종자에서 유근과 자엽이 발생할 때 까지의 과정을 모두 발아라고 한다.
            *지상자엽형 발아 : 하배축이 길게 자라면서 자엽을 지상밖으로 밀어냄
            *지하자엽형 발아 : 자엽은 지하에 남아있고, 상배축이 지상으로 자라 올라와서 본엽을 형성
    2-1) 발아의 과정
        - 수분 흡수 → 식물 호르몬 생산 → 효소생산 → 저장물질의 분해와 이동 → 세포분열과 확장 → 기관 분화 과정을 거친다.
        - 종자가 수분을 흡수하면 지베렐린이 생산되며 효소생산 및 핵산합성을 촉진한다.
        - 종자가 수분을 흡수하면 산소호흡량이 증가하며, 호흡을 통해 저장물질을 분해하여 ATP를 생산하고 ATP는 효소를 생산하는데 쓰임
    3) 발아율
        - 종자를 파종했다고 해서 모든 종자에서 발아하지는 않는다. 전체 파종량 대비 발아한 종자량을 비율로 나타낸 것이 발아율이다.
        - 발아율 향상에는 고온처리가 효율적이다.
        - 종자의 발아 초기에는 종자의 크기가 발아속도에 영향을 주는데, 크기가 클수록 탄수화물, 지질, 단백질 등 분해하여야 할 에너지원이 많으므로 오래걸린다.

2. 종자[18]의 구조
    1) 배(embryo) : 식물의 축소형
        - 1개 이상의 자엽 : 단자엽식물, 쌍자엽식물, 나자식물(2개~18개)
        - 유아
        - 하배축[19]
        - 유근으로 구성되어 있다.
    2) 저장물질 - 탄수화물, 지방, 단백질
        - 자엽 내 또는 배의 주변 조직
        - 무배유종자 : 자엽에 저장 - 너도밤나무, 아까시나무
        - 배유종자 : 배유 또는 자성배우체에 저장
        - 피자식물(배유(3n)), 나자식물(자성배우체(n))
    3) 종피
        - 보호벽
        - 보통, 비교적 딱딱한 외종피 + 얇은 막 형태의 내종피

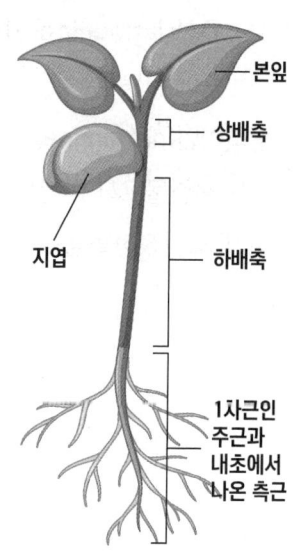

<종자 발아 직후 이미지>

3. 종자 휴면
    1) 휴면의 원인
        가. 배휴면 : 미숙배 상태로 인해 생기는 휴면
            - 물푸레나무속, 덜꿩나무속, 은행나무
            - 후숙으로 극복가능
        나. 종피휴면 : 종피의 물리적 견고함으로 인해 배가 발아할 수 없는 경우
            - 종피가 가스 교환, 수분 흡수 억제(콩과식물)
            - 종피가 물리적으로 견고(잣나무 등)

---

18) **종자** : 배, 저장물질, 종피 등으로 구성되어 있음
19) **하배축** : 유근과 자엽사이의 부분

다. 생리적 휴면 : 배 혹은 배 주변 조직이 생장억제제 분비 또는 생장촉진제 부족
- 생장억제제 : 아브시식산(abscisic acid)가 배의 발육 억제(단풍나무, 물푸레나무, 소나무류, 사과나무)
- 생장촉진제 : 지베렐린 부족, 배유의 영양분 이용 못함(※개버즘단풍나무는 사이토키닌이 부족함)
라. 중복휴면 : 둘 이상의 원인이 중복되어 휴면
- 향나무, 주목, 피나무, 층층나무, 소나무류, 개암나무, 보리수나무 등
2) 휴면타파 : 종자휴면의 원인이 되는 요인을 제거함으로써 휴면으로부터 벗어나게하는 것
가. 후숙 : 배휴면이나 종피휴면의 정도가 가벼울 경우 사용
- 종자를 건조한 상자에 보관, 까다로운 발아조건(낮은 온도, 높은 온도) 제거
- 미성숙 배가 성숙하도록 유도, 종피의 장력 변화, 가스 투과성 증가
나. 저온처리 : 겨울철 땅속의 낮은 온도에서 보관(= 노천매장, 충적)
- 배휴면, 종피휴면, 생리적 휴면을 동시 제거
- 젖은 종자를 보통 1~5°C에서 공기유통이 되도록 1~6개월 저장
- 노천매장 : 습기 있는 모래, 톱밥, 이탄을 종자와 섞어 땅속에 묻어 월동시킴
- 층적(stratification) : 습기 있는 모래와 종자를 한 층씩 교대로 쌓아 묻는 방식
다. 열탕처리 : 뜨거운 물에 콩과식물의 씨앗같은 것을 잠깐 담그는 처리
- 뜨거운 물로 종피를 부드럽게 하여 공기 유통을 원활하게 해 줌
- 열탕 처리 후 점진적으로 낮은 온도의 물에 12~24시간 추가 처리해야 함
라. 약품처리
- 지베렐린 처리 : 실험실에서만 성공, 실제 응용 어려움
- 1% 과산화수소수 : 배휴면이 경미한 경우, 종자 표면 소독, 발아 촉진
마. 상처유도법 : 종피휴면 종자의 표면에 상처를 주는 처리
- 진한 황산 : 15~60분 처리 후 잔류 황산 세척, 종피를 부드럽게 함(아까시나무, 피나무)
- 줄칼, 사포, 전기침, 콘크리트 믹서 : 기계적 상처를 냄
바. 추파법 : 휴면종자를 처리 없이 그대로 가을에 파종하는 법
- 천연적인 온도변화에 의해 자연적으로 휴면타파
- 멀칭으로 종자유실을 막고, 기피제 도포로 새나 설치류 피해를 막아야 함

4. 종자 성숙
1) 소나무속의 종자성숙
가. 소나무 속의 종자(잣나무 등)는 2년에 걸쳐 성숙한다.
- 소나무과의 그 밖의 속(전나무류, 가문비나무류, 솔송나무류, 잎갈나무류 등)의 수목은 종자가 당년에 익는다.
2) 참나무속의 종자성숙 특성 및 잎과 목재의 특성 구분

분류(아속)	종자 성숙 특성	잎과 목재의 특성과 수종 예	
		낙엽성, 환공재	상록성, 방사공재
갈참나무류 (white oak)	개화 당년에 익음	갈참나무, 졸참나무, 신갈나무, 떡갈나무, 물참나무	종가시나무, 가시나무, 개가시나무
상수리나무류 (black oak)	개화 다음 해에 익음	상수리나무, 굴참나무, 정릉참나무	붉가시나무, 참가시나무

Bonus. 대부분이 관리학과 겹치는 부분이기 때문에 모두 관리학 Part에서 다루도록 하겠습니다.

1) 스트레스의 뜻과 요인
   ① 해로운 내외적 자극에 대한 생체반응
   ② 부족수준, 인내수준, 유독수준 - 어떤 요인을 투여하였을 때 반응이 계속 증가할 때 부족수준, 최고점에 있을 때 인내수준, 반응이 줄며 독성을 보일 때 유독수준이라고 한다.

2) 수분
   ① 수분 부족 피해는 잎의 가장자리부터 마르기 시작한다.
   ② 엽육세포의 삼투압이 증가하며, 팽압감소로 잎과 어린가지에 시들음 증상이 나타난다.
   ③ 식물호르몬인 ABA의 작용으로 기공이 폐쇄된다.
   ④ 조기 낙엽은 수분 손실을 감소시키는 효과가 있다.
   ⑤ 춘재와 추재의 생장 감소가 일어난다.(감소율은 춘재가 더 크다)

3) 고온
   ① 일반적으로 고온에 대한 피해는 세포막의 손상에서 비롯되어 발생함
   ② 세포막에 있는 지방질의 액화
   ③ 단백질의 변성으로 인한 세포막 손상
   ④ 잎의 경우 틸라코이드막(thylakoid)이 기능을 상실하여 광합성을 수행하지 못함

4) 저온
   ① 낮은 온도로 인해 세포간극에서 얼음결정이 생기며, 세포 내에 있는 수분이 세포 밖으로 이동하여 얼음결정의 중심부인 빙핵에 모여 결정이 커지게 된다. 수분을 잃어버린 세포액은 농축되어서 빙점이 더 내려가게 되며, 탈수상태에 있게 된다.
   ② 가을에 인지질이 증가하여 저온에 의한 막의 고체겔화를 방지한다.
   ③ 냉해는 빙점 이상에서, 동해는 빙점 이하에서 일어나는 저온피해를 말한다.

5) 바람
   ① 활엽수보다 침엽수의 피해가 크다.
   ② 침엽수는 바람이 불어가는 쪽에 이상재가 생기며, 압축이상재라고 한다. 바람이 불어오는 쪽의 세포분열은 억제되어 편심생장을 하고 바람이 불어가는 쪽의 세포분열이 촉진되어 목부 조직이 비대해진다.
   ③ 활엽수는 바람이 불어오는 쪽에서 신장이상재가 생기며, 침엽수와 반대이다.
   ※ 위의 이상재 작용에는 옥신이 작용한다(농도가 증가할수록 세포분열 촉진)

단원별 마무리 핵심문제

★문제 해설에 관련된 내용이 있는 교재페이지를 기재해 두었습니다. 해설만 보기보다는 교재페이지를 오고가며 다시한번 복습하시는 것을 추천드립니다.★

001

다음에서 쌍떡잎식물과 외떡잎식물을 비교한 것으로 알맞지 않은 것은?

	쌍떡잎식물	외떡잎식물
① 발아 시 자엽갯수	2개	1개
② 대표적인 식물과	장미과	화본과
③ 형성층의 유무	있다	없다
④ 관다발의 배열	불규칙적이다	규칙적이다

⑤ 대나무류와 청미래덩굴류는 단자엽식물에 속한다.

해 쌍떡잎식물의 관다발은 형성층에 따라 규칙적으로 배열되어 있지만, 외떡잎식물은 관다발이 줄기 안에 불규칙적으로 분포되어 있다. **교재 13p**

답 ④

002

다음 중 식물의 2차 세포벽에 가장 많이 함유되어 있는 물질은?

① 셀룰로오스
② 헤미셀룰로오스
③ 리그닌
④ 수베린
⑤ 펙틴

해 2차 세포벽은 1차 세포벽 안쪽으로 형성된 세포벽으로 셀룰로오스가 가장 많이 함유되어 있다(1차 세포벽에는 헤미셀룰로오스가 가장 많이 함유되어 있다). **교재 18p**

답 ①

003

식물의 조직 중 방사조직(ray)에 대한 설명으로 옳지 않은 것은?

① 일반적으로 형성층에 의해 물관부에서 체관부에 걸쳐 존재하는 1차 조직이다.
② 수평방향의 물질이동은 대부분 방사조직을 통해 이루어진다.
③ 탄수화물을 저장하기도 하며, 필요할 때에는 세포분열을 재개할 수 있는 능력을 가지고 있다.
④ 형성층은 방추형 시원세포와 방사조직 시원세포 2가지로 나뉘는데, 이 중 방사조직을 만들어내는 시원세포는 '방사조직 시원세포'이다.
⑤ 방사조직은 수선조직이라고도 한다.

해 방사조직은 형성층에 의해 물관부에서 체관부에 걸쳐 존재하는 2차 조직이다. 형성층에 의해 생기는 조직을 2차 조직이라 하며, 식물 생장 초기에 뿌리와 줄기의 선단에 있는 생장점에 의해 생기는 조직을 1차 조직이라고 한다. **교재 21p**

답 ①

기출문제[7회]

Q. 수목의 유세포에 관한 설명으로 옳은 것을 모두 고른 것은?

> ㄱ. 원형질이 있으며, 세포벽이 얇다.
> ㄴ. 잎, 눈, 꽃, 형성층 등에 집중적으로 모여 있다.
> ㄷ. 1차 세포벽 안쪽에 리그닌이 함유된 2차 세포벽이 있다.
> ㄹ. 세포분열, 광합성, 호흡, 증산작용 등의 기능을 담당한다.

① ㄱ, ㄴ ② ㄱ, ㄷ
③ ㄷ, ㄹ ④ ㄱ, ㄴ, ㄹ
⑤ ㄴ, ㄷ, ㄹ

해 유세포의 특성
- 살아있는 부분을 이루고 있는 세포, 원형질을 가지고 있으면서 세포벽이 얇음
- 식물의 생명현상이라고 할 수 있는 세포분열, 광합성, 호흡, (수분을 제외한) 물질이동과 분비, 생합성, 무기염의 흡수, 증산작용 등의 대사작용을 담당
- 잎, 눈, 꽃, 형성층, 세근, 뿌리 끝 등에 집중적으로 모여 있음
- 여러 세포 소기관들과 세포의 연결망인 원형질 연락사를 가지고 있음   [교재 20~21p]

답 ④

004

다음 중 피자식물의 잎구조에 대한 설명으로 옳지 않은 것은?

① 상부의 상표피는 책상조직, 하부의 하표피는 해면조직으로 분화되어 있다.
② 책상조직은 효율적인 광합성 작용을 위해 세포가 조밀하게 배열되어 있다.
③ 잎맥 안 상표피 쪽에는 체관(1차 사부)이 하표피에는 물관(1차 목부)이 위치하여 있음
④ 기공은 대부분 해면조직에 분포한다.
⑤ 책상조직과 해면조직에 모두 큐티클층이 존재한다.

해 잎맥 안 상표피 쪽에는 물관(1차 목부)이 하표피에는 체관(1차 사부)이 위치하여 있음   [교재 23p]

답 ③

005

다음 중 기공의 구조에 대한 설명으로 옳지 않은 것은?

① 기공은 2개의 공변세포의 형태 변화로 인해서 생기는 구멍을 말한다.
② 피자식물에서는 공변세포가 반족세포 바깥쪽에 위치하여 있다.
③ 나자식물에서는 왁스층이 기공의 입구를 에워싸고 있다.
④ 포플러는 책상조직에도 기공이 분포되어 있다.
⑤ 기공의 분포밀도가 크면 클수록 기공의 크기는 커진다.

해 분포밀도가 크면 클수록 기공의 크기는 작아지고, 분포밀도가 작으면 작을수록 기공의 크기는 커진다. 식물의 생존을 위해서 일정량의 기공은 꼭 필요하다.   [교재 24p]

답 ⑤

006

다음 중 줄기의 구조에 대한 설명으로 옳지 않은 것은?

① 바깥쪽부터 외수피 → 코르크조직 → 피층 → 사부조직 → 형성층 → 변재 → 심재 순으로 구성되어 있다.
② 줄기는 미분화 세포분열층인 형성층을 통해 2차 생장이 이루어진다.
③ 조피는 살아있는 조직으로 이루어져 있다.
④ 피층은 어린나무일 때는 형성되어 있지만, 형성층에 의해 직경생장을 시작하면서 찢어져 사라진다.
⑤ 1차 사부는 전형성층으로부터 형성된다.

해 조피(외수피)는 줄기의 가장 바깥부분으로, 죽은 조직으로 이루어져 있다. 교재 27~28p
답 ③

기출문제[6회]

Q. 수목의 수피 조직에 관한 설명으로 옳지 않은 것은?

① 외수피는 죽은 조직이다.
② 2차 사부는 내수피에 속한다.
③ 코르크피층은 살아있는 조직이다.
④ 유관속 형성층을 기준으로 수피와 목질부를 구분한다.
⑤ 뿌리가 목질화될 때 발달하는 코르크층은 피층에서 발생한다.

해 뿌리에서 코르크층을 형성하는 코르크형성층은 내초에서 발생한다. [교재 26, 27, 28, 32p]
답 ⑤

007

다음 중 춘재와 추재에 대한 설명으로 옳지 않은 것은?

① 춘재는 세포의 지름이 크다.
② 춘재는 세포의 세포벽이 두껍다.
③ 추재는 춘재에 비해 목재 생장량이 작다.
④ 춘재와 추재의 형성은 식물호르몬 옥신이 작용한 결과이다.
⑤ 추재는 수간의 밑부분부터 형성되기 시작해 위쪽으로 올라가면서 진행된다.

해 춘재는 세포의 지름이 크며, 세포벽이 얇다. 교재 30p
답 ②

008

다음 목재의 종류에 따라 수종을 연결한 것으로 옳지 않은 것은?

① 환공재 - 낙엽성 참나무류
② 환공재 - 회화나무
③ 산공재 - 단풍나무
④ 산공재 - 물푸레나무
⑤ 반환공재 - 호두나무

해 산공재는 춘재와 추재의 도관의 크기가 같은 것으로 단풍나무, 벚나무, 양버즘나무, 포플러, 피나무, 자작나무, 칠엽수, 목련, 상록성 참나무류(가시나무 등)에서 발견된다. 교재 31p
답 ④

009

다음 중 뿌리의 구조적 특성에 대한 설명으로 옳지 않은 것은?

① 내피에는 카스페리안대가 있어 무기물질의 이동을 제한하고 선택적 흡수를 돕는다.
② 내초에서는 코르크형성층을 생성하여 뿌리를 보호한다.
③ 근관은 뿌리 가장 끝부분에 있으며, 중력을 감지하는 역할을 한다.
④ 내피에서는 측근이 분열하여 만들어진다.
⑤ 뿌리의 바깥쪽부터 뿌리털 → 표피 → 피층 → 내피 → 내초 → 물관부, 체관부 순으로 구성되어 있다.

해 측근은 내초조직이 분열하여 만들어진다. 교재 32p
답 ④

기출문제[7회]

Q. 수목의 뿌리에 관한 설명으로 옳지 않은 것은?

① 측근은 내초세포가 분열하여 만들어진다.
② 건조한 지역에서 자라는 수목일수록 S/R율이 상대적으로 작다.
③ 소나무의 경우 토심 20cm 내에 전체 세근의 90% 정도가 존재한다.
④ 균근을 형성하는 소나무 뿌리에는 뿌리털이 거의 발달하지 않는다.
⑤ 온대지방에서는 봄에 줄기 생장이 시작된 후에 뿌리 생장이 시작된다.

해
뿌리는 줄기와 다르게 탄수화물과 온도의 영향을 받으며 독자적으로 시작 및 정지되기 때문에 이른 봄 줄기의 생장보다 먼저 시작하며, 가을에 줄기보다 더 늦게까지 생장이 지속된다.

[교재 32, 41, 42, 43p]

답 ⑤

010

다음 중 수고생장형 특성에 대한 설명으로 옳지 않은 것은?

① 수고생장 유형은 수종 고유의 유전적 형질에 따라 결정된다.
② 고정생장을 하는 수목은 한 해에 줄기가 한 마디만 자란다.
③ 사과나무는 고정생장을 하는 수종이다.
④ 자유생장 수종은 단일조건에 의해 줄기생장이 정지되는데, 이는 저에너지 광효과 때문이다.
⑤ 자유생장을 하던 수종도 노령기에는 거의 고정생장을 한다.

해 사과나무를 포함한 대부분의 과수는 자유생장을 하는 수종이다. 교재 37, 38p
답 ③

011

다음 중 직경생장의 특성에 대한 설명으로 옳지 않은 것은?

① 직경생장은 대부분 형성층 안쪽으로 생산한 1차 목부조직에 의해 이루어진다.
② 사부가 목부보다 먼저 형성된다.
③ 옥신/지베렐린 값이 높으면 목부를 생산하며, 낮으면 사부를 생산한다.
④ 유관속형성층이 생산하는 목부의 생산량은 항상 사부의 생산량보다 많다.
⑤ 목부는 환경 예민도가 높아 환경에 따라 생산량의 차이가 극심하다.

해 직경생장은 대부분 형성층 안쪽으로 생산한 2차 목부조직에 의해 이루어진다. 1차 목부조직은 전형성층에 의해 생장 초기 형성되는 목부조직이다. 교재 39p
답 ①

012

다음 중 뿌리의 발달특성에 대한 설명으로 옳지 않은 것은?

① 뿌리는 이른 봄 줄기의 생장보다 먼저 시작한다.
② 뿌리는 가을에 줄기보다 더 늦게까지 생장이 지속된다.
③ 모래가 많은 사토에서는 뿌리가 심근성으로 발달한다.
④ 형성층 발달 후 분열하여 만들어진 코르크조직으로 인해 어릴 때의 피층과 표피는 찢어져 없어진다.
⑤ 탄수화물을 다 사용하더라도 일정기간 동안은 뿌리생장이 지속된다.

해 뿌리생장은 탄수화물에 의해 독자적으로 시작 및 정지되며 탄수화물을 다 사용하면 뿌리생장은 바로 정지된다. **교재 41p**

답 ⑤

기출문제[8회]

Q. 버섯을 만드는 외생균근을 형성하는 수종으로 나열한 것은?

① 상수리나무, 자작나무, 잣나무
② 다릅나무, 사철나무, 자귀나무
③ 대추나무, 이팝나무, 회화나무
④ 왕벚나무, 백합나무, 사과나무
⑤ 구상나무, 아까시나무, 쥐똥나무

해
교재 44p 표 참고 [교재 44p]

답 ①

013

다음 중 내생균근에 대한 설명으로 옳지 않은 것은?

① 균사가 피층세포 안까지 침투하여 자라며, 균사의 생장은 피층세포에 국한된다.
② 균투를 형성하며 뿌리털이 정상적으로 발달한다.
③ 가장 흔한 내생균근은 소낭과 가지모양의 균사를 가지고 있는 VAM균이다.
④ 내생균근의 종류에는 난초형 균근과 철쭉형 균근이 있다.
⑤ 물푸레나무와 백합나무는 대표적으로 내생균근을 형성하는 수종이다.

해 내생균근은 외생균근과는 달리 뿌리표면을 두껍게 싸는 균투를 형성하지 않는다. **교재 43p**

답 ②

014

다음 중 광색소인 피토크롬(Phytochrome)에 대한 설명으로 옳지 않은 것은?

① 피롤(pyrrole)이 4개 모여서 이루어진 발색단을 가지고 있다.
② Pfr 상태가 되면 생리적 활성화가 된다.
③ 식물은 Pfr과 Pr의 상대적 비례로써 밤의 길이를 측정한다.
④ 피토크롬은 암흑 속에서 기른 식물 체내에 가장 적은 양이 들어있다.
⑤ 뿌리를 포함한 생장점 근처에 가장 많이 존재한다.

해 피토크롬은 햇빛을 받으면 합성이 금지되거나 파괴되는 성질을 가지고 있기 때문에 암흑 속에서 기른 식물 체내에 가장 많은 양이 들어있다. **교재 47p**

답 ④

015

다음 중 광합성에 대한 설명으로 옳지 <u>않은</u> 것은?

① 광합성의 전체 과정은 환원과정으로 볼 수 있다.
② 광합성의 암반응은 엽록체 내에서 엽록소가 없는 스트로마(Stroma)에서 일어난다.
③ C3식물보다 C4식물의 광호흡량이 더 많다.
④ 온도는 광합성 중 암반응에 영향을 많이 준다.
⑤ 식물은 광보상점 이상의 빛을 받아야만 생존할 수 있다.

해 C3식물은 C4식물보다 광호흡량이 더 많다. C4식물에는 CO_2가 부족하지 않도록 해주는 추가경로가 있어 광호흡량이 C3식물보다 훨씬 적다.
교재 48~54p
답 ③

기출문제[7회]

Q. 광수용체에 관한 설명으로 옳은 것은?

① 포토트로핀은 굴광성과 굴지성을 유도하고, 잎의 확장과 어린 식물의 생장을 조절한다.
② 크립토크롬은 식물에만 존재하는 광수용체로 야간에 잎이 접히는 일주기 현상을 조절한다.
③ 피토크롬은 암흑 조건에서 Pr이 Pfr형태로 서서히 전환되면서 Pfr이 최대 80%까지 존재한다.
④ 피토크롬은 암흑 속에서 기른 식물체 내에는 거의 존재하지 않으며, 햇빛을 받으면 합성이 촉진된다.
⑤ 피토크롬은 생장점 근처에 많이 분포하며, 세포 내에서는 세포질, 핵, 원형질막, 액포에 골고루 존재한다.

해
교재 참조 [교재 47~48p]
답 ①

016

다음 중 호흡에 대한 설명으로 옳지 <u>않은</u> 것은?

① 호흡의 전체 과정은 산화과정으로 볼 수 있다.
② 해당작용에서는 산소가 필요하지 않다.
③ 해당작용으로 생성된 피루브산에 조효소 CoA가 붙어 아세틸 CoA가 생성된다.
④ 산화적 인산화 단계에서 전자는 최종적으로 산소(O_2)에 전달된다.
⑤ TCA회로 단계는 모든 호흡과정 중에서 가장 에너지 생산효율이 높다.

해 모든 호흡과정 중에서 가장 에너지 생산효율이 높은 것은 산화적인산화(전자전달계) 단계이다. 이때는 포도당 1분자 당 32ATP를 생성해낸다.
교재 55~59p
답 ⑤

017

다음 중 탄수화물의 기능으로 옳지 <u>않은</u> 것은?

① 세포막의 주요 성분이다.
② 겨울철 빙점을 낮춰 세포가 어는 것을 방지해준다.
③ 균근균에게 제공되어 공생할 수 있게끔 해주는 매개물이다.
④ 에너지를 저장하는 주요 화합물이다.
⑤ 호흡 과정에서 산화되어 에너지를 발생시키는 주요 화합물이다.

해 탄수화물은 셀룰로스, 펙틴 등 세포벽의 주요 물질을 구성하는 성분이다.
교재 60p
답 ①

018

다음 중 환원당인 탄수화물은?

① lactose
② sucrose
③ stachyose
④ melezitose
⑤ verbascose

해 올리고당류 중 maltose, lactose, cellobiose, dextrine 등은 환원당에 속한다.
교재 60p

답 ①

기출문제[9회]

Q. 다당류에 관한 설명으로 옳지 <u>않은</u> 것은?
① 전분은 주로 유세포에 전분립으로 축적된다.
② 셀룰로스는 포도당 분자들이 선형으로 연결되어 있다.
③ 펙틴은 중엽층에서 세포들을 결합시키는 접착제 역할을 한다.
④ 세포의 2차벽에는 헤미셀룰로스가 셀룰로스보다 더 많이 들어 있다.
⑤ 잔뿌리 끝에서 분비되는 점액질은 토양을 뚫고 들어갈 때 윤활제 역할을 한다.

해 세포의 1차벽에는 셀룰로스보다 헤미셀룰로스가 더 많이 들어있고, 2차벽에는 헤미셀룰로스보다 셀룰로스가 더 많이 들어있다. [교재 62, 63p]

답 ④

019

다음 중 탄수화물에 대한 설명으로 옳지 <u>않은</u> 것은?

① cellulose(셀룰로스)는 β-포도당에 의한 β1-4연결식의 사슬 모양을 하고 있으며, 선형으로 연결되어 있다.
② cellulose(셀룰로스)는 세포벽의 주요 성분이며, 1차 세포벽에서는 가장 많이 존재한다.
③ starch(전분)는 여러 층으로 전분립을 형성하여 전분체(색소체)에 축적된다.
④ starch(전분)는 세포에서 세포로 이동이 안 되기 때문에 저장되는 세포 내에서 만들어진다.
⑤ pectin(펙틴)은 중엽층에서 이웃 세포를 서로 접합시키는 시멘트 역할을 한다.

해 cellulose(셀룰로스)는 2차 세포벽에서 가장 존재하는 탄수화물이며, 1차 세포벽에서 가장 많이 존재하는 탄수화물은 hemicellulose(헤미셀룰로스, 반섬유소)이다.
교재 62~63p

답 ②

020

다음 중 질소화합물과 질소 체내분포에 대한 설명으로 옳지 <u>않은</u> 것은?

① 핵산의 기본단위인 뉴클레오타이드는 5탄당, 인산기, 염기로 이루어져 있다.
② 엽록소는 피롤(pyrrole)이 4개가 모여서 형성된 포르피린(porphyrin)을 가지고 있다.
③ 식물의 잎보다 수피에서 질소의 함량이 더 높다.
④ 질소의 저장과 이동에는 아미노산 중 아르기닌(arginine)이 많이 관여한다.
⑤ 질산태질소(NO_3^-)로 흡수된 질소는 체내에서 곧 암모늄태질소(NH_4^+)로 환원되어 이용된다.

해 질소의 함량은 잎,눈,뿌리끝,형성층 > 가지, 수피 > 변재 > 심재 순으로 분포하여 있다.
교재 71~72p

답 ③

021

다음 중 질소고정 미생물에 대한 설명으로 옳지 않은 것은?

① Azotobacter(아족토박터)은 호기성 미생물이다.
② Cyanobacteria(시아노박테리아)는 외생공생형태로 기생하는 미생물이다.
③ 내생공생인 Rhizibium(리조비움)과 Frankia(프랑키아)는 세포 안에서 질소 고정을 할 수 있도록 분화된 형태인 박테로이드로 존재한다.
④ Clostridium(클로스트리디움)은 호기성 미생물로 산림 내 질소고정량이 가장 높다.
⑤ Frankia(프랑키아)는 내생공생하는 방선균으로 오리나무류나 보리수나무류를 기주로 한다.

해 Clostridium(클로스트리디움)은 대표적인 혐기성 미생물로 산소가 있으면 오히려 생존하지 못한다. **교재 75p**

답 ④

> **기출문제[5회]**
>
> Q. 수목 내 질산환원에 대한 설명으로 옳지 않은 것은?
> ① 나자식물의 질산환원은 뿌리에서 일어난다.
> ② 질산환원효소에는 몰리브덴이 함유되어 있다.
> ③ NO_3^-가 NO_2^-로 바뀌는 반응은 세포질 내에서 일어난다.
> ④ 루핀(Lupinus)형 수종의 줄기 수액에는 NO_3^-가 많이 검출된다.
> ⑤ NO_2^-가 NH_4^+로 바뀌는 반응이 도꼬마리(Xanthium)형 수종에서는 엽록체에서 일어난다.
>
> 해
> 식물은 질소를 질산태질소(NO_3^-)와 암모늄태질소(NH_4^+) 두 가지로 흡수할 수 있으며, 그 중에서도 대부분 질산태질소(NO_3^-)로 질소를 흡수한다. 체내에 흡수된 질소는 사용되기 위해 곧바로 암모늄태질소(NH_4^+)로 환원되어 이용된다. 그렇기 때문에 수액에는 질산태질소(NO_3^-)가 거의 없다.
> [교재 73p]
>
> 답 ④

022

다음 중 질소의 변화에 대한 설명으로 옳지 않은 것은?

① 식물의 체내질소는 봄부터 감소하여 생장이 정지 될 때까지 감소한다.
② 잎에서는 가을부터 질소가 축적되면서 증가한다.
③ 줄기에서는 봄~여름에 질소가 감소한다.
④ 낙엽 전 잎에서는 N, P, K와 같은 무기영양소는 감소한다.
⑤ 잎에서 회수된 질소는 뿌리와 줄기의 방사유조직에 저장된다.

해 잎에서는 봄~여름에 질소가 많았다가 낙엽 전 회수되는 시점인 가을~겨울에는 감소한다. **교재 77p**

답 ②

023

다음 중 지질을 종류에 맞게 연결한 것 중 잘못 연결된 것은?

① 지방산 및 지방산 유도체 - 인지질
② 이소프레노이드 화합물 - 카로티노이드
③ 이소프레노이드 화합물 - 스테롤
④ 페놀 화합물 - 리그닌
⑤ 페놀 화합물 - 고무

해 고무는 500~6,000개의 이소프렌(isoprene) 단위가 직선상으로 연결된 화합물로서, 이소프레노이드 화학물 중 가장 분자량이 큰 물질이다. **교재 79, 83p**

답 ⑤

024

다음 중 무기영양소의 역할로 옳지 <u>않은</u> 것은?

① N - 아미노산, 단백질의 구성성분
② Mg - IAA 산화제(IAA oxidase) 활성화
③ Cl - 삼투압 및 이온균형 조절
④ Co - 레그헤모글로빈(leghaemoglobin)의 합성에 필요
⑤ Na - 간척지 염생식물에서 필수적인 요소

해 IAA 산화제(IAA oxidase)를 활성화 하는 원소는 Mn(망간)이다. 교재 86p
답 ②

기출문제[5회]

Q. 무기영양소의 수목 내 분포와 변화 및 요구도에 관한 설명으로 옳은 것은?
① 잎, 수간, 뿌리의 순서로 인의 농도가 높다.
② 수목 내 질소의 계절적 변화폭은 잎이 뿌리보다 크다.
③ 잎의 칼륨 함량 분석은 9월 이후에 실시하는 것이 적절하다.
④ 무기영양소에 대한 요구도는 일반적으로 침엽수가 활엽수보다 크다.
⑤ 잎의 성장기 이후에 잎의 질소 함량은 증가하고, 칼슘 함량은 감소한다.

해
잎은 낙엽 시 거의 모든 질소를 수간으로 옮기기 때문에 계절적 변화폭이 굉장히 크다. [교재 77p]
답 ②

025

다음 중 무기영양소의 이용형태로 옳지 <u>않은</u> 것은?

① 질소(N) - NO_3^-, NH_4^+
② 칼륨(K) - K^+
③ 황(S) - SO_4^-
④ 니켈(Ni) - Ni^{2+}
⑤ 인(P) - $H_2PO_4^-$, HPO_4^{2-}

해 황은 SO_4^{2-}의 형태로 이용된다. 교재 87p
답 ③

026

다음 중 무기영양소의 결핍증상으로 옳지 <u>않은</u> 것은?

① 인(P) 결핍 - 잎에 검은 반점이 생긴다.
② 칼슘(Ca) 결핍 - 어린 잎이 기형으로 변한다.
③ 마그네슘(Mg) 결핍 - 성숙잎의 엽맥과 엽맥 사이에 있는 조직에서 먼저 황화현상이 일어난다.
④ 철(Fe) 결핍 - 어린잎의 엽맥과 엽맥 사이에 있는 조직에서 먼저 황화현상이 일어난다.
⑤ 아연(Zn) 결핍 - 절간생장이 억제되고, 잎이 작아진다.

해 인이 결핍되면 소나무 잎과 1년생 식물의 줄기가 자주색을 띠게 된다. 교재 88~94p
답 ①

027

다음 보기 중 산성일 때 유효도가 커지는 영양소만으로 묶은 것은?

[보기]
Fe, K, Mo, S, Zn, B, Cu, Mn, P, Mg

① Fe, S, B
② Mo, K, P
③ Mn, Zn, Cu
④ B, Mg, Mo
⑤ K, Fe, Cu

해 산성일 때는 Fe, Mn, Cu, Zn, B와 같은 영양소들이 유효도가 커지며, 알칼리성일 때는 P, K, Ca, Mg, S, Mo와 같은 영양소들이 유효도가 커진다. 　　교재 95p

답 ③

기출문제[8회]

Q. 수분함량이 감소함에 따라 발생하는 잎의 시듦(위조)에 관한 설명으로 옳은 것은?

① 위조점에서 엽육세포의 팽압은 0이다.
② 위조점에서 엽육세포의 삼투압은 음(-)의 값이다.
③ 엽육세포의 팽압은 수분함량에 반비례하여 증가한다.
④ 위조점에서 엽육조직의 수분퍼텐셜은 삼투퍼텐셜보다 작다.
⑤ 영구적인 위조점에서 엽육세포의 수분퍼텐셜은 -1.5MPa이다.

해 팽압에 의한 퍼텐셜은 정상세포에서는 발생하지 않으며, 물을 충분히 흡수한 세포는 +, 원형질이 분리되는 위조점 상태에서는 0의 값을 나타낸다.
[교재 99, 100p]

답 ①

028

다음 중 식물의 수분흡수에 대한 내용으로 옳지 않은 것은?

① 수분이 내피에 도달하면 카스페리안대에 의해서 물과 무기영양소는 선택적으로만 출입이 가능해진다.
② 측근이 나올 때 생기는 열린 공간을 통해 수분이나 무기염이 자유롭게 이동할 수 있다.
③ 겨울철 뿌리의 삼투압에 의해서 수분을 흡수하면 근압이 생긴다.
④ 대부분의 수분흡수는 수동흡수를 통해 이루어진다.
⑤ 나자식물의 경우 능동흡수에 의해 발생된 근압을 해소하기 위해 식물체 잎 끝으로 수분을 물방울 형태로 배출하는 '일액현상'이 일어난다.

해 근압을 해소하기 위해 발생하는 '일액현상'은 대부분 초본식물에서 일어나며, 나자식물에서는 지금까지 근압이 관찰된 예가 없다. 　　교재 101~102p

답 ⑤

029

다음 중 수목 별 유형기의 기간이 바르게 짝지어진 것은?

① 5년 : 소나무
② 15년 : 리기다소나무
③ 20~25년 : 자작나무
④ 30~40년 : 가문비나무
⑤ 3년 이내 : 낙엽송

해 수목 별 유형기 기간은 다음과 같다.(5년 : 소나무가 맞는 답입니다)
 - 3년 이내 : 방크스소나무, 리기다소나무
 - 5년 : 자작나무, 소나무, 유럽소나무
 - 15년 : 단풍나무, 물푸레나무, 낙엽송, 잣나무
 - 20~25년 : 참나무, 가문비나무, 전나무
 - 30~40년 : 너도밤나무　　교재 104p

답 ①

030

다음 중 꽃의 구조에 대한 설명과 정의를 연결한 것으로 틀린 것은?

① 암꽃과 수꽃이 각각 다른 그루에 달리는 경우 = 2가화
② 암술과 수술 중 한 가지만 가진 꽃 = 단성화
③ 꽃받침, 꽃잎, 수술, 암술이 모두 존재하는 꽃 = 양성화
④ 양성화와 단성화과 한 그루에 달리는 경우 = 잡성화
⑤ 소철나무와 은행나무는 대표적인 2가화이다.

해 꽃받침, 꽃잎, 수술, 암술이 모두 존재하는 꽃은 완전화라고 하며, 이 중 하나라도 없으면 불완전화라고 한다. 양성화는 암술과 수술 모두를 가진 꽃을 말한다.　　교재 105~106p

답 ③

📝 기출문제[6회]

Q. 옥신의 합성과 이동에 관한 설명으로 옳지 않은 것은?

① IAA와 IBA는 천연 옥신이다.
② 트립토판은 IAA 합성의 전구물질이다.
③ 뿌리쪽 방향으로의 극성이동에 에너지가 소모되지 않는다.
④ 옥신 이동은 유관속 조직에 인접해 있는 유세포를 통해 일어난다.
⑤ 상처난 관다발 조직의 재생에서, 옥신의 공급부는 절단된 관다발의 위쪽 끝이다.

해 옥신은 속도가 느리며, 극성을 띤다. 줄기에서는 구기적, 뿌리에서는 구정적 방향으로 이동한다. 이 운반은 모두 에너지를 소모하는 능동운반이다.　　[교재 111p]

답 ③

나무의사 필기 핵심 이론서&단원별 마무리 문제집

산림토양학

산림토양학

-토양의 성질과 토양에서 일어나는 현상의 원리를 다루는 학문-

"삶은 절망의 다른 편에서 시작한다"

-사르트르-

지금 내가 절망하고 있다면 지금이 가장 크게 희망 할 수 있는 기회입니다.
여러분들은 그 누구보다 강합니다. 충분히 이겨내실 수 있습니다.
인생을 뒤돌아보면 삶의 큰 변화들은
항상 가장 절망적인 상황을 이겨냈을 때 생겨나는 것 같습니다.
여러분들이라면 절망의 반대편에서 희망을 보실 수 있습니다.

1. 토양의 개념

1) 토양의 정의와 특성

① 토양이란 모재가 되는 각종 암석(모암)이 여러 가지 자연작용에 의하여 쌓인 뒤 표면에 유기물질들이 혼합되면서 여러 가지 토양생성인자의 영향을 받은 지표면의 얇고 부드러운 층으로서, 토양생성인자인 환경과 평형을 이루려고 끊임없이 변화되고 있는 자연체를 말한다.

② 토양의 기능
    가. 작물의 생산성
    나. 분해자의 역할
    다. 식물과의 공생관계
    라. 뿌리의 양분흡수 촉진
    마. 풍부한 질소분자의 고정 등

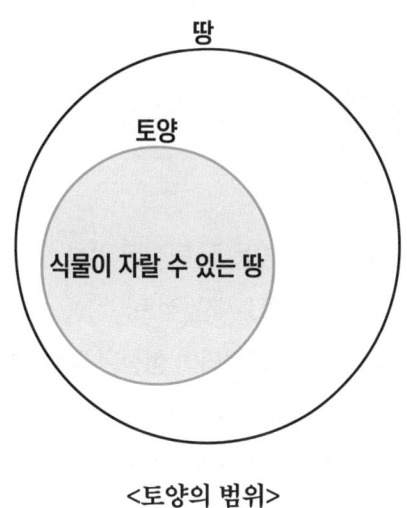

<토양의 범위>

2) 화성암, 퇴적암, 변성암

암석은 일반적으로 화성암, 퇴적암, 변성암 세 종류로 나뉘어 집니다.
화성암은 땅 속 깊은 곳, 마그마로부터 생성된 암석이고 지각에서 약 95%를 차지합니다.
퇴적암은 퇴적물이 단단하게 변해서 만들어지는 암석으로 지표에서 약 75%를 차지합니다.
변성암은 위의 화성암과 퇴적암이 고온 고압의 조건에서 변형되어 만들어진 암석입니다.

1 화성암의 구분

- 화성암 : 화산의 마그마가 식어서 만들어진 암석
- 화성암을 구성하는 주요광물 : 감람석, 휘석, 각섬석, 운모, 장석, 석영 → 6대 조암광물
- 화성암의 분류

얕음	화산암	현무암	안산암	유문암
생성깊이	반심성암	휘록암	섬록반암	석영반암
깊음	심성암	반려암	섬록암	화강암
		염기성암(고철질) (감람석, 휘석, 사장석)	중성암 (휘석, 각섬석, 운모, 사장석)	산성암(규장질) (각섬석, 운모, 장석, 석영)
		←(52%) SiO_2(규산)함량 (66%)→		

※ 퇴적암의 규산함량(추정치)
- 사암 60~70%
- 석회암 1%미만

2 퇴적암, 변성암의 종류

① 퇴적암

가. 쇄설성 퇴적암 : 기존의 암석이 풍화침식을 받은 뒤 퇴적된 암석

※ 종류 : 역암(자갈), 사암(모래), 이암(미사=실트), 셰일(점토)

나. 화학적 퇴적암 : 물 속에 녹아있던 물질들이 침전되어 형성된 암석

※ 종류 : 석회암(탄산칼슘), 암염(염화나트륨), 황화칼슘(석고)

다. 유기적 퇴적암 : 동식물, 미생물 등의 유기물이 쌓여 형성된 암석

※ 종류 : 석회암(석회질 생물체), 처트(규질 생물체), 석탄(식물체)

✓ 석회암은 물 속의 탄산칼슘에 의해서도 생길 수 있으며, 석회질물질이 포함된 뼈나 껍데기를 가지고 있는 생명체들이 쌓여 만들어질 수도 있다.

② 변성암

가. 사암 → 규암

나. 석회암 → 대리암

다. 화강암 → 편마암

라. 현무암 → 각섬암

3) 토양의 구성

> 지구 전체의 75%는 물로 차 있고 25% 정도만 토양으로 구성되어 있습니다. 그 중, 토양은 일반적으로 공기(기상)와 물(액상)이 각각 25% 정도이며, 그 외 50% 정도가 고형물(고상, 무기물과 유기물)로 이루어져 있습니다.

1 토양의 3상

- 고상 : 무기물(토양입자)과 유기물
- 액상 : 토양수분
- 기상 : 토양공기

2 가장 이상적인 토양 3상의 구성비율

- 고상 50%(무기물 45%, 유기물 5%)
- 액상 25%
- 기상 25%

3 3상의 구성비율에 따른 토양의 특성 변화

- 고상의 비율이 낮아지면 액상과 기상의 비율이 증가
  → 공극률 증가, 용적밀도 감소
- 고상의 비율이 높아지면 액상과 기상의 비율이 감소
  → 공극률 감소, 용적밀도 증가
- 유기물함량이 많아지면?→미생물활동 및 토양생태계 가속화→입단형성→소공극, 대공극 증가→공극률 증가, 용적밀도 감소

  ※ 용적밀도는 전체면적 중 고상이 차지하고있는 질량, 공극률은 액상과 기상이 차지하고있는 비율로써 쉽게 생각하면 용적밀도가 크면 공극에 비해 토양입자가 많은 것, 공극률이 크면 공극이 많은 것으로 생각할 수 있습니다.

4) 토양의 밀도와 공극

1 공극률, 중량수분함량, 용적수분함량

① 공극률 = $1 - \dfrac{\text{가밀도}}{\text{진밀도}}$

  가. 진밀도 : 입자밀도(보통 2.6g/cm³으로 정의)

  나. 가밀도 : 용적밀도 = $\dfrac{\text{고체의 질량}}{\text{전체 부피}}$

② 중량수분함량(%)

　가. $\dfrac{토양수분의\ 무게}{건조토양의\ 무게} \times 100$

　나. $\dfrac{토양용적수분함량}{용적밀도}$

③ 용적수분함량(%)

　가. $\dfrac{수분의\ 용적}{전체토양용적} \times 100$

　나. 중량수분함량 × 용적밀도

　✓ 밀도의 변화에 따른 고상, 액상, 기상의 비율은 변함이 없다.(밀도의 변화는 토양입자 그 자체에 대한 성질이기 때문)

2 공극의 종류

- 대공극 : 공기의 통로
- 소공극 : 물 보유(모세관 현상)
- 대공극이 많으면 통기성은 높아지고, 보수력은 낮아진다.
- 소공극이 많으면 통기성은 낮아지고, 보수력은 높아진다.
- 대·소공극이 적절히 혼합되고, 입단형성이 되면 작물생육에 이상적

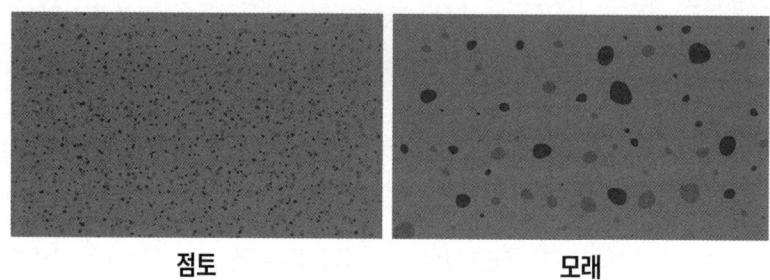

점토　　　　　　　　모래

<공극량 vs 공극의 크기>
→ 공극의 크기는 모래가 크고, 공극량은 점토가 많다.

3 공극의 분류(보수성과 통기성 측면에서의 분류(mm)

- 대공극(0.08~5 이상) : 토양입자 사이 큰 공극, 뿌리가 뻗는 공간, 토양 생물 이동통로, 배수 통로
- 중공극(0.03~0.08) : 물이 빠진 후 남아있는 물(모세관현상으로 유지되는 물) 보유공간
- 소공극(0.005~0.03) : 식물이 흡수하는 물 보유공간
- 미세공극(0.0001~0.005) : 작물이 이용하지 못하는 물 보유공간, 작은 미생물들의 이동통로 및 서식지
- 극소공극(0.0001 이하) : 미생물도 자랄 수 없는 극소공극

4 공극의 발달에 영향을 끼치는 요인

- 고운 토성의 토양 : 공극률이 높음, 공극의 크기는 작음
- 모래가 많은 토양 : 공극률이 낮음, 공극의 크기가 큼
- 입단형성이 잘 된 토양 : 대공극과 미세공극이 골고루 분포 → 공극률이 높음
- 입단형성이 안 된 토양 : 미세공극은 많지만 대공극이 적음 → 공극률이 낮음
- 일반적으로 표토의 공극률은 높고, 심토의 공극률은 낮음

5) 토성

1 토성의 정의 및 특성

- 토양입자를 크기별로 모래, 미사, 점토로 구분하고, 구성비율에 따라 토양을 분류한 것
- 토양의 중요한 성질인 투수성, 보수성, 통기성, 양분 보유, 유기물 분해, 풍식 감수성 능력 등과 밀접한 관계가 있음

2 토양입자의 크기 구분

※입자 크기 2mm 이하만을 토양으로 취급

<자갈>

<모래>

<미사(=실트)>

<점토>

① 자갈
- 크기 : 2mm 이상
- 물, 이온, 화합물을 흡착 보유하지 못함
- 토양의 골격으로 기능함
- 자갈은 토양이 아님

② 모래
- 크기 : 2.0~0.05mm 이상
- 대공극 형성으로 토양의 통기성과 투수성을 향상함
- 하지만 비표면적이 적어 수분과 양분 보유능력이 거의 없음
- 석영, 장석 등의 1차 광물

③ 미사(=실트)
- 크기 : 0.05~0.002mm 이상
- 주로 석영으로 구성
- 모래에 비해 작은 공극을 형성
- 습윤상태에서 점착성 또는 가소성을 갖지 않음
  ✓ 가소성(=소성) : 외력에 의해 변한 물체가 외력이 없어져도 원래의 형태로 돌아오지 않는 물질의 성질

④ 점토
- 크기 : 0.002mm 이하
- 주로 2차 광물로 구성
- 바람에 의한 침식정도가 가장 낮음
- 교질(콜로이드)의 특성과 표면전하를 가짐
- 비표면적이 크고, 수분의 흡착보유, 이온교환 점착성 등 이화학성이 좋음
- 점토의 종류와 함량은 토양의 화학적 특성에 결정적인 역할을 함

3 모래와 점토의 특성비교

구분	모래	점토
수분보유능력	낮음	높음
통기성	좋음	나쁨
배수속도	빠름	매우 느림
유기물함량수준	낮음	높음
유기물 분해	빠름	느림
온도 변화	빠름	느림
압밀성	낮음	높음
풍식 감수성	중간	낮음
수식 감수성	낮음	낮음
팽창수축력	매우 낮음	높음
차수능력	불량	좋음
오염물질 용탈능력	높음	적음
양분저장능력	낮음	높음
pH 완충능력	낮음	높음

4 토성 구분 삼각도

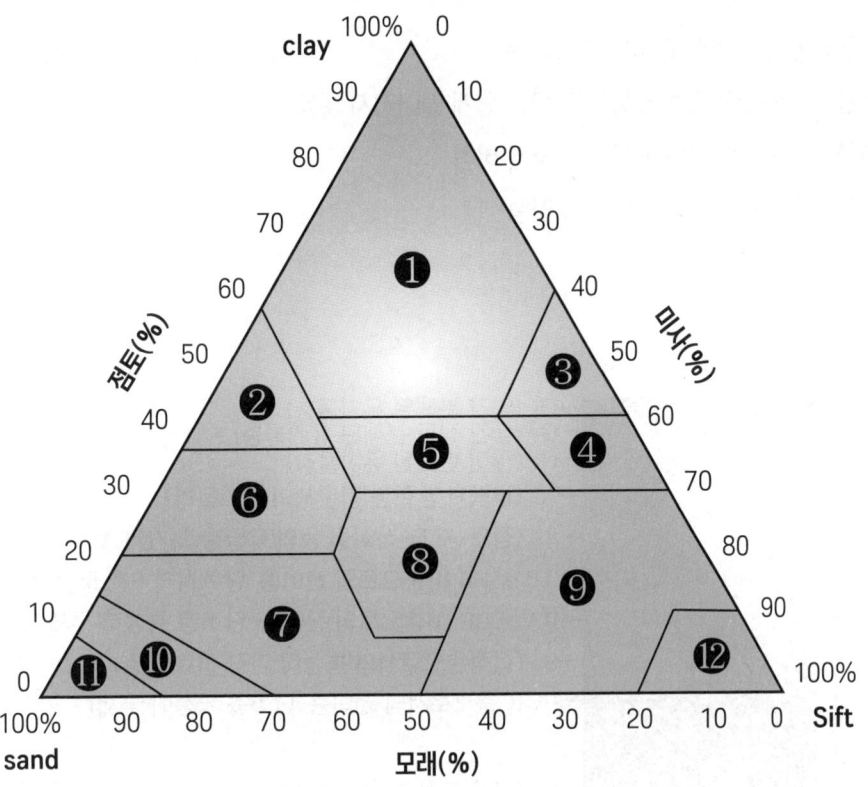

<모래, 미사, 점토량에 따라 토성을 도식화한 삼각도표>

※ C = Clay = 점토 / S = Sand = 모래 / I = silty = 미사(실트) / L = Loam = 양토

구분	토성명(영명)	기호
①	식토(Clay)	C
②	사질식토(Sandy Clay)	SC
③	미사질식토(Silty Clay)	SiC
④	미사질식양토(Silty Clay Loam)	SiCL
⑤	식양토(Clay Loam)	CL
⑥	사질식양토(Sandy Clay Laom)	SCL
⑦	사양토(Sandy Loam)	SL
⑧	양토(Loam)	L
⑨	미사질양토(Silt Loam)	SiL
⑩	양질사토(Loamy Sand)	LS
⑪	사토(Sand)	S
⑫	미사토(Silt)	Si

5 토양의 수분상태

① 건조 : 손으로 꽉 쥐었을 때 습기가 전혀 느껴지지 않음
② 약건 : 꽉 쥐었을 때 손바닥에 물기가 약간 묻음
③ 적윤 : 꽉 쥐었을 때 손바닥 전체에 물기가 묻고 쉽게 떨어지지 않음
④ 약습 : 꽉 쥐었을 때 손가락 사이에 물기가 약간 비침
⑤ 습 : 꽉 쥐었을 때 손가락 사이에 물방울이 맺힘

6) 토양의 단면

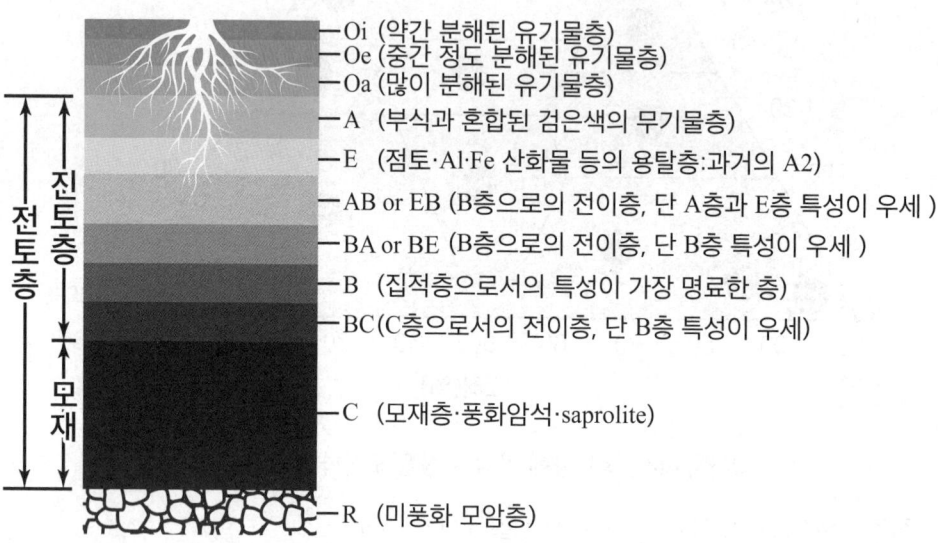

<진토층, 전토층의 구분>

		토층명칭	특징
유기물층		O_i(L)	약간 분해된 유기물층
		O_e(F)	중간정도 부숙된 유기물층
		O_a(H)	잘 부숙된 유기물층
전토층	진토층	A	부식과 혼합된 검은색의 무기질층
		E	점토, Al, Fe산화물 등의 용탈층, 과거의 A2층, 용탈흔적 명료
		B	무기물집적층, 집적층의 특징이 가장 명료
		BC	C층으로의 전이층(B→C), B층 특성이 우세
		CB	C층으로의 전이층(B→C), C층 특성이 우세
		B/E	혼합층(B가 더 많이 분포함)
	모재	C	모재층
기반암	모암	R(D)	모암층

1 토양의 개념

① 진토층(Solumn) : A층(무기물층)+E층(용탈층)+B층(집적층)
② 전토층(Regolith) : A층(무기물층)+E층(용탈층)+B층(집적층)+C층(모재층)
③ Pedon(토양단위체) : 토양이라고 할 수 있는 가장 작은 단위
  [가로×세로×깊이가 각각 1~2m 이상인 3차원적 자연체(6면체)]
④ Polypedon(토양체) : Pedon이 모여 이루어진 것, 통명으로 표시됨(미국 신토양분류법-토양통, 우리나라-토양상)

2 토양의 단면 기본토층(주토층)

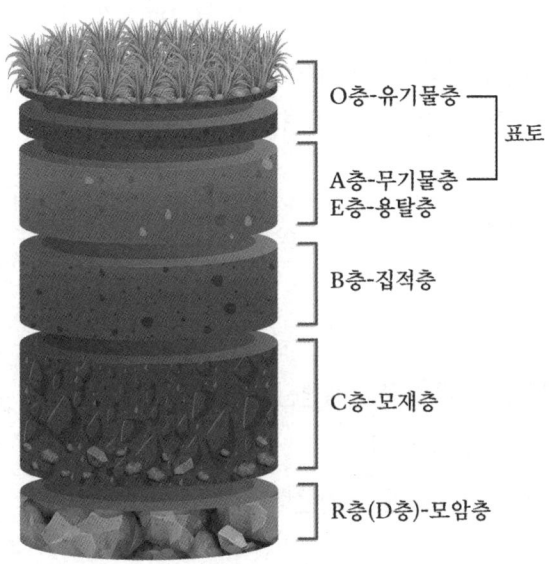

<토양단면>

① O층(유기물층)
 - 식물의 잔해, 식물의 유체 등으로 구성된 층으로 무기질 토층 위에 있다.
 - 식생이 풍부한 중위도나 분해가 느린 고위도의 습윤 냉대에서 여러 가지 형태의 유기물층을 볼 수 있다.
 - 부숙의 정도에 따라 Oi, Oe, Oa층으로 분화되어 있으며, 각각 L, F, H층으로도 불린다.

  가. Oi(미 부숙된 유기물층, L층, 낙엽층)
   - 식물 유체가 원형을 유지한 상태로 썩지 않고 신선한 식물유체의 퇴적물을 확인할 수 있는 층위
  나. Oe(중간 정도 부숙된 유기물층, F층, 발효층)
   - 식물 유체가 파괴되고 원형을 잃었으나, 본래의 조직을 육안으로 확인할 수 있는 분해단계의 층위
  다. Oa(잘 부숙된 유기물층, H층, 부식층)
   - 식물 조직의 식별이 어려울 정도로 분해되고 축적되어있는 분해단계의 층위

② A층(무기물층)
 - A층은 입단구조가 발달하여 있으며, 식물 잔뿌리가 많이 뻗어 있다.
 - 부식화된 유기물과 섞여 있어 암색을 띠며, 물리성, 화학성이 좋다.

③ E층(용탈층)
- E층은 용탈작용이 많고, 과용탈토(Spodosol)의 표백층이 가장 대표적이다.
- 규반염점토[1]와 Fe·Al산화물 등이 용탈되어 위·아래층보다 조립질이거나 내풍화성 입자의 함량이 많고 담색을 띤다.

④ B층(집적층)
- O, A, E층 등에서 Fe·Al의 산화물이 용탈된 후 집적되어 B층을 생성한다.
- B층은 다른층보다 색깔이 더 진하고 토괴의 표면에는 점토피막이 형성되어 있기때문에 구조의 발달을 쉽게 볼 수 있다.

⑤ C층(모재층)
- C층은 무기물층으로서 아직 토양생성작용을 받지 않은 모재의 층
- 심한 침식을 받은 경우 A층과 B층이 발달하지 못하여 지표면이 될 수도 있다.

⑥ R층(모암층, D층)
- R층은 C층 아래에 있는 모암층이다.

3 토양의 종속토층(보조토층)

✓ 종속토층(보조토층)은 토양생성과정을 통하여 생성된 특징적 토층을 표시하기 위해 사용되며, 주토층에 더해져 해당 토층의 세밀한 성질까지 표현할 수 있다.

예 Oa: "**잘 부숙된**" 유기물층, Oi: "**미 부숙된**" 유기물층

- a: 유기물층(잘 부숙된 것)
- b: 매몰 토층
- c: 결핵 또는 결괴[2]
- d: 미풍화 치밀물질층
- e: 유기물층(중간 정도의 부숙)
- f: 동결토층
- g: 강 환원(gleying) 토층
- h: 이동 집적된 유기물층(B층 중)
- i: 유기물 층(미 부숙된 것)
- k: 탄산염집적층
- m: 경화토층
- n: Na(sodium) 집적층
- o: Fe·Al 등의 산화물(oxides) 집적층
- p: 경운 토층 또는 인위교란층

---

1) **규반염점토**: 규소(Si), 알루미늄(Al) 등을 함유하고 있는 점토
2) **결핵, 결괴**: 다양한 염류들이 농축되어 경화된 것

- r : 잘 풍화된 연한 풍화모재층
- s : 이동 집적된 OM + Fe·Al 산화물
- t : 규산염점토의 집적층
- v : 철결괴층
- w : 약한 B층(토양의 색깔이나 구조상으로만 구별됨)
- x : 이쇄반[3], 용적밀도가 높음
- y : 석고집적층
- z : 염류집적층

> ✅ **토양모재**
> - 모암으로부터 형성되어 표토나 심토를 형성한 원물질을 말한다.
> - 대부분 모암이 풍화를 받아 생긴 광물 또는 유기물질
> - 산성 화성암의 모재와 석영은 1가 양이온(H^+) 함량이 많지만, 염기성 화성암의 모재에는 2가 양이온 (Ca^{2+}, Mg^{2+} 등) 함량이 많다.
> - 산성 화성암의 모재에서는 포드졸 토양이 생성되지만, 염기성 화성암의 모재에서는 갈색토양이 생성된다.

① 잔적모재 : 암석이 풍화된 장소에 그대로 남아서 형성된 모재를 말하며, 모암의 성질과 풍화경로의 영향을 받는다.

가. 잔적모재
- 구릉지와 저구릉지 등 경사가 완만한 지형에서 어느 정도 강한 풍화작용을 오래 받았을 때 형성된다.
- 식물을 유지하는 데 매우 중요, 형성 속도는 매우 느림, 식생이 없어 모재층이 노출된 경우 양분 공급력이 거의 없다.

나. 퇴적유기모재 : 유기물 분해가 느린 고위도 냉대나 저습지 등에서 중요하다.

② 운적모재

가. 충적모재 : 흐르는 물에 의하여 이동되어 퇴적된 모재

나. 하성(강, 하천), 해성(바닷물), 하해혼성(강물+바닷물), 호성(호수)

---

[3] **이쇄반** : 용적 비중이 높고 유기물 함량이 낮은 단단한 층으로 건조상태에서는 매우 딱딱하지만 습할 때는 잘 부서진다. 투수성이 불량하여 식물 뿌리가 이 층을 뚫고 내려가지 못함

7) 농경지 토양과 산림토양의 비교

1 산림토양과 농경지 토양의 비교

구분	산림토양	농경지토양
토양층위(단면)	자연적	인위적(교란상태)
토양온도	일일 및 계절적 변이 낮음	일일 및 계절적 변이 높음
토양습도	균일함	변동심함
토심	깊음	얕음
수분침투능력	높음	낮음
토양동물상	종류많고, 활동성 높음	종류적고, 활동성 낮음
양분순환기작	전환이 빠르고 강함	전환이 느리고 약함
토양 유기탄소의 양	많음	적음
뿌리침투	깊은 층까지 침투	얕은 층에 집중
낙엽공급량	많음	적음
미세기후	변이가 적음	변이가 심함
하층토의 중요성	뿌리가 깊어 중요함	뿌리가 얕아서 덜 중요함
인위적 영향	거의 없거나 식재초기에 국한	계절별로 반복발생
토양개량활동	거의 없거나 극히 일부시비	주기적이며 집약적 개량

2. 토양의 생성작용

1) 토양의 생성인자

토양의 생성인자에는 '**모재, 기후, 지형, 식생, 시간**' 등 5개의 인자가 있으며, 5개의 인자는 서로 영향을 주며 상호의존적으로 작용한다.

1 모재

① 풍화작용을 유발하는 가장 중요한 인자는 물이다.
② 굵은 입자의 모재에서는 물질의 하방 이동이 활발하다(배수가 잘됨).
③ 고운 입자의 모재에서는 물의 이동이 제한되어 회색화 현상이 나타난다.

2 기후

① 일반적으로 강수량이 많을수록 토양생성 속도가 빨라지고 토심도 깊어진다.
② 강수량이 많은 습윤지대에서는 Ca-Mg 등의 양이온이 용탈되고, 그로 인해 산성교질이 생성된다.
③ 온도가 10℃ 상승하면 풍화작용의 화학반응이 2~3배 이상 빨라진다.
④ 강우량이 많을수록 토양의 유기물 함량이 증가하고, 온도가 높을수록 유기물의 분해가 빨라진다.
⑤ 토양색도 달라지는데, 열대지방으로 갈수록 Fe 산화도가 높고 유기물 축적량이 적어 토양색이 적색~암적색으로 형성된다.
⑥ 습윤 온대지방에서는 황색~갈색으로 보인다.
⑦ 건조지대, 습윤지대, 열대기후 별 특성
 - 건조지대 : 온도변화와 바람에 의한 물리적 풍화작용이 주로 일어나며, 화학적 풍화는 적다. 2차 광물보다 1차 광물이 많다.
 - 습윤지대 : 기계적 붕괴+다양한 화학반응이 일어난 결과, 규산염 점토광물 및 Fe·Al산화물 같은 2차광물이 생성된다.
 - 열대기후 : 풍화의 최적 조건으로 화학적 풍화에 강한 Fe·Al산화물 같은 2차 광물이 존재하게 된다.

3 지형

① 경사도가 급할수록 토양 생성량보다 침식량이 많기 때문에 토심이 매우 얇은 암쇄토가 된다.
② 평탄지일수록 표토가 안정되며 투수량이 많아져 토양 생성량이 많아지기 때문에 토심이 깊고 발달한 단면을 갖는다.

4 식생

① 식생은 침식의 발생을 줄여주며, 토양층으로의 침투 수량을 증대시킨다.

② 식생은 토양유기물의 주공급원이며, 산림지대는 낙엽 축적으로 O층이 발달하고, 초지는 뿌리 조직의 분해 물질 축적으로 어두운 색깔의 A층이 발달한다.

③ 식물 뿌리의 활성은 토양 구조를 발달시키고 산성 환경을 조성함으로써 광물의 풍화를 촉진한다.

5 시간

① 동일 모재라도 기후조건에 따라 풍화 속도가 달라지는데, 석회암은 습윤지대에서 풍화 속도가 빠르지만, 건조 지대에서는 매우 느리다.

② 시간이 흐름에 따라 토양이 발달하며, 토양 단면에서의 층위 분화정도에 따라 토양발달도가 결정된다.

✅ 지위지수와 지위지수곡선

산림을 경영함에 있어서 가장 중요한 것은 '이 산림이 얼마나 목재를 생산할 수 있는 생산력을 가지고 있는가?'를 판단하여 올바르게 경영하는 것입니다.

생산력은 지위라고하며 이것을 수치화한 것을 지위지수라고 합니다. 그리고 지위지수를 곡선으로 나타낸 것을 지위지수곡선이라고 합니다.

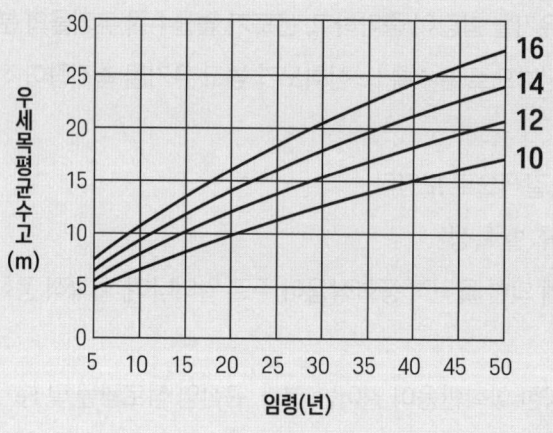

<지위지수곡선>

지위지수를 결정하는 것은 산림에 있는 우세목과 준우세목의 평균수고이며, 이를 영급별로 평균을 정리하여 가로축은 영급으로 세로축은 수고로 연결하면 지위지수 곡선이 됩니다.

이와 관련한 문제는 나무의사 5회차에 출제된 적이 있었습니다.

94. <지위지수곡선>을 이용하여 임지의 생산력을 추정할 때 필요한 것은? [5회]

① 하층목(열세목·피압목)의 수고와 임령

② 상층목(우세목·준우세목)의 수고와 임령

③ 하층목(열세목·피압목)의 수관폭과 임령

④ 상층목(우세목·준우세목)의 수고와 흉고직경

⑤ 상층목(우세목·준우세목)의 흉고직경과 임령

정답 : ②번

2) 토양의 생성작용

1 갈색화 작용(braunification)

- 화학적 풍화작용에 의하여 규산염광물이나 산화물광물로부터 유리된 Fe이온이 O_2나 H_2O 등과 결합하여 가수산화철이 되어 토양을 갈색으로 착색시키는 과정
- 습윤 온대지역 = 적갈색을 띤 침철광, 열대·아열대지역(탈수진행) = 밝은 적색을 띤 적철광

① 침철광 : goethite
② 적철광 : hematite

> ✓ **Fe(철)에 의한 토양의 색 변화**
> - 산화상태 : 적색계열
> - 환원상태 : 회색계열
> - 고온상태 : 흑색계열
> - 가수상태 : 갈색계열

2 Fe·Al 집적작용(Laterite 작용)

- 온도가 높고 비가 많이 내리는 기후조건(고온다습)에서는 염기와 규산의 용탈이 강하게 일어나 토양의 pH가 수산화알루미늄과 수산화철의 등전점에 가까워지므로, 이들 수산화물은 불용성이 되어 침전됨
- 건기와 우기가 반복되는 열대나 습윤 열대지방에서 흔한 토양, Fe 60%, Al 15%

3 부식집적작용

부식집적작용은 조부식이나 부식이 분해되는 것보다 집적되는 것이 많아 생긴토양으로, 무기성분의 변화가 아닌 부식의 물리적인 집적으로 일어나는 작용이다.

유기물 집적형태	부식진행 정도별 형태
	특징
Mor(조부식)	① 유기물이 미생물의 활동 부족으로 일부분만 분해된 것 ② 토양 표면에 두꺼운 미부숙 유기물의 층이 존재함
Moder	① Mor과 Mull의 중간적 특성, 표층에는 분해되지 않은 유기물층이 퇴적되어 있음 ② 그 밑에는 A층(무기질)과 혼합된 Mull층과 비슷한 토양으로 됨
Mull(입상부식)	① 분해가 양호한 유기물 ② pH가 4.5~6.5로 부식과 광질토양이 잘 섞여 두꺼운 입상구조를 가진 A층을 이룸

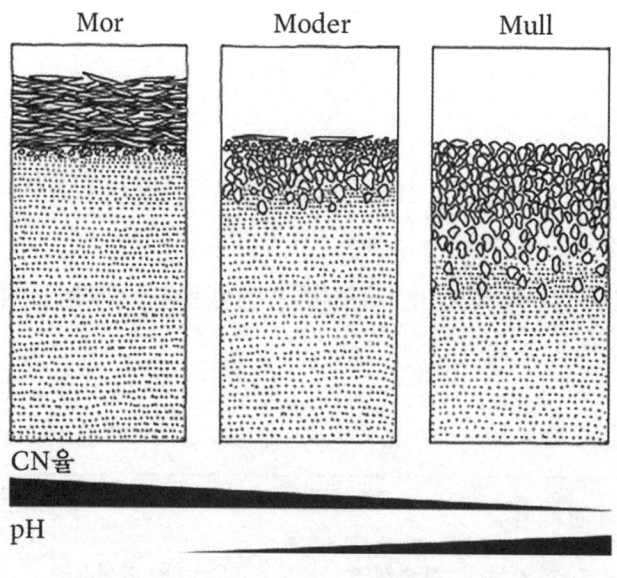

Mor, Moder, Mull

4 이탄집적작용

<이탄 지역>

- 빗물이 장시간 정체될 수 있는 요함지나 지하수위가 높은 지역에서 토양이 혐기상태가 되어 유기물이 쌓이거나 습지식물이 지표에 쌓이는 현상
- 이탄은 불완전하게 분해된 식물유체로서 맨눈으로 식물조직을 식별할 수 있음

5 회색화작용(gleyzation)

✓ Fe 환원상태 기억!

- 토양이 과습하여 공극이 물(H_2O)로 포화하여 있으면 공기의 유통이 차단되고 O_2는 호기성 미생물이 유기물 분해 과정에서 소비하므로 토양이 환원 상태가 됨
- Fe^{3+}는 Fe^{2+}로 $Mn^{4,3+}$는 Mn^{2+}로 환원되어 Fe의 경우 용해성이 증가하여 하층으로 이동한다. 유기물 분해가 느리게 진행됨

<회색화 작용>

<포드졸화작용>

6 포드졸화작용(podzolization)

- 습윤한 한대지방의 침엽수림 아래는 온도가 낮아 미생물 활동이 느리므로 표토에 유기물이 집적되며, 이 토양용액은 풀브산과 같은 강산성을 띠는 부식물질을 많이 함유하게 되고, 투수성이 큰 조립질토에서는 토양용액의 하방이동이 많음
- 염기성 이온이 먼저 용탈되어 토양이 산성을 띠므로 Fe과 Al 등이 가용화되어 하층에 이동하여 집적됨(용탈층=과용탈상태로 석영과 규산만 남아 회백색을 띰, 집적층=철로 인해 적갈색을 띰)
- 포드졸화작용으로 생긴 표백층을 E층으로 표기함

7 염류화작용과 탈염류화작용

증발량＞강우량인 건조기후에서 염화나트륨, 질산나트륨, 황산칼슘, 염화칼슘 등의 수용성 염류농도가 높아지고, 표토 밑에 집적되는 현상(↔탈염류화작용)

8 염기용탈작용

- 토양 중 유리 염류나 교환성 양이온이 토양용액의 이동과 함께 흘러가 버리는 현상
- 강수량이 증발량보다 많으면 염기세탈형 수분 상태가 되므로 빗물이 지하로 흘러가면서 물에 녹기 쉬운 K^+, Na^+ 등의 염기류도 하방-측방으로 세탈됨
- 토양 중 물에 녹기 쉬운 K^+, Na^+ 등의 염기가 높은 강우량에 의해 흘러가 버리는 현상

9 알칼리화작용

가용성 염류가 집적된 토양에는 교질복합체가 점차 Na^+으로 포화하는데, Na^+으로 인해 토양콜로이드의 분산성이 증대되고, 강알칼리성 반응으로 되기 때문에 부식이 용해되어 토층이 암색화 되는 과정

10 석회화작용

- 건조 또는 반건조지대의 비세탈형 토양수분상 조건에서 볼 수 있으며, 연중 토양용액의 상승운동이 우세하지만, 우기에는 하강운동으로 용탈작용도 어느 정도 있을 때에 일어남
- 용해도가 낮은 탄산칼슘($CaCO_3$)-탄산마그네슘($MgCO_3$)은 토양 중에 축적되며, Ca과 Mg 등의 탄산염이 토양 단면에 집적되어 탄산칼슘($CaCO_3$)-석고($CaSO_4$) 집적층을 형성함

✓ 물의 흐름으로 인한 퇴적지형

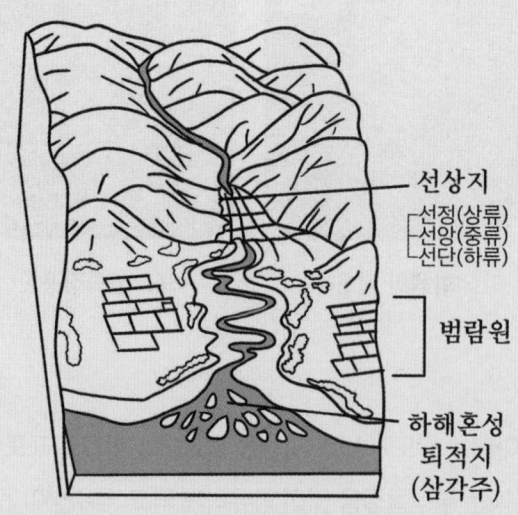

<선상지, 범람원, 삼각주>

가. 선상지 : 강의 상류~중류에서 부채모양으로 생긴 지형
  - 선정 : 돌이나 암편이 많아 경작지로는 부적합함(유실수 재배는 가능)
  - 선앙 : 선상지 중간 부분. 주로 밭으로 이용
  - 선단 : 선상지 끝부분. 주로 논으로 이용
나. 범람원 : 강의 하류에 물이 범람하여 퇴적되어 생긴 지형
  - 여러 퇴적물이 혼합되어 모암을 알 수 없고, 충적물 그 자체가 하나의 모재를 형성함
다. 하해혼성퇴적지(삼각주)
  - 강물이 바다에 이르러 만조 시 물의 흐름이 정체되는 곳에서 더욱 활발한 퇴적작용이 일어나 삼각주가 만들어짐
  - 삼각주 평야 주변에는 내염성 식물이 자라면서 이탄을 형성하거나 강한 환원상태에서는 황화철(FeS)이 생성되어 잠재특이산성토가 된다.

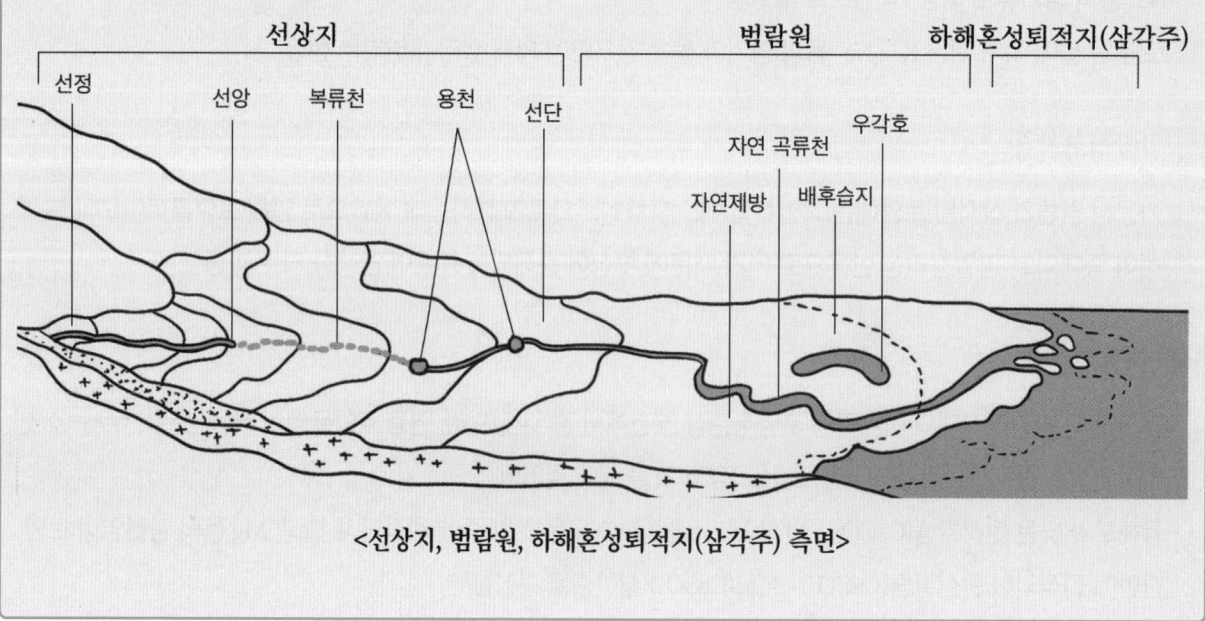

<선상지, 범람원, 하해혼성퇴적지(삼각주) 측면>

3. 토양분류 및 토양조사

1) 토양분류 체계

1 성대성토양과 간대성토양

① 성대성토양: 기후·식생대의 영향을 많이 받아 생성된 토양

> ☑ **성대성토양의 종류**
>
> 툰드라(한랭습윤), 포드졸(냉대 침엽수림), 체르노젬(부식토), 라테라이트토(고온다우열대), 회색산림토, 갈색토, 회색토, 적색토, 황색토, 율색토(건조), 사막토(건조) 등

② 간대성토양: 기후·식생의 영향을 받으면서 다른 토양생성인자(암석·지하수위 등)의 영향을 받아 생성된 토양

> ☑ **간대성토양의 종류**
>
> 염류토양, 알칼리토양, 산성토양, 테라로사, 이탄토, 화산회토, 회색화작용토, 부식질 탄산염

2 우리나라 토양의 특성

① 물리적 특성
- 한국 산림은 대부분 경사진 곳에 자리잡고 있다.
- 여름철 집중호우로 인해 토양입자 중 점토가 유실되고 모래와 자갈이 많은 편이다.
- 통기성↑, 배수↑, 보수력↓, 무기영양소의 함량↓
- 토성: 주로 사양토와 양토
- 토양단면의 발달이 미약하고 유기물함량이 적은 편

② 화학적 특성
- 질소형태: 주로 암모늄태(NH_4^+)
- C/N율: 높다.
- pH: 낮다. (약 4.5~5.0 수준, 2020 통계기준)
✓ 화강암과 화강편마암으로부터 생성된 산성토양이 주로 분포
- 양이온치환능력: 낮다.
- 비옥도: 낮다.

3 우리나라 토양의 분류

우리나라의 산림토양은 8개의 토양군, 11개의 토양아군, 28개의 토양형으로 이루어져 있으며, 토양군은 생성작용이 같고 단면층위의 배열과 성질이 유사한 것으로 구분하며, 토양형은 지형에 따른 수분환경을 감안한 층위발달 정도, 구조, 토색의 차이 등으로 구분한다.

① 우리나라의 토양군(8군)[4]

　가. 갈색산림토양군
　　- 습윤한 온대 및 난대기후에 분포
　　- A-B-C 층위를 갖는 산성토양으로 우리나라 산림토양의 대부분을 차지
　　- 갈색산림토양아군과 적색계갈색산림토양아군으로 구분

　나. 적황색산림토양군
　　- 홍적대지에 생성된 토양으로 야산지에 주로 분포
　　- 퇴적상태가 치밀하고 토양의 물리적 성질이 불량한 산성토양
　　- 주로 화성암 및 변성암을 모재로 하며 해안가에 나타남

　다. 암적색산림토양군
　　- 퇴적암지대의 석회암 및 응회암을 모재로 하는 지역에 분포
　　- 토양생성인자 중 모재의 영향을 크게 받는 토양

　라. 회갈색산림토양군
　　- 퇴적암지대의 니암, 회백색사암, 셰일 등의 모암으로부터 생성
　　- 미사함량이 현저히 높고 투수성이 다른 토양에 비해 불량함

　마. 화산회산림토양군
　　- 화산활동에 의해 생성된 비교적 짧은 시간을 갖는 토양
　　- 제주도 및 울릉도와 연천지역에 국소적으로 분포
　　- 다른 토양에 비해 가비중(용적밀도)이 낮으며 유기물함량이 높음

　바. 침식토양군
　　- 산정의 능선부근 및 산복경사면에 주로 분포
　　- 층위가 발달하였으나 침식을 받아 토층의 일부가 유실된 토양
　　- 침식정도와 토양의 복구상태에 따라 약침식, 강침식, 사방지토양으로 분류

　사. 미숙토양군
　　- 주로 산복사면, 계곡저지 및 산복하부에 출현하는 토양
　　- 층위 분화가 완전하지 않거나 2~3회 이상 붕적되어 쌓여 있는 토양

　아. 암쇄토양군
　　- 산정 및 산복사면에 나타나는 토양
　　- B층이 결여된 A-C층의 단면 형태를 가짐
　　- 토심이 얕으며 암반이 노출된 곳이 많음

---

[4] **토양 8군** : 갈색산림토양, 적황색산림토양, 암적색산림토양, 회갈색산림토양, 화산회산림토양, 침식토양, 미숙토양, 암쇄토양

4 미 농무성 신토양분류법에 의한 토양 분류법

① 6단계 분류계급 : 목 - 아목 - 대군 - 아군 - 속 - 통

② 12개 토양목 : Entisol, Vertisol, inceptisol, Mollisol, Spodosol, Alfisol, Ultisol, Aridisol, Oxisol, Histosol, Andisol, Gelisol

③ 토양목의 분류와 특징

토양목	특징
Entisol (미숙토)	① 토양의 발달과정이 거의 진행되지 않은 토양 ② 풍화에 대한 저항성이 매우 강한 모재, 층위 발달이 거의 없음 ③ 최근 형성된 모재의 토양에서 나타날 수 있음
Vertisol (과팽창토)	① 팽창형 점토광물을 가진 토양, 수분 상태에 따라 팽창과 수축이 반복됨 ② 대부분 초지, 건조와 습윤이 반복되는 기후대에서 나타남
Inceptisol (반숙토)	① 습윤한 기후조건에서 발달하며, 토층의 분화가 중간 정도인 토양 ② argillic 토층을 형성할 수 있을 정도의 점토 용탈이 일어나지 못한 토양(완전한 성숙을 이루지는 못함) ③ cambic, umbric 표층을 가짐
Aridisol (과건토)	① 건조한 기후지대에서 aridic수분상의 조건에서 생성됨 ② 유기물이 축적되지 못하고 토양은 밝은색을 나타냄, 염기포화도 50%↑
Mollisol (암연토)	① 표층에 유기물이 많이 축적되어 있고, Ca이 풍부한 토양 ② 염기의 공급이 많은 암갈색이나 검은색의 mollic표층 형성(mollic표층:유기물↑, 염기포화도 50%↑)
Spodosol (과용탈토)	① 냉-온대의 습윤한 기후조건(특히 침엽수림)에서 발달함 ② 강한 산도로 인해 대부분의 광물이 분해되고 석영만 남으며(E층), Fe와 Al은 O층에서 생성된 유기화합물과 가용성 복합체를 형성해 하층으로 침적됨
Alfisol (완숙토)	① 표층에서 용탈된 점토가 B층에 집적됨, argillic 차표층을 가짐 ② 염기포화도 35%↑, 온도가 높아 유기물이 집적되지는 못함(ochric표층)
Ultisol (과숙토)	① 온난습윤한 열대 또는 아열대 지역에서 Alfisol의 경우보다 더 강한 풍화 및 용탈 작용이 일어나는 조건에서 발달함(점토용탈 된 argillic 차표층 발달) ② 염기포화도 30%↓, 점토광물은 심한 풍화현상으로 주로 kaolinite와 Fe·Al 산화물로 되어있음(비옥도가 낮음)
Oxisol (과분해토)	① 풍화와 용탈이 매우 심하게 일어나는 고온 다습한 열대기후 지역에서 발달하며, 주로 kaolinite, 석영, Fe·Al산화물로 되어있다. ② 고농도의 Fe·Al산화물로 인산을 강하게 결합하여, 인산결핍이 생길 수 있음
Histosol (유기토)	① 유기물 함량이 20~30% 이상, 유기물 토양층이 40cm 이상 되어야 함 ② 분해된 수생식물의 잔재가 얕은 연못이나 습지에 퇴적되어 형성된 토양을 포함한 유기질 토양
Andisol (화산회토)	① 화산분출물에서 유래하여 모재에서 발달한 화산회토 ② 검은색이며, 무정형 allophane 광물이 많음, 대부분 유기물 함량이 많고, 인산 고정력이 높음 ③ 식물 생육에 좋으며, 강우량이 풍부한 지역에 가장 광범위하게 분포

토양목	특징
Gelisol (결빙토)	① 가장 나중에 포함된 목 ② 토양깊이 50cm 이하에 영구동결층이 있는 토양 ③ 매우 한랭한 지역에서 생성되기 때문에 우리나라에는 분포하지 않음

④ 우리나라의 주요 토양목
- Entisol(미숙토)
- Inceptisol(반숙토) - 가장 많음
- Alfisol(성숙토)
- Ultisol(과숙토)

⑤ 토양통
- 지질학적 요소(모재, 퇴적 양식, 수분 상태 등)와, 토양생성학적 요소(토층의 발달 정도, 적용된 토양생성작용, 유기물집적 정도 등)가 유사한 일정 면적의 토양
- 우리나라는 405개의 토양통(산림청 기준)을 가지고 있다.

> **감식표층과 감식차표층**
>
> ① 감식표층 : 토양 분류의 기본이 되는 층위로 표층에 존재하는 감식 층위를 말함
> ② 감식차표층 : 토양 표층 하의 감식층위[5]
> ③ 주요 감식표층 및 감식차표층
>
> | 구분 | 표층명 | 관련 토양목 | |
> |---|---|---|---|
> | 감식 표층 | Histic 표층 | Histosol | ① 광질토양 위에 유기물층이 20~60cm 두께로 된 층위
② 습한지역에서 형성되며, 밀도가 매우 낮은 이탄-흑니층임 |
> | | Mollic 표층 | Mollisol | ① 유기물 축적과 관련된 암색이며, 유기물층의 두께가 25cm를 초과함
② 염기포화도가 50%를 초과함 |
> | | Ochric 표층 | Alfisol | 두께가 매우 낮은 담색표층, 유기물 함량이 매우 낮다. |
> | | Umbric 표층 | - | ① 염기포화도가 낮은 것을 제외하면 mollic 표층과 동일함
② 다소 강우량이 많은 지역과 모재의 Ca·Mg 함량이 낮은 지역에서 발달함 |

---

[5] **감식층위** : 토양분류 시 토양단면에 나타나는 토층의 특징을 정확하게 식별해주는 층위

구분	표층명	관련 토양목	
감식차 표층	Argillic 층위	Alfisol Ultisol	① 상부층으로부터 이동되었거나 제자리에서 생성된 규산질점토가 차표층에 축적된 층위 ② 점토는 보통 '점토피막'이라 불리는 윤이 나는 피복으로 발견됨 →성숙토를 결정하는 기준이 된다.
	Oxic 층위	Oxisol	① Fe·Al산화물 함량이 매우 높고 규산염점토 활성이 낮은 고도로 풍화된 차표층 ② 주로 습한 열대 및 아열대 지역에서 발견됨
	Spodic 층위	Spodosol	콜로이드성 유기물과 Al 산화물의 축적에 의해 특징되는 집적층
	cambic 층위	-	변화 발달 초기의 약한 B층(약간 농색 및 구조)

토양수분상태의 구분

구분	토양수분조건
aquic (수분과다상)	-연중 일정 기간 포화상태 유지, 환원상태 주로 유지 -토양이 물로 포화되면 빈약한 통기상태로 인해 충분한 기간동안 가스상태의 산소가 실질적으로 부족한 상태
udic (습윤수분상)	-연중 대부분 습윤한 상태 -토양수분이 식물이 필요한 양을 충족할 정도로 매해 1년 내내 충분한 상태 -용탈이 일어날 정도로 1년 내내 과다한 수분상태로인 극히 습한 수분상을 갖고 있으면 perudic이라 함
ustic (반건조수분상)	-Udic과 Aridic의 중간 정도의 수분상태 -일반적으로 가뭄이 발생하더라도 식물 생육시기 동안 유용한 습윤상태
xeric (여름건조형)	-여름엔 온난건조, 겨울엔 한랭습윤한 지중해성 수분조건 -ustic상처럼 여름에 긴 가뭄기간을 가짐
aridic (건조수분상)	-연중 대부분 건조한 상태(여름에 고온건조한 토양습윤상) -생육시기의 최소한 반 정도는 건조상태이고 습한 날이 연이어 90일 미만

2) 토양조사 일반

1 토양조사의 목적

일정하지 않은 다양한 토양을 더욱 과학적으로 체계적인 방법을 통해 조사하고, 이를 분류하여 토양특성에 알맞은 작물의 선택, 비료 사용개선 및 토양개량 등을 위한 기초자료의 확보를 위하여 토양조사를 실시함

2 토양조사의 역사

① 토양조사의 시초인 농사직설(정초, 변효문 지음)에 의하면 토양조사의 시초는 흙의 맛으로 토양의 비옥도를 구분하였다고 한다. 즉 신맛이 나면 척박한 토양, 단맛이 나면 비옥한 토양, 시지도 달지도 않으면 보통 토양이라고 하였다.

② 토양조사 연표

사업구분	조사기간	비고
UN특별기금사업	1964~1969	UN, FAQ 및 한국정부
한국정부단독사업	1970~1974	한국정부
조기완료 5개년 사업	1975~1979	한국정부
산악지 및 신간척지 조사사업	1980~1991	한국정부
농토배양 10개년 사업	1980~1989	한국정부
주산단지 필지별 세부정밀 토양조사	1990~1994	한국정부
토지이용변화에 따른 보완조사	1990~1994	한국정부
밭 세부정밀 토양조사	1995~1999	한국정부
대단위 집중개발지역 토양보완조사	2000~	한국정부

③ 토양조사 구분

기관 구분	개략토양조사	정밀토양조사	세부정밀토양조사
토양도의 축적	1:250,000, 1:50,000	1:25,000	1:5,000
토양도 상의 최소 작도면적	6.25ha	1.56ha	10a
토양구분	고차분류 단위인 대토양군 및 토양군	저차분류 단위인 토양통과 작도 단위(토양통, 구 및 상)	저차분류 단위인 토양통과 작도 단위(토양통, 토양구, 토양상 및 현토지 이용)

	전국적인 토양생성 및 대토양군별 분포파악	군 및 면 단위 영농지도 계획	농가별 세부영농계획
결과내용			
	중앙 및 도 단위 종합개발 계획	지역별 개발계획	필지별 토양관리 처방 자료
		지대별 주산단지 조성	토양특성별 작물 선택
결과내용	농업개발 가능지 분포 파일	지역별 비료 사용 개선	전, 과수 등 적지 파악
		토양보전 등 기초자료	객토, 심경 및 배수 대상 지 선정

3 토양조사 과정

토양을 조사하는 방법을 기술한 토양조사 편람에 준하여 항공사진 해석→현지토양조사 및 분류→대표토양의 시료채취 및 분석→토양도 제작의 과정을 거친다.

4 산림토양 조사 시 조사야장 기록항목

- 모암, 기후대, 지형, 퇴적양식, 사면위치
- 유효토심, 토심, 토색, 토성, 토양구조, 토양층위
- 표고, 경사도, 경사형태, 방위, 건습도, 견밀도
- 풍노출도, 풍화정도, 암석노출도, 침식상태, 석력함량

  ※간이조사 항목 : 지형, 퇴적양식, 토심, 토성, 경사도, 건습도, 견밀도, 침식상태

  ※토양단면조사 항목 : 유효토심, 토심, 토색, 토성, 토양구조, 토양층위, 건습도, 견밀도, 풍화정도, 석력함량, + 낙엽층 두께

5 토양단면 기술

토양을

구분	세부 기록 사항
조사지점의 개황	단면번호, 토양명, 고차분류단위, 해발고도, 경사도, 지형, 식생, 토지이용, 강우량, 월별 평균기온, 조사일자, 조사자, 조사지점 등
조사토양의 개황	모재, 토양수분 정도, 지하수위, 배수등급, 표토의 석력과 암반노출 정도, 침식정도, 염류집적 또는 알칼리토 흔적, 인위적 영향도
단면의 개략적 기술	지형, 모재의 종류, 토양의 특징(구조발달도, 유기물집적도 등)
개별 층위의 기술	토층기호, 층위의 두께, 주 토색, 반문, 토성, 구조, 견고도, 식물 뿌리의 분포, 점토피막, 치밀도나 응고도, 공극, 돌-자갈-암편 등의 모양과 양, 무기물 결괴, 경반, 탄산염 및 가용성 염류의 양과 종류

✅ 토양단면 기술 쉽게 접근하는 법

- 조사지점의 개황 : 해당 지점에 대한 전체적인 내용이 많음
- 조사토양의 개황 : 해당 지점의 토양에 대한 내용 중 거시적인 측면에 대한 내용이 많음
- 개별 층위의 기술 : 해당 지점의 토양에 대한 내용 중 미시적인 측면에 대한 내용이 많음

✅ 토양단면 만들기

토양 별 형태적 특성을 면밀히 조사하기 위해서는 우선 토양단면을 관찰해야 해야하는데 아래의 사항들에 따라 진행되어야 한다.

① 토양단면은 사면 방향과 직각이 되도록 판다.
② 토양단면은 나비 1~2m, 길이 2~3m, 깊이 1.5m 정도의 장방형 구덩이로 판다.
   (※ 다만, 깊이 1m 이내에 기암이 노출된 경우에는 기암까지만 판다)
③ 토양 단면 내에 보이는 식물 뿌리는 모두 자른다.
④ 낙엽층은 전정가위로 단면 예정선을 따라 수직으로 자른다.
⑤ 임상이나 지표면의 상태가 정상적인 곳을 조사지점으로 정한다.

① 주요 세부 기록사항 및 기록내용[조사지점의 개황, 조사토양의 개황]

구분	세부기록사항	기록내용
조사지점의 개황	단면번호	조사지역 별 일련번호
	토양명	토양통 또는 작도단위 등
	고차분류단위	토양목, 아목 등
	해발고도	지형도의 등고선, GPS고도계 등 활용
	경사도	단면지점의 경사도를 경사도계로 측정하여 표기
	지형	경사지, 평탄지 구분 등
	식생, 토지이용	논, 밭, 초지, 임지 등
	조사일자	연월일
	조사자	단면기재 대표자 및 조사원
	조사지점	행정구역 및 특정지물로부터의 거리, GPS좌표 등
조사토양의 개황	모재	화강암 잔적, 하성충적, 붕적, 풍적, 빙하퇴토, 화산분출물 등
	지하수위	미터(M)로 표시
	표토의 석력과 암반노출 정도	추정함량(용량), 피복정도 등
	침식정도	침식등급으로 표시

② 주요 세부 기록사항 및 기록내용[개별 층위의 기술]

구분	세부기록사항	기록내용
개별 층위의 기술	토층기호, 층위의 두께	층위 구분, 명명 및 두께(cm) 측정
	토색, 반문	-토색:토색첩 사용(먼셀의 토색계) -습윤상태:풍건, 반습, 습윤 등 →색상 혼재 시 용적순으로 표기 후 혼합색을 기재, 반문의 양, 크기 -선명도 및 예리도 순으로 기재
	토성	촉감법 활용
	견고도	-습할 때의 견고도:점착성과 가소성 정도 기재 -반습일 때의 견고도:전혀 없다, 단단하다 등 기재 -풍건 때의 견고도:전혀 없다, 연하다 등 기재
	공극	공극량, 크기 등 순으로 기재
	점토피막	피막(Cutans, Clay skins):양, 크기 등 순으로 기재
	무기물 결괴	크기 등 순으로 기재

3) 토양조사의 종류 및 방법

1 촉감법

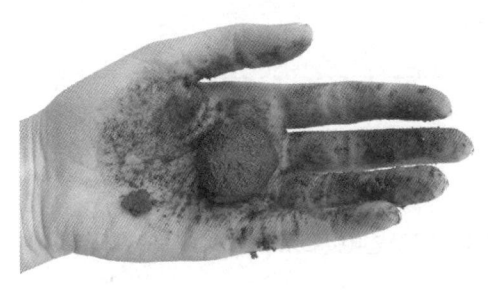

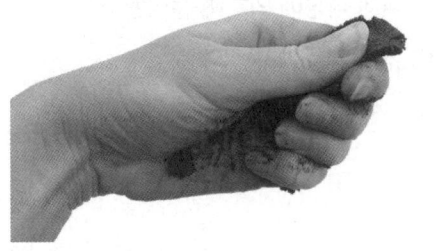

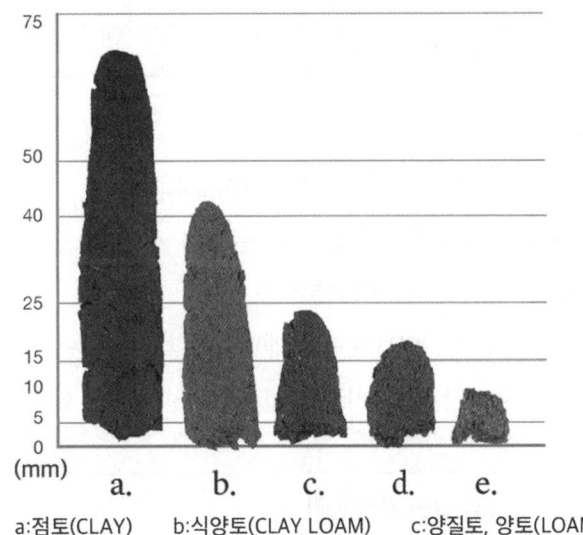

a:점토(CLAY) b:식양토(CLAY LOAM) c:양질토, 양토(LOAM)
d:사양토(SANDY LOAM) e:양질 사토(LOAMY SAND)

<촉감법 측정>

토양 리본 길이	촉감		토성
0cm	토양이 뭉쳐지지 않고, 떨어짐		사토
0cm	공 모양을 형성하지만, 띠를 못 만듦		양질사토
2.5cm 미만	띠 형태가 불분명함	갈리는 소리가 들리고, 모래처럼 껄끄러운 느낌이 강함	사양토
2.5cm 미만	띠 형태가 불분명함	밀가루같이 부드러운 느낌이 강함	미사질양토
2.5cm 미만	띠 형태가 불분명함	껄끄럽고 부드러운 느낌이 약하고, 갈리는 소리가 분명치 않음	양토
2.5~5cm	토양이 중간 정도의 점착성과 견고성을 가짐	갈리는 소리가 들리고, 모래처럼 껄끄러운 느낌이 강함	사질식양토
2.5~5cm	토양이 중간 정도의 점착성과 견고성을 가짐	밀가루같이 부드러운 느낌이 강함	미사질 식양토
2.5~5cm	토양이 중간 정도의 점착성과 견고성을 가짐	껄끄럽고 부드러운 느낌이 약하고, 갈리는 소리가 분명치 않음	식양토
5cm 이상	토양의 점착성과 견고함이 강함	갈리는 소리가 들리고, 모래처럼 껄끄러운 느낌이 강함	사질식토
5cm 이상	토양의 점착성과 견고함이 강함	밀가루같이 부드러운 느낌이 강함	미사질식토
5cm 이상	토양의 점착성과 견고함이 강함	껄끄럽고 부드러운 느낌이 약하고, 갈리는 소리가 분명치 않음	식토

2 입경분석법

> ✓ **입경분석의 목적[6]과 기본설정사항**
> - 유기물은 제거한다.(고유한 토양입자만을 분석)
> - 관찰을 위해 뭉쳐있는 입자는 분산시킨다.
> - 토성 결정에 쓰이는 입자는 지름 2mm이하의 입자만을 사용한다.

① 체분석법
- 체번호 : 10번 = 2mm(모래), 270번 = 0.05mm(미사)
- 0.05mm 이상 모래를 분석하는 데 사용되며, 체번호 최소 10번부터 최대 325번(0.045mm)까지 사용한다.

② 침강법을 이용하는 미세입자분석법
- Stokes의 법칙 : 구형입자가 액체 내에 침강할 때 침강속도는 입자 크기와 액체 점성에 의하여 결정된다는 법칙
- 입자의 침강속도는 입자 비중에 비례, 입자 반지름의 제곱에 비례, 액체의 점성계수에 반비례

> ✓ **Stokes 실험의 가정조건**
> - 토양입자는 단단한 구형으로 동일한 입자밀도(비중)를 가진다.
> - 입자가 침강할 때 입자 간 마찰은 무시한다.
> - 입자는 액체분자의 브라운(brown) 운동을 받지 않을 정도로 크다.
> - 입자의 침강종말속도는 난류현상이 일어나는 임계속도를 초과하지 않는다.

---

[6] 입경분석의 목적은 입자의 크기를 분석하여 토성을 결정하기 위함이다.

3 토양색 분석

색상 (H:hue)	① 빨강, 노랑, 초록, 파랑, 보라의 5개의 색상과 5개의 중간 색상을 포함한 10개의 색상으로 구분한다. ② 각 색상은 다시 2.5의 배수로 2.5-5-7.5-10의 4단계로 구분한다.
명도 (V:value)	① 검은색을 명도 0, 흰색을 명도 10으로 하여 11단계로 구분 ② 토양의 명도는 2에서 8까지 7단계로 구분한다
채도 (C:chroma)	① 회색에 가까울수록 낮은 값 ② 1-2-3-4-6-8까지 6단계로 구분한다.

✓ 표기방법 : 색상 명도/채도로 표기

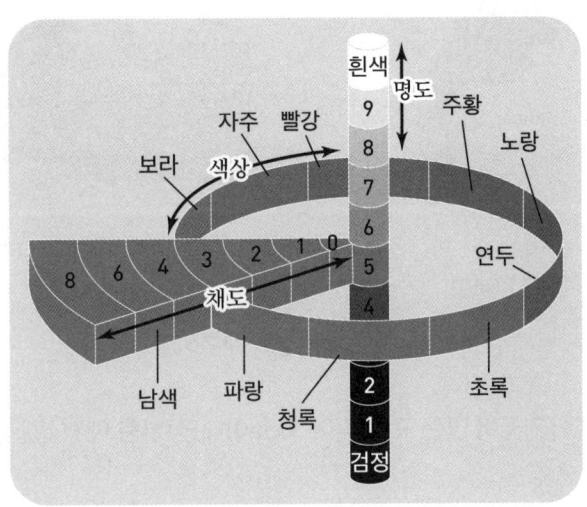

<먼셀의 표색계>

① 토양색 결정요인
- 유기물함량이 많을수록 암갈색~흑색을 띤다.
- Fe와 Mn이 산화상태일 때 = 붉은색계열, 환원상태일 때 = 회색계열을 띤다.
- 부식 = 검은색, 염류 = 흰색, 화산회 = 회색을 띤다.

② 토양색으로 인한 온도의 변화
- 지표면 색깔이 짙을수록 태양열을 많이 흡수하여 토양온도가 높아지는 반면, 백색일수록 반사량이 많아 토양온도의 상승이 미약하다.
- 일반적으로 토양 지표면의 색이 흑색 > 남색 > 적색 > 황색 > 백색으로 변함에 따라 토양온도의 상승이 미약해진다.

4. 토양의 물리적 성질

1) 토양의 구조

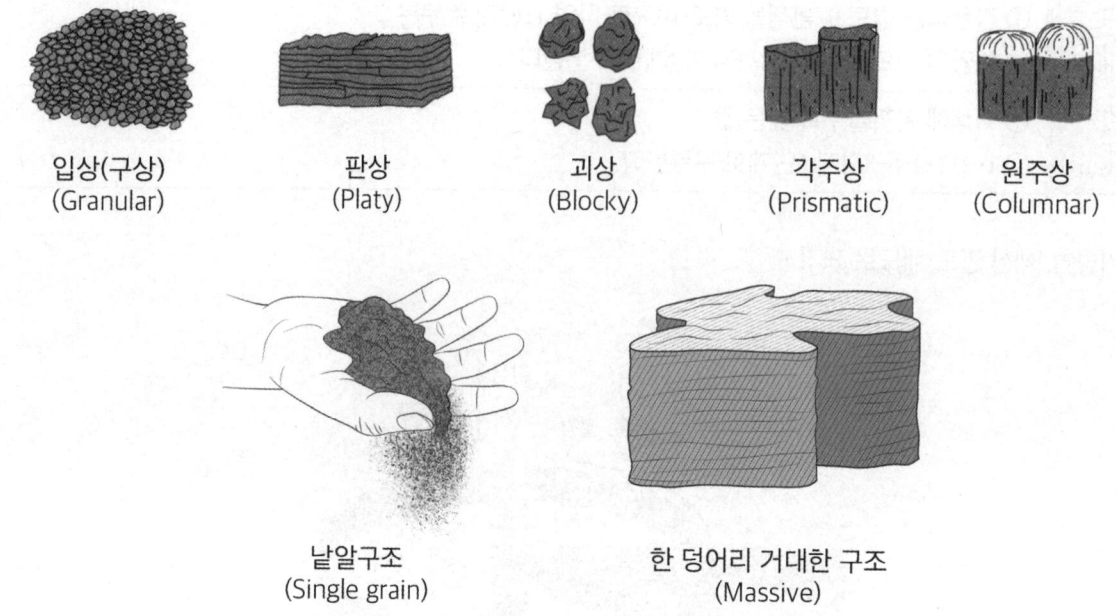

<다양한 토양의 구조>

① 입상구조(구상구조)
- 입상구조(구상구조)는 주로 유기물이 많은 표토(깊이 30cm이내, 상부층)에서 발달하고, 입단이 잘 발달한 토양은 일반적으로 구상구조를 가짐
- 토양입자가 비교적 소형(2~5mm)으로 둥근 모양을 하고 있음
- 초지나 토양동물 활동이 많은 토양에서 발견됨
- [수분] 건조한 환경에서 발달

② 판상구조
- 접시모양 또는 수평배열로 구성된 구조임
- 입상구조와 같이 표토(깊이 30cm이내)에 발달됨
- 모재 특성을 그대로 간직하고 있음
- 우리나라 논토양에서 오랜 경운으로 인해 많이 발견됨
- 용적밀도가 크고 대공극이 없어져 공극률이 급격히 낮아짐
- 수분의 하향이동이 불가능해지고, 뿌리가 밑으로 자랄 수 없게 됨
- [수분] 습윤한 환경에서 발달

③ 괴상구조
- 배수와 통기성이 양호함
- 뿌리 발달이 원활한 심토(하부층)에서 주로 발달함
- 점토가 많고 수축팽창이 일어나는 심토에서 발달함
- [수분] 적윤한 토양에서 발달

④ 주상구조
  - 지표면과 수직한 방향으로 1m이하 깊이의 심토(하층토)에서 발달됨
  - 단위구조의 수직길이가 수평길이보다 긴 기둥모양
  - 각주상인 것과 원주상인 것이 있음
  - 토양입자가 세로로 배열되어 때로는 상당히 길고 큰 구조를 만든다.
  - [수분] 건조 및 반건조한 환경에서 발달
    가. 각주상 구조
      - 건조 또는 반건조지역의 심층토에서 발달함
      - 수직화한 형태로 발달함
      - 점토가 많은 토양에서 발달함
    나. 원주상 구조
      - 기둥모양의 주상구조이지만, 수평면이 둥글게 발달한 구조
      - Na이온이 많은 토양의 B층(집적층)이나, 논토양 심층토에서 많이 나타남

⑤ 낱알구조(단립, 單粒)와 덩어리구조(벽상구조)
  - 낱알구조 : 토양입자들이 서로 결합하지 않은 형태
  - 덩어리구조(벽상구조) : 토양입자들이 덩어리져서 서로 결합하여 있는 형태, 주로 모재가 풍화과정에 있는 모재층(C)과 같은 심토(하층토)에서 발견됨
  - [수분] 습윤한 토양에서 발달함

⑥ 견과상구조, 세립상구조
  - 견과상 구조 : 입자는 1~3cm로 크며, 점토함유율이 많은 토양에 발달함. 벽상구조와 같이 물리성이 불량하고 뿌리생장도 나쁘다.
  + [수분] 건조함과 습윤함이 반복되는 토양에 발달
  - 세립상구조 : 건조의 영향을 심하게 받아 발달한 구조, 수분의 침투가 어렵다.
  + [수분] 건조의 영향을 심하게 받아 발달

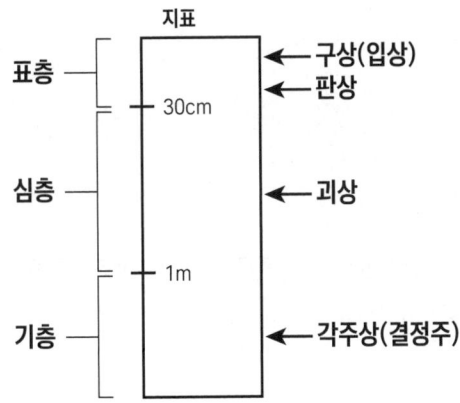

<토심에 따른 토양구조의 분포>

> ✓ **단립(團粒)상 구조(=입단구조)**
> - 수분이 많고 부드러우며 수 mm의 작은 입자로 구성
> - 항상 습윤하여 토양동물과 미생물의 활동이 많은 표층에 발달하며 이화학성이 가장 좋음
> - 단립구조는 團粒구조와 單粒구조로 나뉘는데, 團는 둥글단, 單는 홑단으로 둥글단이 들어간 단립은 입단구조를 말하며, 홑단이 들어간 단립은 낱알구조를 말하는 것입니다.

2) 입단의 생성

1 입단의 특징

- 입(粒)=낱알 입, 단(團)=둥글 단
  → 토양입자들이 둥글게 뭉쳐있는 형태
- 입단은 토양의 물리적 구조를 변화시켜, 수분보유력과 통기성을 향상함
- 식물생육과 미생물 성장에 좋은 영향을 끼침
- 토양의 입단화는 음이온의 토양입자 및 유기물과 양이온 등 무기물 간의 전기적인 힘에 의해 발달됨
- 입단의 크기가 클수록 전체 공극량이 많아진다.
- 입단의 크기가 커져도 식물 수분보유 장소인 모세관공극은 일정한 수준을 유지한다.

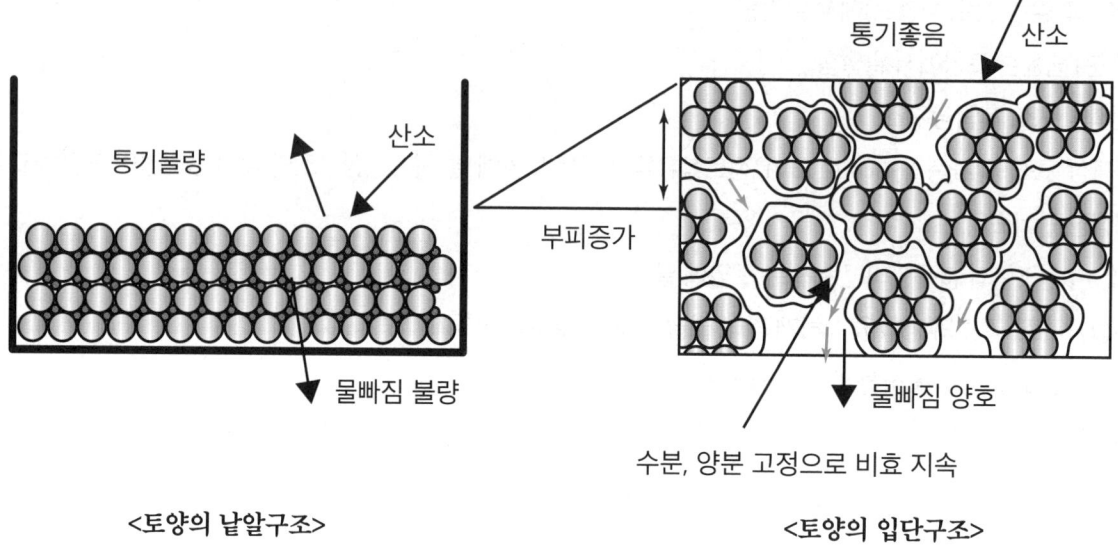

<토양의 낱알구조>　　　　　　　<토양의 입단구조>

2 입단형성요인

① 이온의 작용
- 토양용액의 양이온과 토양입자의 음전하(점토)가 정전기적인 인력에 의해 서로 응집되면서 입단이 형성됨
- 입단을 유발하는 이온 : Ca^{2+}, Mg^{2+}, Fe^{2+}, Al^{3+} 등의 다가이온
- 입단을 분산시키는 이온 : Na^+
  ※ 나트륨이온은 수화반지름이 커서 점토입자를 분산시킨다.

② 유기물의 작용
- 미생물이 분비하는 점액성 물질
  ✓ 점액물질 형성과정: 유기물 시용→유기물이 주식인 미생물들의 증가→미생물의 점액성물질 분비
- 식물 뿌리에서 나오는 무시겔(mucigel)
- 유기물 자체의 전하(유기물은 대부분 음전하를 띄고 있다.)
  ✓ 기존 점토(-)-양이온(+)-점토(-)의 결합에서, 점토(-)-양이온(+)-유기물(-)-양이온(+)-점토(-)의 결합으로 입단을 강화할 수 있음
- 미생물의 유기물 분해과정에서 생성되는 폴리사카라이드(다당류)는 점토입자를 결합시켜 큰 입단을 형성하는데 중요한 역할을 한다.

③ 미생물의 작용
- 곰팡이의 균사에 의해 토양입자와 서로 엉키면서 토양 입단을 형성한다.
- 균근균의 경우 균사도 생성해내지만 단백질인 글로멀린(glomulin, 끈적끈적한 단백질)을 생성하여 큰 입단의 형성을 촉진한다.

④ 기후의 영향
- 근권에서 식물의 뿌리는 수분을 흡수하므로 젖음-마름 상태를 반복하며, 입단화를 촉진한다.
- 동결과 융해의 반복이 입단화를 촉진할 수 있다.
  → vertisol, mollisol, alfisol 등 팽창형 점토광물이 많은 토양에서 잘 일어난다.

> 건조↔습윤, 동결↔융해 등의 상태는 위에서 입단을 촉진한다고 기재하였지만, 어떤 상황에서는 입단을 파괴할수도 있는 요인이 됩니다.
> 기존에 입단화가 형성되어있는 토양의 경우 건조, 습윤, 동결, 융해 등의 상태변화를 거치면서 수축과 팽창을 반복하게 되는데 이로인해 수분이 증발하고 공극이 파괴되어 기존의 입단을 오히려 파괴하는 효과를 가져올 수 있습니다. 하지만, 기존에 답압이 되어있는 토양의 경우 건조, 습윤, 동결, 융해 등의 상태변화가 오히려 큰 입자를 부수며 공극을 형성하여 입단을 촉진시킬 수 있습니다.
> 그러면 우리는 어느 규칙에 따라야 할까요?
> →기본서에 충실하게 외워주시면 되겠습니다(기본서:해당 상태변화들이 입단화를 촉진한다).

3 입단파괴요인

① 잦은 경운
② 입자의 결합제인 유기물의 손실
③ 강우와 기온의 변동
④ 나트륨 이온(Na^+)의 첨가
⑤ (기존 입단화가 형성되어 있는 토양에서의) 건조와 습윤의 반복 / 동결과 융해의 반복
 ※ 답압된 환경에서의 건조와 습윤의 반복 / 동결과 융해의 반복은 오히려 입단 형성 요인이 된다.

3) 토양공기와 토양의 견밀도

1 토양공기의 조성비율(%)

구분	N₂(질소)	O₂(산소)	CO₂(이산화탄소)	수증기
대기	79	20.9	0.035	20~90
표층토	75~80	14~20.6	0.5~6	95~100
심층토	75~80	3~10	7~18	98~100

- 토양공기의 상대습도는 거의 100%에 가까우며, 대기에 비해 더 높음
- 표토에서 심층토로 갈수록 CO_2의 농도가 높아짐
- N_2의 함량은 대기 중 함량과 비슷함

2 토양공기조성(O_2)

- O_2는 식물 뿌리와 미생물 호흡으로 인해 심토로 갈수록 줄어듦
- 표토는 대기와 가까워 O_2함량이 많고, 심층토는 O_2함량이 감소한다.

3 토양공기조성(CO_2)

- 미생물과 식물 뿌리의 호흡에 의한 발생
- 석회질비료 사용 시 발생
- 유기물 분해에 의한 발생
- 토양공기 중에 축적된 CO_2는 토양 pH를 낮춤

4 토양의 견밀도와 답압

① 토양의 견밀도

구분	기준			
	측정값		지압법	토양입자의 결합력
	mm	kg/㎠		
심송	0.4 이하	4 이하	누르면 저항을 거의 느끼지 못함	토양입자의 결합력이 거의 없음
송	0.5~1.0	5~8	누르면 약간의 저항을 느끼거나 잘 들어감	매우 연하여 약간의 외력에도 잘 부서짐
연	1.1~2.0	9~12	힘을 가하면 저항이 있어 지흔이 생김	비교적 단단해 손으로 눌러야 부서짐
견	2.1~3.5	13~16	단단하여 지흔이 겨우 생김	단단하여 힘을 가해야 부서짐
강견	3.6 이상	17 이상	힘을 가해도 지흔이 거의 생기지 않음	매우 단단하여 상당한 힘을 가해야 부서짐

② 토양의 답압

　가. 답압이 토양에 미치는 영향

　　- 토양 내 공극을 줄이며, 수분 침투율(투수성)이 감소한다.

　　- 마찬가지로, 산소의 공급이 줄어 공기의 확산이 감소한다.

　　- 액상, 기상의 비율이 감소하고, 고상의 비율이 증가한다.

　　- 표토층의 입단이 파괴된다.

　　※ 답압과 입자의 밀도와는 관계가 없다. 입자의 밀도는 해당 물질의 고유한 성질로 답압, 산불 등 다양한 요인에도 변하지 않는 값이다.

③ 답압을 개선하는 방법

　가. 예방

　　- 공사 시 토양 성토·정지 작업에서 흙 위에 올라가지 않고 작업하거나 뒤로 물러나면서 수행

　　- 차량과 사람의 통행 제한

　　- 낙엽·낙지가 저절로 분해되도록 하여 토양에 유기물을 공급, 양분 순환 유도

　나. 개량

　　- 토양 되메우기 : 답압 토양을 삽이나 장비로 파고 다시 메움, 일시에 진행할 수 없어 2~3년에 걸쳐 연차적으로 실시, 이 때 토양개량제, 제올라이트, 부숙퇴비 등을 혼합하여 주면 더 양호

　　- 경운 : 지표 30 cm 정도까지 토양을 솎아주어 공기 유통 개선, 퇴비 또는 토양개량 자재를 혼합하여 주면 더 양호

　　- 천공법 : (전동)오거를 이용하여 10-20 cm 지름, 30 cm 깊이의 원기둥 모양으로 토양 천공, 퇴비 및 유기·무기 자재 투입, 수관폭까지 균일한 간격으로 하며 견밀에 따라 천공의 수를 조절

　　- 공기 주입 : 압력기를 토양에 꽂아 충격을 주며 공기를 주입함으로써, 토양을 분쇄하고 물리성 개선

　　- 개량제, 시비 : 부숙퇴비, 목탄 분말, 펄라이트, 버미큘라이트 등은 입단을 돕고 양이온교환용량이 커 토양의 물리화학성 개선

　　- 멀칭 : 이후의 토양 답압 재발생 예방, 유기물의 자연스러운 공급과 수분 보유, 충격 완화 및 잡초 방지 효과, 우드칩, 짚, 피트모스 등을 활용

　　- 울타리 설치 : 수목 주변 토양에 압력이 가해지지 않도록 울타리를 설치하여 답압 제어

5 열전도

- 토양입자 지름이 클수록 열전도도는 높다. 사토 > 양토 > 식토 > 이탄토 순

- 물은 공기보다 열을 25배 잘 전달하므로 습윤한 토양이 건조한 토양보다 열전도가 높음

- 입단-괴상구조가 발달한 토양보다 덩어리(massive) 형태의 토양에서 열전도도가 높다.

4) 토양수분

1 토양 중에서 수분의 역할

- 물은 광물의 풍화와 유기물의 분해에 관여한다.
- 미생물과 식물 생육에 필요한 무기양분 공급을 결정하는 여러 반응에 필요하다.
- 토양 중 양분 이동과 식물의 양분 흡수를 도와주는 용매의 기능을 한다.
- 강우 또는 관개된 물은 토양 중에 일정 기간 보유되어 식물에 흡수 이용되는 물을 보유하는 기능을 한다.

2 물의 특성

- 물 분자는 수소원자(H) 2개와 산소원자(O) 1개로 구성되며, 105° 각으로 비대칭 공유결합을 이루고 있다.
- 물 분자는 극성을 띄는데, 이는 수소와 산소의 전기음성도 차이 때문이다.
- 극성으로 인해 물이 여러 가지 물질을 용해할 수 있는 용매가 된다.
- 물은 높은 비열, 높은 기화열을 가지고 있는데 이는 물 분자의 극성으로 전기적 인력이 발생하고 이로 인해 수소 결합이라는 특수한 결합으로 분자들끼리 결합하여 있기 때문이다.

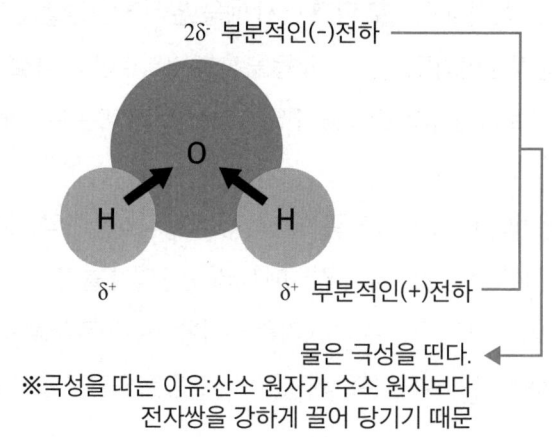

<물의 구조>

3 물의 응집·부착·표면장력

- 응집현상: 극성으로 인해 물 분자들끼리 서로 끌리는 것
- 부착현상: 물 분자가 유리나 토양 같은 다른 물질의 표면에 끌리는 것
- 표면장력: 액체의 표면을 최소화하는 방향으로 작용하는 힘

4 모세관 현상

- 모세관의 표면에 대한 물의 부착력과 물 분자들 사이의 응집력 때문에 생기는 현상
- 중력 등 외부힘에 상관없이 유체가 가느다란 관이나 좁은 공간을 타고 올라가는 성질
- 모세관 높이(H)는 모세관 반지름, 액체의 밀도, 중력가속도에 반비례하고, 용액의 표면장력과 흡착 각도에 비례한다.

5 토양의 수분상태

① 수분함량에 따른 견지성[7)]

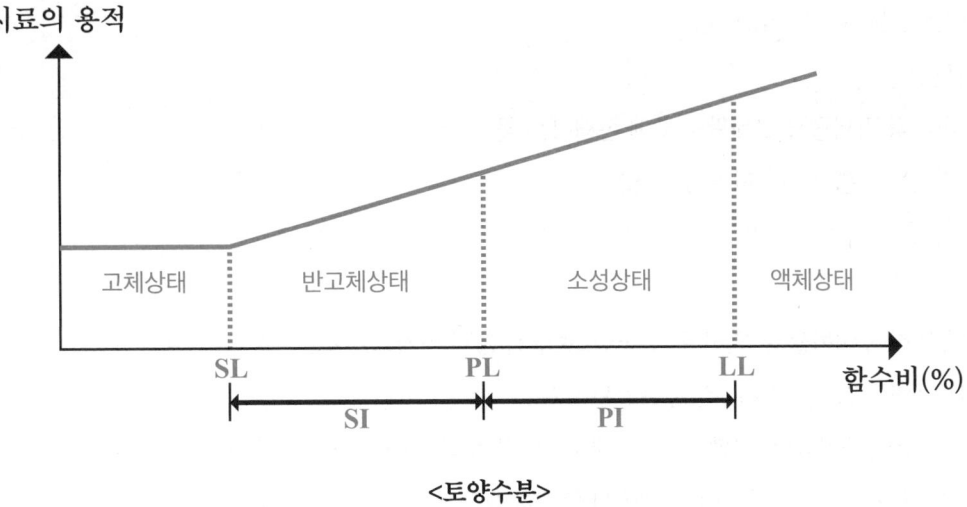

＜토양수분＞

- LL : 액성한계, PL : 소성한계, SL : 수축한계
- PI(소성상태) : 가소성, SI(반고체상태) : 이쇄성
- 강성 : 토양이 건조하여 딱딱하게 굳어지는 성질
- 이쇄성 : 토양에 힘을 가하면 쉽게 부스러지는 성질(강성과 소성의 중간)
- 소성(=가소성) : 물체에 힘을 가하면 물체가 파괴되지 않고 힘을 제거해도 다시 원래 상태로 돌아가지 않는 성질

> ✓ **점토광물 별 소성 크기**
>
> **montmorilonite > illilte > halloysite > kaolinite > 가수halloysite**
> - 소성한계(PL) : 토양이 소성을 가지는 최소 수분함량
> - 액성한계(LL) : 토양이 소성을 가지는 최대 수분함량

6 토양수분함량 측정방법

① 전기저항법 : 토양의 전기저항이 수분함량에 따라 변하는 원리를 이용하는 방법

수분함량이 많으면 저항값이 작고, 수분함량이 적으면 저항값이 크다(물 묻은 손으로 전기를 만지면 더 감전이 잘 되는 원리와 같음).

② 중성자법 : 중성자수분측정기를 이용하여 토양수분함량을 측정하는 방법
- 중성자가 물 분자의 수소원자와 충돌하면 속력이 느려지고 반사되는 원리 이용
- 프로브로 되돌아오는 느린 중성자의 수는 토양의 수분함량에 비례한다.

③ TDR법 : 토양의 유전상수를 측정하여 간접적으로 토양수분함량을 환산하는 방법

물의 유전상수는 80 정도로 공기 - 토양입자에 비해 훨씬 크기 때문에 가시적으로 측정된다.

---

7) **견지성** : 토양의 형태를 파괴하거나 흐트러뜨릴 때 나타나는 토양의 저항으로 흙덩이의 응집력이나 저항력을 나타내는 복합적 성질

7 토양 수분퍼텐셜

① **토양수분의 구분**

✓ 식물이 이용 가능한 수분(유효수분)

　가. 모세관수

　　- 토양공극 중 미세공극(모세관공극)에 존재하는 물
　　- 대부분 식물이 흡수 이용할 수 있는 물

✓ 식물이 이용할 수 없는 수분(비유효수분)

　가. 중력수

　　- 중력에 의하여 이동할 수 있어 토양공극으로부터 쉽게 제거되는 수분
　　- 0.03MPa(pF 2.5)보다 큰 퍼텐셜을 가지는 수분
　　- 토양이 포화상태일 때 존재할 수 있고, 대부분 표면장력이 매우 약한 대공극에 존재한다.
　　- 중력수가 제거되면 토양은 포화상태에서 불포화 상태로 전환된다.
　　※ 중력수가 제거되기 전까지 아주 일부의 수분은 식물이 흡수할 수 있을 것으로 보인다.

　나. 위조점

　　- 식물이 물을 흡수하지 못하여 시들게 되는 토양수분 상태
　　- 초기위조점에서는 물을 주면 다시 회복할 수 있지만 영구위조점에서는 물을 주어도 식물이 회복 할 수 없음

　다. 흡습수

　　- 105℃ 이상 온도에서 8~10시간 건조하면 제거되는 수분
　　- 습도가 높은 대기 중에 토양을 놓았을 때 대기에서 토양에 흡착되는 수분
　　- 식물이 이용할 수 없으며, -3.1MPa(pF 4.5) 이하의 퍼텐셜을 갖는 수분

　라. 풍건수분

　　- 토양을 건조한 대기 중에서 건조했을 때 토양에 잔류하는 수분
　　- 식물이 이용할 수 없으며, -100MPa(pF 6.0) 이하의 퍼텐셜을 가지는 수분
　　　→ 토양 입자 피막 상에 흡착된 수분

　마. 결합수

　　- 105℃ 오븐에서 토양을 건조했을 때도 토양에 잔류하는 수분
　　- 식물이 이용할 수 없으며 -1,000MPa(pF 7.0 이상) 이하의 퍼텐셜을 가지는 수분
　　　→ 토양입자와 결합하여 있어 분리가 불가능하다.

② **토양수분 상태**

　가. 최대용수량(PF = 0)

　　포화용수량, 모관수가 최대로 포함된 상태로 토양의 모든 공극이 물로 채워진 상태이다.

　나. 포장용수량(PF = 2.5~2.7)

　　- 수분이 포화된 상태의 토양에서 증발을 방지하면서 중력수를 완전히 배제하고 남은 상태
　　- 미세공극에 모세관 작용으로 존재하는 수분상태이다.
　　- 최소용수량이라고도 한다.

다. 초기위조점(PF = 3.8~4.0)
- 토양 수분이 점차 감소함에 따라 식물의 잎이 수분 부족으로 시들게 되는 시점에서의 토양 수분함량
- 토양 수분이 보충되면 회복된다.

라. 영구위조점(PF = 4.2)
식물체가 시든 정도가 심하여 수분을 공급해도 회복이 안 되는 상태. 결국 고사하게 된다.

마. 흡습계수(PF = 4.5)
흡습수만 남은 수분상태, 작물에 이용될 수 없다.

바. 풍건상태(PF = 6)
개방된 장소에서 공기 중에 방치시켜 건조시킨 상태

사. 건토상태(PF = 7이상)
105~110°C로 조절된 건조기에서 48시간 이상 건조시킨 토양의 상태

※ 식물이 흡수할 수 있는 유효수분은 포장용수량과 영구위조점 사이의 토양수이다.

③ 수분퍼텐셜
✓ 수분퍼텐셜은 높은 곳에서 낮은 곳으로 이동한다.
✓ 수목생리학 부분도 여기서 같이 보시면 되겠습니다.

✓ 수분퍼텐셜의 이해

수목생리학 때도 다뤘지만 우리 다시한번 상기해서 기억해봅시다.
① 수분이 많으면 수분퍼텐셜이 높다. 수분이 적으면 수분퍼텐셜이 낮다.
② 수분퍼텐셜이 높은 곳에서 낮은 곳으로 수분이 이동한다.
③ 수분퍼텐셜의 값은 모든 수분퍼텐셜을 더한 값이다.
※각 퍼텐셜마다의 기준을 꼭 알고 넘어가셔야 합니다.
(예 삼투퍼텐셜에서 순수한 물일 때 값은 0)

	Ψg(중력퍼텐셜)	Ψm(매트릭퍼텐셜)	Ψp(압력퍼텐셜)	Ψo(삼투퍼텐셜)
부호	+/-	-	+/-	-
수분상태	불포화/포화수분	불포화수분	포화수분	
영향요인	중력높이	토양의 수분흡착	적용 압력	용존물질
기준상태(0)	기준높이	자유수	대기압	순수 수
적용되는 과목	토양학	토양학	수목생리학	수목생리학

- 불포화 상태인 토양에서 압력퍼텐셜과 삼투퍼텐셜 값은 거의 0에 가깝다.
- 불포화 상태인 토양 대부분의 수분퍼텐셜은 중력퍼텐셜과 매트릭퍼텐셜에 의해서 결정된다.

> ✓ **토양에서 삼투퍼텐셜과 압력퍼텐셜의 값이 거의 0인 이유**
>
> **1. 삼투퍼텐셜**
> 삼투퍼텐셜 값이 생기려면 삼투압이 존재하여야 하는데 토양은 반투과성막이 없어 토양에서의 물에 이동에 거의 작용하지 않는다. 하지만, 토양 내에 염류농도가 매우 큰 경우 식물의 생육에 지대한 영향을 미치므로 유의하여야 한다.
>
> **2. 압력퍼텐셜**
> 압력퍼텐셜은 이름과 같이 압력의 증감에 따라 발생되는 퍼텐셜인데, 대부분이 식물세포 내에서의 팽압에 의해 생기는 수분포텐셜이다. 이 또한 토양에서는 거의 적용되지 않는다.

수분퍼텐셜 별 특성[8]

※수분퍼텐셜이 높은 곳에서 낮은 곳으로 물이 흐른다.
※물이 많으면 수분퍼텐셜 값이 높고, 물이 적으면 수분퍼텐셜 값이 낮다.

가. 삼투퍼텐셜

용질의 농도에 따라 결정되는 수분퍼텐셜, 용질의 농도가 높을수록 삼투퍼텐셜은 낮아지고 용질의 농도가 작을수록 삼투퍼텐셜은 커진다.
① 순수한 물의 값은 0, 용질의 농도가 증가할수록 마이너스 값이 커짐
② 항상 0보다 작은 음수(-)이다. → 순수한 물은 현실에서 거의 존재하기 힘들기 때문
③ 어린잎이 성숙 잎보다 값이 더 낮다(삼투퍼텐셜이 높은 곳에서 낮은 곳으로 수분이 이동함).

나. 압력퍼텐셜

물의 압력에 의해 결정되는 수분퍼텐셜, 여기서 압력은 대부분 세포 내에서 물이 세포벽을 밀어내는 '팽압'에 의한 것으로 물이 많을수록 퍼텐셜 값이 커진다.
① 수분을 충분히 흡수한 세포 = +값, 증산작용으로 인해 장력 하에 있을 때 = -값, 원형질분리 상태(위조점) = 0으로 나타냄
② +값은 세포 안에서 발생하는 팽압에 의해서 생김
③ 주로 목부 도관의 수분퍼텐셜이 압력퍼텐셜에 의해 결정된다.

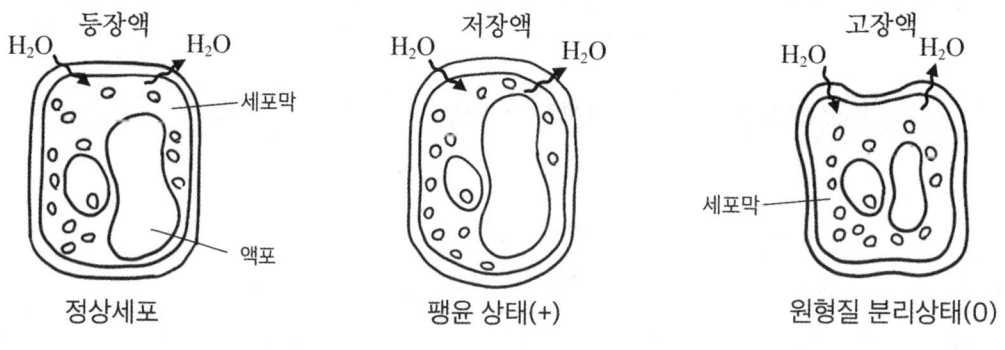

<압력퍼텐셜의 세 가지 상태>

---

8) ※수목생리학과 중복되는 내용이지만 다시한번 보시기 바랍니다.

다. 매트릭퍼텐셜(기질퍼텐셜, matric potential)
   토양 입자 표면에 흡착된 물의 에너지에 의해 결정되는 수분퍼텐셜, 토양입자의 음(-)전하와 물분자의
   양(+)전하 간의 전기적인 인력과 물 분자들끼리의 응집력에 의해 발생됨
   ① 입자 등의 표면에 흡착되려고 하는 물 분자의 힘
   ② 평소에 수분을 함유하고 있으면 0에 가까운 값을, 건조한 토양에서는 흡착력이 늘어 -값을 나타냄
   ③ 수목생리학에서는 매트릭퍼텐셜과 중력퍼텐셜에 대해서는 값이 무시되며, 다루지 않는데 이는 매트릭
      퍼텐셜이 수목 내 수분의 이동에 대해서는 전혀 영향을 주지 않기 때문이다.
라. 중력퍼텐셜(gravitational potential)
   ① 중력에 역행하여 물을 위로 끌어올리는 힘
   ② 기준점 아래는 음(-)의 값을 가지며 기준점 위는 양(+)의 값을 갖는다. 대부분 기준점이 토양 표면이
      므로 음(-)의 값을 갖는다. 기준점은 측정자와 환경에 따라 달라질 수 있다.
   ③ 기준점은 임의로 설정되며, 임의로 설정된 기준점보다 상대적 위치가 높을수록 커진다.
   ④ 10m 미만의 키가 작은 수목에서는 무시되는 항목
   ⑤ 매트릭퍼텐셜과 같이 수목생리학에서는 값이 무시되며 다루지 않는다.
마. 수목에서의 퍼텐셜 별 측정값 범위
   ① 삼투퍼텐셜 : 항상 음수(-)이다. → 퍼텐셜 값중 가장 낮은 값을 나타낸다.
   ② 압력퍼텐셜 : +, 0, - 모두 가능하다.
   ③ 중력퍼텐셜 : 대부분 음수(-)이나, 10m 미만의 키가 작은 수목에서는 무시된다.
   ④ 매트릭퍼텐셜 : 수목에서는 0에 가까워 무시되는 항목이다.

수분퍼텐셜의 분포와 수분의 이동

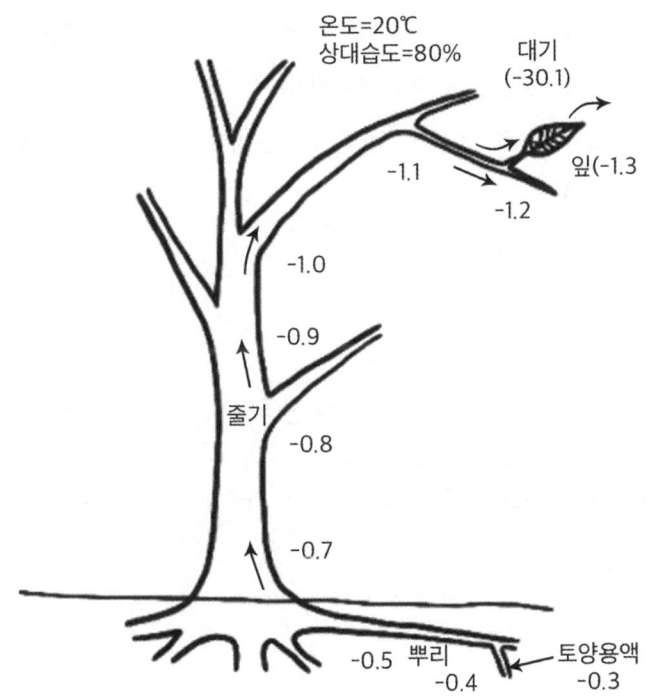

<수목 내 수분퍼텐셜의 분포>

① 토양 → 뿌리 → 줄기(수간) → 가지 → 잎 → 대기 순으로 수분퍼텐셜이 낮아지며, 수분포텐셜 기울기에 따라
   해당 순서대로 수분이 이동함
② 물을 최대로 흡수한 팽윤세포는 물이 이동하지 않으므로, 수분퍼텐셜 값은 0이다.

④ 토양 수분의 분류 및 수분상수

식물의이용	물의상태	수분항수	pF	물기둥높이(cm, 참고)	압력(bar)	압력(Mpa)
비유효수분	결합수	건토상태	7.0 이상	10^7 이상	-10,000bar이상	-1,000Mpa이상
	풍건수분	풍건상태	6.0	10^6	-1,000bar	-100Mpa
	흡습수	흡습계수	4.5	31,000	-31bar	-3.1Mpa
유효수분	모세관수	영구위조점	4.2	15,000	-15bar	-1.5Mpa
		초기위조점	3.8~4.0	6,000~10,000	-6~-10bar	-0.6~-1.0Mpa
		대기압상태	3.0	1,000	-1bar	-0.1Mpa
		포장용수량	2.5~2.7	300~500	-0.3~-0.5bar	-0.03~-0.5Mpa
비유효수분	중력수	최대용수량	0	1	-0.001bar	-0.0001Mpa

가. 흡습수와 결합수의 차이
 - 흡습수는 105°C이상의 온도에서 8~10시간 건조시키면 제거된다.
 - 반면에 결합수는 105°C이상의 온도에서 건조시켜도 제거되지 않는 수분이다.

나. pF / 압력(bar, Mpa)
 a. pF : 토양 수분의 흡착력을 나타내는 수분 장력을 표시하는 단위. 토양이 간직한 물을 제거하는데 필요한 힘을 나타내며 물기둥 높이의 상용로그 값으로 표시한 단위이다.
 b. bar, Mpa : 압력을 나타내는 단위로, 단위면적에 가해지는 힘을 나타낸다. 힘의 방향이 중력의 방향과 반대이므로 마이너스(-)로 나타낸다.

> **나무쌤 잡학사전**
>
> 식토보다 양토계열에서 유효수분이 더 많은 이유?
> 식토는 점토로 이루어진 토양으로 다른 토성의 토양보다 공극의 량이 훨씬 더 많습니다. 하지만 실질적으로는 식토보다 양토계열의 유효수분함량이 더 많습니다. 왜그럴까요?
> 바로, 식토에서는 전기적 인력으로 인해 흡습수, 결합수 같이 수분을 강하게 흡착·보유하여 수분을 이용할 수 없게 만들기 때문입니다.

⑤ 토양수분 특성곡선

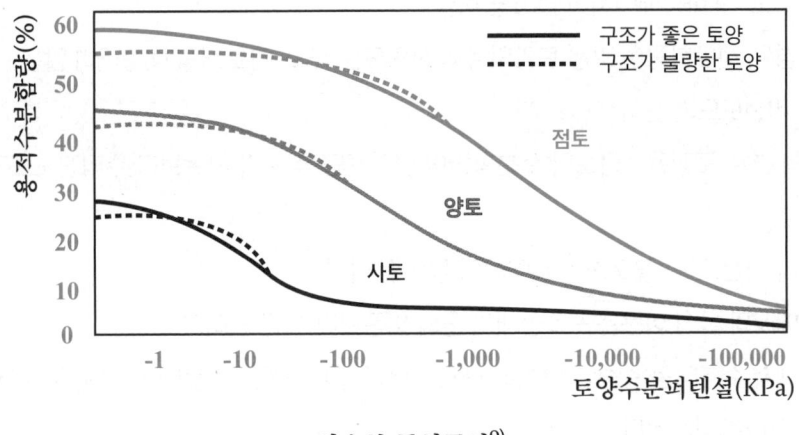

<토양수분 특성곡선[9]>

가. 토양수분 특성곡선의 특성
  a. 용적수분함량이 같을 때 수분퍼텐셜은 ⓐ사토 > ⓑ양토 > ⓒ점토 순으로 높다.
  b. 퍼텐셜이 같을 때, 수분함량은 ⓐ점토 > ⓑ양토 > ⓒ사토 순으로 높다.

> ✅ **이력현상**
>
> 수분특성 곡선에 따라 건조과정과 습윤과정을 번갈아 가며 측정하면 값이 다르게 나오는 현상(습윤과정에서 측정된 수분함량이 건조과정 때보다 낮게 나온다)
> ※이유 : 토양공극의 불균일성, 공극 내에 잡혀있는 공기, 토양의 팽창과 수축으로 인한 토양구조의 변화 등

나. 그 외 토양수분의 특성
  a. Darcy의 법칙 : 관 속에 넣은 모래를 통하여 흐르는 물의 운동에 관한 법칙

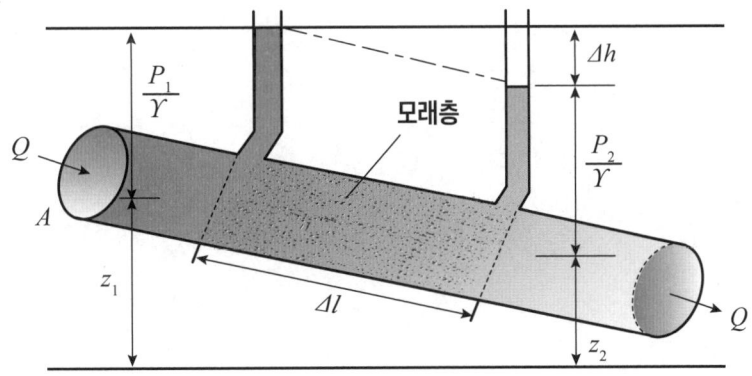

위와 같은 조건에 부합한 환경일 때, 유량(Q)은 시간(t), 토주의 단면적(d), 토주의 수두차(Δh)에 비례하지만, 토주길이(Δl)에는 반비례한다.

---

[9] **토양수분 특성곡선** : 토양수분퍼텐셜과 토양수분함량과의 관계를 나타내는 곡선

다. 수리전도도 : 토양 내에서의 물의 흐름
  a. 포화수리전도도 - 포화상태에서의 물의 움직임
  - 포화토양의 경우, 점토함량이 많은 토양의 수리전도도는 낮고, 사토처럼 대공극이 많은 토양에서 수리전도도가 높다.
  - 불포화토양의 경우, 포장용수량보다 수분함량이 낮아지면, 식토가 사토보다 수리전도도가 높아진다.
  b. 불포화 포화수리전도도 - 불포화 상태에서의 물의 움직임
  - 불포화 상태에서의 물의 이동은 포화상태의 물의 이동보다 훨씬 느리다.
  - 불포화 상태에서 수분이동은 중력퍼텐셜 - 매트릭퍼텐셜이 영향을 주는데, 대부분 중력퍼텐셜보다 매트릭퍼텐셜이 더 중요하게 작용한다.
  - 토양 입단구조가 잘 발달한 토양은 잘 발달하지 못한 토양에 비해 대공극을 잘 형성하고 높은 수리전도도를 보임

5. 토양의 화학적 성질

1) 교질(콜로이드)의 정의

① 교질 = Colloid(콜로이드)

② 콜로이드란 $1\mu m$(1마이크로미터 = 0.001mm) ~ 1nm(1나노미터) 입자를 말한다. 콜로이드입자는 원자나 저분자 물질보다는 커서 반투과성 막을 통과할 수는 없다.

> ✓ **점토와 콜로이드**
>
> 점토는 0.002mm 이하인 토양 무기광물의 입자이며, 콜로이드는 0.001mm 이하의 입자를 말합니다. 점토를 무기교질이라고 하는데, 이는 점토가 콜로이드의 성질을 지니고 있기 때문입니다.

2) 교질(콜로이드)의 성질

① 틴들현상 : 빛을 쏘았을 때 빛이 콜로이드 입자에 부딪혀 산란하여 우리 눈에 보이는 현상

② 브라운운동 : 입자가 콜로이드 입자에 충돌하여 콜로이드 입자가 계속해서 불규칙한 운동을 하는 것

③ 전기이동 : 교질 입자는 전하를 띠고 있어 전류를 흘려주면 대전 된 교질 입자가 어느 한쪽의 전극으로 이동한다.

※ 콜로이드 입자는 아주 큰 비표면적을 가지고 있으며 이 표면에 주변의 물 분자나 이온이 붙게 되면서 음전하(-)를 띄게 됩니다. 이 음전하로 인해 토양에서는 다양한 물리·화학적 현상이 발생하게 됨

3) 점토광물의 기본 구조

① 1차 광물 vs 2차 광물

- 1차 광물은 토양광물 중 용암의 응결 과정을 통하여 결정화된 이후 화학적 변화를 전혀 받지 않은 광물을 말하며, 화성암을 구성하는 광물들을 말함
- 2차 광물은 1차 광물이 풍화되는 과정에서 부산물로 새로 생성되는 광물들을 말하며 토양의 점토를 구성하는 광물은 대부분 2차 광물임(예 kaolinite, montmorillonite, vermiculite, illite, chlorite).
- 기타 2차 광물로는 Fe·Al산화물 등의 금속산화물과 수산화물이 있음

② 결정형 광물 vs 비결정형 광물

- 결정형광물 : 구성원소가 일정한 형식으로 배열된 단위구조가 있고 그 단위구조가 공간적으로 반복하여 배열되는 광물
- 비결정형 광물 : 매우 빨리 고형물로 결정화되면서 이온의 규칙적인 배열이 미처 이루어지지 못하는 경우에 생성

③ 광물 별 구성원소 비율 : : 산소(O) 46.7% > 규소(Si) 27.7% > 알루미늄(Al) 8.1% > 철(Fe) 5% > 칼슘(Ca) 3.7% > 나트륨(Na) 2.8% > 칼륨(K) 2.6% > 마그네슘(Mg) 2.1% 순

지각 구성원소의 4상

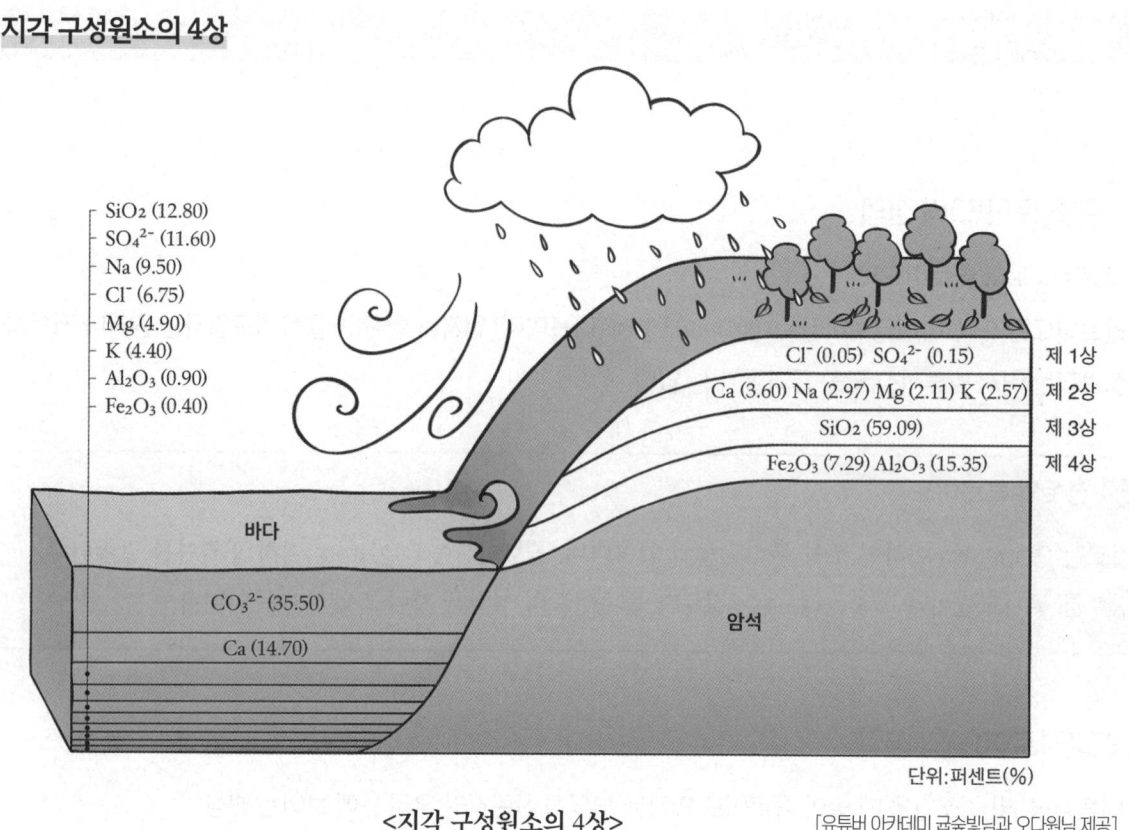

<지각 구성원소의 4상>

[유튜버 아카데미 굽숲빛님과 오다원님 제공]

지각 구성원소의 4상(용탈되는 순서)
- 제1상 : Cl^-, SO_4^{2-} 등은 풍화의 제1단계에서 가동되어 양이온과 결합 용탈된다.
- 제2상 : Na^+, K^+ 등의 알칼리금속과 Mg^{2+}, Ca^{2+} 등의 알칼리토류금속이 용탈되고, 남아있는 물질은 카올리나이트(kaolinite)와 비슷하게 된다.
- 제3상 : 반토규산염의 규산(SiO_2)이 용탈된다.
- 제4상 : Fe·Al 산화물은 가동률이 가장 낮아 최종적으로 풍화물 중에 축적된다.

> ✓ **알칼리금속과 알칼리토류금속**
>
> 알칼리금속과 알칼리토류금속이라고 하는 것은 각각 원소주기율표상 1족화합물과, 2족화합물을 말합니다. 1족화합물과 2족화합물은 최외곽전자가 각각 1개, 2개씩 밖에 존재하지 않아 불안정하며 이로인해 반응성이 강합니다. 그렇기에 수산화이온(OH^-)과 같은 이온과 재빨리 결합하여 화학적인 안정을 찾으려고 하는 경우가 많습니다.
>
> 이처럼 결합한 화합물은 물에 녹으면서 다시 수산화이온(OH^-)을 내놓으면서 토양을 알칼리성으로 만듭니다. 토양을 알칼리성으로 만들기 때문에 이 들을 알칼리금속, 알칼리토류금속으로 불리는 것입니다.

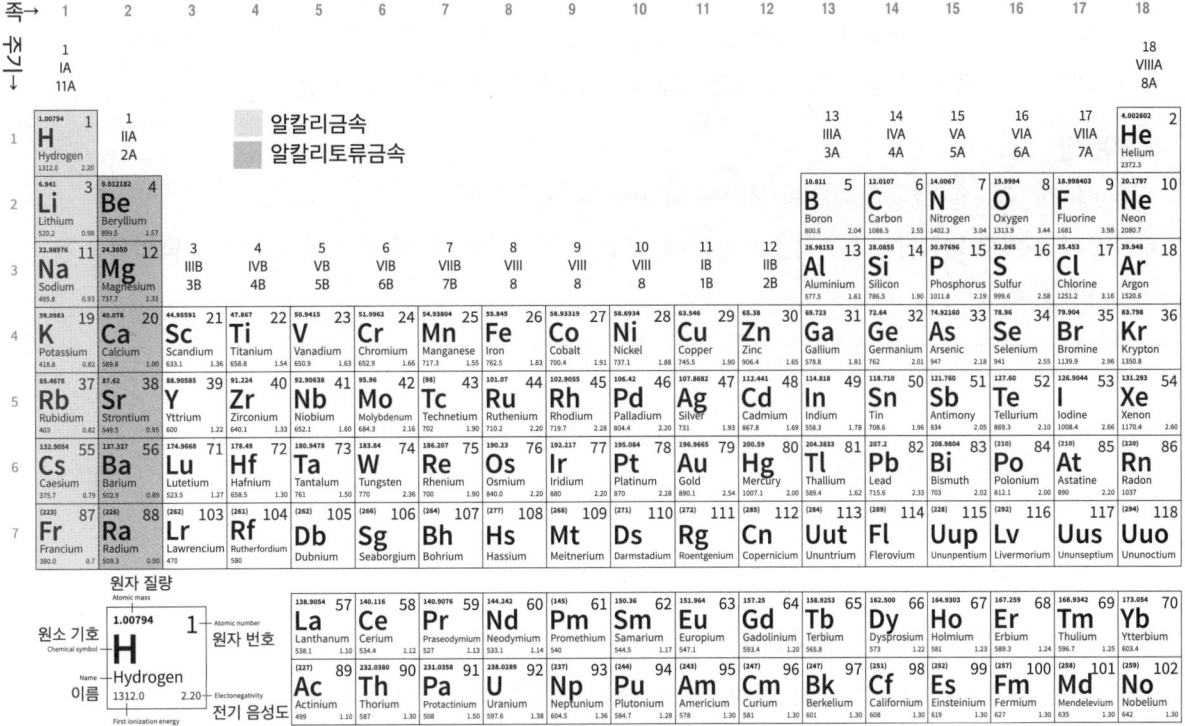

<원소 주기율표>

풍화내성	1차 광물		2차 광물	
			침철광	FeOOH
	석영	SiO_2	적철광	Fe_2O_3
			깁사이트	$Al_2O_3 \cdot 3H_2O$
			점토광물	Al silicate
강 ↑ ↓ 약	백운모	$KAl_3Si_3O_{10}(OH)_2$		
	미사장석	$KAlSi_3O_8$		
	정장석	$KAlSi_3O_8$		
	흑운모	$KAl(Mg,Fe)_3Si_3O_{10}(OH)_2$		
	조장석	$NaAlSi_3O_8$		
	각섬석	$Ca_2Al_2Mg_2Fe_3Si_6O_{22}(OH)_2$		
	휘석	$(Ca,Mg,Fe)_2(Si,Al)_2O_6$		
	회장석	$CaAl_2SI_2O_8$		
	감람석	$(Mg, Fe)_2SiO_4$		
			백운석	$CaCO_3 \cdot MgCO_3$
			방해석	$CaCO_3$
			석고	$CaSO_4 \cdot 2H_2O$

1차광물과 2차광물의 풍화내성 비교표

> ✅ **광물의 풍화내성**
>
> - 1차 광물 : 암석이 만들어질 당시에 생성된 광물로서 원래의 형태와 화학적 성분을 간직한 광물
> - 2차 광물 : 1차 광물이 변성작용, 풍화작용을 받아 새로이 생성된 광물(점토광물)
>
> **외우는 법**
>
> - 석·백·미·정-흑·조·각-휘·회·감-백·방·석
>
> ※문장: **석백**이랑 **미정**이가 **흑조각**을 주웠는데, 막상 보니 이상해 **휘회감**이 들었다. 그래서 **백방석**을 돌아다니며 화를 냈다.

4) 규소사면체와 알루미늄팔면체

1 규소사면체란

- 규소사면체란 규산염광물의 기본구조임
- 4개의 O(산소)가 사면체의 각 꼭짓점에 배열하고, 중앙의 공간에 Si가 위치하여 있음
- 규소사면체는 전기적으로 음전하를 띠는데, Si^{4+} 1개와 O^{2-} 4개가 만나서 -4가량의 음전하를 띠게 된다. 이 때문에 양이온들과의 결합이 가능해진다.

2 규소사면체의 종류

구분	감람석	휘석	각섬석	운모	장석-석영
Si:O	1:4	1:3	4:11	2:5	1:2
구조	독립상	단일사슬(단쇄상)	이중사슬(복립상)	판(층상)	3차구조(망상)
규산염광물 구조	○ O 원자 · Si 원자				

3 알루미늄 팔면체란

- Al을 중앙으로 6개의 산소원자(O^{2-}) 또는 수산기(OH^-)와 이온결합으로 둘러싼 형태
- 팔면체의 내부 공간에 위치하는 중심 양이온으로는 주로 Al^{3+}이 들어가지만, Fe^{2+} 또는 Mg^{2+}이 들어가기도 한다.
- 알루미늄 팔면체는 삼팔면체층과 이팔면체층으로 나뉜다.

① 이팔면체층(gibbite층) : 중심양이온이 Al^{3+}와 같이 3가이온이 들어가는 경우, 구조 중간중간 구멍이 숭숭 나있다.

② 삼팔면체층(brucite층) : 중심양이온이 Mg^{2+}, Fe^{2+}와 같이 2가이온이 들어가는 경우, 2가이온이 빼곡히 들어서 있다.

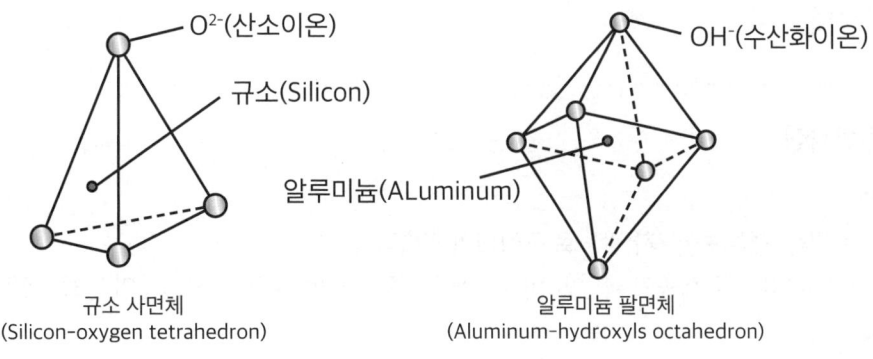

<규소 4면체, 알루미늄 8면체>

5) 동형치환

광물이 생성되는 단계에서 사면체와 팔면체의 정상적인 중심양이온 대신 다른 양이온이 치환되어 들어가는 현상

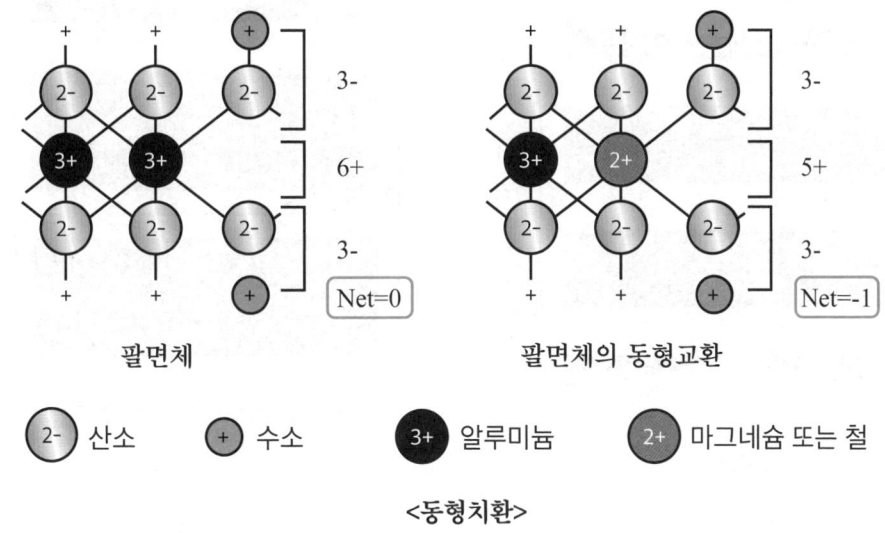

<동형치환>

① 동형치환 되는 양이온은 기존 양이온과 전하가 동일하거나(순전하 변화 없음), 크거나(순 양전하를 띰), 작을 수 있다(순 음전하를 띰).
② 주로 규소사면체에서는 중심의 Si^{4+}대신 Al^{3+}의 치환이 일어나고, 알루미늄팔면체에서는 Al^{3+}대신 Mg^{2+}, Fe^{2+} 또는 Fe^{3+}의 치환이 주로 일어난다.
③ 1:1형 광물은 동형치환이 거의 일어나지 않기 때문에 아주 적은 영구전하를 가진다.
④ mica(운모), smectite(스멕타이트), vermiculite(질석), chlorite(녹니석) 등의 2:1형 광물 또는 2:1:1형 광물에서 동형치환이 많기 때문에 이들은 많은 영구전하를 가진다.
⑤ 치환이 일어난 후에도 원래 광물의 구조에는 변화가 없다.
⑥ vermiculite는 삼팔면체층에서 Mg^{2+}대신 Fe^{3+}이 치환되어 들어가면 광물은 순양전하를 갖게 되지만, 규소사면체에서 Si^{4+}대신 Al^{3+}의 치환이 크게 일어나므로 vermiculite는 일반적으로 순 음전하를 가진다.
⑦ chlorite 광물의 brucite층에서와 같이 Mg^{2+}대신 Al^{3+}이 치환되어 들어가면 광물의 양전하가 증가한다.

6) 규산염 점토광물

> **나무쌤 잡학사전**
>
> 점토광물이란?
> 점토를 구성하는 광물, 대부분이 2차 광물로 구성되어 있습니다.
> 규산 4면체층과 알루미늄 8면체층이 다양한 비율로 배치되면서 여러 유형의 광물군이 만들어집니다.
>
> 팽창형 vs 비팽창형
> - 팽창형 : 수분상태에 따라 팽창과 수축이 일어날 수 있는 구조로 되어있습니다.
> - 비팽창형 : 팽창과 수축이 일어날 수 없는 구조로 되어있습니다.
> 점토광물의 사면체층과 사면체층 사이에 물이나 무기이온이 들어갈 수 있는 공극이 있으면 팽창형, 사면체층과 팔면체층 혹은 사면체층과 사면체층 사이에 물이나 무기이온이 들어갈 공극이 없으면 비팽창형입니다.

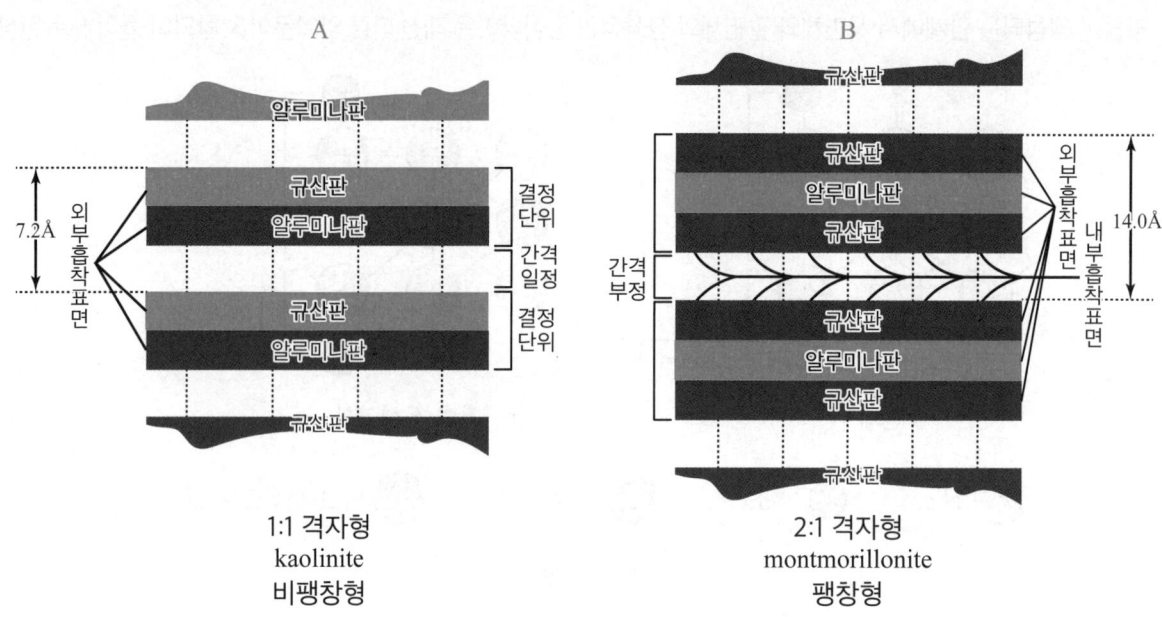

<팽창형 vs 비팽창형>

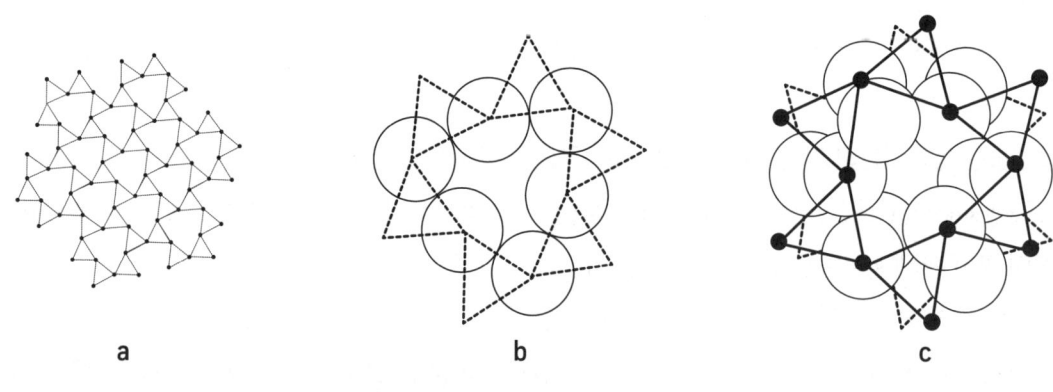

<규산염광물의 물, 무기이온 진입 원리>

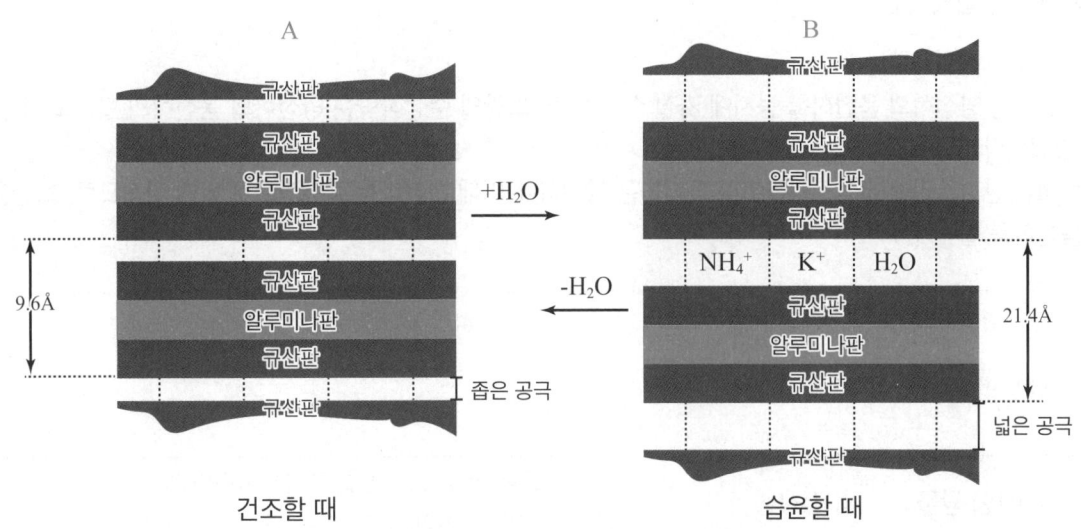

<팽창형 건조할 때 vs 팽창형 습윤할 때>

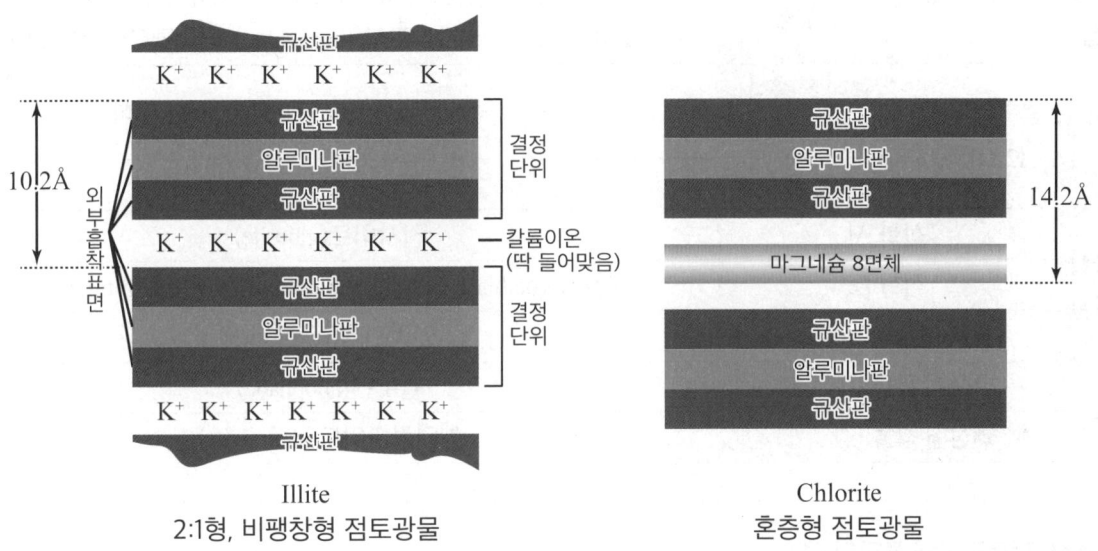

<일라이트 vs 크롤라이트>

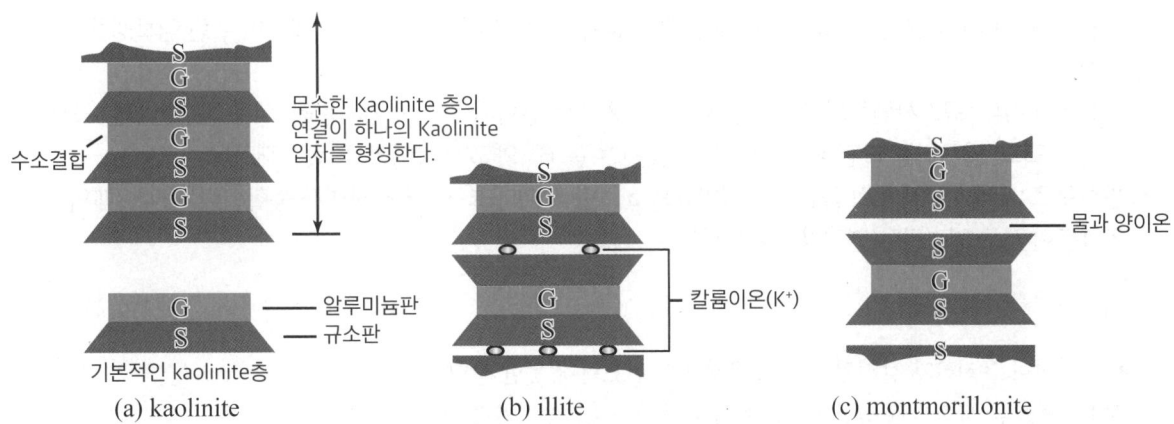

<규소 4면체, 알루미늄 8면체의 결합모양>

📚 나무쌤 잡학사전

점토광물 표면의 전하는?

점토광물은 양전하와 음전하를 동시에 가질 수 있으며, 토양의 순전하량은 양전하와 음전하의 합으로 계산한 값입니다.

일반적인 환경조건에서 점토광물이나 유기물은 양전하에 비해 음전하를 절대적으로 많이 가지므로, 토양은 순음전하를 띱니다.

1 점토광물의 종류

규산염 광물	1:1형 광물	비팽창형	고령석(kaolinite), 할로이사이트(halloysite), 가수 할로이사이트(hydrated halloysite)
	2:1형 광물	비팽창형	일라이트(illite)
		팽창형	몬모릴로나이트(montmorillonite), 사포나이트(saponite), 논트로나이트(nontronite), 질석(vermiculite), 바이델라이트(beidellite)
	혼합형 광물 (2:1:1형)	규칙 혼층형 (비팽창형)	녹니석(chlorite)-mg 8면체, brucite층 형성
		불규칙 혼층형	-
금속산화광물	산화 Al		깁사이트(gibbsite)
	산화 Fe		침철석(goethite), 적철석(hematite), 미모나이트(mimonite)
	산화 Mn		연망간석(pyrolusite)
무정형 광물			알로팬(allophane)
쇄상형 광물			애터펄자이트(attapulgite)

규산염 점토광물의 특징과 구조

① 한랭·건조 지역에서는 층상 규산염광물이 주요 점토광물을 이룸
② 고온·다습한 기후에서는 광물이 심하게 풍화를 받아서 Fe·Al 산화물 등 수산화물이 주된 점토광물로 존재함
③ 운모(mica)류 : 규소사면체와 알루미늄팔면체가 2 : 1로 결합한 구조를 가지는데, 서로 꼭짓점 O를 공유하며 연결되고, 알루미늄 팔면체의 공유되지 않는 O^{2-}는 H^+와 결합하여 OH^-로 존재한다.
④ 판상구조 : 규소사면체층의 음전하 위아래의 2 : 1층 사이에 K^+이 위치하면서 중화되며, 이때 2개의 2 : 1층이 서로 연결된다(연결강도는 낮다).

어느 물질이 음전하가 걸려있으면 그 물질은 자연스럽지 못한 상태가 됩니다.
왜냐하면 모든 물질은 중성상태가 되기를 원하거든요. 그게 가장 자연스러운 상태입니다.
점토광물과 콜로이드입자들에는 대부분 음전하가 걸려있으며, 이 음전하를 해소하기 위해 다양한 양전하를 띤 양이온들이 달라붙게 됩니다.

규산염광물

① kaolinite(카올리나이트) - 판상결정
- 1 : 1층 사이에 양이온 물 분자가 들어가는 것이 불가능하므로 비팽창형 광물에 속한다.
- 다른 층상 규산염 광물에 비하여 음전하가 상당히 적고, 비표면적도 작다.
- 고온·다습한 열대지방의 심하게 풍화된 토양에서 발견되는 중요한 점토광물이며, 우리나라 대표적 점토광물이다.
- 동형치환이 거의 일어나지 않는다.

② halloysite(할로이사이트) - 튜브모양결정
- 1 : 1층과 1 : 1층 사이에 1~2개 물 분자층이 있다.
- halloysite 결정은 튜브모양이며 kaolinite 결정은 판상이다.

③ smectite그룹(몬모릴로나이트가 속해있는류)
- smectite그룹에서는 다양한 동형치환 현상이 일어나므로 화학적 조성이 매우 다양한 광물들이 생성된다.
- 규소사면체에서는 Si^{4+} 대신 Al^{3+}의 동형치환이 흔히 일어난다.
- 알루미늄팔면체에서는 Al^{3+} 대신 $Fe^{2+}, Fe^{3+}, Mg^{2+}$ 등이 치환되어 들어간다.
- montmorillonite : 모든 규소사면체의 이온이 Si^{4+}이며, 팔면체의 1/8은 Al^{3+} 대신 Mg^{2+}으로 치환된 광물이다. 팽창과 수축이 심하게 발생한다.

④ 기타 smectite 광물
- saponite : Al^{3+} 대신 Mg^{2+}으로 치환된 광물, 일부는 Fe^{2+}로도 동형치환 된다.
- nontronite : 팔면체의 중심 양이온 Al^{3+}이 Fe^{3+}로 전부 치환된 광물
- hectorite : Al^{3+}의 일부가 Li^+으로 치환된 광물

⑤ vermiculite(질석)
- 운모와 매우 유사한 2 : 1 층상구조를 가지며, 삼팔면체와 이팔면체구조가 존재한다.
- 2 : 1층 사이의 K^+이 토양용액 중에 존재하는 Mg^{2+}, Fe^{2+} 등 다른 수화된 양이온에 의해 치환되어 생성된다. (용액 중 결정화 과정을 거쳐 생성되는 광물이 아니다.)
- 몬모릴로나이트보다 버미큘라이트가 동형치환에 의한 음전하를 더 많이 가진 이유는 동형치환이 주로 2 : 1단위층의 표면에 있는 규소사면체층에서 일어나기 때문이다. 따라서 음전하가 각 2 : 1층 표면쪽에 많이 분포하는 버미큘라이트가 양이온에 의한 2 : 1층 간 연결이 더 강하다.

vermiculite가 결정화 과정을 거치지 않은 이유
암석이 결정화되려면 거칠 때는 화산에서 용암이 식는 과정을 거쳐야 합니다.
버미큘라이트는 기존 2:1형 암석구조 사이의 양이온이 치환되어 형성되는 암석이며, 결정화 과정을 거쳐 생성되는 광물이 아닙니다.

⑥ illite(미세운모)
- illite는 2:1 층상구조를 가지며, 2:1 사이의 공간에 K^+이 많이 함유되어 있어 습윤상태에서도 팽창이 불가능하며, 전체적인 광물의 안정성이 유지될 수 있다.
- K^+이온이 다른 양이온과 달리 2:1층 사이의 강한 결합을 유도하고 팽창을 억제하는 이유는 상하 규산사면체층 사이의 공간에 그 크기가 잘 들어맞기 때문이다.
- illite는 K^+이 많은 퇴적물이 저온조건에서 변성작용을 받을 때 형성되며, vermiculite나 montmorillonite와 같은 2:1광물 사이의 공간에 있던 양이온들이 K^+로 치환되고 열과 압력에 의해 물 분자까지 빠져나가 illite가 되기도 한다.

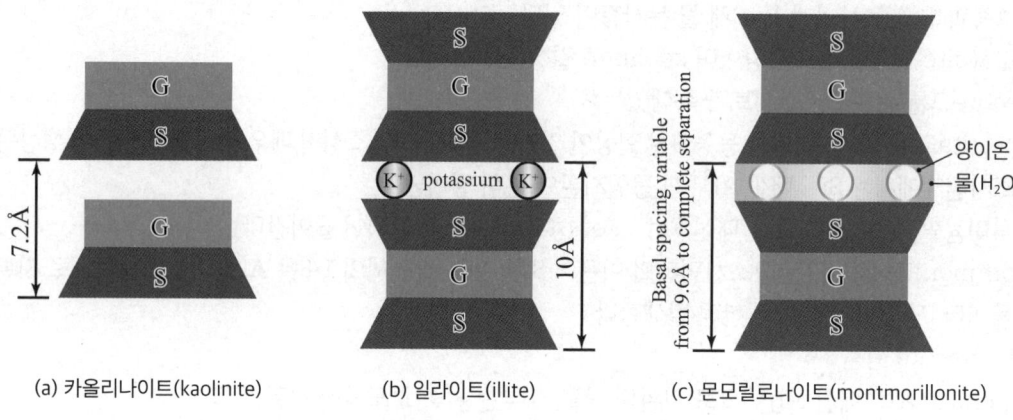

(a) 카올리나이트(kaolinite) (b) 일라이트(illite) (c) 몬모릴로나이트(montmorillonite)

<카올리나이트, 일라이트, 몬모릴로나이트 구조>

⑦ chlorite(녹니석)
- 대표적인 혼층형 광물로서 2:1:1 비팽창형 광물이다.
- 2:1층들 사이 공간에 K^+대신 양전하를 띠는 brucite[$(Mg(OH)_2)$] 팔면체층이 자리 잡고 있다.
- brucite층은 위아래로 이웃하는 음전하를 가지는 2:1층과 수소결합을 통해 강한 결합을 형성하므로 chlorite는 비팽창형 광물이 된다.
- brucite층은 팔면체의 중심 이온인 Mg^{2+} 대신 Al^{3+}, Fe^{3+} 등이 치환되면서 양전하를 가진다.

점토광물의 양이온교환용량(CEC)
allophane > vermiculite > montmorillonite > illite = chlorite > kaolinite

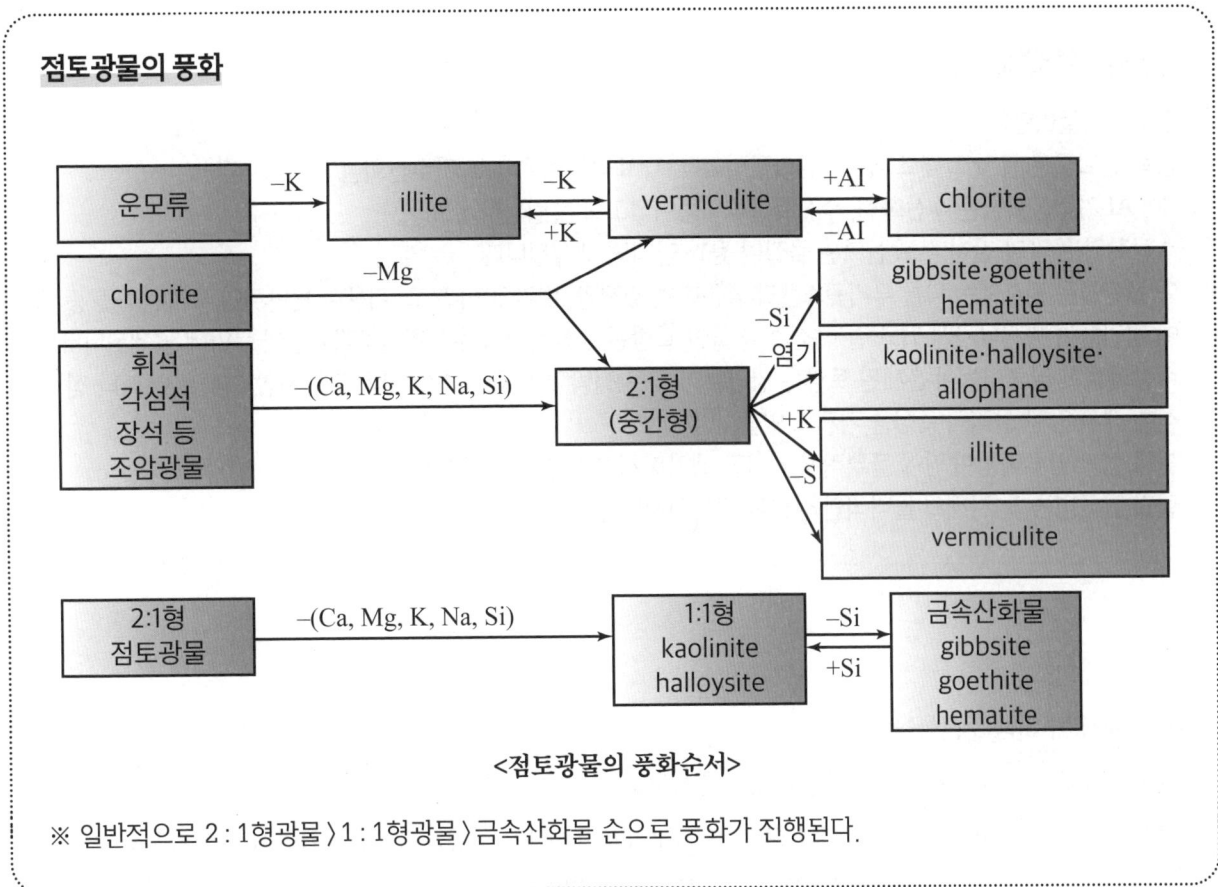

<점토광물의 풍화순서>

※ 일반적으로 2:1형광물 > 1:1형광물 > 금속산화물 순으로 풍화가 진행된다.

7) 금속 산화물

1 금속산화물의 특징

- 금속 산화물은 풍화작용을 오랫동안 심하게 받은 토양에 많이 축적된다.
- 대부분의 환경조건 하에서 영구히 존재할 수 있다.
- 산성토양에서 많으며, 음전하를 거의 갖지 못한다(금속산화물은 양이온을 흡착 보유하는 능력이 없다).
- 전하량은 수소이온의 양성자화와 탈양성자화를 통하여 전하를 가지게 되므로 토양의 pH에 따라 크게 달라지며, 동형치환은 일어나지 않는다.
- 금속산화물은 결정형과 비결정형으로 구분된다.

① 결정형 : O or OH가 Fe^{3+} 또는 Al^{3+}을 중심 양이온으로 하여 결합한 팔면체를 기본 구조로하며, 이웃하는 팔면체들끼리 모서리를 공유함으로써 층상으로 배열되고, 각 층은 수소결합을 통하여 겹친다.

② 비결정형 : 비교적 빠른 침전반응의 결과로 생성될 수 있다.

🌳 나무쌤 잡학사전

금속산화물이란?

금속 산화물은 문자 그대로 금속 + 산화물입니다. 대표적으로 Fe, Al 가수산화물이 있습니다.
Fe, Al 가수산화물은 수산화철, 수산화알루미늄이라고도 불립니다.
수산화라는 말과 같이 주로 산화된 물질이 물과 만나면 생성됩니다.
이 물질들은 평소에는 다른 무기원소들과 공존하여 있지만, 비가 많이 오고, 기온이 높아지면 무기원소들 중에 염기들이 빠져나가게 되고 결국, 산소와 물이 결합된 수산화철과 수산화알루미늄만이 토양에 남게됩니다. 수산화철과 알루미늄이 혼재된 토양은 영양분이 적은 척박한 토양에 속합니다. 그렇지만 이들은 풍화나 침식에 매우 강한 물리적 특성을 가지고 있습니다.
실제 철과 알루미늄이 땅에 흩뿌려져 있다고 생각하시면 느낌이 오시죠?
철과 알루미늄 그 자체의 물리적인 성질을 떠올리시면 됩니다.

2 결정형 광물

① gibbsite(알루미늄 수산화물)
- 알루미늄을 중심 양이온으로 하는 팔면체의 층상구조
- 결정구조 내부의 Al^{3+}은 6개의 OH와 결합, 결정의 외부 표면에는 공유되지 않은 OH와 H_2O를 가진다.
- ultisol이나 열대지방의 oxisol 같은 심하게 풍화된 토양에 많이 존재한다.

② goethite(침철광)
- 매우 안정한 Fe 산화물이다.
- Fe^{3+}를 중심 양이온으로 하고 O^{2-}과 OH^-이 팔면체로 결합하고, 팔면체들이 꼭짓점과 모서리를 공유하면서 형성되는 이중사슬 모양이다(수소결합연결).

　가. hematite(적철광)
　　- goethite(침철광) 다음으로 토양 중에 많이 존재하는 철광물이며, 토양이 붉은색을 띠게 한다.
　　- Fe이 6개의 O와 결합하여 팔면체를 형성하고, 팔면체들은 모서리와 면을 공유하면서 연결되어 hematite 결정이 형성된다.

③ 비결정형 광물

　가. imogolite(이모고라이트)
　　- 튜브구조를 가지며, 바깥쪽은 gibbsite의 알루미늄팔면체층으로, 안으로는 OH이온을 갖는 규소사면체층으로 이루어져 있다.
　　- 비결정형 광물 중 결정화 정도가 가장 크다.
　　- kaolinite처럼 gibbsite층과 규소사면체층이 1 : 1로 결합한 구조를 가지지만 두 층의 결합이 위아래가 뒤바뀐 것이 다르다.
　　- kaolinite에서는 Si가 gibbsite층의 산소(O) 하나와 결합하지만, imogolite에서 Si가 gibbsite층의 산소(O) 3개와 결합해 있다.
　　- pH 의존전하가 생성되어 1가 양이온을 흡착할 수 있다.
　　- imogolite에서 Al^{3+}은 팔면체층에서만 나타나며, 따라서 동형치환에 의한 음전하의 생성은 거의 없다.

나. allophane(알로팬)
- 화산재의 풍화로 생성되며, 화산지대 토양의 주요 구성 물질
- 많은 pH 의존 음전하를 가지고 있어 중성이나 약알칼리조건에서 150cmolc 정도의 큰 양이온교환용량을 가진다(비표면적도 상당히 크다).
- 제주도 화산회토양은 allophane 함량이 많으며, 양이온치환능도 크다.

다. zeolite(제올라이트)
- 장석·석영처럼 규소사면체들이 꼭짓점 O를 공유하여 3차원 망상구조를 형성하는 결정형 광물이다.
- 가열할 경우 광물 내부 수분이 증발하기 때문에 끓는 돌이라는 뜻의 zeolite로 명명됨
- 단위구조가 고리형태로 연결되어 전체 구조가 형성되므로 석영이나 장석에 비하여 많은 미세공극을 가진다.
- 규소사면체에서 Si^{4+}대신 Al^{3+}의 동형치환이 이루어지므로 200~300cmolc/kg의 매우 큰 양이온교환용량을 갖는다.
- 토양개량, 수질정화, 오염토양 정화, 인공토양 등 다양한 용도로 활용된다.

8) 교질의 화학적 성질

1 전기이중층[10](스테른의 전기이중층)

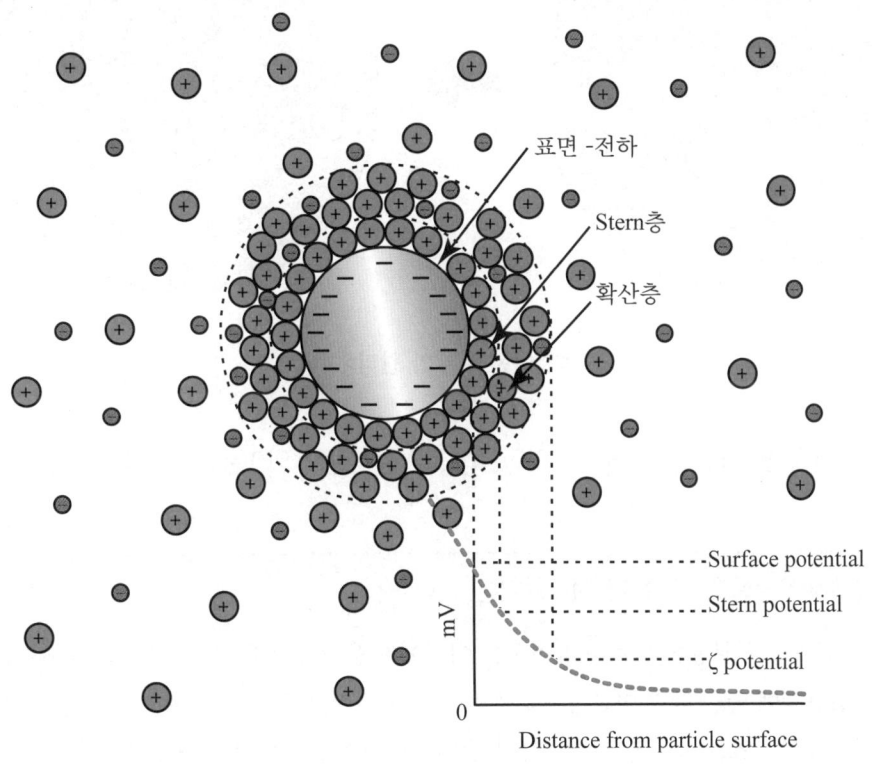

<교질의 전기이중층>

---

10) **전기이중층**: 음전하를 띤 토양교질입자에 양전하를 띤 이온들이 전기적 인력으로 끌리면서 형성된 음전하층과 양전하층의 이중층이며, 양이온교환과 교질입자의 응집과 분산에 영향을 준다.

① 교질의 음전하량에 따른 확산층의 두께
- 교질의 음전하가 많을수록 그 전하를 중화시키는데 더 많은 양이온이 필요하므로 확산층이 두꺼워진다.
- 교질의 음전하가 적으면 상대적으로 얇은 두께의 확산층 내에 존재하는 양이온으로 교질 음전하가 중화될 수 있으므로 확산층의 두께가 얇아진다.

② 용액의 양이온 농도에 따른 확산층의 두께
- 용액 중의 양이온의 농도가 높으면 교환성 양이온의 확산 정도가 약하여 교환성 양이온층이 얇아진다.
- 용액 중의 양이온의 농도가 낮으면 양이온의 확산이 쉽게 일어나므로 확산층이 두꺼워진다.

③ 무기원소에 따른 확산층 두께
- Ca^{2+}, Mg^{2+}, Al^{3+} : 교질에 강하게 흡착되기 때문에 이온농도가 낮아도 확산층이 압착된다.
- Na^+, K^+, NH_4^+ : 교질에 약하게 흡착되기 때문에 이온농도가 아주 높아야 압착된다.

2 양이온교환(Cation exchange)

✓ CEC(Cation exchange capacity) : 토양의 전기적 인력에 의하여 다른 양이온과 교환이 가능한 형태로 흡착된 양이온의 총량, 양이온치환용량이라고도 한다.

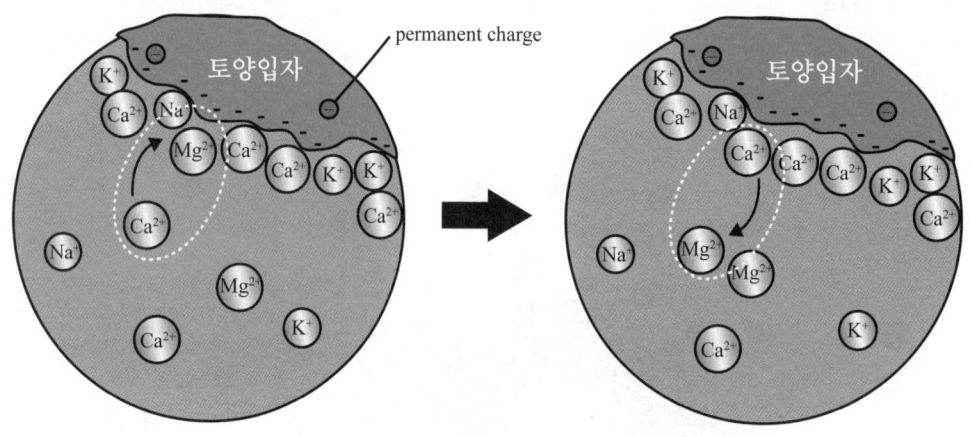

<양이온 교환의 원리>

✓ 양이온교환 : 음전하를 띤 토양입자에 흡착된 양이온이 토양용액 중의 양이온과 맞교환되는 현상

> ✓ **토양용액의 양이온 vs 교질에 붙어있는 양이온**
>
> 토양과 식물에 직접적으로 영향을 끼치는 양이온은 어디에 있을 때일까요? 바로, 양이온이 토양용액에 있을 때 입니다. 토양용액에 있을 때만 이온상태로 식물에 흡수되며, 토양에서도 여러 영향을 끼칠 수 있습니다. 그러면 교질에 붙어있는 양이온은 중요하지 않은가요? 아니요. 오히려 더 중요한 것은 교질에 붙어있는 양이온입니다. 토양입자(교질)에 붙어있는 양이온은 훌륭한 영양창고와도 같습니다. 부족한 영양소가 있을 때마다 꺼내쓰는 창고 역할을 함으로써, 토양이 산성화되거나 오염되는 것을 방지해주며, 영양분이 부족할 때마다 교질에서 꺼내서 토양용액으로 보내어 사용하게 됩니다.

① 흡착되는 양이온의 종류

주로 H^+, Ca^{2+}, Mg^{2+}, K^+, Na^+, NH_4^+로 흡착되어 있으며, 다른 양이온들(Al^{3+}, Fe^{3+}, Mn^{2+}등)도 흡착되어 있지만, 비율이 매우 낮다.

② 양이온 흡착력의 크기

$H^+ > Al^{3+} > Ca^{2+} > Mg^{2+} > K^+ = NH_4^+ > Na^+$

③ 양이온교환의 특징
- 토양 교질에 흡착된 양이온은 쉽게 용탈되지 않아 다음에 꺼내 쓸 수 있다.
- 토양 교질에 총 흡착할 수 있는 양이온의 양을 양이온교환용량(CEC)이라고 한다.
- CEC의 단위는 cmolc/kg(건조토양 1kg이 교환할 수 있는 양이온의 총량)이다.
- CEC가 높아지면 산성토양의 경우 더 많은 석회가 있어야 중화시킬 수 있다.
  (→농도가 높은 용액을 중화시키는데 낮은 농도의 용액보다 더 많은 물을 넣어야 하는 원리와 같다)
- Ca^{2+}와 같은 2가이온과 교환하기 위해서는 1가이온 2개가 필요하다(등가교환).

④ 토양콜로이드 별 양이온교환용량(CEC)의 비교

토양콜로이드(CEC낮은 순)	CEC(cmolc/kg)
철·알루미늄수산화물(sesquioxides)	0~3
카올리나이트(kaolinite)	3~15
일라이트(illite)	10~40
클로라이트(chlorite)	10~40
함수 운모(hydrous mica)	25~40
스멕타이트(montmorillonite)	60~100(150)
버미큘라이트(vermiculite)	80~150
부식(humus)	100~300

⑤ 양이온교환용량(CEC)을 증가시키는 요인
- pH증가
- 동형치환 증가
- 유기물(부식) 함량 증가
- 점토 함량 증가
- CEC가 높은 점토의 사용여부

⑥ 토양의 완충용량

가. 정의 : 외부에서 토양에 산 또는 알칼리성 물질을 가할 때 pH의 변화를 억제하는 능력

나. 완충용량(능력)을 크게하는 요인
  a. 양이온교환용량(CEC)
   - 양이온교환용량이 클수록 완충용량도 크다.
   - 양이온교환용량을 높이기 위한 요인들이 곧 완충용량을 크게하는 요인으로 작용함
   - ① 양이온교환용량, ② 유기물(부식), ③ 점토함량, ④ 점토의 종류(CEC가 높은 점토 등)
  b. 완충용액

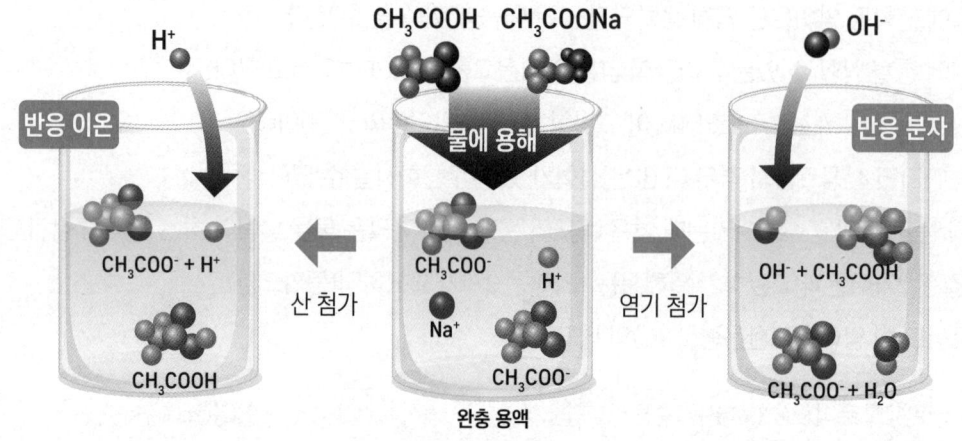

염화나트륨의 수화

<완충용액의 완충반응>

- 완충액이라고도 하며, 일반적으로 약한 산과 약한 염기의 혼합용액으로 이루어져 있다.
- 약산이나 약염기가 물에 용해된 상태로 산이나 염기가 첨가되면 중화되는 효과가 나타남
- 완충능력을 부여하는 요인
    • 탄산염, 중탄산염, 인산염 등의 약산기
    • 점토와 교질복합체의 약산기

양이온교환용량을 높이기 위한 요인들이 곧 완충용량을 크게하는 요인으로 작용합니다.
(점토함량, 유기물(부식), 점토의 종류, 양이온교환용량 등)

⑦ 염기포화도
✓ 염기포화도는 '수소(H)와 알루미늄(Al)을 제외한 교환성 양이온에 의하여 토양의 흡착 부위가 포화된 정도'를 말합니다.
✓ 구하는 방법 : 수소이온(H^+)과 알루미늄이온(Al^{3+})을 제외한 교환성 양이온 / 전체 양이온
   ※교환성 양이온 : Ca, Mg, K, NH_4, Na

예시문제 (나무의사 7회 기출)

양이온교환용량이 30cmolc/kg인 토양의 교환성 양이온 농도가 다음과 같을 때 이 토양의 염기포화도는?

교환성 양이온	K^+	Na^+	Ca^{2+}	Cd^{2+}	Mg^{2+}	Al^{3+}
농도(cmolc/kg)	2	2	3	2	3	3

→ (2+2+3+3)/30 = 33%

✓ 염기불포화도

- 염기불포화도는 염기포화도와는 반대로 전체 양이온 중에서 산성에 관여하는 수소이온이나 알루미늄이온이 차지하는 정도를 말합니다.
- 만약, 염기포화도가 50%면 염기불포화도는 50%, 염기포화도가 70%면 염기불포화도는 30%가 됩니다.

3 음이온교환(anion exchange)

✓ AEC(anion exchange capacity) : 토양이 이온 교환 반응을 통하여 보유할 수 있는 최대의 음이온량, 음이온교환용량이라고도 한다.

① 흡착되는 음이온의 종류

주로 SO_4^{2-}, Cl^-, NO_3^-, HPO_4^{2-}, $H_2PO_4^-$로 흡착되어 있다.

② 음이온 흡착력의 크기

인산(P) > 규산(SI) > 몰리브덴산(Mo) > 황산(S) > 염소(Cl) > 질산(NO_3^-)

③ 음이온교환의 특징

- 양이온 교환반응과 마찬가지로 토양교질의 양(+)하전 부위에 정전기적으로 흡착되었던 음(-)이온이 용액 중의 다른 음이온과 화학량론적으로 교환되어 토양용액 중으로 방출되는 현상
- 일반적으로는 음(-)전하가 우세하지만, Fe·Al산화물 및 수산화물과 점토광물 양 끝 절단면에는 양성자와 결합한 양하전 부위가 형성되어 있어, 음이온교환체로써 음이온교환반응에 관여함
- 음이온의 모든 흡착기작은 pH에 크게 의존하며, H^+의 농도가 높아지면 흡착이 증가한다.
- 유기물도 pH가 낮아지면 작용기가 양성자화되어 양(+)으로 하전된다.

④ 음이온교환 흡착기작

가. 배위자 교환
- 특이적 흡착 : F^-, $H_2PO_4^-$, HPO_4^{2-} 등 반응성이 강한 음이온의 비가역적 배위결합, 다른 음이온과 쉽게 교환되거나 방출되지 않는다.
- 비특이적 흡착 : Cl^-, NO_3^-, ClO_4^- 등이 정전기적 인력에 의해 흡착된 것, 다른 음이온과 교환된다.

나. 표면복합체 형성

낮은 pH에서 금속원자와 결합한 OH에 H^+가 붙어 양전하가 되면 음이온 흡착이 일어난다.

9) 토양반응

> **🌳 나무쌤 잡학사전**
>
> 토양반응이란 무엇을 지칭하는 말일까?
> 토양반응이라는 말을 오해하면 '토양에서 일어나는 모든 화학적반응'으로 오해하기 쉽습니다.
> 하지만, 토양반응이라는 말은 토양 용액 속의 산성도(수소이온농도)를 한정하여 지칭할 뿐 다른 의미를 내포하고 있지는 않습니다.

1 영구전하

① 토양 pH의 영향을 받지 않는 전하
② 동형치환에 의해 생긴 전하를 말한다.

2 가변전하

① pH에 따라 달라지는 전하이며, 점토광물의 표면에서 발생하는 H^+의 해리와 결합에 기인한다.
② 비결정형 점토광물(imogolite, allophane)의 경우 결정형 산화물보다 더 pH 의존적이다.
③ 점토광물을 분쇄하여 분말도를 높이면 음전하가 많아지고 양이온교환용량도 증가한다(분쇄함에 따라 광물의 변두리 절단면이 많아지기 때문).

   ※ 금속산화물의 경우 영구전하를 가지지 못하고 pH 변화에 따른 가변전하만을 가지지만, 규산염점토의 경우 영구전하와 가변전하를 둘 다 가질 수 있다.

3 변두리전하

① 광물의 절단면에서 나타나는 전하
② 토양 pH의 영향을 받는다.
③ 1:1형, 2:1형 모두에서 생성
④ 가장자리의 -Si-OH, -Al-OH에서 H가 해리되면서 -Si-O⁻, -Al-O⁻로 -전하 생성

> **✅ pH = power hydrogen = 수소 이온 지수**
>
> 한마디로 수소 이온양에 의해 좌지우지되는 지수입니다.
> 식으로 나타내면 $1/\log H^+$로 수소 이온이 증가하면 증가할수록 pH는 작아지고 양전하는 커지게 되며, 수소이온이 감소하면 감소할수록 pH는 높아지고 음전하가 커지게 됩니다.

나무쌤 잡학사전

점토광물의 표면에서 H^+(수소이온)이 해리되면 무슨 현상이 벌어질까요?

해리라고 하면 떨어져 나가는 것입니다. 수소이온이 해리되면 수소이온이 줄어들고 pH가 높아지게 됩니다. 수소이온이 줄어들므로 수소 자리에 다른 양이온이 자리를 꿰차게 되고, 토양용액에서는 H^+(수소이온)이 줄어든 만큼 OH^-(수산화이온)이 증가하게 됩니다.

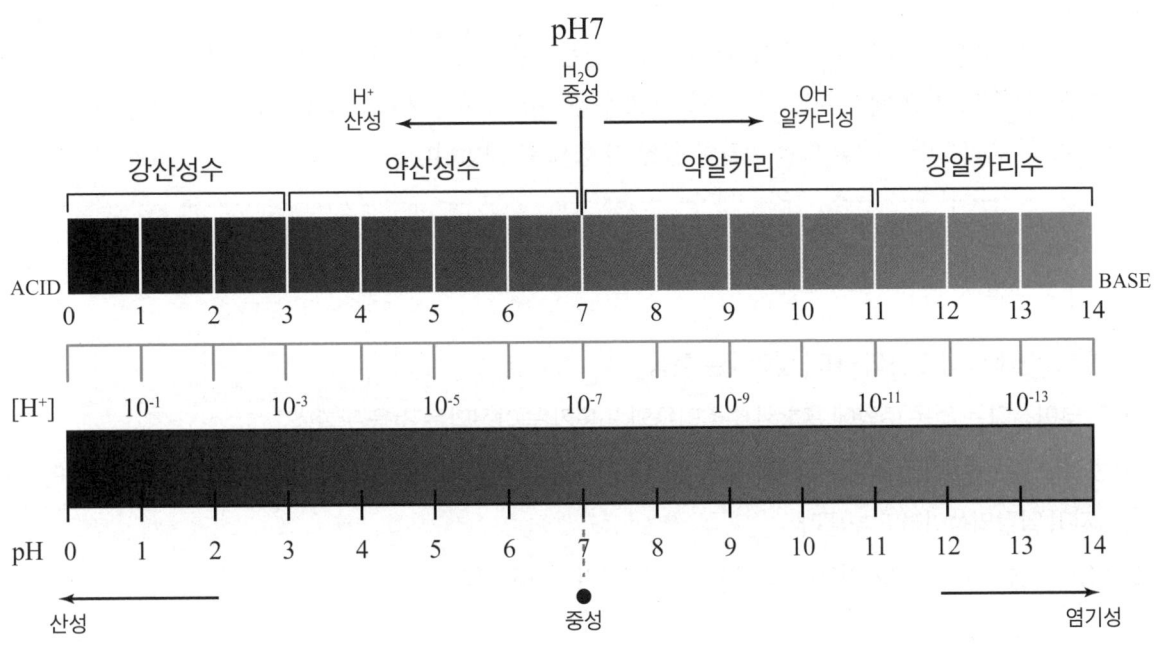

<pH 수소 이온 농도 지수>

4 활산도와 잠산도

① 활산도 : 토양용액에서 H^+활동도를 측정한 값, 활산도는 pH 값으로 나타냄

    가. 토양용액에 녹아 있는 수소이온은 토양산도 전체로 보면 극히 소량이며 1/1,000~1/100,000이다.

    나. 그러나 토양용액은 식물의 뿌리나 미생물 활동의 중요한 활동무대이므로 활산도는 매우 중요하다.

② 잠산도(교환성 산도, 염교환산도) : 토양입자에 흡착된 교환성 수소(H)와 교환성 알루미늄(Al)에 의한 것으로 토양산도의 주요 원인물질

③ 잔류산도 : 석회물질 또는 특정 pH(일반적으로 7.0 또는 8.0)의 완충용액으로 중화되는 토양산도

✅ 활산도와 잠산도

양이온교환용량(CEC)에서 토양교질에 붙어있는 양이온과 토양용액에 있는 양이온에 대해서 말씀드렸었죠? 그 개념이 그대로 반영된 게 활산도, 잠산도 개념입니다.

토양용액 속 수소이온(H^+)에 의한 산도를 활산도라고 하며, 토양입자(교질)에 붙어 있는 수소이온(H^+)에 의한 산도를 잠산도라고 합니다.

영향을 직접 주는 것은 활산도 이지만, 실질적으로 산도가 유지되거나 변하는 것은 잠산도의 역할이 더 큽니다.

총으로 비유하자면 장전된 총알이 활산도, 가지고 있는 총알이 잠산도라고 보시면 됩니다. '우리가 너 총알 몇 개 있어?'라고 할 때 가지고 있는 총알의 개수를 전부 포함하여 말하겠죠? 실제 전쟁이 난다면 장전이 되어있는 총알보다 가지고 있는 총알이 훨씬 더 중요 할 것입니다.

5. 토양의 산성화

- 다양한 요인에 의해 토양의 pH가 낮아지는 현상
- pH가 낮아진다는 것은 토양에 흡착된 수소이온의 농도가 높아진다는 것을 뜻함
- pH는 '수소이온농도'를 이야기 하며 농도가 높아지면 pH는 낮아지며 산성이라고 부르고, 농도가 낮아지면 pH는 높아지며 알칼리성이라고 부른다.
- 토양을 산성화 시키는 무기이온은 '수소이온'과 '알루미늄이온'이다.

✅ 산성화가 쉽게 진행되는 이유

우리 산림토양의 대부분은 '약산성' 토양입니다. 왜그럴까요? 중성으로 갈 순 없는걸까요?

산성화가 진행이 되었다는 것은 토양 교질에 수소이온이 다른 이온들보다 많이 흡착되어 있다는 것을 말합니다. 수소이온이 많이 흡착하는 이유는 '수소이온의 농도가 다른 이온보다 월등히 높기 때문'입니다. 농도가 높으면 흡착력이 높아지는데 이 때문에 수소이온이 교질에 붙어있는 다른 양이온들을 제치고 자신이 그 자리를 차지하기가 쉬운 것 입니다.

이온의 흡착력이 강해지는 원인

1. 용액 속의 해당 이온농도가 높을 때
2. 원자가가 큰 이온일수록($Ca^{2+} > K^+$)
3. 같은 원자가이면 수화반지름이 작을수록 흡착력이 강함($K^+ > Na^+$)

※ Na은 이 수화반지름이 커서 입단 형성을 파괴하는 주요 요인이 됩니다.

① 토양산성화의 원인

가. NH_4^+의 질산화작용(질소질비료의 질산화작용)

→ 비료성분으로서 토양에 시용한 암모니아태를 비롯한 질소질비료의 암모늄이온(NH_4^+)이 질산화 작용 ($NH_4^+ \rightarrow NO_3^-$)에 의하여 H^+을 생성

나. 황화철의 산화

→ 토양 속의 철 황화물(FeS_2)이나 살균제, 비료에 함유된 황이 미생물 작용이나 화학적 반응을 통하여 황산이온으로 산화(밭토양)되면 H^+이 생성

다. 미생물에 의하여 유기물이 분해될 때 유기산이 생성

라. 식물 뿌리와 토양 미생물의 호흡

→ 토양 중 식물 뿌리나 미생물 호흡으로 생성되는 CO_2가 H_2O에 녹아 탄산(H_2CO_3)이 되고, 용해된 탄산(H_2CO_3)의 해리로 H^+이 생성됨

마. 강우 및 토양수에 의한 이산화탄소의 용해 및 교환성 염기 용탈

→ CO_2의 경우 H_2O에 녹아 탄산(H_2CO_3)이 되고, 탄산(H_2CO_3)의 용해로 H^+이 생성된다. 생성된 H^+에 의하여 다른 양이온이 치환되고, 치환된 양이온은 빗물에 의해 용탈되어 토양이 산성으로 된다.

바. 농경지에서 작물을 수확하면 수확물에 있는 Ca^{2+}, Mg^{2+}, K^+도 함께 제거되므로 토양으로부터 양이온을 제거하는 결과를 가져옴

사. 염기포화도의 감소

아. 식물뿌리의 칼륨, 칼슘 등의 이온 흡수

→ 식물뿌리가 칼륨이온이나 칼슘이온 등의 양이온들을 흡수하면 남은 수소이온, 황산이온, 염소이온 등이 토양에 작용하여 산성화가 될 수 있음

자. 대기오염으로 인한 산성비

→ pH 5.6미만인 산성비로 인해 토양이 산성화될 수 있음

📖 나무쌤 잡학사전

산불은 토양산성화의 원인일까?

나무의사 4회차 토양학 문제에서 산성화의 원인이 아닌 것으로 '산불'이 나온 적이 있었습니다. 해당문제는 많은 논란이 있었습니다. 왜냐하면 대부분 산불은 악영향을 줄 것이라 생각하기 때문이죠. 그렇다면 4회차 문제와 같이 산불은 토양을 산성화 시킬까요?

산불이 나면 초창기에는 식물과 산림의 유기물이 탄 재속에 칼륨이온, 칼슘이온, 마그네슘이온 등의 양이온이 함유되어 있어 토양 표토층의 pH를 상승시킵니다.

하지만, 산불이 나서 다 타버리게 된 후 강우가 발생하면 재를 포함한 표토층의 양분들이 심하게 용탈되어 오히려 그 전보다 산성화가 진행 될 수 있습니다.

고로, 산불은 초창기에는 토양의 pH를 오히려 상승시키는 원인이 되지만, 이후에는 산불로 인해 산성화가 가속화 될 수도 있습니다.

② 토양 산도의 특성

> **✓ 산도와 pH**
>
> 산도와 pH는 둘다 수소이온농도와 관련이 있는 용어이지만, 정반대의 값을 나타내는 용어입니다. 헷갈리지 않도록 유의하셔야 합니다.
>
> 'pH가 낮다'라는 것은 산성화가 진행되고 있다는 의미이지만 '산도가 낮다.'라는 것은 산성화가 진행되지 않았다는 의미를 나타냅니다.
>
> 산도는 산성의 세기를 나타내는 정도로 산도가 낮으면 산성의 세기가 낮고 산도가 세면 산성의 세기가 커집니다.

가. 계절별 특성

계절별 산림토양에서 pH의 값은 신선한 낙엽으로부터 염기가 방출되는 시기인 가을에 가장 높으며, 지속적인 강우가 발생하는 여름에 가장 낮다. 연중 pH 1.0 범위에서 변화한다.

나. 토양단면별 특성

유기물층과 표토층은 주로 ①유기물이 분해될때의 유기산, ②식물뿌리와 미생물들의 호흡, ③식물의 양분 흡수 등으로 인한 수소이온농도의 증가로 산성을 띠고, 아래로 갈수록 산도가 감소하는 경향이 있다(다만, 이것을 일반화 할 수는 없으며, 실제로 다른 토양이 너무나 많다. 이 부분은 '토양층 마다 산도에 차이가 있다'는 정도로만 알고 있기를 바란다).

다. 환경적 특성

우리나라의 산림토양의 경우 모암의 영향과 여름철 집중호우로 인한 염기용탈로 대부분 산성을 띤다.

라. 임상

활엽수림(pH5.6~6.0)이 침엽수림(pH5.2~5.6)보다 pH가 더 높은 지역에서 잘 자란다.

③ 토양 산성화의 문제점

가. 양분 흡수 저해

나. 효소 활성 저해

다. 교환성 염기의 용탈

라. 철(Fe) 및 알루미늄(Al)에 의한 인산 고정

마. 독성화합물 및 중금속의 용해도 증가

④ 산성토양의 개량

산성화로 인해 식물 생육에 불리한 토양이 되면 석회 등 pH를 높일 수 있는 물질을 시용하여 토양의 물리·화학적 특성을 개선하여야 합니다.

가. 산성토양 개량에 사용하는 대표적 석회물질
✓ 생석회(CaO), 소석회[$Ca(OH)_2$], 탄산석회($CaCO_3$), 석회고토($CaCO_3$, $MgCO_3$) 등

a. 생석회(CaO)
- 생석회는 강알칼리성으로 토양에 시용하면 반응이 강력하고 산성의 중화, 유기물의 분해, 잠재지력의 활용 등에 빠른 효과를 발휘한다.
- 저장중에 수분을 흡수하지 않도록 주의해야 한다.

b. 소석회[$Ca(OH)_2$]
- 백색의 가벼운 분말로 알칼리성이 강하고, 공기 중에서 오래 방치하면 탄산가스를 흡수하여 탄산칼슘이 되는 수가 있다.
- 소석회를 다시 가열하면 생석회를 얻을 수 있다.
- 알칼리성이 강해 암모니아 염류나 수용성 인산을 함유한 비료 등과 배합해서는 안된다.

c. 탄산석회($CaCO_3$)
- 석회석을 단순 분쇄하여 만든 것을 석회석비료 또는 탄산석회라 한다. 일반적인 성질은 석회고토와 비슷하며, 주성분이 탄산칼슘으로 이루어져 있다.
- 조개나 굴껍질 등을 분쇄하여 만든 분말 비료를 패화석($CaCO_3$)이라 한다.

d. 석회고토($CaCO_3 \cdot MgCO_3$)
- 석회석에 마그네슘이 일정하게 포함되어 있는 백운석을 분쇄하여 분말로 한 것이다.
- 우리나라 농업용 토양개량제 공급량의 대부분을 차지하고 있다.

나. 용해도(반응속도)

생석회(CaO)와 소석회($Ca(OH)_2$)는 속효성, 탄산석회($CaCO_3$)은 지효성

다. 석회중화력 크기(탄산석회 100기준)

생석회(CaO, 179) > 소석회[$Ca(OH)_2$, 132] > 탄산석회[$CaCO_3$, 100]

라. 석회요구량에 영향을 주는 요인

목표 pH, 모재점토함량, 모재, 점토함량, 유기물(부식)함량, 산의 존재형태, 석회물질의 화학적 조성 및 분말도

⑤ 특이산성토양

  가. 특이산성토양의 정의

   a. 특이산성토양은 강의 하구나 해안지대의 배수가 불량한 곳에서 늪지 퇴적물을 모재로하여 발달한 토양으로서 황철석(pyrite, FeS2)과 같은 황화물을 많이 함유하고 있다.

   b. 특이산성토양은 평상시에는 습윤 또는 담수상태이기 때문에 황화합물들이 환원상태로 존재해 중성이지만, 인위적인 배수를 통하여 통기성이 좋아지면 황철석의 산화과정을 통하여 pH가 4.0이하인 강한 산성을 띠므로 일반적인 산성 토양과 구분하여 특이산성토양이라고 한다.

   c. 우리나라에서도 김해평야와 평택평야 등지에서 발견된다.

  나. 특이산성토양의 생성

   a. 황산기를 함유한 지대에서 황화합물이 축적되고 통기성이 불량한 담수상태와 같은 상태에서는 미생물에 의하여 황화물로 환원된다.

   b. 지하수위가 낮아지거나 인위적인 배수체계를 통하여 토양의 통기성이 좋아지면 화학적인 반응이나 또는 미생물의 작용을 통하여 황화물이 산화됨으로써 황산(sulfuric acid)이 생성된다.

  다. 특이산성토양의 특성

   a. pH가 3.5 이하인 특이 산성토층을 가진다.

   b. 강산성으로 인해 철·알루미늄·망간 등의 함량이 많아지고 황화수소(H_2S)의 발생에 따라 작물의 피해가 발생한다.

   c. 특히 벼에서는 황화수소로 인해 생식생장기에(영양생장기때는 영향이 적음) K·Ca·Mg 등의 양분흡수가 크게 저해되어 가을 수확량이 크게 감소된다. (=추락현상)

  라. 특이산성토양의 관리법

   a. 지하수위를 조절하여 담수상태로 유지

   b. 석회를 시용한다. 다만, 일반적인 산성토양보다 몇배가 넘는 양을 짧은 기간 내에 시용해야한다.

6 알칼리토양과 염류토양의 특성

> **나무쌤 잡학사전**
>
> 토양의 알칼리화는 어떨 때 잘될까?
> - 알칼리토류금속 = Mg, Ca
> - 알칼리금속 = Na, K
> - 이 두 개의 금속 원소가 많이 있다면 해당 토양은 알칼리화될 확률이 높습니다.
> 그 이유는 위에서 말했듯이 알칼리토류금속과 알칼리금속은 매우 불안정한 상태로 OH^-(수산화이온)과 바로 결합해버리기 때문입니다. 그 후 결합한 화합물(예 $NaOH^-$)이 해리되면서 수산화이온이 나오는데 이 과정으로 인해 토양은 알칼리성을 띠게 됩니다.

✓ 염류집적에 의하여 염기포화도와 토양용액 중 염기 농도가 높아지고, 토양반응이 중성~알칼리화 된다.

① 염류집적토양의 분류

구분	EC(dS/m)	ESP	SAR	pH
정상토양	<4.0	<15	<13	<8.5
염류토양	>4.0	<15	<13	<8.5
나트륨성 토양	<4.0	>15	>13	>8.5
염류나트륨성 토양	>4.0	>15	>13	<8.5

- EC(전기전도도) : 토양염류도가 높으면 높을수록 전기가 잘 통하며 EC값이 높다.
- ESP(교환성 나트륨퍼센트) : 토양에 흡착된 양이온 중 Na^+이 차지하는 비 *ESP = $100 \times Na^+$/CEC
- SAR(나트륨흡착비) : 토양용액 중의 Ca^{2+}, Mg^{2+}에 대한 Na^+의 농도비

② 염류집적 토양별 특성

가. 염류토양
- 백색 알칼리토양이라 불린다(표면에 Ca, Mg, SO_4, Cl의 염들이 형성되어 건조기에 백색을 나타내기 때문).
- 교질물이 고도로 응집되어 있어 토양 구조는 양호하지만, 높은 염류농도 때문에 대부분의 식물이 생육할 수 없다.

나. 나트륨성토양
- 흑색 알칼리토양이라 불린다(유기물이 분산되어 토양입자의 표면에 분포하여 어두운색을 띰).
- 알칼리금속 형태의(Na이나 K) 탄산염 또는 중탄산염은 물에 잘 녹기 때문에 강알칼리성을 띤다.
- 교질이 분산되어 있어 경운하기가 어렵고, 투수속도가 매우 저하되며, 수분이동을 차단해 식물 생육이 저해되기 때문에 농경지로서 가장 불량한 토양 중 하나이다.

다. 염류나트륨성토양
- 염류토양과 알칼리토양(나트륨토양)의 중간 특성을 보인다.
- 가용성 염류가 토양에 많이 남아 있으면 교질에 Na양이 많아진다.
- 가용성 염류가 아래로 용탈되면 pH가 8.5 이상이 되고 Na이 교질을 분산시켜 경운, 투수, 뿌리 성장에 적합하지 않은 구조로 된다.
- 가용성 염류가 표면으로 이동하여 집적되면 pH가 다시 내려가고 교질이 응집상태로 되어 구조가 좋아진다.

③ 염류집적토양의 개량
- 염류토양을 개량하려면 배수를 통해 염류를 용탈시켜야 한다.
- 나트륨성 토양의 경우에는 석고나 석회석 분말을 첨가하여 Ca와 Na 간의 양이온교환을 유도하여 Na을 용탈시킨다.
- 또한, 황산(H_2SO_4)을 사용하여 교질의 Na^+을 용탈시키고 교질에는 수소이온이 흡착된다.

④ 토양의 산화환원전위
- 환원상태에서는 Eh(산화환원전위)가 낮고, 산화상태에서는 Eh가 높다.
- 논토양의 표층에는 산소가 공급이 잘되어 산화상태이며, 표토층 아래로 갈수록 환원층이 발달한다.

6. 토양생물과 유기물

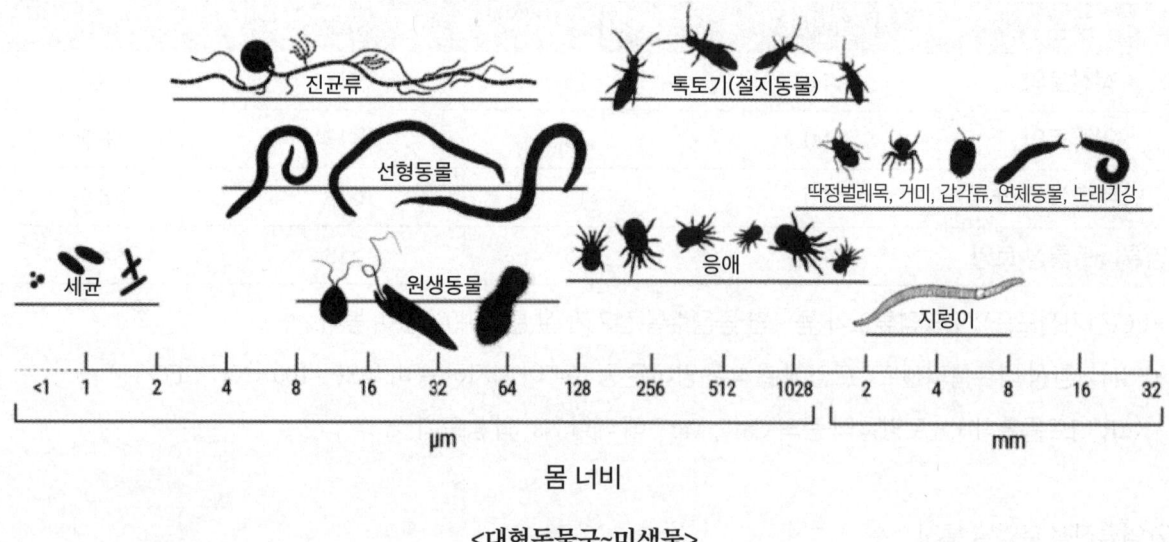

<대형동물군~미생물>

1) 토양생물의 종류 및 기능

1 토양생물(동물군)

① 지렁이 - 대형동물군
- 공기가 잘 통하는 습한 지역은 좋아하지만, 물이 잘 빠지지 않은 과습한 지역은 지렁이의 개체수를 현저히 감소시킨다.
- 약산성(pH 5.5)~약알칼리성(pH 8.5) 토양에서 지렁이의 개체 수가 많다. 특히, 지렁이는 Ca을 좋아하여 spodosol 토양에서 지렁이의 개체 수는 적지만 mollisol 토양에는 많다.
- 지렁이의 분변토는 안전된 입단을 이뤄 토양의 안정성에 기여한다. 또한 분변토가 되면서 유기물이 쉽게 무기물이 되면서 식물의 영양분으로 이용된다.
- 지렁이가 이동하면서 토양의 통기성을 증대시키고, 용적밀도를 감소시킨다.

② 진드기 - 중형동물군
- 진드기와 같은 중형동물군은 식물의 잔사를 조각내어 분해가 빨리 되게 할 수는 있지만, 직접적인 분해작용은 거의 하지 못한다.
- 진드기는 사상균의 포자를 운반하거나 유기물을 토양과 혼합시키고, 진드기의 분비물은 미생물의 서식지가 된다.

③ 선충, 원생동물 - 미소동물군
- 선충은 원생동물 다음으로 토양에 가장 많으며, 선충은 토양 $1m^2$ 당 백만 마리 이상 존재한다.
- 토양선충의 90% 이상이 토양 깊이 15cm 내에 서식하고 있다.
- 선충군락은 pH가 중성이며, 유기물이 풍부한 환경에 많지만, 특히 식물 뿌리 근처에서 밀도가 높다.
- 원생동물은 하나의 세포핵과 미토콘드리아를 가지고 있는 단일세포동물이다.
- 원생동물은 움직이는 방법에 따라서 편모상(편모) / 섬모상(섬모) / 아메바상(위족)으로 분류한다.

2 토양방선균

① 방선균은 형태적으로 사상균과 비슷하지만, 세포 내의 미세구조가 세균처럼 세포핵이 없는 원핵생물로서 그람(gram) 양성균이다.

② 호기성 균으로 과습한 곳에서는 잘 자라지 않는다.

③ 산성에 약하지만, 알칼리성에는 내성이 있으며, pH 5 이하 토양에서 방선균 밀도는 전체 미생물의 1%이하에 불과하다.

④ 흙에서 나는 냄새는 방선균(Actinomyces oderifer)이 분비하는 지오스민(geosmins) 같은 물질에 의한 것이다.

방선균	종류
Frankia	관목류 식물과 공생하여 N을 고정
Streptomyces	항생물질을 생성하는 균
Streptomyces scabies	알칼리토양에서 감자 더뎅이병을 일으킴
그 외의 방선균:Streptosporangium, Micromonspora, Nocardia, Thermoactinomyces	

3 균근균

✓ 수목생리학 파트를 참고하여 주시기 바랍니다.

4 토양세균

① 원핵생물인 세균은 생명체로서 가장 원시적인 형태(구형, 막대형, 나선형)

② 세균은 유기물을 분해하는 분해자의 역할과 무기물을 산화시키거나 질소를 고정하기도 하는 등의 다양한 역할을 수행한다.

③ 세균의 분류 및 종류

구분	탄소원	에너지원	대표적인 미생물군
광합성자급영양생물	CO_2	빛	green bacteria, cyanobacteria, purple bacteria
화학자급영양생물	CO_2	무기물	질화세균, 황산화세균, 철산화세균, 수소산화세균
화학종속영양생물	유기물	유기물	부생성 세균, 대부분의 공생 세균

✓ 세균은 화학종속영양세균이 가장 많으며, 호기성과 혐기성 또는 양쪽 모두를 포함하기도 한다.

가. 질산화균

a. 질산화균은 전형적인 자급영양세균으로 암모니아와 암모늄이온 등을 산화하여 에너지를 얻는다.

b. $NH_4^+ \rightarrow NO_2^- \rightarrow$ Nitrosomonas, Nitrosococcus, Nitrosospira 등

c. $NO_2^- \rightarrow NO_3^- \rightarrow$ Nitrobacter, Nitrocystis 등

나. 탈질균

 a. 토양 중 NO_3^-가 미생물 작용에 의해 N_2가스로 변하여 대기 중으로 휘산(토양 중의 질소가 손실)하는 현상

 b. 탈질순서 : $2NO_3^- \rightarrow 2NO_2^- \rightarrow 2NO\uparrow \rightarrow N_2O\uparrow \rightarrow N_2\uparrow$

 c. 탈질작용 미생물 : Pseudomonas, Bacillus, micrococcus, Achromobacter 등 14속

 d. 유기물과 NO_3^-가 풍부하고, pH가 중성, 산소가 부족할 때(환원조건) 자주 발생

다. 질소고정균 - 단생질소고정균, 공생질소고정균

 a. 단생질소고정균(비공생)

 - 기주식물과 관계없이 독립적으로 생활하면서 질소를 고정하는 세균

 - Azotobacter : 타급영양의 호기성 세균, 중성·알칼리성 토양에 널리 분포

 - Beijerinckia와 Derxia : Azotobacter와 유사하며 특히 열대지방의 산성 토양에서 많이 발견된다.

 - cyanobacteria(남조류) : 광합성세균이며 수생생물로서 논토양에서 질소를 고정하는 중요한 질소공급원이다 (단생이자 외생공생).

 - 미호기성 질소고정세균 : Klebsiella, Azospirillum, Bacillus

 - 편성혐기성 세균 : Clostridium, Desulfovibrio, Desulfomaculum

  → 편성혐기성 세균은 산소가 있으면 살 수가 없음

 b. 공생질소고정균(근류균)

 - 기주식물은 세균에 탄수화물을 공급하고, 세균은 식물에 공중질소를 변환하여 공급한다.

 - 대표적 콩과식물 공생질소고정균 : Rhizobium, Bradyrhizobium

  → 이들은 근류(뿌리혹)를 형성하기 때문에, 근류균이라 부른다.

라. 인산가용화균(불용화된 인산을 용해하는 균)

 a. Pseudomonas, Mycobacter, Bacillus, Enterobacter, Achromobacter, Flavobacterium, Erwinia, Rahnella 등

 b. 인산가용화균은 유기산을 분비함으로써 불용성 인산을 가용성 인산으로 바꿈

마. 금속의 산화(환원균)

 a. Thiobacillus ferrooxidans는 호기적 조건에서 Fe 산화 과정에 관여하는 세균

 b. Geobacter metallireducens는 혐기적 조건에서 Fe 환원 과정에 관여하는 세균

5 토양조류(algae)

① 식물과 같이 CO_2를 이용하여 광합성을 하여 O_2를 방출하는 생물

 a. $CaCO_3$(탄산칼슘) 또는 CO_2를 이용하여 유기물을 생성함으로써 많은 O_2를 풍부하게 함

② 조류는 사상균과 공생하여 지의류를 형성하기도 하며, 지의류는 유기산 분비에 의하여 규산염을 생물학적으로 풍화시킨다.

> ✓ **부영양화**
>
> 수생 생태계에서의 조류의 급격한 성장은 그곳의 환경을 악화시키는데, 일반적으로 조류는 인산이나 질소가 부족하여 성장이 제한되지만, 과다한 비료사용 등으로 나온 폐수가 유입되면 조류의 성장이 폭발적으로 늘어 물 속 산소가 소멸하게 되는 현상이 생기며, 이를 부영양화라고 합니다.

6   사상균

① 일반적으로 곰팡이를 사상균이라고 부르며, 진핵생물이고, 실모양의 균사로 이루어져 있으며, 포자로 번식하는 미생물이다.
② 사상균은 종속영양생물이기 때문에 유기물이 풍부한 곳에서 활성이 높고, 호기성 생물이지만 이산화탄소의 농도가 높은 환경에서도 잘 견딘다.
③ 토양에는 많은 종류의 곰팡이가 있지만, 가장 일반적인 종은 Penicillium · Mucor · Fusarium · Aspergillus 네가지이다.

2) 토양유기물

1   토양유기물의 개념

① 동·식물의 유체가 미생물에 의해 분해되어 암갈색~흙색의 일정한 형태가 없는 콜로이드 물질이 되는데 이를 유기물이라고 함
② 일반적으로 부식을 말하기도 하는데 유기물 중 토양의 물리·화학적 특성에 주로 관여하는 부분이 부식이다.
③ 화학적으로 봤을 때 유기물은 탄소원자가 2개 이상인 물질을 말한다.

2   부식의 특성(부식 = 분해가 많이 이루어진 유기물)

① 토양유기물이 교질의 특성을 보이게 되는 것은 부식 때문임
② 부식은 비결정질로 부식의 비표면적과 흡착능은 층상의 점토광물에 비하여 훨씬 크다(비표면적 $800 \sim 900m^2/g$, 양이온교환능 $150 \sim 300 cmol_c/kg$).
③ 등전점이 pH 3 이하로 매우 낮아서 pH가 등전점보다 높아질수록 H^+의 해리가 많아져 순음전하도 증가하게 된다.
④ 부식의 음전하는 대부분 여러 가지 작용기로부터 H^+이 해리되어 생성됨
  이때, 작용하는 산성 작용기는 카르복시기(carboxyl), 퀴논(quinone), 페놀기(phenolic OH), 에놀기(enol) 등이며
    이 중 부식이 가지는 음전하의 약 55%가 카르복시기(carboxyl)의 해리에 의한 것임($R-COOH \rightarrow R-COO^- + H^+$,
    pH 8 이상에서는 페놀기(phenolic OH)와 그 외 매우 약한 산성기들로 인해 H^+가 해리된다)

✓ 교질물의 대전(Electric Charge)

유기 콜로이드(부식질)
- 전기적으로 음성을 띰 → Negative Charge
- 카르복실기와 페놀성 수산화기의 해리에 기인

카르복실기 수소이온의 해리
$R-COOH \rightarrow R-COO^- + H^+$ (카르복실기 → 수소이온의 해리 → 전기적 음성도 증대)

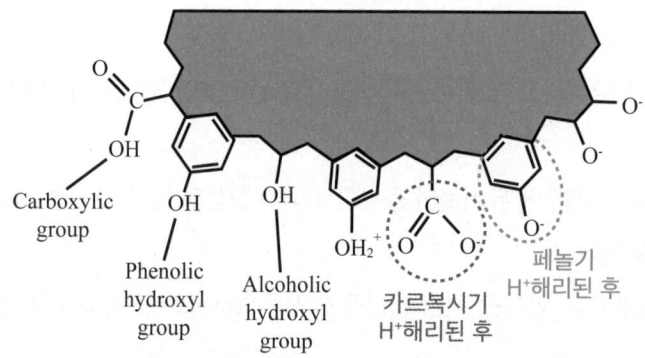

<부식이 음전하가 생기는 과정>

3 부식의 종류

비부식성 물질	부식		
	부식성물질·알칼리용액으로 추출, 분해 저항성↑		
	부식회	부식산	풀브산
분해 저항성↓ 원래형태 유지	알카리용액에 비가용성 산처리에서 비가용성 -고도로 축합된 물질 -점토와 복합체 형성	알카리용액에 가용성 산처리에서 비가용성 암갈색 및 흑색의 고분자 물질(<300,000)	알카리용액에 가용성 산처리에서 가용성 황적색의 저분자 물질 (2,000~50,000)

① 부식회 : 알칼리용액으로도 추출되지 않고 침전되는 물질

② 부식산 : 알칼리에는 용해되지만 산에는 침전되는 물질

③ 풀브산 : 알칼리용액으로 추출한 후 pH 1~2로 산성화시켰을 때 용해되는 물질

4 유기물의 분해

① 토양에 가해진 유기물의 변환

  가. 신선한 유기물이 지속적으로 공급되지 않으면

   - 토양의 유기물함량은 감소한다.

   - 잔존 유기물의 분해저항성은 증가한다.

  나. 고유미생물과 발효형미생물

   - 고유 미생물 : 안정화된 환경에서 서식하는 미생물

   - 발효형 미생물 : 새로운 유기물이 가해졌을 때 급증하는 미생물

  다. 기폭효과(priming effect)

   - 발효형 미생물이 분해 저항성이 큰 부식이나 리그닌의 분해를 촉진시키는 효과

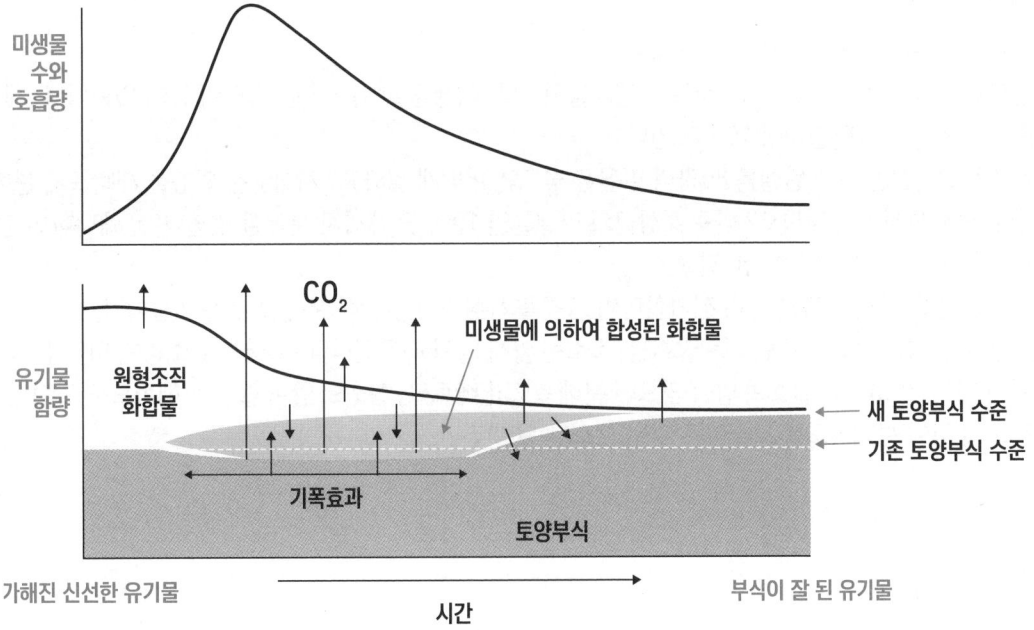

② 유기물 분해 요인

가. 환경요인

- pH : 대부분의 미생물이 중성에서 활성이 높음
- 산소 : 혐기조건보다 호기조건에서 유기물 분해가 빠름
- 수분 : 토양 공극의 약 60%가 물일 때 유기물 분해가 빠름
- 온도 : 미생물 분해활동 적정온도, 25~35 °C

나. 유기물의 구성요소

- 리그닌 함량 : 나무가 성숙할수록 증가 → 분해 느려짐
- 페놀 함량 : 건물 중 3~4%가 되면 분해속도 크게 느려짐
- 탄질률(C/N ratio) : 유기물을 구성하는 탄소와 질소의 비율

5 식물구성 성분 분해속도

① 당분, 단백질, 녹말(starch) > 헤미셀룰로스 > 셀룰로스 > 지방 및 왁스 > 페놀화합물, 리그닌(lignin)

② 탄질률(C/N율 : 탄소와 질소의 비율)

- 탄질률이 큰 유기물은 탄질률이 작은 유기물보다 분해속도가 느림
- 톱밥(400~600), 밀집(80) 등은 탄질률이 매우 높아 분해가 느리다.
- 박테리아(4), 사상균(10), 퇴비(2) 등은 탄질률이 낮아 분해가 빠르다.
- 탄질률 20~30을 기준으로 탄질률이 낮은 유기물질이 투여되면 분해가 활발히 일어나는 '무기화작용'이 일어나고 높은 유기물질이 투여되면 분해가 잘 일어나지 않는 '부동화작용'이 일어난다.
- 부동화작용 시 미생물이 분해하면서 토양에 있는 질소까지 사용하므로 '질소기아현상'이 일어날 수 있다.

나무쌤 잡학사전

탄질률에 따라 분해속도가 차이 나는 이유?

먼저 분해하는 주체는 누구일까요? 바로 미생물들입니다. 미생물들에는 세균, 곰팡이 등이 있습니다. 세균은 탄질률이 4, 곰팡이는 탄질률이 10~20입니다.

곰팡이가 득실득실한 곳에 탄질률 80짜리 밀짚을 넣으면 어떻게 될까요? 사상균은 밀짚을 재빠르게 분해할 것입니다. 언제까지 분해할까요? 바로 사상균의 탄질률인 10이 될 때까지 분해할 것입니다. 왜냐하면 밀짚이 곰팡이 몸의 일부가 되어야 하니까요.

하지만 탄질률 80짜리 밀짚을 계속 첨가한다면 그것을 사상균이 무한히 분해할 수는 없습니다.

그 이유는 일반적인 상황에서 탄소는 많지만, 질소는 많지 않기 때문입니다. 그래서 질소량에 따라 분해속도에 차이가 나는 것입니다. 질소의 양이 많으면 분해속도가 빠르고, 질소의 양이 줄면 분해속도도 느려집니다. 결국 질소의 양이 분해속도를 조절하는 주된 요소가 됩니다.

6 유기물(부식)의 기능

① 분해 과정 및 분해 산물에 의한 효과(물리·생물학적인 효과)
    가. 보수력이 증가한다.
    나. 암갈색의 토양으로 토양온도를 상승시킨다.
    다. 입단구조를 형성한다.
    라. 용적밀도가 감소한다.(통기성 향상, 보수력 증가)
    마. 토양미생물의 활동을 활발하게 해준다.

② 분해 후 부식에 의한 효과(화학적인 효과)
    가. 양이온교환용량이 크다.
    나. 토양 완충능을 증대시켜 pH의 급격한 변화를 막는다($R-COO^-$, NH_3^+를 함유함).
    다. 중금속이온과 킬레이트(chelate)를 형성하여 중금속의 활성을 감퇴시킨다.
    라. N, P, S 등의 영양소를 공급해준다.
    마. 유효인산의 고정을 억제하여 인의 가용성을 증대시킨다.

나무쌤 잡학사전

토양 입단에 포함된 유기물?

나무의사 7회 산림토양학 90번 문제에서 '토양 입단에 포함된 유기물은 입단화 없이 토양 중에 있는 유기물보다 분해가 훨씬 빠르게 진행된다.' 라는 문장이 나왔고 이는 틀린 문장이라고 하였습니다.

애매한 부분이 있지만 입단에 포함되었다는 것은 토양입자들과 같이 입자의 역할을 하는 것으로 보시면 될 것 같습니다. 입단에 내에 포함된 유기물은 분해가 느려 오랫동안 양분을 공급해주며, 토양에 신축성을 주는 역할을 하게 됩니다.

7 유기질 토양의 종류

① 이탄 : 갈색을 띠며 부분적으로 분해되어 있지만 섬유소 부분이 남아 있는 것
② 흑이토 : 검은색을 띠며 식물 본래의 조직을 구별할 수 없을 정도로 부식화된 것

8 퇴비화

① 유기물을 토양에 바로 섞지 않고 일정한 곳에서 일정 기간 쌓아두어 부식과 비슷한 물질로 만드는 과정이다.
② 퇴비생성 단계

1단계 (중온단계)	① 쉽게 분해될 수 있는 화합물이 미생물에 의하여 분해됨 ② 중온성균이 대거 관여하는 단계로 온도가 40℃를 넘지 않음
2단계 (고온단계)	① 1~2주간 분해열이 계속 발생함에 따라 퇴비 더미 온도가 50~70℃까지 올라가 중온성균의 밀도가 저하되고 고온성균이 우점함 ② 고온성균은 주로 셀룰로스(cellulose)와 리그닌(lignin)을 분해함
3단계 (중온단계)	① 미생물은 다시 대부분 중온성균이 우점함 ② 분해가 거의 끝나감에 따라 분해열도 급격히 감소하여 주변 대기 온도와 비슷해짐

③ 퇴비의 유익한 점
- 유기물이 분해되는 동안 30~50%의 CO_2가 방출되어 부피가 감소되므로 취급하기 편리하다.
- 퇴비화 과정에서 방출된 CO_2 때문에 탄질률이 낮아져 질소기아 현상이 줄어든다.
- 퇴비화과정 중 발생하는 높은 열은 잡초 종자 및 병원성 미생물을 사멸시킨다.
- 퇴비화과정 중 활성화된 Pseudomonas, Bacillus, Actinomycetes 등의 미생물은 토양 병원균 활성을 억제한다.

7. 식물영양과 비배관리

이번 교재는 수목생리학과 토양학의 무기영양소(식물영양소) 파트를 통합하여 수목생리학 부분에 실었습니다. 같은 주제를 따로 공부하면 효율성이 낮아진다고 판단되었기 때문입니다. 하여 토양학에서만 다루는 주제들만 기재를 하였으니, 무기영양소 부분은 수목생리학 부분을 참고하여 주시기 바랍니다.

1) 뿌리의 영양소 공급기작

1 집단류, 확산, 뿌리차단

구분	특징
집단류	① 물의 대류현상으로 확산과 대비되는 개념 ② 식물의 증산작용으로 잎, 줄기, 뿌리, 토양 사이에 연속적인 수분퍼텐셜 기울기가 형성되며 토양수는 식물이 자라는 동안 뿌리 쪽으로 집단류 형태로 이동하여 흡수된다. ③ P(인), K(칼륨)처럼 토양용액 농도가 낮은 영양소는 집단류만으로는 충분한 양을 공급할 수 없으며, 확산을 통하여 주로 공급된다. ④ 식물의 증산작용은 온도가 높을 때 많이 일어나므로 집단류에 의한 영양소의 공급은 온도가 높을 때 많이 일어난다.
확산	① 불규칙한 열운동에 의하여 이온이 높은 농도에서 낮은 농도 쪽으로 이동하는 현상 ② 식물의 영양소 요구량이 많으면 흡수량이 많아지므로 농도기울기가 커져 뿌리로의 확산도 증가한다. ③ P(인), K(칼륨)은 주로 확산에 의해 공급되는 영양소이다.
뿌리차단	① 뿌리와 토양교질표면이 접촉하여 뿌리에서 배출되는 H^+이 교질 표면에 흡착된 다른 양이온과 교환되고, 교환된 양이온이 뿌리에 흡수된다. 교환성 양이온과의 접촉뿐만 아니라 토양용액 중의 유리이온 접촉도 가능하다. ② 뿌리차단에 의한 영양소 흡수량은 뿌리가 발달할수록 많아진다. ③ 뿌리 차단으로 흡수될 수 있는 영양소의 양은 1% 미만으로 매우 낮다. ④ 뿌리차단은 접촉교환학설의 뒷받침을 받고 있다.

- 집단류는 '수분퍼텐셜'에 의한 이동, 확산은 '농도차이'에 의한 이동이다.
- 인산과 칼륨은 확산에 의하여 주로 공급되고, 나머지 대부분의 영양소는 집단류에 의하여 주로 공급된다. 한편, 뿌리 차단에 의한 공급량은 매우 적다.

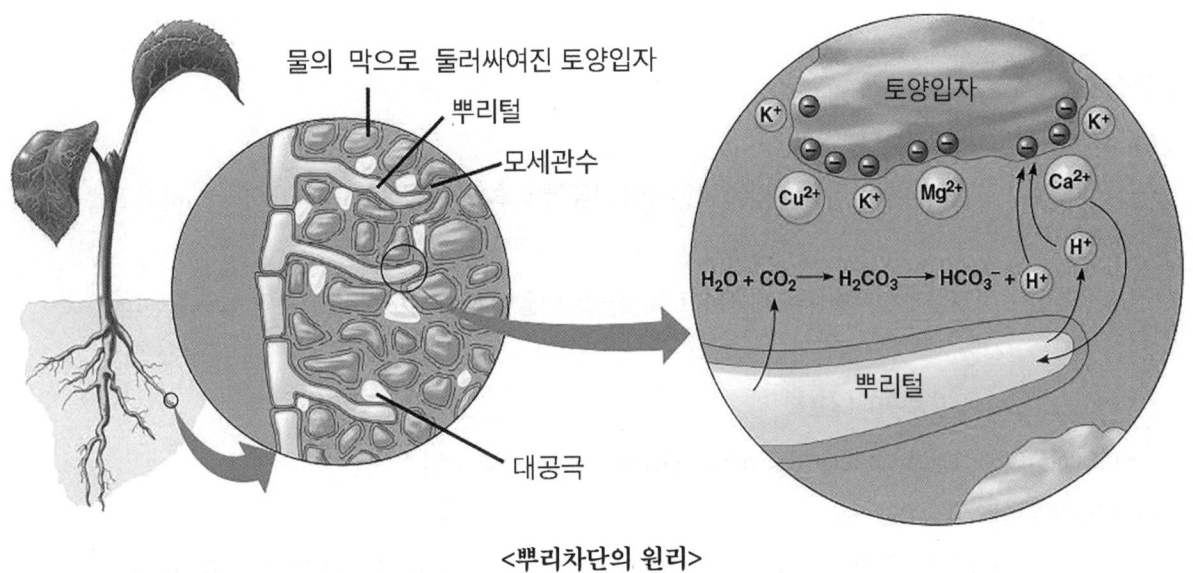

<뿌리차단의 원리>

> ☑ **뿌리차단의 이해(접촉교환학설)**
>
> 뿌리차단은 뿌리표면의 H^+(수소이온)과 토양교질의 양이온들과의 교환을 말합니다. 전에 H^+가 양이온 중에 가장 흡착력이 강하다고 말씀드렸었죠? 뿌리표면에는 수소이온이 있으며, 강한 흡착력으로 점토광물에 흡착되어 있는 다른 양이온과 교환하여 무기영양분을 흡수하게 됩니다.

② 토양에서의 영양소 확산속도

- NO_3^- · Cl^- · SO_4^{2-} > K^+ > $H_2PO_4^-$
- 음이온이 양이온보다 큰 확산속도를 갖는 것은 '음전하를 띤 토양교질의 영향' 때문이다.

2) 길항작용과 상조작용

① 길항작용 : 상대이온의 흡수를 억제하는 작용

- 양이온(+)끼리 혹은 음이온(-)끼리 전하가 같을 경우 그리고 전하가 같은 경우에는 이온반경이 비슷한 것 사이에 강하게 일어난다.
- 칼륨비료를 많이 사용하면 마그네슘이 결핍된다. (K↔Mg)
- 칼륨이나 질소비료를 사용하면 칼슘이 결핍된다. (Ca↔K, N)

② 상조작용 : 한 성분이 다른 성분의 흡수를 촉진하는 작용

- 질소를 추비(덧거름)로 시용하면 N가 동시에 P의 흡수가 증가되고, 반대로 인산이 결핍되면 N, Mg의 흡수가 억제된다.
- N↔P
- P, N↔Mg

3 질소의 순환

① 질소

가. 공생적 질소고정작용

- 공생적 질소고정미생물은 식물 뿌리에 감염되어 근류(뿌리혹)를 형성하고, 근류 내에 서식하며 질소를 고정한다.
- 숙주식물은 미생물에 탄수화물을 제공하고, 미생물은 식물에 NH_3(암모니아, 질소원)를 공급한다.
- 공생질소고정균
  - Rhizobium속의 근류균이 대표적
  - meliloti, trifolii, leguminosarum, japonicum, phaseoli, lupini 등이 있다.

나. 비공생적 질소고정작용

- 단독고정균에 의하여 일어나며 식물과 공생 없이 단독으로 토양 중에 서식하면서 질소를 고정한다.
- 단독고정균: Azotobacter, Clostridium, Achromobacter, Beijerinchia, Pseudomonas 등

다. 탈질작용

- 질산(NO_3) 또는 아질산(NO_2)이 탈질세균에 의해 환원되어 공기층으로 배출되는 작용
  ※ 탈질세균은 산소 대신 NO_3^-를 전자수용체로 이용한다.
- 과정: $2NO_3^- \rightarrow 2NO\uparrow \rightarrow N_2O\uparrow$ (대부분 N_2O 형태로 가장 많이 손실) $\rightarrow N_2\uparrow$
- pH5 이하의 산성토에서 탈질작용이 느려진다.
- 10도 이하의 온도에서는 탈질작용이 매우 느려진다.
- 산소가 없는 조건(배수가 불량한 토양 등)에서 자주 발생한다.
- 쉽게 분해될 수 있는 유기물 함량이 많은 토양에서 잘 발생한다.

라. 암모니아 휘산

- 토양 표면에서 질소가 기체 상태인 암모니아(NH_3)로 대기 중으로 손실되는 현상
- pH가 7.0 이상이며, 온도가 높고 건조한 조건에서 많이 일어나고, 탄산칼슘($CaCO_3$)이 많이 존재하는 석회질 토양에서 잘 일어난다.

마. C/N율

- 유기물의 C/N비는 미생물에 의한 분해속도를 가늠하는 지표가 된다.
- C/N율이 30 이상일 경우 부동화 반응이 우세하게 발생한다.
- C/N율이 20 이하일 경우 무기화 반응이 우세하게 발생한다.
  → C/N율에서 대부분은 N(질소)의 양이 영향을 준다.

✅ 주요 물질의 C/N율

- 가문비나무의 톱밥: 600
- 활엽수의 톱밥: 400
- 밀짚: 80
- 옥수수찌꺼기: 57
- 호밀껍질(성숙기): 37
- 호밀껍질(생장기): 26
- 잔디: 31
- 가축의 분뇨: 20

4 비료와 시비

① 비료의 3요소(N, P, K) 비료

　가. 질소질 비료

　　황산암모늄, 요소, 질산암모늄, 염화암모늄, 석회질소

　나. 인산질 비료

　　과인산석회, 중과인산석회, 용성인비, 용과린, 토머스인비

　다. 칼리질 비료

　　염화칼륨, 황산칼륨

　라. 복합 비료

　　화성비료, 산림용 복비, 연초용 복비

② 기타 화학비료

　가. 석회질 비료

　　생석회, 소석회, 탄산석회 등

　나. 규산질 비료

　　규산고토석회, 규회석 등

　다. 마그네슘질 비료

　　황산마그네슘, 수산화마그네슘, 탄산마그네슘, 고토석회, 고토과인산

　라. 붕소질 비료

　　붕사

　마. 망간질 비료

　　황산망간

③ 비효의 지효성에 따른 분류

　가. 속효성 비료

　　요소, 황산암모늄, 과석, 염화칼륨

　나. 완효성 비료

　　깻묵, METAP, 피복비료(SCV, PCV 등)

　다. 지효성 비료

　　퇴비, 구비

④ 비료의 구분(화학적 반응과 생리적 반응)

구분		화학적 반응		
		산성비료	중성비료	염기성비료
생리적 반응	산성비료	황산암모늄(유안)	염화암모늄, 황산칼륨, 염화칼륨	
	중성비료	과인산석회, 중과인산석회	요소, 질산암모늄(초안)	
	염기성비료			석회질소, 용성인비, 나뭇재, 토머스인비

✓ 화학적 반응 : 농약 자체가 수용액에서 보이는 반응
✓ 생리적 반응 : 시비 후 토양 중에서 식물 뿌리의 흡수작용이나 미생물의 작용을 받은 뒤에 나타나는 반응

⑤ 수량점감의 법칙

비료는 시용량이 일정 한계 내에서는 수량의 증가량이 크지만, 비료 사용량이 어느 한계 이상 많아지면 수량의 증가량이 점점 작아지며, 마침내는 시비량을 증가해도 수량이 증가하지 못하는 상태에 도달하는 현상이다.

⑥ 시비의 시기와 위치

가. 시비의 시기

a. 밑거름(기비) : 파종 또는 이식할 때 주는 비료

b. 덧거름(추비) : 생육 도중에 주는 것, 중거름

나. 시비의 위치

a. 평면적 위치

• 전면시비 : 논 또는 과수원에서 여름철에 속효성 비료를 시용할 때 이용

• 부분시비 : 시비구를 파고 비료를 주는 방법

b. 입체적 위치

• 표층시비 : 작물 생육기간 중에 시비하는 방법

• 심층시비 : 작토 속에 비료를 시용하는 방식, 특히 논에서 암모니아태질소를 시용하는 경우에 유용한 방법

• 전층시비 : 비료를 작토 전층에 골고루 혼합하여 시용하는 방식

⑦ 비료 공정규격 설정 - 비료의 구분 및 종류(시행 2023.8.7.)

구분		비료의 종류	종류 수
보통비료	질소질 비료	황산암모늄, 요소, 석회질소, 칠레초석 등	17
	인산질 비료	과린산석회, 용성인비 등	6
	칼리질 비료	황산칼륨, 염화칼륨, 황산칼륨고토	3
	복합 비료	제1종복합, 제2종복합, 제3종복합, 제4종복합 등	12
	석회질 비료	소석회, 생석회, 석회고토 등	10
	규산질 비료	규산질, 규회석, 경량콘크리트규산질 등	7
	고토 비료	황산고토, 고토붕소, 수산화고토 등	6
	황 비료	황-질소	1
	미량요소 비료	붕산, 황산아연, 미량요소복합, 황산구리 몰리브덴산나트륨, 킬레이트철 등	9
	그 밖의 비료	제오나이트, 벤토나이트, 재, 숯 등	10
	소계		81
부산물비료	부숙유기질비료	가축분퇴비, 분뇨잔사, 부엽토, 부숙톱밥, 부숙왕겨 등	9
	유기질비료	어박, 골분, 유박, 깻묵, 가공계분, 혼합유기질, 혈분, 증제피혁분 등	18
	미생물비료	토양미생물제제	1
	그 밖의 비료	건계분, 지렁이분, 동애등에분	3
	소계		31

8. 토양의 침식 및 오염

1) 토양침식

1 수식의 종류(물에 의한 침식)

종류(발생순서대로 나열)	특징
우격침식	-가장 초기의 침식, 빗방울이 지표를 때리면서 토양입자를 비산시킴
면상침식	-면상침식 강우에 의하여 비산된 토양이 토양 표면을 따라 얇고 일정하게 침식되는 것 -표면에 흐르는 물이 표토를 탈취함으로써 토양 비옥도에 손실을 줌
세류침식(누구침식)	-가장 많이 발생하는 침식 -유출수에 의하여 일어나는 침식, 즉 면상침식이 진행되면서 점차 유출수가 침식에 약한 부분에 모여 작은 수로를 형성하며 흐름 쉽게 복원이 가능하다.
협곡침식 (구곡침식, 계곡침식)	-세류침식의 규모가 더욱 커진 침식 -작은 수로를 형성하며 진행되는 세류침식은 강우량 및 강우강도가 증가함에 따라 점점 더 많은 물이 모여 흐르고, 수로의 바닥과 양옆이 침식되면서 규모가 더 커짐

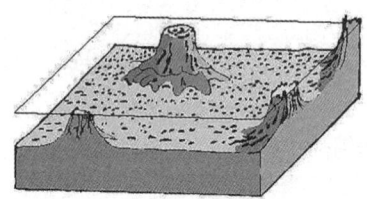 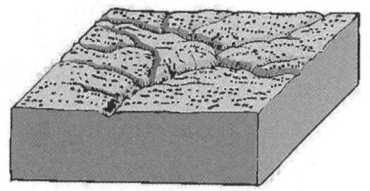 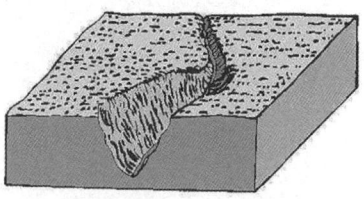

면상침식 (Sheet erosion)   세류침식 (Rill erosion)   협곡침식 (Gully erosion)

<수식의 종류>

2 수식의 예측공식

> ✓ *A = R * K * LS * C * P
> - A : 연간 토양유실량
> - R : 강우인자
> - K : 토양침식성인자
> - LS : 경사도와 경사장인자
> - C : 작부인자
> - P : 토양관리인자

① 강우인자(R)
- 연중 내린 강우의 운동에너지를 모두 합한 값이다.
- 여러 해 동안의 평균 R값이 토양유실예측공식에 이용된다.
- 강우인자에서는 강우강도가 토양침식에 가장 크게 영향을 미치는 인자이다.

② 토양침식성인자(K)
- 측정은 식생이 없는 나지상태로 유지된 길이 22.1m, 경사 9%의 표준포장에서 실시한 실험에 의하여 얻어진다.
- 침투율이 높고 토양구조가 입단화 및 안정화되면 수식 저항성이 크다.

Fe·Al 가수산화물이 많은 토양은 입단이 강하게 결합하여 수식 저항성이 크며, 입단을 가속화하는 요인(유기물 함량, 점토구성, 토양미생물 등)들이 많으면 토양침식이 줄어든다.

③ 경사도, 경사장 인자(LS)
- 경사도, 경사장인자 LS값은 침식성인자와 같이 길이 22.1m, 경사 9%에서 실험하여 수치를 구한다.
- 경사도가 경사장보다 침식에 미치는 영향이 크다.

④ 작부관리 인자(C) : 토양이 거의 피복되어 있지 않은 곳의 C값은 1.0에 가깝고, 매년 식생이 조밀한 곳의 C값은 0.1 이하이다.

⑤ 토양보전인자(P) : 유거속도나 방향을 조절하기 위하여 인공구조물을 설치하는 등의 토양보전 활동들은 토양보전인자 P값으로 나타낸다(활동이 없으면 P값은 1이며, 토양관리가 이루어지면 그 값은 작아진다).

✅ **풍식, 수식예측인자**

풍식과 수식의 예측인자들은 값이 작아야 침식이 잘 안되는 것이기 때문에 모두 '0에 가까울수록 침식에 강한 것'입니다. 이점을 유념하여 공부하시기 바랍니다.

3 수식 대책

<계단식재배>

① 등고선재배 : 경사진 밭에서 등고선을 따라 두둑을 만들어 작물을 재배하는 것
② 등고선대상재배 : 등고선을 따라 작물대와 초생대를 서로 번갈아 띠 모양으로 배열하여 재배하는 방법
③ 계단식 재배 : 대상 경작으로 세류침식을 방지하지 못할 때는 계단을 만듦
④ 승수로 설치재배 : 경사지에서 등고선을 따라 승수로를 일정한 간격, 일정한 크기로 만들어 유속을 줄이고 토양 유실을 방지하여 승수로-승수로 사이에 작물을 재배하는 방법

4 풍식의 종류

> ☑ **풍식의 3단계 과정**
>
> 분산탈리 → 이동 → 퇴적

5 풍식 대책 : 풍식 저항력 향상 방법

① 관개 : 적절한 토양수분은 토양의 응집력 및 점착성을 증가
② 피복작물 재배 : 토양 표면에 굴곡이 있거나 식생이 피복되어 있으면 풍식에 대한 저항력을 향상하며, 특히 뿌리가 잘 발달했을 경우 더 효과적이다.
③ 고랑과 이랑이 바람의 방향과 직각을 이루게 하여야 풍식 저항력이 향상한다.
④ 무경운재배 : 재배가 끝나면 작물의 그루터기를 그대로 방치하여 풍식 저항력을 증가시켜야 한다.
⑤ 방풍림·방풍벽 : 방풍림 및 방풍벽을 설치한다.

6 풍식의 예측공식

> ☑ *E = I * K * C * L * V
>
> - E : 풍식에 의한 토양유실량
> - I : 토양풍식성인자
> - K : 토양면의 조도인자
> - C : 그 지방의 기후인자
> - L : 포장의 너비
> - V : 식생인자

7 토양 침식에 영향을 주는 인자

① 일반적으로 토양의 투수력이 좋을수록 침식에 강하다.
✓ 투수력은 1. 토양입자가 클수록, 2. 유기물함량이 많을수록, 3. 토심이 깊을수록, 4. 팽창성 점토광물이 적을수록 커진다(물을 함유하기 때문).
② 전에 내린 강우에 의하여 토양피각이 생겼을 경우 토양의 투수력이 떨어짐
③ 토양입단이나 토괴의 안정성을 높이기 위해 유기물이나 Fe·Al 가수산화물 같은 교질입자가 다량 함유되어 토양입자들을 유기적으로 결합해야 한다.

8 토지이용 적성등급[11]

① 우리나라 : 1급지~5급지로 분류되어 있으며, 5급지 토양은 해당 지목으로 이용하기 부적당한 토양을 의미한다. 토지 생산력은 1급지가 가장 높고 4급지로 갈수록 낮지만, 급지에 따른 실제 생산량이 반드시 비례하지는 않는다.
② 미국 농무성 : 지목별로 적성등급을 구분하지 않고, 1~8급지(로마숫자)로 구분하여 1~4급지는 작물재배가 가능하고, 5~8급지는 농업적 이용 가치가 없으며, 목초지. 임야지. 휴양지. 오락지 등으로만 활용할 수 있다.

---

11) **토지이용 적성등급** : 토양의 특성에 따라 토지의 잠재생산력과 생산 저해의 정도를 나타낸 것

9. 토양오염

1) 토양오염의 특징과 종류

1 토양오염은 지속적, 만성적, 시간적, 경제적, 간접적이다.

2 점오염원과 비점오염원으로 나눌 수 있음

점오염원	폐기물 매립지, 대단위 가축사육장, 산업지역, 건설지역, 운영 중인 광산, 송유관, 유류 및 유독물 저장시설
비점오염원	농약 및 화학비료의 장기간 연용(농경지에서 유출되는 영양물질), 휴·폐광산의 광미나 폐석으로부터 유출되는 중금속, 산성비, 방사성 물질 등

3 토양측정망 구분(토양측정망 설치 및 운영계획. 2023.1.9. 시행)

- 오염물질에 근거하여 전국 토양질을 평가하기 위한 토양측정망 운영
- 전국망, 지역망으로 구분하여 운영함

	토양오염도 상시 측정	토양오염 실태조사
구분	전국망	지역망
조사대상	1,000개 지점	2,000개 지점
목적	전국 토양오염 실태파악	지역에서의 오염진행상황 파악
운영방식	조사지점 고정	조사지점 매년 변경
주관	환경부	시·군·구 보건환경연구원, 한국농어촌공사
조사항목	22항목(중금속 8종, 일반 14종, pH)	토양오염 가능성 높은 물질, pH

4 토양오염원의 종류

① N
- 질소 중 질산태질소(NO_3^-)의 경우 물에 의해 쉽게 용탈되어 지하수 및 지표수가 오염
- 질소를 많이 이용하게 되면 영양생장만을 주로 하므로 수확량이 줄고 병충해에 약하게 된다.
- 또한 질산염 농도가 높은 물을 음용하게 되면 유아에게 발생하는 메세모글로빈혈증(청색증)(=메트헤모글로빈혈증)을 유발할 수 있다(가축의 경우 고창증과 비타민 결핍이 일어남).

② P
- 토양에 강하게 흡착 고정되기 때문에 토양에 잔류되기 쉽다(이후 수계 오염).
- 가정하수 중의 질산염, 인산염의 유입으로 수계에서 부영양화가 일어난다. N와 P 중 P는 부영양화의 제한인자로 작용한다.

5 토양 중 중금속 특성에 영향을 주는 요인 : pH와 Eh

구분	특성
토양 pH	① 산성에서 용해도 증가하는 중금속 　→철(Fe), 구리(Cu), 아연(Zn), 망간(Mn), 카드뮴(Cd) ② 알칼리성에서 용해도 증가하는 중금속 　→몰리브덴(Mo)
토양 Eh	① 산화상태에서 독성 증가하는 중금속 　→구리(Cu), 아연(Zn), 카드뮴(Cd), 크롬(Cr), 납(Pb), 니켈(Ni) ② 환원상태에서 독성 증가하는 중금속 　→비소(As), 철(Fe), 망간(Mn)

① pH
- 대부분 중금속의 용해도는 토양의 pH가 낮을수록 증가한다.
- Mo는 토양반응이 오히려 산성조건이면 용해도가 감소한다.

② Eh : 중금속 별 산화-환원조건에 따라 용해도가 달라져 독성도 달라짐
- As, Fe, Mn 등은 산화조건에서 불용화되고, Cu, Zn, Cd, Cr, Pb, Ni 등은 환원조건에서 불용화된다.
- Cr의 경우 Cr^{6+}는 Cr^{3+}보다 독성이 훨씬 강하다.
- As의 경우 산화상태의 비소(As^{5+})보다 환원상태의 비소(As^{3+})가 높은 독성을 나타냄

> ✓ **중금속의 기준**
>
> 중금속은 말 그대로 무거운 금속을 말합니다. 하지만 중금속의 명확한 기준은 현재까지도 나와 있지 않아 보통은 그냥 금속중에 너무 가벼운 금속만 제외하고는 모두 중금속으로 부르고 있습니다.
> 이론에서는 일반적으로 비중 4~5 이상인 금속을 말하며 이 기준에 따르면 Zn(아연), 구리(Cu), 니켈(Ni), 카드뮴(Cd), 납(Pb), 코발트(Co) 정도를 중금속이라고 할 수 있습니다.
> 우리가 잘 알고 있는 Al(알루미늄), Mn(망간), Fe(철)은 독성을 나타낼 수는 있지만 이론적인 기준으로 보았을 때, 중금속에는 포함되지 않습니다.
> 또한 As(비소), Si(규소) 등은 금속과 비금속의 중간단계에 있어 '준금속'이라고 불립니다.
> 결론적으로, 식물에서 중금속은 Zn, Cu, Ni, Cd, Pb, Co, As, Si로 보시면 되며, 넓은 의미로 보신다면 우리가 알고 있는 철, 망간과 같은 금속도 포함시켜도 무방합니다.

6 중금속이 식물생육에 미치는 영향

- 중금속은 원형질막 투과성을 저하해 K^+등의 이온과 다른 용질의 누출을 초래한다.
- 일반적으로 중금속은 황(S)을 함유하는 작용기에 특히 친화력이 크며, 카르복시기(-COOH)와 같은 작용기에도 친화력이 큰 편이다. 중금속이 원형질막을 구성하고 있는 막의 SH기나 COOH기와 결합하거나(직접적 영향), 생성된 자유래디칼에 의해 막지질을 과산화시켜(간접적영향) 막의 선택성을 결정하는 ATPase 등 다른 단백질 기능을 억제하여 투과성을 저해한다.
- 중금속이 SH기 효소에 있는 -SH기에 친화력이 매우 커 효소작용이 억제될 수 있다.

7 중금속 스트레스에 대한 식물체의 방어기작

- 중금속과 작용점 사이의 상호작용을 억제하는 기작 : 중금속을 세포벽에서 복합체를 형성하게 하거나, 중금속을 특정 세포 부위로 이전시켜 필수적인 대사과정에 참여하지 못하게 함
- 중금속에 의하여 초래되는 피해 과정을 방해하는 기작 : 식물체에서는 중금속과 결합할 수 있는 phytochelatin(파이토킬라틴)을 합성하거나, 중금속에 의해 초래되어 독성을 나타내는 자유래디칼을 없애주는 항산화 효소나 대사물질을 만들어 방어한다.
- ✓ 중금속이 수계로 가는 것은 중금속을 흡착한 토양입자의 유실에 의한 것이다.

📖 나무쌤 잡학사전

폐광 지역의 폐수가 매우 위험한 이유?

폐광에서는 매우 강력한 산성 갱내수가 흘러나옵니다.
이로 인해 다양한 안좋은 현상들이 발생하게 되는데요. 보통 갱내수는 강산성용액이기 때문입니다.
갱내수가 강산성을 나타내는 이유는 황화합물에 포함 되어있는 황이 산화되면서 황산이온이 생성되기 때문입니다.
이것뿐만아니라 Fe가 산화되는 과정에서 pH가 낮아지게 되는데 이로인해, Fe의 용해도가 높아지면서 'yellow boy'라는 현상이 발생하고 추가적으로 Al의 용해도가 높아지면서 '백화현상'도 발생하게 됩니다.

2) 토양오염의 처리기술

1 생물학적 처리기술

구분	명칭	특징
생물학적 처리 기술	Biodegradation (생물학적 분해법)	-토착미생물의 활성을 증진하여 유기오염물질의 분해능을 증진하는 기술 -미생물의 생분해능력 및 토양의 오염물질흡수능을 증대시키기 위하여 영양물질, 산소, 기타 첨가제를 수용액 상태로 사용한다.
	Bioventing (생물학적 통풍법)	오염된 불포화 토양에 공기를 주입하여 휘발성 오염물질을 기화하여 이동시키거나, 토양 내 O_2 농도를 증가시켜 미생물의 생분해능을 촉진하는 기술
	Landfarming (토양경작법)	오염된 토양을 굴착하여 펼쳐놓고 정기적으로 뒤집어 공기를 공급해주는 호기성 생분해 공정
	Biopile (바이오파일법)	오염된 토양을 굴착하여 일정한 파일에 쌓아두고 폭기, 영양물질, 수분을 가함으로써 호기성 미생물들의 활성을 극대화해서 유류분해를 촉진하는 토양복원기술
	Biostimulation (생물자극법)	화학물질을 분해하는 토착 미생물 집단을 보조하는 기술, 미생물만으로는 오염물질 분해가 너무 느리므로 특수비료가 조제되어 사용됨
	Biofilter (바이오필터)	증기상의 휘발성 유기오염물질을 생물상층을 통과시켜 생물학적으로 분해하는 기술
	Phyto-remediation : 식물복원방법(아래)	
	Phyto-extraction (식물이용 추출)	-식물 뿌리가 오염물질을 흡수하여 줄기·잎·목부 등 식물체의 조직 내로 수송하여 제거하는 기술분야 -토양으로부터 오염물질을 흡수하여 체내에 고농도로 축적할 수 있는 축적종을 이용한다.
	Phyto-stabilization (식물이용 안정화)	-비독성 금속의 고정이나 토양개량제의 처리 또는 식물을 재배하여 현장에서 독성 금속을 불활성화시키는 방법 -주목적은 독성 금속들의 확산이나 생물유효도 감소와 지하수·먹이사슬로의 인입을 감소시키는 것이다.
	Phyto-degradation (식물이용 분해)	식물체가 생산한 효소로 식물체 내에서 오염물질을 대사 분해하는 기술
	Enhanced rhizosphere biodegradation (근권생물 분해)	식물 뿌리에서 분비된 유기성 물질이 미생물의 대사기질이 되어 근권 미생물의 군집을 다양하게 하고 유해 물질의 분해능을 촉진시키는 기술(근권 분해)

> ✅ **Phyto-remediation(식물복원방법)의 장점과 단점**

장점
- 경제적이다.
- 친환경적인 접근 기술이다.
- 운전경비가 거의 소요되지 않는다.
- 난분해성 유기물질을 분해할 수 있다.
- 오염된 토양의 양분이 부족한 경우 비료성분을 첨가할 수 있다.

단점
- 처리하여 분해하는데 장기간이 소요된다.
- 너무 높은 농도의 오염물질에는 적용하기 곤란하다.
- 독성 물질에 의하여 처리효율이 떨어질 수 있다.
- 화학적으로 강하게 흡착된 화합물은 분해되기 곤란하다.
- 토양, 침전물, 슬러지 등에 있는 고농도의 TNT나 독성 유기화합물의 분해가 곤란하다.

2 토양오염의 물리·화학적·화학적 처리기술

구분	명칭	특징
물리·화학적 처리기술	soil flushing (토양 세정법)	오염물질의 용해도를 증가시키기 위해 첨가제가 함유된 물을 토양공극 내에 주입하여 토양오염물질을 추출하여 처리하는 기술
	soil vapor extraction (토양증기추출)	휘발성·반휘발성 유기오염물질 등을 처리하는데 이용되는 경제적인 처리기술
	stabilization/ soilidification technology (안정화 및 고형화처리기술)	고형물질을 형성하여 오염물질의 이동을 방지하는 기술
	chemical reduction/oxidation (산화/환원)	굴착된 토양 중의 오염물질을 산화/환원반응을 이용하여 안정화시켜 무독성 또는 저독성의 화합물로 전환시키는 기술

3 토양오염의 기타 처리기술

구분	명칭
열적처리기술 (thermal technology)	통제된 환경에서 토양을 고온에 노출시켜 소각이나 열분해를 통하여 토양 중에 함유되어 있는 유해물질을 분해시키는 기술 소각, 열분해, 열탈착과 같은 방법이 있음
자연정화 (natural attenuation)	토양 또는 지중에서 자연적 희석·휘발·생분해·흡착 및 지중 물질과의 화학반응에 의하여 오염물질 농도가 허용가능 수준으로 저감되도록 유도하는 방법

3) 토양오염 관련 규정

1 토양오염 우려기준과 대책기준(토양환경보전법 시행규칙 별표3)

구분	내용
우려기준	① 사람의 건강, 재산, 동물·식물의 생육에 지장을 줄 우려가 있는 토양오염의 기준 ② 지방자치단체장, 환경부장관이 토양오염물질 제거, 오염시설 사용제한 및 금지조치
대책기준	① 우려기준을 초과하여 사람의 건강, 재산, 동물·식물 생육에 지장을 주어서 토양오염에 대한 대책이 필요한 토양오염의 기준 ② 농토개량사업(객토, 토양개량제 시용) 실시, 오염에 강한 식물 재배 권장

① 1지역 : 전, 답, 과수원, 목장용지, 광천지, 학교용지, 구거, 양어장, 공원, 사적지, 묘지인 지역과 어린이 놀이시설 부지
② 2지역 : 임야, 염전, 창고용지, 하천, 유지, 수도용지, 체육용지, 유원지, 종교용지 및 잡종지
③ 3지역 : 공장용지, 주차장, 주유소용지, 도로, 철도용지, 제방, 국방·군사시설 부지

> ✅ **토양오염관련 1~3지역의 구분**
>
> **1. 1~3지역이 나뉘는 기준은 '얼마나 사람과 가까운 공간인지?'로 판단해서 외우세요.**
> - 1지역의 전, 답, 과수원 등은 모두 사람이 '항상' 이용하는 곳
> - 2지역은 사람들이 문화활동이나 어떤 목적을 위해 '가끔' 이용하는 지역
> - 3지역은 사람보다는 차나 어떤 물건이 위주로 되는 공간

2 토양오염 우려기준(토양환경보전법 시행규칙 별표3)

물질(단위:mg/kg)	오염 기준		
	1지역	2지역	3지역
카드뮴(Cd)	4	10	60
구리(Cu)	150	500	2,000
비소(As)	25	50	200
수은(Hg)	4	10	20
납(Pb)	200	400	700
6가크롬(Cr^{6+})	5	15	40
니켈(Ni)	100	200	500
폴리클로리네이티드페닐(PCB)	1	4	12
벤젠	1	1	3
톨루엔	20	20	60

물질			
에틸벤젠	50	50	340
크실렌	15	15	45
벤조(a)피렌	0.7	2	7
시안(CN)	2	2	120
페놀	4	4	20
아연(Zn)	300	600	2,000
불소	400	400	800
유기인화합물	10	10	30
다이옥신(퓨란 포함)	160	340	1,000

✓ 추가토양오염물질 : 석유계총탄화수소(TPH)/트리클로로에틸렌(TCE)/테트라클로로에틸렌(PCE)/1,2 - 디클로로에탄

3 토양오염 대책기준(토양환경보전법 시행규칙 별표7)

물질(단위:mg/kg)	오염 기준		
	1지역	2지역	3지역
카드뮴(Cd)*3	12	30	180
구리(Cu)*3	450	1,500	6,000
비소(As)*3	75	150	600
수은(Hg)*3	12	30	60
납(Pb)*3	600	1,200	2,100
6가크롬(Cr6+)*3	15	45	120
니켈(Ni)*3	300	600	1,500
폴리클로리네이티드페닐(PCB)*3	3	12	36
벤젠*3	3	3	9
톨루엔*3	60	60	180
에틸벤젠*3	150	150	1,020
크실렌*3	45	45	135
벤조(a)피렌*특이	2	6	21
시안(CN)*2.5	5	5	300
페놀*2.5	10	10	50
아연(Zn)*특이	900	1,800	5,000
불소*특이	800	800	2,000
유기인화합물*특이	-	-	-
다이옥신(퓨란 포함)*특이	500	1,000	3,000

✓ 추가토양오염물질 : 석유계총탄화수소(TPH)/트리클로로에틸렌(TCE)/테트라클로로에틸렌(PCE)/1,2 - 디클로로에탄

> ✅ **우려기준과 대책기준**
>
> - 우려기준에서 *3을하면 대책기준이 나옵니다.
> - 시안(CN), 페놀은 예외로 우려기준에서 *2.5를 해야 대책기준이 나옵니다.
> - 나머지 아연, 불소, 유기인화합물, 다이옥신은 *3이나 *2.5가 아니므로 따로 암기해두셔야 합니다.
> ※ 다이옥신이 제일 최근에 추가되었습니다.

4) 산불

1 산불 피해(토양)

① 산불이 발생하면 낙엽층이 소실되고 부식층까지 타서 토양의 이화학적 성질을 악화시킨다.
② 부식층의 소실 및 낙엽이 탄 후 생성된 재가 형성한 불투수성 막으로 인해 투수성이 감소하여 지표유하수가 늘게 되고, 침식이나 홍수의 원인이 된다.
③ 산을 덮고 있던 수목들이 타버리면, 직사광선을 그대로 받아 부식질이 재빨리 분해되고 보급되지 않아 토양의 이화학적 성질이 점점 나빠진다.
④ 결과적으로 산림의 제 기능을 하지못해 종합적인 피해가 발생한다.

2 산불 발생 후 초기 단계의 물리화학적 성질 변화

① pH 일시적 증가
   산불이 나면 초창기에는 식물과 산림의 유기물이 탄 재속에 칼륨이온, 칼슘이온, 마그네슘이온 등의 양이온이 함유되어 있어 토양 표토층의 pH를 일시적으로 상승시켰다가 수개월~수십년의 기간을 거쳐 발생 이전 수준으로 돌아간다.
② 용적밀도 증가
③ 수분침투율 감소에 따른 유거수 및 토양침식 증가
④ 수분증발량 증가
⑤ 교환성 양이온 일시적 증가
   염기포화도는 유기물 연소에 따른 염기 방출로 일시적으로 증가한다.
⑥ 양이온교환용량 감소
   유기물의 연소와 토양 내 광물질의 변화로 양이온교환용량은 감소한다.

> 📖 **나무쌤 잡학사전**
>
> 산불은 토양산성화의 원인일까?
> 산불이 나면 초창기에는 식물과 산림의 유기물이 탄 재속에 칼륨이온, 칼슘이온, 마그네슘이온 등의 양이온이 함유되어 있어 토양 표토층의 pH를 상승시킵니다.
> 하지만, 산불이 나서 다 타버리게 된 후 강우가 발생하면 재를 포함한 표토층의 양분들이 심하게 용탈되어 오히려 그 전보다 산성화가 진행 될 수 있습니다.
> 고로, 산불은 초창기에는 토양의 pH를 오히려 상승시키는 원인이 되지만, 이후에는 산불로 인해 산성화가 가속화 될 수도 있습니다.

단원별 마무리 핵심문제

★문제 해설에 관련된 내용이 있는 교재페이지를 기재해 두었습니다. 해설만 보기보다는 교재페이지를 오고가며 다시한번 복습하시는 것을 추천드립니다.★

001

아래 표는 화성암의 분류에 대해 나타낸 표이다. 빈칸에 들어갈 말 중 **틀린** 것을 고르시오.

얕음	화산암	ⓐ	ⓑ	유문암
생성 깊이	반심성암	휘록암	섬록반암	석영반암
깊음	심성암	반려암	ⓒ	ⓓ

←(ⓔ %) SiO$_2$(규산)함량 (66%)→

① ⓐ - 편마암
② ⓑ - 안산암
③ ⓒ - 섬록암
④ ⓓ - 화강암
⑤ ⓔ - 52%

해 염기성암이면서 얕은 곳에서 형성되는 화성암은 현무암이다. 편마암은 사질의 퇴적암이 높은 온도 및 압력하에서 변성작용을 받은 경우에 생성되는 변성암이다. **교재 134p**

답 ①

002

아래 표는 모래와 점토의 특성을 비교한 표이다. 빈칸에 들어갈 말 중 **틀린** 것을 고르시오.

번호	구분	모래	점토
①	수분보유능력	ⓐ	ⓐ
②	통기성	ⓑ	ⓑ
③	배수속도	ⓒ	ⓒ
④	유기물함량수준	ⓓ	ⓓ
⑤	차수능력	ⓔ	ⓔ

① ⓐ - 모래 : 낮음 / 점토 : 높음
② ⓑ - 모래 : 좋음 / 점토 : 나쁨
③ ⓒ - 모래 : 빠름 / 점토 : 매우 느림
④ ⓓ - 모래 : 낮음 / 점토 : 높음
⑤ ⓔ - 모래 : 좋음 / 점토 : 불량

해 '차수'란 물이 새거나 흘러드는걸 막는 것을 말한다. 즉 토양으로 투수가 안되게끔 해야 하는데, 모래는 대공극이 넓어 투수는 잘 되지만 차수는 잘 안되고, 점토는 대공극이 작아 투수는 잘 되지 않지만 차수는 잘 된다. **교재 138p**

답 ⑤

003

토양 단면층에 따른 특징을 작성한 것으로 옳지 않은 것을 고르시오.

① Oe - 중간정도 부숙된 유기물층
② A - 부식과 혼합된 검은색의 무기질층
③ E - 점토, Al, Fe 산화물 등의 용탈층
④ BC - C층으로의 전이층(B→C)
⑤ CB - B층으로의 전이층(C→B)

해 CB도 C층으로의 전이층을 말한다. 다만, C가 앞에 있는 이유는 C층 특성이 더 우세하기 때문이다(BC는 B층의 특성이 우세한 층이다).

교재 140p

답 ⑤

📝 기출문제[7회]

Q. 토양단면 I ~ V 각각에 대한 설명 중 옳지 않은 것은?

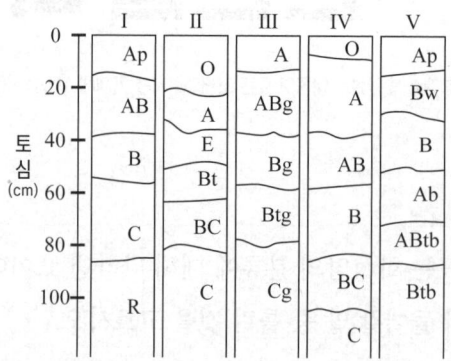

① I : 경운 토양으로 A층이 B층으로 전환되는 전이(위)층이 있음
② II : 용탈(세탈)층을 가진 토양
③ III : 수분환경의 영향이 미약하여 강한 산화층이 발달한 토양
④ IV : 지표 유기물의 분해가 빠르고 비교적 표토가 발달한 토양
⑤ V : 매몰 이력을 가진 경운 토양

해

토양단면을 구분할 때 토양의 기본토층(O층, A층, E층, B층 등)으로만 구분하기도 하지만 종속토층(조금 더 세밀한 성질을 나타냄)을 합쳐서 더 세밀하게 표현하기도 합니다. 토양단면 III의 g는 종속토층에서 강 환원(gleying) 토층을 말합니다.

[교재 140 ~ 143p]

답 ③

004

아래 표는 산림토양과 농경지토양의 특성을 비교한 표이다. 빈칸에 들어간 말 중 <u>틀린</u> 것을 고르시오.

번호	구분	산림토양	농경지토양
①	토양층위 (단면)	자연적	인위적 (교란상태)
②	토양습도	균일함	변동심함
③	토양동물상	종류적고, 활동성 낮음	종류많고, 활동성 높음
④	뿌리침투	깊은 층까지 침투	얕은 층에 집중
⑤	낙엽공급량	많음	적음

해 산림토양에서는 인위적인 행위가 가해지지 않은 상태로 자연스럽게 생태계가 형성되기 때문에 수많은 토양 미생물들이 활동하고 있지만, 농경지토양에서는 경운, 농약, 답압 등 인위적인 행위가 계속해서 가해지기 때문에 토양미생물들이 적고 활동성도 낮다.

교재 144p

답 ③

005

토양의 생성인자 5가지가 <u>아닌</u> 것은?

① 모재
② 기후
③ 지형
④ 수분
⑤ 시간

해 토양의 생성인자 5가지는 모재, 기후, 지형, 식생, 시간이다.

교재 145p

답 ④

006

빗물이 장시간 정체될 수 있는 요함지나 지하수위가 높은 지역에서 토양이 혐기상태가 되어 유기물이 쌓이거나 습지식물이 지표에 쌓이는 현상은 무슨 현상인가?

① 부식집적 작용
② 회색화 작용(gleyzation)
③ 이탄집적 작용
④ Fe·Al집적 작용
⑤ 갈색화 작용(braunification)

해 다음에서 설명하는 것은 이탄집적 작용이다. 이탄은 불완전하게 분해된 식물유체로서 맨눈으로 식물조직을 식별할 수 있다.

교재 147~149p

답 ③

📝 기출문제[7회]

Q. 기후와 식생의 영향을 받으면서 다른 토양 생성인자의 영향을 받아 국지적으로 분포하는 간대성 토양은?

① 갈색토양
② 테라 로사
③ 툰드라토양
④ 포드졸토양
⑤ 체르노젬토양

해

간대성토양은 염류토양, 알칼리토양, 산성토양, 테라로사, 이탄토, 화산회토, 회색화작용토, 부식질 탄산염 등 기후·식생 이외에도 다른 토양생성인자의 영향을 받아 생성된 토양들을 말한다.

[교재 151p]

답 ②

007

다음 중 우리나라 산림토양의 특성이 아닌 것은?

① 한국 산림은 대부분 경사진 곳에 자리잡고 있다.
② 보수력이 좋다.
③ 통기성이 좋다.
④ 배수가 잘 된다.
⑤ 여름철 집중호우로 인해 점토가 유실되고 모래와 자갈이 많은 편이다.

해 우리나라 산림토양은 보수력이 좋은 점토가 유실되고 모래와 자갈이 많아 보수력이 떨어진다. 교재 151p

답 ②

008

미 농무성 신토양분류법에 의한 보기에서 설명하는 토양목은?

[보기]
① 풍화와 용탈이 매우 심하게 일어나는 고온 다습한 열대기후 지역에서 발달하며, 주로 kaolinite, 석영, Fe·Al산화물로 되어있다.
② 고농도의 Fe·Al 산화물로 인산을 강하게 결합하여, 인산 결핍이 생길 수 있음

① Entisol
② Vertisol
③ Mollisol
④ Spodosol
⑤ Oxisol

해 보기는 옥시졸에 대한 설명이다. 과분해토라고도 한다. 교재 153, 154p

답 ⑤

009

미 농무성 신토양분류법에 의한 보기에서 설명하는 토양목은?

[보기]
① 유기물 함량이 20~30% 이상, 유기물 토양층이 40cm이상 되어야함
② 분해된 수생식물의 잔재가 얕은 연못이나 습지에 퇴적되어 형성된 토양을 포함한 유기질 토양

① Histosol
② Andisol
③ Ultisol
④ Alfisol
⑤ Aridisol

해 보기에서 설명하는 토양목은 히스토졸(Histosol)이다. 유기토라고도 한다. 교재 153, 154p

답 ①

기출문제[8회]

Q. 온난 습윤한 열대 또는 아열대 지역에서 풍화 및 용탈작용이 일어나는 조건에서 발달하며, 염기포화도 30% 이하인 토양목은?

① Oxisol   ② Ultisol
③ Entisol   ④ Histosol
⑤ Inceptisol

해
Ultisol(과숙토)은 온난 습윤한 열대 또는 아열대 지역에서 Alfisol의 경우보다 더 강한 풍화 및 용탈작용이 일어나는 조건에서 발달한다.(점토 용탈된 argillic 차표층 발달)
특징 - 염기포화도30%↓, 점토광물은 심한 풍화현상으로 주로 kaolinite와 Fe·Al산화물로 되어있다. [교재 153,154p]

답 ②

010

다음의 토양단면 세부기록 사항 중 '조사토양의 개황'에 속하는 것은?

① 단면번호
② 토양명
③ 경사도
④ 토성
⑤ 지하수위

해 지하수위는 조사토양의 개황에 속한다. 해당 지점에 대한 전체적인 내용들은 거의 '조사지점의 개황'에 있고, 해당 지점의 토양에 대한 내용 중 거시적인 내용은 '조사토양의 개황' 미시적인 내용은 '개별 층위의 기술'에 많다. **교재 157, 158p**

답 ⑤

011

토양을 직접 만져서 조사하는 촉감법을 통해 토성을 결정하고자 한다. 다음 보기에서 말하는 토성은 어떤 토성에 속하는지 고르시오.

[보기]
① 띠가 약 2.5~5cm정도 생김
② 갈리는 소리가 들리고, 모래처럼 껄끄러운 느낌이 강함

① 사토
② 양토
③ 사질식양토
④ 식양토
⑤ 미사질식토

해 갈리는 소리, 껄끄러운 느낌이 있으면 일단 '사질'이 들어가고 2.5~5cm정도의 띠를 만드는 거면 기본적으로 '식양토'의 토성을 가지고 있다. 둘을 합쳐서 '사질식양토'가 된다. **교재 159, 160p**

답 ③

기출문제[5회]

Q. 화살표로 표시한 토양색의 먼셀(Munsell) 표기법으로 옳은 것은?

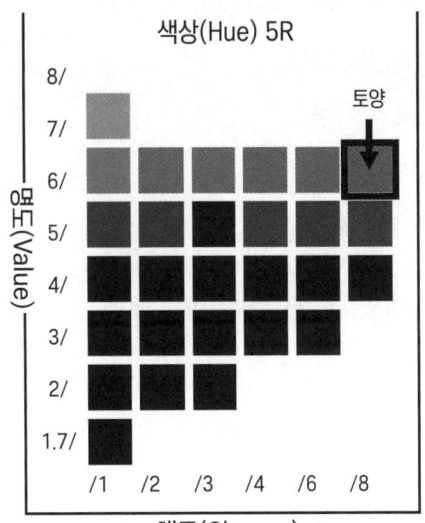

① 5R 8/6
② 5R 6/8
③ 6/8 5R
④ 8/6 5R
⑤ 8 5R 6

해 먼셀의 표색계에서는 색을 [색상 명도/채도] 이렇게 표기한다. [교재 161p]

답 ②

012

다음 중 토양 구조에 관한 설명으로 옳지 <u>않은</u> 것은?

① 입단이 잘 발달한 토양은 일반적으로 둥근 모양의 입상구조를 가진다.
② 판상구조는 모재의 특성을 그대로 간직하고 있다.
③ 괴상구조는 점토가 많고 수축팽창이 일어나는 심토에서 발달한다.
④ 주상구조는 건조 및 반건조한 환경에서 발달한다.
⑤ 낱알구조는 건조한 토양에서 발달한다.

해 낱알구조는 습윤한 토양에서 발달한다. 건조한 토양에서는 세립상구조가 발달한다. **교재 161p**

답 ⑤

013

다음 중 토양 입단형성요인이 아닌 것은?

① 나트륨 이온(Na^+)의 첨가
② 다가이온의 작용
③ 유기물의 작용
④ 미생물의 작용
⑤ 기후의 영향

해 나트륨 이온(Na^+)은 수화반지름이 커 입단을 분산 시키는 대표적인 요인이다. **교재 164, 165p**

답 ①

014

다음 중 토양수분에 대한 설명으로 옳지 않은 것은?

① 포장용수량은 수분이 포화된 상태의 토양에서 중력수를 완전히 배제하고 남은 상태를 말한다.
② 영구위조점은 식물체가 시든 정도가 심하여 수분을 공급해도 회복이 안 되는 상태를 말한다.
③ 흡습계수는 흡습수만 남은 수분상태로, 작물에 이용될 수 없다.
④ 105°C의 오븐에서 토양을 건조했을 때 제거되는 수분을 결합수라고 한다.
⑤ 토양을 건조한 대기 중에서 건조했을 때 토양에 잔류하는 수분을 풍건수분이라고 한다.

해 105°C로 건조했을 때 제거되는 수분을 흡습수라고 하며 제거되지 않는 수분을 결합수라고 한다. **교재 170, 171p**

답 ④

📝 기출문제[6회]

Q. 다음 (   )에 맞는 용어를 순서대로 나열한 것은?

> 토양의 모든 공극이 물로 채워진 것은 최대용수량, 대공극에 존재한 수분상태는 (ㄱ), 미세공극에 모세관 작용으로 존재하는 수분상태는 (ㄴ), 식물뿌리가 흡수할 수분이 없어 시들게 된 수분 상태는 (ㄷ), 식물이 이용할 수 없는 수분상태는 (ㄹ)이다.

① ㄱ.중력수 / ㄴ.용수량 / ㄷ.흡습계수 / ㄹ.위조점
② ㄱ.중력수 / ㄴ.모관수 / ㄷ.흡습계수 / ㄹ.위조점
③ ㄱ.중력수 / ㄴ.최대용수량 / ㄷ.위조점 / ㄹ.흡습계수
④ ㄱ.중력수 / ㄴ.포장용수량 / ㄷ.위조점 / ㄹ.흡습계수
⑤ ㄱ.용수량 / ㄴ.포장용수량 / ㄷ.흡습계수 / ㄹ.위조점

해
교재 참고 [교재 170, 171p]

답 ④

015

다음 보기의 광물을 풍화내성이 가장 강한 순서대로 나열 한 것은?

[보기]
조장석, 백운모, 정장석, 휘석, 감람석, 방해석, 석고, 석영

① 백운모 - 정장석 - 조장석 - 감람석 - 방해석 - 정장석 - 석고 - 석영
② 석영 - 백운모 - 정장석 - 조장석 - 휘석 - 감람석 - 방해석 - 석고
③ 백운모 - 정장석 - 조장석 - 감람석 - 휘석 - 방해석 - 석고 - 석영
④ 석영 - 백운모 - 조장석 - 정장석 - 감람석 - 휘석 - 방해석 - 석고
⑤ 석고 - 석영 - 휘석 - 감람석 - 조장석 - 백운모 - 정장석 - 방해석

해 외우는 방법 - 석·백·미·정·흑·조·각·휘·회·감·백·방·석
※문장 : 석백이랑 미정이가 흑조각을 주웠는데, 막상 보니 이상해 휘회감이 들었다. 그래서 백방석을 돌아다니며 화를 냈다. 교재 179, 180p
답 ②

016

다음 중 점토광물 중 팽창형 광물은?

① 고령석(kaolinite)
② 할로이사이트(halloysite)
③ 일라이트(illite)
④ 논트로나이트(nontronite)
⑤ 녹니석(chlorite)

해 184p 점토광물의 표 참고 교재 184p
답 ④

017

다음 보기의 토양콜로이드를 양이온교환용량(CEC)의 크기가 3번째로 큰 토양콜로이드는?

[보기]
카올리나이트(kaolinite), 클로라이트(chlorite), 부식(humus), 몬모릴로나이트(montmorillonite), 함수 운모(hydrous mica)

① 카올리나이트(kaolinite)
② 클로라이트(chlorite)
③ 부식(humus)
④ 함수 운모(hydrous mica)
⑤ 몬모릴로나이트(montmorillonite)

해 토양콜로이드별 양이온교환용량(CEC, 단위 : cmolc/kg)
1. 부식(humus) = 100~300
2. 몬모릴로나이트(montmorillonite) = 60~100
3. 함수 운모(hydrous mica) = 25~40
4. 클로라이트(chlorite) = 10~40
5. 카올리나이트(kaolinite) = 3~15 교재 191p
답 ④

기출문제[7회]

Q. 양이온교환용량이 30cmolc/kg인 토양의 교환성 양이온 농도가 다음과 같을 때 이 토양의 염기포화도는?

교환성 양이온	K^+	Na^+	Ca^{2+}	Cd^{2+}	Mg^{2+}	Al^{3+}
농도 (cmolc/kg)	2	2	3	2	3	3

① 11% ② 22%
③ 33% ④ 66%
⑤ 99%

해 염기포화도는 수소이온과 알루미늄이온을 제외한 교환성 양이온에 의하여 토양의 흡착 부위가 포화된 정도를 말하며 [수소이온(H^+)과 알루미늄이온(Al^{3+}) 제외한 교환성 양이온/전체 양이온]으로 구한다(cd와 같은 중금속은 교환성 양이온이 아니다) = (2+2+3+3)/30 = 33% [교재 192, 193p]

답 ③

018

다음 중 토양의 산성화에 대한 내용으로 옳지 <u>않</u>은 것은?

① 토양을 산성화 시키는 대표적인 무기이온은 수소이온과 알루미늄이온이다.
② 황화철의 환원은 토양 산성화의 원인 중 하나이다.
③ 계절별 산림토양에서 pH의 값은 신선한 낙엽으로부터 염기가 방출되는 시기인 가을에 가장 높다.
④ 우리나라 산림토양의 경우 모암의 영향과 여름철 집중호우로 인한 염기용탈로 대부분 산성을 띤다.
⑤ 활엽수림이 침엽수림보다 pH가 더 높은 지역에서 잘 자란다.

해 산성화의 원인 중 하나는 황화철(FeS_2)의 산화이다. 토양 속의 철 황화물(FeS_2)이나 살균제, 비료에 함유된 황이 미생물 작용이나 화학적 반응을 통하여 황산 이온으로 산화(밭토양)되면서 H^+이 생성된다. [교재 196, 197, 198p]

답 ②

019

다음 중 토양세균에 대한 내용으로 옳지 <u>않</u>은 것은?

① 암모늄이온(NH_4^+)을 아질산이온(NO_2^-)으로 산화시키는 균에는 Nitrobacter가 있다.
② 탈질균은 유기물과 NO_3^-가 풍부하고, pH가 중성인 환경에서 자주 발생한다.
③ 아족토박터(Azotobacter)는 단생질소고정균에 속한다.
④ 혐기성세균에는 클로스트리디움(Clostridium)이 있다.
⑤ Thiobacillus ferrooxidans는 호기적 조건에서 Fe 산화 과정에 관여하는 세균이다.

해 질산화균에는 아질산균과 질산균이 있다.
아질산균은 암모늄이온(NH_4^+)을 아질산이온(NO_2^-)으로 산화시키고 그 종류에는 Nitrosomonas, Nitrosococcus, Nitrosospira 등이 있다. 질산균은 아질산이온(NO_2^-)을 질산이온(NO_3^-)으로 산화시키고 그 종류에는 Nitrobacter, Nitrocystis 등이 있다. [교재 203, 204p]

답 ①

020

다음 중 부식에 대한 설명으로 옳지 <u>않</u>은 것은?

① 부식은 비결정질로 부식의 비표면적과 흡착능은 층상의 점토광물에 비하여 훨씬 크다.
② 부식회는 알칼리용액으로도 추출되지 않고 침전되는 물질을 말한다.
③ 부식산은 알칼리에는 용해되지만 산에는 침전되는 물질을 말한다.
④ 부식은 음전하를 띠는데 이때 대부분의 음전하가 퀴논(quinone)기의 해리에 의한 것이다.
⑤ 풀브산은 알칼리용액으로 추출한 후 pH1~2로 산성화시켰을 때 용해되는 물질을 말한다.

해 부식이 가지는 음전하의 약 55%가 카르복시기(carboxyl)의 해리에 의한 것으로 가장 큰 영향을 미친다. [교재 205, 206p]

답 ④

기출문제[6회]

Q. 토양에 첨가된 유기물은 분해 과정 및 분해 산물에 의한 효과와 분해 후 부식에 의한 효과로 구분하는데 분해 후 부식에 의한 효과로 옳은 것은?

① 토양 보수력 증가
② 양이온교환용량 증가
③ 식물성장촉진제의 공급
④ 토양미생물의 활성 증대
⑤ 사상균 균사에 의한 입단 발달

해 부식은 비표면적이 넓고 다량의 음전하를 띠고 있어 양이온교환용량이 굉장히 크다.

[교재 205, 206p]

답 ②

021

다음 중 뿌리의 영양소 공급기작 중 뿌리차단에 대한 설명으로 틀린 것은?

① 뿌리차단은 뿌리에서 배출되는 H^+이 교질 표면에 흡착된 다른 양이온과 교환되고 이어서 흡수되는 현상을 말한다.
② 뿌리차단에 의한 영양소 흡수량은 뿌리가 발달할수록 많아진다.
③ 뿌리 차단으로 흡수될 수 있는 영양소의 양은 전체의 10%정도를 차지한다.
④ 뿌리차단은 접촉교환학설의 뒷받침을 받고 있다.
⑤ 교환성 양이온과의 접촉뿐만 아니라 토양용액 중의 유리이온 접촉도 가능하다.

해 뿌리 차단으로 흡수될 수 있는 영양소의 양은 1% 미만으로 매우 낮다.

교재 210, 211p

답 ③

022

다음 중 생리적 반응과 화학적 반응이 모두 염기성인 비료가 아닌 것은?

① 석회질소
② 용성인비
③ 나뭇재
④ 토머스인비
⑤ 과인산석회

해 과인산석회는 생리적 반응은 중성, 화학적 반응은 산성인 비료이다.

교재 214p

답 ⑤

023

다음 중 물에 의한 침식인 수식에 관한 설명으로 옳지 않은 것은?

① 가장 초기의 침식을 우격침식이라고 한다.
② 면상침식은 토양 비옥도에 손실을 준다.
③ 가장 많이 발생하는 침식은 세류침식(누구침식)이다.
④ 수식의 예측공식 인자인 강우인자에서 토양침식에 가장 크게 영향을 미치는 것은 강우기간이다.
⑤ 수식의 예측공식 인자인 작부관리 인자에서 토양이 거의 피복되어 있지 않은 곳의 값은 1.0에 가깝다.

해 수식에 가장 큰 피해를 미치는 요인은 단위 시간당 강우량을 측정한 강우강도이다.

교재 216, 217p

답 ④

024

점오염원과 비점오염원 중 비점오염원에 속하는 것은?
① 폐기물 매립지
② 산성비
③ 대단위 가축사육장
④ 산업지역
⑤ 운영 중인 광산

해 점오염원은 오염되는 공간을 특정할 수 있으면 점오염원이라고 한다. 비점오염원은 오염되는 공간을 특정할 수가 없다. 예를들어 산성비, 중금속, 방사성 물질 등이 있다. [교재 219p]

답 ②

기출문제[9회]

Q. 물에 의한 토양침식에 관한 설명으로 옳지 않은 것은?
① 유기물 함량이 많으면 토양유실이 줄어든다.
② 토양에 대한 빗방울의 타격은 토양입자를 비산시킨다.
③ 분산 이동한 토양입자들은 공극을 막아 수분의 토양침투를 어렵게 한다.
④ 강우강도는 강우량보다 토양침식에 더 많은 영향을 미치는 인자이다.
⑤ 토양유실은 면상침식이나 세류침식보다 계곡침식에서 대부분 발생한다.

해
실제 가장 많이 발생하는 수식은 세류침식이다. 면상침식이나 세류침식에 의해서 대부분의 토양유실이 발생한다. [교재 216p]

답 ⑤

나무의사 필기 핵심 이론서&단원별 마무리 문제집

수목병리학

수목병리학

-나무에 병을 일으키는 미생물과 환경 요인에 대해 연구하여
병을 예방하고 방제하여 이들이 일으키는 피해를 줄이는 것을 목적으로 하는 학문-

"나를 죽이지 못하는 모든 고통은 나를 더 강하게 할 뿐이다."

-니체-

니체의 문장은 제가 힘들 때마다 마음속으로 되뇌이는 문장입니다.
포기만 하지 않는다면 여러분들은 그만큼 성장할 수 있습니다.
그 누구도 여러분들을 포기하게 할 수 없습니다.
포기여부는 오롯이 자신이 정하는 것입니다.
앞으로의 강해질 나를 위해서 포기하지 않고 도전해봅시다!

1. 수목병리학의 일반

1) 수목병리학의 역사

1 수목병리학의 발달

수목병리학의 아버지로 불리우는 Robert Hartig(로버트 하티그)에 의해 부후재 중의 균사와 그 외부에 나타난 자실체와의 관계가 처음으로 밝혀졌다.

2 우리나라에서의 수목병리학의 발달

연도(년)	인물 or 기관	관련서적 or 언론	내용
1764~1845	서유구	행포지	배나무 붉은별무늬병과 향나무와의 관계 기술
1936~1937	Takaki Goroku	조선임업회보	경기도 가평군에서 최초로 발견된 잣나무 털녹병을 동정하여 발표함
1935~1942	Hiratsuka Naohaid	조선산수균	우리나라의 녹병균 203종을 수록
1940	임업시험장	선만실용임업편람	수목병 92종, 버섯류 163종 수록
1943	Hemmi Takeo	식물분류지리	-septoria를 비롯한 14종의 병원균을 동정 -'조선삼림식물병원균의 연구'라는 제목으로 최초의 균학적 연구 결과를 수록함

> ✔ 광복 후
>
> ① [1956] '측백나무에 기생하는 병원성 Pestalotia에 대한 연구'
> ② [1958] '한국의 진균성 식물병목록'
> ③ [1959] '포플러엽고병에 관한 연구'
> ④ [1976] 보호과가 산림병해충부로 승격
> ⑤ [2012~2015] 산림청 지원으로 전국 8개 국립대학에 수목진단센터 설치

> 📖 나무쌤 잡학사전
>
> **수목병리학의 발달**
> 아시다시피 1945년 광복, 1950년 한국전쟁으로 인해 나라가 굉장히 힘든 시기였습니다. 그리하여 수목병리학의 주요 발달은 광복 전 일제강점기 시대에 일어나게 되었던 것입니다.

3 우리나라에서의 주요 수목병 연구

① 포플러류 녹병

　가. 우리나라엔 낙엽송을 기주로 하는 M.larici-populina와 현호색류를 기주로 하는 M.magnusiana가 분포함

　나. 포플러 잎에서 월동한 여름포자가 직접 1차 전염원이 될 수 있다는 사실을 규명함

　다. 잎녹병 저항성 클론인 이태리포플러 1, 2호를 개발 보급하는 데 성공함

> **나무쌤 잡학사전**
>
> 여름포자가 직접 1차 전염원이 될 수 있다는 건…
> 녹병은 총 5세대를 거칩니다. 원래는 여름포자 - 겨울포자 - 담자포자 - 녹병정자 - 녹포자 순으로 포자가 진행돼서 기주이동을 해야 하지만 여름포자가 직접 1차 전염원이 된다는 것은 여름포자 세대가 그대로 월동하여 겨울포자가 되지 않고 같은 기주를 다음 해에 또다시 가해한다는 뜻입니다.
> 이 현상은 남쪽 지방의 포플러에서 발견되며, 나머지 포플러에서는 정상적으로 기주 이동 및 세대 변화를 거치게 됩니다.

② 잣나무 털녹병

　가. 1936년 가평에서 발견, 1965년 평창에서 다시 발견됨

　나. 중간기주가 송이풀이라는 것을 밝혀냄

　다. 까치밥나무류에 기생하는 잣나무 털녹병은 우리나라에서는 아직 발견된 적이 없음

③ 대추나무 빗자루병

　가. 충북 보은 지역에서 1950년도에 산발적으로 발생함

　나. 파이토플라스마 - (매개)모무늬매미충 - (방제)옥시테트라사이클린 수간주입

④ 오동나무 빗자루병

　가. 1970년대 많이 조림했다가 이병으로 인해 거의 전멸되어 조림이 중단됨

　나. (매개충)담배장님노린재, 썩덩나무노린재, 오동나무애매미충, (방제)옥시테트라사이클린 수간주입

⑤ 소나무 재선충병

　가. 1988년 부산에서 발생

　나. (매개충)솔수염하늘소, 북방수염하늘소(2007년, 위도상 북쪽)

⑥ 소나무류 송진가지마름병(푸사리움가지마름병)

　가. 1996년 리기다소나무림에서 처음 발견

　나. 미국, 일본 등지에서 발생하는 Fusarium circinatum과 동일종

　다. (방제)테부코나졸 유탁제 수간주사

⑦ 참나무 시들음병

　가. 2004년 경기도 성남시 '신갈나무'에서 처음 발견(참나무림 피해)

　나. (병원균)Raffaelea quercus-mongolicae, (매개충)광릉긴나무좀

4 수목병의 원인

생물적 원인	비생물적 원인
곰팡이	온도
세균	수분
바이러스	토양
파이토플라스마	대기
원생동물	화학물질
선충	
기생성 종자식물	

5 기생방법에 따른 구분

① 절대기생체 : 살아있는 기주에서만 생장하고 번식이 가능한 기생체

  종류 : 녹병균, 흰가루병균, 노균병균, 바이러스, 바이로이드, 파이토플라스마, 식물기생성 선충, 식물기생성 종자식물, 원생동물 등

② 임의부생체 : 살아있는 조직을 죽여 영양분을 취하는 것을 원칙으로 하나, 조건에 따라 사물(死物)에서 영양을 취하는 생물

  종류 : 가지 및 줄기마름성 병해 등 대부분의 병원균

③ 임의기생체 : 대부분의 시간을 죽은 유기물에서 살아가나, 조건에 따라 살아 있는 식물체에 침입해 영양을 취하는 생물

  종류 : 아밀라리아뿌리썩음병 등

④ 부생체 : 죽은 유기물에서만 생활하는 생물 사물기생균이라고도 함

  종류 : 목재부후균 등

⑤ 살생균 : 다른 생물의 조직을 침해하여 죽이고, 죽은 부위에서 양분을 취하여 생활하는 균

⑥ 공생균 : 다른 생물의 살아있는 세포나 조직에서 영양을 취하나, 이로 인해 그 생물에는 병적 현상이 일어나지 않고 오히려 필요로 하는 영양의 일부를 공급하여 공생관계를 가짐

2. 수목병해의 발생

1) 수목병의 성립

1 곰팡이에 의한 병의 발생

① 건조한 조건에 아주 민감하며, 어둡고 습기가 많은 곳에서 가장 잘 자란다.
② 주로 기주 실물에 생긴 상처로 침입하며, 세포벽과 세포막을 뚫고 직접침입도 가능하다.
③ 포자가 발아하여 발아관을 만들고 식물 표피에 부착하기 용이하도록 발아관 말단부에 부착기를 형성하고, 그 아래쪽에 침입관을 형성하여 침입한다.
④ 흰가루병균 등 일부 균류는 흡기로 기주의 영양분을 흡수한다.

2 세균에 의한 병의 발생

① 크기가 작아 기주 수목에 생긴 상처나 기공·피목·수공·밀선과 같은 자연개구를 통하여 침입할 수 있다.
② 기주 수목에 생긴 상처는 곰팡이에서와 마찬가지로 세균의 주요 감염부위가 된다.

3 선충에 의한 수목병

① 선충은 일반적으로 토양에 서식하면서 뿌리에서 물과 양분을 흡수하는 가장 중요한 부위인 유근을 가해한다.
② 식물기생선충의 구조적 특징인 구침을 통하여 바이러스를 건전한 식물체에 옮겨주기도 한다.
③ 곰팡이와 같이 직접침입이 가능하다.

4 바이러스에 의한 병의 발생

① 기주세포나 조직에서 양분을 취하지 않는다.
② 세포 내로 침입한 바이러스의 단백질 외피가 벗겨지면 기주세포가 동일한 바이러스를 만들게 된다.
③ 절대기생체로 살아있는 세포에서만 생활이 가능하며, 어리고 활동적인 기주세포를 좋아한다.

5 파이토플라스마에 의한 병의 발생

① 전신병해, 체관부 감염(당의 이동을 방해)
② [전반] ① 영양번식체(삽목 등), ② 매개충, ③ 뿌리접목
③ 매개충 내에서 약 10~20일간 잠복, 이 매개충을 보독충이라고 함
④ 경란전염은 안된다고 보는 견해가 많음

2) 수목병해의 병환

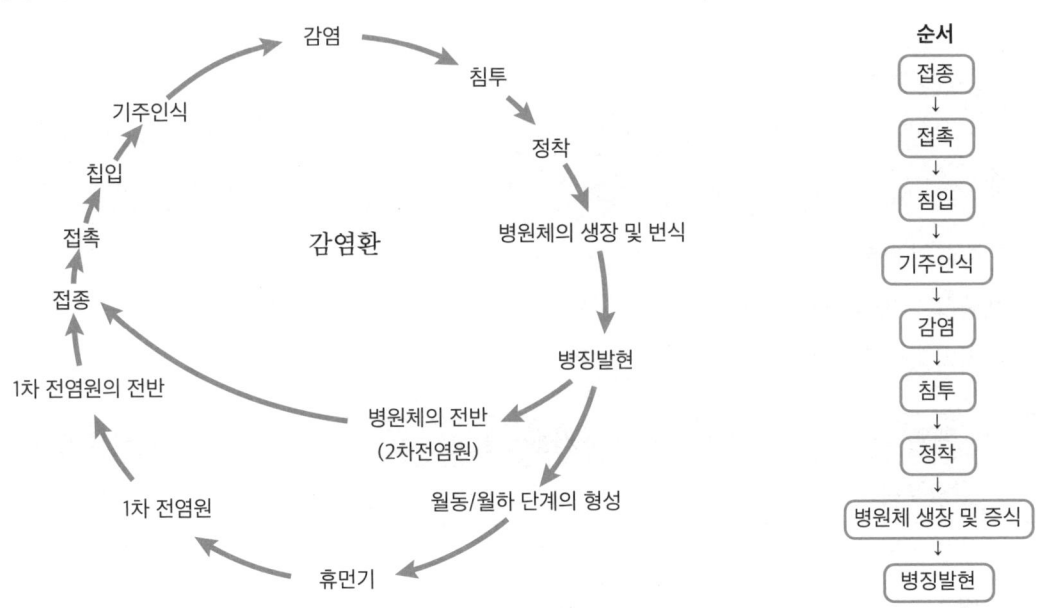

<수목병해의 병환>

✅ 병환 외우는 방법(도둑이야기)

1. 도둑이 도둑질할 집을 찾는 건 : 접종
2. 집을 침입하기 위해서 집 이곳저곳을 둘러보는 것을 : 접촉
3. 집에 침입하는 것을 : 침입
4. 도둑이 그 짧은 시간에 집의 구조를 외우는 것을 : 기주인식
5. 도둑질할 물건을 찾은 걸 : 감염
6. 그 물건을 집은 걸 : 침투
7. 주머니 속에 넣는 게 : 정착
8. 이후에는 : 병원체 생장~병징발현

3) 수목병의 잠복기

병원체의 침입부터 초기병징이 나타나는 발병까지 소요되는 기간을 잠복기라고 하는데, 병원체 종류 및 발병 환경에 따라 잠복기가 다르다.

병명	잠복기	병명	잠복기	병명	잠복기
포플러 잎녹병	4~6일	소나무재선충병	1~2개월	잣나무 털녹병	3~4년
낙엽송 가지끝마름병	10~14일	소나무 혹병	9~10개월		
낙엽송 잎떨림병	1~2개월	소나무 잎녹병	10~22개월		

3. 수목병해의 진단

1) 진단의 중요성과 절차

1 진단절차

① 정상과 비정상의 판별
② 나무의 생육 및 재배 환경과 이력조사
③ 기생성과 비기생성의 구분

특징	기생성 병	비기생성 병
발병부위	식물체 일부	식물체 전체
발병면적	제한적	넓음
병 진전도	다양함	비슷함
종 특이성	높음	매우 낮음
병원체 존재	병환부에 있음	병환부에 없음

④ 병징과 표징관찰
⑤ 원인의 검출
⑥ 조사 및 검출 자료의 분석과 최종판단

<기생성 병(식물체에서도 국부적으로 감염되는 모습)>

<비기생성 병(바람에 의한 피해 모습)>

2 병징[1]

① 왜화 : 세포의 분화가 잘 이루어지지 않아 기관의 발육 정도가 낮은 것
② 쇠퇴 : 영향을 받은 잎이나 다른 부분이 조직의 성장과 확산에 관계없이 세포의 분화가 정지하는 것
③ 위축 : 전체 식물의 크기가 작아지는 것
④ 억제 : 기관의 발달이 완성되지 않는 경우
⑤ 상편생장 : 잎자루나 잎맥의 윗부분이 아랫부분보다 더 많이 자라게 하여 잎이 아래쪽으로 처지거나 쭈글쭈글하게 오그라드는 현상

---
[1] **병징** : 병원체의 침입 후 영향을 받아서 생기는 현상(간접적, 눈으로 병원체가 보이지 않음)

⑥ 이층형성 : 조기 낙엽의 원인이 되는 현상으로, 잎자루와 가지 사이의 세포들이 분리되기 쉽게 만드는 것
⑦ 각종 대사작용(저장물질 수송, 무기영양분 흡수 등), 기능장애(황화, 수화작용) 등

3 표징[2]

균사체, 균핵, 포자, 버섯 등 직접 관찰할 수 있는 병원체 그 자체

2) 진단법의 종류

진단법	진단방법	종류 or 비고
육안관찰	맨눈으로 관찰	
배양적 진단	① 여과지 습실처리법 -식물체에 병징이나 표징이 나타나지 않을 때 사용 -수입종자 검역 시 가장 많이 사용 -멸균된 페트리접시에 여과지 2장을 넣고 멸균 수로 적신 후 병든 식물체를 잘라서 올려놓고 3~7일 동안 배양하여 관찰하는 방법 ② 영양배지법 -습실처리법으로 배양이 잘되지 않을 때 사용 -식물체 일부를 차아염소산나트륨으로 표면 소독한 다음 물한천배지나 영양배지에 치상하여 배양하여 관찰	-여과지 습실처리법 -영양배지법
생리화학적 진단	식물이 병에 걸렸을 때 변하는 화학적 성질을 조사하여 병을 진단하는 방법	-황산구리법 -Gram염색 -Biolog에 의한 탄소원 이용여부 검정방법
해부학적 진단	현미경이나 맨눈으로 조직 내-외부에 존재하는 병원균의 형태 또는 조직 내부의 변색, 식물세포 내의 X-체 등을 관찰하여 진단에 이용하는 방법	-세균 및 곰팡이 동정:식물체 줄기를 잘라서 물에 담그는 방법 -자실체 진단:조직을 미세절편기를 사용하여 동정

---

[2] **표징**: 병원체가 침입하여 외부로 노출된 것(직접적, 눈으로 병원체가 보임)

진단법	진단방법	종류 or 비고
현미경적 진단	해부현미경<광학현미경<투과전자현미경(투과정도 관찰, TEM), 주사전자현미경(반사정도 관찰, SEM)	**미생물 별 진단현미경의 종류** -육안확인가능:균총(세균 집합체), 자실체(곰팡이 집합체), 봉합체(바이러스) -해부현미경:곰팡이, 선충 -광학현미경:곰팡이, 선충, 세균 -투과전자현미경(TEM):세균의 부속사, 바이러스 입자, 파이토플라스마 -주사전자현미경(SEM):곰팡이, 세균의 표면정보 -형광현미경:파이토플라스마
면역학적 (혈청학적) 진단	병든 식물에서 분리한 병원균에 대한 항혈청[3]을 만든 다음, 이것을 진단하려는 식물즙액이나 분리한 병원체와 반응시켜 이미 알고 있는 병원체와 같은 것인지를 조사하는 방법	-응집과 침강반응 -면역확산법(한천이중확산법) -IF법 -면역효소항체법(ELISA법) 　+ISEM법, dot-blot assay, dip-stick법
분자생물학적 진단	-식물병원균의 진단과 동정에 DNA를 이용하는 방법 -병원균의 DNA를 추출한 다음 PCR로 증폭시킨 뒤 염기서열 분석을 통해서 증폭된 유전자의 염기서열을 DNA 데이터베이스에 등록된 것과 비교하여 동정한다. -병원체 별 염색체 동정 부위 　1. 세균, 파이토플라스마:16S rRNA 유전자 분석 　2. 곰팡이:ITS(internal Transcribed Spacer) 부위 유전자 분석 　3. 식물:엽록체의 matK, rbcL의 유전자 분석 　4. 바이러스:바이러스 별 특정 유전자 서열인 프라이머(Primer) 분석	PCR 방법

1 병원성 미생물 별 진단방법

① 바이러스
　- 내·외부 병징 관찰
　- 검정식물(지표식물)에 의한 생물학적 진단
　- 면역학적(혈청학적) 진단
　- PCR 방법(분자생물학적 진단)

② 파이토플라스마
　- 톨루이딘블루(toluidine blue)의 조직 염색에 의한 광학현미경 기법
　- 공초점 레이저 현미경 관찰(confocal laser microscopy) 등에 의한 검정

---

[3] **항혈청**:외부로부터 들어온 항원에 대해 특이적인 항체를 갖고 있는 혈청

- DAPI 등의 형광염색소를 사용한 형광현미경 기법
- 아닐린블루(aniline blue)를 이용한 형광현미경 기법
- 딘즈(Dienes) 염색약을 사용하는 광학현미경 기법
- DNA probes, RFLP probes 및 16S rRNA 유전자 분석법

③ 세균
- 해부학적 진단
- 면역학적(혈청학적) 진단
- 분자생물학적 진단
- 생리화학적 진단
  가. Gram염색법(세포벽 펩티도글리칸 이용)
  나. 세포막의 지방산 조성 분석

④ 곰팡이
- 배양적 진단
- 해부학적 진단
- 면역학적(혈청학적) 진단
- 분자생물학적 진단
- 포착목(미끼) 이용진단(리지나뿌리썩음병, 아밀라리아뿌리썩음병)

⑤ 선충
- 외부병징에 의한 진단(위축, 시들음, 황화현상)
- 베르만(Baermann)깔때기법을 이용한 광학현미경 관찰
- 선충의 비중을 이용한 방법
- 여러가지 크기의 체(sieve)를 이용하는 방법

✓ 미생물 별 현미경적 진단과 관련한 내용은 위의 표를 참고해주시기 바랍니다.

✓ 진단법이 다른 이유

병을 진단하면서 진단법이 각각 다른 이유는 병을 일으키는 원인에 따라서 다르게 진단해야 하기 때문입니다. 예를 들어 세균의 경우 세포벽의 구성에 따라 Gram양성균인지 Gram음성균인지 나뉠 수 있습니다. 이렇게 나누어진 분류에 따라 처방도 다른 방식을 택해야 하므로 상황에 따라 적절한 진단법을 사용하는 것은 매우 중요한 과정입니다. 바이러스를 동정할 때 Gram염색법을 사용한다면 당연히 처방하기가 어렵겠죠?

현미경별 진단 가능한 미생물
- 육안확인가능 : 균총(세균 집합체), 자실체(곰팡이 집합체)
- 광학현미경 : 선충, 곰팡이, 바이러스 봉입체
- 전자현미경 : 세균, 파이토플라즈마[4], 바이러스

---

4) **파이토플라즈마** : 형광염색법 후 전자현미경 관찰

3) 코흐의 수목병 진단 제 4원칙

① 제1원칙 : 병든 식물의 병징 부위에서 병원체를 찾을 수 있어야 한다.
② 제2원칙 : 병원체는 반드시 분리되고 영양배지에서 순수배양 되어 특성을 알아낼 수 있어야 한다.
③ 제3원칙 : 순수배양된 병원체는 병이 나타난 식물과 같은 종 또는 품종의 건전한 식물에 접종하였을 때 기존 병이 나타났던 식물체에서 똑같은 증상이 나타나야 한다.
④ 제4원칙 : 병원체는 재분리하여 배양할 수 있어야 하며, 그 특성은 ②와 같아야 한다.
✓ 코흐의 원칙은 복합감염된 병, 중복기생하는 병에도 적용이 가능하다.

> ✓ **코흐의 원칙이 적용 안되는 미생물**
>
> 절대기생체는 영양배지에서 순수배양이 안되기때문에 코흐의 원칙이 적용이 안된다.
> - 바이러스
> - 파이토플라스마
> - 물관부국재성 세균
> - 원생동물
> - 녹병균
> - 흰가루병균
> - 식물기생선충 등

4) 수목해충의 방제 중 생물적 방제[5]

1 주요 병해에 길항작용을 나타내는 미생물

① 잣나무 털녹병 - Tuberculina maxima
② 모잘록병 - Trichoderma lignorum, T. viride
③ 밤나무 줄기마름병 - 저병원성 균주의 인공 접종
④ 목재부후균 - Trichoderma harzianum
⑤ 침엽수의 뿌리썩음병 또는 그루터기썩음병 - Heterobasidion annosum, Phleviopsis(Peniophora) gigantea
⑥ 뿌리혹병(Agrobacterium tumefaciens) - Agrobacterium radiobactor

---

5) **생물학적 방제** : 식물체에는 해를 주지 않지만 식물병원체에는 길항작용을 나타내는 미생물을 이용하여 병해를 방제하는 것

4. 수목병해

1) 곰팡이에 의한 수목병해(총론)

> ✅ **생물 5계**
> 원핵생물계, 원생생물계, 동물계, 식물계, 균계

1 곰팡이의 특성

① 핵이 있음
　가. 핵이 막으로 둘러싸여져 있으며(핵막), 핵 외에도 다양한 기능을 수행하는 여러 세포소기관이 있음(미토콘드리아 등), 유전물질 구조가 원핵생물에 비해 복잡함
　나. 진핵생물(곰팡이, 동물, 식물, 인간), 원핵생물(세균, 고균)
② 생식수단으로 포자(n)를 가짐
　→영양수단으로는 균사(n)를 가짐
③ 키틴 성분의 세포벽을 가짐↔난균강(β-글루칸, 섬유소)
　→난균강은 세포벽 성분이 균계와 다른점 때문에 분류학상 균계에 속하지 않음
④ 분지된 섬유상의 구조로 이루어짐(균사)
⑤ 10만 종의 곰팡이 중 약 3만 종이 식물병을 유발함
⑥ 식물병을 유발하는 곰팡이는 모두 사상균임
　→곰팡이는 형태에 따라 사상균과 효모로 나뉨
⑦ 곰팡이가 식물을 가해하는 시기는 대부분 무성세대기간임

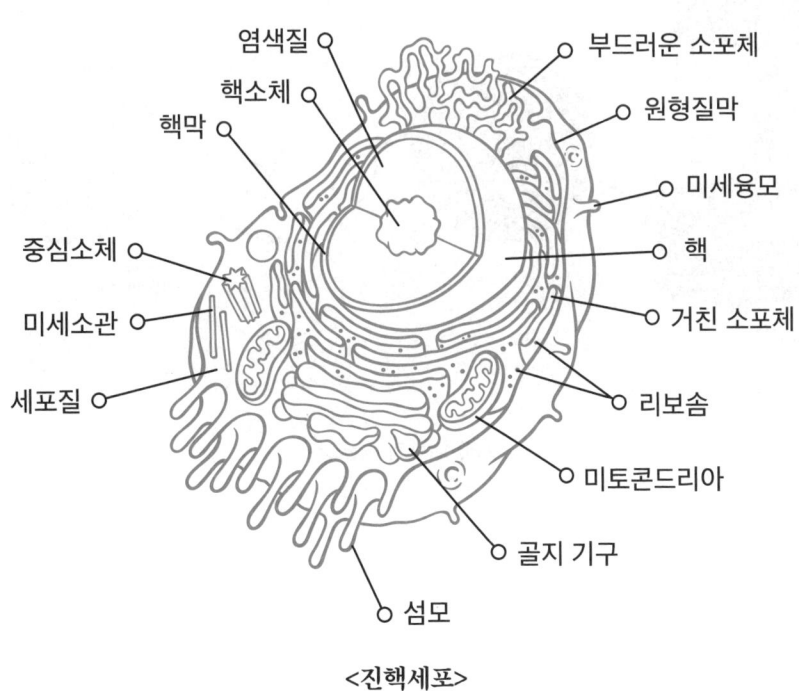

<진핵세포>

2 곰팡이의 구조

① 균사 : 곰팡이 영양기관의 단위체, 실처럼 생겼음 → 곰팡이는 균사를 통해 영양분을 흡수함
② 균사체 : 균사의 집단, 균사가 엉긴 형태
③ 균사조직 : 일정한 기능을 수행하는 균사체(예 포자생산 등)
④ 격벽 : 균사를 분리하고 있는 벽구조, 구멍이 나 있어 세포질의 이동에 관여함
⑤ 자좌 : 균사가 치밀하게 접합해 이룬 조직, 균사다발이나 번식기관 주변에 형성됨
⑥ 균핵 : 균사가 서로 엮여서 짜인 구형, 타원형의 조직으로 안에 많은 영양분을 저장할 수 있어 부적당한 환경조건에서도 생존 가능
⑦ 강모 : 탄저병 병원균과 같은 곰팡이에서는 억센 털과 같은 구조를 가진 강모를 형성한다.

> **나무쌤 잡학사전**
>
> **곰팡이는 어떻게 영양분을 흡수하나요?**
> 곰팡이 및 미생물들의 먹이는 유기물입니다. 하지만 유기물 자체는 너무 커서 직접 흡수할 수 없기에 유기물을 분해하여 자신에게 필요한 영양분(탄수화물)을 섭취하며 생명을 연장합니다.
> 특히 곰팡이는 유기물을 분해하기 위해서 ① 섬유소 분해효소인 셀룰라아제(cellulase), ② 리그닌 분해효소인 리그니나제(ligninase), ③ 전분 분해효소인 아밀라아제(amylase) 등 분해효소를 분비해 양분을 흡수합니다.
>
> **자실체**
> 자실체는 곰팡이의 유성생식을 위한 다세포의 구조물입니다. 여기서는 최종적으로 유성포자가 만들어지죠. 대부분 곰팡이의 균사가 뭉쳐져 형성됩니다. 자실체의 형성 요인에 대해서는 미지의 영역이 많아 아직도 활발한 연구가 이루어지고 있습니다.

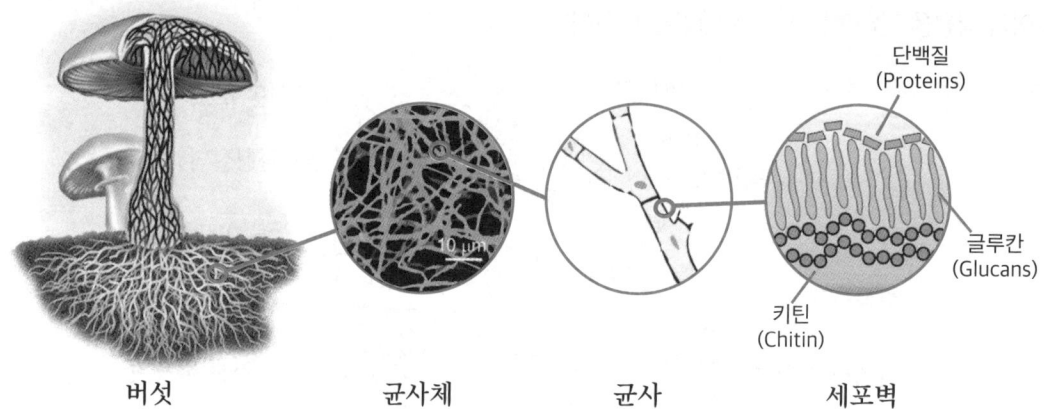

<자실체의 구조>

분류	유·무성생식	격벽유무	특징
난균강	유성생식 (난포자) 무성생식 (유주포자)	격벽× (다핵균사)	① 균사가 잘 발달하여 있음 ② 유성생식은 대형의 장란기(난자)와 소형의 장정기(정자)가 수정이 이루어져 형성되며, 장란기의 표면은 울퉁불퉁하다. ③ 대부분이 물 또는 습한 토양에 서식하는 부생성이다. ④ 세포벽의 구성 성분은 다른 곰팡이와는 다르게 [β-글루칸+섬유소]로 이루어져 있다. ⑤ 난균강 유주포자의 편모는 2개이다.
유주포자균류	무성생식 (유주포자)	격벽× (다핵균사)	〈유주포자의 종류〉 -A=민꼬리형(무성세대):후단에 1개의 민꼬리형 편모를 가짐 -B=역모균강:전단에 1개의 털꼬리형 편모를 가짐(식물병원균은 없음) -C=1차형유주포자:전단에 민꼬리+털꼬리형 편모를 가짐 -D=2차형유주포자:측방에 민꼬리형+털꼬리형 편모를 가짐
			① 세포벽은 키틴을 주성분으로 한다. ② 영양체의 전부가 생식체인 전실성인 것이 많고 일부만이 분실성이다.

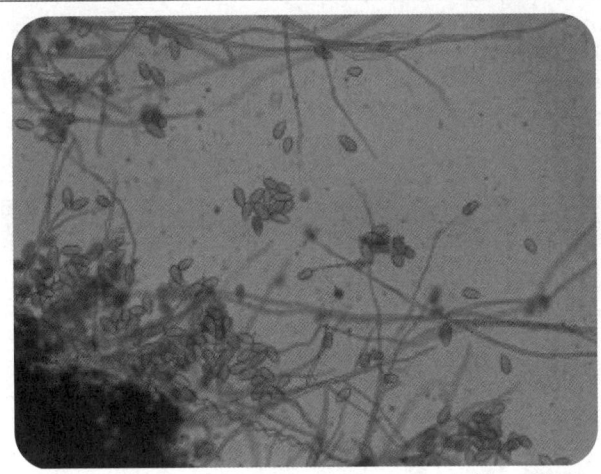

<난균강>

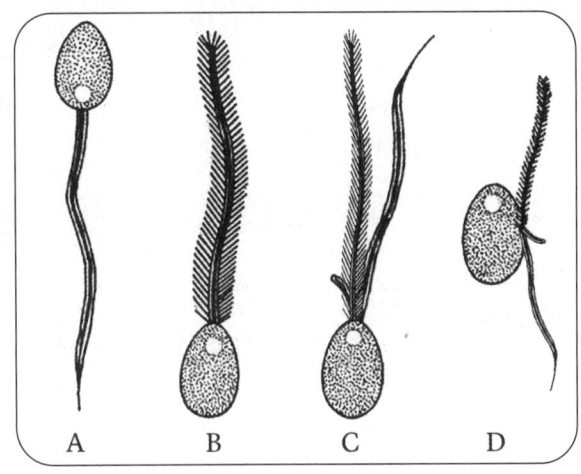

<유주포자균류>

분류	유·무성생식	격벽유무	특징
접합균류	유성생식(접합포자) 무성생식(분생포자)	격벽× (다핵균사)	① 유성생식에서 모양과 크기가 비슷한 배우자낭이 합쳐져 접합포자를 만든다. ② 대부분이 부생생활을 하며, 분실성이다.

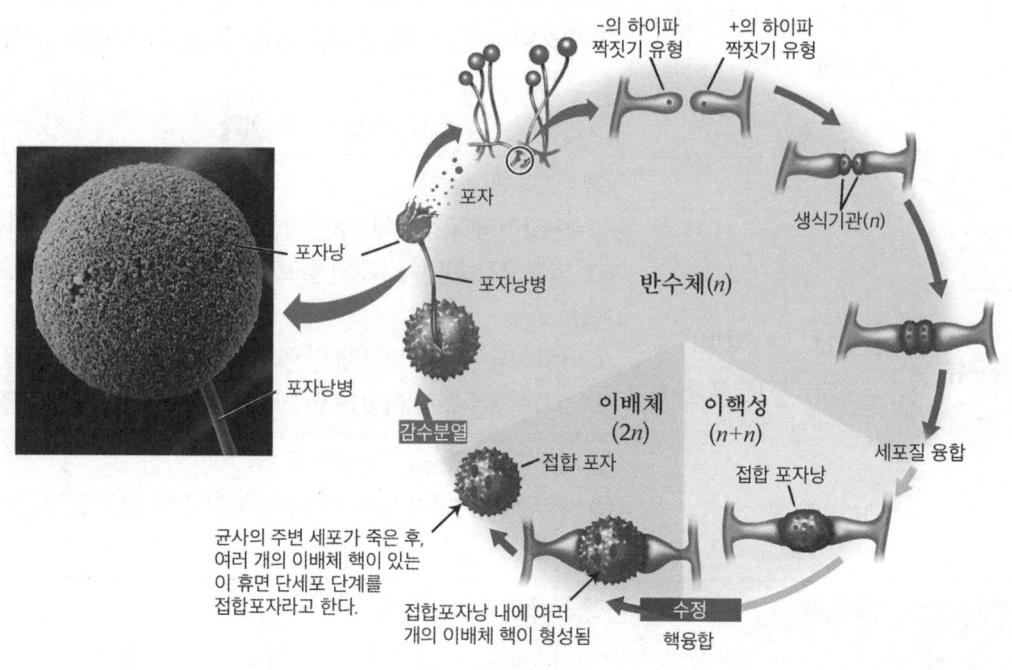

<접합균류>

분류	유·무성생식	격벽유무	특징
자낭균문	유성생식(자낭포자) 무성생식(분생포자)	격벽○ (단순격벽공)	① 균사가 잘 발달하여 있다. ② 세포벽은 키틴으로 되어 있으며, 섬유소는 거의 없다. ③ 곰팡이 중 가장 큰 분류군

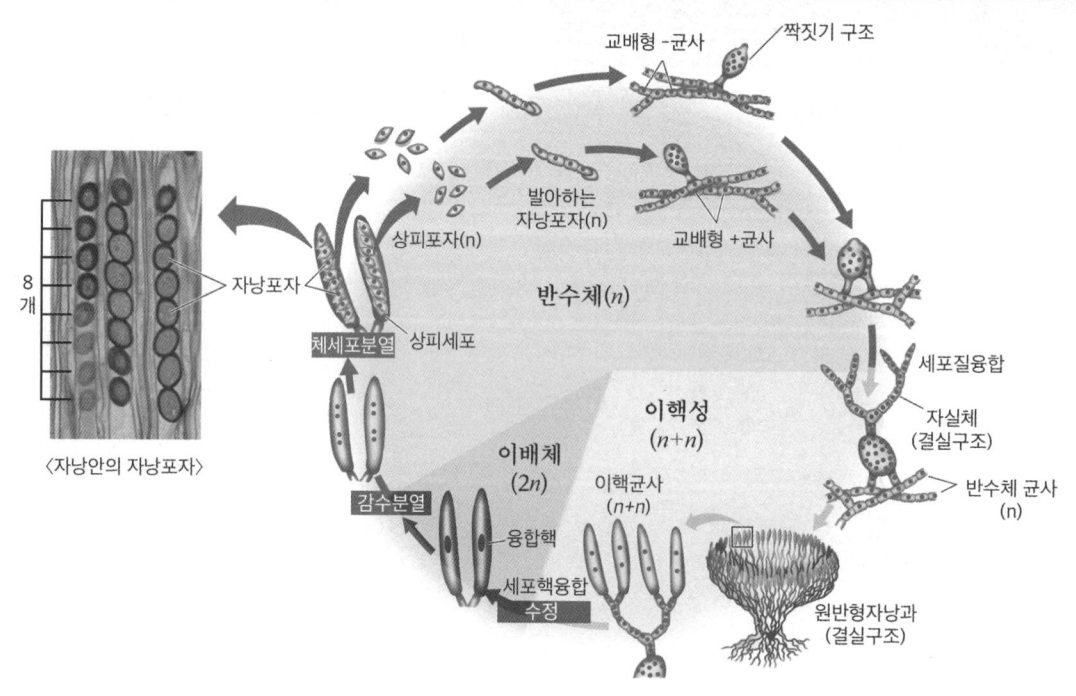

<자낭균문>

분류	유·무성생식	격벽유무	특징
담자균문	유성생식 (담자포자) 무성생식 (분생포자)	격벽○ (유연공격벽)	① 가장 진화도가 높은 고등 균류 ② 대부분의 버섯과 목재부후균이 여기 속한다. ③ 자실체를 만들고, 그 자실체 내의 공간에서 담자기를 만드는 경우와 녹병, 깜부기병과 같이 겨울포자에서 담자기를 만드는 경우 2가지가 있다. ④ 1개의 담자기에서 4개의 담자포자가 형성된다.

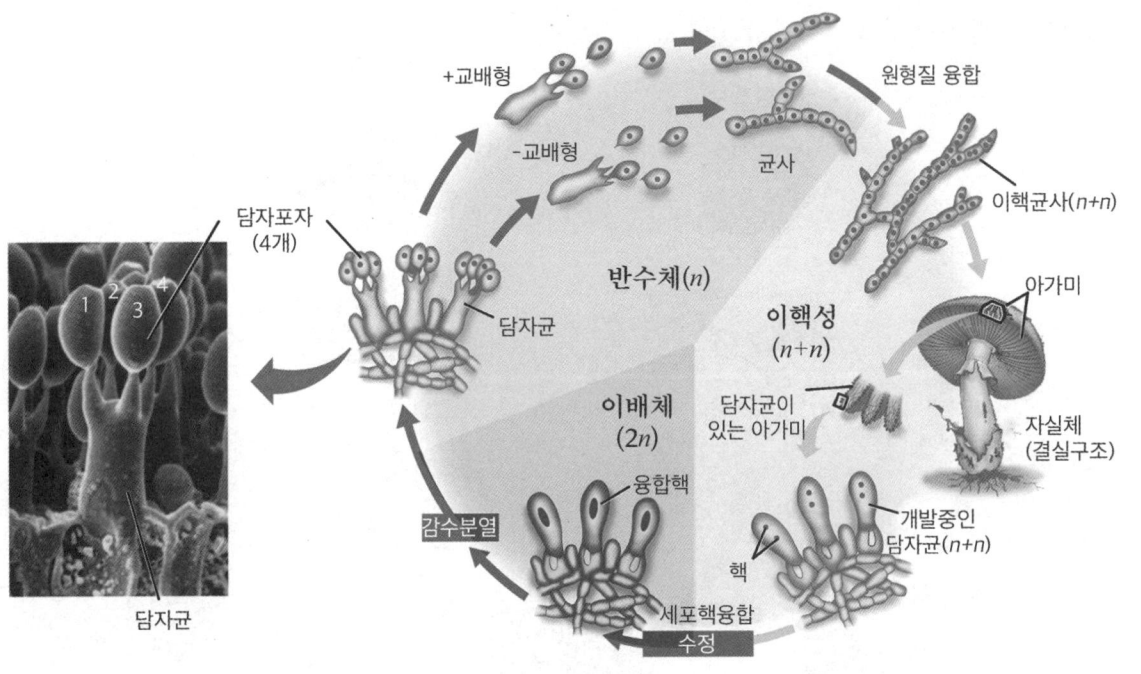

<담자균문>

분류	유·무성생식	격벽유무	특징
불완전균류	무성생식 (분생포자) 유성생식 (알려지지 않았지만 거의 자낭균문)	격벽○ (단순격벽공)	① 다른 균류와는 달리 계통적으로 분류된 군은 아니며, 유성세대가 상실되었거나 발견되지 않아 무성세대만 알려진 균류들을 묶은 것이다. ② 균사에 격벽이 없는 등 유주포자균류나 접합균류의 형질을 가지는 종은 불완전균류에 소속시키지 않는다.

✓ 유성생식과 무성생식의 장단점

1. 유성생식(곰팡이에선 난포자, 접합포자, 자낭포자, 담자포자 등)
   - 장점 : 종 다양성 확보, 환경 변화에 강함
   - 단점 : 느린 증식, 배우자 필요, 에너지 사용량 높음
2. 무성생식(곰팡이에선 분생포자, 유주포자 등)
   - 장점 : 빠른 증식, 배우자 불필요, 에너지 사용량 낮음
   - 단점 : 종 다양성 결핍, 환경 변화에 취약
   - 종류 : 이분법, 출아법, 영양번식, 포자형성, 무수정생식 등

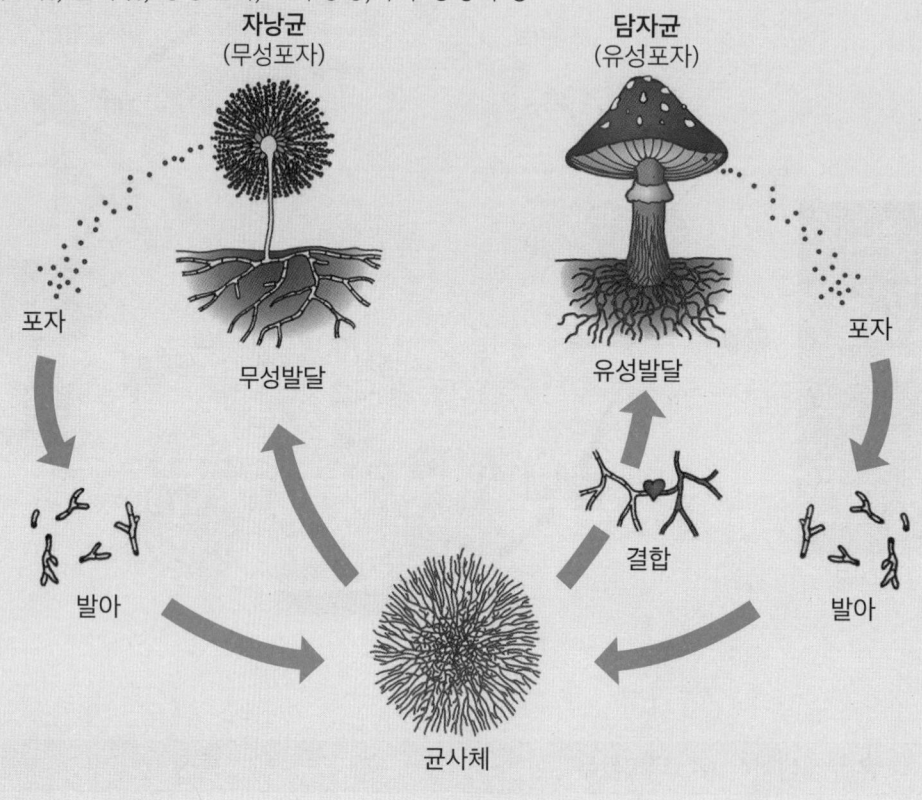

📚 나무쌤 잡학사전

격벽의 생성과 역할

격벽은 균사의 세포벽 물질(키틴질)이 흘러들어와 생기기 때문에 세포벽과 비슷해 보일 수도 있지만, 구멍이 있다는 점, 역할과 생성 과정이 다르다는 점으로 보았을 때 격벽과 세포벽은 엄연히 다른 개념입니다.
- 세포벽의 역할 : 크기와 형태 유지, 외부요인으로부터의 방어
- 격벽의 역할 : 병원성 미생물의 확산 저지, 물질의 흐름 조절

📖 나무쌤 잡학사전

단순격벽공과 유연공격벽

격벽공은 구멍을 말하는 것이며, 공격벽은 격벽 자체를 말하는 것입니다.
우리가 어떤 이름을 붙일 때는 특징적인 부분을 따서 이름을 붙이는 경우가 많습니다.
자낭균은 격벽으로 인해 생성된 구멍이 특징적이기 때문에 단순격벽공이라는 말을 사용하며, 담자균은 격벽 자체가 특징적이기 때문에 유연공격벽이라는 말을 사용합니다.

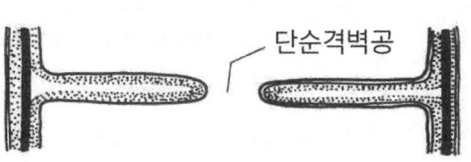

<단순격벽공>

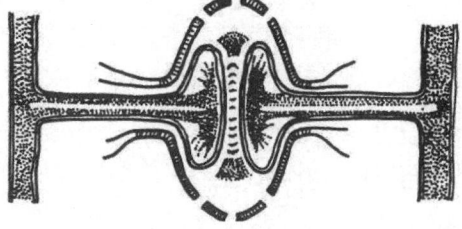

<유연공격벽>

3 곰팡이의 종류

분류	유발병	병원균명
난균강	모잘록병 뿌리썩음병	-Aphanomyces -Pythium(잔뿌리에서 지제부로)
	흰녹가루병	Albugo, Pustula, Wilsoniana
	역병	Phytophthora
	노균병	Bremia, Bremiella, peronosclerospora, peronospora, pseudoperonospora, sclerophthora, sclerospora *Perono(페로노), Sclero(스크렐로)
유주포자균류	부생생활균	Olpidium, physoderma, Synchytrium
접합균류	균근곰팡이	Endogone
	곤충기생곰팡이	Entomophthora, Massespora
	식물병원균	Choanephora, Rhizopus, Mucor

분류		유발병	병원균명
자낭균문	반자낭균강 (나출자낭)	효모류	Saccharomyces속
		벚나무 빗자루병균	Taphrina속
	부정자낭균강 (자낭구)	불완전균류 일부	Penicillium, Aspergillus(두 속의 유성세대)
	각균강 (자낭각)	동충하초 속	Cordyceps
		흰가루병	Erysiphe, Phyllactinia, Podosphaera, Sawadaea, Cystotheca
		탄저병	Glomerella, [무성세대=Colletotrichum(유각균강)]
		가지끝마름병균, 수지동고병, 밤나무 줄기마름병, 포플러 줄기마름병 등 대부분의 수목병	
		수목의 그을음병(자낭각)	Meliolaceae
	반균강 (자낭반)	타르점무늬병	Rhytisma
		소나무 잎떨림병	Lophodermium
		균핵병	Sclerotinia
		리지나 뿌리썩음병	Rhizina undulata
		Scleroderris 궤양병	Gremmeniella abietina
		소나무 피목가지마름병	Cenangium ferruginosum
	소방자낭균강 (자낭자좌, 2중벽)	더뎅이병	Elsinoe(무성세대=유각균강)
		검은별무늬병(사과, 배)	Venturia
		각종 식물병	Mycosphaerella
		수목의 그을음병(자낭자좌)	Capnodiaceae
담자균문		녹병균, 깜부기병, 목재부후균, 모균강, 잎집무늬마름병균(Rhizoctonia solani)의 유성세대인 Thanatephorus cucumeris	
불완전균류	유각균강	분생포자각 Ascochyta, Macrophoma, phoma, phomopsis, phyllosticta, Septoria	
		분생포자반 Colletotrichum, Cylindrosporium, Entomosporium, Marssonina, Pestalotiopsis	
	총생균강	Alternaria, Aspergillus(무성세대), Botrytis, Cercospora, Cladosporium, Corynespora, Fusarium, Helminthosporium, Penicillium(무성세대), Pyricularia, Verticillium	
	무포자균강 (포자생성× 균사만생성)	Rhizoctonia, Sclerotium	

> **나무쌤 잡학사전**
> 곰팡이 암기법
> 먼저, 각 곰팡이류에서 가장 큰 꼭지부터 나눠주시고 그 특징을 외워주세요.
> [자낭균 → 반균강(자낭반 형성), 각균강(자낭각 형성), 소방자낭균강(자낭자좌 형성 등)]
> 다음, 유발되는 병을 계속해서 외워주세요. 위의 표는 이해하기보다는 외워야 하는 것이기 때문에 조금 힘들더라도 꼭 여러 번 복습하며 암기해 주시기 바랍니다.

2) 곰팡이의 역할(균근)

1 균근의 역할

① 균근이란 식물의 어린뿌리(세근)가 토양 중에 있는 곰팡이와 공생하는 형태를 의미한다.
② 균근은 기주식물에게 무기영양소를 대신 흡수하여 전달해 주고, 기주 식물은 균근에게 탄수화물을 전해줌으로써 서로 공생관계를 유지한다.
③ 균근은 고등육상식물의 약 97%에서 발견될 만큼 흔한 곰팡이이다.

2 산림토양에서 균근의 역할

① 산림에서는 산성화로 인해 질산화균의 생장이 억제되어 암모늄태질소(NH_4^+)가 많은 부분을 차지하고 있는데, 식물은 대부분 질산태질소(NO_3^-) 형태로 질소를 흡수하기 때문에 생육이 불량해질 수 있다. 이때 흡수를 돕는 것이 바로 균근이다.
② 토양의 건조 저항성을 높인다.
③ 토양 pH의 완충성을 높인다.
④ 항생제를 생산함으로써 병원균에 대한 저항성 증가

3 내생균근

① 격벽이 없는 균사를 지닌 VA(vesicular-arbuscular) 내생균근이 가장 일반적임
② 뿌리 피층세포 내에 형성되는 구조체인 구형의 베시클(vesicle)과 분지 된 나뭇가지 모양의 구조체인 아뷰스클(arbuscule)이 있음
③ 베시클은 항상 지질로 가득 차 있고 저장과 증식에 관여하는 구조체이며, 아뷰스클은 주로 식물체와 곰팡이의 양분교환을 하고 짧은 시간만 존재하는 구조체임
④ VA균근을 형성하는 곰팡이는 합성배지에서 배양할 수 없다.
⑤ 격벽이 있는 균사를 지닌 것에는 난초형과 철쭉형 두 종류가 있으며, 철쭉형은 두 종류로 나눌 수 있다.

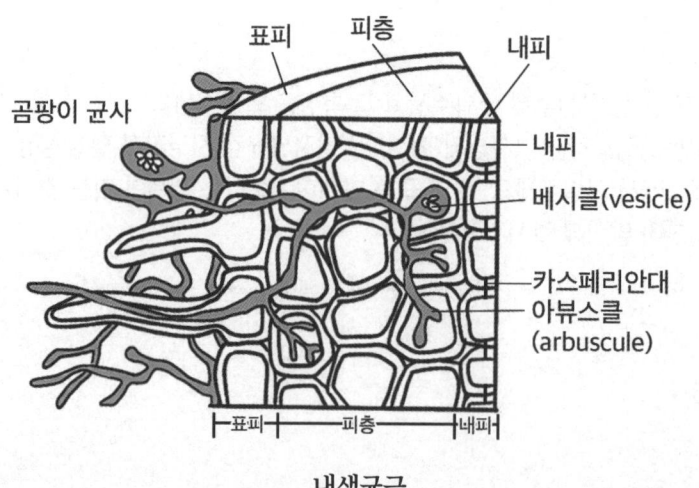

내생균근

철쭉형 균근의 종류	
arbutoid type	Amanita, Cortinarius, Boletus
ericoid type	Pezizella ericae가 유일하다.

내생균근의 종류	
분류	병원균
접합균문	Acaulospora, Endogone, Entrophospora, Gigaspora, Glomus, Sclerocystis, Scutelospora

4 외생균근

① 뿌리병원균의 침입으로부터 뿌리를 방어한다.

② 뿌리표면적이 넓어지는 효과로 인(P) 등의 양분 흡수를 용이하게 한다.

③ 그물망의 Hartig net(하티그망) + 균투

④ 내생균근과 달리 균사가 세포 내로 침입하는 현상은 거의 발생하지 않는다.

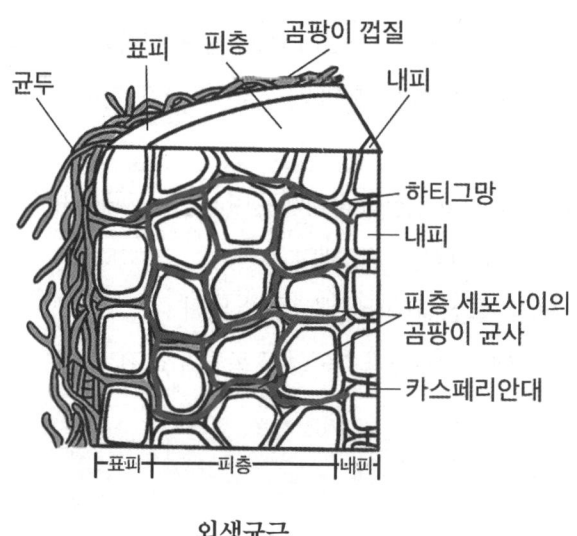

외생균근

외생균근의 종류		
구분	분류	병원균
외생균근	자낭균문	Cenococcum, Tuber
	소나무류	Laccaria laccata, C. graniforme, Suillus brevipes, Leucopaxillus cerealis
	특징적인 균	-Cenococcum graniforme:가장 흔한 균 -모래밭 버섯(Pisolithus tinctorius):소나무에 널리씀

> **나무쌤 잡학사전**
>
> 내생균근과 외생균근의 발달
> - 내생균근과 외생균근 모두 뿌리에서 발달합니다.
> - 내생균근과 외생균근 모두 뿌리의 '피층'까지만 침입할 수 있습니다.
> - 내생균근은 피층세포의 내부, 외생균근은 피층세포의 외부라는 차이점이 있습니다.
> ※뿌리구조(바깥부터) : 뿌리털-표피-'피층'-내피-내초-물관, 체관

3) 곰팡이에 의한 수목병해(각론)

1 뿌리에 발생하는 병해

① 뿌리병해를 일으키는 주요 병원체는 곰팡이이다.
② 대부분의 곰팡이는 임의기생체로 토양에서 부생적으로 생존할 수 있다.
③ 병원균 우점병과 기주우점병으로 나뉜다.
　가. 병원균 우점병:병원균이 기주보다 상대적으로 강하며, 그로 인해 발생하는 병을 말한다.
　나. 기주 우점병:병원균보다는 기주 및 환경 등의 영향으로 발생하는 병을 말함, 병원균우점병 보다는 상대적으로 병원성이 약함

> ☑ **병원균 우점병과 기주 우점병**
>
> - 병원균 우점병:병원균이 미성숙한 조직을 '침입'하여 일어나는 병, 조직을 연화시키는 병원균(감염성이 강함)
> - 기주 우점병:병원균보다 기주가 병 발생에 더 많은 영향을 미치는 특성을 보인 병(감염성이 약함)

병 종류	대표 병원균
병원균 우점병	Phytophthora spp, Rhizina undulata, Rhizoctonia solani, Fusarium spp, Pythium spp(+Aspergillus niger, Penicillium spp←수목에서는 크게 영향을 주지 않는다)
기주 우점병	대부분의 뿌리썩음병(아밀라리아, 안노섬, 자주날개, 흰날개 등)과 시들음병

> ✅ **곰팡이 병해 공부 시 Tip!**
>
> 자낭균일 경우 자낭반을 형성하는지, 자낭구를 형성하는지 등을 가장 먼저 암기하시기 바랍니다. 방제법의 경우 발병 특징 및 피해 특성을 본다면 자연스럽게 알 수 있어 특별한 경우가 아니라면 최대한 다른 쪽을 공부하시는 데 집중하시기 바랍니다. 또한, 화학적 방제의 경우 농약 파트에서 따로 암기하실 것을 추천해 드립니다.
>
> 예 밤나무 가지마름병 특징 : 아까시나무가 주요 전염원이 된다.
>   밤나무 가지마름병 방제 : 아까시나무를 제거한다←이 부분을 따로 암기하지 않아도 알 수 있습니다. 각 병의 특성만을 외우시길 바랍니다. 예를 들어 잎에 발생하는 병해의 경우 조기낙엽, 수세약화 등의 특징은 어떤 병해이든 간에 해당하는 사항이기 때문에 하나하나 짚어서 외우신다면 시간과 노력의 낭비가 될 수 있습니다. 일단은 해당 병해만의 고유한 특성을 암기하시고 이후에 공통적인 부분만 따로 암기하시는 것을 강력하게 추천해 드립니다.

2 뿌리에 발생하는 병해 총괄표

<모잘록병>

<파이토프토라 뿌리썩음병>

<리지나뿌리썩음병>

<아밀라리아 뿌리썩음병>

<안노섬 뿌리썩음병>

<자주빛날개무늬병>

<흰날개무늬병>

<아까시재목버섯>

병명	병원균(분류)	기주(환경)	피해특징
모잘록병	Pythium spp (난균강) Rhizoctonia solani (불완전균아문 무포자균강) Fusarium속, Phytophthora속	묘목 (습한환경)	① 지제부가 흑갈색으로 변하면서 쓰러짐(출아 후 모잘록) ② 땅속에서 발아하기 전·후 부패함(출아 전 모잘록) ③ 유묘기를 넘기면 발병이 급격히 줄어듦 ④ 감염은 잔뿌리에 국한하여 발생(2차세포벽은 뚫지 못함) ⑤ pythium-뿌리털이나 잔뿌리를 침입하여 위로감염 ⑥ R. solani-지제부 줄기가 감염된 후 아래로 감염
파이토프토라 뿌리썩음병	Phytophthora (난균강)	대부분의 수목 (배수불량, 습한환경)	① Phytophthora는 모두 병원균이다. ② 감염 초기 잔뿌리가 죽고 점점 큰 뿌리를 감염한다. ③ 침엽수와 활엽수를 모두 가해한다. ④ 주요 병원균:P.cactorum, P.cinnamomi ⑤ 습한 토양에서는 유주포자를 생성하여 이동 감염함 ⑥ 생장하는 동안-유주포자, 겨울·월동시기-후벽포자
리지나 뿌리썩음병	Rhizina undulata (자낭균문 반균강)	침엽수림 (높은온도, 산성토)	① 감염 초기 잔뿌리가 죽고 점점 큰 뿌리를 감염한다. ② 뿌리의 피층이나 체관부(사부)를 침입하며, 감염된 세포는 수지로 가득 차게 된다. ③ 감염이 진행되면서, 피층과 체관부가 균사로 가득 채워지고 균사가 갈색으로 점점 목질화된다. ④ 자실체로 파상땅해파리버섯을 형성한다. ⑤ 산성토에서 자주 발병하며, 석회로 중화하면 좋아진다.

병명	병원균(분류)	기주(환경)	피해특징
아밀라리아 뿌리썩음병	[주된 병원균] Amillaria mellea Amillaria solidipes [기타 병원균] A. gallica A. sinapina A. tabescens *전부 담자균문	침엽, 활엽, 초본 전체 (산성토)	① 침엽수, 활엽수, 초본 모두에게 피해를 많이 주는 광범위한 병해이다(다범성병해). ② 피해 정도는 임분의 연령이 증가할수록 감소한다. ③ 기주 우점병으로 토양 내에서 뿌리꼴균사다발이 건전한 뿌리쪽으로 자란다. ④ A. mellea : 천마와 공생하여 내생균근 형성 ⑤ A. solidipes : 잣나무가 가장 민감한 기주, 우리나라에서 주로 문제가 되고 있음 ⑥ [표징] 뿌리꼴 균사다발, 부채꼴 균사판, 뽕나무버섯, 뽕나무버섯부치(잣나무는 병징으로 송진을 지제부까지 흘림, 뽕나무버섯이 생기면 몇 주 안에 고사한다) ⑦ 아밀라리아는 백색부후 곰팡이이다.
안노섬 뿌리썩음병	Heterobasidion annosum (담자균문)	침엽수림	① 적송과 가문비나무가 매우 감수성이다. ② 건강하게 자란 나무에서는 발생하지 않으나, 감염되면 특별한 치료법은 현재 없다.
자주날개 무늬병	Helicobasidium mompa (담자균문)	활엽수림, 침엽수림 (산성토)	① 자실체가 일반 버섯과는 달리 헝겊처럼 땅에 깔리는 모습이다. ② 활엽수와 침엽수에 모두 발생하는 다범성 병해이다. ③ 병든 나무의 땅가 부근에 균사망이 발달하여 부근에 흙덩이나 잔가지 등을 감싸 자갈색의 피막을 형성한다.
흰날개무늬병	Rosellinia necatrix (자낭균문)	10년 이상 된 사과 과수원	① 나무뿌리가 흰색의 균사막으로 싸여 있다. ② 표피를 제거하면 부채모양의 균사막과 실 모양의 균사다발을 확인할 수 있음
구멍장이 버섯속	담자균문 목재부후균	수령이 오래된 나무	① 감염된 뿌리는 백색으로 부후 된다. ② 대부분 수령이 오래된 나무에서 많이 발생한다. 　가. 아까시재목버섯에 의한 줄기 밑둥썩음병 　- 뿌리와 줄기 밑둥의 심재가 먼저 썩고, 나중에 변재도 썩는다. 　- 아까시재목버섯은 대가 없다. 　나. 영지버섯속에 의한 뿌리썩음병 　- 잔나비불로초에 의해 활엽수와 일부 침엽수의 뿌리와 하부 줄기가 감염된다. 　- 여러 활엽수와 일부 침엽수가 공격을 받는데, 특히 단풍나무, 참나무 등이 감수성이다.

🌳 나무쌤 잡학사전

뿌리에 발생하는 곰팡이 병해의 특성

뿌리에 발생하는 병은 대부분 담자균에 의한 병이 많으나, 리지나뿌리썩음병, 흰날개무늬병 등의 병은 자낭균에 의해서 발생하며, 자실체인 버섯도 만듭니다(버섯이 담자균만이 만들 수 있는 형태는 아닙니다).
뿌리 병해이므로, 토양과 긴밀한 관계가 있다는 것을 알아두셔야 합니다.

3 줄기에 발생하는 병해 총괄표

<밤나무 줄기마름병>

<밤나무 잉크병>

<밤나무 가지마름병>

<포플러류 줄기마름병(동고병)>

<오동나무 줄기마름병(부란병)>

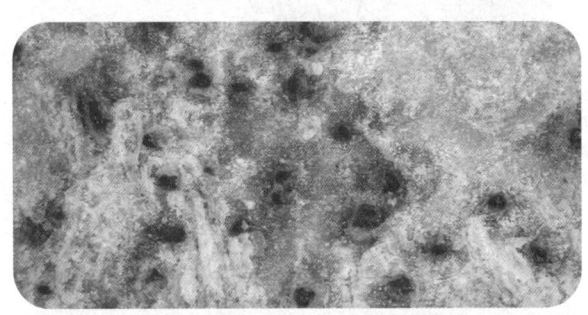

<호두나무 흑색(검은)돌기 가지마름병>

<Nectria 궤양병>

<Hypoxylon 궤양병>

병명	병원균(분류)	기주(환경)	피해특징
밤나무 줄기마름병	Cryphonectria parasitica (자낭균문 각균강)	밤나무림 (배수불량, 습한환경)	① 자좌는 수피 밑에 형성되며 진행되면 수피를 뚫고 돌출하여 황갈색~적갈색의 병반을 형성한다. ② 수피제거 시 황색의 두툼한 균사판이 나타난다. ③ 병원균의 자좌는 수피 밑에 플라스크 모양의 자낭각을 형성한다. ④ 저항성 품종(이평, 은기), 감수성 품종(옥광) ⑤ 저병원성 균주인 dsRNA 바이러스가 생물적 방제로 이용된다. ⑥ 일본 및 중국 밤나무 종은 상대적으로 저항성이고, 미국과 유럽 종은 상대적으로 감수성으로 미국과 유럽에서 큰 피해를 주었다.
밤나무 잉크병	Phytophthora katsurae (난균강)	밤나무림 (배수불량, 습한환경)	① 밤나무에 가장 큰 피해를 입히는 병해 ② 뿌리를 가해하고 감염시킨 후 줄기로 번져나가면서 검고, 움푹 가라앉은 궤양을 형성한다. ③ 궤양을 쪼개면 검은색의 액체가 흘러나온다. ④ 목질부에 변색 부위가 생기며 수간→윗부분까지 전염되며, 잔뿌리는 완전히 죽게 된다. ⑤ 미국, 유럽 수종=감수성 / 중국, 일본 수종=저항성 ⑥ 밤나무 잉크병 병원균의 장란기 표면은 울퉁불퉁하다.
밤나무 가지마름병 (지고병)	Botryosphaeria dothidea (자낭균문 각균강)	다범성 병해	① 피해 초기에는 가는 뿌리가 암갈색으로 변하고 차츰 굵은 뿌리로 옮겨져 나중에는 피층이 벗겨져 목질부만 남고 검은색으로 변하면서 자낭각이 형성된다. ② 열매가 감염되면 흑색썩음병을 일으키는데, 초기에는 과피에 갈색 반점이 나타나고 과육은 진물이 나오면서 썩어 연부되고 점차 검은색으로 변하면서 '특유의 술 냄새'가 난다. ③ 아까시나무가 주요 전염원이 된다→방제는 아까시나무를 제거하여 방제한다. ④ 뿌리가 감염 시 잎이 황변하며 고사한다.
포플러류 줄기마름병 (동고병)	Valsa sordida (자낭균문 각균강)	이태리포플러 (추운지방)	① 이태리 포플러 재배단지에서 처음 발견 ② 특히, 추운 지방에서 피해가 심하다. ③ 병든 부위의 수피 밑은 검게 변하고 악취가 나며, 변재는 물론 심재부위도 변색된다. ④ 내병성 품종인 Populus nigra X maximowiczii나 P. euramericana I-214를 식재한다.
오동나무 줄기마름병 (부란병)	Valsa paulowniae (자낭균문 각균강)	오동나무 (추운지방)	① 여름철 생육기와 가을~이듬해 봄까지 나눠서 가해하므로 동심원 모양의 다년생 유합조직이 형성됨 ② 가지나 어린줄기에서는 병든 부위가 급속히 확대되어 한 바퀴 돌면 말라 죽는다. ③ 눈이 제거된 부위는 병원균의 침입 장소가 되므로, 눈따기 (적아)를 일찍 실시한다. ④ 오리나무 등과 혼식하면 예방효과가 있다.

병명	병원균(분류)	기주(환경)	피해특징
호두나무 검은돌기 가지마름병 (흑축지고병)	Melanconis juglandis (무성세대, 분생포자반)	호두나무, 가래나무 (10년생 이상)	① 10년생 이상의 나무에서 통풍과 채광이 부족한 2~3년생 가지나 웃자란 가지에서 많이 발생한다. ② 포자는 빗물에 씻겨 수피로 흘러내리면 마치 잉크를 뿌린 듯이 눈에 잘 띈다. ③ 죽은 가지는 세로로 주름이 잡히고 성숙하면 수피 내 분생포자반에서 포자가 다량 누출된다.
Nectria 궤양병	Nectria galligena (자낭균문 각균강)	활엽수	① 전형적인 다년생 윤문을 형성한다(병원균이 매년 형성층을 조금씩 파괴하기 때문). ② 붉은색 자낭각이 궤양 가장자리에 형성됨 ③ 궤양이 수목의 생장에 미치는 영향은 아주 미미한 것으로 알려져 있음 ④ 불완전세대는 Cylindrocarpon(대형분생포자 형성) 임
Hypoxylon 궤양병	Hypoxylon mammatum (자낭균문 각균강)	백양나무	① 백양나무 병해임 ② 감염된 수피 내에 형성되는 흰색과 검은색의 전형적인 얼룩으로 쉽게 진단할 수 있다. ③ 자좌와 자낭각은 초기에는 흰색이지만, 시간이 지나면서 검은색으로 변한다.
Scleroderris 궤양병	Gremmeniella abietina (자낭균문 반균강) Brunchorstia pinea (불완전균문 분생포자)	소나무 등 침엽수	① 유럽균주와 북아메리카 균주 두 종류가 있으며, 유럽균주가 북아메리카 균주보다 병원성이 강하다. ② 감염된 가지의 침엽 기부가 노랗게 변하고 형성층과 목재조직이 연두색을 띠게 된다. ③ 발병 임지에서 아랫부분의 가지를 전정하는 것이 필요
소나무류 가지마름병 (소나무류 수지궤양병, 푸사리움가지마름병)	Fusarium circinatum (불완전균문 분생포자)	곰솔, 리기다, 테다, 리기테다 소나무	① 가지 및 구과에 수지가 흘러내리는 궤양이 형성된다. ② 유성세대는 자낭균문 각균강의 Gibberella이다. ③ 암꽃과 성숙한 구과에도 피해를 줘서 종자의 질을 크게 저하하며, 종자에 의해 전염된다. ④ 감염된 부위의 목질부가 수지에 젖어 있어 정상적인 부위와 확연히 구분된다. ⑤ Cronartium quercuum(소나무혹병)과 생태적으로 관련이 있다. ⑥ 살균제 수간주입, 생물적 방제에도 효과가 없어 저항성 개체 육종으로만이 피해를 줄일 수 있다.
소나무류 피목가지 마름병	Cenangium ferruginosum (자낭균문 반균강)	소나무류	① 따뜻한 가을이 지나고 겨울철 기온이 매우 낮을 때 피해가 심하다. ② 줄기의 피목에는 암갈색의 자낭반이 형성되고, 습기가 있는 곳에서는 부풀어 올라 암갈색의 접시 모양으로 된다. ③ 병원균은 감염성 무성포자를 생성하지 않으므로, 최초 감염은 유성포자인 자낭포자에 의해 일어난다. ④ 소나무가루깍지벌레에 의해 발생하기도 한다.

병명	병원균(분류)	기주(환경)	피해특징
소나무 가지끝마름병	Sphaeropsis sapinea =Diplodia pinea (불완전균문 분생포자각)	소나무류	① 디플로디아 순마름병이라고도 불린다. ② 봄에 새순과 어린잎이 갈색 내지 회갈색으로 변하고, 어린 가지를 말라 죽어 밑으로 처진다. ③ 말라 죽은 침엽 기부의 표피를 뚫고 검은색 작은 분생포자각이 나타난다. ④ 피해를 본 가지는 수지가 흐른다. ⑤ 수관 하부에서 주로 발생한다. ⑥ 수피를 벗기면 적갈색으로 변한 병든 부위를 확인할 수 있다. ⑦ 명나방류나 얼룩나방류의 유충에 의해 고사하는 증상과 비슷하다.
낙엽송 가지끝마름병 (선고병)	Guignardia laricina (자낭균문 소방자낭균강)	낙엽송 (일본잎갈나무) 10년생 내외림	① 6~7월에 감염되면(여름) 수관의 위쪽만 남기고 낙엽 되어 가지 끝이 아래로 처진다. ② 8~9월에 감염되면(가을) 가지는 꼿꼿이 선 채로 말라 죽는다. ③ 묘목에서는 감염부위의 위쪽이 말라 죽고, 이식묘에서는 죽은 가지가 총생하여 빗자루 모양을 이룬다. ④ 침엽 뒷면에 검은색 분생포자각이 많이 형성된다.
편백·화백 가지마름병	Seiridium unicorne (불완전균문)	이식묘 or 10년생 이하의 어린나무	① 수피가 세로로 찢어지면서 수지가 흘러내린다. ② 수지가 굳어져 흰색으로 변하는 특징이 있다. ③ 분생포자는 방추형으로 6개의 세포로 나누어져 있다(양 끝의 세포는 무색으로 각각 1개의 부속사를 가지고 중앙세포는 암갈색을 띰). ④ 수피 아래에 맨눈으로 식별할 수 있는 분생포자층 형성
잣나무 수지동고병	Valsa abieties (자낭균문 각균강)	잣나무	① 1~2m 높이에서 가지치기한 부위를 중심으로 점차 아래로 진전된다. ② 수피가 세로로 크게 터지면서 많은 양의 송진이 흘러내리고 굳어서 흰색으로 나타난다.
참나무 급사병	Phytophthora ramorum (난균강)	다양한 식물	① 참나무류에서 지제부로부터 줄기 위 3m 높이까지 적갈색, 흑색의 점액이 누출되는 점액누출궤양을 형성 ② 대부분 감염된 후 1~2년 이내에 고사하며 나무가 고사한 후에도 잎이 1년 동안 매달려 있기도 함
회색/ 갈색고약병	Septobasidium bogoriense (담자균)	활엽수	① 깍지벌레와 공생하며 초기에는 깍지벌레 분비물로부터 영양을 섭취하여 번식하지만, 차츰 균사를 통하여 수피에서도 영양을 취한다(균사층을 들어내면 깍지벌레 성충들을 흔히 볼 수 있다). ② 균사층 표면의 담자포자는 바람에 의해 깍지벌레 분비물로 날아가서 생장하며, 고약병을 일으킨다(회색고약병은 기주 범위가 넓어 다른 기주로 병이 확산되기도 한다). ③ 두꺼운 회색 균사층이 가지와 줄기에 고약을 붙인 것처럼 덮어 싼다. ④ 6~7월경 균사층의 표면은 흰 가루로 덮이면서 회백색이 된다.

병명	병원균(분류)	기주(환경)	피해특징
벚나무 빗자루병	Taphrina wiesneri (자낭균문 반자낭균강)	벚나무 (특히, 왕벚나무)	① 왕벚나무에서 가장 피해가 크다 ② 감염된 가지가 혹처럼 부풀어 오르고, 꽃이 피지 않으며, 잔가지가 많이 뭉쳐서 나와 잎들이 빽빽하게 자라 나온다. (외관상으로는 빗자루 모양이 된다.) ③ 빗자루 모양의 가지에 붙어있는 잎의 뒷면에 회백색의 나출자낭을 가지며, 나출자낭은 점점 커지고 숫자도 늘어난다. ④ 병원균의 균사는 감염된 가지와 눈의 조직내에서 월동하므로, 감염 가지는 제거하여 태우고 잘라낸 부위에 상처도포제를 발라주어야 한다.

☑ 줄기에 발생하는 병해의 특성

줄기에 발생하는 병해는 뿌리 병해처럼 특징적인 부분이 많지 않습니다. 그래서 시험을 준비하면서 좀 더 자세히 보셔야 하며, '병원균 분류(각균강, 반균강 등)'는 특히 알아두셔야 합니다.

특징적인 부분들을 중점으로 암기하세요.

4 잎에 발생하는 병해 총괄표

📖 나무쌤 잡학사전

불완전균류에서 유성세대가 발견되면 어떻게 될까요?
유성세대로 바로 변경될까요?
결론 먼저 말씀드리면 '아닙니다.' 왜 그럴까요?
불완전균류 자체가 처음부터 분류하기 애매한 균들을 모아놓은 그룹이기 때문에 발견이 된다고 하더라도 여러 이유로 인해 분류체계를 바로 변경하기는 힘듭니다.
유성세대가 발견되더라도 ① 발병에 영향을 미치지 않는 경우, ② 실험에서는 배양하여 유성세대를 확인하였으나 실제 수목에서는 발견되지 않았을 경우 등 여러 요인들에 의해서 그대로 불완전균류로 남아 있기도 합니다.
위와 같은 요인들을 보고 있자면 식물병원균 분류도 아직은 '불완전' 하다는 것을 다시 한번 느끼게 됩니다. 지금 이 시간에도 전 세계적으로 분류체계가 실시간으로 변동되고 있기때문에 이 점 감안하시고 공부하시기 바랍니다.

5 불완전균류 중 총생균강에 의한 잎병

구분	병명	병원균	대표적인 특징
Cercospora 에 의한 병	느티나무 갈색무늬병	Pseudocercospora zelkovae	독립수에서는 거의 발생하지 않는다.
	삼나무 붉은마름병	Passalora sequoiae	① 병반은 밑에서 위로 확산한다. ② 병든 부위의 잎, 어린줄기가 빨갛게 말라 죽는다.
	포플러 갈색무늬병	Pseudocercospora salicina	① 병반은 앞면은 뚜렷, 뒷면은 옅은 색을 띰 ② 이태리포플러, 은백양, 황철나무에서는 매년 예외 없이 발생한다. ③ **월동 후 1차 전염원이 자낭각이다.**
	무궁화 점무늬병	Pseudocercospora abelmoschi	(방제)장마철 이전부터 살균제 살포
	명자나무 점무늬병	Pseudocercospora cydoniae	(방제)습한환경 많이 발생, 통풍 및 일조에 유의
	벚나무 갈색무늬구멍병	Mycosphaerella cerasella(자낭각)	① 병반이 동심원상으로 확대되면서 건전부에서 과민성 반응을 일으켜 병환부가 탈락하여 구멍발생 ※세균성 구멍병과 다른 점 -병반이 부정형 -옅은 동심윤문 -병반 안쪽에 검은색의 작은돌기 -장마철 이후발생 ② **월동 후 1차 전염원이 자낭각이다.**
	소나무 잎마름병	Pseudocercospora pini-densiflorae	① 잣나무, 리기다소나무는 저항성 ② 습한 지역에 많이 발생 ③ 침엽의 윗부분에 황색 반점이 생기고, 점차 띠 모양을 형성한다.
	배롱나무 갈색무늬병	Pseudocercospora lythracearum	병반의 뒷면에 분생포자경 및 분생포자가 밀생
	족제비싸리 점무늬병	Paramycovellosiella passaloroides	(방제)장마철 이전부터 살균제 살포
	때죽나무 점무늬병	Pseudocercospora fukuokaensis	한 그루에서도 그늘 쪽의 잎에서는 발생하나 통풍과 일조가 양호한 쪽의 잎에서는 병반이 없다.
	모과나무 점무늬병 (자낭균 월동)	Sphaerulina chaenomelis	① 습한 환경에서는 분생포자가 다량 형성되어 마치 흰 가루를 솔솔 뿌린 듯한 모습을 맨눈으로도 쉽게 알 수 있다. ② **월동 후 1차 전염원이 자낭각이다.**

구분	병명	병원균	대표적인 특징
Cercospora에 의한 병	두릅나무 뒷면모무늬병	Pseudocercospora araliae	잎 뒷면에 잎맥에 의해 제한된 뚜렷한 모무늬를 나타내며, 해당 부위의 앞면은 퇴록증상 발생
	멀구슬나무 갈색무늬병	Pseudocercospora subsessilis	① 장마 이후 발생, 잎이 다 떨어짐 ②(방제)장마철 이후부터 살균제 살포
	쥐똥나무 둥근무늬병	Pseudocercospora ligustri	① 주로 가을에 발생 ② 그늘진 쪽에서만 일부 발병
Corynespora에 의한 병	무궁화 점무늬병	Corynespora cassiicola	① 수관의 아랫잎부터 시작해 위쪽으로 진전됨 ② 동심윤문 나타남, 그늘지고 습한 곳 발생 ③ 초기에는 작고 검은 점무늬가 나타나고 차츰 겹둥근무늬가 연하게 나타난다. ④ 장마철 이후부터 발생하며, 9월 중순에는 어린잎만 앙상하게 남는다.
기타 총생균류에 의한 병	소나무류 갈색무늬 잎마름병	Lecanosticta acicola	소나무류 심한 낙엽 발생

6 불완전균아문 총생균강의 속하는 잎병들의 특징

> ✓ **잎병해 중 총생균강에 의한 병해 외우는 법!** (중요도 : ★★★)
> 1. Cercospora속 : 느 삼포 무명 왜 벚소! 배족때 모두 멀쥐
> 2. Corynespora속 : 딱 하나! '무궁화 점무늬병'

① Cercospora에 의한 병 특징

　가. 불완전균아문 총생균강이다.

　　a. 원래는 Cercospora 1속이었으나, Passalora, Pseudocercospora등 20개속 이상으로 세분되었다.

　　b. 대부분 잎의 병원체이며, 어린줄기도 침해한다.

　　c. 유성세대는 모두 자낭균 소방자낭균강(2중벽)에 속하는 Mycosphaerella속이다.

　　d. 벚나무 갈색무늬구멍병, 모과나무 점무늬병, 포플러 갈색무늬병만이 월동 후 1차 전염원이 자낭포자(자낭각)이다.

　　e. 점무늬병, 갈색무늬병 모두 처음병반과 이후 생기는 병반이 합쳐져 병반이 커진다.

② Corynespora에 의한 병 특징

　가. 불완전균아문 총생균강이다.

　　a. 분생포자경이 길고 분생포자도 크다(특징적인 부분이 있어 진단하기가 쉬움).

　　b. 무궁화 점무늬병 이외에 추가로 가중나무, 순비기나무, 황매화에서 병을 일으킨다.

7 불완전균류 중 유각균강에 의한 잎병

> ☑ **잎병해 중 유각균강에 의한 병해 외우는 법!** (중요도: ★★★)
>
> 1. Marssonina속: '포참장'을 드릴게요
> 2. Entomosporium속: 그냥 외우시길
> 3. Pestalotiopsis속: '은삼'과 '동철'
> 4. Colletotrichum속: '호사' '개동' '오버' (약간 기계음으로)
> 5. Elsinoe: '오두!'
> 6. Septoria 및 Sphaerulina: 셉토리아 '오느밤 가자! 가(갈)래 말래?'

구분	병명	병원균	대표적인 특징
Marssonina 및 Entomosporium류에 의한 병	포플러류 점무늬잎떨림병	Drepanopeziza brunnea	-이태리계 포플러는 감수성 / 은백양과 일본사시나무 등은 저항성 -주로 수관 아래에서 시작하여 위쪽으로 진전된다.
	참나무 갈색둥근무늬병	Marssonina martinii	-전 세계 발병, 피해가 경미함 -잎의 앞면에 건전한 부분과 병든 부분의 경계가 뚜렷하게 적갈색으로 나타난다.
	장미 검은무늬병	Marssonina rosae	-Marssonina 중 유일하게 자낭반으로 월동 -봄비가 잦은 해에는 5~6월에도 심하게 발생한다. -감염된 잎은 조기 낙엽되고 심한 경우 모두 떨어지기도 한다. -병든 낙엽은 모아 태우거나 땅속에 묻고, 적용 살균제를 3~4회 살포한다.
	홍가시나무 점무늬병	Entomosporium mespili	-조기낙엽 -처음 붉은색의 작은 점. 나중 병반 주변 홍자색
	채진목 점무늬병	Entomosporium mespili	-봄비가 잦으면 햇잎과 어린 가지에 점무늬 -6월 말 잎의 90% 이상이 떨어짐
Pestalotiopsis에 의한 병(은삼과 동철)	은행나무 잎마름병	Pestalotia ginkgo	주로 묘목이나 어린나무에서만 발견된다.
	삼나무 잎마름병	Pestalotiopsis gladicola	-
	동백나무 겹둥근무늬병	Pestalotiopsis guepini	-
	철쭉류 잎마름병	Pestalotiopsis spp.	-

구분	병명	병원균	대표적인 특징
Colletotrichum 에 의한 탄저병 (호사·개동·오버)	호두나무 탄저병	Ophiognomonia leptostyla	-주로 묘목에서 많이 발생한다. -탄저병균 중 유일하게 자낭각으로 월동
	사철나무 탄저병	Gloeosporium euonymicola	갈색 테두리를 가진 회백색 병반을 형성한다.
	개암나무 탄저병	Monostichella coryli	묘목부터 성목까지 흔히 발생한다.
	동백나무 탄저병	Colletotrichum sp.	병든과실은 커지지 않고 종자는 빈 껍질만 남는다. 동백기름의 생산이 떨어진다(과실감염).
	오동나무 탄저병	Colletotrichum kawakamii	-
	버즘나무 탄저병	Apiognomonia veneta	-봄비가 잦은 해에는 매우 심하게 발생 -잎맥을 중심으로 번개 모양의 갈색 반점 형성, 싹이 까맣게 말라죽음
Elsinoe 에 의한 병	오동나무 새눈무늬병	Sphaceloma tsujii	-묘목에서 주로 발생한다. -탄저병보다 일찍 발생하는데, 봄비가 잦을 때 심하게 발생한다.
	두릅나무 더뎅이병	Elsinoe araliae	-새로자라나는 어린 가지와 잎에 흔히 발생 -잎맥을 따라 연이어 나타나면서 잎은 뒤틀리면서 기형이 된다. -병반은 코르크화되면서 부스럼 딱지처럼 보임
Septoria 에 의한 병 (오느밤가자.말가?)	오리나무 갈색무늬병	Septoria alni	묘포에서는 거의 예외 없이 발생
	느티나무 흰별무늬병	Sphaerulina abeliceae	-적갈색의 병반 가운데에 회백색의 점이 있음 -성목에서는 맹아지에서, 그늘에 심은 나무에서는 수관 전체에 발생한다. -조기 낙엽을 일으키지는 않으나, 묘포에서는 생장이 위축되고 성목에서는 관상가치의 하락을 초래한다.
	밤나무 갈색점무늬병	Septoria quercus	건전부와의 경계에 황색의 띠가 형성되는데, 이 부위의 뒷면에 분생포자각이 형성된다.
	가중나무 갈색무늬병	Septoria sp.	-불규칙한 둥근 구멍이 여러 개 있다. -병반의 뒷면에는 분생포자각이 형성된다.
	자작나무 갈색무늬병	Septoria betulae	잎 뒷면의 병반 위에 작고 검은 점(분생포자각)이 생긴다.
	말채나무 점무늬병	Sphaerulina cornicola	
	가래나무 점무늬병	Sphaerulina juglandis	가래나무 병해 가운데 가장 피해가 크다.

구분	병명	병원균	대표적인 특징
기타 점무늬병	소나무류 잎떨림병	Lophodermium spp.	-15년생 이하의 어린 잣나무에서 발생한다. -대부분 병원성이 매우 약하거나 죽은 잎에 서식하는 부생균이다. -L. seditiosum만 유일하게 소나무류의 당년생 잎을 감염하는 병원성이 있다. -3~5월에 묵은 잎의 1/3 이상이 적갈색으로 변하며 대량으로 떨어진다.
	칠엽수 얼룩무늬병	Phyllosticta paviae	-봄비를 맞으면 자낭포자가 방출되면서 1차전염원이 된다. -병든잎의 분생포자각에서 형성된 분생포자가 2차 전염원이 되는데, 병의 확산은 대부분 빗물에 의해 전파되는 분생포자 때문에 발생한다. -발생된 병반은 크기가 일정하지 않고 경계가 불명확하다.

8 불완전균아문 유각균강의 속하는 잎병들의 특징

※종류 : Marssonina, Entomosporium, Pestalotiopsis, Colletotrichum, Elsinoe, Septoria

① Marssonina 및 Entomosporium속에 의한 병 특징

  가. 유성세대는 모두 자낭균 반균강에 속하는 Diplocarpon, Drepanopeziza속 이다.

   a. 분생포자는 무색의 두 세포인데, 위 세포와 아래 세포가 크기와 모양이 다른 경우가 많다.

   b. 분생포자반은 표피 아래에 형성된 후 성숙하여 표피를 찢고 나출된다.

   c. Entomosporium속의 분생포자는 곤충을 연상시키는 매우 특이한 모양이다.[Entomo(곤충)]

② Pestalotiopsis속에 의한 병 특징

  가. 유성세대는 자낭균 각균강에 속하는 Lepteutype, Broomella속 이다.

  나. 분생포자는 독특한 모양으로 대부분 중앙의 세포 3개는 착색되어 있고 양쪽의 세포는 무색이며 부속사를 가진다.

  다. 분생포자반은 표피 밑에 형성되며 대개 표피는 찢어지지 않는다. 다습하거나 비가 오면 표피조직이 찢어지면서 분생포자가 포자덩이뿔(spore horn)로 분출한다.

  라. 위의 '은삼'과 '동철' 외에도 붉나무, 개암나무, 다정큼나무, 측백나무, 편백, 철쭉, 식나무, 소철, 종려나무, 차나무 등에서 발견되었다.

③ Colletotrichum속에 의한 병 특징

  가. 유성세대는 자낭균 각균강에 속하는 Glomerella속이다.

  나. 거의 수목의 잎·어린줄기·과실에서 발생한다.

  다. 기주에서 흑갈색의 움푹 들어간 병반을 형성하는 것이 특징이다.

  라. 분생포자반 내에 강모를 형성하는데, 환경에 따라 나타나지 않는 경우도 있다.

④ Elsinoe속에 의한 병 특징

  가. 유성세대는 자낭균아문에 속한다.

  나. 각종 수목류와 초본류에 더뎅이병을 일으킨다.

  다. 무성세대는 Spaceloma속이다.

⑤ Septoria속 및 Sphaerulina속에 의한 병 특징

  가. 분생포자각은 병반의 조직에 묻혀있고, 윗부분에는 표피를 뚫고 열려 있는 머릿구멍(공구)이 있다.

  나. 주로 잎에 작은 점무늬를 형성하며, 잎자루나 줄기는 거의 침해하지 않는다.

9 그 외에 발생하는 주요 잎병

<철쭉류 떡병>   <타르점무늬병>

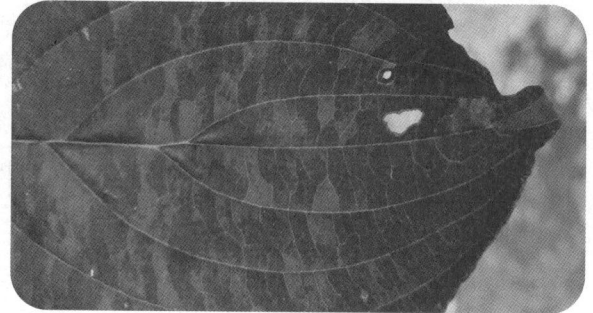

<흰가루병>   <그을음병>

구분	병명	병원균	대표적인 특징
담자균문	철쭉류의 떡병	Exobasidium spp	① 잎과 꽃눈이 국부적으로 흰색의 덩어리로 커짐 ② 햇빛이 쬐는 면은 안토시아닌 색소가 발달하여 핑크빛으로 변한다. ③ 흰 부분이 때로는 흑회색으로 변하는 것은 Cladosporium류의 곰팡이가 부생적으로 자란 것 ④ 균사 상태로 월동(줄기나 눈의 세포간극에서)
자낭균문 반균강	타르 점무늬병	Rhytisma acerinum	-아황산가스에 민감하여, 인구 밀집 지역이나 공장지대에서는 거의 발생하지 않는다. • 단풍나무류:R.acerinum(대형의 자좌) • 단풍나무류:R.punctatum(소형의 자좌) • 버드나무류:R.salicinum(대형의 자좌) • 인동덩굴:R.lonicericola -잎 표면에 타르를 떨어뜨린 것 같은 새까만 병반들이 지저분하게 나타나므로 나무의 관상가치를 떨어뜨린다. -낙엽을 모아서 태우거나 땅 속에 묻어서 예방할 수 있다.
자낭균문 각균강	흰가루병	Erysiphe, Phyllactinia, Podosphaera, Sawadaea, Cystotheca, Pseudoidium	① 모두 식물병원균이며, 절대기생체임 ② 기주 표면에서 균사 일부가 표피를 뚫고 침입하여 기주조직에 흡기를 형성하여 탈취함 ③ 감염이 되면 여름철 초기 무성번식을 하는 흰색 분생포자를 많이 만들어 잎이 흰가루로 덮이게 된다. ④ 대부분 자낭구로 월동하며, 무성세대로 월동하는 경우도 있음 ※자낭구로 월동하며 자낭구를 형성하지만, 자낭구 안의 자낭이 자낭각 형태로 배열되어 있어 현재는 각균강으로 분류함 ⑤ 가로수 중 양버즘나무 흰가루병만이 유일하게 흰가루병이 문제를 일으킴 [병원균별 흰가루병 종류] -Sawadaea=모감주나무, 자목련 -Podosphaera=장미, 조팝나무 -Pseudoidium=수국 *Phyllactinia만 잎의 뒷면에 나타나고 나머지 병원균은 잎의 앞면에 나타남
자낭균문 (대부분 각균강)	그을음병	대부분 Meliolaceae Capnodiaceae	① 주로 잎 앞면에 그을음을 발라 놓은 듯하다. ② 진딧물, 깍지벌레, 가루이 등 흡즙성 곤충의 분비물을 영양원으로 하여 번성하는 부생성 외부착생균 ③ 병원균은 기주특이성이 없고, 공통으로 암갈색 내지 암흑색의 균사와 포자를 갖고 있다.

① 녹병균의 생활사

※ 녹병정자(n) → 녹포자(n+n) → 여름포자(n+n) → 겨울포자(2n) → 담자포자(n)의 순서로 진행된다.

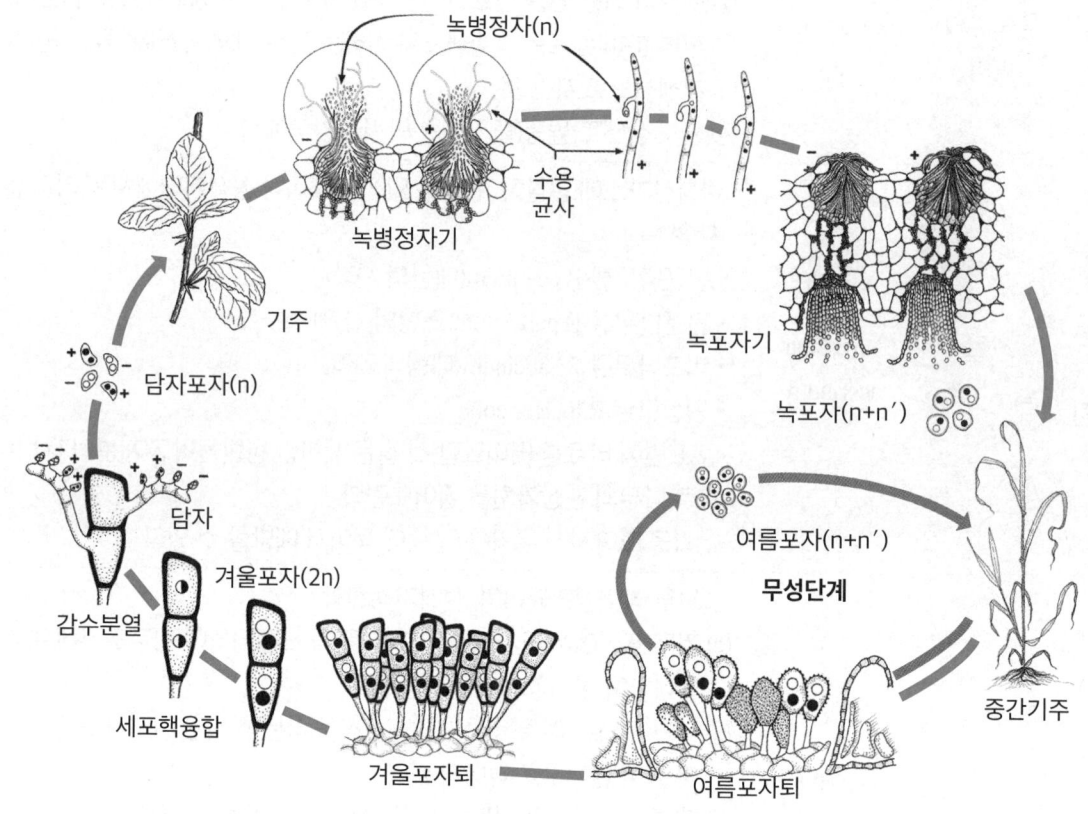

<녹병균의 생활사>

② 녹병균 생활사별 특징

가. 녹병정자 - n형, 유성생식, 독특한 향(= 녹병포자)

   a. 표면은 돌기 없이 평활한 단세포이다.

   b. 수정균사가 있으며, 다른 정자기로부터 온 정자와 수정하면 2핵균사가 생긴다.

   c. 곤충을 유인할 수 있는 독특한 향이 있어 곤충을 유인하기도 한다(곤충이나 비로 전파됨).

   d. 일반적으로 잎의 앞면에 녹병정자기가 형성된다(전나무 잎녹병은 잎의 뒷면에 형성됨).

나. 녹포자 - n+n형, 독특한 돌기, 기주교대

   a. 표면에 독특한 무늬돌기가 있다, 단세포이다.

   → 독특한 무늬돌기가 녹병균의 분류 및 동정에 중요한 기준이 될 수 있다.

   b. 일반적으로 잎의 뒷면에 녹포자기가 형성된다.

   c. 녹포자가 발아하면 2핵(n+n)균사가 형성되고, 이 균사에서 여름포자와 겨울포자가 형성된다.

   d. 기주교대성 포자로 다른 기주에 침입한다.

다. 여름포자 - n+n형, 반복침해(= 하포자)

   a. 녹포자와 같이 다양한 무늬돌기가 존재한다, 단세포이다.

   b. 같은 식물을 반복적으로 침해한다(피해 증가의 역할).

   c. 여름포자로 월동하여 중간기주를 거치지 않고 직접 감염하기도 한다(포플러 잎녹병).

라. 겨울포자-2n형, 월동, 담자기 생성(=동포자)

　a. 단세포 또는 다세포로 세포벽이 특히 두꺼운 월동포자이다.

　b. 겨울포자퇴는 검은 갈색 내지 검은색을 나타낸다.

　c. 감수분열하여 격벽이 있는 1개의 담자기(=전균사체)에 4개의 담자포자를 만든다.

마. 담자포자-단핵포자, 소생자(=녹병균정자기)

　a. 작고 무색의 단핵포자이다.

　b. 소생자라고도 한다.

　c. 다른 기주에 침입하여 기주교대를 할 수 있다.

- ✓ 5종의 포자형을 모두 가진 종=장세대종
- ✓ 여름포자세대만을 갖지 않는 녹병균=중세대종
- ✓ 녹포자와 여름포자 세대, 때로는 녹병정자세대까지 갖지 않는 녹병균=단세대종

✓ 녹병의 종류

녹병은 대부분이 녹병정자, 녹포자세대를 거치는 주기주를 녹병 명칭 앞에 붙인다(예 잣나무 털녹병). 하지만 그렇지 않은 녹병들이 있다. 그 예외로는 향나무녹병, 포플러잎녹병, 버드나무잎녹병, 오리나무잎녹병, 산철쭉잎녹병이 있으며 이들은 중간기주가 아닌 기주에서 여름포자, 겨울포자 세대를 지닌다.

🔖 나무쌤 잡학사전

녹병을 공부하는 법!

녹병은 다른 병원균과는 다르게 아주 큰 특징을 가지고 있습니다. 바로 '기주를 옮긴다.'라는 점입니다.
먼저, 기주와 중간기주를 외우시고 녹병 별 특징을 외우시길 바랍니다.
녹포자가 중간기주로 이동 후 발아하여 여름포자퇴를 만들고, 담자포자가 기주로 이동하여 녹병정자기를 생성한다는 사실만 안다면 대부분의 녹병에서 해당 사실을 적용하여 문제를 푸실 수가 있습니다. 단, 향나무 녹병은 여름포자퇴를 생성하지 않으며, 회화나무·후박나무 잎녹병은 기주교대를 하지 않습니다.
※결과적으로 공통적인 부분을 먼저 암기(녹병의 특징, 포자별 특징 등)→기주와 중간기주 암기→녹병 별 특징 순으로 공부하시기 바랍니다.

녹병이름	병원균	중간기주	특징
잣나무 털녹병	Cronartium ribicola	송이풀류 까치밥나무류	① 잣나무류 중 섬·눈 잣나무는 저항성 ② 병든 가지 또는 줄기의 수피는 노란색 내지 갈색으로 변하면서 방추형으로 부풀고 수피가 거칠어지고 수지가 흘러 지저분해짐 ③ 주로 5~20년생의 잣나무에 많이 발생함 ④ 송이풀의 잎 뒷면에 여름포자퇴 형성 ⑤ 비산거리:녹포자(최대 수백 km)>담자포자(300m~수km)
소나무 잎녹병	Coleosporium asterum (기주:소나무, 잣나무)	참취, 개미취, 과꽃, 쑥부쟁이	① 침엽에 흰색 또는 옅은 황색을 띤 혀, 반구형 모양의 녹포자기가 나란히 형성됨 ② 피해를 본 침엽은 처음에는 황색을 띠지만 포자의 비산이 끝나면 회백색으로 변하면서 말라죽음
	C.eupatorii (기주:잣나무)	등골나물류	
	C.campanulae (기주:소나무)	금강초롱꽃, 넓은잔대	
	C.phellodendri (기주:소나무)	황벽나무류	
	C.zanthoxyli (기주:곰솔)	산초나무	
	C.plectranthi	소엽, 들깨, 산박하	
소나무 줄기녹병	Cronartium flaccidum	작약, 모란	① 2엽송류에 큰 피해를 주고 있는 병 ② 봄에 수피를 뚫고 황색의 녹포자기가 돌출되며 터지면서 담황색의 녹포자가 비산하여 중간기주의 잎 뒷면으로 간다.
소나무 혹병	Cronartium quercuum	참나무류 (특히, 졸참, 신갈)	① 가지와 줄기에 혹이 생기며 해마다 비대해져 30cm 이상에도 이른다. ② 혹에서 단맛이 나는 점액이 흐르는데 여기에는 녹병정자가 포함되어 있다. ③ 중간기주 잎 뒷면에 여름포자퇴를 형성한다.
전나무 잎녹병	Uredinopsis komagatakensis	뱀고사리	① 주로 계곡에서 발생(중간기주 자생지) ② 1986년 강원도 횡성의 전나무림에서 처음 보고됨 ③ 당년생 침엽 '뒷면'에 녹병정자를 함유한 점액이 맺힌다. ④ 침엽의 뒷면에 둥근 기둥 모양의 녹포자기가 2줄로 형성된다.

녹병이름	병원균	중간기주	특징
향나무 녹병	Gymnosporangium clavariaeforme G. cornutum	기주:노간주나무 중간기주:산사나무류	① 여름포자를 생성하지 않는 대표적인 중세대형 녹병균이다. ② 배나무, 사과나무 등 과수에서 붉은별무늬병을 일으키므로 경제적으로도 중요한 녹병균의 하나임 ③ 향나무와는 서로 2km 이상 떨어져야 발병을 막을 수 있다.
	G.asiaticum	배나무	
	G.yamadae	사과나무	
	G.japonicum	윤노리나무	
버드나무 잎녹병	Melampsora capraearum	일본잎갈나무(낙엽송)	① 버드나무의 잎 뒷면과 작은 가지에 황색의 여름포자가 나타나 반복 전염한다. ② 심한 경우 모든 잎이 다 떨어짐
포플러 잎녹병	Melampsora larici-populina	일본잎갈나무(낙엽송) 댓잎현호색	① 대부분의 피해는 M. larici-populina에 의하여 발생한다. ② 따뜻한 지역에서는 겨울포자가 형성되지 않고, 여름포자 상태로 월동한다. ③ 포플러 잎 뒷면에 황색의 여름포자퇴가 형성된다.
	M.magnusiana	일본잎갈나무(낙엽송) 현호색	
오리나무 잎녹병	Melampsoridium alni, M.hiratsukanum	일본잎갈나무(낙엽송)	① 녹포자의 감염 유효 거리가 상당히 멀기 때문에 중간기주가 보이지 않아도 많이 발병한다. ② 우리나라에서는 중간기주가 보고되어 있지 않다.
회화나무 녹병	Uromyces truncicola	- (동종기생성)	① 가지와 줄기에 길쭉한 혹을 형성한다. ② 기주교대를 하지 않는 동종기생균 ③ 잎 아랫면에 황갈색 가루덩이가 생긴 후 흑갈색으로 변한다.

10 시들음 병해의 종류

시들음 병해는 대부분 병원균이 수목 내부에서 증식하여 물관에 피해를 주어 물과 영양분의 이동을 방해하고, 전체적으로 수세가 약해져 잎이 마르고, 잎이 죽은 상태로 계속 매달려 있는 등의 피해 증상을 보이는 것이 공통적인 특성이다.

병명	병원균/매개충	특징
느릅나무 시들음병	Ophiostoma ulmi (자낭균문) / 유럽느릅나무좀	① 나무좀이 목부 형성층 부위를 가해할 때 최근에 형성된 물관에 나무좀 몸에 있던 병원균이 유입되어 피해를 준다(포자는 나무좀의 번데기나 터널 내에 형성된다). ② 유입된 병원균은 수목의 아래 방향으로 증식 이동하며, 뿌리 부위에도 존재하여 뿌리접목으로 전반될 수 있다. ③ 미국느릅나무는 감수성, 시베리아·중국 느릅나무 등 아시아 계통은 대체로 저항성이다. ④ 아직 완전히 저항성을 지닌 종은 확인되지 않고 있다.

병명	병원균/매개충	특징
참나무 시들음병 (한국-일본)	Raffaelea quercus-mongolicae (불완전균류) / 광릉긴나무좀 (Platypus koryoensis)	① 2004년에 경기도 일원에서 대발생하였다. ② 병의 피해는 주로 '신갈나무'에서 나타나며, 피해가 매년 증가하고 있다. ③ 매개충의 침입부위는 수간하부의 높이 2m 이내에 주로 분포 ④ 병원균은 변재의 물관부에서 생장하면서 물과 양분의 이동을 방해하고 목재를 변색시킨다. ⑤ 갈색으로 변한 잎이 죽은 나무에 달린 채로 남아있다.
참나무 시들음병 (미국)	Ceratocystis fagacearum (자낭균문) / 밑빠진벌레류와 나무좀류	① 밑빠진벌레류와 나무좀류는 죽은 나무 수피 아래에 형성된 곰팡이 균사매트에서 나오는 달콤한 냄새에 유인된다(건전한 수목에 생긴 상처에도 유인된다). ② 병원균의 물관내의 활동은 느릅나무 시들음병과 유사함
Verticillium 시들음병	Verticillium dahliae (자낭균문)	① 토양전염원과 뿌리 접촉으로 뿌리의 상처를 통해 감염된다. ② 수목뿐만 아니라 농작물에서도 병을 일으키는데, 우리나라의 경우에는 농작물 이외의 수목에서 보고된 적이 없다. ③ 특징적인 병징으로는 감염된 가지-줄기-뿌리의 목부에 녹색이나 갈색의 줄무늬가 생기는 것이다.

11 목재 부후균의 특징과 종류

① 살아있는 나무에서는 주로 심재가 피해를 받는다.
② 죽은 나무나 조직, 벌채목에서는 변재에 목재부후균이 침입하여 세포벽 성분(리그닌, 셀룰로스, 헤미셀룰로스)을 양분으로 이용하고 목재의 질을 저하한다.

목재부후의 종류	병원균 구분	특징
갈색부후	담자균	① 셀룰로스, 헤미셀룰로스는 분해, 리그닌은 분해되지 않는다. ② 주로 침엽수에 발생(활엽수도 종종 발생한다) ③ 부후가 많이 진전되면 암황색의 네모난 형태의 금이 생기고 잘 부서진다.
백색부후	담자균	① 셀룰로스, 헤미셀룰로스, 리그닌이 모두 분해된다. ② 추재보다 춘재가 빨리 분해되어 변재부가 나이테모양으로 남는다. ③ 주로 활엽수에 발생(침엽수도 종종 발생한다) ④ 리그닌, 헤미셀룰로스를 먼저 분해하는 경우와 모든 성분을 동시에 분해하는 경우가 있다.
연부후	자낭균	① 목재의 함수율이 높은 상태에서 발생하는 부후 ② 표면은 연해지고 암갈색으로 변하지만, 내부는 건전상태 유지 ③ 피해목재를 건조하면 할렬이 길이 방향으로 나타난다. ④ 갈색부후와 유사하지만(셀룰로스, 헤미셀룰로스 가해), 표면에만 국한적으로 나타난다는 점에서 다르다. ⑤ 갈색부후균과 백색부후균은 대부분 담자균문에 속하나 연부후균은 자낭균문에 속한다.

> ✓ **목재부후균의 종류**
>
> **갈색부후균 = 암기법 실구멍 붉개 전해조소/잣버**
>
> [종류]
>
> 실버섯류, 구멍버섯류, 전나무조개버섯, 조개버섯, 잣버섯, 버짐버섯, 개떡버섯류, 붉은덕다리버섯, 소나무잔나비버섯, 해면버섯
>
> [특징적인 버섯]
>
> - 붉은덕다리버섯 : 죽은 나무의 줄기에서 발생한다.
> - 소나무잔나비버섯 : 통나무(줄기)를 부후시킨다.
> - 해면버섯 : 오래된 고목에서 발생하며, 살아있는 세포를 죽이면서 부후시킴
>
> **백색부후균 = 먹는 것과 관련 있는 이름이 많음**
>
> [종류]
>
> 말굽버섯, 잎새버섯, 조개껍질버섯, 진흙버섯, 간버섯, 치마버섯, 거북꽃구름버섯, 송편구름버섯, 흰구름버섯, 벌집버섯, 영지버섯, 표고버섯, 느타리버섯, 한입버섯, 뽕나무버섯, 아까시재목버섯
>
> [특징적인 버섯]
>
> - 한입버섯 : 산불 피해 고사목에서 발견된다.
> - 진흙버섯 : 나이테가 책장처럼 분해된다.
> - 영지버섯 : 생나무에서도 발생한다.
> - 뽕나무버섯, 아까시재목버섯 : 살아있는 세포를 죽인 후 목질을 부후시킴
>
> **연부후균**
>
> [종류]
>
> 콩버섯, 콩꼬투리버섯, Alternaria, Bisoporonces, Diplodia, Paecilomyrees

12 목재변색균의 특징과 종류

① 목재변색균은 달리 목재의 강도에는 영향을 미치지 않는다.

② 변색균의 종류(표면에 주로 서식하는 오염균)

병원균	변색되는 색
Penicillium	녹색 or 누런색
Aspergillus	검은색 or 녹색
Fusarium	붉은색
Rhizopus	회색

멜라닌색소를 함유한 균사가 침엽수 목재의 방사유조직에 침입하여 푸른색으로 변색시키는 청변균으로는
- Ceratocystis, Graphium, Ophiostoma, Hypoxylon, Diplodia, Cladosporium 등이 있다.

> **📖 나무쌤 잡학사전**
>
> **소나무 푸른무늬병(청변병)**
>
> **병원균** : 자낭균 - Ceratocystis, Graphium, Ophiostoma
>
> **병징·병환**
> - 멜라닌을 함유한 균사가 변재 부위의 방사상 유조직을 침입하여 방사형태로 목재를 청색, 회색 또는 검은색으로 변색시킨다.
> - 벌채된 침엽수, 특히 소나무류의 변재 부위에 가장 먼저 침입하여 빠르게 생장한다.
> - 목재청변곰팡이는 주로 천공성 해충에 의해 전반된다.(소나무좀, 소나무줄나무좀)
> - 나무좀은 고사한 소나무의 수피를 뚫고 침입하여 수피와 목질부 사이에 알을 낳고 알이 부화하여 유충이 되며, 다양한 형태의 터널을 만들고 성충이 되어 다른 곳으로 이동할 때 청변균을 몸에 지니고 전반시킴
>
> **방제법**
> 변색균에서 멜라닌 색소가 결핍된 무색균주를 선발하여 변색균이 침입하기 이전에 미리 처리하면 변색균에 의한 침입을 억제할 수 있다.

4) 세균에 의한 수목병해

1 세균의 특성

① DNA가 막으로 둘러싸여 있지 않은 원핵생물이다.
② DNA와 작은 리보솜(70S)이 있는 세포질로 이루어져 있다.
③ 세균이 식물병원균이라는 사실은 사과나무 불마름병을 관찰하는 과정에서 발견되었다.
④ 지금까지 약 9,000여 종의 세균이 발견되었으며, 식물에 병을 일으키는 종은 180여 종이다.
⑤ 세포벽에 펩티도글리칸층이 있다.

> **✅ 세균의 구조**
>
> **기본구조**
> - 리보솜 : mRNA의 정보를 토대로 해서 단백질합성(번역)을 실시하는 세포 내 소기관이다. 세균에서는 크기가 70S(S는 침강계수)이다.
> - 핵양체(nucleoid) : 유전정보를 담고 있는 물질을 포함한 부위
> - 세포벽 : 세균의 형상을 유지하는 기능을 한다. 세균은 펩티도글리칸을 주성분으로 한다.
>
> **특수 부속기관**
> - 협막 : 세균 주위의 염색되기 어려운 층으로서, 대부분은 다당체로 구성된다. 식세포의 탐식에 저항하는 작용 등을 가지고 있다.
> - 선모 : 감염 장소로서 동물세포에 부착하기 위한 부착선모와, 세균끼리 결집하여 정보전달을 하기 위한 접합선모가 있다.
> - 편모 : 운동을 위한 기관으로, 편모의 회전이 동력이 된다. 편모의 수나 부착 부위는 균의 종류에 따라 다르다(주편모 등).

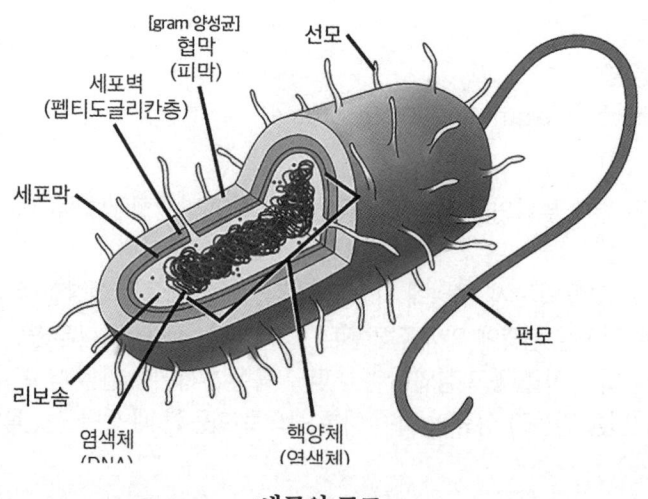

<세균의 구조>

2 세균의 분류(식물 병원균)

구분	특징	종류
Gram 양성균	① 세포벽에 두꺼운 펩티도글리칸층이 있음(80~90%) ② 외막이 없음 ③ 염색 시 보라색을 띰(크리스탈바이올렛 및 아이오딘 용액)	- Corynebacterium계열 5개 속(Arthrobacter, Clavibacter, Curtobacterium, Rathayibacter, Rhodococcus) - 내생포자를 형성하는 2개속(Clostridium속, Bacillus속)
Gram 음성균	① 펩티도글리칸층이 얇음(10%) ② 외막이 있음 ③ 염색 시 붉은색을 띰(사프라닌 용액)	위를 제외한 나머지 속

> **나무쌤 잡학사전**
>
> 페니실린의 비밀
> 그람양성균과 그람음성균을 구별하는 가장 큰 기준은 세포벽에 있는 펩티도글리칸층의 두께입니다.
> 페니실린은 이 펩티도글리칸의 합성을 저해하여 세균을 사멸하는 약품입니다.
> 모든 세균은 펩티도글리칸을 가지고 있기 때문에 대부분의 세균에 효과가 있으며, 이것이 페니실린이 '신비의 명약'으로 불리는 이유입니다.

3 세균의 형태와 증식

① 세포벽은 대부분 점성이 있는 끈끈한 물질로 덮여 있으며, 두께가 얇고 확산하여 있으면 점질층, 두껍고 세포 주위에 한계가 명확하면 협막(피막)이라고 한다.
② 세포벽은 양분 흡수와 대사 부산물, 소화효소 및 기타 물질의 분비를 조절한다.
③ 세포막은 물질의 선택적 투과성을 갖고 있다.
④ 세균은 이분법으로 증식한다.

✓ 세균 이분법의 과정

먼저, 세포 중간에 격막(세포막)이 자라 세포를 두 쪽으로 나눕니다. →세포벽 물질이 세포막 사이에 합성되어 세포벽이 완성되면 결국 두 개의 세포로 나눕니다(핵물질도 복제되어 두 개로 나눕니다).

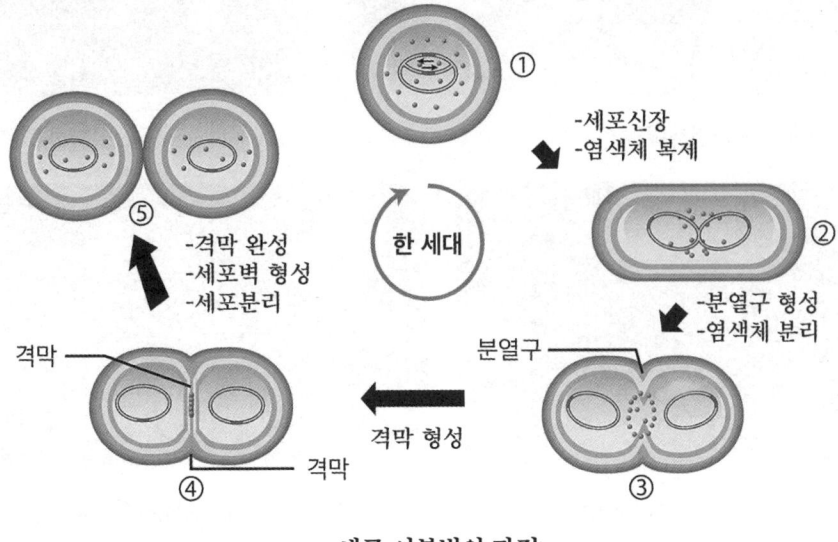

<세균 이분법의 과정>

4 생태 및 전반

① 세균은 기주식물에 옮겨지기 전에는 주로 병든 식물체의 잔재물이나 흙 속의 유기물을 이용하여 부생적으로 살아간다.

② 세균은 직접 식물조직을 파고 들어갈 수 있는 능력이 없으며, 기공이나 피목, 수공과 같이 자연적으로 나 있는 구멍이나 상처를 통하여 식물체 안으로 들어갈 수 있다(제일 많이 침입하는 경로는 '상처'이다).

5 세균에 의한 수목병

① 유조직 병 = 유조직이 침해되는 것
② 물관병 = 세균이 유관속(관다발) 특히 물관을 침해하는 것 등으로 나누어진다.

6 세균병의 종류 및 특징

> **📖 나무쌤 잡학사전**
>
> 세균을 공부하는 법!
> 세균 병해는 특징이 명확하다는 점이 있습니다.
> 방제 또한 테트라사이클린, 페니실린 등 약제가 분명하기 때문에 암기하시기 편할 수 있습니다.

<Agrobacterium(혹병)>

<Erwinia amylovora(불마름병)>

<Xylella fastidiosa(잎가 마름병)>

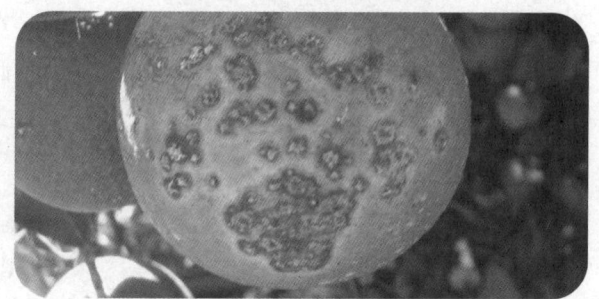
<Xanthomonas arboricola(세균성 구멍병)>

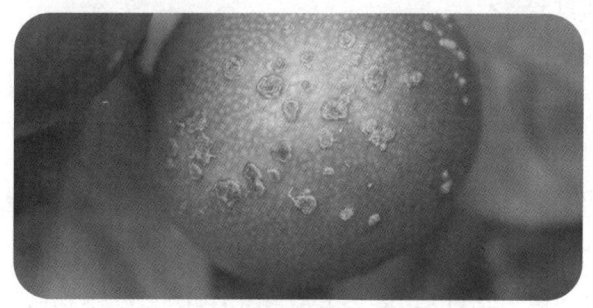
<Xanthomonas axonopodis(감귤 궤양병)>

병명	병원균	특징
뿌리혹병 (근두암 종병)	Agrobacterium속 -A. tumefaciens -A. rhizogenes :털뿌리병을 일으킴 -A. rubi :산딸기 속에 줄기혹 병을 일으킴 -A. vitis :포도나무 뿌리혹병 을 일으킴 -A. radiobacter :병원성이 없음, 미생 물 농약으로 활용	① 매우 많은 목본식물과 초본식물에 발생하며, 묘목에 발생 시 피해가 크다. ② 우리나라에선 1973년에 밤나무 묘목에 크게 발생했었다. ③ 뿌리나 줄기의 지제부에 혹이 생기는 것이 일반적이지만, 땅위의 줄기나 가지에 혹이 생기는 수도 있다. ④ 상처가 났던 부위나 특히 접목묘에서는 접목한 부위에서 잘 나타난다. ⑤ 특히 땅 속에서는 기주 식물이 없어도 수년간 독립적인 부생생활을 한다. [병원균 특성] ① 짧은 막대 모양의 단세포로 하나의 극모를 가지고 있고, 1~3개의 단극 편모를 가지고 있다. ② 그람음성균, 비항산성, 호기성이다. ③ 고온다습한 염기성 토양에서 잘 발생한다.

병명	병원균	특징
불마름병	Erwinia amylovora *(국내) 2015년 경기도 안성 첫 발생	① 병든 부분은 처음에는 물이 스며든 듯한 모양을 보이나, 곧 빠른 속도로 갈색, 그리고 검은색으로 변하여, 마치 불에 탄 듯 보인다. ② 짧은 막대 모양으로 4~6개의 주생편모를 가지고 있다. ③ 곤충을 유인하며, 유인된 곤충이 병원체를 옮겨 주변 다른 식물도 감염된다. ④ 세균이 자라면서 흘러나오는 세균점액(ooze)은 많은 곤충을 유인한다. ⑤ 잎은 잎 가장자리에서 잎맥을 따라서, 꽃은 암술머리에서 시작해서 전체로, 과실은 수침상의 반점이 생겨 점차 암갈색으로 가지는 선단부의 작은 가지에서 가지의 아랫부분으로, 줄기는 뿌리 가까운 곳에서부터 위로 병이 진행한다.
잎가마름병	Xylella fastidiosa (물관부국재성 세균)	① 매미충류 곤충과의 접촉에 의하여 전반 되며, 잎맥에서 잎맥으로 전반 된다. ② 식물체의 물관부에만 존재하면서 통도 조직의 기능에 이상을 일으킨다. ③ 잎의 가장자리가 갈색으로 변하는 수분 부족 증상과 비슷하지만, 주변조직과의 경계에 노란색의 물결무늬가 나타나는 특징이 있다.
세균성 구멍병	Xanthomonas arboricola X.compestris	① 막대 모양의 1개의 극모를 가진 노란색을 띠는 세균 ② 그람음성균, 호기성균이다. ③ 핵과류에 발생하며, 부정형 백색 병반이 나타나서 담갈색 또는 자갈색으로 변하고, 병반에 구멍이 생긴다.
감귤 궤양병	Xanthomonas axonopodis	① 호기성이며 모든 종류의 감귤에 발생한다. 단, 온주밀감은 저항성이다. ② 짧은 막대 모양 양 끝이 둥글고 1개의 편모를 갖고 있다. ③ 처음에 수침상 반점에서 점차 확대되어 중앙부 표피를 파괴한다. ④ 귤굴나방을 철저히 방제하여 피해 주위로부터 2차 전염을 막아야 한다.
호두나무 갈색썩음병	Xanthomonas arboricola	① 감염되면 나무 밑둥부터 열매까지 까맣게 썩는 증상이 발생한다. ② 잎과 열매 등에 갈색 반점이 생긴다. ③ 줄기에 황색의 세균점액이 누출된다.

5) 파이토플라스마에 의한 수목병해

📖 나무쌤 잡학사전

파이토플라즈마는 원래 파이토플라즈마가 아니었다!
파이토플라즈마는 원래 마이코플라즈마라고 하는 동물 병원성미생물로 분류되었습니다.
하지만 식물에서 발견된 마이코플라즈마와는 달리 인공적으로 배양되지 않으며, RNA의 분자학적 계통이 다르다는 것을 알아내어 따로 분류해 내어 지금의 파이토플라즈마가 된 것입니다.

파이토플라즈마의 병징
- 빗자루병 : 잔가지와 잎이 총생하며 꽃봉오리가 잎이 되는 엽화현상이 발생
- 오갈병 : 가지의 마디 사이가 짧아지고 잎이 말리면서 오갈증상을 보임

① 파이토플라스마(원핵생물계, 몰리큐트강)

가. 진정한 세포벽을 갖지 않으며, 일종의 원형질막으로만 둘러싸인 세포질이 있다.
나. 리보솜과 핵물질 가닥이 존재하며, 염색체 DNA의 크기는 530kb로부터 1,130kb까지 다양하다.
다. DAPI 형광현미경 기법으로 관찰할 수 있다(형광염색소가 파이토플라스마 DNA와 결합하여 형광색을 냄).
라. 스피로플라스마를 포함하지 않는다.
마. 흡즙성곤충(매미충, 노린재 등), 접목, 새삼에 의해서 전염된다.
바. 주로 식물의 체관을 통해 이동하는 전신성 병해이다.
사. 성숙한 식물보다는 어린 식물을 흡즙하였을 때 훨씬 보독이 잘 된다.
아. 가을에 뿌리 쪽으로 이동하여 월동하고 봄에 수액과 함께 줄기 부분으로 다시 올라와 증식한다.
자. 테트라사이클린계 항생물질에 감수성이며, 페니실린계 항생물질에는 저항성이다.

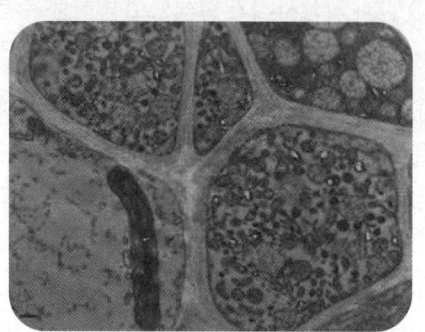

〈파이토플라즈마〉

병명	매개충	특징
오동나무 빗자루병	담배장님노린재 썩덩나무노린재 오동나무애매미충	① 1960~75년 전국의 오동나무 단지를 전멸시킬 정도로 피해가 컸다. ② 현재도 우리나라 오동나무에 극심한 피해를 주고 있다.
대추나무 빗자루병	마름무늬매미충	① 1950년경 대추 명산지인 보은지역부터 크게 발생하기 시작하여 전국으로 대발생하였다. ② 꽃봉오리가 점차 잎으로 변하는 엽화현상 진행 ③ 마름무늬매미충의 구침을 통하여 체내에 들어가 침샘 및 중장에서 증식된 후 건전한 나무에서 흡즙할 때 타액선을 통해 전염
뽕나무 오갈병	마름무늬매미충	① 1973년 대발생(상주) ② 가지의 마디 사이가 짧아지고 잎이 말리면서 오갈증상을 보임 ③ 저항성 품종으로는 상일뽕이 있음
붉나무 빗자루병	마름무늬매미충	① 1973년 전북지방 발견, 현재도 발병됨 ② 전염성 병이기 때문에 접수나 삽수는 반드시 무병주에서 채취해야 한다.
쥐똥나무 빗자루병	마름무늬매미충	1980년대 초에 전북지방 왕쥐똥나무에서 처음 발견, 발병은 심하지 않은 편임

② 스피로플라스마

　가. 파이토플라스마와는 달리 인공배지에서 배양할 수 있다.

　나. 분열법으로 증식하며, 세포벽은 없고 단위막으로 둘러싸여 있다. 편모는 없다.

　다. 페니실린에 저항성, 테트라사이클린에 감수성이다.

　라. 아직 스피로플라스마로 인한 식물병은 보고된 것이 없다.

6) 선충에 의한 수목병해

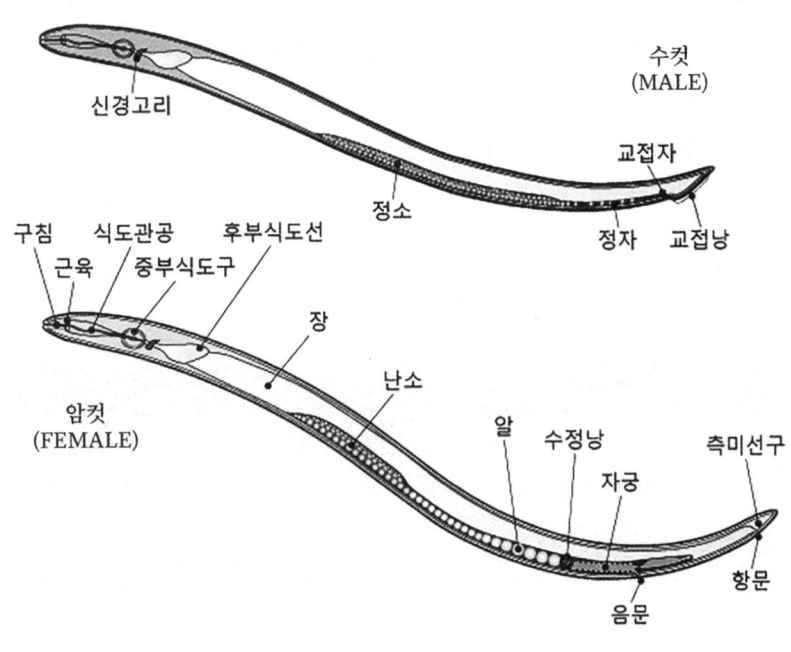

<선충의 구조>

① 선충의 형태

　가. 실과 같다하여 선충(線蟲)이라 한다.

　나. 일반적으로는 암수딴몸이지만 암수한몸인 종도 있다(암수의 형태가 다르기도 하며 다양함).

　다. 순환계가 없다(호흡계도 없다).

　라. 잘 발달한 소화계, 신경계, 배설계, 생식계, 근육을 가지고 있다.

　마. 외부는 투명한 막으로 된 큐티클로 덮여있다.

　바. 수컷은 교접자를 가지고 있고, 교접낭으로 싸여 있는 경우가 많다. 1개의 고환이 있음

　사. 암컷은 난소(1~2개), 나팔관, 수정낭, 자궁, 질, 음문으로 구성되어 있다.

② 선충의 성장과 생활사

　가. 알, 유충, 성충으로 생활사가 나뉜다.

　나. 성장은 탈피를 통하여 이루어지며, 생식기관을 제외하고는 대개 세포 수가 증가하는 것이 아니라 크기가 증가하여 몸이 커진다.

　다. 성충이 되면 유충보다 3~10배 정도 몸이 커지며, 대부분의 식물선충은 1령 유충에서 성충이 되기까지 4회 탈피를 한다(알 속에서 1차 탈피하여 2령유충이 되어서 나온다).

③ 선충의 기생형태와 생태
  가. 식물선충은 절대활물기생체로 대부분 식물의 뿌리에 기생하며, 소나무나 야자나무시들음병을 일으키는 재선충은 토양선충에서 제외된다.
  나. 기생방법에 따라 외부 – 내부 – 반내부 기생선충과 암컷 성충의 운동성에 따라 이주성 및 고착성으로 구분할 수 있다.
  다. 식도형 구침의 선충은 모두 '이동성 외부기생선충'이며, 구강형 구침의 선충은 기생형태가 다르다.
④ 발병과 병징
  가. 선충이 분비하는 침과 분비물에 의해 식물의 생리적 변화가 일어나 피해를 입는다.
  나. 고착성 선충의 경우 양육세포, 합포체, 거대세포가 형성되어 통도기능 마비 등 식물의 생리에 지장을 초래한다.
⑤ 선충병의 진단과 선충의 분리
  선충을 분리하는 방법엔 Baermann funnel법이 있다.
  ※Baermann funnel법 : 선충에 감염된 식물체 조직을 잘라 화장지 위에 놓고 물을 채운 깔때기에 담아놓아 밑으로 가라앉게 하는 방법
⑥ 선충에 의한 수목병

분류	병명	병원균	특징
지상부 선충병	소나무 시들음병	Bursaphelenchus xylophilus (소나무 재선충)	① 1988년 부산에서 처음 발견, 전국으로 확산함 ② 리기다소나무, 테다소나무는 저항성임 ③ 선충의 밀도가 어느 정도 되면 불리한 환경에서도 견딜 수 있는 영속유충으로 변한다. 이 영속유충으로 하늘소 유충에 감염하여 피해를 준다.
	야자나무 시들음병	Bursaphelenchus cocophilus	① 죽은 잎은 꺾여 매달려 있게 된다. ② 매개충으로 야자바구미, 사탕수수바구미가 있다.
내부 기생성 선충	뿌리혹 선충 (고착성)	Meloidogyne속	① 따뜻한 지역이나 온실에서 피해가 심하다. ② 침엽수, 활엽수를 모두 가해하지만 특히, 활엽수에서 피해가 심하다. ③ 뿌리혹의 형성은 기생당한 세포와 주변 세포들이 융합하고 핵분열을 거듭하여 거대세포로 변하며, 이후 거대세포 주변의 조직이 세포분열로 비대하여 나타난 결과이다. ④ 자웅이형이며, 주로 암컷에 의해 피해가 발생한다. ⑤ 수컷은 성충이 되면 벌레모양으로 되어 뿌리 밖으로 나오고, 암컷은 마지막 탈피 후 성충이 된 후에도 계속 몸이 커지며 젤라틴 물질 내에 500개 정도의 알을 낳는다.
	감귤선충 (반내부기생성)	Tylenchulus semipenetrans	① 고착성이지만 몸의 일부만이 뿌리 내에 들어가 있어 반내부 기생선충으로 구분한다. ② 성충이 되면 뿌리의 내초까지도 들어간다.

분류	병명	병원균	특징
내부 기생성 선충	뿌리썩이선충 (이주성)	Pratylenchus / Radopholus	① Pratylenchus는 전 세계 어느 지역에서나 분포하며 각종 작물과 수목을 가해한다. ② Pratylenchus속 선충에 의해서는 굵은 뿌리는 피해를 받지 않고 지름 1mm 이하의 잔뿌리가 대부분의 피해를 받는다. ③ Radopholus는 주로 열대나 아열대 지역 온실에서 발생한다 (바나나 뿌리썩음병, 귤나무 쇠락증 유발) ④ Radopholus속 선충의 감염 부위에 공간이 생겨 뿌리가 부풀어 오르고 표피가 갈라진다. ⑤ Pratylenchus=난소 1개, Radopholus=난소 2개 ⑥ 성충은 감염된 뿌리 내에 산란한다. ⑦ 선충의 침입부위로 Fusarium 등 토양병원 미생물이 쉽게 침입하게 된다.
외부 기생성 선충	토막(코르크) 뿌리병	Xiphinema (창선충속) Trichodorus (궁침활선충속)	① Xiphinema(창선충)은 보통 식물 선충보다 10배 이상 크고, 식도형 구침이 있으며 바이러스를 매개하는 선충이다. ② Trichodorus(궁침활선충) 역시 바이러스를 매개하는 선충으로 특히 침엽수 묘목에 피해를 준다. ③ 토양 중에 모든 영기의 유충과 성충이 발견된다.
	참선충목의 외부기생성 선충		① Ditylenchus는 식물의 뿌리털을 가해할 수 있다. ② 나선선충류는 뿌리에 상흔이 생기게 하고 뿌리의 발육을 저해하여 뿌리를 빈약하게 한다. 열을 가하면 C형 또는 나선형으로 휘는 특징이 있다.
	균근과 관련된 뿌리병		토양식균선충으로 알려진 것 중 균근과 관련된 뿌리병은 Tylenchus, Ditylenchus, Aphelenchoides, Aphelenchus 등이다.

7) 바이러스에 의한 수목병해

✅ 바이러스의 구조(핵산 + 단백질껍질)

- 단백질 껍질 : 캡시드라 불리는 단백질 껍질은 바이러스의 유전 물질을 싸고 있다.
- 단백질 껍질단위 : 캡시드는 캡소미어라 불리는 단백질 단위로 구성되어 있다.
- 돌기(표면 단백질) : 바이러스는 표면에 숙주세포의 특정 수용체에 부착하기 위한 단백질이 있다. 외피가 없는 바이러스는 돌기(표면 단백질)가 없다.
- 핵산(유전 물질) : 바이러스 중앙에는 복제를 위한 유전정보를 담은 RNA 또는 DNA를 가지고 있다.
- 외피 : 어떤 바이러스는 자신이 침입한 세포의 일부를 외피로 취하기도 한다.

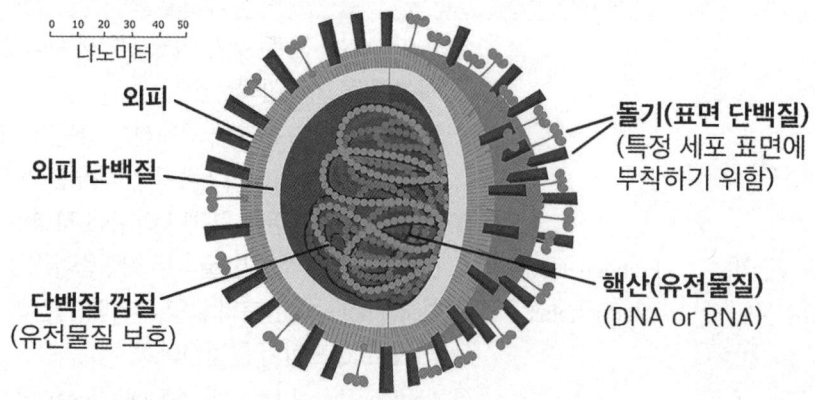

<바이러스 구조>

1 바이러스의 특성

- 살아있는 생명체에만 기생할 수 있는 '순활물기생체(절대기생체)'임
- 핵산과 단백질 외피로만 구성되어 있으며, 독립생활에서 스스로 번식하지 못한다.
- 기생한 세포의 세포소기관(특히 리보솜)을 이용하여 살아있는 세포 내에서 증식한다.
- 세포 내 침입한 바이러스는 외피에서 핵산이 분리되어 상보 RNA 가닥을 만든다.
- 바이러스는 기주 특이성이 있어 특정한 기주에서 발병하는 경우가 많다.

> **📚 나무쌤 잡학사전**
>
> **Covid-19도 순활물기생체**
> 지금 우리를 많이 힘들게 하는 코로나바이러스도 우리가 지금 배우고 있는 바이러스입니다.
> 그러므로 살아있는 숙주 및 세포가 있어야지만 코로나바이러스는 살아남을 수 있습니다.
> 바이러스에 대한 이해가 곧 코로나바이러스에 대한 이해로 이어질 수 있으니 집중! 하시기 바랍니다.

① 바이러스와 바이로이드의 발견(※바이러스 : 담배모자이크바이러스(TMV)에서 발견)

※바이로이드 : 단백질 외피가 없는 나출된 고리 모양의 외가닥 RNA분자, 지금까지 알려진 가장 작은 식물병원체, Diener발견, 야자나무 카당카당병의 병원균

② 바이러스의 구조와 형태

   가. 바이러스는 막대모양, 실 모양, 정다각체모양, 공모양, 타원체 모양 등 다양하다.

   나. 한 종류의 바이러스는 외가닥 or 겹가닥, DNA or RNA로 구성되어 있다.

     → (외가닥-DNA, 외가닥-RNA, 겹가닥-DNA, 겹가닥-RNA)

   다. 담배모자이크바이러스(TMV)는 외가닥 RNA를 가지고 있다(식물병해는 웬만하면 거의 외가닥 RNA).

③ 식물 바이러스병의 병징

   가. 세포의 변성, 괴사, 세포 내 봉입체 등의 현미경으로 봐야지만 알 수 있는 내부병징과 외부에 눈으로 관찰되는 봉입체와 같은 외부병징으로 나뉠 수 있다.

나. 바이러스는 원래 전신감염이지만, 검정식물에 접종하였을 때는 국부감염이 된다.

다. 병징을 맨눈으로 확인할 수 없는 경우 잠복 바이러스를 의심할 수 있으며, 바이러스에 감염되어도 뚜렷한 증상이 없을 것을 무병징 감염이라고 한다.

라. 위와 같이 바이러스를 가지고 있는 식물을 보독식물이라고 한다.

2 바이러스 외부병징

✓ 바이러스의 종류와 기주에 따라서 얼룩, 줄무늬, 엽맥투명, 위축, 오갈, 황화 등의 병징이 나타난다.

병징발생 부위	병징	병명
잎	모자이크	모자이크병(포플러, 오동나무, 아까시나무, 느릅나무, 서향, 남천)
	잎맥투명	모자이크병(장미, 사과, 사철나무)
	번개무늬	모자이크병(벚나무, 장미)
	퇴록둥근무늬	식나무 둥근무늬병
꽃	꽃얼룩무늬	동백나무 바이러스병
줄기	목부 천공	사과고접병, 감귤트리스테자(tristeza) 바이러스병

3 바이러스 내부병징

내부병징	특징
결정상 봉입체	① 다수의 바이러스 입자가 결정상으로 겹겹이 쌓여서 만들어진 것 ② 주로 세포질 내에서 관찰되지만, 핵 내에서도 관찰됨
과립상 봉입체 (X-체)	① 구형 또는 타원형의 부정형 봉입체 ② X-체는 주로 잎의 표피세포나 털세포의 세포질 내에서 관찰되며, 핵 내에서도 관찰됨
이상 미세구조	감자 Y바이러스 같은 Potyvirus에 속하는 바이러스에 감염된 세포에서는 풍차모양 봉입체, 다발모양 봉입체, 층판상 봉입체 등이 관찰됨

① 식물바이러스의 전염 경로

가. 즙액접촉

나. 접목 및 영양번식체에 의한 전염

→ 접목이 불가능한 이종 식물 간에 바이러스를 접종하는데 새삼이 유용하게 쓰인다.

다. 매개생물(새삼, 곰팡이, 곤충, 응애, 선충)

  a. 영속형 전반 : 체내에서 순환하는 순환형 바이러스(대부분 진딧물에 의해 전반)와 충체 내에서 증식하는 증식형 바이러스(대부분 매미충과 멸구류에 의해 전반)가 있다.

  b. 비영속형 전반 : 흡즙성 곤충의 구침에 묻은 바이러스가 수분~수초만에 기계적으로 다른 식물에 전파되는 것

라. 종자 및 꽃가루
→ 종자가 감염되는 경우는 두 가지 경우로서, 하나는 어미 식물로부터 직접 옮겨가는 것이고, 다른 하나는 수분할 때 바이러스가 배에 들어가는 것

② 수목 바이러스병의 진단

가. 검정식물 : 명아주, 동부콩, 오이, 호박, 천일홍, Nicotiana glutinosa

나. ELISA, PCR법(중합효소연쇄반응법)

③ 수목 바이러스의 명명과 분류 : 바이러스는 현재 라틴명 대신 영명을 종명으로 사용하고 있다.

④ 우리나라의 수목 바이러스병

<포플러류 모자이크병>

<장미 모자이크병>

<벚나무 번개무늬병>

병명	병원균	특징
포플러류 모자이크병	Poplar mosaic virus(PopMv)	① 잎에 불규칙한 모양의 퇴록반점이 다수 나타나면서 모자이크 증상이 나타난다. ② 심하면 잎이 뒤틀리며, 잎자루와 주맥에 괴사반점이 나타난다. ③ 기형이 되는 잎은 조기낙엽 된다. ④ 모수에서 채취한 삽수를 통해 대부분 감염되며, 종자전염은 하지 않는다.
장미 모자이크병	1. Apple mosaic virus(ApMV) 2. prunus necrotic ringspot virus(PNRSV) 3. Arabis mosaic virus(ArMV) 4. Tobacco streak virus(TSV)	① 4종류의 바이러스가 증상을 유발함 ② 선명한 황백색의 번개무늬와 그물무늬, 퇴록병반이 나타난다. ③ 모두 접목전염을 하며, PNRSV는 꽃가루와 종자, ArMV는 선충에 의해서도 전반이 된다. ④ 시판되는 ELISA 진단 키트로 4종류 바이러스를 모두 정확하게 검정 가능하다.

벚나무 번개무늬병	American plum line pattern virus(APLPV)	① 병징은 항상 봄에 자라 나온 잎에만 나타난다(그 후에 자라 나오는 잎에는 나타나지 않는다). ② 또한 병징은 주로 일부 잎에만 나타나며 전체 잎에 나타나는 경우는 드물다(매년 되풀이된다).

8) 종자식물에 의한 수목의 피해

✓ 기생성 종자식물은 모두 쌍떡잎식물에 속하며, 흡기라는 특이한 구조를 갖고 있다.

1 기생성 종자식물

① 겨우살이 : 광합성이 가능한 잎과 줄기가 발달하였으며, 뿌리가 없다. 활엽수에 기생하는 겨우살이(진정 겨우살이)는 잎을 가지고 있으나, 침엽수에 기생하는 겨우살이(소나무 겨우살이)는 인편모양으로 퇴화하여 있다.

② 새삼 : 뿌리도 없고, 엽록체도 거의 없다. 기주식물에 달라붙어 줄기에서 흡기를 내어 기주식물의 표피를 뚫고 들어가 유관속 조직에 이르러 양분과 수분을 빼앗아 먹으며 자란다.

③ 더부살이 : 뿌리×, 엽록체×

2 비기생성 종자식물

① 칡
② 덩굴식물 등

9) 지의류에 의한 수목의 피해

- 수목 줄기나 가지의 수피에 서식하지만 실제 수목에서 양분을 취하거나 피해를 입히지는 않고 오히려 산림 내 질소공급원으로 중요한 역할을 담당한다.
- 균류와는 뚜렷하게 구분되는 엽상체를 형성한다.
- 대기오염, 특히 아황산가스에 민감하다.
- 지의류는 엽상체의 형태에 따라 종류가 3가지로 나뉜다.
 ① 고착형 : 기질에 납작하게 붙어 있는 형태
 ② 엽형 : 식물의 잎을 닮았으며, 기질에 느슨하게 붙어있는 형태
 ③ 수지형 : 나뭇가지처럼 위로 뻗은 모양
  - 외생성 지의류의 대부분은 남조류와 공생한다.

단원별 마무리 핵심문제

★문제 해설에 관련된 내용이 있는 교재페이지를 기재해 두었습니다. 해설만 보기보다는 교재페이지를 오고가며 다시한번 복습하시는 것을 추천드립니다.★

001

우리나라 경기도 가평군에서 1936~1937년 최초로 발견된 잣나무 털녹병을 동정하여 발표한 인물은?

① 서유구
② Takaki Goroku
③ Robert Hartig
④ Hiratsuka Naohaid
⑤ Hemmi Takeo

해 잣나무 털녹병을 동정하여 조선임업회보에 발표한 인물은 Takaki Goroku이다. **교재 239p**

답 ②

002

기생방법에 따른 구분에서 '살아있는 조직을 죽여 영양분을 취하는 것을 원칙으로 하나, 조건에 따라 사물(死物)에서 영양을 취하는 생물'은 무엇인가?

① 절대기생체
② 임의기생체
③ 임의부생체
④ 부생체
⑤ 공생균

해 이런문제는 용어를 잘 보면 풀 수 있다. 임의부생체는 항상 살아있는 것만을 취하나 임의적으로 죽어있는 것(부생)에서 영양을 취할 수 있는 생물이다. 임의 기생체는 반대로 항상 죽어있는 것만을 취하나 임의적으로 살아있는 것(기생)에서 영양을 취할 수 있다. **교재 241p**

답 ③

003

다음은 수목병해 병환의 순서이다. 빈칸에 들어갈 말 중 <u>틀린</u> 것을 고르시오.

> 접종 → 접촉 → (①) → (②) → (③) → (④) → (⑤) → 병원체 생장 및 증식 → 병징 발현

① 침입
② 기주인식
③ 감염
④ 침투
⑤ 분열

해 기주인식 이후에는 감염, 침투, 정착으로 감.침.정으로 암기해두면 좋다. **교재 243p**

답 ⑤

기출문제[8회]

Q. 20세기 초 대규모 발생하여 수목병리학의 발전을 촉진시키는 계기가 된 병으로만 나열한 것은?

① 밤나무 줄기마름병, 느릅나무 시들음병, 잣나무 털녹병
② 참나무 시들음병, 느릅나무 시들음병, 배나무 불마름병(화상병)
③ 대추나무 빗자루병, 포플러 녹병, 소나무 시들음병(소나무재선충병)
④ 향나무 녹병, 밤나무 줄기마름병, 소나무 시들음병(소나무재선충병)
⑤ 소나무 시들음병(소나무재선충병), 잣나무 털녹병, 소나무류 (푸자리움)가지마름병

해 20세기 초 대규모 발생하여 세계 3대 수목병이라 불린 병은 ①밤나무 줄기마름병, ②느릅나무 시들음병, ③잣나무 털녹병이다.

답 ①

004

다음 수목병의 잠복기를 나타낸 것으로 옳지 않은 것은?

① 소나무재선충병 - 4~6개월
② 낙엽송 가지끝마름병 - 10~14일
③ 낙엽송 잎떨림병 - 1~2개월
④ 소나무 혹병 - 9~10개월
⑤ 잣나무 털녹병 - 3~4년

해 소나무재선충병의 잠복기는 1~2개월이다. **교재 243p**

답 ①

005

세균을 진단하는 방법으로 적절하지 않은 것은?

① Gram염색법
② 세포막의 지방산 조성 분석
③ 아닐린블루(aniline blue)를 이용한 형광현미경 기법
④ 해부학적 진단
⑤ 면역학적(혈청학적) 진단

해 세균은 해부학적 진단, 면역학적(혈청학적) 진단, 분자생물학적 진단, 생리화학적 진단(Gram염색법, 세포막의 지방산 조성 분석) 등을 통해 진단 할 수 있다.
아닐린블루(aniline blue)를 이용한 형광현미경 기법으로는 파이토플라스마를 진단할 때 사용되는 방법이다.
교재 246, 247p

답 ③

006

다음 중 코흐의 수목병 진단 원칙에 대한 내용으로 틀린 것은?

① 병든 식물의 병징 부위에서 병원체를 찾을 수 있어야 한다.
② 병원체는 반드시 분리되고 영양배지에서 순수배양 되어 특성을 알아낼 수 있어야 한다.
③ 순수배양된 병원체는 병이 나타난 같은 속의 건전한 식물에 접종하여야 한다.
④ 접종 후 기존 병이 나타났던 식물체에서 똑같은 증상이 나타나야 한다.
⑤ 병원체는 재분리하여 배양할 수 있어야 하며, 그 특성은 ②와 같아야 한다.

해 코흐의 제3원칙 : 순수배양된 병원체는 병이 나타난 식물과 같은 '종' 또는 품종의 건전한 식물에 접종하였을 때, 기존 병이 나타났던 식물체에서 똑같은 증상이 나타나야 한다.
교재 248p

답 ③

기출문제 [7회]

Q. 수목병을 정확하게 진단하기 위하여 감염 시료의 채취와 병원체의 분리배양이 가능한 병은?

① 대추나무 빗자루병
② 배롱나무 흰가루병
③ 벚나무 번개무늬병
④ 포플러 모자이크병
⑤ 소나무 피목가지마름병

해 소나무 피목가지마름병의 병원균은 자낭균문의 곰팡이이므로 분리배양이 가능하다. [교재 248p]

답 ⑤

007

다음 중 곰팡이에 대한 설명으로 옳지 않은 것은?

① 난균강의 세포벽 구성성분은 β-글루칸과 섬유소로 이루어져 있다.
② 유주포자균류 중 민꼬리형은 후단에 1개의 민꼬리형 편모를 가진다.
③ 접합균류는 대부분이 부생생활을 하며, 분실성이다.
④ 자낭균문의 세포벽은 펙틴으로 되어 있으며, 섬유소도 다량 포함되어 있다.
⑤ 담자균문은 1개의 담자기에서 4개의 담자포자가 형성된다.

해 자낭균문의 세포벽은 키틴으로 되어있으며, 섬유소는 거의 없다. 교재 251, 252, 253p

답 ④

008

다음 중 불완전균류에 대한 설명으로 옳지 않은 것은?

① 유성세대가 상실되었거나 발견되지 않아 무성세대만 알려진 균류들을 묶은 것이다.
② 균사에 격벽이 없는 특징을 가진 균류들도 불완전균류에 포함시킨다.
③ 무성생식으로는 분생포자를 형성한다.
④ 유성생식은 알려지지 않았지만, 발견이 되면 거의 자낭균문에 속한다.
⑤ Rhizoctonia속은 불완전균류에 속한다.

해 균사에 격벽이 없는 등 유주포자균류나 접합균류의 형질을 가지는 종은 불완전균류에 소속시키지 않는다. 교재 253p

답 ②

009

병원균과 병원균이 속하는 자낭과를 틀리게 연결한 것은?

① Rhytisma - 자낭각
② Lophodermium - 자낭반
③ Venturia - 자낭자좌
④ Aspergillus - 자낭구
⑤ Taphrina - 나출자낭

해 Rhytisma는 타르점무늬병의 병원균으로 반균강이다. 즉, 자낭반을 형성하는 균이다. 교재 256p

답 ①

기출문제[5회]

Q. 수목병과 병원균의 구조물에 대한 연결이 옳지 않은 것은?

① Hypoxylon 궤양병 - 자낭각
② 밤나무 줄기마름병 - 자낭구
③ 벚나무 빗자루병 - 나출자낭
④ Scleroderris 궤양병 - 자낭반
⑤ 소나무류 피목가지마름병 - 자낭반

해 밤나무 줄기마름병은 자낭각을 형성한다. 대부분의 수목병이 자낭각을 형성한다. [교재 256p]

답 ②

010

다음 중 병원균 우점병이 아닌 균은?

① Phytophthora spp
② Rhizina undulata
③ Rhizoctonia solani
④ Fusarium spp
⑤ Amillaria mellea

해 병원균 우점병은 Phytophthora spp, Rhizina undulata, Rhizoctonia solani, Fusarium spp, Pythium spp, Aspergillus niger, Penicilliumspp 등이 있다. 기주 우점병은 대부분의 뿌리썩음병(아밀라리아, 안노섬, 자주날개, 흰날개등)과 시들음병 등이 속한다. [교재 260p]

답 ⑤

011

다음 중 뿌리에 발생하는 병해(1)에 대한 설명으로 옳지 않은 것은?

① 모잘록병의 병원균은 Pythium spp, Rhizoctonia solani가 있다.
② 모잘록병은 유묘기를 넘기면 발병이 급격히 줄어든다.
③ 파이토프토라 뿌리썩음병은 침엽수와 활엽수를 모두 가해한다.
④ 리지나 뿌리썩음병은 뿌리의 물관부를 침입하며, 감염된 세포는 수지로 가득 차게 된다.
⑤ 리지나 뿌리썩음병은 감염 초기 잔뿌리가 죽고 점점 큰 뿌리를 감염한다.

해 리지나 뿌리썩음병은 뿌리의 피층이나 체관부(사부)를 침입하며, 감염된 세포는 수지로 가득 차게 된다. [교재 261p]

답 ④

012

다음 중 뿌리에 발생하는 병해(2)에 대한 설명으로 옳지 않은 것은?

① 아밀라리아 뿌리썩음병의 병원균 중 A. mellea는 천마와 공생하여 내생균근을 형성한다.
② 아밀라리아 뿌리썩음병의 병원균 중 A. solidipes는 우리나라에서 주로 문제가 되고 있는 균이다.
③ 자주날개무늬병은 주로 활엽수에 발생하는 병해이다.
④ 안노섬 뿌리썩음병에는 적송과 가문비나무가 매우 감수성이다.
⑤ 흰날개무늬병은 10년 이상된 사과과수원에서 자주 발생한다.

해 자주날개무늬병은 활엽수와 침엽수에 모두 발생하는 다범성 병해이다. [교재 262p]

답 ③

기출문제[5회]

Q. 리지나뿌리썩음병에 대한 설명이다. 옳은 것을 모두 고른 것은?

> ㄱ. 병원균의 담자포자는 수목 뿌리 근처의 온도가 45°C이면 발아한다.
> ㄴ. 초기 병징은 땅가의 잔뿌리가 흑갈색으로 부패하고, 점차 굵은 뿌리로 확대된다.
> ㄷ. 산성토양에서 피해가 심하므로 석회로 토양을 중화시키면 발병이 감소한다.
> ㄹ. 뿌리의 피층이나 물관부를 침입하며, 감염된 세포는 수지로 가득 차게 된다.

① ㄱ, ㄴ   ② ㄱ, ㄷ
③ ㄴ, ㄷ   ④ ㄴ, ㄹ
⑤ ㄷ, ㄹ

해
ㄱ. 병원균은 자낭균문 반균강에 속하기 때문에 담자포자를 형성하지 않는다.
ㄹ. 뿌리의 피층이나 '체관부'를 침입하며, 감염된 세포는 수지로 가득 차게 된다. [교재 261p]

답 ③

013

다음 중 줄기에 발생하는 병해(1)에 대한 설명으로 옳지 <u>않은</u> 것은?

① 밤나무 줄기마름병의 저항성 품종은 이평, 은기 등이 있다.
② 밤나무 줄기마름병의 방제에는 저병원성 균주인 dsRNA 바이러스가 이용되고 있다.
③ 밤나무에 가장 큰 피해를 입히는 병해는 밤나무 잉크병이다.
④ 밤나무 잉크병에 걸린 수목의 궤양을 쪼개면 검은색의 액체가 흘러나온다.
⑤ 밤나무 가지마름병은 참나무류가 주요 전염원이 된다.

해 밤나무 가지마름병은 아까시나무가 주요 전염원이 된다.
교재 265p

답 ⑤

014

다음 중 줄기에 발생하는 병해(2)에 대한 설명으로 옳지 <u>않은</u> 것은?

① Nectria 궤양병은 전형적인 다년생 윤문을 형성한다.
② Hypoxylon 궤양병은 백양나무에서 발생하는 병이다.
③ Scleroderris 궤양병에 걸리면 붉은색 자낭각이 궤양 가장자리에 형성된다.
④ 소나무 가지마름병은 푸사리움 가지마름병이라고도 불린다.
⑤ 소나무류 피목가지마름병에 걸리면 줄기의 피목에 암갈색의 자낭반이 형성된다.

해 Scleroderris 궤양병에 걸리면 감염된 가지의 침엽 기부가 노랗게 변하고 형성층과 목재조직이 연두색을 띠게 된다. 붉은색 자낭각이 궤양 가장자리에 형성되는 병은 Nectria 궤양병이다.
교재 266p

답 ③

015

다음 중 줄기에 발생하는 병해(3)에 대한 설명으로 옳지 <u>않은</u> 것은?

① 낙엽송 가지끝마름병은 여름과 가을의 병징이 다르게 나타난다.
② 편백·화백 가지마름병의 병원균은 Sphaeropsis sapinea이다.
③ 잣나무 수지동고병은 1~2m 높이에서 가지치기한 부위를 중심으로 점차 아래로 진전된다.
④ 참나무 급사병은 난균강의 병원균에 의해 발생한다.
⑤ 벚나무 빗자루병은 자낭균문의 병원균에 의해 발생한다.

해 편백·화백 가지마름병의 병원균은 Seiridium unicorne이며, Sphaeropsis sapinea는 소나무 가지끝마름병의 병원균이다.
교재 267p

답 ②

기출문제[7회]

Q. 세계 3대 수목병 중 하나인 밤나무 줄기마름병에 관한 설명으로 옳지 않은 것은?

① 가지나 줄기에 황갈색~적갈색의 병반을 형성한다.
② 병원균의 자좌는 수피 밑에 플라스크 모양의 자낭각을 형성한다.
③ 저병원성 균주는 dsDNA 바이러스를 가지며 생물적 방제에 이용한다.
④ 병원균은 Cryphonectria parasitica로 북아메리카지역에서 큰 피해를 주었다.
⑤ 일본 및 중국 밤나무 종은 상대적으로 저항성이고, 미국과 유럽 종은 상대적으로 감수성이다.

해
저병원성 균주는 'dsRNA' 바이러스를 가지며 생물적 방제에 이용한다.
[교재 265p]

답 ③

016

불완전균류 중 Cercospora에 의한 병해가 아닌 것은?

① 삼나무 붉은마름병
② 명자나무 점무늬병
③ 벚나무 갈색무늬구멍병
④ 때죽나무 점무늬병
⑤ 소나무류 갈색무늬잎마름병

해 소나무류 갈색무늬잎마름병은 Lecanosticta acicola에 의한 병해이다. Cercospora속의 병해는 '**느 삼포 무명 왜 벗소! 배족때 모두 멀쥐**'로 암기하여 주시기 바랍니다.
교재 269, 270p

답 ⑤

017

불완전균류 중 Pestalotiopsis에 의한 병해가 아닌 것은?

① 채진목 점무늬병
② 은행나무 잎마름병
③ 삼나무 잎마름병
④ 철쭉류 잎마름병
⑤ 동백나무 겹둥근무늬병

해 채진목 점무늬병은 Entomosporium에 의한 병해이다. Pestalotiopsis속에 의한 병해는 '은삼과 동철'로 암기하여 주시기 바랍니다.
교재 271p

답 ①

018

불완전균류인 Colletotrichum속에 대한 설명으로 옳지 않은 것은?

① 유성세대는 자낭균 각균강에 속하는 Lepteu-type속이다.
② 거의 수목의 잎·어린줄기·과실에서 발생한다.
③ 기주에서 흑갈색의 움푹 들어간 병반을 형성하는 것이 특징이다.
④ 분생포자반 내에 강모를 형성하는데, 환경에 따라 나타나지 않는 경우도 있다.
⑤ 호두나무 탄저병은 탄저병균 중 유일하게 자낭각으로 월동한다.

해 Colletotrichum속의 유성세대는 자낭균 각균강에 속하는 Glomerella속이다. 대부분의 탄저병은 Colletotrichum속과 Glomerella속에 의해 발생한다.
교재 272, 273p

답 ①

기출문제[8회]

Q. 다음 증상을 나타내는 수목병은?

> - 죽은 가지는 세로로 주름이 잡히고 성숙하면 수피 내 분생포자반에서 포자가 다량 누출된다.
> - 포자가 빗물에 씻겨 수피로 흘러내리면 마치 잉크를 뿌린 듯이 잘 보인다.

① 밤나무 잉크병
② Nectria 궤양병
③ Hypoxylon 궤양병
④ 밤나무 줄기마름병
⑤ 호두나무 검은(돌기)가지마름병

해 보기의 설명은 호두나무 검은돌기 가지마름병에 대한 설명이다. 10년생 이상의 나무에서 통풍과 채광이 부족한 2~3년생 가지나 웃자란 가지에서 많이 발생하는 병이다. [교재 266p]

답 ⑤

019

다음 중 잎에 발생하는 병해에 대한 설명으로 옳지 않은 것은?

① 철쭉류의 떡병에서 흰 부분이 때로는 흑회색으로 변하는 것은 Cladosporium류의 곰팡이가 부생적으로 자랐기 때문이다.
② 타르점무늬병에서 버드나무류에 대형의 자좌를 만드는 병원균은 Rhitisma salicinum이다.
③ 흰가루병의 병원균은 절대기생체이다.
④ 흰가루병은 각균강에 속하며 자낭구를 형성한다.
⑤ 그을음병은 주로 잎 앞면에서 식물에 기생하며 영양분을 탈취한다.

해 그을음병은 주로 잎 앞면에 생기긴 하지만 식물에서 영양분을 탈취하지 않고 진딧물, 깍지벌레 가루이 등 흡즙성 곤충의 분비물을 영양원으로 하여 번성하는 부생성 외부착생균이다. [교재 275p]

답 ⑤

020

다음 중 녹병과 녹병의 중간기주를 연결한 것으로 옳지 않은 것은?

① 잣나무 털녹병 - 송이풀, 까치밥나무
② 소나무 줄기녹병 - 작약, 모란
③ 소나무 혹병 - 졸참나무
④ 회화나무 녹병 - 노간주나무
⑤ 오리나무 잎녹병 - 낙엽송

해 회화나무 녹병은 동종기생성으로 기주교대를 하지 않는다. 기주교대를 하지 않는 녹병으로는 회화나무 녹병과 후박나무 잎녹병 등이 있다. [교재 279, 280p]

답 ④

021

다음 중 목재 부후균에 대한 설명으로 옳지 않은 것은?

① 백색부후균은 셀룰로스, 헤미셀룰로스, 리그닌을 모두 분해한다.
② 갈색부후균은 셀룰로스, 헤미셀룰로스는 분해하며, 리그닌은 분해되지 않는다.
③ 갈색부후는 주로 침엽수에 발생한다.
④ 연부후균에 감염되면 표면과 내부의 조직이 연해진다.
⑤ 연부후균은 자낭균문에 속한다.

해 연부후에 감염되면 표면은 연해지고 암갈색으로 변하지만, 내부는 건전상태를 유지한다. [교재 281p]

답 ④

기출문제[9회]

Q. 백색부후에 관한 설명으로 옳지 않은 것은?

① 대부분의 백색부후균은 담자균문에 속한다.
② 주로 활엽수에 나타나지만, 침엽수에서도 나타난다.
③ 조개껍질버섯, 치마버섯, 간버섯 등은 백색부후균이다.
④ 목재 성분인 셀룰로스, 헤미셀룰로스, 리그닌이 모두 분해되고 이용된다.
⑤ 부후된 목재는 암황색으로 네모난 형태의 금이 생기고 쉽게 부러진다.

해 ⑤의 설명은 갈색부후에 관한 설명이다. 암황색은 검은빛을 띠는 노랑색으로 이것만 보아도 백색부후보다는 갈색부후가 맞다는 것을 알 수 있다.
[교재 281, 282p]

답 ⑤

022

다음 중 목재 부후균과 종류를 연결 한 것으로 옳지 않은 것은?

① 실버섯류 - 갈색부후균
② 표고버섯 - 갈색부후균
③ 치마버섯 - 백색부후균
④ 말굽버섯 - 백색부후균
⑤ 콩버섯 - 연부후균

해 표고버섯은 백색부후균에 속한다. 교재 282p

답 ②

023

다음 중 수목 세균병에 대한 설명으로 옳지 않은 것은?

① 뿌리혹병의 병원균인 Agrobacterium은 그람음성균이다.
② 불마름병이 감염되면 꽃은 암술머리에서 시작해서 전체로 병이 진행한다.
③ 잎가마름병의 병원균은 Xylella fastidiosa로 물관부국재성 세균이다.
④ 감귤궤양병은 Xanthomonas axonopodis에 의해 발생하며, 온주밀감은 저항성이다.
⑤ 세균성 구멍병은 Xanthomonas arboricola에 의해 발생하며, 병원균은 그람 양성균이며, 혐기성 균이다.

해 세균성 구멍병은 Xanthomonas arboricola에 의해 발생하며, 병원균은 그람 음성균이며, 호기성 균이다. 교재 287p

답 ⑤

024

다음 중 병원성 미생물인 파이토플라스마에 대한 설명으로 옳지 않은 것은?

① 진정한 세포벽을 갖지 않으며, 일종의 원형질막으로만 둘러싸인 세포질이 있다.
② 스피로플라스마를 포함한다.
③ 흡즙성 곤충, 접목, 새삼에 의해서 전염된다.
④ 테트라사이클린계 항생물질에 감수성이며, 페니실린계 항생물질에는 저항성이다.
⑤ 식물의 체관을 통해 이동하는 전신성 병해이다.

해 파이토플라스마는 스피로플라스마를 포함하지 않는다. 교재 288p

답 ②

025

다음 중 바이러스에 대한 설명으로 옳지 <u>않은</u> 것은?

① 바이러스는 살아있는 생명체에만 기생할 수 있는 '순환물기생체'이다
② 핵산과 단백질 외피로만 구성되어 있다.
③ 바이러스는 식물병원성 미생물 중에 가장 작다.
④ 담배모자이크바이러스(TMV)는 외가닥 RNA를 가지고 있다.
⑤ 바이러스를 검정식물에 접종하였을 때는 국부감염이 된다.

해 바이러스보다 더 작은 바이로이드라는 미생물이 있다. 바이로이드는 단백질 외피가 없는 나출된 고리 모양의 외가닥 RNA분자이며 지금까지 알려진 가장 작은 식물병원체이다.

교재 292, 293p

답 ③

기출문제[5회]

Q. 수목 바이러스의 특징과 감염으로 인한 수목의 피해가 옳게 나열된 것은?

ㄱ. 절대 기생성	a. 물관부 폐쇄
ㄴ. 기주 특이성	b. 균핵 형성
ㄷ. DNA로만 구성	c. 잎의 기형
ㄹ. 세포로 구성	d. 모자이크 증상

① ㄱ, ㄹ - a, d
② ㄱ, ㄷ - b, c
③ ㄱ, ㄴ - c, d
④ ㄴ, ㄷ - b, d
⑤ ㄴ, ㄹ - a, c

해
바이러스는 살아있는 생명체에만 기생할 수 있는 절대기생성을 가지고 있고 특정 생물을 대상으로 기생하려는 성질인 기주 특이성을 가지고 있다. 피해는 잎이 기형화 되거나 대표적으로 모자이크 증상이 나타난다.

[교재 291~293p]

답 ③

나무의사 필기 핵심 이론서&단원별 마무리 문제집

수목해충학

수목해충학

- 곤충 중 인간에게 피해를 주는 해충을 연구하여 방제하고자 하는 학문 -

"우리는 우리가 알지 못한다는 것을 발견할 때 배우기 시작한다"
- 소크라테스 -

전에 직장 상사에게서 이런 말을 들은 적이 있었습니다.
"희성아, 직장은 너가 배운 것들을 사용하러 오는 것이지 너가 배우러 오는 곳이 아니야"
저에겐 이 말이 너무나도 충격적이였습니다. 지금은 일을 그만둔 상태인데,
제가 직장을 그만두기로 결심한 것은 저 말을 듣고나서 였습니다.
더 이상 배우지 못한다는 생각을 가진 상사와는 함께 할 수가 없었습니다.
지금도 누군가 제 한계를 정하는 듯한 말을 하면 가급적 그 사람 만나지 않습니다.
정말 소중하고 중요한 사람들도 시간내서 만나기 힘든데 굳이 그런말을 하는 사람을 만나야하나…
라는 생각이 들더라구요. 세상에 한계는 없습니다.
여러분들의 가능성을 믿어주는 사람을 만나세요.
훗날 여러분과 함께 할 사람일 것입니다.

1. 곤충의 이해

> **나무쌤 잡학사전**
>
> 곤충이란?
> 곤충은 절지동물문 곤충강으로 분류되며, 몸이 머리, 가슴, 배 세 부분으로 이루어져 있고 대부분 3쌍의 다리와 2쌍의 날개가 있습니다. 배에는 심장, 소화계, 생식기관이 있고 머리 부분에는 입, 눈, 더듬이가 있으며, 곤충의 입은 무엇을 먹느냐에 따라서 다르나 각기 잘 발달하여 있습니다.

1) 곤충의 번성과 진화

1 곤충의 번성

① 곤충의 등장 : 고생대 데본기(약 4억 년 전) - 날개 없는 무시아강 곤충
② 곤충의 번성 : 고생대 석탄기(약 3.5억 년 전) - 날개 달린 유시아강 곤충 등장
③ 약 100만 종으로 지구상 동물의 70~80% 차지

2 곤충이 번성한 이유

① 작은 크기
② 마디화된 몸
③ 높은 유전적 변이성(높은 종 다양성)
④ 날개
⑤ 짧은 세대기간
⑥ 변태

> **나무쌤 잡학사전**
>
> 곤충의 생존할 수 있었던 이유
> 곤충은 '작은 크기'로 적을 피해 숨거나 바람에 의한 이동이 쉽고 '마디화된 몸'으로 기능의 선택과 집중이 잘 이루어져 있어요.
> '높은 유전적 변이성'으로 달라지는 환경에 빠르게 적응하게 해주며 '날개'가 있어 적으로부터 피하고, 먹이를 찾으며, 짝을 효율적으로 찾을 수 있습니다. 또한 '세대기간이 짧아' 유전적 변이를 극대화하며, 후대를 많이 남길 수 있고 '변태'를 통해 추운 겨울에도 살아남을 수 있었습니다.

3 곤충강의 특성

곤충은 분류학상으로 동물계 – 절지동물문 – 곤충강에 속하는 생물입니다.

린네의 이명법이 생겨난 이후 곤충은 100만종 이상이 기록되어 있습니다. 곤충강의 생물들은 다음의 특성을 공통적으로 가지고 있습니다.

① 곤충의 몸은 머리, 가슴, 배로 구분됨
② 3쌍의 다리와 2쌍의 날개를 가지고 있음
→ 다리 : 앞가슴, 가운뎃가슴, 뒷가슴 각각 1쌍씩 존재
  날개 : 가운뎃가슴에는 앞날개, 뒷가슴에는 뒷날개 1쌍씩 존재
③ 비행이 가능한 유일한 무척추동물
④ 지구상의 거의 모든 육상 및 담수생태계에서 관찰가능
⑤ 변태를 함
⑥ 홑눈과 겹눈을 모두 가지고 있음

4 곤충강과 거미강의 비교

구분	곤충강	거미강
몸의 구성	머리, 가슴, 배 3부분	머리가슴, 배 2부분
다리	3쌍, 5마디	4쌍, 6마디
날개 여부	있음(가운뎃가슴 1쌍, 뒷가슴 1쌍)	없음
변태 여부	변태를 함	변태를 하지 않음
눈	홑눈과 겹눈	홑눈
더듬이	더듬이 1쌍있음	더듬이가 없음
표피구성성분	키틴질	키틴질

2) 곤충의 분류(목)

> ✓ **분류의 단위**
>
> 곤충 분류의 순서는
> (동물)계 > (절지동물)문 > (곤충)강 > 아강 > 목 > 아목 > 과 > 아과 > 속 > 아속 > 종 > 아종 > 변종 순입니다.

1 속입틀류

머리덮개 안에서 입틀이 앞쪽으로 열린 공동으로 에워싸여 있는 방식을 가지고 있음

<낫발이목>

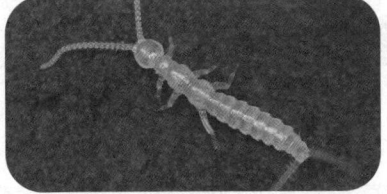
<좀붙이목>

<톡토기목>

목명	특징
낫발이목	① 배마디가 성장하면서 9마디에서 12마디로 늘어난다. ② 눈이나 더듬이가 없다.
좀붙이목	① 배 뒤쪽에 큰 꼬리돌기가 있다. ② 배마디 대부분에 짧은 옆쪽 뾰족 돌기가 있다. ③ 복부 뒤쪽에 몸의 수분균형 조절에 도움이 되며 뒤집힐 수 있는 소낭이 있다.
톡토기목	배는 6마디 이하로 제1마디에 끈끈이 관이 있고, 제3마디에 걸쇠가 배 쪽으로 위치하며, 제4마디에 도약기가 배 쪽으로 부착되어 있다. 제5마디에는 생식공이 있다.

2 무시아강

날개가 전혀 없고, 무변태로 발육(※무변태 : 크기가 커지는 탈피 이외에 변화가 없는 변태 형태)

> ☑ **무시와 유시, 고시와 신시**
>
> - 무시 : 無(없을 무)翅(날개 시) → 날개가 없다는 뜻
> - 유시 : 有(있을 무)翅(날개 시) → 날개가 있다는 뜻
>   ※날개를 갖고 있었으나 2차적으로 퇴화한 경우에도 유시아강으로 분류한다.
> - 고시 : 古(옛 고)翅(날개 시) → 구형 날개(날개를 접을 수 없음)
> - 신시 : 新(새로울 신)翅(날개 시) → 신형 날개(날개를 접을 수 있음)

<고시류>

<신시류>

<돌좀목 사진>

<좀목>

목명	특징
돌좀목	① 성적 성숙은 8령의 미성숙기를 지난 후에 도달한다. ② 수컷은 정자주머니를 만들어 암컷이 발견하기 쉬운 곳에 놓고, 암컷은 저정낭이 없어 정자를 저장할 수 없으며, 알을 낳을 때마다 그에 앞서 새로운 정자주머니를 취해야만 한다.
좀목	① 낮 동안 돌이나 나뭇잎 밑에 숨어 있으며, 어두워지면 먹이를 찾기 위해 나와 재빠르게 움직인다. ② 일반적으로 3년, 최대 7~8년을 살며, 성충이 된 이후에도 주기적으로 탈피를 계속한다. ③ 연모라는 부드러운 털이 배에 길게 나 있다.

3 유시아강-고시군

접히지 않는 날개가 있으며, 유충은 수서생활을 함

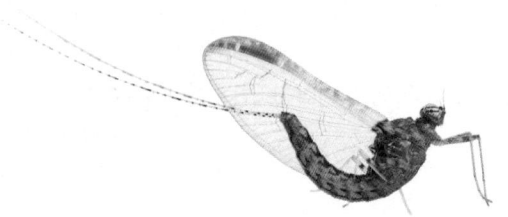
<하루살이목>

<잠자리목>

목명	특징
하루살이목	① 미성숙충은 오염되지 않은 흐르는 물속에서 살아간다. ② 하루살이는 날개가 생긴 후 다시 탈피하는 유일한 곤충이다. ③ 비행 중에 교미하며, 암컷은 보통 몇 분 또는 몇 시간 내에 한배의 알을 낳는다. 수컷은 교미 직후 죽고, 암컷은 산란 직후 죽는다.
잠자리목	① 성충의 뒷날개가 앞날개보다 기부 가까이에서 더 넓다. ② 미성숙충과 성충 모두 포식한다. ③ 잠자리의 아가미는 직장 내부에 위치한다.

4 유시아강 - 신시군 - 외시류 - 메뚜기형(씹는형 입틀)

접히는 날개가 있으며, 불완전변태를 함

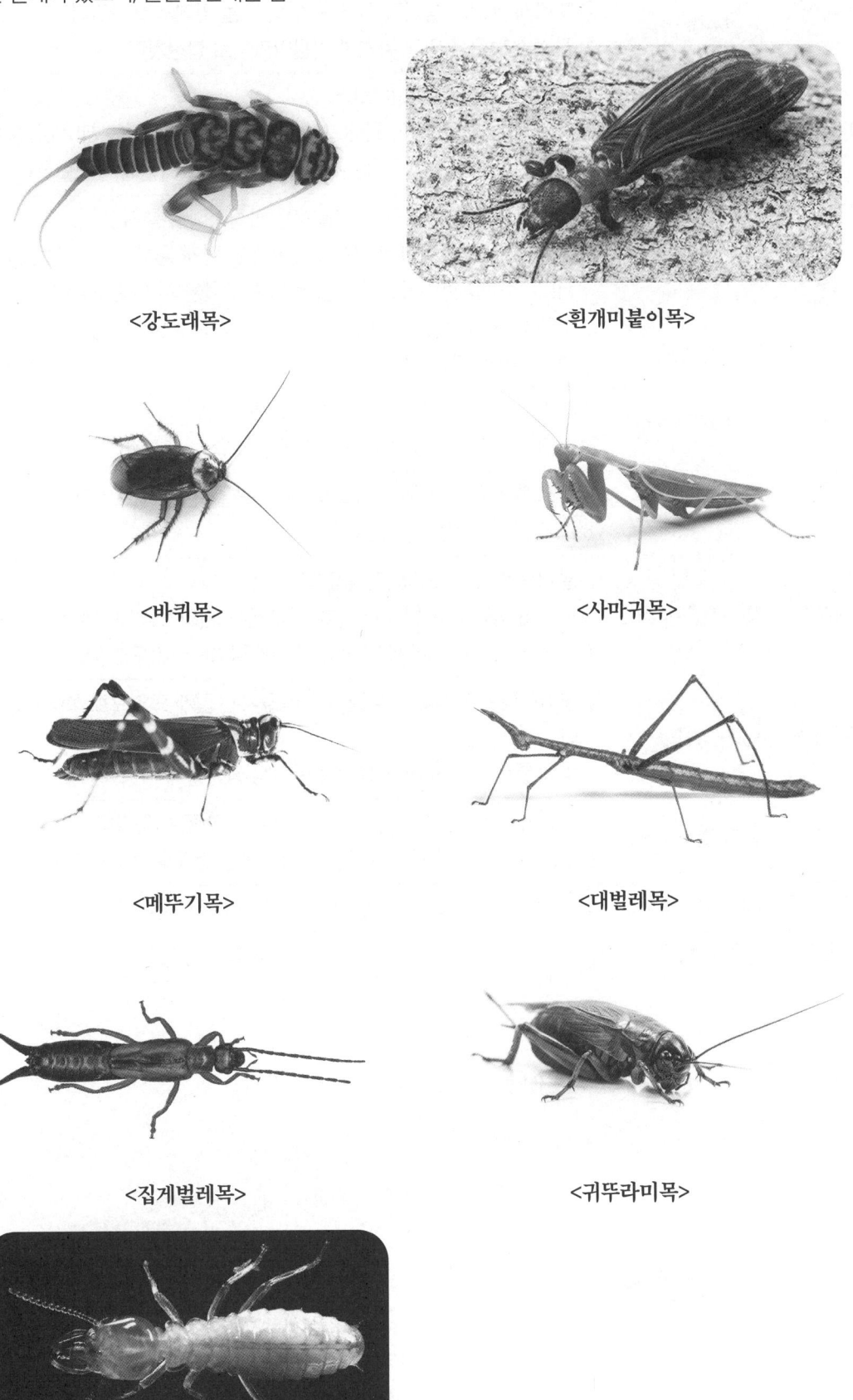

<강도래목> <흰개미붙이목>

<바퀴목> <사마귀목>

<메뚜기목> <대벌레목>

<집게벌레목> <귀뚜라미목>

<민벌레목>

목명	입틀	특징
강도래목	기능적인 입틀이 없음	① 성충은 잘 날지 못한다. ② 빠르게 흐르고 통기가 잘 되는 물속의 돌 밑에서 살아간다. ③ 산소는 항문 주위에 위치한 기관아가미로 확산한다.
흰개미붙이목	씹는형 (전구식)	① 날개는 수컷 성충에만 있다. ② 앞다리의 발목마디가 확대되어 실크를 생산하는 샘을 지니고 있다. 실크는 정교한 둥지와 터널을 짓는 데 사용된다(실크터널에서 생활함).
바퀴목	씹는형	① 앞날개는 두꺼워져 있고, 뒷날개는 막질이며 주름져 있다. ② 알을 낳을 때 암컷의 생식계에서 특별한 덮개 물질이 분비되어 알을 둘러싼다. 이것을 알주머니라 하는데 이 구조물을 지면에 떨어뜨려 놓거나, 매질에 붙여 놓거나, 암컷이 몸에 지니고 다닐 수 있다(바퀴류와 포식성 사마귀류에서만 발견됨).
사마귀목	씹는형(하구식)	① 머리에 삼각형으로 발달한 겹눈이 있다. ② 바퀴류는 야행성 분해자, 사마귀류는 주행성 포식자이다.
메뚜기목	씹는형(하구식)	① 앞날개는 좁고, 가죽 날개를 이루며, 뒷날개는 부채모양이다. ② 모든 종류의 식물을 먹는다.
대벌레목	씹는형(전구식)	① 날개는 종종 축소되었거나 없다. ② 느리게 이동하며, 날개는 일부 열대 종을 제외하면 퇴화하였다. ③ 알을 엄청난 높이에서 낱개로 지면에 떨어뜨리기도 한다.
집게벌레목	씹는형(전구식)	① 발목마디는 3마디, 복부 끝의 꼬리돌기는 집게 모양으로 확대되었고 두껍다. ② 밤에 활동하며, 모두 기생이나 반기생 생활형에 적응되어 있다.
귀뚜라미붙이목	씹는형(하구식)	① 날개가 퇴화하였으며 길고 8마디로 된 꼬리돌기가 있다. ② 추운 날씨에만 활동하며 따뜻한 계절에는 영구동토층 아래로 이동한다.
대벌레붙이목	씹는형(하구식)	짧은 1마디로 된 꼬리돌기를 지니며, 야행성 포식자이다.
민벌레목	씹는형(하구식)	날개가 퇴화되었으며, 우리나라에는 알려지지 않았다.

5 유시아강-신시군-외시류-노린재형(빠는형 입틀)

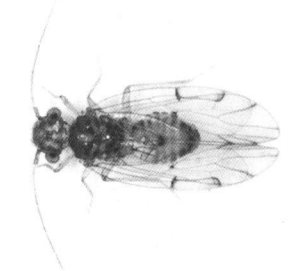

<다듬이벌레목>

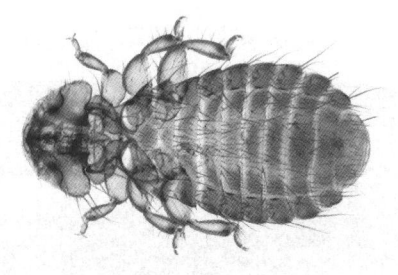

<이목>

<총채벌레목>

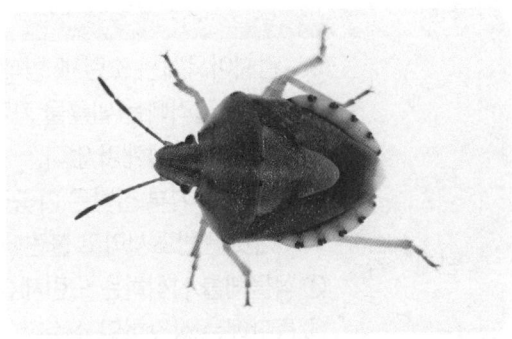
<노린재아목>

<매미아목>

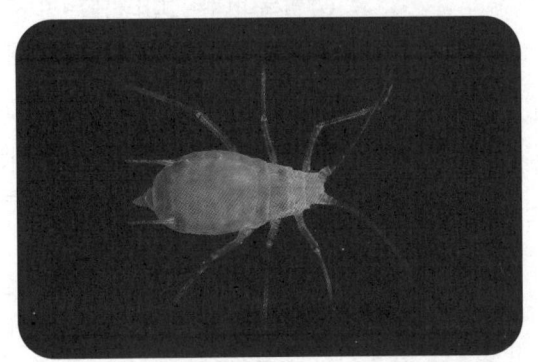
<진딧물아목>

목명	특징
다듬이벌레목	① 다듬이벌레목에는 barklice와 booklice가 있다. ② barklice-2쌍의 날개가 있으며, 앞날개는 뒷날개보다 크고, 실크를 짜내어 생활한다. ③ booklice-날개는 없으며, 몸은 색이 옅다, 몸이 작으며 실크는 생산하지 않는다.
이목	① Biting Lice(털이목)와 Sucking Lice(이목)로 나뉜다. ② Biting Lice는 씹는형 입틀을, Sucking Lice는 빠는형 입틀을 가졌다. ③ 날개가 없으며, 조류와 포유류 외부에 기생한다. ④ 숙주의 몸에서 떨어질 경우 오래 살 수 없다. ⑤ Sucking Lice는 사람과 가축에 질병을 전파한다.
총채벌레목	① 미성숙충은 날개가 없으며, 성충은 날개가 있는 경우 촘촘한 긴 털의 술 장식이 달린 가느다란 막대 모양이다. -총채벌레는 줄 쓸어빠는 비대칭 입틀을 가지고 있다. ② 비단 고치로 에워싸는 연장된 변태 과정을 겪는다(과변태). ③ 발목마디 끝 쪽에 뒤집힐 수 있는 점착성의 주머니가 있다. ④ 많은 종이 단위생식을 한다. ⑤ 식물체, 특히 곡류, 과채류, 정원수의 심각한 해충이며, 식물바이러스를 매개하기도 한다.

	목명	특징
노린재목	노린재아목	※노린재아목에는 노린재, 방패벌레 등이 포함된다. ① 기다란 찔러빠는 입틀을 가지고 있다. ② 미성숙충은 날개가 없다. ③ 앞날개의 기부 절반은 가죽질, 끝 절반은 막질로 되어 있다. 　→이것은 반초시라고 불린다. ④ 식물체를 섭식하는 노린재류는 많은 작물의 중요한 해충이다. ⑤ 등판에는 삼각형의 소순판이 있다. ⑥ 쉴 때 날개를 등 위에 X자 모양으로 놓는다. ⑦ 발목마디는 2마디 또는 3마디 이다. ⑧ 방패벌레의 경우 잎응애 피해 증상과 비슷하지만 잎 뒷면에 탈피각이 붙어 있어 구별된다.
	매미아목 진딧물 아목	※매미아목에는 매미, 멸구, 매미충 등이 포함된다. ※진딧물아목에는 진딧물, 깍지벌레 등이 포함된다. ① 매미·멸구·매미충을 대표하는 매미아목과 진딧물·깍지벌레를 대표하는 진딧물아목으로 구분한다. ② 입틀은 후구식이며 매미아목의 모든 종은 찌르고 빠는 입틀로 식물의 즙액을 빨아 섭취한다. ③ 대부분의 매미아목에서 소화계부분이 여과실로 변형되어 있는데, 이 구조는 다량의 식물체 즙액을 소화하고 처리하는 기능을 한다. 　→이 구조로 인해 개미들이 감로에 이끌려 매미아목 곤충을 돌본다. ④ 깍지벌레류 같은 경우 생활사의 대부분을 자신이 분비하는 왁스나 큐티클로 된 불침투성의 덮개 아래에서 움직이지 않고 살아간다. 　→움직이는 깍지벌레류도 있다(뒤에서 따로 정리).

6 유시아강-신시군-내시류

날개가 있으며, 완전변태를 함

> ☑ 내시류(완전변태) 외우는 법　　　　　　　　　　　　　(중요도 ★★★)
>
> 1. 약먹고 잠 자나? 벌/딱 일어나 부채/날로 파리/밑에 벼룩잡자
> 2. 약대벌레목, 풀잠자리목, 나비목, 벌목, 딱정벌레목, 부채벌레목, 날도래목, 파리목, 밑들이목, 벼룩목

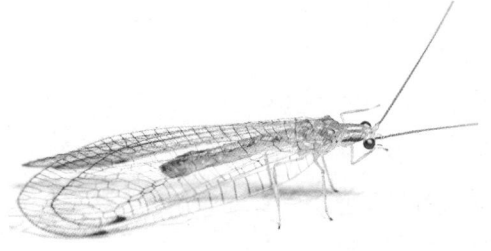
<풀잠자리목>

<나비목>

<벌목>

<딱정벌레목>

<부채벌레목>

<날도래목>

<파리목>

<밑들이목>

<벼룩목>

<약대벌레목>

목명	입틀	특징
약대벌레목	씹는형	① 우리나라에선 1과 1종이 알려졌다. ② 산지 중심으로 볼 수 있으며, 등불에 유인된다. ③ 겹눈이 튀어나왔고, 앞가슴이 길다.
풀잠자리목	씹는형	① 모든 날개에서 시맥이 촘촘하게 분지한다. ② 풀잠자리류 유충은 포식자로서 유익하다. ③ 대부분의 종은 잘 날아다니지 않는다.

딱정벌레목	씹는형	① 유충은 세 가지로 나뉜다.
		 1) 좀붙이형:호리호리하고, 활동적으로 기어 다님
		 2) 굼벵이형:굼벵이 모양으로 뚱뚱하고 C자 모양으로 굽음
		 3) 방아벌레형:방아벌레 유충이 해당하며, 기다란 원통형으로 강한 외골격과 작은 다리를 지님
		② 앞날개는 단단하고(초시) 뒷날개의 덮개 역할을 하며, 뒷날개는 크고 막질이다.
		③ 곤충강에서 가장 큰 목이다.
		④ 먹이에 따라 크게 네가지로 나뉜다.
		 1) 원시딱정벌레아목:딱정벌레목의 가장 작은 아목
		 2) 식균아목(점식아목)
		   식균아목의 대부분의 종은 수서곤충 또는 반수서곤충이며, 조류를 먹는다.
		 3) 식육아목
		  -식육아목 중 육지에 사는 것은 딱정벌레상과(길앞잡이, 먼지벌레과), 물에 사는 것은 물방개상과(대부분 물방개과)가 있다.
		  -대부분의 유충이나 성충이 모두 강한 포식성이다.
		 4) 다식아목(풍뎅이아목)
		  -현존 딱정벌레의 90%가 이 아목에 속한다.
		  -사슴벌레과, 장수풍뎅이과, 비단벌레과, 반딧불이과, 부당벌레과, 바구미과, 거위벌레과, 잎벌레과 등이 속한다.
		  ※ 대부분 초식성과 육식성이지만 부식성도 존재한다.

부채벌레목	씹는형	① 첫 번째 영기 때 다리와 고도의 운동성을 가지고 있으며, 이후의 영기에서는 다리가 없고 굼벵이와 같은 모양이 된다. -암컷성충:다리와 날개가 없고, 유충형으로 숙주의 복부로부터 부분적으로 돌출된 상태로 남아 있다. -수컷성충:큰 부채 모양의 뒷날개와 작은 곤봉 모양의 앞날개가 있음 ② 대부분 내부기생자로 살아가며, 유충이 과변태를 겪는다. ③ 딱정벌레목과 부채벌레목의 수컷은 뒷날개가 앞날개보다 크고 비행 중 대부분의 양력을 제공하는 유일한 완전변태류 곤충이다. ④ 유충은 숙주의 체강 안에서 혈액과 조직으로부터 영양분을 흡수하면서 자라고 탈피를 계속한다. ⑤ 암컷성충은 숙주의 복부에서 몸의 일부분만 튀어나와서 수컷을 유인하고 교미하는 것을 관리하면서 숙주의 내부에 남아 있다.
벼룩목	유충-씹는형 성충-빠는형	① 모든 벼룩은 흡혈하는 외부기생자(숙주의 몸에서 살지 않음)이다. ② 뒷다리 넓적마디가 확대되어 뛰기에 적합하다

목명	입틀	특징
파리목	장구벌레형 =씹는형 구더기형 =입갈고리형	① 뒷날개는 축소되어 평균곤으로 되어 있어 1쌍의 날개만을 갖는다. ② 대부분 척추동물 숙주의 혈액을 섭식하는 외부기생자이다(모기류, 등에류). ③ 일부 파리류는 농작물의 해충이자 인축에 질병을 전염시키기도 하지만 수분매개, 유기물 분해 등 이로운 역할을 하는 파리도 많다.
밑들이목	씹는형	① 복부에 8쌍의 배다리가 있으며, 수컷 생식기가 전갈의 꼬리처럼 복부 위로 해서 뒤로 굽어 있다. ② 유충은 일반적으로 땅속에서 살아간다.
날도래목	유충-씹는형 성충-흔적적	① 복부는 보통 돌이나 나뭇잎, 잔가지, 기타 자연물로 만든 집으로 되어있다 (여기서 모든 생활과 성장·발육이 이루어진다). ② 날개는 쉴 때 복부 위에 텐트 모양으로 놓는다. ③ 모든 유충은 수서 환경에서 살아간다. ④ 대부분의 종은 실 모양의 복부 아가미가 있다.
나비목	유충-씹는형 성충-코일처럼 감긴 관 모양	① 유충의 복부에는 보통 5쌍의 배다리가 있다. ② 중첩된 작은 인편으로 덮인 큰 날개가 있어 독특하다. ③ 비행 중에 앞날개와 뒷날개는 날개걸이로 서로 연결되어 두 날개가 동시에 위아래로 움직인다. -나비류:낮에 활동하며, 밝은색을 띠고, 더듬이 끝이 도드라지거나 갈고리로 된다. 쉴 때 날개를 몸 위에 수직으로 놓는다. -나방류:야행성이며, 외관이 칙칙하며, 실·방추·빗살 모양의 더듬이가 있다. 쉴 때 날개를 몸 위에 수평으로 놓거나, 말거나, 뒤쪽으로 접는다.
벌목	유충-씹는형 성충-꿀벌류를 제외하고 나머지는 씹는형	-잎벌류:미성숙충은 나방 유충형으로 잘 발달한 머리덮개와 씹는형 입틀을 가지고 있으며, 복부에 배다리가 있다. -꿀벌류, 말벌류:미성숙충은 굼벵이형으로 잘 발달한 머리와 씹는형 입틀이 있으며, 다리와 눈이 없다. -뒷날개의 앞 가장자리를 따라 나 있는 날개걸쇠로 앞날개와 뒷날개를 서로 연결한다. -천적이나 화분 매개자가 많이 포함되어 있다. -흰개미목 외에 노동 분업을 통한 복잡하고 진화된 사회체계를 가진 유일한 목이다. -기생성 벌 중에는 발육을 완료하기 전까지 숙주를 죽이지 않는 것도 있다.

✔ 곤충의 각 목에는 어떤 곤충이 있을까?(목 이름이 들어가 있는 곤충 제외)

- 풀잠자리목:뱀잠자리, 사마귀붙이, 명주잠자리, 뿔잠자리, 빗살수염풀잠자리, 보풀날개풀잠자리
- 딱정벌레목:무당벌레, 물방개, 장수풍뎅이, 길앞잡이, 잎벌레, 바구미, 하늘소 등
- 파리목:모기, 등애, 각다귀, 깔따구 등
- 밑들이목:각다귀붙이과
- 벌목:개미

Q.곤충의 목들 중 진정한 사회성을 가지는 목은?   벌목, 흰개미목

2. 곤충의 구조와 기능

수목해충학은 대부분 총론이 출제가 됩니다. 그리고 곤충의 구조와 기능 부분은 대표적인 총론이라고 보시면 되겠습니다. 기출문제가 많이 출제되는 구간이니 집중해서 공부하시기 바랍니다.

1) 내·외부구조와 기능

1 외골격

① 외표피
   - 가. 외표피의 가장 안쪽을 표피소층이라고 하며, 단백질-폴리페놀 복합체에 끼워진 리포단백질과 지방산사슬로 구성된다.
   - 나. 방향성을 가진 왁스층이 표피소층 바로 위에 위치한다.
   - 다. 표피층의 가장 바깥쪽 부분으로 수분손실을 줄이고, 이물질의 침입을 차단하는 기능을 한다.
   - 라. 맨 위층은 시멘트 층으로 왁스층을 덮어 마모로부터 왁스층을 보호한다.

② 원표피
   - 가. 원표피는 진피세포 바로 위에 있으며, 몸의 일부 부위에서는 원표피가 경화된 바깥쪽의 외원표피와 부드러운 안쪽의 내원표피로 층을 이룬다.
   - 나. 진피세포 바로 위에 있으며, 키틴의 미세섬유를 포함하고 있다.

✓ 키틴의 구조는 N-아세틸글루코사민(N-acetylglucosamine)이라는 단당류가 β-1,4 결합구조로 연결되어 긴 사슬처럼 이어진 일종의 다당류이다.

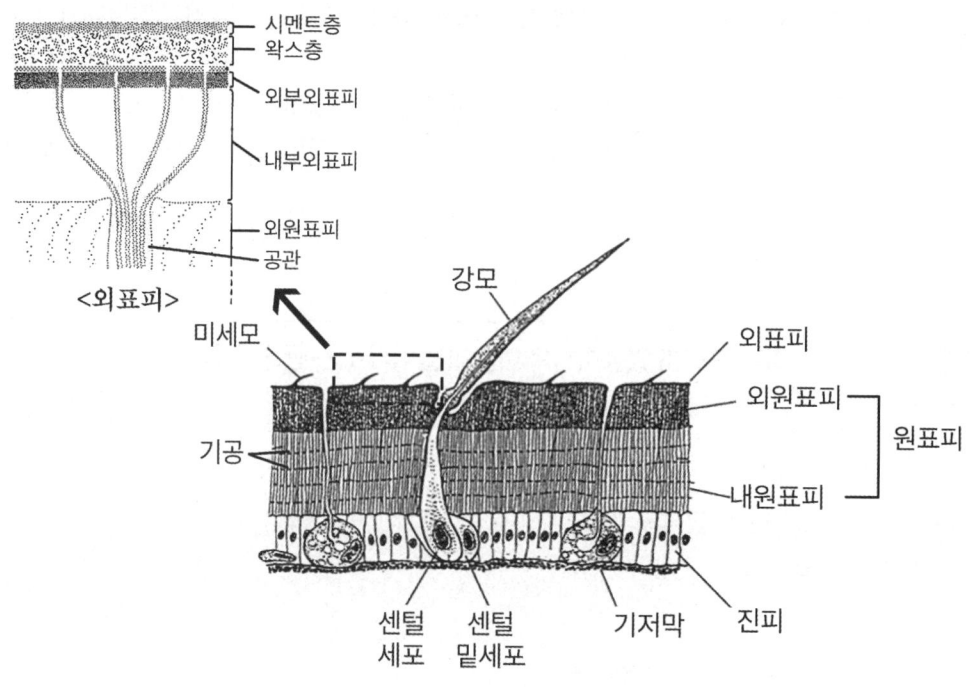

<곤충 체벽의 모식도-외골격의 구조(층별)>

📚 나무쌤 잡학사전

단백질의 알파구조, 베타구조란?
- 단백질이 결합하다 보면 어떤 특이성을 가진 모양이 형성되기도 하는데 이때 발생하는 구조가 바로 알파, 베타구조입니다.
- 특이 구조는 1차부터 4차까지 존재하며, 알파, 베타구조는 '2차 구조'에 해당합니다.
(참고로 1차 구조는 단순히 아미노산의 배열에 의해 발생한 구조를 말합니다)

α-나선구조 β-병풍구조
단백질의 2차구조

다. 키틴 분자가 모여 유연한 미소섬유를 이루고 미소섬유가 단백질과 격자형으로 얽힌 구조를 만들면서 강한 장력을 갖게 된다(키틴→미소섬유→완전체).

라. 외골격에서 양적으로는 극히 적으나 생리적으로 중요한 성분들도 있다(표 참고).

레실린 (resillin, 탄성단백질)	-고무와 같은 탄성을 갖고 있다. -탄성이 많이 요구되는 곳에 국부적으로 있음
아스로포딘 (arthropodin)	표피에서 키틴과 결합하는 수용성 단백질로, 뜨거운 물에 잘 녹으며, 표피에 유연성을 부여한다(내원표피에 주로 분포한다).
스클레로틴 (sclerotin)	-표피에서 키틴과 결합하는 비수용성 단백질로 뜨거운 물에 녹지 않는다. -외원표피에 주로 분포하며, 표피를 단단하게 만들어주고 색깔을 띠게 한다.

- 외원표피의 분화는 각각의 탈피 직후에 일어나는 화학적 과정으로 이어진다. 탈피 직후 경화반응이 일어나는 동안 단백질 분자는 퀴논 화합물과 결합하며 단단해진다.
- 경화과정은 흔히 멜라닌 등의 색소 침착이 동반되어 외원표피에 주로 어두운 갈색이 나타난다.

📚 나무쌤 잡학사전

미소섬유와 단백질의 결합
미소섬유가 단백질과 격자형으로 얽힌 구조를 만들면서 강한 장력을 갖게 된다. 이들 미소섬유는 하나의 판을 이루면서 일정한 패턴으로 배열되는데, 이 판이 다시 여러 층으로 겹쳐 하나의 표피을 형성한다. 이때 각 층의 미소섬유 배열방향이 판에 따라 약간씩 다른 각도를 유지하면서 겹쳐지기 때문에 표피는 더욱 단단해진다.

③ 진피(표피세포층)

가. 상피세포의 단일층으로 형성된 분비조직이다.

나. 탈피 시 탈피액을 분비하여 분해된 내원표피물질을 흡수하고 표피형성 물질을 분비하여 상처를 재생시킨다.

다. 진피세포 중 일부가 외분비샘으로 특화되어 있다. 미세한 관을 통해 표면으로 방출되는 화합물(페로몬, 기피제 등)을 생성한다.

> **📖 나무쌤 잡학사전**
>
> 진피와 표피세포층 왜 굳이 두개의 이름을 쓰나요?
> 나무의사 시험은 거의 모든 문제가 기본서를 토대로 출제됩니다.
> 왜냐하면 기본서 자체가 이의제기 라던지 다양한 의견이 들어왔을 때 명확한 근거가 될 수 있기 때문입니다.
> 진피는 수목해충학(향문사) 교재에서, 표피세포층은 삼고 산림보호학(향문사) 교재에서 사용하는 용어 입니다. 둘 다 나무의사의 기본서 이기에 두 용어를 다 알고계셔야 합니다. 실제 나무의사 5회시험에서는 표피세포로, 7회시험에서는 진피로 출제된 적이 있었습니다.

④ 기저막

  가. 부정형의 뮤코다당류 및 콜라겐 섬유의 협력적인 이중층으로 되어있다.

  나. 물질의 투과에 관여하지는 않는다.

  다. 표피세포의 내벽 역할을 하며, 외골격과 혈체강을 구분 지어 준다.

⑤ 외골격의 부속기관

명칭	특징
센털	① 기부 주위에 바퀴 모양의 막질부가 있어 움직일 수 있다. ② 속은 비어있고, 외표피가 밖으로 늘어나 생긴다. ③ 인편:편평해진 털을 말한다(나비목, 톡토기목).
가동가시	움직일 수 있는 가시털 모양의 돌기를 말한다. 곤충의 다리에 생기는 다세포성 돌기이다.
체표돌기	체표에 생기는 단순한 돌기로 돌기 기부 주위에 관절막이 없어 움직이지 못한다.

2 머리

곤충의 머리모양은 종류에 따라 조금씩 다르나, 메뚜기나 여치같이 풀을 먹고 사는 곤충의 머리는 긴 네모꼴을 하고 있고, 사마귀 등과 같이 산 것을 잡아먹는 육식성 곤충의 머리는 역삼각형을 하고 있으며, 잡식성의 곤충은 중간 모습을 띠고 있다.

① 탈피선

  가. 탈피선은 머리 윗부분에 있는 거꾸로 된 Y자 모양의 선으로 탈피 시 가장 먼저 터지는 곳임

  나. 유충 때는 뚜렷하지만, 성충이 되면 대개 뚜렷하지 않다.

② 이마

  가. 탈피선이 갈래 진 아랫부분을 말한다.

  나. 식도 확장근이 부착되는 곳이다.

③ 이마방패

  구강 확장근이 부착되는 곳으로 양쪽에는 큰 턱과 관절을 이루는 관절돌기가 1개씩 있다.

④ 윗입술, 윗머리, 뺨

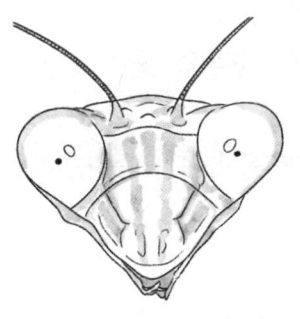
<사마귀(육식)>

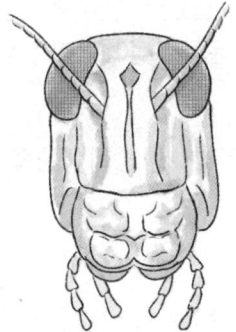
<메뚜기(초식)>

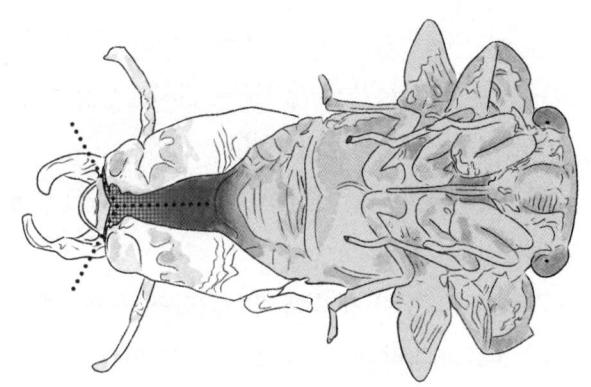
<매미의 탈피(역Y자 탈피선)>

[유튜버 아카데미 굽슾빛님과 오다원님 제공]

⑤ 눈(광감각기)
✓ 곤충의 광감각기로는 겹눈과 홑눈이 있다.

　가. 겹눈

　　- 1쌍의 겹눈은 대부분 곤충의 중한 시각기관이다.

　　- 겹눈은 낱눈으로 촘촘하게 채워져 있다.

　　- 낱눈은 투명한 표피인 각막렌즈가 볼록하게 두꺼워진 점이 특징이다.

　　- 낱눈에서 빛을 감지하는 부분을 감간체라고 부른다.

　　- 곤충의 시각은 자외선 영역의 빛을 볼 수 있으며, 구름이 낀 날이나 우중충한 날에도 하늘에서 태양의 위치를 감지할 수 있으므로 이를 방향신호로 사용한다.

　나. 홑눈
✓ 홑눈에는 등홑눈과 옆홑눈이 있다.

　다. 등홑눈

　　- 등홑눈은 성충과 불완전변태류의 미성숙 단계에서 흔히 발견된다.

　　- 사물을 감지하지 못하지만, 광범위한 파장에 민감하고, 빛의 편광에 반응하며, 빛의 강도 변화에 신속하게 반응한다.

　　- 독립적인 시간기관이 아니며, 겹눈이 없는 종에서는 결코 나타나지 않는다.

　라. 옆홑눈

　　- 옆홑눈은 완전변태류 유충과 일부 성충의 유일한 시각기관이다.

　　- 유충은 옆홑눈으로 빛의 강도를 감각하고, 주변 물체의 윤곽을 감지하며, 포식자나 먹이의 움직임을 추적할 수 있다.

3 더듬이

<u>곤충은 더듬이를 통해 소리를 듣고, 맛을 느끼고, 방향을 알고, 냄새를 맡을 수 있다.</u>

① 대개 공기 중에 있는 냄새 분자를 감지할 수 있는 후각수용체로 덮여있으며, 수증기의 농도변화를 감지하는 습도센서로도 더듬이를 이용한다.

② 모기는 더듬이로 소리를 감지하며(존스턴 기관), 많은 파리가 비행 중의 비행속도를 측정하는 데 더듬이를 이용함

③ 더듬이 마디종류

　가. 밑마디(기절): 첫 번째 마디(머리와 연결된 부분)

　나. 흔들마디(팔굽마디, 병절): 두 번째 마디, 대부분의 곤충에서 소리를 감지하는 존스턴기관이 있음

　다. 채찍마디(편절): 나머지 전체마디, 곤충에 따라 길이나 모양에 차이가 큼

4 곤충별 더듬이 종류

종류	곤충 예	모양
실모양 (사상)	딱정벌레, 바퀴벌레, 하늘소	
짧은털모양 (강모상)	잠자리, 매미	
구슬모양 (염주상)	흰개미류	
톱니모양 (거치상)	방아벌레	
방망이모양 (곤봉상)	송장벌레, 무당벌레	밑마디 / 흔들마디 / 채찍마디

팔굽모양	바구미, 개미류	밑마디 — 흔들마디 — 채찍마디
깃털모양	나방류, 모기류	
가시털모양	집파리류	
방울모양 (구간상)	나비류	
아가미모양 (새상)	풍뎅이류	
빗살모양 (즐치상)	잎벌류, 뱀잠자리류	

5 입틀

① 윗입술(상순) : 먹이를 담을 수 있도록 앞쪽 입술 역할을 하는 간단한 판 모양 경피판이다.

② 큰턱(대악) : 먹이를 분쇄하거나 갈기 위한 1쌍의 턱으로, 아래위로 움직이지 않고 좌우로 작동한다.

③ 작은턱(소악) : 밑마디, 자루마디, 바깥조각, 안조각으로 이루어져 있다.

④ 하인두 : 큰턱과 작은턱, 아랫입술에 의해 형성된 입틀 속에서, 먹이와 타액을 섞을 수 있는 혀와 같은 돌기

⑤ 아랫입술(하순) : 뒤쪽 입술로 후기절과 전기절(2개의 가운데혀, 2개의 바깥혀로 구성)로 나뉜다.

6 가슴

- 다리는 앞가슴, 가운뎃가슴, 뒷가슴 각각 1쌍씩 달려있다.
- 날개는 가운뎃가슴과 뒷가슴에는 날개가 한 쌍씩 있다.

7 다리

① 밑마디(기절) : 다리의 첫 번째 마디
② 도래마디(전절) : 다리의 두 번째 마디
③ 넓적마디(퇴절) : 세 번째 마디, 잘 뛰는 곤충에서 특히 잘 발달되어 있다.
④ 종아리마디(경절) : 네 번째 마디, 끝에는 1개 이상의 가시돌기가 있다.
⑤ 발목마디(부절) : 마지막 마디, 보통 2~5마디로 되어 있다.
⑥ 곤충별 다리 종류

    가. 경주지 : 달리는 데 적응된 형태로 딱정벌레과에 속한 종과 바퀴류가 대표적이다.
    나. 헤엄지 : 수영하는데 적응된 형태로 물방개류가 대표적이다.
    다. 도약지 : 뛰는 데 적응된 형태로 메뚜기류가 대표적이다.
    라. 굴착지 : 땅을 파는 데 적응된 형태로 땅강아지류가 대표적이다.
    마. 포획지 : 먹이를 잡아 쥐는 데 적응된 형태로 사마귀류가 대표적이다.

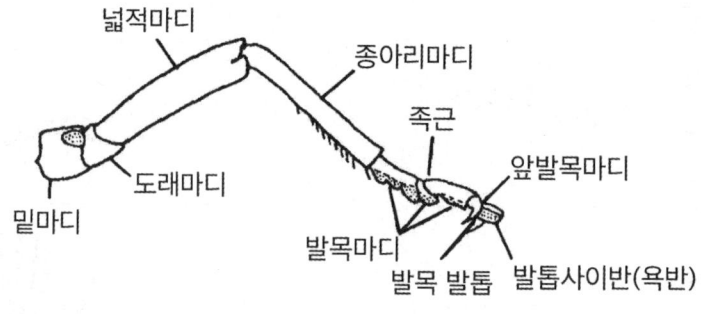

<곤충의 다리>

8 날개

니비목의 날개에는 겹친 인편(Scale)이 덮여있다.

① 날개맥 : 곤충의 날개는 외골격이 늘어난 것이며, 시맥으로 그 모양이 유지된다. 날개는 상하 2개의 막으로 되어 있고 굵은 시맥에는 가는 신경이 분포하고 기관이 들어있으며, 우화 직후에는 혈구를 찾아볼 수 있다.
② 앞·뒷날개의 연결방식

    가. 날개가시형 : 뒷날개 기부 앞쪽에서 앞날개 쪽으로 날개가시가 뻗어 나와 앞날개의 전연맥 아래쪽 기부에 있는 간직틀로 연결되는 방식으로 나비목에서 발견된다.
    나. 날개걸이형 : 앞날개의 날개걸이맥 쪽에서 뒤로 뻗어 나온 날개걸이가 뒷날개의 기부와 겹치면서 연결되는 방식으로 나비목에서 발견된다.
    다. 날개갈고리형 : 뒷날개의 앞쪽에 날개걸쇠가 있어 앞날개의 뒤쪽과 연결되어 잡아주는 방식으로 벌목에서 발견된다.

③ 날개의 변형

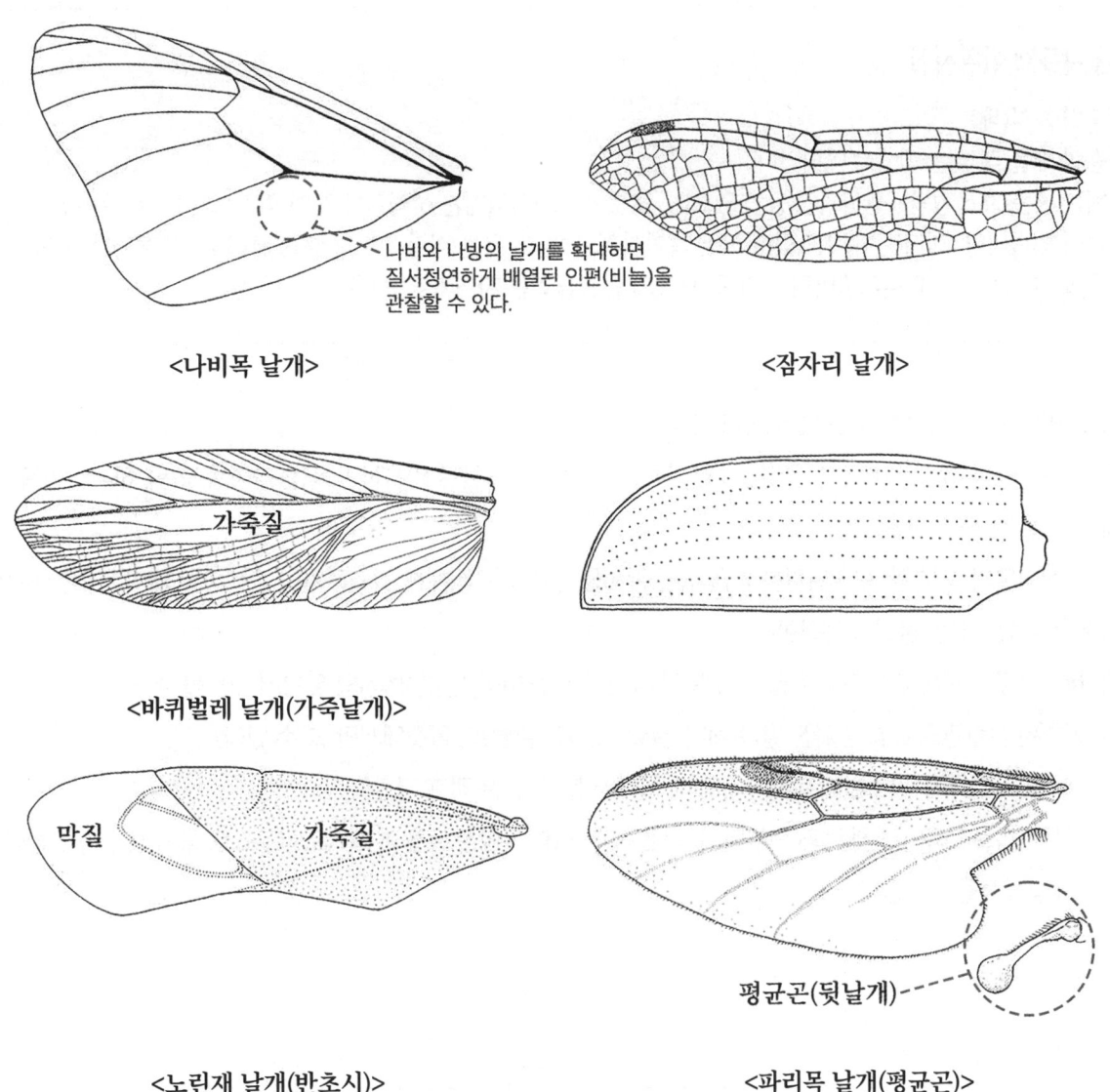

가. 딱지날개: 막질인 뒷날개의 보호덮개 역할을 하는 단단하고 경화된 앞날개를 말함(딱정벌레목, 집게벌레목의 앞날개)

나. 반초시: 기부는 가죽이나 양피지 같고 끝 가까이는 막질인 앞날개를 말한다(노린재목).

다. 가죽날개: 전체가 가죽이나 양피지 같은 앞날개를 말한다(메뚜기목, 바퀴목, 사마귀목).

라. 평균곤: 비행 중 회전운동의 안정기 역할을 하는 작은 곤봉 모양의 뒷날개를 말한다(파리목).

마. 술 장식을 단 날개: 긴 털로 술 장식을 이룬 가는 앞·뒷날개를 말한다(총채벌레목).

바. 털로 덮인 날개: 센털로 덮인 앞·뒷날개를 말한다(날도래목)

사. 인편으로 덮인 날개: 납작한 센털(인편)로 덮인 앞·뒷날개를 말한다(나비목).

9 복부

> **나무쌤 잡학사전**
>
> 곤충의 복부(배)
> 곤충의 배는 대부분 10~11마디입니다.
> 배에는 기문(호흡기관), 생식기관 등이 있으며, 보통 8~10마디에는 생식기나 침이 있고, 9마디까지는 각각 배판이 있습니다. 하지만 예외도 있습니다. 특이하게, 낫발이목은 배가 9마디에서 12마디로 증절변태가 되며 톡토기목은 복부마디가 6마디 이하로, 보통의 곤충들과는 차이가 있습니다.

① 집게 : 방어, 구애, 날개를 접는 데 도움이 된다.
② 중앙미모 : 복부 마지막 마디의 중앙에서 발생하는 실 모양 돌출물로 원시적인 목(좀붙이목, 좀목, 하루살이목)에서만 발견된다.
③ 뿔관 : 진딧물의 복부 등 쪽에 위치한 쌍을 이룬 분비물 구조로 포식자를 격퇴하거나 공생하는 개미에 의한 보살핌 행동을 유도하는 물질을 생산한다.
④ 배다리 : 육질의 운동성 부속지로 일부 목(특히 나비목, 밑들이목, 일부 벌목)의 유충에서만 볼 수 있다.
⑤ 침 : 변형된 산란관으로 침을 가진 벌목(개미, 꿀벌, 포식성 말벌)의 암컷에서만 볼 수 있다.
⑥ 도약기 : 톡토기목에서 네 번째 복부마디의 배 쪽에서 볼 수 있는 점프 기관
⑦ 끈끈이관 : 톡토기목에서 첫 번째 복부마디의 배 쪽에서 볼 수 있는 육질의 쐐기모양구조로 물의 흡수를 조절함으로써 항상성을 유지한다.

10 소화계

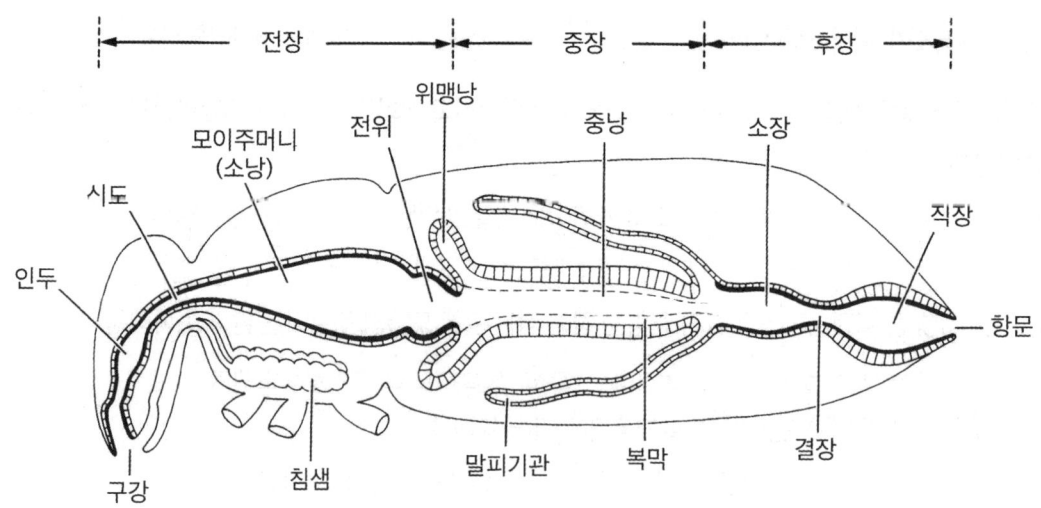

<곤충의 소화계>

① 전장
   가. 전구강: 윗입술과 입틀 사이의 공간
   나. 인두: 입과 식도 사이의 공간
   다. 식도: 머리의 뒷부분에서 가슴의 앞부분까지의 공간
   라. 모이주머니(소낭): 먹은 것을 임시 저장하는 곳, 소화의 역할도 한다.
   마. 전위: 전위분문판막이 있어 중장으로부터 먹이가 역류하는 것을 막는다.

② 중장
   가. 큐티클층이 없으며, 장 안쪽에 소화를 위한 많은 융모를 내고 있다.
   나. 중장에는 여러 개의 위맹낭이 있으며, 벌목의 유충이나 풀잠자리목의 일부에서와 같이 먹이가 액체성이어서 소화 잔류물이 적은 종류에서는 중장의 끝이 막혀 있다.
   다. 매미나 깍지벌레, 그 밖에 흡즙성 곤충은 여과실이라는 특수한 기관이 있어 소화효소가 먹이에 닿기 전에 수분을 흡수한다.
   라. 중장의 앞부분에서 직접 수분을 흡수할 수 있으므로 이곳을 지나 후장으로 들어온 먹이는 수분이 빠져 농축되어 있다.
   마. 먹이가 중장에 들어올 때는 위식막이라는 얇은 막으로 싸이는 경우가 많다. 이 막의 주성분은 뮤코프로틴이며, 그 속에는 키틴질의 섬유가 불규칙하게 흩어져 있다(위식막은 먹이로부터 중장의 상피세포의 손상을 보호하는 역할을 함).

③ 후장
   가. 후장은 회장, 결장, 직장 등 세 부분으로 구분한다.
   나. 후장의 흡수작용은 직장의 유두돌기나 복잡한 은신계에서 한다.
   다. 직장은 소화된 찌꺼기에서 수분을 재흡수하여 체액이나 말피기관으로 보낸다.
   라. 흰개미류 곤충의 직장낭에는 공생원생동물이 있으며, 잠자리류의 약충에서는 직장아가미가 발달한다.

④ 곤충의 소화효소
   가. 탄수화물 분해효소인 아밀라아제(amylase)류와 글리코시다아제(glycosidase)류
   나. 지방 분해효소인 리파아제(lipase)
   다. 단백질 분해효소에는 촉매효소인 엔도펩티다아제(endopeptidase)류와 펩티드 말단분해효소인 엑소펩티다아제(exopeptidase)류가 알려져 있음

11 배설계 - 주기관은 말피기관으로 후장의 시작되는 부분(시단부)에 있다.

① 말피기관
   가. 말피기관은 후장이 소화 배설물에서 수분을 재흡수할 수 있도록 해주는 기관이다.
   나. 중장과 후장 사이에 위치하며, 가늘고 긴 맹관으로 끝은, 체강 내 유리된 상태(분리된 상태)로 존재한다.
   다. 말피기관의 수는 종에 따라 차이가 있으나, 같은 목에 속하는 곤충에서는 일정한 경향을 보인다.(보통 2의 배수이며, 6개가 기본이다.)
   라. 육상 곤충에서는 질소 단백질의 분해산물이 요산이며, 수서 곤충에서는 질소 단백질의 분해산물이 암모니아이다.

마. 말피기관이 분비작용을 하는 과정에서 많은 칼륨이온이 관내로 유입되고 뒤따라 다른 염류와 수분이 이동하며, 관내에 들어온 액체가 후장을 통과하는 동안에 수분과 이온류의 재흡수가 일어난다.

바. 그 밖에 요산의 산화생성물인 알란토인과 알란토산이 나비목(특히 유충)과 노린재목 등에서 볼 수 있다.

② 지방체[1](면역, 해독, 혈당조절기능)

가. 지방체는 영양물질의 저장장소 역할을 하는데 영양상태나 그 밖의 조건에 따라 차이가 있다.

나. 초기에는 세포질 내 망상체에 저장되나, 후에 대형의 지방구를 형성하게 된다.

다. 굶거나 활발한 활동을 할 때는 지방체 내 축적물질이 줄어든다(지방이 사용됨).

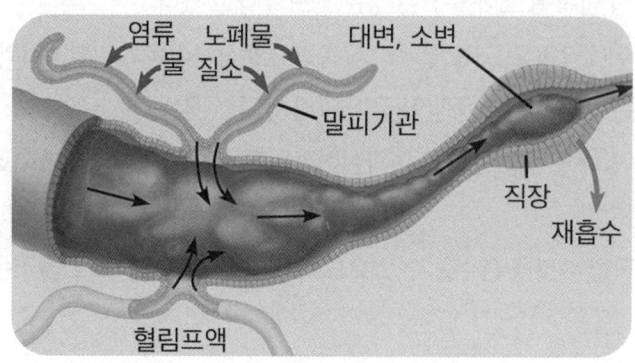

<곤충의 배설계>

12 호흡계(기관계)

기관계는 체표가 내부로 함입하여 생기고, 기관아가미는 반대로 체벽이 늘어나서 생긴다.

① 기문

가. 앞가슴과 가운뎃가슴 사이, 가운뎃가슴과 뒷가슴 사이에 각각 1쌍씩, 복부의 앞 8개 마디에 각각 1쌍씩 모두 10쌍이 있으나 종에 따라 차이가 있다.

나. 기문은 표면에서의 수분 손실을 막기 위해 닫히는 기작이 있다.

다. 조직 내 산소 농도가 낮거나, 이산화탄소 농도가 높을 때 열린다.

② 기관

가. 기관의 안쪽을 내막이라고 하며, 체벽의 큐티클층과 연해 있고 여러 층으로 된 외표피

나. 안쪽 층은 나선사(용수실)구조를 이루고 있어 기관이 찌그러지는 것을 막는다.

다. 기관의 끝에 있는가는 관을 기관소지라고 하는데 탈피할 때 떨어져 나가지 않으며, 수분은 자유롭게 통과하며, 조직 내에서 분지하여 세포 내까지 들어간다.

라. 기관은 특정 조직의 산소 요구량에 따라 분포하여 뇌, 감각기관, 날개 근육 등의 기관에 풍부하게 있다.

---

[1] **지방체**: 곤충의 면역기능과 해독, 혈당 조절 등을 담당

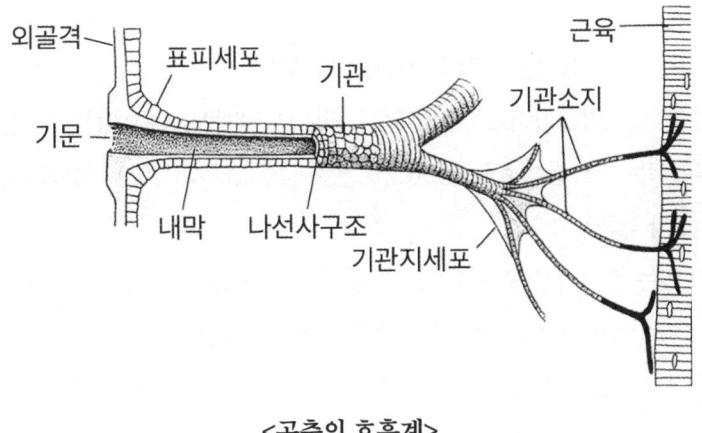

<곤충의 호흡계>

13 순환계

곤충은 개방순환계라는 특이한 순환계를 가진다. 개방순환계란 혈액이 심장관과 대동맥관을 제외하고는 바로 조직 속으로 스며들었다가 심장으로 되돌아오는 순환계통을 말한다.

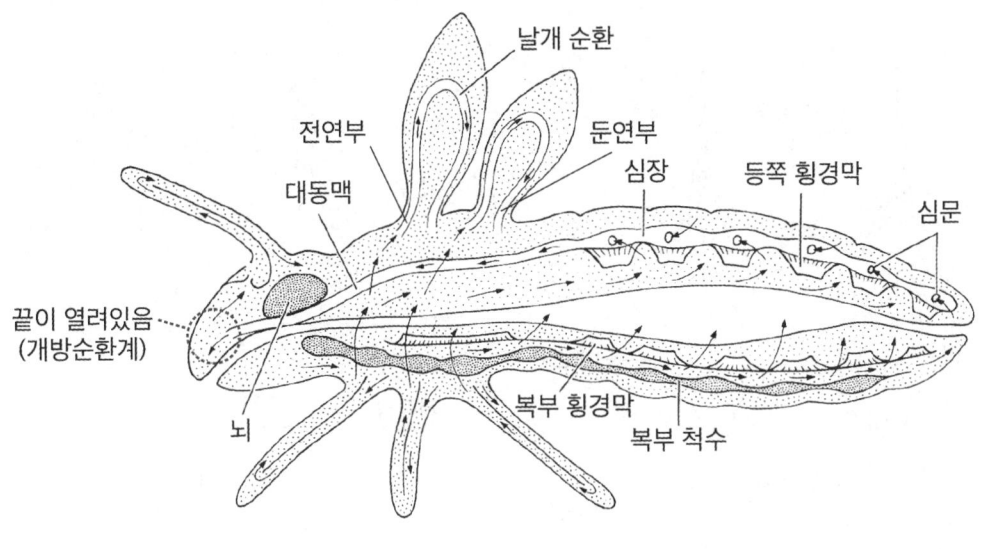

<곤충의 순환계>

① 등 혈관

가. 심장과 대동맥은 소화관의 등 쪽에 있어 전체를 등 혈관이라고 한다.

나. 몸의 뒤쪽에서 시작하여 가슴을 지나 머리까지 이어진다.

다. 심장은 가슴과 복부 전체에 걸쳐 있기도 하나, 대개는 복부에만 있으며 몸 마디마다 다소 잘록하고, 여기에 1쌍의 심문이 있어 혈액이 심장으로 들어간다.

라. 심문의 안쪽에는 심문판막이 있어 심장 내 혈액의 역류를 막는다.

마. 대동맥은 등 혈관 앞부분이 길어진 것으로 가슴을 지나 뇌 뒷부분에 이르며 끝은 2개 또는 그 이상의 가지로 나뉘어 있다.

② 혈액(혈림프)
　가. 혈액은 체적의 15~75%이고, 혈장과 혈구세포로 되어 있다.
　나. 혈장은 85%가 수분이며, 약산성이고 무기이온, 아미노산, 단백질, 지방, 당류, 유기산 등을 함유하고 있다.
　다. 대부분의 외시류에서는 나트륨(Na)과 염소(Cl)이온이 삼투압에서 주도적 역할을 한다(내시류에서는 유리 아미노산의 관여도가 높다).
　라. 혈장 내에 색소가 있는 경우가 있으며, 깔따구 유충에는 헤모글로빈이 있다고 알려져 있고, 산누에나방과의 Hyalophora에는 α-caroten, 엽록소 a,b, 리보플라빈, 타라산틴 등이 있다고 보고된 바 있다.
　마. 혈장의 기능은 수분의 보존, 양분의 저장, 영양물질과 호르몬의 운반 등이다.
　바. 혈구의 기능은 식균작용을 하며, 소형의 고체를 삼킨다.
③ 혈액의 순환
　가. 심장은 규칙적으로 수축하는데, 심장의 박동은 심장벽에 있는 근육섬유의 수축으로 생긴다.
　나. 심장근이 늘어나면 심장이 커져 혈액이 심문을 통하여 안으로 들어온다.
　다. 혈액이 날개로 들어갈 때는 전연부를 통하고, 나갈 때는 둔연부를 통한다.

14　생식계

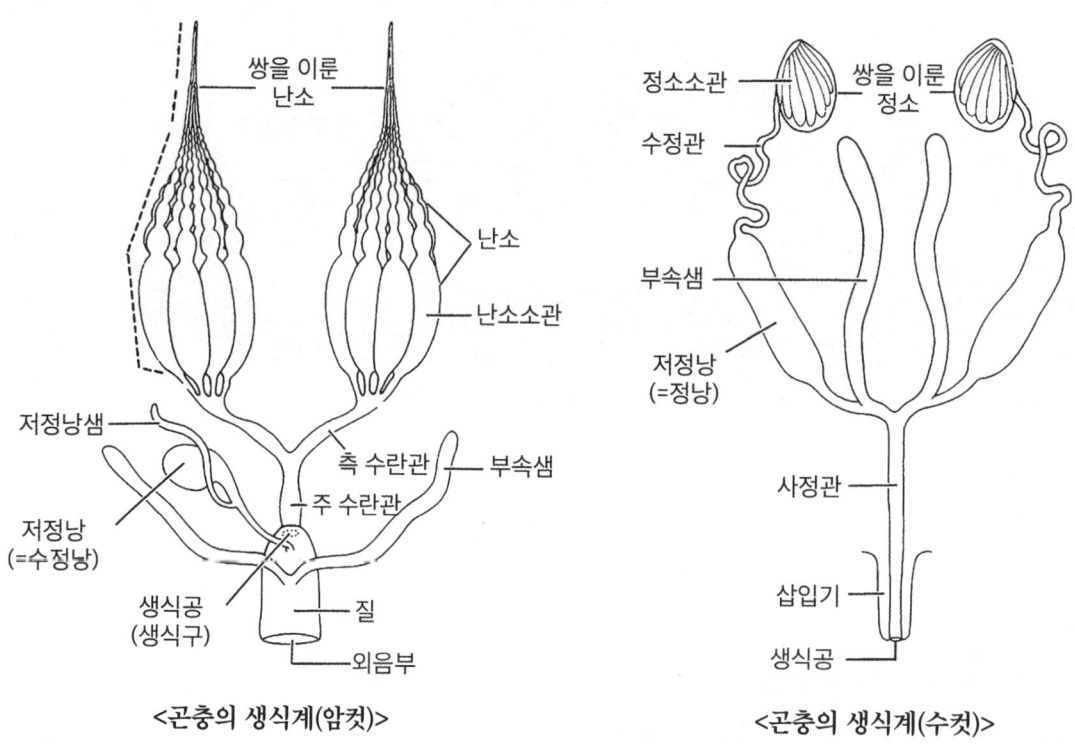

〈곤충의 생식계(암컷)〉　　　〈곤충의 생식계(수컷)〉

① 수컷의 생식기관
　가. 정소 : 여러 개의 정소소관이 모여 하나의 낭 안에 있는 상태(정소소관들이 수정소관과 연결되어 있고 수정소관은 수정관 형태를 이룸)
　나. 정소에서 만들어진 정자는 수정관을 통해 저정낭으로 이동하여 모이고 교미 시 이들 정자가 사정관을 통해 암컷 쪽으로 이동함
　다. 부속샘은 정액과 정자주머니를 만들어 정자가 이동하기 쉽도록 도와줌

② 암컷의 생식기관
　가. 초기 난소소관 안에서 증식실과 난황실을 거치면서 난황이 들어있는 난모세포, 즉 알이 만들어진다.
　　a. 난모세포에 어떤 방식으로 영양분을 공급하는지에 따라 다음과 같이 세 가지 유형으로 구분한다.
　　　• 무영양실형 난소소관 : 특별한 영양세포 없이 난포세포에 싸여 이어져 있고 난포세포가 혈액을 통해 영양분을 공급하는 방식
　　　• 단영양실형 난소소관 : 영양세포가 발달하여 난소소관의 말단부 쪽 생식소에서부터 세포질선을 알까지 길게 연결하여 알이 성장하면서 기부 쪽으로 이동하는 동안 영양분을 공급받는 방식
　　　• 다영양실형 난소소관 : 영양세포가 세포실선 없이 알마다 붙어 있으면서 알이 자라 기부 쪽으로 이동하는 동안 알과 함께 이동하면서 영양분을 공급하는 방식이다.
　나. 난소소관의 수는 종에 따라 1~1,000개로 다양하다.
　다. 암컷의 부속샘은 알의 보호막이나 점착액을 분비하여 알을 감싼다.
　라. 부속샘은 벌의 경우 흔히 독샘으로 변형되어 있고, 체체파리의 경우 애벌레를 위한 분비물을 내는 젖샘으로 발달하기도 한다.
　마. 저장낭에서 수컷의 정자를 보관하며, 저장낭샘에서 저장낭에 보관 중인 정자를 위해 영양분을 공급해준다.

15　신경계

- 신경계를 구성하는 신경세포인 뉴런은 수상돌기와 축삭으로 구성되며, 뉴런 사이는 신경연접에 의하여 연결된다.
- 신경계는 크게 중앙신경계, 내장신경계, 주변신경계로 구분할 수 있다.

① 중앙신경계
　가. 신경절이 몸의 각 마디에 1쌍이 가까이 붙어 있고, 그 사이를 1쌍의 신경색이 연결하고 있으며, 이는 머리에서 배 끝까지 이어진다. 머리에는 신경절이 모여 뇌를 구성한다.
　나. 뇌는 3개의 신경절이 연합된 것으로 전대뇌-중대뇌-후대뇌로 구분한다.
　　a. 전대뇌 : 겹눈과 홑눈의 시신경
　　b. 중대뇌 : 더듬이
　　c. 후대뇌 : 윗입술과 전위
　　d. 식도하신경절 : 입에 해당하는 3마디의 신경절이 합쳐져 구성되며 큰턱, 작은턱, 아랫입술의 신경을 담당한다.

② 내장신경계(교감신경계) : 내장신경계가 담당하는 기관으로는 장, 내분비기관, 생식기관, 호흡계 등이 있다.

③ 주변신경계(말초신경계) : 중앙신경계와 내장신경계의 신경절에서 좌우로 뻗어 나온 모든 신경으로 구성되며, 많은 운동뉴런과 감각뉴런을 포함한다.

④ 신경연접
- 신경세포와 신경세포가 만나는 부분을 신경연접이라고 한다.
- 신경연접은 전기적 신경연접과 화학적 신경연접으로 나뉜다.
　가. 전기적 신경연접 : 신경세포 사이에 간극 없이 활동전위를 이온을 통해 빠르게 전달한다.
　나. 화학적 신경연접 : 신경세포 사이의 간극에서 신경전달 물질(아세틸콜린, GABA 등)을 통해 전달한다.

⑤ 신경전달물질

가. 아세틸콜린(Acetylcholine)과 아세틸콜린에스테라제(Acetylcholinesterase)
- 아세틸콜린은 신경전달물질 중 흥분성 신경전달물질이다. 근육을 활성화 하고 심박수를 조절하는 역할을 한다.
- 아세틸콜린은 신경전달이 이루어진 후 아세틸콜린에스테라제에 의해 분해되어야 다시 정상적인 신경전달이 진행된다.

나. 감마아미노뷰티르산(Gamma-aminobutyric acid, GABA)
- 아세틸콜린과 같이 흥분도 하지만 억제 작용도 하는 신경전달물질이다.
- GABA가 작용하는 통로가 막히면 억제 신호가 발생하지 않아 모든 신경이 흥분되며, 곤충은 방전되어 죽고 만다.

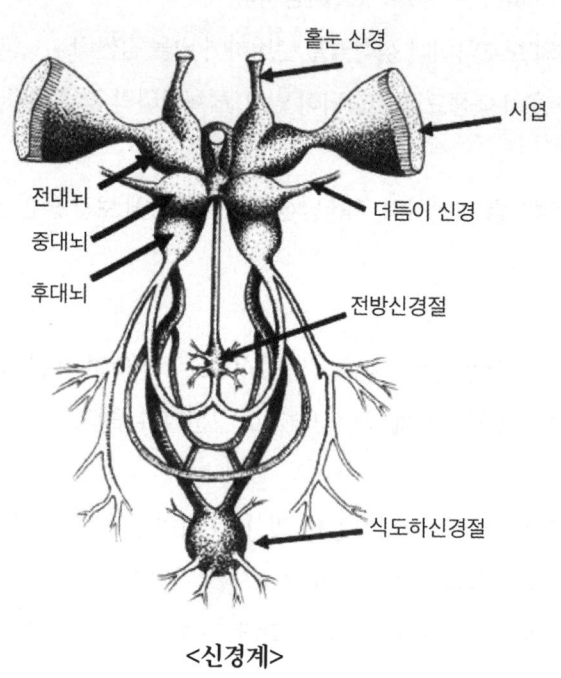

<신경계>

16 내분비계

※ 체내 호르몬을 이용하여 충체 내에 변화를 일으킴

① 앞가슴샘

가. 키틴과 단백질의 합성을 자극하고 탈피가 정점에 달하는 단계적인 생리현상을 촉발하는 스테로이드호르몬 그룹인 엑디스테로이드를 생산한다.

나. 탈피호르몬이라고 불리는 엑디스테로이드는 곤충이 성충 단계에 이르면, 앞가슴샘의 퇴화로 분비할 수 없게 되어 다시는 탈피하지 않게 된다(단, 하루살이는 날개가 생긴 후에도 탈피한다).

② 카디아카체

가. 앞가슴샘은 화학적 메신저인 앞가슴샘자극호르몬(PTTH)의 자극받은 후에만 엑디스테로이드를 생산하고 방출하는데, 이 화합물은 대동맥의 벽에 위치한 1쌍의 신경혈액기관인 카디아카체에 의해 분비되는 펩타이드호르몬이다.

나. 뇌의 신경분비세포[2]에서 신호를 받은 후에만 저장된 앞가슴샘자극호르몬(PTTH)을 방출한다.

③ 알라타체

가. 미성숙 단계에서 성충으로 발육을 억제하고 성충 단계에서 성적 성숙을 촉진하는 화합물인 유약호르몬(JH)을 생산한다.

✓ 성충기로 전환하는 동안 억제하며, 성충이 생식을 준비할 때 재활성화하도록 알라타체의 활성을 조절한다.

나. 유약호르몬(JH)은 알에서의 난황 축적, 부속샘의 활동 조절, 페로몬 생성 등에 관여한다.

④ 신경분비세포(신경호르몬 분비)

가. 신경펩타이드 단백질(저분자량의 단백질)을 분비한다.

나. 대표적인 예

　a. 전대뇌 쪽에서 분비되는 뇌호르몬, 탈피 후에 표피의 경화에 관여하는 경화호르몬(부르시콘, bursicon)

　b. 삼투압 조절에 관여하는 이뇨호르몬, 알라타체자극호르몬 등이 있다.

17 외분비계

※ 몸 밖으로 분비되어 종내 또는 종 간에 신호를 보냄

① 페로몬 : 한 개체가 다른 개체에 정보를 전달하는 화합물질

가. 성페로몬, 집합페로몬, 분산페로몬, 길잡이페로몬, 경보페로몬 등을 분비한다.

✓ 성페로몬의 경우 성충시기에 사용하여야 한다.

② 이종간 통신물질 : 생화학적 물질을 내어 다른 종 개체의 성장·생존·번식 등에 영향을 주는 생물적 현상을 타감작용이라고 한다. 이 작용을 일으키는 물질이 이종간 통신물질이다.

가. 카이로몬 : 신호물질을 분비한 개체에는 대체로 해가 되고, 이를 감지한 개체에는 도움이 되는 결과를 낳는 것

나. 알로몬 : 분비자에게는 도움이 되지만, 감지자에게는 주로 손해가 되는 경우

✓ 예 폭탄먼지벌레는 사마귀나 거미와 같은 천적을 만나면 독가스를 발산하여 쫓는다.

다. 시노몬 : 분비자와 감지자 모두에게 도움이 되는 결과를 낳는 물질

✓ 예 누에나방은 뽕나무가 생산하는 휘발성물질에 유인된다.

18 기계감각기

※ 기계감각기의 종류에는 3가지가 있다.

접촉수용체는 주변 사물의 움직임을 감지하고, 자기수용체는 몸과 부속지의 위치나 방향에 대한 감각을 담당하며, 소리수용체는 소리의 진동에 반응한다.

① 털감각기 : 가장 단순한 기계감각기이며, 감각신경이 분포된 접촉성 털(센털)이다.

② 종상감각기 : 외골격에서 굴곡수용체 역할을 하는 감각기로, 기계적 스트레스로 외골격이 구부러질 때마다 반응한다.

③ 신장수용기 : 마디 사이의 세포막과 소화기관의 근육성 벽에 내장되어 있어 일부 곤충은 위가 소낭의 신장수용기를 자극할 정도로 팽창할 때 섭식을 멈춘다.

---

[2] **신경분비세포** : 신경계와 내분비계 사이의 연결고리 역할을 하는 세포

④ 압력수용기 : 수서곤충의 수심에 대한 감각정보를 제공한다.
⑤ 현음기관
　가. 무릎아래기관 : 많은 곤충이 다리에 위치한다.
　나. 고막기관 : 소리 진동에 반응하는 드럼과 같은 고막 아래에 놓여있다. 이 기관은 가슴(예 노린재목 일부)이나 복부(예 메뚜기류, 매미류, 일부 나방류), 앞다리 종아리마디(예 귀뚜라미류, 여치류)에 있다.
　다. 존스턴기관 : 각 더듬이의 흔들마디 안에 있다. 모기와 깔따구에서는 더듬이의 털이 공명성 진동을 감지하여 특정 진동수의 공기에 반응한다.

> **나무쌤 잡학사전**
>
> **내분비계와 외분비계의 차이점**
> 내분비계는 곤충 내에서 생리적인 현상을 조절하며, 외분비계는 곤충 밖에서 종 간의 신호 물질로써 사용됩니다.
> - '한 개체 안'에서의 내부 물질 간 신호 = 내분비계
> - '개체와 개체 간'의 신호 = 외분비계
>
> **아뉴몬(Apneumone) 이란?** (제6회 나무의사 시험 출제)
> 무기물에서 만들어진 물질로써 이것을 받아들이는 특정 수용종에서는 이익이 되지만, 나머지 다른 종에게는 해로운 물질을 총칭하는 말입니다.

3. 곤충의 생식과 성장

1) 배자발생

> **📖 나무쌤 잡학사전**
>
> 배자발생의 이해
> 곤충은 알에서 태어납니다.
> 그 '알'에서 몇 번의 세포분열을 거쳐 약 5천 개의 세포가 완성됩니다. 그리고 분열된 세포의 일부 세포벽이 두꺼워져 구역이 나뉘고 세포들이 상호작용하여 재배열 되면 전체적으로 3개의 층이 생기게 됩니다. 이 층들은 모든 기관의 원기가 되는데 이것을 위치에 따라 나눈 것이 외배엽, 중배엽, 내배엽입니다.
> 생성순서로는 먼저, 바깥쪽의 외배엽이 생기며 이후 안쪽의 내배엽, 마지막으로 둘 사이에 중배엽이 생겨납니다. 이렇게 생긴 외, 중, 내배엽은 기관의 초기 형태를 형성하게 됩니다.

곤충의 배자 층별 발육 운명	
외배엽	표피, 외분비샘, 뇌 및 신경계, 감각기관, 전장 및 후장, 호흡계, 외부생식기
중배엽	심장, 혈액, 순환계, 근육, 내분비샘, 지방체, 생식선(난소 및 정소)
내배엽	중장

1 알과 배자발생[3]

- 곤충은 접합자 핵을 12~13번의 분열과정을 통해 복제(cloning)하여 약 5,000개의 딸핵을 얻는데 이러한 핵분열 과정을 표할이라고 한다.
- 곤충의 알은 정자 출입을 위한 정공과 기공이 있어 호흡과 수분을 조정해주는 역할을 한다.

> **📖 나무쌤 잡학사전**
>
> 배자 층별 발육 운명
> - 외배엽은 실제 곤충 외부 쪽에 있는 기관들이 많습니다. 예를 들어 표피와 신경계, 호흡계는 실제로 모두 곤충의 바깥쪽에 위치하여 있습니다.
> - 중배엽은 곤충의 몸 중심에 있는 기관들이 많습니다(심장, 순환계, 내분비샘 등).
> - 내배엽은 중장 하나입니다.
> ※위치별로 암기하시면 더 효율적으로 암기하실 수 있습니다.

---
[3] **배자발생**: 알이 수정되면서 일어나는 발육과정

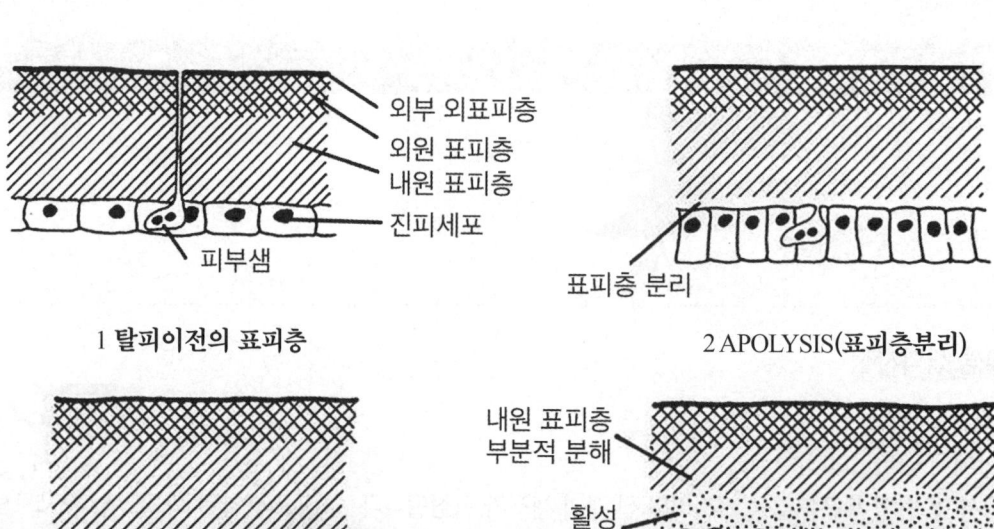

1 탈피이전의 표피층　　　　　　2 APOLYSIS(표피층분리)

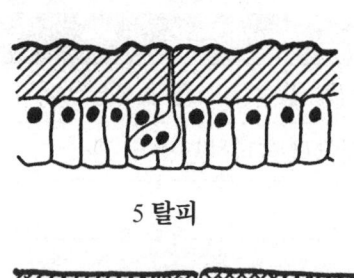
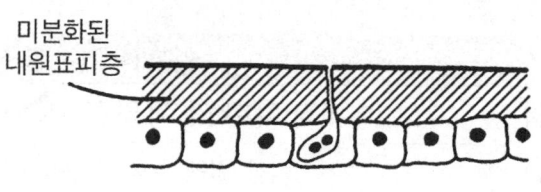

3 불활성 탈피액 분비　　　　4 탈피액 활성화, 내원표피층 소화 및 흡수

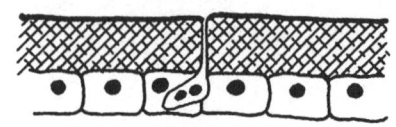

5 탈피　　　　　　　　　　　　6 팽창

7 흑화&경화　　　　　　　　　8 표피 침적

2) 탈피과정

1단계	표피층분리:진피세포로부터 옛 외골격 분리(살짝 띄움)
2단계	진피세포에서 불활성 탈피액 분비(외골격 분리되어 생긴 공극을 채움)
3단계	새로운 외골격을 위한 표피소층 생산(탈피액을 소화작용으로부터 보호)
4단계	탈피액의 활성화
5단계	옛 내원표피의 소화 및 흡수(탈피액이 내원표피를 분해(소화)해 분해된 산물이 표피소층을 통과해 표피세포로 재활용됨)
6단계	진피세포가 새로운 원표피 분비
7단계	탈피:옛 외원표피 및 외표피의 허물벗기
8단계	새로운 외골격의 팽창
9단계	검게 굳히기:새로운 외원표피의 경화

3) 변태 형태

번데기 형태		특징	예
피용	일반피용	발육하는 부속지가 껍질 같은 외피로 몸에 밀착됨(부속지가 보이지 않음)	나비류, 나방류
	수용	복부 끝의 갈고리발톱을 이용하여 머리를 아래로 하여 매달린 번데기	네발나비과
	대용	갈고리발톱으로 몸을 고정하고 머리를 위로 하여 띠실로 몸을 지탱하는 띠를 두른 번데기	호랑나비과, 흰나비과, 부전나비과
나용	저작형나용	-나용:발육하는 모든 부속지가 자유롭고, 외부적으로 보임 -저작형나용:부속지 중에서 큰 턱을 움직여 씹을 수 있음, 큰 턱을 이용하여 고치를 잘라내어 탈출	밑들이목, 뱀잠자리목, 풀잠자리목, 날도래목, 일부 원시적인 나비목
	비(非)저작형나용	비저작형나용:번데기 껍질을 벗고 다리를 이용해서 고치나 피각으로부터 탈출	딱정벌레류, 풀잠자리류
위용		유충의 단단한 외골격 내에 몸이 들어 있음	파리류

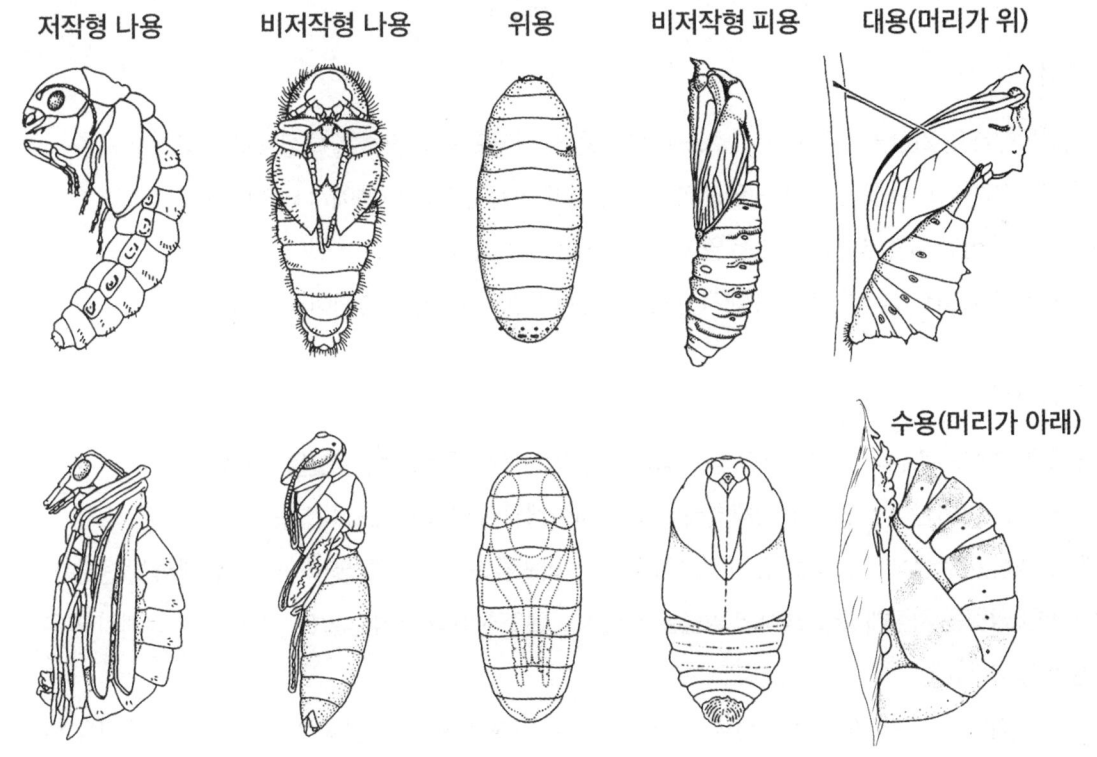

<다양한 번데기 형태>

4) 육식성 곤충의 기생자

① 중복기생자 : 다른 포식기생자의 기생자이다(예 기생자에 또 기생한 것).
② 동종기생자 : 한 종의 구성원이 같은 종의 다른 구성원에게 기생하는 종(예 같은 종 수컷이 같은 종 암컷한테 기생)
③ 유충기생자 : 사회성 곤충의 둥지에 살며, 어린 것들을 먹는 곤충이다(예 사회성곤충을 먹음).
④ 사회성기생자 : 사회성 곤충의 둥지에서 먹이나 다른 자원을 훔치는 곤충이다(예 사회성 곤충의 자원을 먹음).

5) 곤충의 생존전략

1 이주[4]

① 이주의 효과
　가. 천적으로부터 피신한다.
　나. 더욱 유리한 양육 조건을 찾는다.
　다. 경쟁을 감소하거나 과밀화를 경감한다.
　라. 새로운(또는 점유하지 않은) 서식처를 점유한다.
　마. 대체 기주식물로 분산한다.
　바. 근친교배를 최소화하기 위한 유전자의 재조합이 가능하다.

2 휴면

① 비활동상태의 기간을 의미하며, 산소소비, 대사율, 물리적 활동의 감소를 특징으로 한다.
② 휴면은 일반적으로 알 단계 또는 약충이나 유충 단계 또는 번데기 단계에서 나타난다.
③ 월동을 위한 겨울휴면과 건조 또는 열에서 살아남을 수 있는 여름휴면이 있다.
④ 추운 날씨에 휴면 중 날씨가 따뜻해지는 등 불리한 여건이 사라지면 휴면이 깨질 수도 있다.

3 단위생식

① 암컷이 수컷으로부터 정자를 받지 않고 생존할 수 있는 자손을 생산하는 것을 말한다.
② '수컷생산 단위생식'은 벌목과 총채벌레류 및 깍지벌레류의 몇몇 종에서 나타난다.
③ '암컷생산 단위생식'은 진딧물류, 깍지벌레류, 일부 바퀴류와 대벌레류, 몇몇 바구미류에서 발견된다.
④ 교미한 암컷은 저장해 놓은 정자의 방출을 자발적으로 조절하여 수정된 알(암컷) 또는 수정되지 않은 알(수컷)을 낳을 수 있다.
⑤ 암컷은 어미와 정확하게 같은 유전적 구성을 가진 암컷자손으로 직접 발육하는 배수체(2n)의 알을 생산한다(자신을 복제하는 능력을 갖추고 있음).

4 다형현상

같은 종의 생물이면서도 전혀 다른 형태나 형질이 다양하게 나타나는 현상(예 암수에 따라 크기, 형태, 색깔 따위가 차이 나는 것이다)

---
4) **이주** : 생활사 중 어느 시점에서 기존 서식처의 범위를 벗어나는 움직임

4. 수목해충의 예찰 및 방제(22년 산림병해충 예찰방제 계획/산림청)

1) 수목해충 예찰[5] 이론

1 선형모형을 이용하는 방법

선형모형은 온도와 발육률이 선형적인 관계에 있다는 가정하에 적온영역에 속한 자료만으로 모형식(직선회귀식)을 추정하는 것으로 적산온도모형으로 알려져 있다. 이것으로 발생시기를 예측할 수 있다.

① 발육영점온도(TL) : 곤충의 발육에 필요한 최저온도로 직선회귀식으로부터 발육률이 0이 되는 온도를 추정한다.
  가. 식 : $TL = -b/a$
  나. 풀이 : a = 직선회귀식의 기울기 / b = 0°C에서의 발육률

② 유효적산온도(K)
  - 곤충이 일정한 발육을 완료하기까지 필요한 총온열량이다.
  - 직선회귀식 기울기의 역수로도 K를 바로 구할 수 있다.
  가. 식 : $K = (T - TL)D$
  나. 풀이 : T = 발육기간 중의 평균온도 / TL = 발육영점온도 / D = 발육에 필요한 일수

2 다른 생물현상과의 관계 이용

- 식물의 개화기 또는 어떤 곤충의 발생시기를 대상해충과 연관하여 예찰하는 방법
- 솔잎혹파리의 우화는 그 지방의 아까시나무 개화와 함께 시작하며, 우화최성기는 아까시나무 꽃 만개시기와 비슷하다.

3 생명표 이용

- 연령생명표 : 생명표는 단기간 내 출생한 동시 출생집단의 경과를 추적하여 제작한 표
- 시간생명표 : 어떤 시점에 존재하는 개체군의 연령 구성으로부터 각 연령 간격의 사망률을 추정하여 제작한 표

4 수목 해충 조사방법

구분	명칭	조사법
		특징
직접조사	전수조사	주로 육안으로 해충을 직접 조사하는 방법
	표본조사	전수조사가 불가능한 경우, 비용, 시간 등의 효율성을 고려하여 집단의 일부를 조사하여 전체 집단의 대한 정보를 유추하는 방법
	축차조사	해충의 밀도조사를 순차적으로 누적하면서 방제여부를 결정하는 방법
	원격탐사	산림지역에서 위성영상이나 무인항공기로 촬영한 항공사진 등을 이용하여 해충의 발생과 피해를 평가하는 방법

[5] **예찰** : 해충의 분포상황·발생시기·발생량을 사전에 예측하는 일을 말하며 예찰의 방법에는 몇가지 방법이 있다.

간접 조사 (비행 곤충 조사)	끈끈이트랩	표면에 끈끈한 물질을 발라서 해충을 포획하는 방법
	유아등	주광성이 있고 활동성이 높은 성충을 대상으로 야간에 광원을 사용해서 해충을 유인하는 채집방법(광원은 자외선 스펙트럼 320nm~400nm 사용) *적용해충:나방류 등
	말레이즈트랩	곤충의 '음성주지성' 즉, 높은 곳으로 기어오르려는 습성을 이용하여 곤충을 조사하는 트랩 *적용해충:파리, 벌, 딱정벌레, 나방류 등
	페로몬트랩	페로몬을 인위적으로 합성하여 해충을 유인포획하는 방법 *적용해충:나방류, 솔껍질깍지벌레, 하늘소류, 나무좀류, 딱정벌레, 노린재류
	흡입트랩	인위적인 강풍을 이용하여 비행 중인 곤충을 채집하는 방법
	수반트랩	일정 용기에 물을 넣어 소형의 곤충을 채집하는 방법 *적용해충:총채벌레, 진딧물류
	공중포충망 조사	공중에 망을 설치해놓고 그 안에 들어오는 해충을 조사하는 방법 *적용해충:멸구, 매미충류 등 비래해충
간접 조사 (지표 곤충 조사)	미끼트랩	미끼를 이용하여 해충을 포획, 조사하는 방법
	넉다운 조사	나무에 살충제를 뿌려 떨어지는 곤충을 조사하는 방법
	핏볼트랩	땅속에 유리병이나 캔을 묻고 그 속으로 떨어지는 곤충을 조사하는 방법
	쿼드렛	일정한 크기의 쿼드랫(사각형 주사구)을 설치하여 곤충을 직접 조사하는 방법
	토양표본 (튤그렌트랩)	건조통 모양의 트랩에 수집한 토양을 넣고 위에서 백열등으로 가열하였을 때 열을 피하여 아래로 떨어지는 곤충을 조사
	스위핑 (쓸어잡기)	포충망을 휘둘러 해충의 밀도를 추정하는 방법
	비팅 (털어잡기)	일정한 힘으로 수목을 쳐서 떨어지는 곤충을 조사하는 방법
	유인목트랩	산림 내 열세목·피압목 등을 벌채하여 비닐을 지면에 편 다음 일정 양의 통나무를 집적한 후에 유인되는 곤충을 조사하는 방법 *적용해충:바구미, 하늘소, 나무좀

> **나무쌤 잡학사전**
>
> 여기서 사용한 자료는 산림청에서 발표한 「2023년 산림병해충 예찰방제 계획」에서 주요부분만 추려서 가져온 자료입니다.
> 자신이 다르게 알고 있는 내용이 있다 하더라도 시험에서는 최대한 산림청에서 발표한 자료를 참고하시는 것이 전략적으로 좋습니다.
> 현재는 이 버전이 최신 버전이지만 또 다른 최신 버전이 나온다면, 그것을 참고하여 공부하시기 바랍니다.
> ※다시 한번 말씀드리지만, 해충의 예찰 및 방제 공부는 최대한 공인기관의 자료를 활용하시는 것이 시험에서 유리하게 작용할 확률이 높습니다.

2) 주요해충의 예찰(2023년도 산림청 산림병해충 예찰방제 계획 참고)

1 소나무재선충병 매개충(솔수염하늘소, 북방수염하늘소) 우화상황 조사

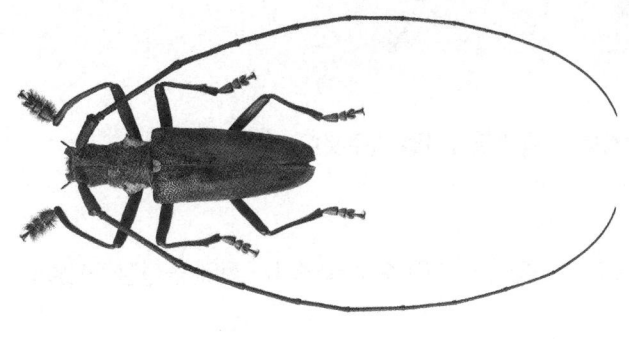
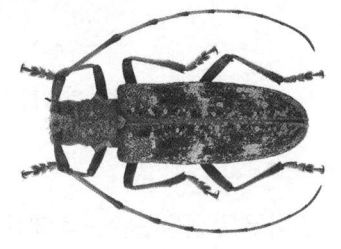

<솔수염하늘소(수컷)>　　　　　　　　<솔수염하늘소(암컷)>

- ✓ 조사방법
  4~8월에 우화목 대상 솔수염하늘소, 북방수염하늘소의 우화상황 조사

2 참나무시들음병 매개충(광릉긴나무좀) 우화상황 조사

<광릉긴나무좀>

- ✓ 조사방법
  4월 15일까지 조사지에 이목을 설치하여 끈끈이트랩을 부착 후 유인된 광릉긴나무좀의 우화상황 조사

3 솔잎혹파리

<솔잎혹파리>

- ✓ 조사방법
  - 충영률 조사(9~10월) : 조사구(93개 시군, 300개 고정조사지)에서 임의로 5본씩 택하여 4방위에서 중간부위의 가지 신초 2가지씩 채취하여 충영형성률을 조사
  - 우화 상황(5~7월) : 4월 10일까지 우화상을 설치하되, 산기슭·산허리·산꼭대기의 솔잎혹파리 유충이 많은 평탄한 지면에 고루 설치하여 조사

4 솔껍질깍지벌레

<솔껍질깍지벌레(암컷)>   <솔껍질깍지벌레(수컷)>

✓ 조사방법

시군별로 소나무 및 곰솔 단순림을 대상으로 고정 조사구를 선정하여 수컷 발생시기 전에 솔껍질깍지벌레 페로몬 트랩을 설치한 후 발생상황을 조사함

5 미국흰불나방

<미국흰불나방>

✓ 조사방법

- 발생량 조사(6,8월) : 고정조사지에서 2본당 1본 간격으로 총 50본의 조사목을 대상으로 본당 충소수 조사
- 발생시기 조사(5~9월) : 페로몬트랩에 채집된 성충수 조사

6 소나무허리노린재

<소나무허리노린재>

✓ 조사방법

잣나무 혹은 소나무림에서 약 50본의 조사목을 대상으로 본당 성충 포획수 조사

7 잣나무별납작잎벌

✓ 조사방법

5월경 잣나무림 토양 내 유충수 조사

8 오리나무잎벌레

✓ 조사방법

5~7월에 상부 잎 100개, 하부 잎 200개에서 알덩어리와 성충밀도 조사

9 버즘나무방패벌레

✓ 조사방법
- 매년 8월경 전국 9개 지역의 버즘나무 가로수 1 km 구간에서 일정 간격으로 조사목(30본) 선정, 피해도 판정기준에 의거 피해도 조사
- 조사목 중 그 나무의 평균 피해도를 나타내는 1개의 가지에서 10개 잎 채취

10 밤나무 해충

✓ 조사방법
- 7~9월에 각 도별 밤 재배지 3개군에 3개 조사구 설치 조사
- 복숭아명나방/밤바구미 : 피해율과 우화시기
- 밤나무혹벌 : 피해율 조사
- 우화시기 조사에 과거에는 유아등을 이용

11 솔나방

✓ 조사방법

고정 조사지에서 가지를 선택하여 유충수를 조사하는 것을 기본으로 한다.

3) 해충관리 방법

1 종합적 해충관리

✓ 종합방제의 개념은 3가지로 구분할 수 있다.

① 개발된 방제법의 합리적인 통합
- 여러 가지 방제방법을 합리적으로 통합하여 사용하는 것
- 모든 적절한 기술을 상호 모순 없이 사용하여 경제적 피해를 일으키지 않는 수준으로 해충 개체군의 밀도를 유지하기 위한 해충관리시스템

② 경제적 피해 허용수준의 파악
- 방제비용과 대응하여 이익을 얻을 수 없는 수준보다 낮은 해충의 밀도인 경우 방제를 실행하지 않는 것을 의미 (자연사망요인을 이용한다던지, 잠재 해충의 경우 미리 방제하지 않는다)
- 경제적 가해수준, 경제적 피해 허용수준, 일반평형밀도 등으로 구분한다.
  가. 경제적 가해수준 : 경제적 피해를 주는 해충의 최저 밀도로서 해충에 의한 피해액과 방제비가 같은 수준인 밀도로 수목의 종류나 지역·경제·사회적 조건 등에 따라 다르다.
  나. 경제적 피해 허용수준 : 경제적 가해수준에 도달하는 것을 미연에 방지하기 위하여 직접적인 방제를 해야 하는 해충의 밀도로 경제적 가해수준보다 밀도가 낮고 방제수단을 강구하는 데 필요한 시간적인 여유가 있어야 한다.
  다. 일반 평형밀도 : 일반적인 환경조건 하에서 해충의 평균밀도
✓ 방제의 목적을 달성하기 위해서는 농약·천적 및 기타 방법을 활용하여 일반 피해밀도를 낮추거나 방제를 저렴하게 하여 방제하거나 수목의 가치를 증대시켜 경제적 피해 허용수준을 높여야 한다.
③ 해충의 개체군 관리시스템
  해충 개체군의 동태를 파악하고 피해 발생량을 예측하여 방제하는 것

2 물리적 방제[6]

① 온도
- 소나무 재선충병 : 중심부 온도를 56°C에서 30분이상 유지
- 밤바구미 : 수확한 밤을 30°C 온탕에서 7시간 침지처리로 100% 방제 가능

② 습도
- 시설재배에서는 높은 습도조건을 조성한 후 백강균을 살포하여 방제하기도 한다.
- 솔잎혹파리 : 봄철에 지피물을 긁어서 토양이 건조되면 폐사율이 높아진다.
- 나무좀류·하늘소류 : 수입된 원목을 물 속에 저장하면 습도가 매우 높아져 천공성 해충의 방제가 가능하다.
- 소나무 재선충병 : 용재가치가 큰 벌채산물을 열기건조기를 이용하여 함수율 19% 이하가 되도록 처리

③ 색깔
- 낮에 활동하는 해충인 진딧물류나 멸구류는 빛의 파장 중에서 황색계에 유인되는 특성이 있어 황색수반을 조사용으로 사용하고 있음
- 진딧물류는 백색이나 은색의 멀칭을 기피하는 경향이 있음
- 끈끈이롤트랩은 노랑색을 사용했었으나 갈색이랑 비교했을 때 차이가 없어 최근에는 색 구분없이 병행하여 사용하고 있다.

④ 이온화에너지
- 감마선이나 X-선, 전자빔과 같은 이온화에너지를 일정량 이상 조사하면 해충을 죽이거나 불임화시킬 수 있다.
- 조사 후 잔류가 전혀 남지 않아 이를 해충방제에 적용할 수 있다.
- 이온화에너지는 생식세포에 영향을 미쳐 해충의 불임을 유발하는데, 아래와 같이 이용한다.

---

[6] **물리적 방제** : 온도·습도·이온화에너지·음파·전기·압력·색깔 등을 이용하여 해충을 직접적으로 없애거나 유인·기피하여 방제하는 방법이다.

가. 과실파리류와 가축류에 기생하는 검정파리류의 방제에 사용

나. 모기나 체체파리 방제에 대한 연구가 진행

다. 북방수염하늘소를 대상으로 감마선과 전자빔을 이용한 기초연구가 수행됨.

⑤ 기타 방제법
- 특정 음파(해충이 기피하거나 치사하게하며, 해충의 행동을 교란시키기도 한다.)
- 감압법(진공펌프 등을 이용하여 압력을 낮추어 해충을 죽이는 방법)
- 전기를 이용한 방제(전기에너지를 이용하여 해충을 살충시키는 방법)

3 기계적 방제[7]

① 포살법
- 손이나 간단한 기구를 이용하여 해충의 알·유충·번데기·성충을 직접 잡아 죽이는 방법
- 솔나방(유충), 깍지벌레(솔로 문질러 제거), 복숭아유리나방(유충), 도토리거위벌레(알, 도토리 수거)
- '알 제거'는 나무 등에 산란한 알을 제거하여 밀도를 억제하는 방법으로 알덩어리로 산란하는 해충들이 대상이 된다.
→ 주홍날개꽃매미, 매미나방, 밤나무왕진딧물, 천막벌레나방 등

② 유살법
- 해충의 특수한 습성 및 주성 등을 이용하여 방제하는 방법
- 유살물질·유살기구 등이 필요하며 수목에서는 주로 잠복장소유살법, 번식장소유살법, 등화유살법, 페로몬유살법 등이 이용되고 있다.

　가. 잠복장소유살법 : 나방류의 유충이 월동을 위해 나무줄기를 타고 내려올 때 나무줄기에 볏짚 등을 이용하여 잠복소를 설치하고 유인한 후 봄철 월동이 끝나기 전에 잠복소를 제거하여 소각하는 방법이다.

　나. 번식장소유살법 : 나무좀류·하늘소류·바구미류 등의 천공성 해충이 고사목이나 수세가 쇠약한 나무의 목질부에 산란하는 습성을 이용하여 유인목을 설치한 후 성충이 우화하기 전에 박피하거나 태워 버리는 방제방법
- 소나무좀·노랑애나무좀·노랑무늬솔바구미 : 벌채되거나 고사한 지 얼마 안 된 소나무에 산란하는 생태적인 특성이 있으므로 유인목을 겨울철에 벌채
- 참나무시들음병을 매개하는 광릉긴나무좀도 산란유인목을 설치하여 방제(이때 알코올을 같이 놓으면 유인력이 높아진다)

　다. 등화유살법 : 주광성이 강한 해충 중에서 나방류와 같이 날개가 있어 이동력이 있는 해충을 유인하여 죽이는 방법

　라. 페로몬유살법 : 페로몬을 이용하여 해충을 유인하여 방제하는 방법
- 미국흰불나방·회양목명나방·복숭아유리나방·솔껍질깍지벌레 등의 페로몬이 개발되어 있다.
- 하늘소의 페로몬 방제에서는 페로몬을 단독으로 사용하기보다 알코올과 피넨을 같이 사용하기도 한다.
- 아직까지는 유기합성농약에 비해 방제효과가 떨어지고 해충이 주로 피해를 주는 유충시기에는 사용이 불가능한 단점이 있다.

---

7) **기계적 방제** : 손이나 간단한 기구를 이용하여 해충을 방제하는 방법으로 오래전부터 해충방제를 위해 사용되어 왔다.

③ 소각법
- 해충이나 해충의 서식지를 불에 태워 처리하는 방법
- 도토리거위벌레가 산란한 도토리 소각
- 소나무재선충병의 매개충이 월동 중인 벌채목을 소각

④ 매몰법
- 해충이 들어 있는 목재를 땅 속에 묻어서 죽이거나 성충이 우화하더라도 탈출하지 못하게 하는 방법
- 소나무재선충병의 매개충 방제를 위해 산지경사가 완만하고 토심이 깊어 흙구덩이를 만들기 쉬운 지역에 구덩이를 만든 후 절단된 피해목을 넣고 50cm 이상 흙을 덮는 방법
- 집중호우·홍수 등에 의해 유실될 위험이 있는 지역은 피해야 한다.

⑤ 박피법
- 목재의 수피를 제거하여 목재에 산란하는 해충의 산란을 저지하거나 수피 아래에서 서식하는 해충을 노출시켜 해충을 방제하는 방법
- 하늘소 유충, 나무좀류, 바구미류 등에 적용 가능
- 벌채된 목재에서만 활용 가능한 방법이다.

⑥ 파쇄·제재법
- 피해목을 두께 1.5cm 이하로 파쇄·제재하여 매개충이 살지 못하도록 하는 방법
- 소나무재선충병 매개충 적용

⑦ 진동법
- 진동을 가하면 나무에서 떨어지는 습성을 이용하여 지표면에 천 등을 깔고 막대기나 장대로 나무를 흔들어 지표면에 떨어진 곤충을 채집하여 죽이는 방법
- 풍뎅이류, 무당벌레류, 잎벌레류, 바구미류, 하늘소류

⑧ 차단법
- 해충의 이동을 차단하여 방제하는 방법
- 솔잎혹파리 : 우화시기에 비닐을 피복하여 성충의 우화를 차단
- 소나무재선충병 매개충 : 하늘소류가 훼손하기 어려운 재질의 그물망을 피복하여 탈충을 방지하기 위한 그물망 피복법
- 참나무시들음병 매개충 : 끈끈이롤트랩은 우화한 성충이 피해목 외부로 탈출하지 못하게 차단하는 효과도 있다.
- 복숭아유리나방 : 석회와 접착제를 섞어 수피에 발라서 산란을 방지하는 방법

4) 돌발 해충의 발생조사

1 특정지역 해충 조사

① 조사 시기 : 5 ~ 9월(월 1회)
② 조사 방법 : 기선정된 조사지역과 이동로의 산림해충 피해 상황 조사
③ 조사 규모 : 9지역×4항목
④ 조사항목
    가. 해충 종류, 피해 상황, 가해수종, 방제효과
    나. 조사자료는 매월 말일까지 국립산림과학원 산림병해충연구과로 공문 제출

2 일반지역 조사

① 조사 시기 : 수시조사
② 조사 방법
    가. 특정지역 및 주요지역(해충별 선단지, 자원보존지역) 이외의 지역 중 각 시군의 보고나 민원을 통해 알려진 산림병해충 피해지를 방문하여, 피해도, 피해면적과 종류 진단
    나. 피해지 위치(경도 및 위도, 행정명) 및 피해지사진, 충태사진과 표본을 국립산림과학원으로 송부
③ 조사 규모 : 9지역×4항목
④ 조사항목
    가. 해충 종류, 피해지역, 피해도, 피해 상황
    나. 조사자료는 매월 말일까지 국립산림과학원 산림병해충연구과로 공문 제출

3 유아등에 의한 돌발해충 조사

① 조사 시기 : 4 ~ 10월
② 조사 방법 : 지역별로 매주 1회(수요일) 유아등에서 곤충을 채집(오후 7시 ~ 익일 7시)하여, 국립산림과학원으로 송부
③ 조사 규모 : 9지역×7개월
④ 조사항목
    가. 해충종류, 개체수
    나. 조사자료는 매월 말일까지 국립산림과학원 산림병해충연구과로 공문 제출

5) 주요 수목해충의 방제

1 꽃매미

<꽃매미>

① 방제시기 : 1월 ~ 12월
② 사용약제 : (지상방제) 페니트로티온 유제 50%, 델타메트린 유제1% 등(나무주사) 이미다클로프리드 분산성액제 20%
③ 방제방법
　가. 동절기 알 덩어리 제거작업 집중실시(4월까지 완료)
　나. 농작물 재배지 주변 산림 등에 대하여 농업부서(농업기술센터 등)와 사전협의를 통해 공동 예찰·방제 및 모니터링 지속 추진
　다. 가죽나무 등 보호할 가치가 있는 나무를 백색테이프로 표시
　라. 끈끈이롤트랩은 약충 발생 초기에 실행하고, 나무주사와 지상방제는 약·성충기에 공원, 가로수, 주택가 주변 등 생활권지역의 산림에 집중방제
　마. 발생지역별(리·동)로 반드시 담당공무원을 지정하여 책임 예찰·방제

2 미국선녀벌레

<미국선녀벌레>

① 방제시기 : 4월 ~ 10월
② 사용약제 : 디노테퓨란 입상수화제 10%, 티아메톡삼 입상수화제 10% 등
③ 방제방법
　가. 농작물 재배지 주변 산림 등에 대하여 농업부서(농업기술센터 등)와 사전협의를 통해 공동 예찰·방제 및 모니터링 지속 추진
　나. 약·성충기에 등록약제를 사용하여 농경지 주변 및 공원, 가로수, 주택가 주변 등 생활권지역의 산림에 1주일 간격으로 1 ~ 3회 지상방제 집중 추진
　다. 발생지역별(리·동)로 반드시 담당공무원을 지정하여 책임 예찰·방제

3 갈색날개매미충

<갈색날개매미충>

① 방제시기 : 1월 ~ 12월
② 사용약제 : 디노테퓨란 수화제 10%, 에토펜프록스 유제 20% 등
③ 방제방법

　가. 동절기 산란가지 제거 등 알 덩어리 방제 집중실시(4월까지 완료)

　나. 농작물 재배지 주변 산림 등에 대하여 농업부서(농업기술센터 등)와 사전협의를 통해 공동 예찰·방제 및 모니터링 지속 추진

　다. 약·성충기 방제 전용약제를 사용하여 농경지 주변 및 공원, 가로수, 주택가 주변 등 생활권지역의 산림에 1주일 간격으로 2 ~ 3회 지상방제 집중 추진

　라. 발생지역별(리·동)로 반드시 담당공무원을 지정하여 책임 예찰·방제

4 솔나방

<솔나방>

① 방제시기 : 월동유충 가해초기인 4월 중·하순, 어린유충기인 9월 상순
② 사용약제 : 트리플루뮤론 수화제 25% 등 약종 선정 약제
③ 방제방법

　가. 발생 전면적 방제를 원칙으로 하되, 특히 고속국도, 사적지, 공원, 주택가 주변 등 주요 지역에 대한 예찰을 강화하여 조기발견·적기방제 추진

　나. 발생상황, 피해확산 우려 등을 감안하여 필요한 경우 탄력적으로 방제

5 미국흰불나방

① 방제시기 : 1세대 발생초기인 5월 하순 ~ 6월 초순, 2세대 발생초기인 7월 중·하순
② 사용약제 : 클로르플루아주론 유제 5% 등 약종 선정 약제
③ 방제방법

가. 발생 전면적 방제를 원칙으로 하되, 특히 사적지, 공원, 주택가 주변 등 주요 지역에 대한 예찰을 강화하여 조기발견·적기방제 추진

나. 인가 및 생활권 주변은 민원우려가 있으므로 사전 계도를 반드시 이행

다. 발생상황, 피해확산 우려 등을 감안하여 필요한 경우 연 2회 방제

6 매미나방

<매미나방>

① 방제시기 : 유충기(4월 ~ 6월), 성충·산란기(6월 ~ 8월), 월동기(8월 ~ 익년 4월)

② 사용약제 : 스피네토람 액상수화제 5%, 메타플루미존 유제 20%, 티아클로프리드 액상수화제 10% 등 산림(수목)용 등록 약제

③ 방제방법(생활사별 맞춤형 방제)

    가. 유충기 : 어린유충시기부터 등록약제 등을 활용한 선제적 집중방제

    나. 성충·산란기 : 유아등, 페로몬트랩, 방제(살수)차 등 활용한 물리적 방제

    다. 산란·월동기 : 고지톱 끌개, 쇠솔 등 활용한 난괴·월동란 물리적 방제

7 잣나무별납작잎벌

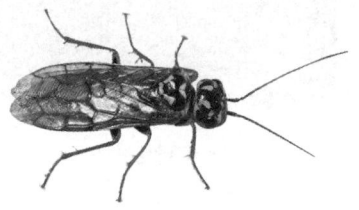

<잣나무별납작잎벌>

① 방제시기 : 수상유충기인 7월 중순 ~ 8월 중순

② 사용약제 : 클로르플루아주론 유제 5% 등 약종 선정 약제

③ 방제방법

    가. 지상방제는 초미립자동력분무기를 사용, 상승기류가 없는 새벽에 실시

    나. 양봉·친환경농업 지역에는 사전 안전조치 후 실행

    다. 피해가 심하고 급격한 확산이 우려되는 경우에는 지역실정에 따라 연 2회 방제로 확산 저지

    라. 잣나무 조림지가 많은 경기도·강원도는 예찰조사를 강화하여 조기발견·적기방제에 특히 유의

    마. 항공방제 대상지는 현지 확인 후, 엄격히 심사하여 꼭 필요한 지역을 선정

8 오리나무잎벌레

<오리나무잎벌레>

① 방제시기 : 4월 ~ 6월 하순(성충과 유충을 동시방제)
② 사용약제 : 트리플루뮤론 수화제 25% 등 약종 선정 약제
③ 방제방법
　가. 발생 초기단계에서 전면적 방제를 원칙으로 하고, 주요 도로변, 가시권 지역에 대한 예찰을 강화하여 조기발견·적기방제 추진
　나. 매년 반복 발생지는 수종갱신 등 근원적인 방제방법을 적극 추진
　다. 오리나무 분포지 내역을 작성하여 예찰을 강화하고, 발생초기에 방제하여 피해 최소화

9 밤나무 해충

<복숭아명나방>

① 방제시기 : 종실가해 해충(복숭아명나방) 발생시기
② 사용 권장약제(12종)
　가. ① 감마사이할로트린 캡슐현탁제, ② 메톡시페노자이드 액상수화제, ③ 클로르플루아주론 유제, ④ 비펜트린 유제, ⑤ 테플루벤주론 액상수화제, ⑥ 에토펜프록스·메톡시페노자이드 유현탁제, ⑦ 람다사이할로트린 유제, ⑧ 펜토에이트 유제, ⑨ 펜발러레이트 유제, ⑩ 델타메트린 유제, ⑪ 비펜트린 유탁제, ⑫ 티아클로프리드 액상수화제 등 약종 선정 약제
　나. 친환경 유기농업자재는 산림병해충 방제규정 제53조제2항의 기준에 따라 사용
③ 방제방법
　가. 항공방제는 연 1회 지원(종실가해 해충 방제에 지원)
　나. 밤 재배 농가에 대한 지역설명회를 개최하여 부작용 최소화
　다. 헬기지원은 지원기준을 엄격히 적용하고, 헬기 안전운항 최우선 고려
　라. 지역별 우화시기에 맞춘 적기 항공방제 실시
　마. 국립산림과학원과 각 시·도 산림연구기관에서는 종실가해 해충의 지역별 우화시기, 방제시기 등 관련정보를 밤나무 해충 항공방제가 계획된 해당 시·도에 제공

10 벗나무사향하늘소

<벗나무사향하늘소>

① 방제시기 : 유충기(4 ~ 11월), 성충·산란기(6 ~ 8월), 월동기(8 ~ 익년 3월)
② 사용약제 : 페니트로티온 유제 50% 등 수목용 등록 약제
③ 피해형태
   가. 피해 1년이 지나간 나무의 지제부 근처에 다량의 목설이 배출되어 있음
   나. 피해가 누적된 나무는 수액이 여러 곳에서 분비된 흔적이 있으며, 피해 부위 수피는 목질부와 분리됨
④ 방제방법
   가. 발생 전면적 방제를 원칙으로 하되, 특히 공원, 도로변 가로수 등 주요지역에 대한 예찰을 강화하여 성충의 조기발견·적기방제 추진
   나. 유충기 : 피해 부위 박피를 통한 유충 포살 척살하고, 피해가 심한 나무는 성충 우화 방지용 고강도 섬유사 망 설치(6월 이전) 등 물리적 방제
   다. 성충·산란기 : 물리적 방제와 화학적 방제 혼용
   라. 물리적 방제 : 낮 시간(11시 ~ 18시) 동안 수간부와 지제부에서 활동하는 성충 포살
   마. 화학적 방제 : 등록 약제를 활용한 성충 방제를 실시하되 인가 및 생활권 주변은 민원 우려가 있으므로 사전 계도를 반드시 이행
   바. 월동기 : 피해 부위 수피를 제거하여 월동 치사 및 기생을 유도하고 피해가 심하거나 고사한 나무는 벌채 후 파쇄·소각

11 대벌레

① 방제시기 : 약충기(3 ~ 6월), 성충·산란기(6 ~ 9월)
② 사용약제 : 약제 식권능록시험을 통한 조속한 약제 등록 추진 예정
③ 방제방법
   가. 발생 초기단계부터 기발생지 예찰을 강화하여 조기발견·적기방제 추진
   나. 인력포살을 원칙으로 하고 약제 등록 이후 약충기부터 약제 살포

12 소나무허리노린재

① 방제시기 : 약충기(6 ~ 7월)
② 사용약제 : 디노테퓨란(5) 에토펜프록스(8) 미탁제 13%, 에토펜프록스(10) 인독사카브(1.5) 유탁제 11.5%
③ 방제방법 : 어린약충 발생 초기단계에 예찰을 강화하여 조기발견 및 등록약제 등을 활용하여 적기방제 추진

13 붉은매미나방

<붉은매미나방>

① 방제시기 : 유충기(4 ~ 7월), 성충기(7 ~ 8월), 월동기(8 ~ 4월)
② 사용약제 : 약제 직권등록시험을 통한 조속한 약제 등록 추진 예정
③ 방제방법(생활사별 맞춤형 방제)
　가. 유충기 : 어린유충시기부터 등록약제 등을 활용한 선제적 집중방제
　나. 성충기 : 유아등, 유살등 등을 활용한 성충 유인·포살
　다. 월동기 : 고지톱 끌개, 쇠솔 등 활용한 난괴·월동란 물리적 방제

6) 해충의 방제방법

1 소구역골라베기

① 대상지
　가. 참나무시들음병 피해지 중 벌채산물의 수집·반출이 가능한 지역
　나. 집단발생 지역으로 벌채를 통한 근원적 방제가 필요한 지역
　다. 대상지의 경계는 최소 피해지 외곽 20m ~ 30m까지 설정
　라. 고사목을 중심으로 20m 이내의 나무에 많이 침입함
② 사업설명회 및 토론회 개최 : 사업계획 확정 후 산주, 전문가(산림기술사 등), 환경단체 등과 현장설명회를 개최하여 의견을 수렴하고 적극 홍보
③ 사업시기 : 벌채·집재·반출 : 11월 ~ 익년 3월(산물은 4월 말까지 완전처리)
④ 벌채·반출
　가. 산림소유자가 관할 시·군·구에서 입목벌채 허가를 받아 피해지역의 참나무류 입목을 "골라베기"로 실시
　나. 피해지 1개 벌채구역은 5ha 이하를 원칙으로 하되, 벌구 사이에 피해가 발생하지 않았을 경우 폭 20m 이상의 수림대 존치
　다. 기주나무인 신갈나무는 벌채 대상이며, 신갈나무 외 수종은 존치하여 친환경적 벌채로 유도하여야 하며, 벌채 산물은 전량 수집하여 반출하여야 함
⑤ 벌채산물의 활용
　가. 벌채 산물은 산림 밖으로 반출하여 숯·칩·톱밥 생산업체에 공급
　나. 산물은 4월 말까지 숯·칩·톱밥으로 처리, 원목상태의 방치 금지
　다. 담당공무원은 공급한 벌채 산물의 처리 상황을 확인하고 기록·유지

2 피해목 제거(벌채·훈증)

① 대상목 : 피해지역의 고사목만 실시

② 훈증처리 부위
  - 가. 매개충의 침입을 받은 피해 부위의 줄기와 가지를 잘라 훈증
  - 나. 침입공이 최근 상단부로 이동 경향이 있어 세밀한 관찰이 필요함

③ 실행방법
  - 가. 매개충이 침입한 나무의 줄기 및 가지를 1m 정도로 잘라 쌓은 후에 훈증약제를 골고루 살포하고 갈색 천막용 방수포(타포린)로 완전히 밀봉하여 훈증(비닐을 훈증포로 사용하는 것을 금지하며, 훈증포 훼손금지 경고문 부착)
  - 나. 그루터기는 최대한 낮게 베고 적정량의 약제를 넣고 훈증

④ 기타사항
  - 가. 매개충이 침입하여 고사목이 발생하는 7월부터 익년 4월 말까지 훈증완료
    - ✓ 당해 연도 고사목은 매개충의 침입이 완료되고, 장마에 훈증더미 유실 방지를 고려하여 9월 이후에 실시하는 것이 효율적임
  - 나. 매개충의 우화 탈출시기(5~10월) 이전에 처리한 훈증더미의 해체는 다음 연도 11월부터 실시
  - 다. 집중호우 시 훈증더미가 유실되지 않도록 계곡부 적치 금지

3 끈끈이롤트랩 설치

① 설치개소
  - 가. 일반 제품 : 중점관리지역으로 접근이 용이하며 경관유지를 위해 수거 필요 지역
  - 나. 생분해형 제품 : 산간오지 등 별도의 수거가 필요하지 않은 지역
  - 다. 갈색 한면 점착성 제품 : 경관이 중요시되는 지역(사찰, 고궁, 생활권, 주요 숲길 등)
  - 라. 통기성 개선 제품 : 습도가 높아 이끼류 발생이 예상되는 지역

② 설치 및 회수 시기
  - 가. 설치 : 전년도 피해목은 매개충의 우화 이전에 설치(4월부터)
  - 나. 신규 피해목은 우화 최성기 이전까지 설치(5월~6월)
    - ✓ 갈색 한면 점착성 제품은 우화한 매개충에 포획력이 없으므로 4월 설치
  - 다. 회수 : 매개충 우화가 끝난 10월부터 회수(회수 필요성이 없는 지역은 존치)
    - ✓ 회수 필요성이 없는 지역이라도 참나무류 생육에 나쁜 영향을 미치는 경우 회수

③ 실행방법
  - 가. 매개충의 침입 흔적이 있는 높이까지 감되 가급적 최대한 높게(2m 이상) 설치
  - 나. 매개충이 가장 많이 침입하는 지제부는 끈끈이롤트랩을 잘라서 사용
  - 다. 빗물이 스며들지 않도록 하단에서 상단으로 돌려가며 감아주는 것이 효과적임
  - 라. 고사목을 중심으로 20m 이내의 피해우려목에 집중 설치

4 대량포획 장치법

① 실행 방법

가. 방제 대상목에 포획병을 연결하는 받침대를 4방위별로 상·중·하에 설치

나. 지제부에서 약 2m 높이까지 검은 비닐로 씌움

다. 받침대에 물이 담긴 플라스틱 포획병을 연결

라. 밑부분의 검은 비닐을 나무 말뚝으로 고정한 후 흙으로 덮어 완전 밀폐

② 설치

가. 지역별로 우화시기를 고려하여 1월 초부터 4월 말까지 전년도 피해목에 설치

나. 수도권 지역의 매개충 다수 분포 지역에서 대량 포획할 수 있는 입목에 설치

5 유인목 설치

① 설치개소 : 방제구역 내 ha당 10개소 내외로 설치하되, 현지 여건 및 지형조건을 감안하여 탄력적으로 설치(유인목 재료가 많은 지역, 매개충 밀도가 낮은 지역)

② 설치방법

가. 피해목 중 매개충의 침입 흔적이 없는 부위를 1m 간격으로 절단하여 우물정(井)자 모양으로 1m 정도의 높이까지 쌓고 가급적 4월 말 이전 설치

나. 유인목 설치 시 알코올(Ethyl alcohol) 원액 200mL를 휘발할 수 있는 용기에 담아 유인목 가운데 설치(땅을 5cm 정도 파고 용기 고정)

다. 유인목은 매개충 침입 및 산란이 끝나는 10월경 소각, 훈증, 파쇄 등 완전 방제처리(훈증 시 산림병해충 방제용 선정 약제 사용)

③ 주의사항 : 유인목은 매개충 산란기 이후 훈증처리가 누락되지 않도록 좌표 취득, 경고문 설치 등을 통해 철저히 관리

6 지상약제 살포

① 대상목 : 피해가 심하고 확산의 우려가 예상되는 지역의 참나무류

② 실행방법 : 매개충의 우화최성기인 6월 중순을 전후하여 산림청 선정 약종을 나무줄기에 흠뻑 살포(3회 : 6월 초순 1회, 6월 중순 1회, 6월 하순 1회)

※ 지상약제 살포는 약제 살포로 인한 환경피해 및 민원발생 우려가 없는 지역에서 최소한의 면적으로 제한적 추진

7 약제(PET)줄기 분사법

① '약제줄기 분사법'이란?

가. 식물추출물을 원료로 한 친환경 약제를 방제 대상목에 직접 뿌려 매개충에 대한 살충 효과와 침입저지 효과를 동시에 발휘

나. 원료로 파라핀(Paraffin), 에탄올(Ethanol), 테레핀유(Turpentine) 등의 혼합액을 사용

② 실행방법 : 원료 혼합액을 방제 대상목의 살포할 수 있는 높이까지 골고루 뿌림
③ 살포시기 : 지역별로 우화 시기를 고려하여 5월 말부터 6월 말까지 살포
④ 방제실행 : 보존가치가 있는 지역에 제한적으로 실행

7) 내충성 품종[8] (임업적 방제법의 하나)
내충성은 항객성·항생성·내성 등 세가지 요인으로 이루어진다.

1 항객성
- 수목이 곤충의 행동에 영향을 미치는 특성
- 센털·털·경피조직과 같은 수목의 형태적 특성이나 기피물질 등의 화학적 특성을 통해 해충의 정착·섭식·산란 등의 행위를 방해하는 것
- 해충이 초기에 정착을 선호하지 않게 하는 성질이라 해서 '비선호성'이라고도 한다.

2 항생성
- 수목이 곤충의 생리에 영향을 미치는 특성
- 테르펜과 같은 2차 대사산물에 의한 독소나 수목의 과민반응을 통해 곤충의 생리에 영향을 미친다.

> **나무쌤 잡학사전**
> 항객성과 항생성의 비교
> - 항객성은 해충이 저항성 있는 수목을 선호하지 않아 초기의 정착밀도가 낮음으로 인해 피해가 적으나,
> - 항생성은 해충이 정착한 후 직접적인 사망에 이르거나 성장속도가 지연되어 피해가 경감된다.

3 내성
- 해충의 가해에 대하여 수목의 생육이 영향을 적게 받거나 피해에 대한 회복능력이 우수한 형질을 말한다.
- 항객성과 항생성은 수목에 대한 곤충의 반응인 반면 내성은 해충에 대한 수목의 반응이다.
- 해충을 직접적으로 줄이지는 않기때문에 소극적 의미의 수목 내충성 요인이다.

---
[8] **내충성** : 수목이 해충에 대한 방어능력을 유전적으로 지닌 것

5. 수목해충 일반(특징별 구분)

> **📖 나무쌤 잡학사전**
>
> 해충의 학명
>
> 해충학에서 주요 해충을 제외한 나머지 해충의 학명을 외우는 것은 추천하지 않습니다.
> 왜냐하면 분류체계 자체가 계속 변하는 추세이기 때문에 학명 또한 언제든 변할 수 있으며, 시험에서도 1~2문제를 제외하고는 나오지 않기 때문입니다. 하지만 그 1~2문제를 위하여 가장 중요한 해충들의 학명은 외워 주세요.

주요해충의 학명(종, 속)		
구분	해충명	학명
1	솔나방	Dendrolimus spectabilis
2	솔잎혹파리	Thecodiplosis japonensis
3	대벌레	Ramulus irregulariter dentatus
4	도토리거위벌레	Cyllorhynchites ursulus
5	매미나방	Lymantria dispar
6	버즘나무방패벌레	Corythucha ciliata
7	솔수염하늘소	Monochamus alternatus
8	북방수염하늘소	Monochamus saltuarius
9	갈색날개매미충	Pochazia shantungensis
10	미국선녀벌레	Metcalfa pruinosa
11	주홍날개꽃매미	Lycorma delicatula
12	복숭아명나방	Conogethes punctiferalis
13	벚나무사향하늘소	Aromia bungii
14	뿌리혹선충	Meloidogyne속
15	잣나무별납작잎벌	Acantholyda parki

주요 해충의 학명(과, 목)		
구분	해충명	학명
1	노린재목(Hemiptera)	매미과(Cicadidae)
2		깍지벌레과(Diaspididae)
3		방패벌레과(Tingidae)
4		진딧물과(Aphididae)
5		노린재과(Pentatomidae)

6	노린재목(Hemiptera)	가루이과(Aleyrodidae)
7		솜벌레과(Adelgidae)
8		큰날개미미충과(Ricaniidae)
9	풀잠자리목(Neuroptera)	잎벌레과(Chrysomelidae)
10	딱정벌레목(Coleoptera)	
11	부채벌레목(Strepsiptera)	
12	벌목(Hymenoptera)	잎벌과(Tenthredinidae)
13	밑들이목(Mecoptera)	
14	벼룩목(Siphonaptera)	
15	파리목(Diptera)	혹파리과(Cecidomyiidae)
16	날도래목(Trichoptera)	
17	나비목(Lepidoptera)	솔나방과(Lasiocampidae)

1) 주요 외래 침입해충

해충명	가해수종	유입국가	발견 연도
이세리아깍지벌레	귤	미국, 타이완	1910
솔잎혹파리	소나무	일본	1929
미국흰불나방	활엽수류	미국, 일본	1958
밤나무혹벌	밤나무	일본	1958
솔껍질깍지벌레	곰솔	불명	1963
소나무재선충	소나무, 곰솔, 잣나무	일본	1988
버즘나무방패벌레	버즘나무	미국	1995
아까시잎혹파리	아까시나무	미국	2002
주홍날개꽃매미	활엽수류	중국	2006
미국선녀벌레	활엽수류	미국, 유럽	2009
갈색날개매미충	활엽수류	중국	2010

2) 경제적, 생태적 측면에서 수목해충의 구분

1 관건해충(상시해충)

① 상시해충이라고도 하며, 매년 지속해서 심한 피해를 일으키는 해충으로 일반 평형밀도가 경제적 피해허용수준 이상이나 비슷한 정도를 나타내는 해충이다.
② 솔잎혹파리, 솔껍질깍지벌레와 같이 피해가 매년 지속해서 심한 해충을 말하며, 1차 해충이라고 부르기도 한다.
③ 효과적인 천적이 없어서 인위적인 방제가 필수적이다.

2 돌발해충

① 평상시에는 일반평형밀도가 경제적 피해수준 이하로 문제가 되지 않던 해충이 환경조건의 변화 등으로 인하여 해충의 밀도억제 요인들이 변화되고 대발생하여 경제적피해수준을 넘는 경우
② 매미나방류, 잎벌류, 대벌레, 주홍날개꽃매미, 미국선녀벌레, 갈색날개매미충 등이 있다.

3 2차 해충

① 기존에 문제시되지 않았던 해충이 천적과 같은 밀도제어 요인이 없어지면서 밀도가 급격히 증가하여 해충화하는 경우이다.
② 응애류와 진딧물류와 같은 미소해충이 있으며, 이들은 다른 관건해충에 비해 경제적 피해수준의 밀도가 높다.

4 비경제해충

① 피해가 경미하여 방제의 필요성이 없는 해충
② 대부분의 산림생태계를 구성하는 수많은 곤충류가 여기에 속한다.
③ 비경제해충 중에서 돌발해충이나 주요해충이 될 가능성이 있는 그룹을 잠재해충이라고 한다.
✓ 잠재해충은 유용천적이 다량 존재하여 자연적으로 발생이 억제되는 해충이다.

3) 기주 범위에 따른 해충의 구분

분류	종류	
	기주	해충
단식성 해충 (한종만을 가해)	회화나무	줄마디가지나방
	회양목	회양목 명나방
	개나리	개나리 잎벌
	밤나무	밤나무 혹벌
	층층나무	황다리독나방
	팽나무	큰팽나무이

	자귀나무, 주엽나무	자귀뭉뚝 날개나방
단식성 해충 (한종만을 가해)	소나무	솔껍질깍지벌레, 소나무가루깍지벌레, 소나무왕진딧물, 소나무좀류
	감나무주머니깍지벌레, 뽕나무이, 향나무잎응애, 솔잎혹파리, 아까시잎혹파리, 검은배네줄면충, 소나무혹응애 등	
	응애류:구기자혹응애, 붉나무혹응애, 회양목혹응애 등	
협식성 해충 (1~2개의 과를 가해)	-방패벌레류, 천공성해충, 솔나방, 광릉긴나무좀과 -깍지벌레:벚나무, 쥐똥밀, 왕공	
광식성 해충 (여러과의 수목 가해)	-나방:미국흰불나방, 독나방, 매미나방, 천막벌레나방, 애모무늬잎말이나방, 노랑쐐기나방 -진딧물:목화진딧물, 조팝나무진딧물, 복숭아혹진딧물, 붉나무소리진딧물 -깍지벌레:뿔밀, 거북밀, 뽕나무, 식나무, 가루, 이세리아 -응애:전나무잎응애, 점박이응애, 차응애 -천공성:오리나무좀, 알락하늘소, 왕바구미, 가문비왕나무좀	

✓ 식식성 곤충의 먹이 범위는 식물과 곤충의 공진화의 결과이다.
✓ 먹이 범위는 식물의 영양, 곤충의 소화와 해독 능력에 의해 결정된다.

> ✓ **보행(전발육단계에서) 이동이 가능한 깍지벌레**
> 도롱이깍지벌레, 짚신깍지벌레, 가루깍지벌레, 밀깍지벌레, 주머니깍지벌레 [암기법] **밀가루도 주짚**

4) 피해흔적을 통한 해충의 구분

분류	피해 흔적	해충의 종류
수관부	잎을 갉아 먹음	나비류, 나방류, 잎벌류, 풍뎅이류, 메뚜기류, 대벌레류, 달팽이류 등
	잎의 변색	흡즙성 해충(진딧물, 응애, 방패벌레, 매미충, 총채벌레, 노린재, 나무이 등)
	잎에 굴이 파짐	굴나방류, 벼룩바구미류
	조직이 비틀어지거나 부풀어 오르고 혹이 발생함	이름에 '혹'이 들어가는 해충(예외:큰팽나무이, 때죽납작진딧물, 외줄면충, 검은배네줄면충, 조록나무잎진딧물)
	종자와 구과에 벌레똥이나 가해흔적	잎말이나방류, 명나방류, 바구미류
	감로와 이로 인한 그을음병	진딧물류, 깍지벌레류, 매미충류, 나무이류, 가루이류, 선녀벌레류

수간부	잎에 똥조각 및 탈피각	방패벌레류
	잎이 철해지거나 겹쳐짐	잎말이나방류, 거위벌레류, 잣나무별납작잎벌
	거미줄이 있음	미국흰불나방, 천막벌레나방, 잎응애류, 잎말이나방류, 명나방류
	주머니 형태의 벌레집	주머니나방류
	거품이 있음	거품벌레류
	솜이나 밀랍 형태의 물질	진딧물류, 나무이류, 선녀벌레류
	줄기나 새순에 구멍이 뚫림	순나방류, 나무좀류(2차피해)
	피해 부위에 구멍이 있고 톱밥·벌레똥 등 불순물이 배출됨	하늘소류, 바구미류, 나무좀류, 유리나방류
	솜이나 밀랍 형태의 물질	깍지벌레류, 솜벌레류, 진딧물류
지하부	뿌리를 갉아 먹음	풍뎅이류 유충, 땅강아지
	월동 개체(직접 피해 없음)	잣나무별납작잎벌 유충·번데기, 솔잎혹파리 유충, 잎벌레류 등

5) 중간기주(수목)가 있는 주요 진딧물류

해충명	중간기주(여름 기주)	주 기주(겨울 기주)	주요 산란장소
목화진딧물	오이, 고추 등	무궁화, 석류나무 등	무궁화 눈, 가지
복숭아혹진딧물	무, 배추 등	복숭아나무, 장미과식물 등	복숭아나무 겨울눈
때죽납작진딧물	나도바랭이새	때죽나무	때죽나무 가지
사사키잎혹진딧물	쑥	벚나무	벚나무류 가지
외줄면충	대나무	느티나무	느티나무 수피 틈
조팝나무진딧물	귤나무, 명자나무	조팝나무, 사과나무	기주의 신초나 어린 잎, 사과나무 도장지
일본납작진딧물	조릿대, 이대	때죽나무	때죽나무
검은배네줄면충	벼과식물	느릅나무	느릅나무 수피 틈
복숭아가루진딧물	억새, 갈대 등	벚나무	벚나무류 눈
벚잎혹진딧물	쑥	벚나무	벚나무류
물푸레면충	전나무	물푸레나무, 들메나무	전나무 뿌리에서 개미와 공동생활
조록나무잎진딧물	참나무류	조록나무	벌레혹
붉은테두리진딧물	벼과	매실나무, 벚나무류	털이 밀생하고 길다.

6) 해충별 천적(VS)

포식성 천적	-포식성 천적은 노린재목, 풀잠자리목, 딱정벌레목의 곤충들이 있으며, 기생성 천적과는 다르게 먹이를 직접 탐색하여 섭식한다. -일반적으로 먹이동물보다 몸이 더 크다.	
기생성 천적	-기생성 천적은 대체로 기주특이성이 강하고 기주보다 몸체가 작다. -기생성 천적은 주로 기생벌과 기생파리이며, 고치벌과, 맵시벌과, 좀벌과 등이 있다. -기생성 천적은 다양한 기생양식을 갖는데, 다음과 같다.	
	내부포식기생	기주의 체내에서 영양을 섭취하며 생육하는 것→좀벌류, 진디벌류 등
	외부포식기생	기주의 체외에서 영양을 섭취하여 생육하는 것→개미침벌, 가치고치벌 등
	단포식기생	내부기생과 외부기생 모두 단 1마리의 기생충이 생육하는 것
	다포식기생	2마리 이상의 동종 개체가 1마리의 기주에 기생하여 생육하는 것
	제1차 포식기생	독립생활을 하는 기주에 기생하는 것
	과기생	1마리 기주체 내에 정상으로 생육할 수 있는 범위를 초월하여 다수의 동종 개체가 기생하며, 종내경쟁 결과 1마리의 우세한 개체만이 생존할 수 있다.
	중기생	고차기생이라고도 하며, 일정 포식기생충이 다른 포식기생충에 기생하는 것
	공기생	1마리 기주에 2종 이상의 포식기생충이 동시에 기생하는 것으로, 대다수의 경우 종간경쟁 결과 1마리만이 생육을 완료한다.
병원 미생물	-병원미생물 중에서 병원성이 있는 미생물을 이용하여 해충을 방지하는 행위를 미생물적 방제라고 한다. -해충 방제에 이용하는 주요 바이러스는 핵다각체 바이러스(NPV), 과립형 바이러스(GV), 세포질다각체 바이러스(CPV) 등이다. 이중 NPV와 GV는 나비목과 벌목에 속하는 해충의 생물적 방제에 이용된다. -해충 방제에 이용하는 세균은 Bacillus thuringiensis와 B. popilliare가 대표적이다.	
곤충기생성 선충	곤충기생성인 선충은 보통 곤충의 입으로 침입하지만 소수가 항문·기문·절간막 등으로 침입하며, 감염된 곤충은 패혈증을 일으킨다.	
원생동물	원생동물은 단세포의 동물성 생물로 생활방식이나 증식하는 방법이 종에 따라 매우 복잡하다. 감염은 보통 입을 통하여 일어난다.	

> **나무쌤 잡학사전**
>
> 천적의 인위적 방제
> **계획적인 천적 방사**
> 1) 접종적 방사 : 천적이 없거나 있어도 낮은 밀도로 존재하는 피해선단지와 같은 지역에 매년 일정량의 천적을 접종적으로 방사하여 밀도를 높임으로써 대상 해충을 방제하는 방법
> 2) 대량방사 : 천적을 대량 증식하여 방사하는 방법

① 이세리아깍지벌레→배달리아무당벌레

② 솔나방→송충알벌

③ 밤나무혹벌→남색긴꼬리좀벌, 노란꼬리좀벌, 큰다리남색좀벌, 배잘록꼬리좀벌, 상수리좀벌, 기생파리류

④ 미국흰불나방→납작선두리먼지벌레

⑤ 솔수염하늘소→개미침벌, 가시고치벌

⑥ 솔잎혹파리→혹파리등뿔먹좀벌, 혹파리반뿔먹좀벌, 솔잎혹파리먹좀벌, 혹파리살이먹좀벌

⑦ 잣나무별납작잎벌→두더지

⑧ 응애류→애꽃노린재, 긴털이리응애, 칠레이리응애

⑨ 나방류→감탕벌류

⑩ 아까시잎혹파리→아까시민날개납작먹좀벌

⑪ 갈색날개노린재→뚱보기생파리

⑫ 사철깍지벌레→사철깍지네마디좀벌, 제줄깍지좀벌, 주걱깍지좀벌, 장미깍지좀벌

⑬ 황다리독나방→나방살이납작맵시벌

⑭ 매미나방→집시알깡충좀벌, 집시나방벼룩좀벌

⑮ 꽃매미→꽃매미벼룩좀벌

⑯ 갈색날개매미충→날개매미충알벌

⑰ 진딧물류→진디혹파리, 콜레마니진디벌, 풀잠자리류, 무당벌레류

⑱ 총채벌레→애꽃노린재

7) 곤충병원성 미생물

구분	세부구분	기주	특징
바이러스	핵다각체 바이러스 (NPV)	나비목 유충	감염되면 미라 형태로 축 늘어져 식물체에 거꾸로 매달려 있다.
	과립병 바이러스 (GV)		감염되면 유충의 색이 연해지는 경향이 있다.
	그 외의 바이러스		세포질다각체병바이러스(CPV) 곤충폭스바이러스(EPV)
세균	B.t subsp kurstaki B.t subsp aizawai	나비목 유충	소화중독에 의해서만 효과가 있음
곰팡이	백강균	나비목 흡즙성해충 (전생육단계)	- 기주의 표면에 흰색의 분생포자를 형성 - 거의 모든 곤충군의 전 생육 단계에 걸쳐 침입하며, 곤충의 몸은 흰색의 가루 같은 분생포자에 의하여 뒤덮인다.
	녹강균		해충의 몸 전체가 흰색을 띠는 포자와 균사로 뒤덮인 후 점차 초록색을 띠며 굳음
선충	-밤 종실 해충인 밤바구미, 복숭아명나방 -사철나무 해충인 노랑털알락나방에서 효과가 있음		

8) 곤충별 월동태

1 알로 월동하는 해충

No.	구분	특이종
1	대벌레류	×
2	잎말이나방류	백송애기잎말이나방(번데기), 솔애기잎말이나방(번데기), 오리나무잎말이나방(유충)
3	매미충류	×
4	매미류	말매미(산란 첫해는 알, 이듬해부터는 약충)
5	선녀벌레류	×
6	진딧물류	목화진딧물(남부지방에서는 성충으로 월동하기도 함), 조록나무혹진딧물(성충)
7	거품벌레류	×

2 유충(약충)으로 월동하는 해충

No.	구분	특이종
1	잎벌(혹벌)류	솔잎벌(번데기), 낙엽송잎벌(번데기), 누런솔잎벌(알)
2	나방류	**-알** : 노랑털알락나방, 밤나무산누에나방, 차독나방(알덩어리), 황다리독나방(알덩어리), 매미나방(알덩어리), 박쥐나방, 천막벌레나방, 붉은매미나방 **-번데기** : 자귀뭉뚝날개나방, 대나무쐐기알락나방(전용), 장수쐐기나방(전용), 줄마디가지나방, 참나무재주나방, 꼬마버들재주나방, 미국흰불나방, 솔박각시, 소나무순나방, 사과독나방, 뱀눈박각시, 분홍등줄박각시,(배, 사과)저녁나방, 오얏나무밤나방, 한일무늬밤나방, 배붉은흰불나방, 네눈가지나방, 몸큰가지나방 **-성충** : 이른봄밤나방 **나머지는 유충으로 월동**
3	솜벌레류	×
4	거위벌레류	×
5	혹파리류	아까시잎혹파리(번데기)
6	하늘소류	향나무하늘소(성충)

3 성충으로 월동하는 해충

No.	구분	특이종
1	풍뎅이류	×
2	무당벌레류	×
3	잎벌레류	참긴더듬이잎벌레(알)
4	바구미류	밤바구미(유충), 노랑점바구미(유충 or 번데기)
5	방패벌레류	×
6	노린재류	×
7	나무이(나무이, 가루이)류	귤가루이(3령유충 or 번데기), 큰팽나무이(알), 온실가루이(유충 or 번데기)
8	깍지벌레류 (수정한 암컷성충 월동)	-알:주머니깍지벌레 -약충:이세리아깍지벌레(3령약충 or 성충), 솔껍질깍지벌레(후약충), 공깍지벌레(종령약충), 줄솜깍지벌레(3령약충), 소나무가루깍지벌레
9	응애류(수정한 암컷성충 월동)	전나무잎응애(알)
10	나무좀류	광릉긴나무좀(유충), 앞털뭉뚝나무좀(번데기)

9) 곤충별 발생횟수

발생횟수	관련종	특이종
1회발생	대벌레류	×
	풍뎅이류	×
	무당벌레류	큰이십팔점박이무당벌레(3회)
	잎벌레류	버들꼬마잎벌레(5~6회)
	바구미류	×
	잎벌류	장미등에잎벌(3회), 극동등에잎벌(3회), 솔잎벌(2~3회)
	혹벌류	×
	매미충류	×
	선녀벌레류	×
	매미류	×
	나무이류	돈나무이(2~3회), 귤가루이(2회), 큰팽나무이(2회), 온실가루이(10회이상)

발생횟수	관련종	특이종
1회발생	거위벌레류	×
	혹파리류	아까시잎혹파리(2~3회)
	하늘소류	벚나무사향하늘소(2년에 1회)
	나무좀류	오리나무좀(2~3회), 노랑애나무좀(2~3회)
	거품벌레류	×
2~3회 발생	노린재류	×
	깍지벌레류	1회 가해:솔껍질깍지벌레, 밀깍지벌레류(이름에 밀이 들어가는 깍지벌레류, 루비깍지벌레, 공깍지벌레, 줄솜깍지벌레), 후박나무굴깍지벌레
3~5회 발생	잎말이나방류	백송애기잎말이나방(1회)
	방패벌레류	×
5회 이상 발생	총채벌레류	×
	진딧물류	가루왕진딧물(2~3회), 전나무잎말이진딧물(3회), 밤나무왕진딧물(3회), 조록나무혹진딧물(4회)
	솜벌레류	×
	응애류	회양목혹응애(2~3회)

나방류(알로 월동하는 나방의 발생횟수

※밑줄 : 알로 월동하는 나방

1회 발생

제주집명나방, <u>노랑털알락나방</u>, 벚나무모시나방, <u>노랑쐐기나방</u>, 별박이자나방, 남방차주머니나방, 솔나방(2회발생하기도함), <u>밤나무산누에나방</u>, 참나무재주나방, 독나방, <u>황다리독나방</u>, <u>매미나방</u>, 두충밤나방, 박쥐나방, 복숭아유리나방, <u>천막벌레나방</u>, 솔알락명나방류, 소나무순나방, <u>붉은매미나방</u>, 오얏나무밤나방, 이른봄밤나방, 한일무늬밤나방, 벚나무알락나방, 뒷흰가지나방, 먹무늬재주나방, 차주머니나방

2~3회 발생

자귀뭉뚝날개나방, 회양목명나방, 목화명나방, 대나무쐐기알락나방, 줄마디가지나방, 꼬마버들재주나방,(차, 사과, 콩, 흰)<u>독나방</u>, 미국흰불나방, 큰붉은잎밤나방, 복숭아명나방, 감꼭지나방, 솔박각시, 뱀눈박각시, 분홍등줄박각시, 사과저녁나방, 왕뿔무늬저녁나방, 배붉은흰불나방, 장수쐐기나방, 흑색무늬쐐기나방, 꼬마쐐기나방, 네눈가지나방, 몸큰가지나방

3회 이상 가해

버들재주나방(3~4회), 뽕나무명나방(4회)

10) 특이수종을 유난히 가해하는 해충

① 줄마디가지나방→회화나무
② 제주집명나방→후박나무
③ 노랑털알락나방→사철나무
④ 황다리독나방→층층나무
⑤ 앞털뭉뚝나무좀→느티나무
⑥ 별박이자나방→쥐똥나무
⑦ 버들재주나방→포플러류
⑧ 두충밤나방→두충나무
⑨ 후박나무방패벌레→후박나무
⑩ 대륙털진딧물→버드나무류
⑪ 진사진딧물→단풍나무류
⑫ 뽕나무깍지벌레→벚나무속
⑬ 큰팽나무이→팽나무
⑭ 조록나무혹진딧물→조록나무
⑮ 외줄면충→느티나무

11) 가해형태 별 분류

구분	가해분류	종류
잎	유충, 성충 모두	대벌레류, 잎벌레류, 무당벌레류, 방패벌레류, 매미충류, 선녀벌레류, 매미류, 나무이류, 진딧물류, 응애류, 느티나무벼룩바구미
	유충만	잎벌류, 나비류, 나방류
	유충(뿌리), 성충(잎)	풍뎅이류
	약충(잎), 성충(과실)	노린재류
줄기, 가지	유충, 성충 모두	솜벌레류
잎, 줄기, 가지	유충, 성충 모두	깍지벌레류(예외:갈색깍지벌레-잎에만 기생)
종실-구과		도토리거위벌레, 밤바구미, 대추애기잎말이나방, 복숭아명나방, 솔알락명나방
충영형성		이름에 '혹'이 들어간 개체(예외:큰팽나무이, 때죽납작진딧물, 외줄면충, 검은배네줄면충, 외발톱면충, 조록나무잎진딧물)
천공성		하늘소류, 나무좀류, 박쥐나방, 복숭아유리나방, 포도유리나방

12) 생식형태에 따른 분류

양성생식	암수가 교미하는 것으로 대부분의 곤충이 여기에 속함
단위생식	수정되지 않은 난자가 발육하여 성체가 되는 것 →밤나무순혹벌, 수벌, 무화과깍지벌레, 진딧물 등
다배생식	1개의 알에서 2개 이상의 곤충이 발생하는 것(난핵분열) →벼룩좀벌과, 고치벌과
유생생식	성숙하지 않은 유충이 성숙한 난자를 갖고 생식하는 것(단위생식) →일부 혹파리과
자웅동체	생식기의 외부에서 난자가 생기고 안쪽에서 정자가 생긴다 →이세리아 깍지벌레

6. 주요해충 특성(각론)

해충명	특성
호두나무 잎벌레	갓 부화한 유충 - 집단가해, 2령유충 - 분산가해
오리나무 잎벌레	수관 아래쪽 피해가 상부 쪽보다 심하다.
미국선녀벌레	-5령충에 성충이 된다. -뒷다리가 발달되어 잘 튀어오르며, 노숙약충은 하얀색의 밀랍물질이 온몸을 덮는다. -모든 부위가 왁스선으로 덮여 있으며, 밀납을 분비하여 그을음병을 유발하는 등 미관을 해친다. -점프 및 비행능력이 높아 다른 기주식물로 쉽게 옮겨갈 수 있다. -9~10월에 우화하여 가지에 90여개의 알을 산란하기 때문에 가지에 피해를 준다.
대벌레	-산란 시 머리를 위쪽으로 정지하고 있는 것처럼 보인다. -대발생 시 약충과 성충이 집단적으로 대이동 하면서 잎을 모조리 먹어 치운다.
이세리아깍지벌레	-암컷성충은 알, 약충, 성충의 발육과정을 거치고 날개가 없으며, 암수가 한 몸인 자웅동체인 반면에 수컷성충은 번데기 기간이 있어 날개가 있는 성충이 된다. -자가수정한 암컷성충은 자웅동체인 암컷만 생성하지만, 수컷성충과 교미한 암컷성충은 자웅동체인 암컷과 수컷을 생성한다.
솔껍질깍지벌레	-즙액을 빨아먹기 용이하도록 세포를 파괴하는 타액을 분비한다. -수관 하부 가지의 잎부터 갈색으로 변색한다. -후약충시기에 가장 피해를 많이 준다(11월~2월). -암컷은 불완전변태, 수컷은 전성충과 번데기기간을 거치는 완전변태를 한다. -피해도 '심' 이상이고 수종갱신이 필요한 지역은 모두베기를 실시 -피해도 '중' 이상 지역은 나무주사를 실시하여 피해를 예방
소나무가루깍지벌레	피목가지마름병을 발생시키는 원인이 되기도 함
쥐똥밀깍지벌레	암컷약충은 잎의 표면에 정착하고, 수컷약충은 잎의 뒷면에 집단으로 모여 기생하며 이후 새 가지로 내려와 기생한다.
소나무굴깍지벌레	당년도 잎보다는 오래된 잎을, 잎의 끝부분보다는 중앙부 또는 밑부분을 가해하는 경우가 많다.
도토리거위벌레	-암컷성충이 도토리에 산란공을 뚫고 알을 낳고 떨어뜨리는데, 수컷성충은 이 과정에 관여하지 않는다. -알을 낳기 전에 1차로 가지를 절단하고 산란공에 알을 낳고 완전히 자르는 2차 가지 절단을 한다.
방패벌레류	-앞날개는 일정하게 막질로 되어있음 -식물의 잎 부분에서 흡즙한다(뒷면). -흡즙한 흔적이 흰 반점으로 남고, 기생한 잎 뒷면은 탈피각, 배설물 등으로 오염된다. -대부분의 종에서 알은 식물체의 조직 속에 낳지만, 일부는 잎 위에 알무더기로 낳는다.
극동등에잎벌	암컷이 단위생식을 한다.

잣나무별납작잎벌	-주로 20년 이상 된 밀생 임분에 발생하므로, 잣 생산에 막대한 손실을 준다. -유충이 잎 기부에 실을 토하여 잎을 묶어 집을 짓고 그 속에서 가해한다. -단목으로 식재된 잣나무에서는 피해 발견이 어렵다.
밤나무혹벌	-암컷성충만 있어 교미 없이 단위생식으로 산란한다(수컷이 없음). -내충성품종(토착종):산목율, 옥광율, 순역, 상림 -내충성품종(도입종):유마, 이취, 삼조생, 이평 -유충이 겨울눈 조직 속에서 충방을 형성하여 겨울을 난다.
솔잎벌	항상 침엽의 끝을 향해 머리를 두고 잎을 갉아 먹는다.
갈색날개매미충	-성충은 암갈색이며, 약충은 항문을 중심으로 흰색 또는 노란색 밀랍물질을 부채처럼 펼친다. -성충과 약충이 잎과 어린 가지, 과실에서 수액을 빨아 먹고 부생성 그을음병을 유발한다. -수컷은 복부 선단부가 뾰족한 반면, 암컷은 둥글어 쉽게 구분된다. -왁스물질과 감로의 분비로 인해 그을음병이 발생하여 잎이 지저분하게 된다. -성충의 날개 색깔이 나뭇가지 색과 비슷한 보호색을 띤다. -가지에서 알로 월동한다.
물푸레면충	-여름기주-전나무, 겨울기주-물푸레나무, 들메나무 -전나무에서는 개미와 공생을 한다.
주홍날개꽃매미	-1~3령까지 검은색 바탕에 흰색 반점이 있다. -4령부터는 붉은색으로 되며 양쪽 측면에 날개딱지가 나타난다.
말매미	-암컷 성충이 산란을 위해 2년생 가지에 상처를 낸다. -약 6년에 1세대가 완성된다.
전나무잎말이진딧물	-개체를 항상 흰 솜모양의 밀랍물질이 덮고 있다. -성충은 6월경 산란하여 여름을 거쳐서 다음해까지 월동한다.
조록나무혹진딧물	잎 앞면은 원추형으로 돌출되고, 잎 뒷면에 길게 돌출한 벌레혹이 형성된다.
때죽납작진딧물	-바나나 송이 모양의 황록색 벌레혹을 만들고 그 속에서 가해한다. -벌레혹 끝에는 돌기가 있다. -벌레혹 속에는 보통 1마리가 들어가 있으나, 경우에 따라서 한 마리 이상 들어가 있기도 하다.
응애류	기온이 높고 건조할 때 피해가 심하다.
전나무잎응애	성충과 약충이 주로 잎 '앞면'에서 수액을 빨아먹는다.
붉나무혹응애	-붉나무에 피해가 발생한다. -성충과 약충이 잎 뒷면에 기생하여 잎 앞면에 둥근 벌레혹은 형성한다. -우리나라 대부분의 지역에서 피해가 발생하고 있다.
밤바구미	배설물을 밖으로 내보내지 않는다(↔복숭아명나방:배설물을 붙임)
아까시잎혹파리	-2화기의 피해가 심하다. -흰가루병과 그을음병이 동반된다.

벚나무사향하늘소	-목설이 배출된다(복숭아유리나방:목설+수액이 함께 흐름). -앞가슴에 선홍색의 울퉁불퉁한 목도리형 띠를 두르고 있다. -성충의 몸에 사람의 손이나 물체가 닿으면 은은한 사향 향을 발산한다.
향나무하늘소	목설이 배출되지 않는다.
알락하늘소	유충이 줄기 아래쪽에서 목질부를 갉아먹고 노숙유충시기에는 지제부로 이동하여 형성층을 갉아 먹는다.
솔수염하늘소 (소나무 재선충 매개)	-우화최성기:6월 중하순, 성충의 탈출은 10~12시 사이에 가장 많다. -탈출한 성충은 어린 가지의 수피를 갉아먹는데 이를 후식이라 함 -후식을 할 때 소나무재선충을 옮긴다. 이후 소나무재선충은 소나무, 곰솔, 잣나무에 기생하여 피해를 입힌다. -암컷은 우화 후 20일경부터 입으로 수피를 3mm 정도 뜯어내고 1개씩 알을 낳는다(한 마리 당 100여 개, 하루에 1~8개). -부화유충은 내수피를 갉아먹으며, 가는 목설을 배출하고 2령기 후반부터는 목질부도 가해한다. [방제] ① 중심부 온도를 56℃ 이상에서 30분 이상 유지 ② 60℃ 이상에 1분 이상 지속해서 유지하는 열처리를 실시 ③ 티아클로프리드 액상수화제, 클로티아니딘 액상수화제를 항공이나 지상에서 살포 ④ 벌채산물을 1.5cm 이하의 두께로 제재 ⑤ 성충 우화하기 전인 3.15~4.15일에 티아메톡삼 분산성액제를 나무주사 ⑥ 목재를 함수율 19% 이하가 되도록 건조처리 ⑦ 예방제로는 밀베멕틴 유제를 나무주사
북방수염하늘소 (소나무 재선충 매개)	-우화최성기:5월 상순 -나머지는 솔수염하늘소와 비슷하거나 같음
광릉긴나무좀 (참나무 시들음병 매개)	-우화최성기:6월 중순 -특히 신갈나무에 피해가 크다. -흉고직경이 30cm가 넘는 대경목에 피해가 크다. -수컷성충이 먼저 침입하여 성페로몬을 분비하여 암컷을 유인한다. -암컷은 등판에 5~11개의 균낭이 있어 병원균을 지니고 다닌다. -초기에는 심재부를 향하여 갱도를 형성하기 시작하다가 일정한 깊이에 도달하면 수피와 평행하게 수평 방향으로 갱도를 형성한다. [방제] ① 피해목에 플라스틱 포획병을 설치하여 포획 ② 우화최성기 이전(6월 중순이전)에 끈끈이롤트랩을 설치한다. ③ 4월 하순~5월 하순에 ha당 10개소 내외로 유인목을 설치한다. 유인목 설치 시 에탄올 원액 200mL를 용기에 담아 유인목 가운데에 고정한다. ④ 우화최성기인 6월 중순을 전후하여 페니트로티온 유제, 티아메톡삼 입상수화제 등의 적용 약제를 나무줄기에 3회 살포한다.

소나무좀	-새로 우화한 성충은 후식피해(1년생 신초가해)를 일으켜 신초가 구부러지거나 부러진 채로 나무에 붙어있다. -성숙유충은 성충의 갱도와 직각 방향으로 내수피를 섭식 후 번데기 방을 형성하고, 그 속에서 2회 탈피하고 번데기 상태로 있는다. -후식피해는 수관의 하부보다는 상부, 측아지보다 정아지의 피해도가 높다. -암컷 성충은 쇠약한 나무에 구멍을 뚫고 침입하여 갱도에 산란한다.
오리나무좀	-기주식물이 150여 종이 넘는 잡식성 해충이다. -성충이 목질부에 침입하여 갱도에서 암브로시아균을 배양하고 외부로 목설을 배출하기 때문에 쉽게 발견된다. -부화한 유충은 암브로시아균을 먹고 자란다.
노랑쐐기나방	주광성은 수컷이 강하고, 암컷은 약하다.
솔나방	-보통 묵은 잎을 가해한다. -5령 유충으로 월동, 8령 유충으로 번데기 후 성충이 된다. -유충을 보통 송충이라고 하며, 소나무의 대표적인 해충으로 알려져 있다. -솔잎에 500여 개의 알을 무더기로 나누어 낳는다.
밤나무산누에나방	2령-집단 가해, 3령-분산 가해
매미나방	-암컷은 몸이 무거워 날지 못하나, 수컷은 활발하게 날며 암컷을 찾아다닌다(집시나방). -수컷성충의 더듬이는 깃털 모양으로 생겼으며, 암컷 성충은 실 모양이다. -수컷성충은 색이 어두운 계열이며, 암컷성충은 밝은 계열의 색을 가지고 있다. -날개 위에 구부러진 검은 무늬가 있다.
미국흰불나방	-4령충까지-집단 가해, 5령충-분산 가해 -1화기때보다 2화기때 더 피해가 크다.
복숭아명나방	-침엽수형과 활엽수형으로 나누어진다. -밤에서는 주로 조생종에 의한 피해가 심하다. -1~2령때는 과육으로 들어가지 않고 경화되지 않은 밤송이를 먹다가 3령 이후에는 과육을 갉아먹는다.
박쥐나방	-유충이 어릴 때는 초본의 줄기 속을 가해하며, 성장한 후에는 나무로 이동하여 가해 -우화기가 가까워지면, 갱도 입구의 덮개를 밀고 번데기를 반 정도 밖으로 내놓은 다음 우화한다. -천공성 해충이다. -유충은 수피를 고리모양으로 파먹고 배설물 띠를 만든다.
복숭아 유리나방	-배설물과 함께 수액이 흘러나와 쉽게 눈에 띈다. -벚나무 등에서 흔히 볼 수 있는 천공성 해충이다.
회양목명나방	-유충이 실을 토하여 잎을 철하고 그 속에서 가해한다. -피해가 심한 나무는 수관에서 거미줄이 관찰된다.
천막벌레나방 (텐트나방)	유충이 가지의 갈라진 부분에 거미줄로 천막모양의 막을 치고 모여 살면서 낮에는 그 속에서 쉬고 밤에 나와 잎을 가해한다.

백송애기잎말이나방	-부화 유충이 암꽃을 가해하다가 2년생 구과로 옮겨 피해를 준다. -과육과 줄기로부터 탈출하여 지면으로 내려가 낙엽 사이나 흙속에 고치를 만들고 번데기가 된다.
대추애기잎말이나방	-대추나무, 헛개나무 등에 피해가 발생한다. -유충이 이른 봄에 잎을 여러 장 묶어 그 속에서 잎을 갉아 먹고 가을에는 과실의 겉면도 갉아 먹으며, 과실에 잎 1~2장을 붙여 놓는 것이 특징이다.
재주나방류	몸의 끝부분을 치켜든다.

단원별 마무리 핵심문제

★문제 해설에 관련된 내용이 있는 교재페이지를 기재해 두었습니다. 해설만 보기보다는 교재페이지를 오고가며 다시한번 복습하시는 것을 추천드립니다.★

001

다음 중 곤충강의 특성으로 옳지 않은 것은?

① 곤충의 몸은 머리가슴, 배 2부분으로 구분된다.
② 3쌍의 다리와 2쌍의 날개를 가지고 있다.
③ 비행이 가능한 유일한 무척추동물이다.
④ 변태를 한다.
⑤ 홑눈과 겹눈을 모두 가지고 있다.

해 곤충강의 몸은 머리, 가슴, 배 3부분으로 나뉘어진다. 머리가슴, 배는 거미강의 구분형태이다.　　　　교재 308p

답 ①

002

다음 중 곤충 각 분류군의 특징에 대해 설명한 것으로 옳지 않은 것은?

① 무시아강 : 날개가 없음
② 유시아강 : 날개가 있음
③ 고시군 : 날개가 짧음
④ 신시군 : 날개를 접을 수 있음
⑤ 날개를 갖고 있었으나 2차적으로 퇴화한 경우에도 유시아강으로 분류한다.

해 고시군과 신시군을 나누는 중요한 기준은 '날개를 접을 수 있는가?'이다. 고시군은 날개를 접을 수 없으며, 신시군은 날개를 접을 수 있다.　　　教재 309p

답 ③

003

다음 중 고시군에 대한 설명으로 옳지 않은 것은?

① 하루살이목의 미성숙충은 오염되지 않은 흐르는 물속에서 살아간다.
② 하루살이목은 날개가 생긴 후 다시 탈피하는 유일한 곤충이다.
③ 하루살이목의 수컷은 교미 직후 죽는다.
④ 잠자리목 유충의 아가미는 직장 내부에 위치한다.
⑤ 잠자리목 성충의 앞날개가 뒷날개보다 기부 가까이에서 더 넓다.

해 잠자리목 성충의 뒷날개가 앞날개보다 기부 가까이에서 더 넓다.　　　교재 310p

답 ⑤

> **기출문제[8회]**
>
> Q. 곤충 분류체계에서 고시군(류) - 외시류 - 내시류에 해당하는 목(order)을 순서대로 나열한 것은?
>
> ① 좀목 - 잠자리목 - 메뚜기목
> ② 하루살이목 - 노린재목 - 벌목
> ③ 돌좀목 - 하루살이목 - 잠자리목
> ④ 잠자리목 - 딱정벌레목 - 파리목
> ⑤ 하루살이목 - 사마귀목 - 노린재목
>
> 해
> 교재를 꼼꼼히 보신다면 충분히 맞추실 수 있는 문제입니다.　　[교재 309~317p]
>
> 답 ②

004

다음 중 신시군 외시류에 대한 설명으로 옳지 않은 것은?

① 흰개미붙이목의 날개는 수컷 성충에만 있다.
② 대벌레목은 알을 엄청난 높이에서 낱개로 지면에 떨어뜨리기도 한다.
③ 귀뚜라미붙이목은 날개가 두꺼우며, 따뜻한 날씨에 주로 활동한다.
④ 민벌레목은 날개가 퇴화되었다.
⑤ 사마귀류는 주행성 포식자이다.

해 귀뚜라미붙이목은 날개가 퇴화하였으며, 추운 날씨에만 활동하며 따뜻한 계절에는 영구동토층 아래로 이동한다.

교재 311~314p

답 ③

005

다음 중 노린재목(노린재아목, 매미아목, 진딧물아목) 대한 설명으로 옳지 않은 것은?

① 노린재아목은 반초시를 가지고 있다.
② 노린재아목에는 노린재, 방패벌레 등이 포함된다.
③ 매미아목에는 소화계부분이 여과실로 변형되어 있어 이로인해 개미들과 공생관계를 이루고 있다.
④ 매미아목에는 매미, 멸구, 매미충 등이 포함된다.
⑤ 진딧물아목에는 진딧물, 부채벌레 등이 포함된다.

해 진딧물아목에는 진딧물과 깍지벌레 등이 포함된다. 부채벌레는 내시류 곤충으로 완전변태를 한다.

교재 314p

답 ⑤

006

다음 중 내시류에 속하지 않는 목은?
① 약대벌레목
② 흰개미붙이목
③ 벌목
④ 날도래목
⑤ 밑들이목

해 흰개미붙이목은 외시류에 속한다.   314~317p
※ 내시류를 외우는 법
1. 문장 : **약**먹고 **잠** 자나? **벌/딱** 일어나 **부채/날**로 **파리/밑**에 **벼룩**잡자.
2. 종류 : 약대벌레목, 풀잠자리목, 나비목, 벌목, 딱정벌레목, 부채벌레목, 날도래목, 파리목, 밑들이목, 벼룩목

답 ②

007

다음 중 딱정벌레목을 설명하는 것으로 옳지 않은 것은?

① 앞날개는 단단하고 뒷날개의 덮개 역할을 하며, 뒷날개는 크고 막질이다.
② 곤충강에서 가장 큰 목이다.
③ 딱정벌레목 중 식육아목에는 장수풍뎅이가 있다.
④ 딱정벌레목 중 다식아목은 현존 딱정벌레의 90%가 속하는 아목이다.
⑤ 딱정벌레목 중에는 부식성도 있다.

해 딱정벌레목은 먹이에 따라 네가지로 나뉘며, 원시딱정벌레아목/식균아목/식육아목/다식아목으로 나뉘는데 그중 식육아목에는 육지에 사는 딱정벌레상과(길앞잡이, 먼지벌레과) 물방개상과(대부분 물방개과)가 있다.

교재 316p

답 ③

008

다음 중 부채벌레목에 대한 설명으로 옳지 않은 것은?

① 첫 번째 영기때는 다리가 없어 굼벵이와 같은 모양이지만, 이후의 영기에서는 다리가 생겨 고도의 운동성을 가지게 된다.
② 수컷 성충은 큰 부채 모양의 뒷날개와 작은 곤봉 모양의 앞날개가 있다.
③ 대부분 내부기생자로 살아간다.
④ 유충이 과변태를 겪는다.
⑤ 암컷성충은 숙주의 복부에서 몸의 일부분만 튀어나와서 수컷을 유인하고 교미하는 것을 관리하면서 숙주의 내부에 남아있다.

해 해당 문장과는 반대로, 첫 번째 영기때는 다리와 고도의 운동성을 가지고 있으나, 이후의 영기에서는 다리가 없고 굼벵이와 같은 모양이 된다.
교재 316p

답 ①

009

다음 중 내시류 곤충에 대한 설명으로 옳지 않은 것은?

① 파리목의 뒷날개는 축소되어 평균곤으로 되어있어 1쌍의 날개만을 갖는다.
② 날도래목 복부는 보통 돌이나 나뭇잎, 잔가지, 기타 자연물로 만든 집으로 되어있다.
③ 나비목 유충의 복부에는 보통 5쌍의 배다리가 있다.
④ 나비류는 쉴 때 날개를 몸 위에 수평으로 놓고, 나방류는 쉴 때 날개를 몸 위에 수직으로 놓는다.
⑤ 벌목은 노동 분업을 통한 복잡하고 진화된 사회 체계를 가진 유일한 목이다.

해 나비류는 쉴 때 날개를 몸 위에 수직으로 놓고, 나방류는 쉴 때 날개를 몸 위에 수평으로 놓는다.
교재 317p

답 ④

기출문제[5회]

Q. 벌목(Hymenoptera)에 대한 설명 중 옳지 않은 것은?

① 성충의 날개는 1쌍이며 막질이다.
② 천적이나 화분 매개자가 많이 포함되어 있다.
③ 잎벌아목의 곤충은 복부에 배다리(proleg)를 가진다.
④ 꿀벌상과의 곤충은 노동분업 등 진화된 사회 체계를 가진다.
⑤ 기생성 벌 중에는 발육을 완료하기 전까지 숙주를 죽이지 않는 것도 있다.

해 날개가 퇴화된 부채벌레목, 파리목 등을 제외한 대부분의 곤충은 2쌍의 날개를 가지고 있다.
[교재 317p]

답 ①

010

다음 중 곤충의 외골격에 관한 설명으로 옳지 않은 것은?

① 외골격의 가장 바깥쪽에 있는 외표피는 바깥쪽부터 시멘트층-왁스층-표피소층 순으로 구성되어 있다.
② 외표피 안쪽으로는 원표피가 발달해 있으며, 바깥쪽의 경화된 외원표피와 부드러운 안쪽의 내원표피로 층이 나뉜다.
③ 아스로포딘은 외원표피에 주로 분포하며, 표피를 단단하게 만들어주고 색깔을 띠게 한다.
④ 진피는 상피세포의 단일층으로 형성된 분비조직이다.
⑤ 기저막은 표피세포의 내벽 역할을 하며, 외골격과 혈체강을 구분 지어 준다.

해 외골격에서는 양적으로는 극히 적으나 생리적으로 중요한 성분들이 있다. 레실린, 아스로포딘, 스클레로틴 등이 있으며, 이 중 보기 ③에서 설명한 물질은 스클레로틴이다.
교재 318~320p

답 ③

> **기출문제[5회]**
>
> Q. 곤충 체벽의 구조와 기능에 대한 설명으로 옳지 않은 것은?
> ① 표피층은 외부와 접해있고 몸 전체를 보호한다.
> ② 외표피층은 곤충의 수분 증발을 억제하는 기능을 한다.
> ③ 원표피층은 키틴 당단백질로 구성되며 퀴논 경화를 통해 단단해진다.
> ④ 표피층은 바깥쪽에서부터 왁스층, 시멘트층, 외원표피, 내원표피 순으로 구성된다.
> ⑤ 표피층 아래 표피세포(epidermis)는 단일 세포층으로 표피형성 물질과 탈피액 분비 등에 관여한다.
>
> 해 표피층은 바깥쪽에서부터 시멘트층 - 왁스층 - 외원표피 - 내원표피 순으로 구성된다. [교재 318p]
>
> 답 ④

011

다음 중 곤충의 더듬이에 관한 설명으로 옳지 않은 것은?

① 채찍마디에는 여러 곤충에서 진동과 소리를 감지하는 기관인 존스턴기관이 있다.
② 더듬이는 냄새를 감지하는 후각수용체와 습도를 감지하는 습도센서로도 이용된다.
③ 방망이모양의 더듬이를 가진 곤충으로는 송장벌레와 무당벌레가 있다.
④ 팔굽모양의 더듬이를 가진 곤충으로는 바구미와 개미류가 있다.
⑤ 방울모양의 더듬이를 가진 곤충으로는 나비류가 있다.

해 대부분의 곤충에서 소리를 감지하는 존스턴기관은 두 번째 마디인 흔들마디(팔굽마디)에 있다. [교재 322, 323p]

답 ①

012

다음 중 곤충 다리마디를 순서대로 올바르게 나열한 것은?(몸 쪽부터 순서대로)

① 종아리마디 - 넓적마디 - 도래마디 - 발목마디 - 밑마디
② 도래마디 - 넓적마디 - 종아리마디 - 발목마디 - 밑마디
③ 밑마디 - 도래마디 - 넓적마디 - 종아리마디 - 발목마디
④ 밑마디 - 도래마디 - 종아리마디 - 넓적마디 - 발목마디
⑤ 도래마디 - 밑마디 - 넓적마디 - 종아리마디 - 발목마디

해 곤충의 다리는 5마디로 이루어져 있으며, 밑마디(기절) - 도래마디(전절) - 넓적마디(퇴절) - 종아리마디(경절) - 발목마디(부절) 순으로 이루어져 있다. [교재 324p]

답 ③

013

다음 중 배설계의 말피기관에 관한 설명으로 옳지 않은 것은?

① 말피기관은 후장이 소화 배설물에서 수분을 재흡수 할 수 있도록 해주는 기관이다.
② 중장과 후장 사이에 위치한다.
③ 말피기관의 수는 종에 따라 차이가 있다. 보통 2의 배수이며, 6개가 기본이다.
④ 말피기관이 분비작용을 하는 과정에서 많은 칼륨이온이 관내로 유입되고 뒤따라 다른 염류와 수분이 이동한다.
⑤ 육상곤충의 질소 노폐물은 암모니아형태로 배출되며, 수서 곤충에서는 질소 노폐물이 요산으로 배출된다.

해 질소 노폐물은 요산, 요소, 암모니아 형태로 배설될 수 있다. 그리고 요산보다 암모니아일 때 훨씬 독성이 강하다. 수서 곤충에서는 암모니아가 바로 물에 접촉할 수 있으므로 암모니아 형태로 배출하지만 육상곤충에서는 암모니아가 아닌 요산형태로 배출해야 독성을 줄일 수 있다. 　　교재 327, 328p

답 ⑤

014

다음 중 곤충의 순환계에 대한 설명으로 옳지 않은 것은?

① 곤충은 개방순환계라는 특이한 순환계를 가진다.
② 심장은 복부에 있는데, 여기엔 1쌍의 심문이 있어 혈액이 심장으로 들어간다.
③ 혈액은 체적의 15~75%이고, 혈장과 혈구세포로 되어 있다.
④ 혈구의 기능은 수분의 보존, 양분의 저장, 영양물질과 호르몬의 운반 등이다.
⑤ 혈액이 날개로 들어갈 때는 전연부를 통하고, 나갈 때는 둔연부를 통한다.

해 곤충의 혈액은 혈장과 혈구세포로 되어있으며, 혈구의 기능은 식균작용을 하며, 소형의 고체를 삼키는 역할을 한다. 보기 ④는 혈장의 기능이다. 　　교재 329, 330p

답 ④

기출문제[6회]

Q. 곤충의 생식계에 관한 설명으로 옳지 않은 것은?

① 벌의 독샘은 부속샘이 변형된 것이다.
② 암컷의 부속샘은 알의 보호막이나 점착액을 분비한다.
③ 난소에 존재하는 난소소관의 수는 종에 관계없이 일정하다.
④ 암컷 저정낭(Spermatheca)은 교미 시 수컷으로부터 받은 정자를 보관한다.
⑤ 수컷의 저정낭(저장낭, Seminal vesicle)은 정소소관의 정자를 수정관을 통해 모으는 곳이다.

해 난소소관의 수는 종에 따라 1~1,000개로 다양하다. 　　[교재 330, 331p]

답 ③

015

다음 중 곤충의 신경계에서 각 부위의 뇌와 담당하는 기관 및 신경을 연결한 것으로 틀린 것은?

① 전대뇌 - 겹눈과 홑눈의 시신경
② 중대뇌 - 더듬이
③ 후대뇌 - 아랫입술과 전위
④ 주변신경계 - 운동신경, 감각신경
⑤ 내장신경계 - 내분비기관, 생식기관, 호흡계

해 곤충의 신경계는 중앙신경계, 내장신경계, 주변신경계로 나뉘며 이 중 중앙신경계는 전대뇌, 중대뇌, 후대뇌, 식도하신경절 등으로 또 나뉜다. 여기서 후대뇌는 '윗입술과 전위'를 담당하고 식도하신경절은 '큰턱, 작은턱, 아랫입술의 신경'을 담당한다. 　　교재 331p

답 ③

016

다음 중 '외배엽'으로부터 발생한 기관이 아닌 것은?

① 신경계
② 전장
③ 호흡계
④ 외부생식기
⑤ 중장

해 중장은 내배엽으로부터 발생한 대표적인 기관이다.

교재 335p

답 ⑤

017

다음 중 번데기 형태와 곤충을 연결한 것이 올바르지 않은 것은?

① 피용 - 나비류, 나방류
② 수용 - 네발나비과
③ 대용 - 호랑나비과, 흰나비과
④ 위용 - 파리류
⑤ 저작형나용 - 딱정벌레류

해 딱정벌레류는 번데기 껍질을 턱으로 씹어서 나오는게 아닌 다리를 이용해서 탈출하는 비(非)저작형 나용에 속한다.

교재 337p

답 ⑤

018

다음 보기에서 설명하는 수목 해충 조사법을 고르시오.

[보기]
곤충의 '음성주지성' 즉, 높은 곳으로 기어오르려는 습성을 이용하여 곤충을 조사하는 트랩

① 끈끈이트랩
② 말레이즈트랩
③ 페로몬트랩
④ 수반트랩
⑤ 유아등

해 보기는 말레이즈트랩에 대한 내용이다.

교재 339, 340p

답 ②

📝 기출문제[8회]

Q. 트랩을 이용한 해충밀도 조사방법과 대상 해충의 연결이 옳지 않은 것은?

① 유아등 - 매미나방
② 유인목 - 소나무좀
③ 황색수반 - 진딧물류
④ 말레이즈 - 벚나무응애
⑤ 성페로몬 - 복숭아명나방

해
말레이즈 트랩은 날아다니는 곤충에 적용하여야 한다.(나방류, 딱정벌레, 벌 등)

교재 339, 340p

답 ④

019

산림청 산림병해충 예찰방제 계획에 따른 주요해충의 예찰에 따른 '참나무시들음병 매개충(광릉긴나무좀)의 우화상황 조사'는 어떤 방법으로 해야 하는가?

① 4~8월에 우화목 대상 해충의 우화상황 조사
② 조사구에서 임의로 5본씩 택하여 4방위에서 중간부위에 가지 신초 2가지씩 채취하여 충영형성률을 조사
③ 고정조사지에서 2본당 1본 간격으로 총 50본의 조사목을 대상으로 본당 충소수 조사
④ 4월 15일까지 조사지에 이목을 설치하여 끈끈이트랩을 부착 후 유인된 광릉긴나무좀의 우화상황 조사
⑤ 잣나무 혹은 소나무림에서 약 50본의 조사목을 대상으로 본당 성충 포획 수 조사

해 ① : 소나무재선충병 매개충 조사
② : 솔잎혹파리 조사
③ : 미국흰불나방 조사
⑤ : 소나무허리노린재 조사

교재 341p

답 ④

기출문제[5회]

Q. 수목 해충 예찰조사의 시기와 방법에 관한 설명으로 옳지 <u>않은</u> 것은?

① 솔수염하늘소 : 4~8월에 우화목 대상 우화상황 조사
② 잣나무별납작잎벌 : 5월경 잣나무림 토양 내 유충수 조사
③ 복숭아유리나방 : 6월에 벚나무 잎 200개에서 유충 섭식 피해도 조사
④ 광릉긴나무좀 : 유인목에 끈끈이트랩을 설치하고 4~8월에 유인 개체수 조사
⑤ 오리나무잎벌레 : 5~7월에 상부 잎 100개, 하부 잎 200개에서 알덩어리와 성충밀도 조사

해 복숭아유리나방은 천공성 해충으로 잎을 조사해서는 안된다. 가지나 줄기를 조사하여야 한다.

[교재 341~343p]

답 ③

020

주요 해충의 학명으로 틀린 것은?

① 솔나방 - Dendrolimus spectabilis
② 도토리거위나방 - Cyllorhynchites ursulus
③ 갈색날개매미충 - Pochazia shantungensis
④ 복숭아명나방 - Lycorma delicatula
⑤ 벚나무사향하늘소 - Aromia bungii

해 복숭아명나방의 학명은 Conogethes punctiferalis이다. Lycorma delicatula는 주홍날개꽃매미에 속한다.

교재 357p

답 ④

021

주요 외래 침입해충의 유입국가와 발견연도를 연결한 것으로 옳지 <u>않은</u> 것은?

① 소나무 재선충 - 일본 - 1988년도
② 밤나무 혹벌 - 일본 - 1958년도
③ 주홍날개꽃매미 - 중국 - 2008년도
④ 미국선녀벌레 - 미국 - 2009년도
⑤ 갈색날개매미충 - 중국 - 2010년도

해 주홍날개꽃매미는 중국에서 유입됐으며, '2006년도'에 발견된 해충이다. 교재 358p

답 ③

022

다음은 중간기주가 있는 진딧물에 대한 내용이다. 내용이 틀린 것은?

① 외줄면충의 주 기주는 느티나무이다.
② 검은배네줄면충의 중간기주는 물푸레나무이다.
③ 사사키잎혹진딧물의 주 기주는 벚나무이다.
④ 때죽납작진딧물의 중간기주는 나도바랭이새이다.
⑤ 목화진딧물의 중간기주는 오이, 고추 등이다.

해 검은배네줄면충의 중간기주는 벼과식물이다. 교재 361p

답 ②

023

다음에서 설명하는 기생형태는 어떤 형태인가?

> 고차기생이라고도 하며, 일정 포식 기생충이 다른 포식 기생충에 기생하는 것

① 내부포식기생
② 제1차 포식기생
③ 과기생
④ 중기생
⑤ 공기생

해 다음에서 설명하는 기생형태는 '중기생'이다. 교재 362p

답 ④

024

다음 중 곤충 별 월동태가 틀린 것은?

① 백송애기잎말이나방 - 번데기
② 선녀벌레 - 알
③ 자귀뭉뚝날개나방 - 번데기
④ 배나무방패벌레 - 성충
⑤ 먹노린재 - 알

해 노린재류는 예외없이 성충으로 월동한다. 교재 364, 365p

답 ⑤

025

다음 중 곤충 별 발생횟수가 틀린 것은?

① 큰이십팔점박이무당벌레 - 1회
② 밤바구미 - 1회
③ 오리나무좀 - 2~3회
④ 버즘나무방패벌레 - 3~5회
⑤ 회양목혹응애 - 2~3회

해 무당벌레류는 1년에 1회발생하지만, 큰이십팔점박이무당벌레는 특이종으로 1년에 3회 발생한다. **교재 365, 366p**

답 ①

기출문제[6회]

Q. 해충 별 기주, 월동장소, 월동태의 순으로 연결이 옳지 않은 것은?

① 알락하늘소 - 단풍나무 - 줄기 속 - 유충
② 황다리독나방 - 층층나무 - 줄기 - 알
③ 복숭아유리나방 - 벚나무 - 줄기 속 - 유충
④ 느티나무벼룩바구미 - 느티나무 - 수피 틈 - 성충
⑤ 도토리거위벌레 - 상수리나무 - 종실 속 - 유충

해
도토리거위벌레는 참나무류를 가해하는 해충으로 종실(도토리)에 구멍을 뚫은 후 산란관을 꽂고 알을 낳는다. 이후 가지를 잘라 땅으로 떨어뜨린다. 종실 안에 있던 유충은 생활하다가 피해과를 뚫고 나와 땅 속에 '흙집'을 짓고 유충상태로 월동한다. [교재 364p]

답 ⑤

나무의사 필기 핵심 이론서&단원별 마무리 문제집

수목관리학

수목관리학

-수목이 건강하게 자랄 수 있도록 관리하는 것을 다루는 학문-

"너의 삶은 너의 선택만이 정답이다"

-드라마 '도깨비' 대사 중-

남의 선택이 아닌 자신의 선택으로 삶을 살아가보세요.
저는 그것이 진정한 '삶'이라고 생각합니다.
남의 선택을 따라가면 실패할 확률은 줄지만,
실패를 통한 값진 경험은 얻지 못합니다.
어차피 한번 사는 인생, 눈 한번 딱 감고
자신의 선택을 믿고 자신의 삶을 살아봅시다.

1. 수목관리학 서론

1) 수목관리학이란?

① 수목의 선정, 식재, 관리 등을 다루는 학문
② 교목, 관목을 육성하는 것
③ 산림이 아닌 환경(비산림)에서 교목과 목본식물을 식재, 관리, 과학적으로 육성하는 것

2) 수목관리의 원칙

① 수목은 시간이 지나면서 생장하기 때문에, 수목관리가 필요하다.
② 수목관리는 장기간, 낮은 강도로 진행되어야 한다.
③ 수목관리에서는 일반적인 사항을 개별품종에 적용한다.
④ 양호한 수목과 수목관리는 양질의 수목으로부터 시작된다.
⑤ 수목선정은 '적지적수'에 기반을 둔다.

2. 식재

1) 이식

1 이식이 잘되는 수목

- 상록수보다 낙엽수가 이식이 더 쉽다.
- 교목보다 관목의 이식이 더 쉽다.
- 나무의 크기가 클수록 이식이 더 어렵다.
- 종자의 발아가 어렵거나 발아 첫해에 살아남기 어려운 환경에서는 묘포장에서 키운 유묘를 이식하여 키우는 것이 바람직하다.

이식 성공률에 따른 수종		
성공률	침엽수	활엽수
높음	은행나무, 야자, 스트로브잣나무	광나무, 느티나무, 단풍나무, 매화나무, 명자꽃, 무궁화, 물푸레나무, 박태기나무, 배롱나무, 버드나무, 사철나무, 느릅나무 등
낮음	백송, 소나무, 섬잣나무, 삼나무	가시나무류, 목련, 산수유, 서어나무, 이팝나무, 자작나무, 참나무, 층층나무, 튤립나무 등

✓ 이식 성공은 이식 후 생존의 여부로 판단한다.

2 이식이 가장 좋은 시기

① 초봄 동아가 트기 2~3주 전에 실시
② 뿌리가 발육하기 전에 실시하는 것이 좋음

온대지방 수목의 이식 적기는 휴면하는 늦가을부터~새싹이 나오는 이른봄 까지이다.

3 이식이 곤란한 시기

① 증산작용이 많아지는 여름

4 대경목 이식

- 이식할 때의 뿌리 상태에 따라 나근법, 근분법, 동토법, 기계법으로 나뉜다.
- 2년 전부터 수간직경의 4배 되는 곳에 원형구덩이를 파고 뿌리돌림을 해두어 세근이 발달하도록 유도한다.
- 대경목 이식 시 비용도 많이 들고 성공하여도 원래의 모습을 유지하기 어렵다.

2) 뿌리분

① 나근 : 5cm 미만의 활엽수를 가을이나 봄에 이식할 때 사용, 측근이 4개 이상, 뿌리의 폭이 근원경의 10배 이상일 경우에 적합
② 용기묘 : 뿌리의 꼬인현상이 발생할 경우 생장장애를 가져올 수 있음
③ 근분묘 : 4d-2d(접시분), 4d-3d(보통분), 4d-4d(조개분)

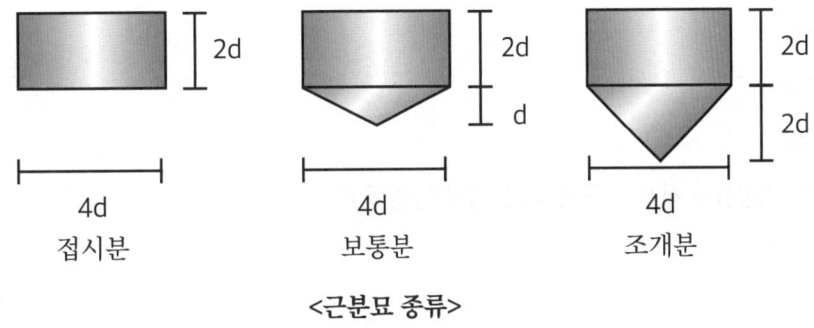

<근분묘 종류>

3) 뿌리돌림[1]

① 이식 2년 전부터 2회에 걸쳐 실시하는 것이 바람직하다.
② 뿌리직경 5cm 이상은 환상박피하는 것이 좋다.
③ 최종적인 분의 크기는 근원직경의 3~5배로 한다.
④ 이식이 곤란한 수종이나 이식 부적기에 이식할 경우 실시한다.
⑤ 뿌리돌림 후 되메울 때 발근제를 처리한다(유기질 비료도 발근에 도움이 된다).

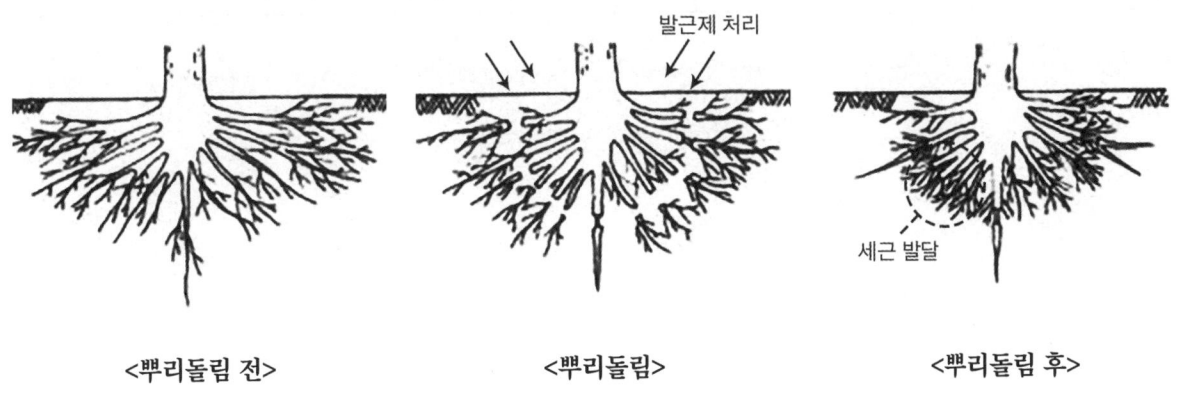

---

[1] **뿌리돌림** : 이식 시 수목이 생명력을 유지할 수 있도록 이식 전에 미리 뿌리를 절단하여 잔뿌리를 내리게 하는 것을 말합니다.

4) 멀칭[2]

1 멀칭의 재료

① 목재나 수피조각
② 낙엽, 볏짚, 완숙 퇴비 등의 유기물
③ 검정비닐, 부직포
④ 난분해성 자재나 쇄석, 자갈, 모래 등의 무기재료
✓ 잔디와 같은 살아있는 피복식물의 경우 기존 심어져 있는 식물과 경합하기 때문에 심으면 오히려 생육이 더 나빠질 수 있다.

2 멀칭의 효과

① 토양수분 증발 억제
② 양분 손실 방지
③ 지온 급변 완화
④ 잡초 발생 억제
⑤ 유기물을 통한 토양환경 개선(공극률 증가, 입단 형성 등)

5) 시비량

1 시비량의 결정

① 속성수는 양분요구도가 크며, 활엽수는 침엽수보다 양분요구도가 큼
② 일반적으로 농작물 > 유실수 > 활엽수 > 침엽수 > 소나무류 순으로 양분요구도를 가짐

양분요구도	침엽수	활엽수
높음	금송, 낙우송, 독일가문비, 삼나무, 주목, 측백나무, 잣나무	유실수, 단풍나무, 느티나무, 벚나무, 칠엽수, 회화나무, 튤립나무 등
낮음	소나무류, 향나무	콩과식물, 등나무, 해당화

---

[2] **멀칭**: 수목과 농작물의 여러 기능적인 이점을 위하여 땅을 각종 재료로 덮는 일

6) 생육에 필요한 원소 적정함량

※자료마다 값이 달라 시험문제로 적절치 않음

1 주요원소

- 적정 전질소 함량(%) : 0.25 이상(※0.1이상으로 표기된 자료도 있음)
- 적정 유효인산 함량(mg/kg) : 100 이상
- 적정 교환성 칼슘(cmolc/kg) : 2.50~5.00(※적정 교환성 칼륨 : 0.25~0.5)
- 적정 교환성 마그네슘(cmolc/kg) : 1.50 이상

2 그외 원소

- 적정 교환성 나트륨 : 0.10~0.50
- 적정 유기물 함량(%) : 3.0 이상
- 적정 산도 pH : 5.5~6.5
- 적정 NaCl(%) : 0.05 미만
- 적정 전기전도도 EC (dS/m) : 0.40 미만(ECe : 4.0dS/m)

수목의 분류			
분류	세분		주요수종
상록	침엽	교목	구상나무, 곰솔, 개잎갈나무, 독일가문비, 삼나무, 섬잣나무, 소나무, 주목, 잣나무, 전나무, 측백나무, 편백, 화백
		관목	개비자나무, 눈향나무, 눈주목, 옥향
	활엽	교목	가시나무, 구실잣밤나무, 녹나무, 태산목, 차나무, 굴거리나무, 소귀나무, 동백나무, 아왜나무, 후박나무
		관목	사철나무, 광나무, 꽝꽝나무, 돈나무, 피라칸사, 다정큼나무, 자금우, 회양목
낙엽	침엽	교목	은행나무, 메타세쿼이아, 낙우송, 낙엽송
	활엽	교목	노각나무, 회화나무, 느티나무, 모감주나무, 함박꽃나무, 목련, 칠엽수, 자작나무, 다릅나무, 무환자나무, 위성류, 멀구슬나무, 참중나무
		관목	화살나무, 낙상홍, 골담초, 개나리, 조팝나무
덩굴	흡착형		능소화, 담쟁이덩굴, 송악, 마삭줄, 줄사철
	감는형		노박덩굴, 다래 등나무, 칡, 인동덩굴, 으아리, 멀꿀
지피			붓꽃, 옥잠화, 비비추, 원추리

★필수암기★ 특성 별 수종

내한성 수종	비내한성 수종(추위에 약함)
느티나무, 버드나무, 백송, 사시나무, 살구나무, 소나무, 오리나무, 자작나무, 잣나무, 전나무 등	곰솔, 금송, 배롱나무, 사철나무, 삼나무, 오동나무, 편백, 히말라야시다 등
내건성 수종	**비내건성 수종(건조에 약함)**
물오리나무, 보리수나무, 사철나무, 소나무, 섬잣나무, 아까시나무, 향나무, 회화나무 등	낙우송, 느릅나무, 동백나무, 들메나무, 물푸레나무, 버드나무, 삼나무, 오리나무, 포플러, 층층나무 등
내습성 수종	**비내습성 수종**
낙우송, 느릅나무, 단풍나무류(네군도, 루브룸, 은단풍), 물푸레나무, 버드나무, 버즘나무, 오리나무, 포플러 등	가문비나무, 단풍나무류(설탕, 노르웨이), 벚나무류, 사시나무, 소나무, 아까시나무, 자작나무, 전나무, 주목, 층층나무, 향나무, 해송 등
심근성 수종	**천근성 수종(뿌리가 얕게 뻗음)**
구실잣밤나무, 느티나무, 단풍나무, 동백나무, 모과나무, 비자나무류, 소나무류, 은행나무, 잣나무류, 주목, 참나무류, 튤립나무, 호두나무, 회화나무 등	가문비나무류, 낙엽송, 눈주목, 매화나무, 밤나무, 버드나무, 아까시나무, 자작나무, 편백, 포플러류 등
내공해성 수종	**비내공해성 수종(공해에 약함)**
은행나무, 편백, 향나무류 등	가문비나무, 느티나무, 단풍나무, 삼나무, 소나무류, 유실수, 잣나무류, 히말라야시다 등
내화력 수종	**비내화력 수종(불에 약함)**
가문비나무, 가시나무, 가중나무, 고로쇠나무, 개비자나무, 동백나무, 대왕송, 분비나무, 비자나무류, 사철나무, 아왜나무, 은행나무, 참나무, 피나무, 후피향나무, 황벽나무, 회양목 등	곰솔, 구실잣밤나무, 녹나무, 삼나무, 소나무, 버드나무, 벚나무, 벽오동나무, 아까시나무, 유칼리, 조릿대, 참죽나무, 편백 등
양수	**음수(햇빛이 없어도 잘 견딤)**
낙엽송, 낙우송, 메타세콰이아, 밤나무, 버드나무, 벚나무, 배롱나무, 삼나무, 소나무류, 오리나무, 유실수, 은행나무, 오동나무, 자귀나무, 자작나무, 주엽나무, 튤립나무, 측백나무, 층층나무, 포플러, 플라타너스, 향나무류 등	가문비나무류, 가시나무, 금송, 너도밤나무, 녹나무, 단풍나무류, 비자나무류, 사철나무, 서어나무류, 전나무류, 주목, 칠엽수, 편백, 회양목 등
내염성	**비내염성(염에 약함)**
곰솔, 낙우송, 노간주나무, 느티나무, 리기다소나무, 주목, 측백나무, 후박나무, 향나무 등	가문비나무, 낙엽송, 삼나무, 소나무, 스트로브잣나무, 은행나무, 전나무, 히말라야시다 등
피소피해에 강한수종	**피소피해에 약한수종(강한 햇빛에 약함)**
수피가 두꺼운 수종(소나무, 굴참나무, 굴피나무) 등	가문비나무, 단풍나무, 목련, 물푸레나무, 매화나무, 버즘나무, 벚나무, 배롱나무, 상수리나무, 오동나무, 자작나무, 호두나무, 후박나무 등

가시가 있는 수종	전정을 하지 않는 수종
명자나무, 피라칸사, 석류나무, 음나무, 탱자나무	금송, 단풍나무, 벚나무
잎보다 꽃이 먼저 피는 수종	척박한 토양을 잘 견디는 수종
백목련, 산수유, 매화나무, 왕벚나무	자작나무, 자귀나무, 향나무, 물오리나무
생울타리용 수종	녹음수
쥐똥나무, 향나무, 사철나무, 무궁화, 꽝꽝나무, 돈나무, 탱자나무	회화나무, 팥배나무, 느티나무, 팽나무
오존에 강한 수종	오존에 약한(감수성인) 수종
가시나무, 소귀나무, 낙엽송(일본잎갈나무), 산벚나무, 단풍나무	소나무, 히말라야시다, 돈나무, 느티나무, 중국단풍나무, 왕벚나무

7) 관수시기

1 봄 관수

① 수목이 가장 많은 물을 필요로 함
② 봄 가뭄 등으로 수목의 생육이 좋지 않을 수 있음
③ 이식 후에는 집중적인 관수관리가 필요함

2 여름 관수

① 여름 관수는 고열로 인한 수목피해를 예방할 수 있음
② 비가 오랫동안 오지 않을 때는 필히 듬뿍 관수해야 함(강우량에 따른 조절)

3 관수가 필요한 수목상태(수분부족상태)

① 윤이 나던 잎이 활기가 없어진다.
② 밝은 녹색 잎이 색이 바래거나 회녹색으로 바뀌게 된다.
③ 잎이 일찍 떨어지고, 때로는 어린잎이 죽는다.

4 관수 시간

① 하루 중 관수 시간은 한낮을 피해 아침 10시 이전이나 일몰쯤이 좋다.
② 하루 중 기온이 상승한 이후의 관수가 좋음(여름철 제외)

8) 수목의 수분 이용

① 광합성 시 광분해를 통해 전자를 생성함
② 여름철 증산작용 시 기화열을 통해 체온조절
③ 세포 원형질의 주요 구성 성분으로 팽압[3]을 유지해 줌
④ 각종 무기염류 및 물질을 이동시키는 운반체 역할
⑤ 가수분해 등 체내에서 일어나는 화학작용 시 필요

---

[3] **팽압** : 세포의 형질을 유지시켜주는 압력

3. 전정(가지치기)

1) 서론

1 전정·정지·정자의 목적

① 전정의 목적은 미관상, 실용상, 생리상의 목적을 달성하기 위하여 실시함
② 전정은 수목의 미관, 개화 결실, 생육조절 등 조경수의 건전한 발육을 위해 가지나 줄기의 일부를 잘라내는 정리작업임
③ 정지는 수목의 수형을 영구히 유지 또는 보존하기 위하여 줄기나 가지의 생장을 조절하여 목적에 맞는 수형을 '인위적으로' 만들어가는 기초정리작업
④ 정자는 나무 전체의 모양을 일정한 양식에 따라 다듬는 것

2) 전정기초이론

1 전정용어

- 적아(摘芽) : 눈이 트려 할 때에 필요하지 않은 눈을 손끝으로 따주는 것
- 적심(摘心) : 생육중인 작물의 줄기 또는 가지의 선단 생장점을 잘라주어 분지수를 늘리거나 생육을 촉진하는 방법
- 적엽(摘葉) : 적절한 생육 조건을 정리하기 위해 수목의 잎을 따내는 작업

2 전정의 시기

① 물이 이동하기 전이고, 외형적으로 새로운 신초생장이 시작되기 전인 2월 말~3월이 가장 적절하다.
② 봄에 꽃이 피는 수종은 꽃이 진 직후에 전정을 실시하며, 여름에 꽃이 피는 수종은 봄에 싹트기 전 실시한다.
③ 굵은 가지를 전정할 경우에는 동계전정을 실시한다.
④ 수액 유출이 심한 나무는 잎이 완전히 전개된 이후 여름에 전정한다.
⑤ 수간과 가지의 구조를 튼튼하게 발달시키기 위해서 어릴 때 전정을 시작한다.
⑥ 소나무 새순의 가지치기는 경화되기 이전인 5월 초순에 순지르기하여 전정한다.
⑦ 봄철 건조한 날에 전정하는 것이 비오는 날 전정하는 것보다 각종 병해충으로부터의 감염을 억제할 수 있다.

전정 시 주의해야 할 수종		
전정 시 주의할 사항	수종	비고
부후하기 쉬운 수종	벚나무, 오동나무, 목련	
수액유출이 심한 수종	단풍나무, 자작나무	전정 시 2~4월은 피함
가지가 마르는 수종	단풍나무류	
맹아가 발생하지 않는 수종	소나무, 전나무	
수형을 잃기 쉬운 수종	전나무, 가문비나무, 자작나무, 느티나무, 칠엽수, 후박나무	
적심하는 수종	소나무, 편백, 주목 등	적심은 5월경에 실시

3 지륭과 지피융기선

① 지륭

가지의 하중을 지탱하기 위하여 가지 밑에 생기는 불룩한 조직으로, 목질부를 보호하기 위한 화학적 보호층을 가지고 있는 조직

② 지피융기선

줄기와 가지의 분기점에 있는 주름살 모양의 융기된 부분, 지피융기선을 경계로 줄기조직과 가지조직이 갈라진다.

③ 지륭과 지피융기선을 고려한 전정방법

- 가지조직은 수간조직 안쪽에서 자란다.
- 침엽수의 경우 지피융기선과 지륭이 줄기에 근접하여 있어 바짝 제거한다.
- 활엽수의 경우에는 지륭 부분이 바깥으로 나와 있어 절단 시 지륭을 잘 확인하여 절단해야 한다.

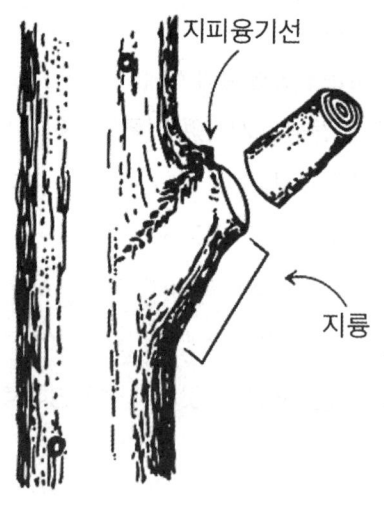

4 수관 관리 방법

① 수관 청소
  수목의 수관으로부터 죽어가거나 이미 죽은 가지, 부러지거나 병들어 있는 가지 등을 제거해주는 것

② 수관 솎기
  햇빛 침투와 공기 이동을 개선하고 가지 끝 무게를 줄이기 위해 가지를 선별적으로 제거하는 것

③ 수관 높이기
  통행 공간을 확보하기 위해 수목의 아랫 가지를 제거하는 것

④ 수관 축소
  - 성숙한 나무가 필요 이상으로 자라 크기를 줄일 때 적용하는 방법
  - 줄당김, 수간외과수술 등과 연계하여 나무의 파손 가능성을 줄일 목적으로 적용한다.

5 울타리 전정하기

① 울타리의 상단보다 바닥이 넓게 유지되도록 전정함

② 바닥까지 햇빛이 도달할 수 있도록 조치

③ 신초가 단단해지기 전, 직전 깎기 지점의 2.5cm 이내에서 깎기

④ 화목류는 꽃이 피고 난 다음 꽃눈이 형성되기 전에 전정

⑤ 꽃이 중요하지 않은 울타리는 연중 언제든지 전정할 수 있음

4. 수목 위험평가와 관리

1) 수목의 위험성 평가[4]

1 평가방법

① 정량적 평가 : 위험발생 가능성과 피해정도를 수치로 평가하여 위험도를 수치로 표기하는 평가방법→객관적 수치
- [장점] 다른 형태의 위험성과 비교가 가능하고 통계분석이 가능함
- [단점] 수치가 실제자료와 일치하지 않을 수 있음
- ✓ 수목은 자연적 구조체이므로 가능성을 정량화 하는 것이 제한적으로 통계적 불확실성이 높아 실질적으로는 거의 사용되지 않음

② 정성적 평가 : 위험발생 가능성과 피해정도를 등급화하는 평가방법→주관적
- [장점] 여러 국가나 업체에서 보편적으로 사용하는 방법임
- [단점] 본질적으로 주관성과 모호성이 있음.

2 위험성 평가의 수준

① 시각적 평가

   평가 중 가장 간단한 평가

② 기초 평가

   위험대상 구역과 대상물을 결정하고 고무망치, 탐침, 삽 등을 이용하여 수목을 간단히 조사하는 평가

③ 진전평가(정밀평가)

   수관 및 가지의 구조적 결함을 육안 또는 기기를 활용하여 확인하고 위험대상물과 입지를 상세히 분석하고 평가하며 또한 폭풍이나 바람에 의한 부하분석과 기울기 변화를 측정하고 평가하는 방법

3 위험성 관리

① 수목 위험성 관리 절차(흐름)

   가. 육안 조사[예비 진단]

   가시적인 수목의 결함 조사 : 형상, 활력, 수체의 결함 등

   나. 정밀 조사[상세 진단]

   위험평가용 지표 산출, 필요 시 뿌리 부후까지 조사 : 평가 기준 목록 의거, 전문기기 활용 등

   다. 수목 위험도 평가

   평가표 집계 산출, 해석, 진단, 판정, 인명과 재산의 보호 최우선

---

[4] **위험성 평가** : 수목 검사, 자료분석, 평가하는 일련의 과정으로서 목적은 허용가능한 위험수준을 초과하는 위험목을 찾아내어 도복 이전에 피해를 예방하는 것이다.

라. 대응 조치
  - 예방 조치 : 전정 등
  - 보호 조치 : 줄당김, 쇠조임, 지지대, 당김줄, 외과수술 등
마. 사후관리
  주기적 전정, 보호시설 수리 및 재설치 등

✓ 조사(육안, 정밀) 시에는 수목의 구조, 생육, 수간, 가지, 근주, 근계를 중심으로 종합적으로 판단하여야 한다.
✓ 단, 각 단계별 다음 단계의 관리가 불필요하다고 판정될 시 관망, 주시 등으로 진단할 수 있다.
✓ 사후관리를 진행하며, 육안조사 단계로 재진입한다.

4 수목 위협 요인 중요도 평가 시 고려사항

① 우선 고려 순위 : 수관 높이 > 강수량 > 최대 풍속
  가. 수관 높이 : 가장 중요, 높을수록 쓰러지거나 부러지기 쉬움
  나. 강수량 : 눈보다 비가 주요 요인, 토양과의 밀착력 감소
  다. 최대 풍속 : 강수량보다 영향력 적음

2) 수목 파손에 영향을 주는 요소

1 초살도

① 수간 하부와 상부의 직경 차이
② 간벌하면 수간 하부의 직경 생장이 증가하여 초살도가 커진다.
③ 반대로 가지치기해주면 초살도가 작아진다.

2 형상비

① 수고(h)/흉고직경(B)
② 형상비가 70 이상인 수목은 설해에 약하다.
③ 초살도와 형상비는 반비례 관계에 있다.

3 수목의 기울어짐

① 수간이 20° 이상 기울어지면 중력에 의해 넘어질 수 있는 긴박한 상황으로 판단한다.
  가. 직선형 : 최근에 기울어진 수목으로 사소한 부하에도 넘어짐
  나. 만곡형 : 안정되지는 않지만 우려되는 상황까지는 아님
  다. 활모양 : 부하가 가중되면 넘어질 가능성이 높음

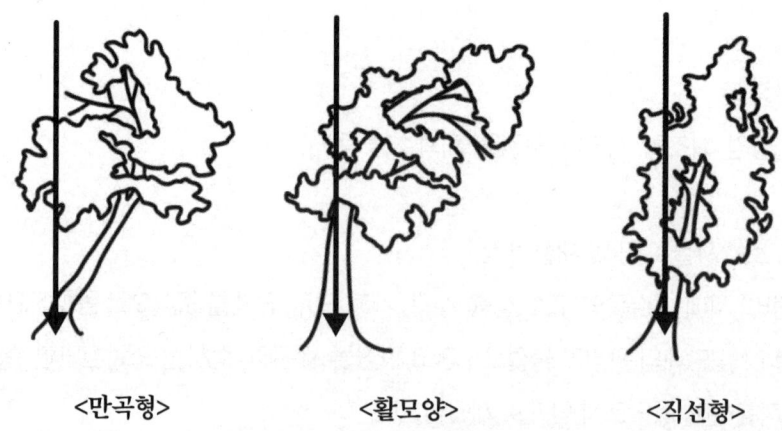

<만곡형>   <활모양>   <직선형>

3) 수목의 결함 관리

1 줄당김

1. 건전한 목재가 수간이나 가지 직경의 40% 미만인 부후된 부위에서는 관통하는 고정장치(앵커)를 설치해서는 안 됨
2. 케이블은 지지가 될 가지나 주지 길이의 2/3지점에 설치해야 하되, 주변 상황 고려
3. 케이블 설치 각도는 케이블이 설치될 두 수목 조직이 이루는 각도를 양분하는 가상선에 대하여 직각이 되도록 함

① 정적 줄당김(관통형) : 설치 부위의 목재를 관통하는 고정 장치를 설치하는 침투식이다.

② 동적 줄당김(밴드형)

   가. 설치 부위 목재 움직임을 어느 정도 허용, 케이블이나 밧줄을 사용하여 묶는 비침투식이다.

   나. 설치가 용이하고 상처 유발이 없다.

③ 설치유형 : 직접줄당김(2부분), 삼각형줄당김(3부분), 바퀴살형(중앙주지가 없을 때), 상자형줄당김(4부분 이상, 지지력이 가장 약함, 측면흔들림만 보정할 때)

④ 주의사항

   가. 수관이 비대칭적이거나 수간에 광범위한 부후가 존재하는 수목이나 심하게 기울어진 수목에는 부적절하므로 피해야 한다.

   나. 철선은 조임틀을 사용하여 팽팽하게 설치하되 가지를 압박할 정도의 조임은 하지 않도록 한다.

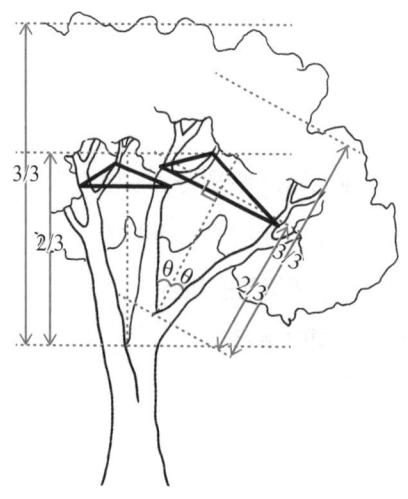

2 쇠조임[5]

- 쇠조임은 쇠막대기를 수간이나 가지에 관통시켜 약한 분지점을 보완하기 위해서 활용되는 방법이다.
- 찢어졌거나 찢어질 가능성이 높은 가지, 주지, 수간의 분기에 추가적인 지지를 제공하기 위해 조임 강봉을 설치하는 지지시설

① 설치 기본사항
- 쇠조임 주위에 약한 조직이나 균열이 있는지 자세히 조사
- 내부가 부후된 가지나 줄기는 부후가 조임 강봉 주변으로 확산되면서 지지력을 상실 할 수 있기 때문에 다른 보호시설을 고려
- 큰 가지나 내부에 결함이 있는 가지에는 줄기를 관통하는 철심이나 볼트를 사용
- 목재에 와셔를 넣을 때는 둥근형으로 나무표면과 수평이 되도록 하고, 형성층 아래로 되도록 한 후 살균 처리
- 쇠조임 만으로 지지력을 확보하기 어려운 경우에는 추가적인 지지를 확보하기 위해 줄당김 설치 고려

② 설치방법
- 단일쇠조임: 지지력이 제일 약하며, 연결부위 찢어짐이 없는 20cm 이하 소교목에 적합
- 평행쇠조임: 연결부위가 찢어져 있거나 대규모 수피매몰이 있는 중교목에 적합
- 교호쇠조임: 연결부위가 찢어져 있는 대교목
- 교차쇠조임: 셋 이상의 동일세력 줄기를 가진 수목에 사용, 각 줄기엔 적어도 하나의 강봉이 설치되어야 함

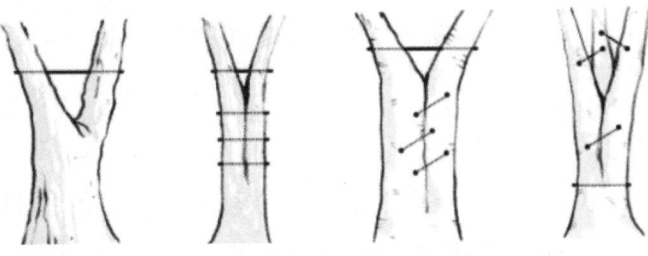

<단일 쇠조임> <평행 쇠조임> <교호 쇠조임> <교차 쇠조임>

3 지지대

① 설치 기본사항
- 지지대는 지지될 줄기/가지에 대해 수직이 되도록 설치한다
- 지지대는 수직적인 부하에 대해서는 지지력을 제공하지만, 지지 대상이 좌우로 움직이면 지지할 수가 없기 때문에, 수목의 지지를 위해서는 줄당김을 우선 고려한다.
- 지지대는 지지방법 중 가장 최후의 수단으로 사용해야 한다.(나무의사 6회 기출)

② 설치유형
가. 가지를 지지할 때
- 설치 위치는 전체 가지 길이의 2/3 지점에 설치한다.
- 지상부에 고정하기 전에 가지를 살짝 들어 올린 상태에서 설치한다.

---

5) **쇠조임**: 단단한 강봉이나 볼트를 수목 내부에 설치하는 작업

나. 기울어진 수목을 지지할 때
- 설치 위치는 전체 수고의 1/2이상 지점을 기준으로 한다.
- 불안전하게 기울어진 수목에 대해서는 주로 a형 지지대를 설치한다.

③ 설치 유형별 평가
- 수목이 넘어지는 것을 방지하는 것은 안정적이고 강한 정적인 지지력을 제공하는 A형이 적합하다.
- 가지만을 지탱하는 것은 수목의 정상적인 생장을 왜곡하지 않으면서 약간의 움직임을 허용하는 H형이 가장 적합하다.

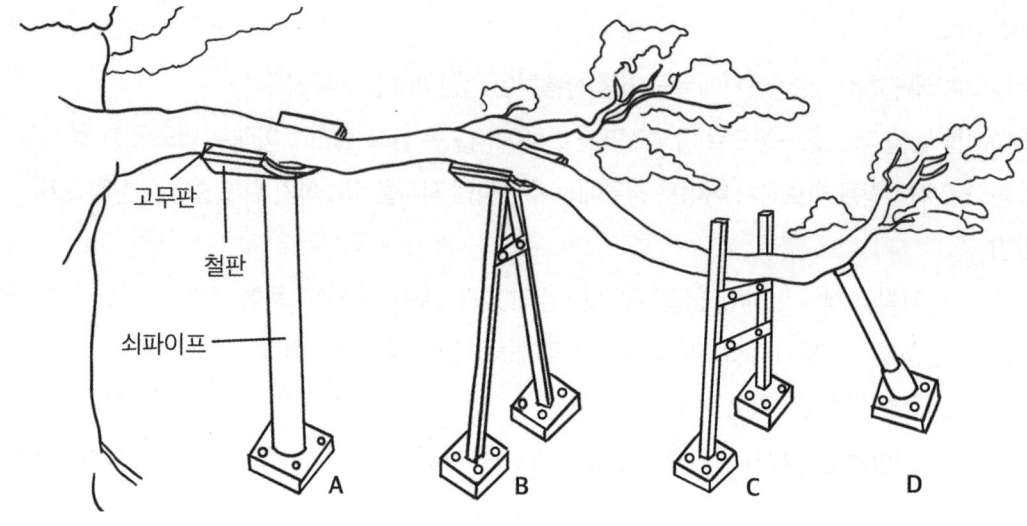

A:T형   B:A형   C:H형   D:I형

4 당김줄

당김줄은 넘어지거나 뿌리 고착이 불안정한 수목에 대해 충분한 강도의 케이블을 설치하여 지지를 제공하는 방법으로, 다음과 같은 상황에서 지지대를 설치할 수 없을 때 대안으로 고려될 수 있다.

1) 기울어지거나 넘어진 후 다시 세워진 수목의 지지
2) 심각한 뿌리 결함으로 고착에 문제가 있는 수목
3) 학술적/문화적/역사적 중요성 때문에 제거하기보다 보존해야 하는 수목

① 설치 기본사항
- 당김줄 고정 장치(anchor) 방향은 지상의 고정 장치 방향으로 설치한다.
- 고정 장치 설치를 위한 천공, 고정 장치 및 케이블의 규격, 고정 장치와 당김줄의 연결 방법은 줄당김의 방법을 따른다.
- 고정 장치의 높이는 수고의 1/2이상을 기준으로 하되, 주변 여건과 설치 대상 수간의 강도를 고려하여 조정할 수 있다.
- 지지대상 수목과 지상 고정 장치와의 거리는 수목 고정 장치 높이의 2/3보다 멀고, 지지대상 수목의 기울기가 증가함에 따라 거리를 늘린다.
- 당김 케이블은 수목 고정 장치를 기준으로 90° 이내에 둘 이상을 설치할 수 있다.

② 설치방법

　가. 수목 대 지상 당김줄: 지상 앵커와 지지될 수목 사이에 하나 이상의 케이블을 설치하는 것
　　- 지상부에 고정하기 전에 가지를 살짝 들어 올린 상태에서 설치한다.
　나. 수목 대 수목 당김줄: 앵커 수목과 지지될 수목 사이에 하나 이상의 케이블을 설치하는 것
　　- 설치 위치는 전체 가지 길이의 2/3 지점에 설치한다.
　　- 앵커 역할을 할 수목을 선정한다.
　　- 앵커 수목은 지지를 받을 수목보다 큰 것으로 선정하고, 뿌리 손상이나 광범위한 부후가 없는 등 지지를 제공할 수 있을 정도로 구조적으로 튼튼해야 한다.
　　- 앵커 수목에 설치하는 고정 장치는 수고의 절반 이하에 부착하고, 보행자가 통행하는 경우에는 적어도 지상 2m, 차량이 통행하는 경우에는 적어도 4m 높이에 설치한다.

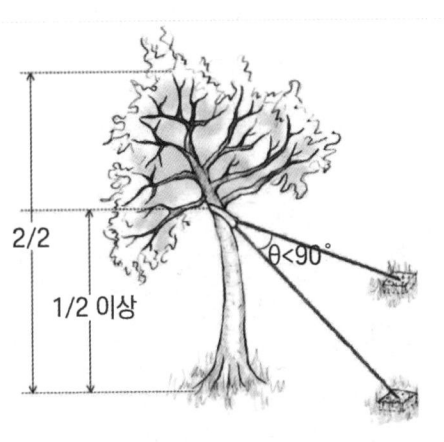

<수목 대 지상 당김줄>

<수목 대 수목 당김줄>

4) 수피 상처치료

1 들뜬수피의 고정

① 봄과 초여름에 형성층이 가장 왕성하게 세포분열을 하는데, 이때 수피에 힘을 가하면 수피가 쉽게 분리되어 들뜨거나 문드러진다.
② 상처를 받은 지 2~3일 내 즉시 조치하면 형성층을 살릴 수 있다.
③ 우선, 수피를 제자리에 밀착시키고 작은 못을 박거나 테이프로 붙여서 고정한다. 그리고 상처 부위 전체를 보습재로 덮은 뒤 다음 마르지 않도록 최종적으로 비닐로 패드 부분을 덮어 한 바퀴 돌려 맨 후 끈으로 압박하면서 단단히 고정한다.
④ 상처 부위를 햇빛이 직접 비치지 않도록 녹화마대나 색깔이 있는 테이프로 가려준다.
⑤ 유상조직이 자라고 있을 경우에는 비닐과 패드를 제거한 후 햇빛이 비치지 않도록 차단한다.
⑥ 유상조직이 생기지 않을 경우에는 죽은 수피 조각을 제거하고 상처를 노출시키는 것이 더 낫다.

2 수피이식

① 상처부위 청소
② 상처 위아래 높이 2cm가량 살아있는 수피를 수평방향으로 제거
③ 비슷한 두께의 수피를 이식 (※ 이때 수피의 위 방향과 아래 방향이 바뀌지 않게 조심하여야 한다. 가지와 줄기에는 극성이 있어 위와 아래가 구별되어 있기 때문이다.)
④ 약 5cm 길이로 잘라서 연속적으로 밀착하여 부착 후 작은 못으로 고정
⑤ 이식이 끝나면 젖은 천과 비닐로 덮고, 건조하지 않게 그늘을 만들어 줌
✓ 수피이식은 형성층의 세포분열이 왕성한 늦은 봄에 실시할 때 성공률이 가장 높다.

3 교접

- 교접은 기계, 설치류, 병 혹은 동해에 의해 수피가 환상으로 벗겨지거나 죽어 있으면서 피해 부위의 위아래 간격이 넓어 수피이식으로 해결할 수 없을 때 접목을 이용해 수피를 서로 연결하는 기술이다.
- 적기는 이른 봄이다. 봄에 작업해야 수피가 쉽게 벗겨져 작업이 쉽고 유합조직이 가장 빨리 만들어진다.

① 같거나 유사한 수종에서 눈이 트기 전 건강한 1년생 가지를 채취 한다.
✓ 이때 이미 싹이 나와있는 경우에는 새순을 제거한 가지를 사용한다.
② 죽은조직 제거 등 상처 부위 정리
③ 수간 가장 자리에 'ㄷ'자 모양으로 홈을 파서 접수를 삽입할 수 있게 한다.
④ 접수의 위, 아래를 구분하여 'ㄷ'자 홈에 맞춰 넣는다.
✓ 이때 형성층이 같은 방향을 향하도록 해야하며, 접수의 길게 자른 사면이 안쪽을 향하도록 한다.
⑤ 연결이 끝나면 교접 부위가 마르지 않게 왁스를 바르고, 축축한 패드와 비닐로 피복하여 보호한다.
✓ 결과적으로 인공적인 체관이 형성된 셈이다(탄수화물의 이동통로 확보).

5) 뿌리 외과수술

기본적으로 뿌리의 수술은 뿌리 중에서 아직 살아 있는 부분을 찾아서 죽은 뿌리를 절단하고, 살아있는 뿌리에 박피를 실시함으로써 새로운 뿌리의 발달을 촉진하고, 토양을 개량하여 양분 흡수를 용이하게 해 주는 과정이다.

① 흙파기(뿌리조사)
- 뿌리는 가장자리부터 안쪽으로 밑동을 향해 죽어가기 때문에 죽은 뿌리를 찾기 위해서는 수관폭 바깥에서부터 (수관 낙수선 바깥) 밑동을 향해 안쪽으로 접근해야 한다.
- 잔뿌리가 없거나 굵은 뿌리가 모두 죽어 있으면 살아 있는 뿌리가 나타날 때까지 더 깊게 그리고 밑동을 향해 땅을 파서 들어간다.
- 살아있는 가는 뿌리가 대량으로 발견되는 부분은 더 이상 파헤치지 말고 다른 부분으로 이동한다.

② 뿌리 절단과 박피
- 뿌리가 죽어있는 부분은 살아 있는 쪽에서 예리하게 칼로 절단해야 한다.
- 살아있는 뿌리가 발견되면, 3cm폭으로 환상박피하거나 7~10cm길이로 띠 모양 부분 박피를 실시한다.
- 절단한 뿌리를 박피한 후 발근촉진제인 옥신을 분무하고 상처도포제를 발라 준다.

③ 토양소독과 토양개량
- 살균제로는 캡탄분제, 티오파네이트메틸 수화제를 쓰고, 살충제로는 다이아지논을 쓴다.
- 수술 후 토양개량 시 퇴비는 총 부피의 10% 이상 되도록 하며 완숙된 퇴비를 사용해야 한다.

④ 되메우기와 기타 토양 처리
- 되메우기의 최종적인 지표면의 높이를 예전의 높이와 똑같이 해야 한다.(조금이라도 복토가 되어서는 안되며, 유기물 멀칭은 허용된다.)
- 또한 절대로 콘크리트나 아스팔트를 입혀서는 안된다.

⑤ 지상부 처리
- 가지치기를 통해 쇠약지, 고사지, 도장지를 제기하고, 솎음전정을 통해 엽량을 줄여 준다.
- 그리고 빠른 회복을 위해 엽면시비와 수간주사를 통해 무기양분을 추가로 공급해 준다.

6) 수간 외과수술

① 쇠약지와 고사지 절단
② 부패부 제거 : 수목이 방어대를 형성한 목질부의 갈색 부분은 제거하지 않는다.
③ 살균처리 : 70% 이상 에틸알코올로 처리한다.

> **나무쌤 잡학사전**
>
> 왜 70% 에틸알코올일까?(에틸알코올 = 에탄올)
> 왜 100% 에틸알코올이 아니라 70%일까요? 에틸알코올은 단백질을 응고시키는 효과가 있는데 이 효과로 인해 균을 죽이는 살균 처리에 에틸알코올이 자주 쓰입니다. 하지만 100% 에틸알코올을 사용하게 되면 너무 강력해 세균 내로 침입하기 전에 세포막 바깥에서 응고가 되어버리기 때문에 70% 정도로 사용하여야만 세포막 안까지 에틸알코올이 퍼지게 하여 살균효과를 최대로 볼 수가 있습니다.

④ 살충처리 : 페니트로티온 유제 1000배, 다이아지논 유제 800배 혼합하여 분무기로 살포
⑤ 방부처리 : 구리나 크롬을 사용한다.
⑥ 공동처리 : 우레탄폼을 쏜 후 랩으로 감싸 터지지 않게 고무밴드로 조치
⑦ 방수처리 : 수분침투 방지를 위하여 수지를 이용해 방수처리를 한다.
⑧ 매트처리 : 에폭시 수지를 사용하여 매트처리를 한다.
⑨ 인공수피 : 실리콘과 코르크 가루를 500mL : 100g 비율로 혼합하여 반죽. 완성된 반죽으로 덮고 형성층 노출을 위해 원래 목질부보다 약 5mm 낮게 조성함
⑩ 수지처리 : 수지로 사이사이 틈을 메꾸어 준다.

> ✅ **건설 현장에서의 관리(기출부분)**
>
> **현장관리**
> - 울타리를 설치한다.
> - 활력이 좋은 넓은 수관을 갖는 나무는 낙수선을 기준으로 설정한다.
> - 수간이 기울어져 수관이 한쪽으로 편향된 나무는 수고를 기준으로 설정한다.
> - 수목보호구역의 크기와 형태는 해당 수종의 충격 민감성, 뿌리와 수관의 입체적 형태 등을 고려한다.
>
> **배수관로 막힘현상 예방방법**
> - $CuSO_4$(황산구리) 용액을 배수관로 표면에 도포한다.
> - 토목섬유에 비선택성 제초제를 도포한 방근막으로 배수관로를 감싼다.
> - 관로 주변에 버드나무류 등 침투성 뿌리를 갖는 수종의 식재를 피한다.
> - 배수관로의 연결부위는 방수가 되고 탄력이 있는 이중관으로 설치한다.

5. 수목관리작업

1) 수목병의 치료

1 주입공 뚫기

① 각도 30~45도
② 경사깊이 2~3cm
③ 수평깊이 1.5~2cm

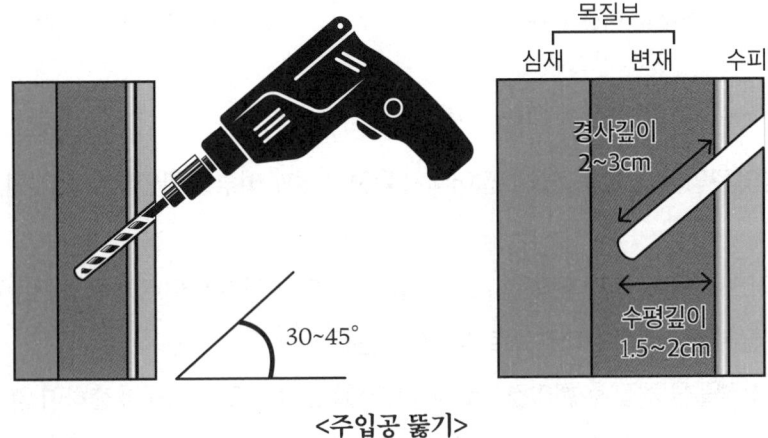

<주입공 뚫기>

2 올바른 가지치기

가지치기는 나무의 위쪽 가지부터 시작해서 아래쪽으로 해 내려온다.

3 수목의 상처치료

수피가 벗겨져 목질부가 노출된 상처 부위에는 락발삼(Lac Balsam), 티오파네이트메틸(톱신페이스트), 테부코나졸 도포제(실바코 도포제)를 발라야 한다.

4 CODIT법칙

- 1977년 미국 샤이고(Shigo)박사가 제창한 "수목 부후의 구획화"로 상처에 대한 나무의 자기방어기작에 대한 법칙이다.
- 상처를 입게되면 미생물의 침입을 봉쇄 및 감염된 조직의 확대를 최소화하기 위해 상처 주위에 여러 방향으로 화학적 내지 물리적 방어벽을 만들어 저항한다.

① 방어벽1(Wall1) : '종축방향'으로 진전되는 것을 막기위해 도관, 가도관을 폐쇄시켜 방어하는 방어벽
② 방어벽2(Wall2) : '나무의 중심부'를 향해 방사방향으로 진전되는 것을 막기위해 나이테를 따라 만든 방어벽으로 종축유세포에 의해 형성됨
③ 방어벽3(Wall3) : 나이테를 따라 둘레 방향으로, 즉 접선방향으로 진전되는 것을 저지하기 위해 방사 단면에 만든 벽

④ 방어벽4(Wall4) : 노출된 외부상처를 밖에서 에워싸기 위해 상처가 난 후 형성층이 세포분열을 통해 만든 방어벽
✓ 하나의 방어벽이 무너지더라도 그 다음 방어벽으로 방어하여 막아낼 수 있으며, 마지막 방어벽4가 무너지면 방어가 완전히 실패한 것으로 볼 수 있다.

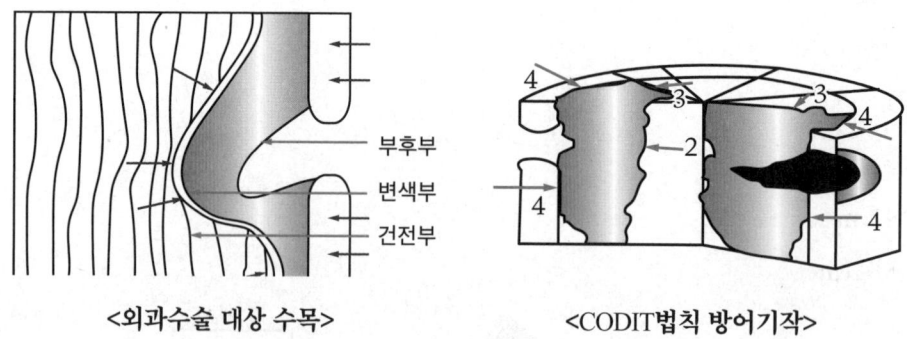

<외과수술 대상 수목>   <CODIT법칙 방어기작>

5 수목 내부의 부후 여부를 확인할 수 있는 장비

① 생장추 : 작은 직경의 구멍을 뚫어 목편을 끄집어내서 목편의 부패 여부를 확인할 수 있지만, 나무에 상처를 남긴다.
② 저항기록드릴(마이크로드릴) : 목재에 작은 구멍을 뚫어 가느다란 전기 드릴로 수목의 저항력을 측정
③ 현미경 조직검경 : 절취된 조직을 현미경으로 검경하여 판독
④ 분자생물학적 탐색 : 샘플을 채집 후 현미경으로 세부형태를 관찰하고 DNA를 추출하여 염기서열 결정
⑤ 음파 단층 이미지 분석(음향측정장치) : 음파가 목재를 통과하는데 걸리는 시간을 측정하는 방법으로 상처를 최소화한 방법이다. PICUS가 가장 많이 쓰이고 있다.
⑥ 전기저항 측정기
✓ 제설염 피해진단을 위한 염류농도를 측정하는 장비 : EC meter

6 수간주사

수간주사 종류	특징
유입식	① 처리가 간단 ② 가장 저렴함 ③ 구멍의 지름이 커서 상처 크기가 큼
중력식	① 처리비용이 저렴한 편임 ② 가장 일반적으로 사용함 ③ 대용량 처리 가능, 다양한 약제 첨가 가능
압력식	① 주입속도가 가장 빠름 ② 처리비용이 가장 고가 ③ 대용량 처리 어려움
삽입식	① 지속적인 효과를 볼 수 있음 ② 영양공급에 한정됨

수간주입법 비교				
주입법	특징	시간	금액	사용처
중력식 수간 주입법	① 약액을 다량으로 주입할 때 사용 ② 저농도의 약액을 1L 플라스틱 통에 담아서 주입	길음 (12시간~24시간)	-	대추나무 빗자루병 치료 시
압력식 미량 수간주입법	약액을 압력식으로 수간에 주입	짧음 (~30분)	-	-
유입식 수간 주입법	① 중력이나 압력을 사용하지 않고 약액이 유입되도록 하는 방식 ② 소나무류에 사용 시 송진유동이 활발하지 않은 12~2월에만 사용 ③ 구멍이 커(직경 1cm, 깊이 10cm) 해로울 수 있음	-	-	-

2) 체인톱

1 작업방식

① 체인톱의 회전 방향은 가이드 바의 상단에서 하단으로 회전함
② 바의 하단을 사용할 시에는 앞으로 나가려고 하는 성질이 있어 당기면서 작업을 함
③ 바의 상단을 사용할 시에는 끌어오려는 성질이 있어 밀면서 작업을 함
④ 킥백현상 : 회전하는 톱 체인 끝의 상단부분이 어떤 물체에 닿아서 체인톱이 작업자 쪽으로 튀는 현상을 말함, 기계톱의 끝부분이 단단한 물체에 접촉하면 톱 체인의 반발력에 의하여 작업자가 위험함

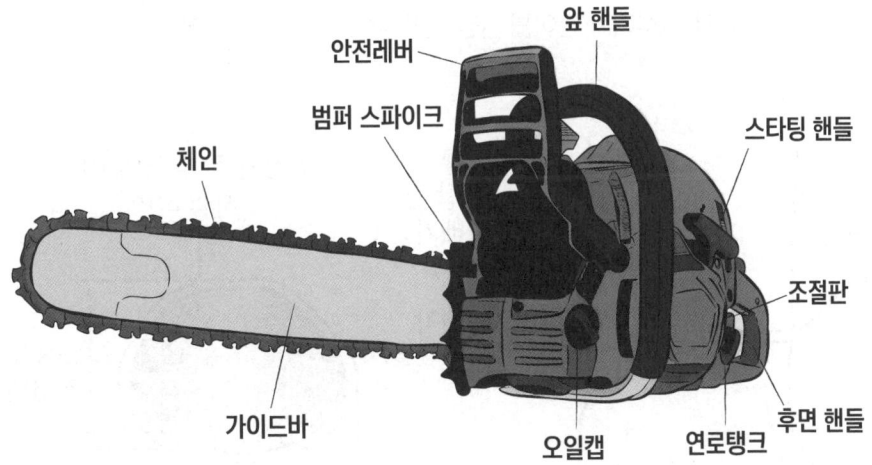

<체인톱 구성>

2 안전수칙

① 시동 후 2~3분간 저속 운전한다.
② 기계톱 사용 시간을 1일 2시간 이내로 하고 연속 운전은 10분을 넘기지 말아야 함
③ 기계톱 시동 시에는 체인브레이크를 작동시켜 둠
④ 가이드 바(안내판)의 끝으로 작업하는 것은 찔러베기와 같이 특수한 경우 외에는 가급적 피하여야 함
⑤ 정지시킬 때는 엔진 회전을 저속으로 낮춘 후에 끈다.
⑥ 연료에 대한 윤활유의 혼합비가 과다하면 출력저하나 시동불량의 현상이 발생하며, 휘발유에 대한 윤활유의 혼합비가 부족하면 피스톤, 실린더 및 엔진 각 부분에 눌러붙을 수 있다.
⑦ 톱니를 잘 세우지 않으면 거치효율이 저하되어 진동이 생긴다.
⑧ 벌도목 수고의 1.5배 반경 안에는 작업자 이외 사람의 접근을 막는다.

3) 예초기

① 예초날 각도(일반 5~10°, 소경목 45°) 및 높이(10cm)를 적정하게 유지
② 올바른 작업 자세로 전 방향(상단→하단, 우측→좌측)으로 작업 실행
③ 고지톱의 경우 고지톱과 나무의 수간이 45° 각도를 유지하여야 한다.

4) 교목벌도 및 제거

① 위로베기 : 45~70° 유지, 가장 손쉬운 방법이며, 경첩부가 찢어질 우려가 있음
② 크게베기 : 약 70% 이상 유지, 하단절단은 밑으로 각을 주어야 함, 나무가 지면에 닿기 전에 경첩부가 찢어지지 않음, 그루터기 높이가 높아짐
③ 밑으로베기 : 최소 45° 이상 유지, 그루터기 높이를 가장 낮게 할 수 있음(경사지에서 이용)

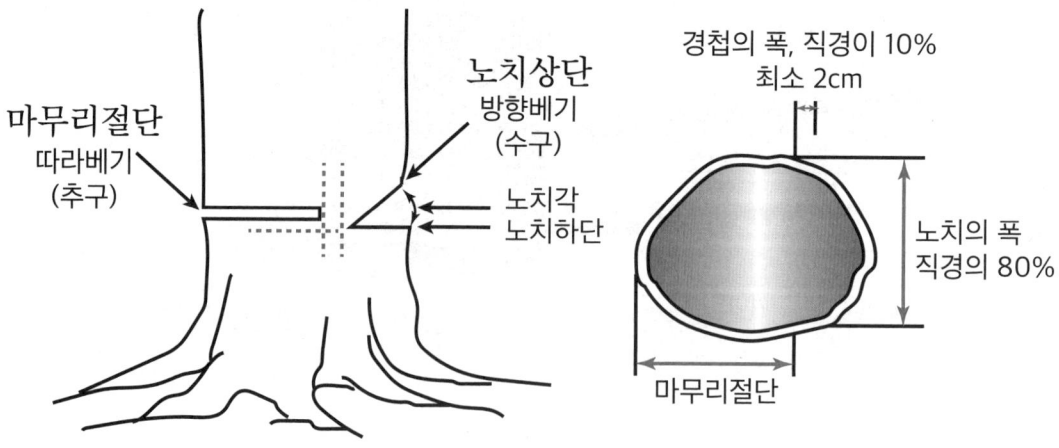

5) 솎아베기(간벌)

① 솎아베기(간벌)란?

가. 간벌이란 용어는 일본국어대사전에서는 삼림이나 과수원에서 중심이 되는 나무를 살리고 채광을 좋게 하려고 적당한 간격으로 나무를 벌채하는 일을 간벌이라 했으며, 우리말로 '솎아베기'라고 한다.

나. 솎아베기는 나무의 경제적 가치를 높이기 위해서 하는 작업이며 나무의 성장 과정에 맞추어 진행해야 한다.

다. 대부분 아파트 조경수의 경우, 최초 식재 시 수간의 굵기가 작은 수목을 식재했으나 수목이 자라면서 수관이 커져 차지하는 공간이 넓어지게 되고 이에 따라 솎아베기를 실시하고 있다.

라. 수목 생장에 필요한 공간이 확보되지 않을 경우 수형이 높이 생장만 해서 아름답지 않게 된다.

② 솎아베기(간벌)의 효과

가. 수목 간의 간격이 확보되면 가지가 벌어져서 수형이 아름답게 된다.

나. 수목의 길이생장이 줄어 수목의 키가 줄어든다.

다. 토양에 빛이 통하게 돼 하층식생이 유입되고, 임내 광환경이 개선된다.

라. 성장을 하고 있는 조경수목의 경제적인 가치가 상승한다.

✓ 직사광선을 받는 면적이 늘어나 토양온도가 상승한다.

✓ 경합이나 주변 수목으로 인한 피해를 줄여 고사목 발생을 방지한다.

③ 솎아베기(간벌) 대상 수목

가. 가지가 겹치는 수목 중 경제적인 가치가 적은 수목

나. 속성수로 미래에 값비싼 조경수의 고사를 유발할 가능성이 있는 수목

다. 주민들의 민원을 발생할 가능성이 있는 수목

라. 성장을 하게 되면 태풍 등으로부터 위험성을 가지는 수목

6. 비생물적피해

1) 비생물적 피해 서론

1 비생물적 피해의 정의

① 비생물적 피해 : 생물적인 요인을 제외한 모든 요인에 의한 것을 말한다.
② 비생물적 피해 요인은 크게 기상적 요인, 토양적 요인, 인위적 요인으로 구분할 수 있음
③ 문자 그대로 생물이 아닌 것에 의한 수목피해를 말한다.

2 비생물적 피해의 특성

① 피해 장소에서 자라는 거의 모든 수목에서 동일한 병징을 나타냄
② 다른 수종에서도 비슷한 증상을 보임
③ 일정한 다른 특수한 환경에서 발병하는 경우가 많음
④ 수관의 방위, 위치, 높이에 따라 같은 종에서도 발병 부위가 다름
⑤ 불규칙한 기상상태 등 급속히 빠른 속도로 나타나기도 함
⑥ 토양에 이상 발생 시 병징이 수개월, 수년에 걸쳐 나타나기도 함

3 비생물적피해의 원인

- 본래 위치에서 다른 곳으로 이식되는 경우
- 인위적 작업으로 토양환경이 변형되는 경우
- 장기간 정주하며 기상이변을 경험한 경우
- 인간의 생활권에 속하여 간섭을 받는 경우

✓ 결론적으로, 기존 환경에서 급격한 변화가 일어날 경우 비생물적 피해가 잘 발생한다.

2) 기상적 피해 발생 기작과 피해

<피소피해>

<상렬피해>

<낙뢰피해>

1 저온피해

① 발병환경

가. 저온 피해는 내한성이 감소하는 이른 봄에 가장 발생하기 쉽다.

나. 늦여름에 주는 질소 비료를 과용하면 저항성 저해로 인해 저온 피해를 받을 수 있다.

다. 온도가 떨어지면 세포 사이의 물이 세포 내부의 물보다 먼저 동결된다.

라. 우리나라와 일본의 경우 겨울철 저온에 의한 피해를 총칭하여 '한해'라고도 한다.

② 피해증상 및 진단

가. 냉해
  a. 0℃ 이상에서 피해를 보는 경우
  b. 서늘하고 비가 많이 내리는 조건에서 자주 발생한다.
  c. 황화현상 및 백화현상이 나타나며, 가장자리 조직이 죽는다.
  d. 꽃과 과실 등 생식생장과 생장의 둔화에 영향을 미친다.

나. 동해
  a. 0℃ 이하에서 피해를 보는 경우
  b. 엽육조직의 붕괴와 세포질의 응고현상이 발생한다.
  c. 잎의 끝과 가장자리가 피해 초기에 탈색되며, 물 먹은 것 같은 증상을 보인다.
  d. 나무 전체의 꽃과 눈이 갈변된다.

다. 서리(조상과 만상)
  a. 조상
   - 가을에 따뜻한 날씨가 지속되어 수목의 생장이 지속되고 있는 가운데 '첫서리'에 의해서 발생하는 현상이다.
   - 봄에 나오는 연약한 새가지에 피해를 입힌다.
  b. 만상
   - 수목의 생육이 시작되는 이른 봄에 발생하는 '늦서리'에 의해서 발생하는 현상이다.
   - 만상에 의해 생장기능이 저해되면 이상 형태의 세포가 원주 전체 또는 부분적으로 만들어지는데, 이것을 상륜이라고 하며, 위연륜의 일종이다.

라. 상렬
  a. 변재부위와 심재부위의 수축과 팽창의 차이에 의한 장력의 불균형으로 발생한다.
  b. 낮과 밤의 온도 차로 인해 밤에 수축률이 높아짐으로써 발생한다.
  c. 치수보다는 성숙목, 침엽수보다는 활엽수의 상렬피해가 심하다.
  d. 변재부위가 갈라지며, 수피가 길게 수직 방향으로 갈라진다.
  e. 추위가 심한 남서쪽에서 상렬현상이 자주 발생한다.
  f. 임연부에서 발생하기 쉽다.
  g. 수피가 갈라지는 할렬피해가 몇 번이고 반복되면 할렬된 부분이 부풀어 올라 융기를 만드는데 이것을 상종이라고 한다. 상종은 목재의 재질을 저하시키고 목재부후균의 침해를 받기 쉽다.

마. 동계건조
  a. 이른 봄 상록수가 과다한 증산작용으로 인하여 말라 죽는 현상
  b. 잎이 달린 상태로 고사하며, 잎이 아래로 쳐지면서 말라 죽는다.

바. 상주
  a. 초겨울 혹은 이른 봄에 습기가 많은 땅에 서리가 내리면서 표면의 흙이 솟아오르는 현상
  b. 성목보다는 어린나무에 피해가 발생한다.
  c. 서릿발로 인해 뿌리가 노출되어 말라 죽는 현상을 보인다.

③ 피해에 따른 수목의 방어기작
  가. 저온순화 시 ABA호르몬이 증가하는데 저항성 품종에서 더 많이 증가
  나. 세포간극에 얼음이 만들어지면 수분이 세포간극으로 이동하여 세포 내 어는점은 낮아진다.

④ 처방
  가. 배수에 장해되는 요인을 없애 배수를 철저히 관리한다.
  나. 멀칭을 하여 토양이 얼지 않도록 한다.
  다. 증산작용을 줄이기 위해 증산억제제를 살포한다.
  라. 수피에 흰색 페인트를 도포하여 낮과 밤의 온도 차를 줄여준다.
  마. 내한성 수종을 심는다.

2 고온피해

① 발병환경
  가. 여름철 강한 햇빛과 증발산량의 과다로 인해 물 공급이 충분하게 되지 않음으로써 잎과 수피가 타면서 발생함
  나. 일반적으로 고온에 의한 피해는 세포막의 손상에서 비롯되는데, 세포막에 있는 지방질의 액화, 단백질의 변성이 발생함
  다. 허약한 수목 및 특히 햇볕이 잘 드는 남서방향 수목에서 자주 발생함

② 피해증상 및 진단
  가. 엽소현상
    a. 여름철 잎이 타는 현상
    b. 잎의 가장자리에서부터 잎이 마르기 시작하여 갈색으로 변함
    c. 엽맥에서 가장 먼 부위로부터 수분부족 현상 발생
    d. 장마기간 후 저항성이 약한 잎에서 엽소현상 자주 발생
  나. 피소현상(볕데기)
    a. 여름철 강한 복사광선에 의해 수피가 타면서 형성층까지 파괴하는 현상
    b. 광선에 의하여 수피 일부에서 수분이 급격히 증발하여 조직이 건조해지면서 떨어져 나감
    c. 여기에서 생긴 상처 부위에 부후균이 침투하여 2차적인 피해를 유발함
    d. 특히 수피가 얇은 종에서 다수 발생
      → 오동나무, 호두나무, 가문비나무, 벚나무, 단풍나무, 매화나무 등
    e. 줄기를 짚으로 둘러주거나 석회유 등을 발라 직사광선을 막아주면 효과가 있다.

다. 치묘의 열해
  a. 직사광선이 강한 남사면에서 생육하고 있는 치수에서 발생함
  b. 여름철 강한 태양광의 복사열로 지표면의 온도가 급격히 상승하면서 근원부 부근의 줄기 또는 뿌리에 있는 형성층이 손상을 받아 묘목이 말라죽는 열사현상이 자주 발생한다.

라. 피해에 따른 수목의 방어기작
  a. 증산작용을 통해 수분을 배출하며, 배출 시 기화열을 이용해 체온을 내림
  b. 에너지 활동을 멈춤

마. 처방
  a. 토양 관수하여 수분부족을 해소함
  b. 고온에 강한 수목을 선정하여 식재함
  c. 빛을 반사하는 밝은색의 재료로 도포 및 수간감기
  d. 더운 날 주변의 통풍 환경을 개선해 기온의 상승을 억제한다.
  e. 아스팔트나 콘크리트 포장 대신 잔디를 입히거나 유기물 멀칭으로 토양의 복사열을 줄인다.

3 수분피해

① 건조피해(한해)

가. 발병환경
  a. 강우량이 적거나, 얕은 토양과 급경사지, 산등성이 등의 환경에서 자주 발생한다.
  b. 천근성 수종을 남향 사면 경사지에 심었을 때 그 피해가 크다.
  c. 수분 요구도가 다른 수종을 동일 구역에 심으면 피해가 커진다.
  d. 낙엽성 수종이 만성적인 수분부족 시 단풍이 일찍 든다.
  e. 침엽수의 경우 건조 피해가 초기에 잘 나타나지 않기 때문에 주의가 필요하다.
  f. 수령이 적을수록(어릴수록) 피해를 입기 쉽다.

나. 피해증상 및 진단
  a. 수분이 뿌리로부터의 흡수가 극단적으로 저하되거나 잎으로부터 증산이 억제된다.
  → 수분결핍이 시작되면 잎, 줄기가 가장먼저 마르고 뿌리가 가장 늦게 마르기 시작한다. 토양에 의한 수분회복도 뿌리가 가장 빠르다.
  b. 1~2년생 묘목에서 가장 잘 나타난다.
  c. 잎의 가장자리가 갈색으로 변하며 마르고, 생장이 감소하여 시든 것 같은 현상을 보인다.

다. 처방
  a. 관수 시 하층토까지 완전히 젖도록 충분히 관수한다.
  b. 점적관수를 이용하여 조금씩 물을 흘려보내는 방법이 바람직하다.
  c. 이식 시에는 처음 2~5년까지는 계속해서 관수해야 하며, 증발억제제를 잎과 가지 전체에 살포하여 피해를 줄여야 한다.
  d. 친수성과 소수성을 모두 가진 비이온계 계면활성제를 처리하여 보수력을 높여준다.
  e. 수목을 깊게 심는 것도 건조피해를 예방하는 방법 중 하나이다.

② 과습피해

　가. 발병환경

　　a. 배수가 불량하거나 정체된 곳에서 발생

　　b. 토양의 산소가 결핍되어 뿌리의 호흡장애 발생

　　c. 세근의 생육이 방해되어 정상적인 생장이 불가능해짐

　나. 피해증상 및 진단

　　a. 초기증상은 엽병이 누렇게 변하면서 아래로 처지는 현상을 나타냄

　　b. 후기증상은 수관 꼭대기에서부터 가지가 밑으로 죽어 내려오면서 수관이 축소되는 현상임

　　c. 병이 진행되면 저항성이 낮아져 Phytophthora와 같은 병원균에 의한 뿌리썩음병이 쉽게 생긴다.

　　d. 부정근이 발생하기도 하고, 뿌리가 검은색으로 썩어 껍질이 벗겨지기도 한다.

　　e. 주목에서는 검은색의 수종이 발생하여 마치 사마귀처럼 표피가 튀어나오기도 한다.

　　f. 과습은 보통 1년 이내로 나무를 죽게한다.

　다. 처방

　　a. 침수된 물을 5일 이내에 배수시켜야 큰 피해를 피할 수 있다.

　　b. 명거배수 혹은 암거배수 시설을 통해 과습상태를 개선해야 한다.

　　c. 태양광이나 바람이 임내로 충분히 들어가서 지표면의 증발을 많게 함

　　d. 일반적으로 활엽수가 침엽수보다 습한 토양에서 견디는 힘이 크다.

4 풍해

① 발병환경

　가. 활엽수보다 침엽수의 피해가 크다.

　나. 천연림보다 인공림의 피해가 크다.

　다. 유령목보다 노령목의 피해가 크다.

　라. 심근성보다 천근성의 피해가 크다.

　마. 점질토양보다 사질토양에서 피해가 크다.

② 피해증상 및 진단

　가. 주풍(10~15m/s), 폭풍(29m/s 이상)에 의해서 피해가 발생한다.

　나. 잎, 줄기의 일부가 탈락하거나 임목의 생장이 저해된다.

　다. 수목은 일반적으로 주풍 방향으로 굽게 되고, 수간하부가 편심생장을 하게 된다.

③ 피해에 따른 수목의 방어기작(이상재)

　가. 수간 하부에 편심생장 및 이상재가 발달하게 된다.

　　- 이상재가 발달함에 따라 도관 세포벽에 두꺼운 교질섬유가 축적되며, 가도관의 횡단면은 모서리가 둥글게 변형된다.

　　- 활엽수는 경사지 위쪽, 바람이 불어오는 쪽에 이상재가 발생한다(신장이상재).

　　- 침엽수는 경사지 아래쪽, 바람이 불어가는 쪽에 이상재가 발생한다(압축이상재).

- 활엽수는 하방편심, 침엽수는 상방편심이 된다.
- 응력이 가해지는 아래쪽에는 압축이상재가, 위쪽에는 신장이상재가 형성됨

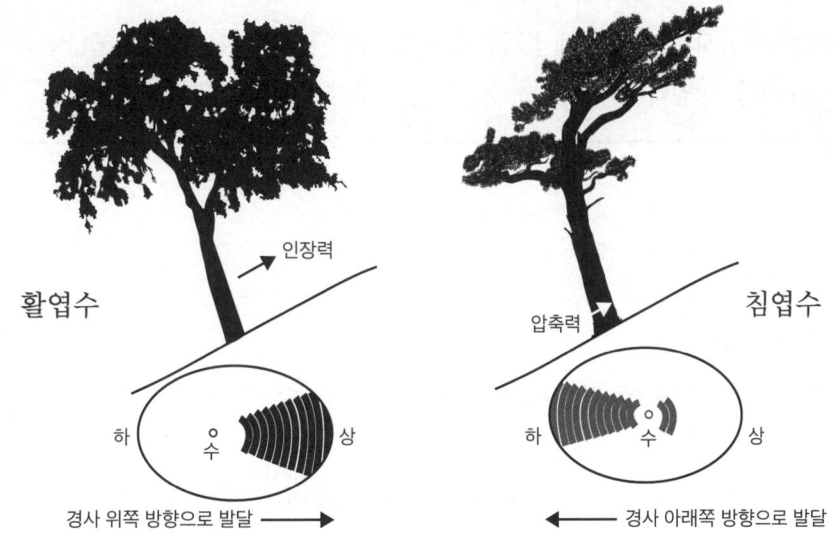

④ 처방

가. 적절한 가지치기를 통해 수관을 크기를 유지한다.

나. 방풍림을 식재한다.

   a. 풍상측은 수고의 5배, 풍하측은 10~25배의 거리까지 영향을 미친다.

   b. 임분대의 폭은 대개 100~150m가 적당하다.

   c. 혼효림이 적당하다.

   d. 주풍 방향에 직각으로 배치해야 효과적이다.

   e. 해풍이나 염풍의 주풍 방향은 주로 해안선에 직각 방향이다.

   f. 방풍림의 수종은 주로 심근성이고 지하고가 낮은 수종이다.

   g. 방풍림은 강한 상풍이나 태풍을 막아 묘목의 도복 손상을 감소시킨다.

5 설해

① 발병환경

가. 눈이 많이 오는 지역에서 피해가 심하다.

나. 특히 침엽수에 많이 발생한다.

② 피해증상 및 진단

가. 강설이 수목의 가지나 잎에 부착해 발생하는 피해를 관설해라고 한다.

나. 수피의 일부 또는 전체가 적설에 묻혀 발생하는 피해를 설압해라고 한다.

③ 피해에 따른 수목의 방어기작

가. 눈이 많이 오는 지역일수록 곧게 자라는 성질이 있다.

나. 독일가문비나무의 경우는 측지와 소지가 밑으로 처져 있다(눈이 쌓이지 않게 하기 위해서).

④ 처방 : 눈이 많이 쌓인 가지의 경우 속히 제거하여 무게를 줄여야 한다.

> ✅ **우박 피해**
> - 우박은 과수원과 채소 농장에 큰 피해를 주지만, 조경수의 경우에는 잎이 찢어지고 잔가지가 부러지고 수피에 상처를 만드는 등의 가벼운 피해를 준다.
> - 우박은 위에서 떨어지면서 잔가지 수피의 위쪽에만 상처를 만들기 때문에 가지 전체에 퍼지는 동고병(줄기마름병)과 구별할 수 있다.

6 낙뢰 피해

① 발병환경

　가. 거목일수록 피해가 크다.

　나. 낙뢰가 자주 발생하는 지역에서 피해가 크다.

　다. 수종별 낙뢰 위험도가 다르다.

　　- 낙뢰 위험도가 높은 수종 : 참나무류, 느릅나무, 소나무, 백합나무, 포플러, 물푸레나무
　　- 낙뢰 위험도가 낮은 수종 : 너도밤나무, 칠엽수, 자작나무, 호랑가시나무

② 피해증상 및 진단

　가. 낙뢰 피해는 꼭대기에서 밑동으로 내려가면서 수피 피해폭이 넓어진다.

　나. 수피가 수직방향으로 갈라지는 상렬과 병징이 비슷하게 보이나, 상렬은 남서쪽 수간에서 관찰된다는 점에서 차이점이 있다.

<피소피해>　　<상렬피해>　　<낙뢰피해>

③ 처방

　가. 부직포나 비닐로 덮어서 건조를 막아준다.

　나. 뿌리가 손상되지 않도록 피뢰침을 설치한다.

7 염해

① 발병환경

　가. 겨울철 제설염(염화나트륨, 염화칼슘) 등에 의해 자주 발생

　나. 제설제 피해는 수목 생장 초기에 토양습도가 낮을 때 나타난다.

　다. 상록수의 경우 해빙염이 잎에 바로 접촉하게 되므로 큰 피해를 입는다.

　라. 수목의 염분한계 농도는 0.05%이며, pH5.0~7.0임

② 피해증상 및 진단

가. 상록수는 겨울철 잎에 직접 제설염이 접촉하게 되므로 큰 피해가 발생하며, 잎 끝부터 황화현상이 발생하고, 심하면 낙엽이 진다.

나. 염해피해를 받은 지역은 뿌리보다 이온농도가 높아져 오히려 뿌리에서 밖으로 수분이 빠져나가는 현상(삼투압)이 발생한다.

→ 토양용액의 삼투퍼텐셜이 낮아져 퍼텐셜 기울기로 인해 오히려 뿌리에서 토양으로 수분을 빼앗길 수 있음

다. 염류 집적으로 토양이 알칼리화되어 철, 망간, 아연, 구리 등을 제대로 흡수하지 못하여 영양결핍이 일어날 수 있다.

라. 토양 내 염류 물질이 많을수록 전기전도도는 높아지며 염류집적으로 인한 식물피해도 늘어난다.

마. 피해부위와 건전부위의 경계선이 뚜렷하며, 성숙 잎이 어린잎보다 소금이 더 많이 축적되어 피해가 크다.

바. 수목의 가장 먼 부분인 잎과 가지의 끝이 수분이 빠져나가 고사하여 황화현상을 일으킨다.

③ 처방

가. 염분을 물로 씻어낸다.

나. 활성탄을 이용하여 염분을 흡착하도록 한다.

다. 토양을 객토함

8 복토에 의한 피해

① 발병환경 : 토양을 북돋우는 것은 수목의 뿌리를 질식시키는 요인임

② 피해증상 및 진단

가. 일반적으로 쇠락현상이 일어난다(쇠락 : 세포의 분화가 정지함).

나. 조기낙엽이 되거나 한겨울 내내 마른 잎이 매달려 있는 등의 증상이 나타남

다. 복토에 의한 피해는 지속해서 나타나며 10년 후에 나타나는 경우도 있음

라. 전국 보호수의 30% 이상에서 나타남(ex. 정이품송)

③ 처방

가. 복토 된 흙을 제거한다.

나. 복토 시 배수가 되지 않을 때는 배수시설을 설치한다.

9 절토에 의한 피해

① 발병환경 : 토양표면을 낮추는 것으로 대부분의 뿌리가 60cm 이내에 존재하므로 수목의 생장에 피해가 막심하다.

② 피해증상 및 진단

가. 지면을 드러내면 뿌리가 마르게 되고 심하면 지탱이 힘들어짐

나. 활엽수는 도관이 수간을 따라 곧게 올라가기 때문에 뿌리가 잘린 쪽으로 수관이 피해를 본다.

다. 침엽수의 가도관은 나선상으로 올라가는 경향이 있어 뿌리가 잘린 쪽의 반대편 수관에서도 피해가 발생할 수 있다.

③ 처방

　가. 절토할 때 수관폭의 2/3 이상은 남겨두고 원형으로 석축을 쌓는다.

　나. 피해가 된 뿌리를 잘라내고 인산질 비료를 주어 뿌리의 생육을 촉진한다.

10 답압[6] 피해

① 발병환경 : 사람들의 보행과 자동차 주행이 많은 곳은 지속적인 압력을 받는 곳

② 피해증상 및 진단
- 지속적인 압력으로 인해 토양이 다져지고 경화된다.
- 그에 따라 토양의 공극이 줄어 공기와 수분의 교환이 어려워진다.
- 토양의 투수성이 낮아져 표토가 유실된다.
- 뿌리의 생장이 제한되고 나무의 생장은 더디어지며, 초본식물이 목본식물보다 훨씬 더 민감하게 반응한다.
- 잔뿌리들이 죽는 것부터 시작되며, 지상부에 증상이 나타나기 전까지는 알기 힘들다.

③ 방제
- 천공법 : 토양 표면에 구멍을 뚫고 모래, 유기물, 다공성 물질(펄라이트, 버미큘라이트)을 넣는 것
- 방사상 도랑 설치 : 방사상 도랑을 설치하여 다공성 물질을 집어 넣는 것
- 토양멀칭 : 다공성 유기물을 토양 표면에 깔아 두는 것

> ✅ **멀칭제**
> 바크, 우드칩, 솔방울, 솔잎, 볏짚(자갈은 토양개량 효과가 거의 없다.)

11 휘감는 뿌리에 의한 수목피해

① 발병환경
- 묘목을 용기 속에 담아서 양묘할 경우 자주 발생한다.
- 딱딱한 토양에 작은 구덩이를 파고 나무를 심으면 긴 뿌리가 구부러진 뿌리로 되면서 구덩이 안에서 맴돌 경우에 휘감는 뿌리로 자랄 수 있다.

② 피해증상 및 진단
- 휘감는 뿌리는 나무 밑동을 휘감아서 밑동을 조이면서 직경이 굵어진다.
- 장기화 하면서 수피 속을 파고들어가 수분과 양분의 이동을 방해한다.
- 협착이 일어나는 윗부분의 수간이 아랫부분보다 더 굵어지기도 한다.

---

6)　**답압** : 압력으로 인해 토양이 다져지는 것

3) 인위적피해 발생기작과 피해 증상 및 대책

1 산불

① 산불 발생의 3요소 : 산소, 열, 연료
② 산불의 형태
  가. 지표화
    a. 산불 중에서 가장 많이 발생하는 화재
    b. 지표에 쌓여 있는 낙엽 및 초본층, 관목의 지상부, 교목의 밑동이 불에 타는 화재
    c. 불꽃의 길이가 1m 이내로 지표면 가까이에 있고 빠르게 진행하는 속성을 가짐
    d. 땅속에 전달되는 열이 매우 적어 지하부의 피해가 적음
    e. 지표화에서 지중화, 수간화 또는 수관화로 번지는 경우가 많아 모든 산불의 시초가 됨
  나. 지중화
    a. 마른 지피물층과 이탄층, 부식층에서 일어나는 화재
    b. 나무의 뿌리를 태우며, 맨눈으로 식별이 어려움
    c. 산소의 공급이 막히고 바람의 영향도 없어 오래도록 잔존함
    d. 지속적이고 느리게 타는 화재
  다. 수간화
    a. 나무의 줄기가 타는 화재
    b. 지표화로부터 연소하는 경우가 많음
    c. 수간의 공동부위는 불길의 연결통로로써 수관화를 일으키는 원인이 됨
  라. 수관화
    a. 숲 구조에서 수관 층까지 모두 타는 화재의 유형
    b. 수관을 통해 빠르게 불이 번지면서 지표면 식생의 대부분을 죽임
    c. 진화하기가 힘들어 가장 큰 손실을 가져옴
    d. 불꽃의 길이가 3m 이상으로 수관 층을 포함한 숲의 전체 층상구조를 연소시키는 화재
③ 피해 특성
  가. 수지가 있는 소나무가 참나무보다 피해를 심하게 받음(연소율, 피해율 : 침엽수림 > 활엽수림
    / 연소속도 : 침엽수림〈활엽수림〉)
  나. 상록활엽수가 낙엽활엽수보다 산불에 강함
  다. 음수는 산불의 위험성이 낮음

대기습도와 산불 발생 위험도와의 관계	
대기습도(%)	산불 발생 위험도
>60	산불이 잘 발생하지 않음
50~60	산불이 발생하거나 진행이 느림
40~50	산불이 발생하기 쉽고 빨리 연소
<30	산불이 대단히 발생하기 쉽고 산불을 진화하기 어려움

④ 우리나라 산불의 특성

가. 우리나라 산림의 특성

　a. 우리나라 산림은 울창하고 불에 잘 타는 낙엽 등이 지표에 많이 쌓여 있다.

　b. 경사가 급하고 높낮이가 있는 산지로 되어있다.

나. 우리나라 산불의 특성

　a. 많은 낙엽과 경사지로 인해 진행 속도가 빠르고, 급속히 확산하며, 동시다발로 확산하는 경향이 있다.

　b. 우리나라 산불 통계(산림청 「2020년 산불통계 연보」)

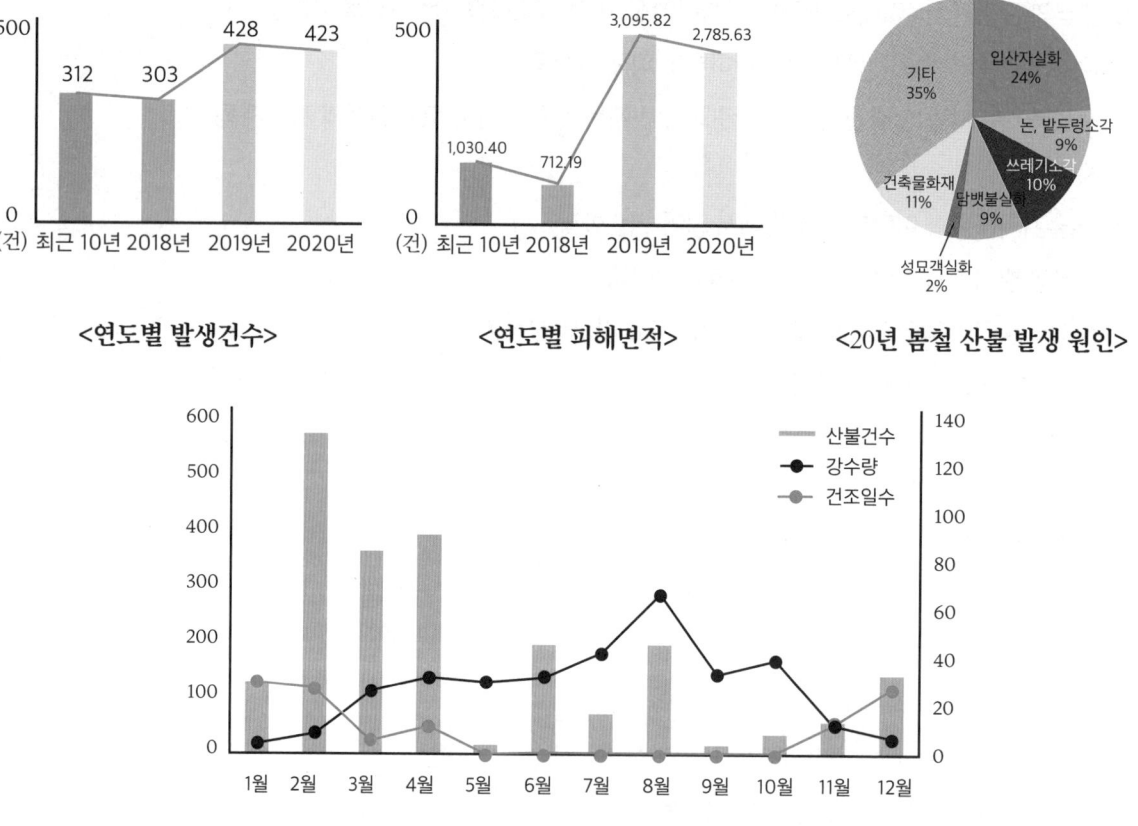

<연도별 발생건수>   <연도별 피해면적>   <20년 봄철 산불 발생 원인>

<월별 산불 발생>

- 원인으로는 입산자실화(24%) > 건축물화재(11%) > 쓰레기소각(10%) > 논·밭두렁소각 = 담뱃불실화(9%) > 성묘객실화(2%)로 통계되었다.
- 발생 시기는 늦겨울(2월)과 봄철(3~4월) 피해가 가장 컸다.

⑤ 산불경보의 발령기준(산림보호법 시행령 제23조제1항)

산불경보구분	발령기준
관심	산불 발생시기 등을 고려하여 산불 예방에 관한 관심이 필요한 경우로서 주의 경보 발령기준에 미달되는 경우
주의	전국의 산림 산불위험지수(이하 "산불위험지수"라 한다)가 51 이상인 지역이 70퍼센트 이상이거나 산불 발생의 위험이 높아질 것으로 예상되어 특별한 주의가 필요하다고 인정되는 경우
경계	전국의 산림 중 산불위험지수가 66 이상인 지역이 70퍼센트 이상이거나 발생한 산불이 대형 산불로 확산할 우려가 있어 특별한 경계가 필요하다고 인정되는 경우
심각	전국의 산림 중 산불위험지수가 86 이상인 지역이 70퍼센트 이상이거나 산불이 동시다발적으로 발생하고 대형 산불로 확산할 개연성이 높다고 인정되는 경우

산불경보별 조치기준(산림보호법 시행령 제23조제2항 관련)

산불경보 구분	소속 공무원·직원의 산불 발생 취약지 배치 또는 비상대기 인원 기준	조치기준
관심	산불방지대책본부에 속한 상황근무요원을 배치·대기	입산통제구역 등 산불 발생 취약지에 감시인력 배치
주의		-산불 발생 취약지에 산불전문예방진화대 고정 배치 -공무원 담당 지역 지정
경계	-소속 공무원 또는 직원의 6분의 1 이상을 배치·대기 -소속 사회복무요원의 3분의 1 이상을 배치·대기	-입산통제구역 등 산불 발생 취약지에 감시인력 증원 -공무원의 담당 지역 주 2회 이상 순찰 또는 단속활동 -산림 및 산림 인접 지역에서의 불놓기 허가 중지
심각	-소속 공무원 또는 직원의 4분의 1 이상을 배치·대기 -소속 사회복무요원의 2분의 1 이상을 배치·대기	-민간·사회단체 및 산불유관기관의 산불 예방활동 참여 -공무원의 담당 지역 주 4회 이상 순찰 또는 단속활동 -군부대 사격훈련 자제 -입산통제구역 입산 허가 중지

2 대기오염물질의 종류와 특성

화석연료의 연소에 의하여 배출되는 1차 대기오염물질과 1차 대기오염물질이 태양으로부터 나오는 자외선과의 광화학적 반응에 의하여 생성되는 2차 대기오염물질로 나눈다.

① 1차 대기오염물질의 종류

이산화황(SO_2) · 질소산화물(NO, NO_2, N_2O) · 탄소산화물(CO, CO_2) · 불화수소(HF) · 염소(Cl_2) · 브롬(Br_2) 등

② 2차 대기오염물질의 종류

오존(O_3) · PAN(peroxyacetyl nitrate) 등

✓ 2차 대기오염물질은 낮에 햇빛이 강할 때 많이 생성되며, 대기권의 오존과는 다르다.

3 대기오염피해의 양상

① 낮에 피해가 심각
② 대기 및 토양습도가 높을 때 피해가 늘어남(매우 높은 습도는 오히려 피해 감소)
③ 바람이 없고 상대습도가 높은 날에 피해가 큼
④ 기온역전현상이 발생할 경우 피해가 큼
　※기온역전현상 : 아래쪽이 차가운 공기, 위쪽에 따뜻한 공기, 공기가 침체됨

4 대기오염물질 피해

종류	특징
아황산가스	-0.3~0.6ppm에서 약 3시간, 1.0~1.5ppm에서 5분 정도면 피해가 발현됨 -침엽수가 활엽수보다 피해를 보기 쉬움, 해면조직에 피해 발생
불화수소가스	독성이 매우 강해 대기 중에 약 5ppb만 존재해도 식물에 피해를 줌, 잎의 선단과 주변부에 피해를 일으킴
질소산화물	-자동차 배기가스에서 발생하므로 도로 주변에 많이 발생 -잎이 회녹색이나 백색으로 변함(반점)
오존	-잎 앞면의 책상조직이 가장 먼저 공격을 받으며 피해를 입음 -성숙한 잎에서 피해가 발생하기 쉬움 -엽록체가 파괴되어 잎의 적색화 및 황화현상이 나타나며, 잎의 상표면이 표백화 된다. -백색의 작은 반점이 생기며 암갈색의 점상 반점도 같이 발생한다. -오존의 일부는 자연적으로 성층권에서 생성되어 대류권으로 하강 유입된다.
산성비	-pH가 5.6 이하로 떨어지는 비를 말함 -주된 원인 물질은 황산화물과 질소산화물임 -pH가 3 이하로 떨어지면 황갈색 반점 등 가시적 피해 발생 -강한 산성비는 토양을 산성화시켜 활성알루미늄을 생성시킴 -산성비가 잎 표면의 염과 반응하여 산도가 중화되기도 한다. 　※ 침엽수림보다 활엽수림이 중화능력이 더 크다.
PAN	-이산화질소와 불포화탄화수소 간이 광화학 반응에 의하여 생성된 물질을 말함 -미성숙한 잎에서 심하게 발생 -잎 뒷면이 청동색 혹은 은회색으로 변함
염소가스	-회백색의 반점→심하면 적갈색의 대형반점 -신엽보다 구엽, 하엽보다 상엽, 음엽보다 양엽에서 피해가 큼

단원별 마무리 핵심문제

★문제 해설에 관련된 내용이 있는 교재페이지를 기재해 두었습니다. 해설만 보기보다는 교재페이지를 오고가며 다시한번 복습하시는 것을 추천드립니다.★

001

다음 중 수목관리의 원칙이 아닌 것을 고르시오.
① 수목은 시간이 지나면서 생장하기 때문에, 수목관리가 필요하다.
② 수목관리는 단기간, 높은 강도로 진행되어야 한다.
③ 수목관리에서는 일반적인 사항을 개별품종에 적용한다.
④ 양호한 수목과 수목관리는 양질의 수목으로부터 시작된다.
⑤ 수목선정은 '적지적수'에 기반을 둔다.

해 수목관리는 장기간, 낮은 강도로 진행되어야 한다. **교재 385p**
답 ②

002

다음 중 이식 성공률이 가장 낮은 수종을 고르시오.
① 은행나무
② 스트로브잣나무
③ 삼나무
④ 느티나무
⑤ 단풍나무

해 삼나무는 이식성공률이 굉장히 낮은 수목이다. 은행나무, 느티나무, 스트로브잣나무, 단풍나무와 같이 우리가 일상생활에서 자주 볼 수 있는 수목은 웬만하면 이식성공률이 높은 수종이라고 보면 된다. **교재 386p**
답 ③

003

다음 중 뿌리돌림 대한 설명으로 옳지 않은 것은?
① 이식 2년 전부터 2회에 걸쳐 실시하는 것이 바람직하다.
② 뿌리직경 5cm 이상은 환상박피하는 것이 좋다.
③ 최종적인 분의 크기는 근원직경의 3 ~ 5배로 한다.
④ 이식이 잘 안되는 수종에 뿌리돌림을 하면 상처로 인해 이식 후의 생존이 힘들어진다.
⑤ 뿌리돌림 후 되메울 때 발근제를 처리한다.

해 뿌리돌림은 이식이 곤란한 수종이나 이식 부적기에 이식할 경우 실시한다. **교재 387p**
답 ④

기출문제[5회]

Q. 수목의 이식에 대한 설명으로 옳지 않은 것은?

① 상대적으로 낙엽수보다 상록수, 관목보다 교목의 이식이 쉽다.
② 이식이 잘되는 나무로 은행나무, 광나무, 느릅나무, 배롱나무 등이 있다.
③ 이식 방법은 뿌리 상태에 따라 나근법, 근분법, 동토법, 기계법 등으로 나눈다.
④ 온대지방 수목의 이식 적기는 휴면하는 늦가을부터 새싹이 나오는 이른봄까지이다.
⑤ 대경목 이식 시 2년 전부터 수간직경의 4배 되는 곳에 원형구덩이를 파고 뿌리돌림해 세근이 발달하도록 유도한다.

해
이식이 잘되는 수목
가. 상록수보다 낙엽수가 이식이 더 쉽다.
나. 교목보다 관목의 이식이 더 쉽다.
다. 나무의 크기가 클수록 이식이 더 어렵다.
라. 종자의 발아가 어렵거나 발아 첫해에 살아남기 어려운 환경에서는 묘포장에서 키운 유묘를 이식하여 키우는 것이 바람직하다.
[교재 386p]

답 ①

004

다음 중 양분요구도가 가장 낮은 수종을 고르시오.

① 소나무
② 낙우송
③ 삼나무
④ 유실수
⑤ 느티나무

해 소나무, 향나무, 콩과식물, 등나무, 해당화 등은 양분요구도가 낮은 수종이다. [교재 386p]

답 ①

005

다음 중 상록성-낙엽성, 침엽-활엽, 교목-관목으로 수목을 분류한 것으로 옳지 않은 것은?

① 상록활엽관목 - 사철나무
② 낙엽활엽관목 - 화살나무
③ 상록침엽교목 - 독일가문비
④ 낙엽침엽교목 - 은행나무
⑤ 상록활엽교목 - 낙우송

해 교재 표 참고, 낙우송은 낙엽침엽교목에 속한다. [교재 389p]

답 ⑤

006

다음 중 피소피해에 강한 수종은?

① 단풍나무
② 물푸레나무
③ 굴참나무
④ 오동나무
⑤ 배롱나무

해 피소는 강한 직사광선에 의해 수피가 타는 현상으로 수피에 코르크층이 두껍게 잘 발달한 수종이 피소피해에 강하다. [교재 390p]

답 ③

기출문제[6회]

Q. 내한성이 높은 수종으로 옳게 나열한 것은?

① 대나무, 사철나무, 잣나무
② 배롱나무, 소나무, 양버들
③ 느티나무, 살구나무, 백송
④ 호랑가시나무, 자목련, 주목
⑤ 배롱나무, 전나무, 회화나무

해
내한성이 높은 수종에는 느티나무, 버드나무, 백송, 사시나무, 살구나무, 소나무, 오리나무, 자작나무, 잣나무, 전나무 등이 있다. [교재 390p]

답 ③

007

다음 중 전정에 대한 설명으로 옳지 않은 것은?

① 신초생장이 시작되기 전인 2월 말 ~ 3월이 가장 적절하다.
② 굵은 가지를 전정할 경우에는 휴면기에 동계전정을 실시한다.
③ 수액 유출이 심한 나무는 잎이 완전히 전개된 이후 여름에 전정한다.
④ 봄에 꽃이 피는 수종은 꽃이 피기 전 미리 전정을 실시한다.
⑤ 봄철 건조한 날에 전정하는 것이 비오는 날 전정하는 것보다 각종 병해충으로부터의 감염을 억제할 수 있다.

해 봄에 꽃이 피는 수종은 꽃이 진 직후에 전정을 실시한다.
교재 393p

답 ④

008

다음 중 울타리 전정에 대한 설명으로 옳지 않은 것은?

① 울타리의 하단보다 상단이 넓게 유지되도록 전정한다.
② 바닥까지 햇빛이 도달할 수 있도록 조치한다.
③ 신초가 단단해지기 전, 직전 깎기 지점의 2.5cm 이내에서 깎는다.
④ 화목류는 꽃이 피고 난 다음 꽃눈이 형성되기 전에 전정한다.
⑤ 꽃이 중요하지 않은 울타리는 연중 언제든지 전정할 수 있다.

해 울타리의 상단보다 하단이 넓게 유지되도록 전정하여 밑가지에도 햇빛이 잘 들도록 해야 한다.
교재 395p

답 ①

009

수목의 결함 관리방법 중 줄당김에 대한 설명으로 옳지 않은 것은?

① 수간이나 가지 직경의 40% 미만인 부후된 부위에서는 관통하는 고정장치(앵커)를 설치해서는 안된다.
② 케이블은 지지가 될 가지나 주지 길이의 2/3지점에 설치해야 한다.
③ 케이블 설치 각도는 케이블이 설치될 두 수목 조직이 이루는 각도를 양분하는 가상선에 대하여 직각이 되도록 한다.
④ 줄당김 유형 중 바퀴살형은 중앙주지가 없을 때 사용한다.
⑤ 줄당김은 다른 지지방법을 사용하지 못할 경우 최후의 수단이 되어야 하므로 설치 여부에 신중히 처리해야 한다.

해 지지방법 중 가장 최후의 수단으로 사용해야 하는 것은 지지대이다.(나무의사 6회 기출)
교재 398~401p

답 ⑤

010

수목의 결함 관리방법 중 당김줄에 대한 설명으로 옳지 않은 것은?

① 심각한 뿌리 결함으로 고착에 문제가 있는 수목을 보정할 때 고려될 수 있다.
② 고정 장치 설치를 위한 천공, 고정 장치 및 케이블의 규격, 고정 장치와 당김줄의 연결 방법은 줄당김의 방법을 따른다.
③ 고정 장치의 높이는 수고의 1/2이상을 기준으로 한다.
④ 수목 대 수목 당김줄에서 보행자가 통행하는 경우에는 적어도 지상 4m 높이에 설치한다.
⑤ 수목 대 수목 당김줄에서 앵커 수목은 지지를 받을 수목보다 큰 것으로 선정한다.

해 앵커 수목에 설치하는 고정 장치는 수고의 절반 이하에 부착하고, 보행자가 통행하는 경우에는 적어도 지상 2m, 차량이 통행하는 경우에는 적어도 4m 높이에 설치한다.

교재 400, 401p

답 ④

기출문제[9회]

Q. 수목 지지시스템의 적용 방법이 옳지 않은 것은?

① 부러질 우려가 있는 처진 가지에 지지대를 설치한다.
② 할렬로 파손 가능성이 있는 줄기를 쇠조임한다.
③ 기울어진 나무는 다시 곧게 세우고 당김줄을 설치한다.
④ 쇠조임을 위한 줄기 관통구멍의 크기는 삽입할 쇠막대 지름의 2배로 한다.
⑤ 결합이 약한 동일세력 줄기의 분기지점으로부터 분기 줄기의 2/3되는 지점을 줄당김으로 연결한다.

해 쇠조임은 수간이나 가지를 관통시키는 지지시설로 관통구멍으로 인해 오히려 병해충에 노출되거나 지지력을 상실할 수 있기 때문에 관통구멍의 크기는 최대한도로 작게 해야 한다. [교재 399p]

답 ④

011

다음 보기 중 수간 외과수술의 순서를 바르게 연결한 것은?

[보기]
방수처리, 매트처리, 부패부 제거, 방부처리, 인공수피, 살균처리, 공동처리, 살충처리, 방부처리, 수지처리

① 부패부 제거 - 살균처리 - 살충처리 - 방부처리 - 공동처리 - 방수처리 - 매트처리 - 인공수피 - 수지처리
② 부패부 제거 - 살균처리 - 살충처리 - 공동처리 - 방부처리 - 매트처리 - 방수처리 - 수지처리 - 인공수피
③ 부패부 제거 - 살균처리 - 살충처리 - 방부처리 - 공동처리 - 수지처리 - 방수처리 - 매트처리 - 인공수피
④ 부패부 제거 - 방부처리 - 살균처리 - 살충처리 - 공동처리 - 방수처리 - 매트처리 - 인공수피 - 수지처리
⑤ 부패부 제거 - 방부처리 - 살균처리 - 살충처리 - 공동처리 - 수지처리 - 매트처리 - 방수처리 - 인공수피

해 수간 외과수술은 부패부 제거 - 살균처리 - 살충처리 - 방부처리 - 공동처리 - 방수처리 - 매트처리 - 인공수피 - 수지처리 순으로 진행된다.

교재 403p

답 ①

012

다음 중 CODIT법칙에 대한 설명으로 옳지 않은 것은?

① 미국 샤이고(Shigo) 박사가 제창한 "수목 부후의 구획화"로 상처에 대한 나무의 자기방어기작에 대한 법칙이다.
② 방어벽1은 종축방향으로 진전되는 것을 막기위해 도관, 가도관을 폐쇄시켜 방어하는 방어벽이다.
③ 방어벽2는 나무의 중심부를 향해 방사방향으로 진전되는 것을 막기위해 나이테를 따라 만든 방어벽으로 종축유세포에 의해 형성된다.
④ 방어벽3은 나이테를 따라 둘레 방향으로, 즉 접선방향으로 진전되는 것을 저지하기 위해 방사단면에 만든 벽이다.
⑤ 방어벽1~4 중 하나의 방어벽이라도 완전히 무너지게 되면 방어가 완전히 실패한 것으로 볼 수 있다.

해 하나의 방어벽이 무너지더라도 그 다음 방어벽으로 방어하여 막아낼 수 있으며, 마지막 방어벽4가 무너지면 방어가 완전히 실패한 것으로 볼 수 있다. **교재 405, 406p**

답 ⑤

013

다음 중 수간주사 종류 별 특징에 대해서 설명한 것으로 옳지 않은 것은?

① 유입식 수간주사는 구멍의 지름이 커서 상처 크기가 크다.
② 중력식 수간주사는 가장 일반적으로 사용한다.
③ 압력식 수간주사는 주입속도가 가장 빠르다.
④ 삽입식 수간주사는 대용량 처리가 가능하며, 다양한 약제를 첨가 가능하다.
⑤ 수간주사는 수간부에 천공을 해야 하므로 수목의 활력도가 낮을 때는 주의하여 시공작업을 해야한다.

해 삽입식 수간주사는 지속적인 효과를 볼 수 있으며, 영양공급에 한정되어 이용된다. 대용량 처리가 가능하며, 다양한 약제를 첨가 가능한 것은 중력식 수간주사이다. **교재 406p**

답 ④

> ### 기출문제[7회]
>
> Q. 수피 상처의 치료방법으로 옳지 않은 것은?
> ① 수피이식을 시도할 수 있다.
> ② 목재부후균의 길항미생물을 접종한다.
> ③ 교접(僑接)으로 사부 물질의 이동통로를 확보한다.
> ④ 부후균 침입을 예방하기 위해 상처부위를 햇빛에 노출 시킨다.
> ⑤ 살아있는 들뜬 수피는 발생 즉시 작은 못으로 고정하고 보습재로 덮은 후 폴리에틸렌 필름을 감아 준다.
>
> 해
> 수피이식, 교접 모두 작업이 끝나면 마르지 않도록 하여 유합조직을 원활하게 형성 것이 중요한데, 햇빛에 노출되면 수분이 증발하여 유합조직의 형성이 되지 않을 수 있다. [교재 402p]
>
> 답 ④

014

다음 중 체인톱의 작업방식과 안전수칙으로 옳지 않은 것은?

① 체인톱의 회전 방향은 가이드 바의 하단에서 상단으로 회전한다.
② 바의 하단을 사용할 시에는 앞으로 나가려고 하는 성질이 있어 당기면서 작업을 한다.
③ 바의 상단을 사용할 시에는 끌어오려는 성질이 있어 밀면서 작업을 한다.
④ 기계톱 사용 시간을 1일 2시간 이내로 하고 연속 운전은 10분을 넘기지 말아야 한다.
⑤ 정지시킬 때는 엔진 회전을 저속으로 낮춘 후에 끈다.

해 체인톱의 회전 방향은 가이드 바의 상단에서 하단으로 회전한다.

교재 407p

답 ①

015

다음 비생물적피해 중 저온피해에 대한 설명으로 옳지 않은 것은?

① 냉해는 0°C이상에서 나타나는 피해를 말한다.
② 동해는 엽육조직의 붕괴와 세포질의 응고현상이 발생한다.
③ 조상은 가을에 발생하는 첫서리에 의해서 발생하는 현상이다.
④ 위연륜의 일종인 상륜은 만상에 의해 발생한다.
⑤ 상렬은 활엽수보다 침엽수에서 피해가 심하다.

해 상렬은 치수보다는 성숙목에서, 침엽수보다는 활엽수에서 피해가 심하다.

교재 411, 412p

답 ⑤

016

다음 비생물적피해 중 수분피해에 대한 설명으로 옳지 않은 것은?

① 건조피해는 수령이 적을수록(어릴수록) 피해를 입기 쉽다.
② 건조피해 시 잎의 중앙부터 갈색으로 변하며 마르는 증상이 나타난다.
③ 과습피해의 초기에는 엽병이 누렇게 변하면서 아래로 처지는 증상이 나타난다.
④ 일반적으로 활엽수가 침엽수보다 습한 토양에서 잘 견딘다.
⑤ 수목을 깊게 심는 것도 건조피해를 예방하는 방법 중 하나이다.

해 건조피해 시 대표적인 증상은 잎의 가장자리가 갈색으로 마르고, 생장이 감소하여 시든 것 같은 증상이다.

교재 413, 414p

답 ②

017

다음 비생물적피해 중 풍해에 대한 설명으로 옳지 않은 것은?

① 유령목보다 노령목의 피해가 크다.
② 점질토양보다 사질토양에서 피해가 크다.
③ 침엽수에서는 바람이 불어오는 쪽에 이상재가 발달한다.
④ 활엽수에서는 인장력으로 인해 신장이상재가 발달한다.
⑤ 방풍림을 식재할 때는 주풍방향에 직각으로 배치해야 효과적이다.

해 침엽수에서는 경사지 아래쪽, 바람이 불어가는 쪽에 압축이상재가 발생한다.

교재 414, 415p

답 ③

018

다음 중 대기오염물질에 따른 피해 특징에 대한 설명으로 옳지 <u>않은</u> 것은?

① 아황산가스는 침엽수보다 활엽수에서 피해를 보기 쉽다.
② 불화수소가스는 독성이 매우 강해 5ppb만 존재해도 피해를 준다.
③ 오존에 피해를 받으면 기공이 있는 잎 뒷면의 해면조직에 주로 피해가 발생한다.
④ 산성비는 pH가 5.6이하로 떨어지는 비를 말한다.
⑤ PAN과 오존은 광화학반응에 의하여 생성된 2차 대기오염물질이다.

해 오존에 피해를 받으면 잎 앞면의 책상조직이 가장 먼저 공격을 받으면서 피해를 입는다.

[교재 422p]

답 ③

기출문제[7회]

Q. 상렬(霜裂)의 피해에 대한 설명으로 옳은 것은?

① 추위가 심한 북서쪽 줄기 표면에 잘 일어난다.
② 피해는 흉고직경 15~30cm 정도의 수목에서 주로 발견된다.
③ 피해는 활엽수보다 수간이 곧은 침엽수에서 더 많이 관찰된다.
④ 초겨울 또는 초봄에 습기가 많은 묘포장에서 발생하기 쉽다.
⑤ 북쪽지방이 원산지인 수종을 남쪽지방으로 이식했을 경우에 피해를 입는다.

해
변재와 심재의 수축-팽창 차이에 의한 장력의 불균형으로 발생하는 상렬은 주로 치수보다는 성숙목에서 많이 발생한다. 흉고직경 15~30cm는 성숙목이라고 보기는 어렵다.　　[교재 411, 412p]

답 ②

나무의사 필기 핵심 이론서&단원별 마무리 문제집

농약학

농약학

-농약의 성질과 합리적인 사용 방법 따위를 연구하는 학문-

"돌이켜 보면, 고군분투한 해가 가장 아름다운 기억으로 남을 것이다."
-프로이트-

여기까지 오시느라 고생 많으셨습니다.
내용도 많고 어려운 부분들도 많아 힘드셨을텐데. 포기하지 않고 오셨네요.
정말 잘하셨습니다. 이제 얼마 남지 않았습니다.
끝까지 노력하셔서 이 땀에 대한 결실을 이루시길 바라겠습니다.

1. 농약학 서론

1) 농약의 개론

1 농약의 정의

① 합성농약 : 병해충 및 잡초 등으로부터 작물을 보호하기 위해 사용되는 살균제, 살충제, 제초제 등의 약제와 작물의 기능 및 생장을 촉진하는 작물생장조정제
② 생물농약 : 합성농약에 준하는 목적을 위해 사용되는 약제로 미생물이나 천연물에서 나오는 성분을 이용하는 제제(미생물 농약, 생화학 농약)
③ 천연식물 보호제 : 진균, 세균, 바이러스 또는 원생동물 등 살아있는 미생물을 유효성분으로 하여 제조한 농약 및 자연계에서 생성된 유기화합물 또는 무기화합물을 유효성분으로 하여 제조한 농약

※ 살서제, 방역약품(파리, 모기, 바퀴약), 동물의약품은 농약에 포함되지 않음

2 농약의 등록 조건

① 농약이란 이름으로 등록하고 농촌진흥청장 허가를 받아야 한다.
② 약제 구성요소를 명시해야 한다.
③ 농약의 제형을 명시해야 한다.
④ 약제의 생물학적, 화학적, 환경적 안정성을 규명해야 한다.
⑤ 적용작물과 적용대상 명시
⑥ 약제 살포방법, 살포시기, 살포 횟수 명시

3 농약의 역사

① 초기엔 고래·겨자·유채기름, 석회 등 사용
② 19세기 전반 : 담배, 데리스, 제충국, 비누, 황산동 등 사용
③ 1935년 이전 : 비소, 수은 등
④ DDT 개발시점(1940년대) 기준으로 무기농약, 유기농약 시대가 도래함
⑤ 1940년 전후 : DDT 발견(Lauger), DDT 농약으로 개발(Muller), BHC 발견, 유기인계 농약 개발(Schrader), 제충국의 화학구조를 결정하여 합성시작(피레스로이드계)
⑥ 1945년 후 : 유기유황, 유기염소계 농약
⑦ 1962년 : '침묵의 봄' 간행 이후 잔류독성이 약한 농약 개발(카바메이트계)
⑧ 1992년 이후 : 친환경농약 개발이 활성화됨

4 합성농약의 분류 3가지

① 용도에 따른 분류 : 살균제, 살충제, 제초제, 식물생장조정제 등의 방제대상

② 화학적 분류 : 유기인계, 유기염소계, 페녹시계, 요소계 등의 유효성분

③ 제형에 따른 분류 : 유제, 분제, 입제, 과립제, 액제, 수화제 등의 약제의 제품형태

5 생물농약의 분류 3가지

① 미생물(세균, 곰팡이, 바이러스)

② 생화학(천연물, 페로몬, 단백질)

③ 기타 : 천적, 선충, 기생체를 이용한 병해충 방제

6 농약의 구비조건

① 약효 : 가장 중요. 낮은 농도에서 방제효과가 좋아야 함(효율성)

② 약해 : 적용 작물에 악영향을 주는지?

③ 가격 : 농가에서 쉽게 구매할 수 있고, 언제든 공급이 가능한 가격인지?

④ 독성 : 인축 및 어류에 대한 독성이 낮은지?

⑤ 품질과 저장성 : 제품이 균일하게 생산되며 저장성이 우수한지?

⑥ 타 약제와 혼용성 : 복합적 방제 시 다른 약제와 혼용이 가능한지?

⑦ 농촌진흥청에 등록된 농약인지?

⑧ 사용이 편리하고 대량생산이 가능한지?

7 농약 사용의 문제점과 대응방안

① 농약 사용의 문제점

　가. 약제 저항성 증가 문제

　나. 토양 잔류 문제

　다. 생태계 파괴 문제

　리. 인축독성 **문**제

　마. 수질오염 및 농작물 피해문제

　바. 토양산성화 문제

② 농약 사용 문제점에 따른 대응방안

　가. 특정 작용기작 농약의 편중을 피함

　나. 저 잔류성 농약 개발

　다. 선택성 농약 개발

　라. 고독성농약 등록폐지 및 저독성농약 사용

　마. 어독성이 낮은 농약 사용

　바. 산성화토양에 석회를 시용

8 등록이 취소된 농약

① 농약 등록이 취소될 시 절차

가. 농약 판매업체는 이미 농약 구매자들에게 판매 완료된 농약을 포함해 보관 중인 농약 전량을 제조·수입업체에게 반품하고 안전하게 폐기되도록 해야 한다.

나. 농약 구매자들은 구입한 농약 중 사용하지 않은 농약에 대해 구입처(판매업체)에서 구입대금을 환불받거나 다른 농약으로 교환할 수 있다. 단, 기간이 지나면 환불이 되지 않는다.

② 등록이 취소된 주요 농약과 취소사유

가. DDT(살충제) - 난분해성

※ DDT = 다이클로로다이페닐트라이클로로에테인

나. PCP(펜타클로로페놀, 제초제) - 토양잔류성

다. 파라치온(살충제) - 맹독성

라. 클로르피리포스(살충제) - 인체유해성

마. 파라쿼트(제초제) - 고독성

바. 우스플룬(살균제) - 생물농축

2) 농약의 기능 및 중요성

1 농약의 기능

① 병해충 및 잡초로부터 수목 및 작물을 보호
② 농업생산물의 양적 증대와 품질 향상

2 농약의 중요성(수목, 작물)

① 수목의 보호
② 도시경관개선
③ 목재 및 작물의 안정적 생산 및 공급
④ 목재 및 작물의 질 향상
⑤ 농업생산성의 양적 증대
⑥ 관리를 위한 시간 및 노동력 절감

3 최근 농약의 특성

① 대부분 저독성의 약제를 사용(80% 이상)하여 인·축·생태계에 안전하다.
② 미량으로도 활성이 높다.
③ 신속하게 분해 및 소실된다.
④ 방제하고자 하는 대상의 병해충 및 잡초만을 사멸한다.

3) 농약의 독성

1 농약 독성의 분류

① 독성의 발현속도에 따른 분류
 - 급성독성
 - 만성독성
  ※ 급성독성의 강도
 - 흡입독성 > 경구독성 > 경피독성
② 대상 생물에 따른 분류
 - 인축독성
 - 조류독성
 - 어독성
③ 침입경로에 따른 분류
 - 경구독성
 - 경피독성
 - 흡입독성

2 독성의 구분

농약의 독성 구분					
구분	경구독성(mg/kg)		경피독성(mg/kg)		흡입독성 (mg/L/4시간)
	고체	액체	고체	액체	
맹독성	5 미만	20 미만	10 미만	40 미만	0.5 미만
고독성	5-50	20-200	10-100	40-400	0.5-2
보통 독성	50-500	200-2000	100-1000	400-4000	2-20
저독성	500 이상	2000 이상	1000 이상	4000 이상	20 이상

① 독성 및 잔류성 관련 용어 정의
- LD50 : 약물을 동물에 투여할 경우 투여된 동물개체의 반수가 치사되는 약량
- LC50 : 동물의 반수(50%)를 치사에 이르게 할 수 있는 화학물질의 농도
- 최대무독성량(NOAEL) : 장기간 투여하여 실험동물에 아무런 영향을 미치지 않는 최대의 약량
- 최대무작용량(NOEL) : 투여 전 기간(0~2년)에 걸쳐 독성이 관찰되지 않는 용량
- 1일 섭취허용량(ADI) : 그 농약을 일생 섭취해도 영향이 없는 1일 섭취허용 약량
- 안전계수 : 동물의 결과를 사람에게 적용시키기 위한 환산계수
- 생물농축계수 : 어떤 오염물질이 생물체에 축적되었을 때 환경 중에 존재하는 농도와 생물체에 존재하는 물질의 농도 비율
- TLm(48시간) : 어류 중 반수(50%)가 생존할 수 있는 물중 유해물질의 농도

✓ 잔류허용기준(Maximum Residue Limit, MRL)
- 법적으로 허용하는 최대잔류농도(식품의약품안전처에서 설정한다)
- 단위 : mg/kg 또는 µg/kg
- 적절한 사용법으로 병해충을 방제하는데 필요한 최소한의 양만을 사용하도록 유도한다.
- 농약 및 식물 별로 잔류허용기준은 다르다.

② 독성의구분(저독성, 보통독성, 고독성, 맹독성, 어독성)
- 저독성(4급) : 우리나라에서 유통 중인 대부분의 농약
- 보통독성(3급)
- 고독성(2급) : 중독의 우려가 있어 취급제한 기준을 두고 관리하며, 일반 농가에서는 사용을 제한한다.
- 맹독성(1급) : 우리나라에서는 유통되지 않는다.
- 어독성 : 어독성에 따라 1, 2, 3급으로 구분하고 1급과 2급에 해당하는 농약은 포장지에 경고문구를 삽입하도록 의무화하고 있음

농약의 독성(어독성)				
구분	1급	2급	3급	비고
TLm(mg/L, 48hr)	0.5 미만	0.5 이상 2 미만	2 이상	급이 낮을수록 독성이 강하다

✓ 우리나라에서는 저독성(85%), 보통독성(15%) 농약을 사용한다.

③ 농약의 독성평가
가. 인축독성 평가
- 급성 독성 : 경구, 경피, 흡입, 신경, 지발성신경, 피부자극성, 안점막자극성, 피부감작성 시험
- 반복투여독성 : 90일 반복투여경구, 반복흡입, 반복투여경구신경, 21일 반복투여경피 28일 반복투여경구지발성신경 독성 시험
- 만성 독성 : 만성반복투여경구, 발암성, 번식, 기형 독성시험
- 기타 : 복귀돌연변이시험, 염색체이상시험, 소핵시험, 동물체내대사시험

나. 환경생물독성 평가

어류급성, 물벼룩급성, 녹조류생장저해, 조류(鳥類)급성, 지렁이급성, 꿀벌급성, 어류생물농축성 천적 또는 누에 급성독성시험

다. 특수독성

발암성, 최기형성, 번식 독성환경

3 잔류독성

① 잔류독성

살포된 농약이 먹이연쇄를 통해 식품에 잔류하게 되는데 해당 식품을 섭취하는 생물에게 유발되는 독성을 잔류독성이라고 한다.

② 토양 중 잔류독성

토양에 살포된 농약이 180일 이내에 초기농도의 50%가 감소하여야 한다(우리나라 기준).

③ 식품 중 잔류독성기준

식품은 잔류허용기준(MRL)이 식품 중 잔류량 규제기준이 되며, 일반적으로 국제식품규격위원회(CODEX)에서 설정한 규정에 따른다.

④ 잔류독성의 독성 농도기준

잔류독성의 농도는 농산물의 형태, 크기, 성분에 따라 적용 독성 농도가 다르다.

⑤ 대상에 대한 부착성과 지용성이 높을수록, 증기압이 낮을수록 잔류독성이 높다.

⑥ 급성 농약일수록 잔류성이 낮고, 독성이 낮은 농약일수록 잔류성이 높다.

4 농약중독 사고 시 응급처치

① 환자를 지속해서 진정시킨다(흥분상태이기 때문).

② 유기인계 및 카바메이트계 살충제 중독은 움직일 경우 상태가 더 나빠질 수 있으므로 환자는 안정된 상태를 유지해야 한다.

③ 환자의 머리를 가장 낮게 한 채로 옆으로 돌려놓는다.

④ 환자 몸의 온도에 따라 열이 높다면 차가운 수건으로 몸을 닦아주고, 춥다고 느낀다면 이불이나 담요를 덮어주어야 한다.

⑤ 고독성 농약을 삼킨 경우에는 손가락을 넣어 구토를 유도하며, 의식이 없으면 입에 어떤 것도 넣어서는 안 된다.

⑥ 호흡이 멈췄다면 호흡을 찾을 때까지 인공호흡을 실시한다.

나무쌤 잡학사전

농약 포장지에 반드시 표기해야 하는 사항

농약관리법 시행규칙[시행 2023. 8. 7.] [농림축산식품부령 제603호, 2023. 8. 7., 타법개정]

제23조(농약등·원제의 표시사항 및 가격 표시방법)

1. 품목등록번호 또는 제품등록번호
2. 농약등 또는 원제의 명칭 및 제제형태
3. 유효성분의 일반명 및 함유량과 기타성분의 함유량
4. 포장단위
5. 농작물별 적용병해충 및 사용량
6. 사용방법과 사용에 적합한 시기
7. 안전사용기준 및 취급제한기준
8. 다음 각 목의 어느 하나에 해당하는 표시사항
   가. 맹독성·고독성·작물잔류성·토양잔류성·수질오염성 및 어독성 농약등의 경우에는 그 문자와 경고 또는 주의사항
   나. 사람 및 가축에 위해한 농약등 또는 원제의 경우에는 그 요지 및 해독방법
   다. 수서생물에 위해한 농약등 또는 원제의 경우에는 그 요지
   라. 인화 또는 폭발 등의 위험성이 있는 농약등 또는 원제의 경우에는 그 요지 및 특별취급방법
9. 저장·보관 및 사용상의 주의사항
10. 상호 및 소재지
11. 농약등 또는 원제 제조 시 제품의 균일성이 인정되도록 구성한 모집단의 일련번호
12. 약효보증기간
13. 법 위반에 따른 과태료 적용 등 주의사항

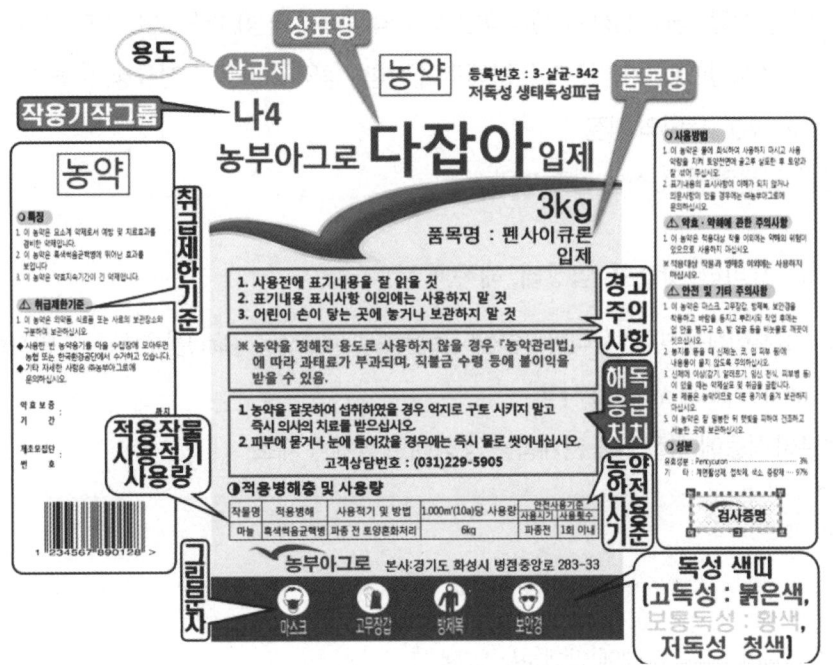

<농약 포장지>

4) 농약의 약해

1 농약의 약해

① 백화현상(Chlorosis : 황백화) : 약제 처리 때문에 잎의 엽록소 생성에 필요한 중요 원소의 결핍을 초래하여 백색을 띠는 현상이다.

② 괴사(necrosis : 갈변현상)
　가. 생체의 일부가 파괴되어 발생한다.
　나. 폴리페놀옥시데이스(polyphenoloxidase)나 페록시다아제(peroxidase) 등의 산화에 의해 식물의 열매나 잎의 페놀(phenol)류 성분이 파괴된다.
　다. 공기의 산소와 산화중합 반응 후 갈변현상을 유도함

③ 기형화 잎 : 호르몬성 약제를 살포하면 잎에 있는 에틸렌과 작용하여 셀룰라아제(Cellulase)의 분비가 촉진되고 세포가 붕괴한다.

④ 뿌리의 발근 저해 : 토양 처리제 농약 처리 시 식물이 뿌리를 내리지 못한다.

⑤ 개화 이상 : 유제를 살포하면 꽃의 개화가 지연되고 억제된다.

⑥ 이상 과실 : 약제가 장기간 잔류하면 과실의 착색이 불량해지고 낙과가 유발된다.

⑦ 수정 불량 : 약제로 인하여 불량 과실과 꽃이 생성되어 적절한 수분 매개가 안 된다.

2 약해[1]의 원인

① 작물의 특성 : 감수성 작물, 형태, 생장기, 생리적인 특성(약제의 투과성), 해독효소 존재 여부
② 농약의 특성 : 화학적 성질(예 염기성은 가수 분해력이 강함), 농약의 거동성, 잔류성, 분해 산물(2차약해)
③ 환경조건 : 광, 온도, 수분, 토양의 성질
④ 농약의 사용방법 : 잘못된 혼용, 작물 살포 부위

3 약해 방지 대책(표류비산, 방출형, 염상태, 해독제 등)

① 제제를 개선하여 표류비산을 방지 : 폴리아크릴산나트륨(Sodium polyacrylate)을 첨가하여 입자를 무겁게 함
② 방출형 제제(Control released method) 사용
③ 농약의 활성성분이 작물에 직접 닿지 않게함 → 염 상태로 약제를 제조
④ 해독제 이용

4 약해의 종류

① 급성적 약해 : 약해처리 1주일 이내에 발생하는 약해
② 만성적 약해 : 약제처리 1주일 이후부터 수확 때까지 나타나는 약해
③ 2차 약해 : 처리한 농약이 토양에 잔류하여 후작물에서 나타나는 약해

✓ 유해물질 흡착력은 식토 > 사토가 되기 때문에 식토에서 작물의 흡수를 억제한다.

---

1) **약해** : 작물과 농약과 환경의 삼각관계

5 농약의 안전사용기준

- 병충해 방제를 위한 농약 사용의 기준
- 농작물을 가해하는 병충해를 방제하기 위하여 농약을 사용한 수확물 중 농약의 잔류량이 허용기준을 넘지 않도록 농작물별로 각 농약의 사용횟수, 수확 전 살포가능 일수, 사용방법 등을 설정한 것
- 한국에서는 현재 56개 작물에 대하여 104개 품목의 농약에 대해서 안전사용기준을 설정하였다.

안전사용기준(예시)					
순번	품목명	등록규격 (희석배수)	대상작물 및 병해충	안전시기정보 (수확 전 최종 사용시기)	안전횟수정보 (사용시기 및 최대 사용횟수)
24167	가스가마이신 액제	2.3	배추	수확 3일 전까지	4회 이내
24166	가스가마이신 액제	2.3	벼	수확 14일 전까지	5회 이내
24165	가스가마이신 입상수화제	10	감귤	수확 21일 전까지	3회 이내

① 품목명
② 등록규격(희석배수)
③ 대상작물 및 병해충
④ 안전시기정보(수확 전 최종 사용시기)
⑤ 안전횟수정보(사용시기 및 최대 사용횟수)

> ✅ **PLS제도(농약 허용물질목록관리제도)**
> - 등록되지 않은 농약에 대하여 일률적으로 0.01ppm의 잔류허용기준을 적용
> - 일본과 유럽, 대만 등은 PLS 제도를 한국보다 앞서서 운영하고 있다.

5) 농약의 대사와 저항성

1 저항성(resistance)

① 동일한 약제를 오랜 기간 동안 반복적으로 처리하여 병해충 방제효과가 떨어지는 현상
② 교차저항성 : 어떠한 약제에 대해 저항성이 생기면 다른 약제에 대해서도 저항성을 나타내는 현상
③ 저항성의 요인
   가. 약제에 대한 병해충의 생화학적 대사 기능이 저항성을 유도
   나. 병해충의 유전학적 변화
   다. 약제의 물리 화학적, 안정성 감소로 병해충 방제 유효농도가 낮아짐
   라. 기주 식물의 과도한 대사작용에 의한 약제의 분해

2 저항성의 종류

① 교차저항성 : 어떤 약제에 대한 저항성을 가진 병원균, 해충, 잡초가 한 번도 사용하지 않은 새로운 약제에 대하여 저항성을 나타내는 현상
  → 두 약제 간 작용기작이나 무해화 대사에 관여하는 효소계가 유사할 경우 나타남
② 복합저항성 : 작용기작이 서로 다른 2종 이상의 약제에 대한 저항성
  → 한 개체 안에 2개 이상의 저항성 기작이 존재하기 때문에 나타남
③ 역상관교차저항성 : 어떤 약제에 대한 저항성이 발달하면서 다른 약제에 대한 감수성이 높아지는 것

3 해충의 저항성 시나리오

① 몇몇 개체는 살충제 응용 작용에서 살아남을 수 있는 유전적 특성을 가진다.
② 생존자 자손의 비율은 저항 특성을 상속한다. 다음 세대에서 저항 특성을 상속받은 개체는 살아남을 것이다.
③ 만약, 같은 살충제가 자주 노출된다면, 해충 집단은 곧 저항하는 개체군으로 구성된다.

2. 농약의 제제

1) 제제화 서론

1 제제화의 목적

① 소량의 유효성분을 넓은 지역에 균일하게 살포
② 사용자에게 편리성을 제공
③ 약제의 물리·화학적 특성을 개선하여 약효 상승
④ 작물의 약해 경감, 화학적 안정성 증가
⑤ 농약의 저장기간을 늘릴 수 있음
⑥ 독성을 낮춰 환경에 주는 부담을 줄일 수 있음

2 4A 법칙(제제가 약효를 지니기 위해서 필요한 요소)

① 유효성분(Active ingredient)
② 적용대상(Active target)
③ 유효농도(Active dose)
④ 작용부위((Active site)
→ 유효성분이 적용 대상의 세포막을 통과해 유효농도 수준으로 작용부위에 도달해야 함

2) 농약 제제의 종류

- 희석살포제 : 수화제(액상수화제, 입상수화제 포함), 유제, 유탁제, 미탁제, 액제(분산성 액제 포함), 수용제, 캡슐현탁제
- 직접살포제 : 입제(세립제, 수면부상성입제 포함), 분제(미분제, 저비산분제 포함), 미립제, 캡슐제, 오일제, 수면전개제
- 종자처리용 제형 : 종자처리수화제, 종자처리액상수화제, 분의제
- 특수제형 : 훈연제, 훈증제, 연무제, 도포제, 미량살포액제
- 농약보조제 : 용제, 증량제, 계면활성제, 전착제, 협력제, 분해방지제, 활성제, 고착제, 보습제, 약해경감제

1 희석 살포용

① 수화제
- 물에 녹지 않은 원제를 증량제와 혼합하고 계면활성제와 분산제를 가하여 제제화한 제형
- 원제가 액체인 경우 : white carbon, 증량제(점토, 규조토 등), 계면활성제 혼합
- 원제가 고체인 경우 : white carbon 없이 조제

가. 장점
- 유제에 비해 고농도 제제 가능(유제 30% 내외, 수화제 50% 내외)
- 계면활성제의 사용량 절감, 용제가 불필요해 생산비 면에서 경제적임

나. 단점
- 살포액을 조제할 때 저울로 재야 함
- 비산되기 쉬워 호흡기로 흡입 될 위험성이 큼

② 액상수화제

가. 물과 유기용매에 난용성인 원제를 액상으로 조제

나. 수화제의 비산과 같은 단점을 보완한 제형

다. 증량제로 물을 사용, 약효는 우수하나 제조가 까다롭고 점성으로 달라붙음

③ 입상수화제

가. 과립형제형으로 수화제의 단점을 개선한 제형(비산이 되지 않음)

나. 과립조제법 : 분무건조법, 유동층조립법, 압출조립법, 전동조립법

다. 농약원제 함량이 50~95%로 높고 증량제의 비율이 낮다.

④ 유제

가. 농약 원제를 용제에 녹이고 계면활성제를 유화제로 첨가한 제제로 제조가 간단하다.

✓ 유제는 지용성으로 잘 달라붙어 약효가 좋으며, 수화제에 비하여 저농도로 제제 가능

나. 용제 : 석유계 용제, ketone류, alcohol류

다. 유화성 중요 : 약액 조제 2시간 경과 후 안정성을 보이면 유화성 양호로 평가

⑤ 유탁제 및 미탁제

가. 유탁제 : 소량의 소수성 용매에 농약원제를 용해하고 유화제로 물에 유화시켜 제제

나. 미탁제
- 유탁제의 기능을 개선한 것
- 유기용제를 소량만 사용하여 조제한 것
- 살포액을 조제했을 때 외관상 투명한 상태
- 최근 나무주사액으로 많이 사용함

⑥ 액제

- 수용성이며 가수분해의 우려가 없는 원제를 물 또는 메탄올에 녹이고 계면활성제와 동결방지제를 첨가한 액상제제

✓ 동결방지제로 사용되는 물질 : 에틸렌 글리콜(Ethylene glycol)]

- 원제는 극성을 띠는 이온성 화합물임
- 동결에 의한 용기 파손을 주의하여야 함

⑦ 분산성 액제

가. 물에 녹지 않는 농약 원제를 물에 대한 친화성이 강한 특수용매에 계면활성제와 함께 녹여 만든 제제

나. 액제와 유사하나 고농도 제제가 불가능

⑧ 수용제

　가. 수용성 고체 원제와 유안이나 망초, 설탕과 같은 수용성 증량제를 혼합 분쇄한 분말제제

　나. 분말의 비산과 평량을 해야 하는 단점이 있음

⑨ 캡슐현탁제 : 미세한 농약 원제의 입자에 고분자 물질을 코팅하여 유탁제나 액상수화제처럼 현탁시킨 제제, 유효성분의 방출·제어가 가능

2 직접 살포용 ①

① 입제 및 세립제

- 유효성분을 고체증량제와 혼합분쇄하고 보조제를 가하여 입상으로 성형한 것
- 살포 시 비산이 제형 중 가장 적다
- 제조과정이 복잡하며, 값이 비싼 편이다.

　가. 입제의 제법

　　a. 압출조립법

　　　농약 원제에 활석, 점토와 같은 증량제와 점결제(접착제), 계면활성제를 혼합하여 물로 반죽한 후 조립, 건조하여 만드는 제형

　　b. 흡착법

　　- 원제가 상온에서 액상일 경우, 고흡유가의 점토광물 등에 흡착시켜 제제

　　- 고흡유가의 점토광물 : 벤토나이트, 버미큘라이트

　　c. 피막법

　　- 비흡유성의 입상 담체를 중심핵으로 액상의 원제를 피복시킨 제제

　　- 비흡유성 입상 담체 : 규사, 탄산석회, 모래

② 정제

　분제와 수화제와 같이 제제한 농약을 일정한 크기로 만든 것으로 직접살포제 중 입자의 크기가 가장 큰 제형

3 직접 살포용 ②

① 분제

　가. 원제를 다량의 증량제와 물리성 개량제, 분해 방지제 등과 혼합·분쇄한 제제

　나. 유효성분 함량은 1~5%에 불과, 대부분이 증량제

　다. 액상농약에 비해 고착성이 불량하여 잔효성이 요구되는 과수에는 적합하지 않음

② 미분제 및 수화성 미분제 : 입도를 더 작게 하여 비산성을 높여 밀폐된 공간의 방제에 적합하여지도록 한 제제

③ 저비산분제

　가. 증량제를 최소화하고 응집제를 사용하여 약제의 표류, 비산을 경감시킨 제제

　나. 일반 분제에 비해 표류비산이 크게 줄어듦

④ 미립제
    가. 입제와 분제의 문제점(미세한 입자의 비산)을 개선한 제형
    나. 약제의 표류, 비산에 의한 환경오염과 사용자의 안전성 확보
⑤ 캡슐제 : 농약 원자를 고분자 물질로 피복하거나 캡슐에 주입하여 만듦, 유효성분 방출제어 가능
⑥ 오일제 : 기름을 녹여 유기용제로 희석하여 살포할 수 있는 제형
⑦ 수면전개제
    가. 비수용성 용제에 원제를 녹이고 수면확산제를 첨가하여 조제한 액상형 제제
    나. 수면에 확산하여 균일한 처리층 형성

4 종자처리용 제형

① 종자처리수화제 : 종자에 대한 부착성을 향상한 수화제, 수화성 분의제라고도 함
② 종자처리액상수화제 : 액상으로 마른 종자에 바로 사용할 수 있음
③ 분의제 : 분상 그대로 종자에 분의 처리하거나 물에 희석하여 사용

5 특수제형

① 훈연제 및 과립훈연제
    가. 농약원제에 발연제, 방염제 등과 기타 보조제 등을 첨가한 제형
    나. 심지에 점화하여 살포하며 밀폐된 공간에서 사용
② 훈증제
    가. 증기압이 높은 원제를 용기에 충진한 것
    나. 용기를 열면 유효성분이 기화하여 약효가 나타남
③ 연무제
  - 농약 원제를 가스 형태로 분사하는 제형
  - 낮은 농약 유효성분을 미세한 입자로 골고루 살포함
  - 비산 및 작업자의 흡입 위험이 있음
④ 도포제
  - 점성이 큰 액상 형태의 제형
  - 가지 전정 후 상처 보호 목적으로 많이 사용됨
  - 병변이나 상처 부위에 붓으로 도포하여 사용
⑤ 미량살포액제
  - 농축된 상태의 액제 제형
  - 항공방제에 사용되는 특수 제형
  - 원제의 용해도에 따라 소량의 기름이나 물에 원제를 녹인 형태

6 농약보조제 ①

① 용제
　가. 원제를 녹이기 위하여 사용하는 용매
　나. 종류 : 지방족 및 방향족 탄화수소류, 염화탄화수소류, 알코올류, 에테르류

② 증량제
　가. 고체농약 제제 시 주성분의 농도를 낮추고 부피를 증가하여 주성분이 목적물의 표면에 균일하게 부착되도록 사용하는 물질
　나. 활석, 납석, 벤토나이트, 규조토, 탄산칼슘 등이 사용된다.

③ 계면활성제
- 극성(친수성) 부분과 비극성(소수성) 부분을 동시에 가지고 있는 화합물
- 물과 기름은 본래 잘 섞이지 않아서 경계면을 형성하지만 계면활성제가 투여되면 이 경계면이 활성화되어 섞이게 된다.

　가. 농업에서의 계면활성제의 역할
　　- 전착제로써의 역할 : 약제가 균일하게 오랫동안 부착되고 침투하여 효과를 증진시킬 수 있도록 함
　　- 유화제로써의 역할 : 계면의 표면장력을 낮춰(= 접촉각을 작게 해주어) 두 물질이 섞이도록 함
　　- 현탁제로써의 역할 : 약제가 응집되지 않고 균등하게 분산할 수 있도록 함

　나. 계면활성제의 종류
　　a. 음이온 계면활성제
　　　물에 녹았을 때 친수성기가 음이온을 띄는 계면활성제
　　b. 양이온 계면활성제
　　　물에 녹았을 때 친수성기가 양이온을 띄는 계면활성제
　　c. 양성 계면활성제
　　　물에 녹았을 때 친수성기가 양전하 파트와 음전하 파트를 모두 갖는 계면활성제
　　d. 비이온성 계면활성제
　　　물에 녹아도 이온화하지 않는 계면활성제

🌳 나무쌤 잡학사전

친수·친유성의 균형비 (Hydrophilic·Lipophilic Balance, HLB)
- 계면활성제의 친수 - 친유의 강약 정도를 수치로 분류한 것
- 비이온성 계면활성제를 대상으로 HLB의 값이 결정되며 값은 0~20 범위를 가짐
- 계면활성제의 기능을 획일적으로 분류하여 각각의 용도에 맞게 사용하도록 하기 위한 지표가 됨
- HLB가 0~10은 친유성의 범위로 0에 가까울수록 소수성이 강함
- HLB가 10~20은 친수성의 범위로 20에 가까울수록 친수성이 강함

7 농약보조제 [2]

① 협력제[2]

  가. 천연 식물성 농약 피레스린(pyrethrin)에 첨가되면 살충력이 증대되는 물질
  → sesamin, sesamolin, egonol, hinokinin, piperonyl butoxide

  ✓ 이외 : sesamax(ddt와 parathion에 첨가했을 때 집파리 살충효과)

② 분해방지제

  가. 유효기간 내 유효성분의 분해를 방지, 억제하기 위한 첨가제

  나. PAP, epichlorohydrin(유기인계 농약의 분해방지제)

③ 활성제 : 유효성분의 이온화 정도를 조정하여 침투성을 향상하기 위한 첨가제(sodium bisulfite)

④ 고착제

  가. 약제의 부착성과 고착성을 향상하기 위한 첨가제

  나. casein, flour, oil, gelatin, gum, resin, 합성물질

⑤ 보습제 : 살포액적의 증발속도를 억제하기 위한 첨가제, 폴리에틸렌 글리콜(polyethylene glycol) 등이 사용

⑥ 약해경감제 : 제초제는 식물체를 죽이는 약제이므로 작물에 어느 정도 약해를 보이기 때문에 이를 완화하기 위하여 사용하는 것이 약해경감제이며, 펜클로림(fenclorim)이 벼농사용 제초제인 프레틸라클로르(pretilachlor)에 대한 약해경감제로 사용되고 있다.

8 농약의 용해도

① 농약의 약효와 물에 대한 용해도는 반비례

  가. 농약의 물에 대한 용해도를 증가시키기 위해 아민(amine)기를 붙이면 식물조직에 대한 침투가 약해지므로 농약의 효과가 떨어진다.

  나. 에스터(Ester)기를 붙이면 식물조직 침투성이 향상되지만, 물에 대한 용해도가 감소하므로 보조제를 첨가한 제형화가 필요하다.

  ✓ 보조제 : 안정제, 협력제, 고착제, 보습제가 있다.

---

2) **협력제** : 그 자체만으로는 약효가 없으나, 혼용하였을 때 농약 유효성분의 약효를 상승시킬 목적으로 사용하는 첨가제

📖 나무쌤 잡학사전

제형별 조제방법 및 유의사항
- 수화제와 액상수화제 : 소정량의 약제를 소량의 물에 넣어 혼화한 후 나머지 전량을 물에 부어 혼화 조제
- 유제 : 규정량의 약제를 동일한 양의 물에 넣고 혼화한 후(1 : 1) 소정량의 물을 부어 혼화 조제(전착제 넣을 때도 동일함)
- 액제, 수용제 : 물에 잘 녹음, 완전히 녹여 투명한 액으로 조제

약제혼용 시 주의해야 할 점
대부분의 약제는 알칼리에서 분해되거나 약해를 유발한다.
- 알칼리성 약제 : 보르도혼합액, 결정석회황합제, 농용비누, 석회함유 약제(비산석회, 카세인석회, 소석회)
- 알칼리성 약제와 혼합해야 할 경우 사용 직전에 조제하여 즉시 살포
- 알칼리성 약제와 혼용을 피해야 할 약제 : 유기인계, 유기염소계, 유기유황살균제, 카바메이트계

✅ 주의사항 3가지!

※ 2종만 혼용 권장, 약제 혼합 시 하나 먼저 완전히 녹인 후 다음 약제를 추가

※ 미량요소비료와 혼용하지 않음, 조제한 살포액은 당일에 살포

※ 유제와 수화제는 가급적 혼용하지 않음

---

3) 농약의 특성

- 토분성(분제) : 살분 시 분제의 입자가 살분기의 분출구로 잘 미끄러져가는 성질
- 현수성(수화제) : 농약을 물에 가했을 때 균일하게 분산, 부유하는 성질을 나타내며, 희석해서 사용 하는 약제에 중요한 성질이다.
- 연무성(연무제) : 연기 또는 안개화 되는 성질
- 고착성 : 살포한 약제가 작물에서 씻겨 내려가지 않고 표면에 붙어 있는 성질
- 유화성(유제) : 유제를 물에 가할 때 균일하게 분산하여 유탁액이 되는 성질

4) 농약의 살포방법

1 농약 살포방법의 종류

① 분무법 : 약제를 물에 희석하여 분무기로 약액을 뿜어 살포하는 방법
② 미스트법 : 물의 양을 적게 하여 진한 약액을 미립자로 송풍기를 통해 풍압으로 살포하는 방법
③ 미량살포법 고농도의 미량살포제(ULV제)를 소량 살포하는 방법(항공살포에 많이 이용)
④ 항공살포법 : 항공기를 이용하여 병해충이 넓은 면적에 발생했을 때 약제를 살포하는 방법
⑤ 살분법 : 분제 농약을 살분기를 이용하여 살포하는 방법
⑥ 살립법 : 입제 농약을 살포기 없이 맨손으로도 살포할 수 있는 방법
⑦ 연무법 : 미스트보다 작은 미립자를 연무질(연기)의 형태로 살포하는 방법
⑧ 관주법 : 약제를 농작물의 뿌리 근처 토양에 주입하거나 토양 전면에 약제를 주입한 후 흙으로 덮는 방법
⑨ 도포법 : 점착제나 페이스트제에 약제를 혼합하여 수간에 바르는 방법
⑩ 침지법 : 농약 희석액에 종자를 담가 표면이나 내부에 감염된 해충을 사멸시키는 방법
⑪ 분의법 : 종자를 소독하기 위하여 미리 물에 담가 적신 다음 약제를 종자 표면에 피복시키는 방법
⑫ 나무주사 : 침투성 살충제를 나무 줄기에 구멍을 뚫고 주입하는 방법

3. 살균제

1) 사용목적 및 작용 특성에 따른 분류

1 사용목적에 의한 분류(대상 병원균에 대한 분류)

① 보호살균제(발아 전 처리제)

병원균의 포자가 발아하여 식물체 내로 침입하는 것을 방지하기 위하여 사용되는 약제로 병이 발생하기 전에 작물체에 처리하며, 병 발생 예방을 목적으로 사용되는 것

가. 보호살균제의 종류
- 무기구리제 : 보르도액, 코퍼옥시클로라이드, 코퍼하이드록사이드
- 유기구리제 : 옥신코퍼, 프로클로라즈코퍼클로라이드
- 무기유황제 : 결정석회황 합제
- 유기유황제 : 만코제브, 티람 등 디티오카바메이트계 농약
- 기타 : 퀴논계(디티아논), 아릴나이트릴계(클로로탈로닐)

✓ 이름에 '코퍼'가 들어가면 보호살균제 일 확률이 높음

② 직접살균제(발아 후 처리제)
- 식물체 내에서 병원균의 포자가 발아하여 균사가 신장하는 등의 포자의 발달과정에 직접 작용하여 병원균을 살멸시키는 살균제
- 대부분의 살균제 및 항생물질들이 직접살균제에 속함

③ 토양살균제(토양소독제)
- 토양 중의 병원미생물을 살멸시키는 것
- 주로 사용되는 농약에는 다조멧, 메탐소듐 등이 있다.

④ 종자소독제
- 작물 종자, 종묘의 표피 및 내부에 감염된 미생물을 살멸시키는 것
- 주로 사용되는 농약에는 베노밀, 티람, 프로클로라즈, 플루디옥소닐 등이 있다.

⑤ 과실방부제(저장병 방제제)
- 수확한 과실 등의 저장 중 부패를 방지하는 것
- 주로 사용되는 농약에는 크레속심메틸, 티아벤다졸, 이미녹타딘트리아세테이트 등이 있다.

2 작용점 및 작용부위 도달

① 병원균의 작용점

　병원균은 단세포 생물이므로 조직학적으로 작용점으로 불릴만한 것이 없음

② 살균제의 작용부위 도달 특성

　가. 병원균의 세포벽은 왁스(wax)와 단백질로 구성되어 있음
　　→왁스(wax)와 잘 결합할 수 있는 친유성기 및 단백질과 친화성이 있는 친수성기를 분자구조 내에 동시에 갖고 있어야 함 (즉, 물과도 친해질 줄 알고 기름과도 친해질 줄 알아야 함)

　나. 병원균의 표면은 전기적으로 음전하를 띠고 있음
　　→양전하를 띠는 물질(금속원소)이 함유된 약제는 균체 내로 쉽게 들어갈 수 있다.

　다. 병원균에 의해 대사적으로 분해 되는 것을 이용함
　　→분해된 산물이 독성을 야기하는 경우가 많음

　라. 보호제를 이용해 작물부위에서 균사의 생육 및 정착 저해

📖 나무쌤 잡학사전

농약의 종류 들어가기 전 꼭! 기억해두셔야 할 사항

① 농약은 모두 한글명으로 기재하였습니다.
　→시험에 영어로 나왔을 때 한글명으로 바꿔서 푸실 줄 아셔야 합니다.
② 아래 유효성분(총괄)은 공부하실 때 외운 것 재확인 하는 용도로 사용해주세요.
③ 암기법의 경우 대부분의 농약에 적용이 되지만 일부 예외가 있는 경우들이 있습니다.
　그럴 땐 당황하지마시고 예외인 농약을 따로 체크해두세요. 암기해두시면 대부분의 문제는 맞추실 수 있을거라 생각합니다.

공부방법

- 시험에 기출되거나 언급되었던 작용기작에는 중요 표시를 해두었는데 적어도 해당 기작은 전부 암기해주셔야 합니다.
- 농약은 공부방법 및 전략이 의미가 없습니다. 계속해서 작용기작과 연관지어 보시다보면 어느순간 외워져 있을 것입니다.

2) 살균제의 종류

☑ **유효성분(총괄)**

공통

~락실, ~딕실, ~벤다~, ~네이트~, ~페논, ~카복신, ~카복사~, ~스트로빈, ~캅, ~몰, ~코나졸, ~트리아~, ~모르프, ~황~, ~제브, ~네브, ~티람, ~마이신, ~사이클린

예외

부피리메이트, 하이멕사졸, 옥솔린산, 디에토펜카브, 에타복삼, 족사마이드, 펜사이큐론, 플루오피콜라이드, 디플루메토림, 메프로닐, 플루톨라닐, 아이소피라잠, 플루오피람, 크레속심메틸, 파목사돈, 페나미돈, 사이아조파미드, 아미설브롬, 플로릴피콕사미드(신규), 플루아지남, 펜틴하이드록사이드, 펜틴아세테이트, 아메톡트라딘, 사이프로디닐, 피리메타닐, 메파니피림, 블라시티시딘-에스, 퀴녹시펜, 프로퀴나자드, 플루디옥소닐, 이프로디온, 프로사이미돈, 빈클로졸린, 에디펜포스, 이프로벤포스, 아이소프로티올레인, 톨클로포스메틸, 에트리디아졸, 프로파모카브, 심플리실리움라멜리코라 BCP, 바실러스속, 티트리(Melaleuca altemifolia) 추출물, 옥사티아피프롤린, 트리포린, 트리플루미졸, 프로클로라즈, 마이클로뷰타닐, 피페랄린, 스피록스아민, 펜피라자민, 펜헥사미드, 피리뷰티카브, 폴리옥신-D,B, 이프로발리카브, 만디프로파미드, 프탈라이드, 프(피)로퀼론, 트리사이클라졸, 카프로파미드, 페녹사닐, 아시벤졸라-에스-메틸, 프로베나졸, 아이소티아닐, 티아디닐, 라미나린, 왕호장근(giant knotweed) 추출물, 포세틸알루미늄, 보르도액, 코퍼옥시클로라이드, 디비이디시(DBEDC), 옥신코퍼, 네오아소진, 캡탄, 폴펫, 클로로탈로닐, 톨릴플루아니드, 이미녹타딘트리아세테이트, 디티아논, 트리코더류, 암펠로마이세스퀴스괄리스에이류, 박테리오파지류

1 살균제 작용기작 별 종류(전체)

기호	세부작용기작 및 성분	계통	암기법	종류
[작용기작] 핵산 합성 저해 (가1~가4)-중요 ★★★				
가1	RNA 중합효소 I 저해	① 아실알라닌계 ② 옥사졸계	~락실 ~딕실	① 메탈락실, 베날락실-엠 ② 옥사딕실
가2	아데노신 디아미네이즈 저해	피리미딘계	-	부피리메이트, 에시리몰
가3	핵산 활성 저해	아이속사졸계	-	하이멕사졸
가4	DNA 토포이소머레이즈(type II) 저해	카복실릭산계	-	옥솔린산

	[작용기작] 세포분열(유사분열) 저해 (나1~나6)			
나1	미세소관 생합성 저해(벤지미다졸계)	① 벤지미다졸계 ② 티오파네이트계	~벤다~ ~네이트~	① 카벤다짐, 티아벤다졸, 베노밀 ② 티오파네이트메틸
나2	미세소관 생합성 저해(페닐카바메이트계)	페닐카바메이트계	-	디에토펜카브
나3	미세소관 생합성 저해(톨루아마이드계)	톨루아마이드계	-	에타복삼, 족사마이드
나4	세포분열 저해(페닐우레아계)	페닐우레아계	-	펜사이큐론
나5	스펙트린 유사 단백질 정위 저해(벤자마이드)	벤자마이드계	-	플루오피콜라이드
나6	액틴/미오신/피브린 저해(시아노아크릴계)	시아노아크릴계	~페논	피리오페논, 메트라페논
	[작용기작] 호흡 저해(에너지 생성 저해) (다1~다8)-중요 ★★★			
다1	복합체Ⅰ의 NADH 산화환원효소 저해	피리미딘아민계	-	디플루메토림
다2	복합체Ⅱ의 숙식산(호박산염) 탈수소효소 저해	① 페닐벤자마이드계 ② 카복사마이드계 (*○○○카복사마이드계) ③ 피리디닐에틸벤자마이드계	~카복신 ~카복사~	① 메프로닐, 플루톨라닐 ② 옥시카복신, 피라졸카복사마이드, 보스칼리드, 아이소피라잠 ③ 플루오피람
다3	복합체Ⅲ:퀴논 외측에서 시토크롬 bc1기능 저해(아족시스트로빈, 피콕시스트로빈, 피라클로스트로빈, 크레속심메틸, 오리사스토로빈, 파목사돈, 페나미돈, 피리벤카브 등)	① 메톡시아크릴레이트계 ② 메톡시카바메이트계 ③ 옥시미노아세테이트계 ④ 옥시미노아세타마이드계 ⑤ 옥사졸리딘디온계 ⑥ 이미다졸리논계	~스트로빈	① 아족시스트로빈, 피콕시스트로빈 ② 피라클로스트로빈 ③ 크레속심메틸, 트리플록시스트로빈 ④ 오리사스트로빈 ⑤ 파목사돈 ⑥ 페나미돈
다4	복합체Ⅲ:퀴논 내측에서 시토크롬 bc1기능 저해(사이아조파미드, 아미설브롬)	① 시아노이미다졸계 ② 설파모일트리아졸계 ③ 피콜린아마이드	-	① 사이아조파미드 ② 아미설브롬 ③ 플로릴피콕사미드(신규)
다5	산화적인산화 반응에서 인산화반응 저해	① 디나이트로페닐크로토네이트계 ② 나이트로아닐린계	~캅	① 디노캅, 멥틸디노캅 ② 플루아지남

다6	ATP 생성효소 저해	유기주석계	-	펜틴하이드록사이드, 펜틴아세테이트
다7	ATP 수송 저해	-	-	-
다8	복합체Ⅲ 시토크롬 bc1기능 저해 (아메톡트라딘)	트리아졸로-피리미딜 아민계	-	아메톡트라딘
[작용기작] 아미노산 및 단백질 합성저해 (라1~라5)-중요 ★★★				
라1	메티오닌 생합성 저해(사이프로디닐, 피리메타닐)	AP계(anilino-pyrimidine)	-	사이프로디닐, 피리메타닐, 메파니피림
라2	단백질 합성 저해(신장기 및 종료기)	에노피라뉴로닉산계	-	블라시티시딘-에스
라3	단백질 합성 저해(개시기) (헥소피라노실계)	헥소피라노실계	-	가스가마이신
라4	단백질 합성 저해(개시기) (글루코피라노실계)	글루코피라노실계	-	스트렙토마이신
라5	단백질 합성 저해(신장기) (테트라사이클린계)	테트라사이클린계	-	옥시테트라사이클린계
[작용기작] 신호전달 저해 (마1~마3)				
마1	작용기구 불명(아자나프탈렌계)	아자나프탈렌계	-	퀴녹시펜, 프로퀴나자드
마2	삼투압 신호전달 효소 MAP 저해 (플루디옥소닐)	페닐피롤계	-	플루디옥소닐
마3	삼투압 신호전달 효소 MAP 저해 (이프로디온, 프로사이미돈)	디카복시마이드계	-	이프로디온, 프로사이미돈 빈클로졸린
[작용기작] 지질생합성 및 막 기능 저해 (바2~바9)				
바2	인지질 생합성, 메틸 전이효소 저해 (이프로벤포스)	① 유기인계 ② 디치올란계	-	① 에디펜포스, 이프로벤포스 ② 아이소프로티올레인
바3	세포 과산화(에트리디아졸)	① AH계(Aromatic Hydrocarbon) ② 헤테로아로마틱계	-	① 톨클로포스메틸 ② 에트리디아졸
바4	세포막 투과성 저해(카바메이트계)	카바메이트계	-	프로파모카브
바6	병원균의 세포막 기능을 교란하는 미생물	미생물(세균)	-	심플리실리움라멜리코라 BCP, 바실러스속
바7	세포막 기능 저해	-	-	티트리(Melaleuca altemifolia) 추출물
바8	에르고스테롤 결합 저해	-	-	-
바9	지질 항상성, 이동, 저장 저해	이속사졸린계	-	옥사티아피프롤린

[작용기작] 막에서 스테롤 생합성 저해 (사1~사4)-중요 ★★★					
사1	탈메틸 효소 기능 저해(피리미딘계, 이미다졸계 등)	① 피페라진계 ② 피리미딘계 ③ 이미다졸계 ④ 트리아졸계	~몰 ~코나졸 ~트리아~	① 트리포린 ② 뉴아리몰, 페나리몰 ③ 트리플루미졸, 프로클로라즈 ④ 테부코나졸, 헥사코나졸, 트리아디메놀, 플루트리아폴, 마이클로뷰타닐
사2	이성질화 효소 기능 저해	아민(morpholine)계	~모르프 (디메토모르프예외)	올디모르프, 펜프로피모르프 피페랄린, 스피록스아민
사3	케토환원효소 기능 저해(펜헥사미드, 펜피라자민)	하이드록시아닐라이드계	-	펜피라자민, 펜헥사미드
사4	스쿠알렌 에폭시데이즈 기능 저해	티오카바메이트계	-	피리뷰티카브
[작용기작] 세포벽 생합성 저해 (아3~아5)				
아3	트레할라제(글루코스 생성) 효소기능 저해(발리다마이신)	글루-코피라노실계	-	발리다마이신
아4	키틴 합성 저해(폴리옥신)	펩티딜피리미딘뉴클레오사이드계	-	폴리옥신-D,B
아5	셀룰로오스 합성 저해(디메토모르프, 벤티아발리카브, 발리페날레이트)	① 신나믹산아마이드계 ② 발린아마이드카바메이트계 ③ 만델릭산아마이드계	-	① 디메토모르프 ② 이프로발리카브 ③ 만디프로파미드
[작용기작] 세포막 내 멜라닌 합성저해 (자1~자3)				
자1	환원효소 기능 저해(트리사이클라졸)	① 아이소벤조퓨라논계 ② 피롤로퀴놀리논계 ③ 트리아졸로벤조치아졸계	-	① 프탈라이드 ② 프(피)로퀼론 ③ 트리사이클라졸
자2	탈수소 효소 기능 저해(페녹사닐)	① 사이클로프로판카복사미드계 ② 프로피온아마이드계	-	① 카프로파미드 ② 페녹사닐
자3	폴리케티드 합성 저해(톨프로카브)	-	-	-

	[작용기작] 기주식물 방어기구 유도 (차1~차7)			
차1	살리실산 유사작용(벤조티아디아졸계, 아시벤졸라 에스 메틸)	BTH계(benzo-thiadiazole)	-	아시벤졸라-에스-메틸
차2	벤즈이소티아졸계(프로베나졸)	벤즈이소티아졸계	-	프로베나졸
차3	티아디아졸카복사마이드계	티아디아졸카복사마이드계	-	아이소티아닐, 티아디닐
차4	천연 화학물 계통	다당류계 (polysaccharide)	-	라미나린
차5	식물 추출물 계통	마디풀과	-	왕호장근(giant knotweed) 추출물
차6	미생물 계통	-	-	-
차7	포스포네이트계(포세틸알루미늄 등)	-	-	포세틸알루미늄
	[작용기작] 다점 접촉작용 (카1)			
카	보호살균제, 무기유황제, 무기구리제, 유기비소제 등	① 무기유황제 ② 무기구리제 ③ 유기구리제 ④ 유기비소제 ⑤ 디티오카바메이트계 ⑥ 프탈리마이드계 ⑦ 클로로나이트릴계 ⑧ 설파마이드계 ⑨ 구아니딘계 ⑩ 퀴논계	~황~ ~제브 ~네브 ~티람	① 황, (결정)석회황 ② 보르도액, 코퍼옥시클로라이드 ③ 디비이디시(DBEDC), 옥신코퍼 ④ 네오아소진 ⑤ 만코제브, 지네브, 티람 ⑥ 캡탄, 폴펫 ⑦ 클로로탈로닐 ⑧ 톨릴플루아니드 ⑨ 이미녹타딘트리아세테이트 ⑩ 디티아논
	[작용기작] 작용기작 불명 (미분류)			
미	메트라페논, 사이목사닐, 사이플루페나미드 등	-	-	-
	[작용기작] 생물학적 제제 (생1~생2)			
생1	식물 추출물(세포벽, 이온막수송체에 다양한 작용, 포자 및 발아관에 영향, 식물저항성 유도 등)	-	-	-
생2	미생물 및 미생물 추출물 또는 대사산물(경쟁, 균기생, 항균성, 세포막 저해, 용해 효소, 식물저항성 유도 등)	-	-	트리코더류 암펠로마이세스퀴스괄리스에이류 스트렙토마이세스류 박테리오파지류

3) 살균제의 작용기작

1 핵산 합성 저해

> ✅ **가(1 ~ 4) 살균제의 특성**
>
> 핵산의 생합성을 위해서는 여러 가지 단백질이 필요하며, 살균제의 작용점이 되는 것은 DNA 토포이소머라아제(DNA topoisomerase), DNA/RNA 중합효소(DNA/RNA polymerase), 아데노신 탈아미노효소(adenosine deaminase) 등이다
> - 가군의 살균제는 ①병원균 단백질 형성을 억제하고 ②보호 및 치료효과를 가지며, ③침투이행성의 특징을 가지고 있다.
>
>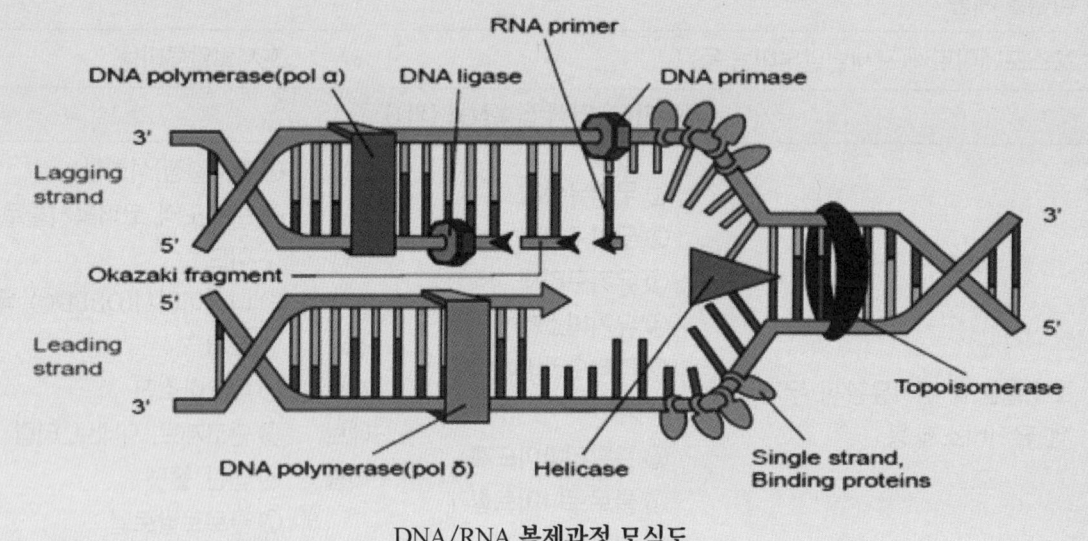
>
> DNA/RNA 복제과정 모식도

[가1] RNA 중합효소 Ⅰ 저해
*표시기호: 가1 = 아실알라닌계, 옥사졸계

- RNA 중합효소 Ⅰ(RNA polymerase Ⅰ)을 저해하는 기작을 가진 것
- 아실알라닌계의 메탈락실과 옥사졸계의 옥사딕실 등이 사용되고 있다.

[가2] 아데노신 디아미네이즈 저해
*표시기호: 가2 = 피리미딘계

아데노신 디아미네이즈(adenosine deaminase)를 저해하는 기작을 가진 것

[가3] 핵산 활성 저해
*표시기호: 가3 = 아이속사졸계

- 핵산 활성을 저해하는 기작을 가진 것(으로 추정됨)
- 하이멕사졸 등이 사용되고 있다.

[가4] DNA 토포이소머레이즈(Type Ⅱ) 저해
*표시기호: 가4 = 카복실릭산계

- DNA 토포이소머레이즈를 저해하는 기작을 가진 것
- 옥솔린산이 사용되고 있다.

2 세포분열(유사분열) 저해

> ✅ **나1~나6 살균제의 특성**
>
> 세포분열에 필요한 방추사(spindle)의 구성체인 미세소관(microtubule)의 생합성을 저해하거나, 세포 내 골격 형성 단백질(cytoskeletal protein)인 스펙트린(spectrin)의 정위(定位)를 저해(delocalisation) 하는 것
> - 나군의 살균제는 ①포자 발아, 균사 신장, 포자 형성 등에 중요한 역할을 하고 특히, ②미소관 형성을 방해하여 세포분열과 세포 골격을 형성하지 못하게 억제한다.

[나1] 미세소관 생합성 저해(벤지미다졸계)
*표시기호 : 나1 = 벤지미다졸계, 티오파네이트계

미세소관(microtubule)의 생합성 과정 중 베타-튜불린 소단위(β-tubulin subunit)에 결합하여 알파,베타-이합체(α, β-dimer) 형성을 저해함

[나2] 미세소관 생합성 저해(페닐카바메이트계)
*표시기호 : 나2 = 페닐카바메이트계

베타-튜불린 소단위(β-tubulin subunit)에 결합하여 미세소관(microtubule)의 생합성을 저해함

[나3] 미세소관 생합성 저해(톨루아마이드계)
*표시기호 : 나3 = 톨루아마이드계

베타-튜불린 소단위(β-tubulin subunit)에 결합하여 미세소관(microtubule)의 생합성을 저해하나 B2와는 차이가 있는 것

[나4] 세포분열 저해(페닐우레아계)
*표시기호 : 나4 = 페닐우레아계

세포분열 저해제로 추정됨

[나5] 스펙트린 유사 단백질 정위 저해(벤자마이드계)
*표시기호 : 나5 = 벤자마이드계

스펙트린(spectrin) 유사단백질의 정위(定位)를 저해함

[나6] 액틴/미오신/피브린 저해(시아노아크릴계)
*표시기호 : 나6 = 시아노아크릴계

3 호흡 저해

> ✅ **다1~다8 살균제의 특성**
>
> 세포 내 mitochondria의 내막에서 일어나는 에너지 생성과정을 세포내 호흡이라 하며, 복합체(complex) Ⅰ, Ⅱ, Ⅲ, Ⅳ 및 ATP 합성효소(ATP synthase) 등 많은 단백질복합체가 관여하고 있다.
> - 다군의 살균제는 호흡의 각 단계에서 저해하여 생체에너지인 ATP의 생산을 억제한다.

[다1] 복합체 Ⅰ의 NADH 산화환원효소 저해
*표시기호 : 다1 = 피리미딘아민계

복합체 Ⅰ을 구성하는 NADH 탈수소효소(NADH dehydrogenase)의 기능을 저해함

[다2] 복합체 Ⅱ의 숙신산(호박산염) 탈수소효소 저해

*표시기호 : 다2 = 페닐벤자마이드계, 카복사마이드계, 피리디닐에틸벤자마이드계

복합체 Ⅱ를 구성하는 숙신산 탈수소효소(succinate dehydrogenase)의 기능을 저해함

[다3] 복합체Ⅲ: 퀴논 외측에서 시토크롬 bc1기능 저해

*표시기호: 다3 = 메톡시아크릴레이트계, 메톡시카바메이트계, 이미다졸리논계 등

복합체 Ⅲ을 구성하는 시토크롬 bc1 복합체(cytochrome bc1, ubiquinol oxidase)의 기능을 저해함

[다4] 복합체Ⅲ: 퀴논 외측에서 시토크롬 bc1기능 저해(사이아조파미드, 아미설브롬)

*표시기호: 다4 = 시아노이미다졸계, 설파모일트리아졸계, 피콜린아마이드계

복합체 Ⅲ을 구성하는 시토크롬 bc1 복합체(cytochrome bc1, ubiquinol oxidase)의 기능을 저해함

[다5] 산화적인산화 반응에서 인산화반응 저해   *표시기호: 다5 = 디나이트로페닐크로토네이트계, 나이트로아닐린계

전자가 복합체 Ⅰ에서 복합체 Ⅳ로 이동할 때 수소이온(H^+)이 막간 공간(intermembrane space)으로 펌핑되는 것을 저해함

[다6] ATP 생성효소 저해   *표시기호: 다6 = 유기주석계

ATP 합성효소(ATP synthase)를 저해함

[다7] ATP 수송 저해

ATP 생성저해제로 추정됨

[다8] 복합체Ⅲ 시토크롬 bc1기능 저해(아메톡트라딘)   *표시기호: 다8 = 아메톡트라딘

복합체 Ⅲ을 구성하는 cytochrome bc1(ubiquinone reductase)의 기능을 저해하는 것으로 추정됨

4 아미노산 및 단백질 합성 저해

> ✓ **라1~라5 살균제의 특성**
>
> 단백질 합성은 세포 내 소기관인 리보솜에서 생합성이 되는데, 1.합성 개시기 - 2.펩티드 신장기 - 3.합성 종료기 순으로 합성이 진행된다. 라군의 살균제는 각각의 단계에서 합성을 저해하여 단백질을 합성하지 못하게 한다.

[라1] 메티오닌 생합성 저해(사이프로디닐, 피리메타닐)   *표시기호: 라1 = AP계(anilino-pyrimidine)

메티오닌(methionine) 생합성 저해제로 추정됨

[라2] 단백질 합성 저해(신장기 및 종료기)   *표시기호: 라2 = 에노피라뉴토닉신계

단백질합성 신장기와 종료기에 작용함

[라3] 단백질 합성 저해(개시기) (헥소피라노실계)   *표시기호: 라3 = 헥사피라노실계

단백질합성 개시기에 작용함

[라4] 단백질 합성 저해(개시기) (글루코피라노실계)   *표시기호: 라4 = 글루코피라노실계

단백질합성 개시기에 작용함

[라5] 단백질 합성 저해(신장기) (테트라사이클린계)   *표시기호: 라5 = 테트라사이클린계

단백질합성 저해제

5 신호전달 저해

> ### ✅ 마1~마3 살균제의 특성
>
> - 모든 생물은 세포막에서 외부 환경(또는 다른 세포)으로부터 오는 신호를 받아들이는데, 이를 신호 도입(또는 변환)(signal transduction)이라고 한다.
> - 외부 신호는 물질 또는 리간드(ligand)이며, 세포막에 수용체 단백질이 있어 물질과 결합하고, 세포 내에서 2차 신호물질을 방출하여 세포의 생리기능, 유전자 발현 등을 조절한다.
> - 히스티딘 인산화효소(Histidine kinases)는 원핵생물, 곰팡이 및 식물세포의 세포막에서 발견되는 수용체 단백질로 다양한 기능을 수행한다.
> - 마군의 살균제는 ①병원균의 포자 및 발아관 생장을 억제하고 ②광범위한 효과를 가졌으며, ③침투이행성이 없는 것이 특징이다.
>
>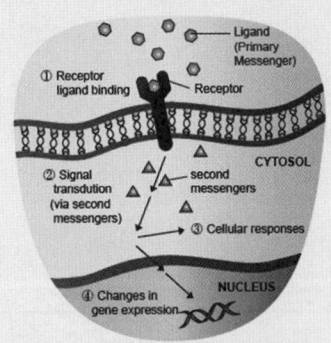
>
> <세포 내로의 신호도입 모식도>

[마1] 작용기구 불명(아자나프탈렌계) *표시기호: 마1 = 아자나프탈렌계

작용기구가 분명하지 않은 것

[마2] 삼투압 신호전달 효소 MAP 저해(플루디옥소닐) *표시기호: 마2 = 페닐피롤계

삼투압 신호전달의 주체인 MAP(미토겐활성화단백질, mitogen-activated protein)/histidine kinase(os-2, HOG1)의 기능을 저해함

[마3] 삼투압 신호전달 효소 MAP 저해(이프로디온, 프로사이미돈) *표시기호: 마3 = 디카복시마이드계

삼투압 신호전달의 주체인 MAP(mitogen-activated protein/histidine kinase(os-1, Daf1)의 기능을 저해함

6 지질생합성 및 막 기능 저해

> ### ✅ 바2~바9 살균제의 특성
>
> 바군의 살균제는 ①포자 생성 및 균사생장을 억제하고, ②침투이행성이 좋으며 ③잔효기간이 길다.

[바2] 인지질 생합성, 메틸 전이효소 저해(이프로벤포스) *표시기호: 바2 = 유기인계, 디치올란계

인지질(phosphatidyl choline) 생합성에 관여하는 효소 중 methyl transferase의 기능을 저해함

[바3] 세포 과산화(에트리디아졸) *표시기호 : 바3 = AH계(Aromatic Hydrocarbon), 헤테로아로마틱계

지질 과산화와 관련이 있는 것으로 추정됨

[바4] 세포막 투과성 저해(카바메이트계) *표시기호 : 바4 = 카바메이트계

세포막 투과성을 저해하는 것으로 추정됨

[바6] 병원균의 세포막 기능을 교란하는 미생물 *표시기호 : 바6 = 미생물(세균)

병원균 세포막의 기능을 교란하는 미생물로 바실루스 서브틸리스와 같은 바실루스속이 사용되고 있음

[바7] 세포막 기능 저해

병원균 세포막의 기능을 교란하는 식물체 추출물로 도금양과에 속하는 Melaleuca altemifolia의 추출물로 알려져 있음

[바8] 에르고스테롤 결합 저해

[바9] 지질 항상성, 이동, 저장 저해 *표시기호 : 바9 = 이속사졸린계

7 막에서 스테롤 생합성 저해

> ✅ **사1 ~ 사4 살균제의 특성**
>
> 스테롤(sterol) 생합성 과정 중 아세틸 CoA(acetyl CoA)로부터 메발론산(mevalonic acid), 스쿠알렌(squalene)을 거쳐 라노스테롤(lanosterol)이 형성되는 과정은 모든 생물에서 동일하나, 최종 스테로이드(steroid)로의 전환과정은 생물종에 따라 다르며 동물은 콜레스테롤(cholesterol), 식물은 시토스테롤(sytosterol), 대부분의 곰팡이는 에르고스테롤(ergosterol)이고, 에고스테롤 생합성을 저해하는 살균제를 EBI(ergosterol biosynthesis inhibitor)라고 한다.
> - 사군의 살균제는 대부분 에르고스테롤 생합성 저해제이며, 에르고스테롤은 곰팡이와 원생동물의 세포막 구성성분이다.

[사1] 탈메틸 효소 기능 저해(피리미딘계, 이미다졸계 등) *표시기호 : 바2 = 피페라진계, 피리미딘계, 이미다졸계, 트리아졸계

라노스테롤을 4,4 - dimethyl cholesta - 8,14,24 - trienol로 변환시키는 라노스테롤 탈메틸효소(lanosterol C - 14 demethylase)의 기능을 저해하는 것

[사2] 이성질화 효소 기능 저해 *표시기호 : 사2 = 아민(morpholine)계

4,4 - dimethyl cholesta - 8,14,24 - trienol을 4,4 - dimethyl zymosterol로 변환시키는 스테롤 환원효소(sterol C - 14 reductase)와 페코스테롤(fecosterol)을 에피스테롤(episterol)로 변환시키는 스테롤 이성질화 효소(sterol C - 8 isomerase)를 동시에 저해하는 것

[사3] 케토환원효소 기능 저해(펜헥사미드, 펜피라자민) *표시기호 : 사3 = 하이드록시아닐라이드계

4,4 - dimethyl zymosterol을 지모스테롤(zymosterol)로 변환시키는 효소 중 sterol C - 3 keto - reductase의 기능을 저해하는 것

[사4] 스쿠알렌 에폭시데이즈 기능 저해 *표시기호 : 사4 = 티오카바메이트계

스쿠알렌(squalene)을 스쿠알렌 에폭시데이즈(squalene epoxide)로 변환시키는 스쿠알렌 에폭시데이즈 효소(squalene epoxidase)의 기능을 저해하는 것

8 세포벽 생합성 저해

> ✅ **아3~아5 살균제의 특성**
>
> 아군의 살균제는 균의 세포벽 성분인 셀룰로오스, 키틴 그리고 재료인 글루코스가 생합성되는 것을 저해하여 살균효과를 나타낸다.

[아3] 트레할라제(글루코스 생성) 효소기능 저해(발리다마이신)   *표시기호 : 아3 = 글루-코피라노실계

트레할로스(trehalose)를 2분자의 글루코스(포도당, glucose)로 분해하는 트레할라제(trehalase)의 기능을 저해하는 것

[아4] 키틴 합성 저해(폴리옥신)   *표시기호 : 아4 = 펩티딜피리미딘뉴클레오사이드계

곰팡이 세포벽의 구성 성분인 키틴(chitin)의 생합성을 저해하는 것

[아5] 셀룰로오스 합성 저해(디메토모르프, 벤티아발리카브, 발리페날레이트)

     *표시기호 : 아5 = 신나믹산아마이드계, 발린아마이드가카바메이트계, 만델릭산아마이드계

난균 세포벽의 구성 성분인 셀룰로오스(섬유소, cellulose)의 생합성을 저해하는 것

9 세포막 내 멜라닌 합성저해

> ✅ **자1~자3 살균제의 특성**
>
> 병원균(곰팡이)이 식물체를 침입할 때 식물체의 방어기구를 무력화할 수 있는 무기가 곰팡이 세포벽에 축적된 멜라닌(melanin)이며, 이 물질의 생성을 억제함으로써 병원균 침입을 막을 수 있다.

[자1] 환원효소 기능 저해(트리사이클라졸)   *표시기호 : 자1 = 아이소벤조퓨라논계, 피롤로퀴놀리논계, 트리아졸로벤조치아졸계

멜라닌(melanin) 생합성 과정 중 하이드록시나프탈렌 환원효소(hydroxynaphthalene reductase)를 저해하는 것

[자2] 탈수소 효소 기능 저해(페녹사닐)   *표시기호 : 자2 = 사이클로프로판 카복사마이드계, 프로피온아마이드계

멜라닌(melanin) 생합성 과정 중 사이탈론 탈수 효소(scytalone dehydratase)를 저해하는 것

[자3] 폴리케티드 합성 저해(톨프로카브)

10 기주식물 방어기구 유도

> **✓ 차1~차7 살균제의 특성**
>
> 식물은 병원균이 침입한 부위에서 과민감반응(hypersensitivity)을 일으켜 병원균을 건전한 조직으로부터 격리시키며, 과민감반응이 일어난 조직 주변에서 살리실산(salicylic acid)를 방출하여 식물체 전체로 퍼트린다.
> 살리실산에 노출된 조직(세포)에서는 병원체 관련 단백질(Pathogen RelatedProtein)과 항균성 물질(phytoalexin)을 분비하여 병원균의 침입에 대비하는데 이를 전신획득저항성(systemic acquired resistance)라고 한다.

[차1] 살리실산 유사작용(벤조티아디아졸계, 아시벤졸라-에스-메틸) *표시기호 : 차1 = BTH계(benzo-thiadiazole)

signal transducer로서 살리실산(salicylic acid)와 같은 역할을 하는 BTH(benzo-thiadiazole)계인 아시벤졸라-에스-메틸이 사용됨

[차2] 벤즈이소티아졸계(프로베나졸) *표시기호 : 차2 = 벤즈이소티아졸계

P1과 유사한 역할을 하는 것으로 알려진 벤즈아이소치아졸계(benzisothiazole)인 프로베나졸이 사용됨

[차3] 티아디아졸카복사마이드계 *표시기호 : 차3 = 티아디아졸카복사마이드계

P1과 유사한 역할을 하는 것으로 알려진 치아다이아졸카복사마이드계(thiadiazole carboxamide)계인 아이소티아닐, 티아디닐이 사용됨

[차4] 천연 화합물 계통 *표시기호 : 차4 = 다당류계(polysaccharide)

다당류계(polysaccharide)인 라미나린(laminarin)이 사용되지만 국내에는 등록되어 있지 않음

[차5] 식물 추출물 계통 *표시기호 : 차5 = 마디풀과

마디풀과에 속하는 왕호장근(giant knotweed, Reynoutria sachalinensis)의 추출물도 유사한 효과가 있는 것으로 알려져 있으나 국내에는 등록되어 있지 않음.

[차6] 미생물 계통

[차7] 포스포네이트계(포세틸알루미늄) *표시기호 : 차7 = 포세틸알루미늄

11 다점 접촉 작용

> **✓ 카 살균제의 특성**
>
> 보호살균제로 쓰이는 것이 대부분
> ※작용기작 표 참고

12 작용기구 불명

✓ 미분류 살균제의 특성

작용기구가 알려지지 않은 것

※작용기작 표 참고

4. 살충제

1) 살충제의 분류

1 사용목적에 따른 분류

① 경엽처리제

줄기와 잎에 직접 농약을 살포하므로써 접촉, 흡수에 의하여 방제하는 방식을 가진 농약

② 토양처리제

- 토양에 처리하여 병, 해충, 잡초 등을 방제하는데 사용되는 약제
- 침투성 살충제의 경우 토양처리제로 사용하여 식물의 뿌리로 흡수되어 작용함

2 작용특성에 따른 분류

① 접촉독제

약제가 해충의 체벽(표피)에 접촉하여 체내로 침투함으로써 독작용을 나타내는 약제로 잔효력이 짧은 직접접촉독제와 잔효력이 긴 잔류성접촉독제로 구분한다. 대부분의 살충제는 접촉독제에 속한다.

② 식독제

소화중독제라고도 하며 식물체 표면에 약제성분을 부착시켜 해충이 먹이와 함께 약제를 먹게하여, 해충의 소화기관 내로 들어가 독작용을 보이는 약제를 말합니다.→섭식성 해충에 적용

③ 침투성살충제

- 약제를 식물의 뿌리(일부는 잎)에 처리하여 식물체 내로 흡수, 이행시켜 약제를 처리하지 않은 부위에도 분포하게 함으로써 흡즙성 해충을 방제하는 것으로, 대부분의 입제 형태 살충제(토양해충 방제제 제외)가 이 범주에 속한다.→흡즙성 해충에 적용

  가. 카바메이트계 : 벤퓨라카브, 카보퓨란 등

  나. 합성피레스로이드계 : 에토펜프록스

  다. 네오니코티노이드계 : 디노테퓨란, 아세타미프리드, 티아메톡삼 등

④ 해충의 종류에 따른 구분

경엽해충방제제, 토양해충방제제, 멸구류방제제, 나방류방제제, 진딧물류방제제 등

2) 살충제의 종류

> ✅ **유효성분(총괄)**
>
> **공통**
> ~티온,~카보~,~카바~,~트린,~프리드, 스피~,~멕틴~,~탑,~쥬론,~자이드, 스피로~,~프롤
>
> **예외**
> 메소밀, 다이아지논, 클로르피리포스, 포스티아제이트, 포스파미돈, 에스펜발러레이트, 펜발러레이트, 에토펜프록스, 메톡시클로르, BHC, DDT, 디노테퓨란, 티아메톡삼, 설폭사플로르, 스피네토람, 스피노사드, 메소프렌, 메틸브로마이드, 클로로피크린, 클로펜테진, 헥시티아족스, 에톡사졸, 프로파자이트, 테트라디폰, 클로르페나피르, 트리플루뮤론, 헥사플루뮤론, 트리플루뮤론, 헥사플루뮤론, 뷰프로페진, 아미트라즈, 테부펜피라드, 페나자퀸, 펜피록시메이트, 피리다벤, 로테논, 인독사카브, 메타플루미존, 인산 알루미늄, 플루벤디아마이드, 디코폴, 벤족시메이트, 아자디락틴, 메탐소듐

1 살충제 종류(전체)

기호	계통	암기법	종류
[신경계] 아세틸콜린에스테라제 기능 저해 (1a~1b)-중요 ★★★			
1a	카바메이트계	~카보~ ~카바~	카바릴, 카보퓨란, 페노뷰카브, 메소밀
1b	유기인계	~티온	말라티온, 파라티온, 페니트로티온 다이아지논, 카두사포스(살선충제), 클로르피리포스, 포스티아제이트(살선충제), 포스파미돈
[신경계] GABA 의존 Cl통로 억제 (2a~2b)			
2a	유기염소계(1)	-	엔도설판, 헵타클로르
2b	페닐피라졸계	-	피프로닐
[신경계] Na 통로 조절 (3a~3b)-중요 ★★★			
3a	합성 피레스로이드계	~트린	델타메트린, 비펜트린 등 에스펜발러레이트, 펜발러레이트, 에토펜프록스
3b	유기염소계(2)	-	메톡시클로르, BHC, DDT
[신경계] 신경전달물질 수용체 차단 (4a~4e)-중요 ★★★			
4a	네오니코티노이드계	~프리드	아세타미프리드, 이미다클로프리드, 티아클로프리드 디노테퓨란, 티아메톡삼, 클로티아니딘
4b	니코틴계	-	니코틴
4c	설폭시민계	-	설폭사플로르
4d	부테놀라이드계	-	-
4e	메소이온계	-	-

	[신경계] 신경전달물질 수용체 기능 활성화 (5)		
5	스피노신계	스피~	스피네토람, 스피노사드
	[신경계] Cl 통로 활성화 (6)-중요 ★★★		
6	아바멕틴계, 밀베마이신계	~멕틴~	레피멕틴, 밀베멕틴, 아바멕틴, 에마멕틴벤조에이트
	[내분비계] 유약호르몬 작용 (7a~7c)		
7a	유약호르몬 유사체	-	피리프록시펜, 메소프렌
7b	페녹시카브	-	-
7c	피리프록시펜	-	-
	[다점] 다점저해(훈증제) (8a~8f)		
8a	할로젠화알킬계	-	메틸브로마이드(훈증제)
8b	클로로피크린	-	클로로피크린(훈증제)
8c	플루오르화술푸릴		
8d	붕사	-	-
8e	토주석	-	-
8f	이소티오시안산메틸 발생기		
	[-] 현음기관 TRPV 통로 조절 (9b)		
9b	피리딘 아조메틴 유도체	-	-
	[곤충생장조정] 응애류 생장저해 (10a~10b)		
10a	클로펜테진, 헥시티아족스	-	클로펜테진, 헥시티아족스
10b	에톡사졸	-	에톡사졸
	[세포막] 미생물에 의한 중장 세포막 파괴 (11a~11b)-중요 ★★★		
11a	B.t 독성 단백질	-	-
11b	B.t 아종의 독성 단백질	-	-
	[호흡] 미토콘드리아 ATP합성효소 저해 (12a~12d)		
12a	디아펜티우론	-	-
12b	유기주석 살선충제	~멕틴 제외 '틴'	아씨틴, 아조사이클로틴, 사이헥사틴, 싸이틴, 펜뷰타틴옥사이드
12c	프로파자이트	-	프로파자이트
12d	테트라디폰	-	테트라디폰
	[호흡] 수소이온 구배형성 저해 (13)		
13	피롤계, 디니트로페놀계, 설플루라미드	-	클로르페나피르
	[신경계] 신경전달물질 수용체 통로 차단 (14)-중요 ★★★		
14	네레이스톡신 유사체	~탑	벤설탑, 카탑

		[곤충생장조정] O형 키틴합성 저해 (15)-중요 ★★★	
15	벤조일 요소(Urea)계	~쥬론	디플로벤쥬론, 클로로플루아쥬론, 테플로벤쥬론 노발루론, 루페누론, 트리플루뮤론, 헥사플루뮤론
		[곤충생장조정] I형 키틴 합성 저해 (16)	
16	I형 키틴 합성 저해	-	뷰프로페진

		[곤충생장조정] 파리목 곤충 탈피 저해 (17)	
17	사이로마진	-	사이로마진
		[내분비계] 탈피호르몬 수용체 기능 활성화 (18)	
18	디아실하이드라진계	~자이드	메톡시페노자이드, 크로마페노자이드, 테부페노자이드
		[신경계] 옥토파민 수용체 기능 활성화 (19)	
19	아미트라즈	-	아미트라즈
		[호흡] 전자전달계 복합체III 저해 (20a~20d)	
20a	하이드라메틸논	-	-
20b	아세퀴노실	-	-
20c	플루아크리피림	-	-
20d	비페나제이트	-	-
		[호흡] 전자전달계 복합체 I 저해 (21a~21b)	
21a	METI 살비제 및 살충제	-	테부펜피라드, 페나자퀸, 펜피록시메이트, 피리다벤
21b	로테논	-	로테논
		[신경계] 전위 의존 Na 통로 차단 (22a~22b)	
22a	옥사디아진계	-	인독사카브
22b	세미카르바존계	-	메타플루미존
		[세포막] 지질생합성 저해 (23)	
23	테트론산 및 테트람산 유도체	스피로~	스피로디클로펜, 스피로메시펜, 스피로테트라맷
		[호흡] 전자전달계 복합체IV 저해 (24a~24b)	
24a	인화물계	-	인산 알루미늄
24b	시안화물	-	-
		[호흡] 전자전달계 복합체 II 저해 (25a~25b)	
25a	베타-케토니트릴 유도체	-	사이에노피라펜, 사이플루메토펜→살비제
25b	카복시닐라이드	-	-
		[신경계] 라이아노딘 수용체 조절 (28)-중요 ★★★	
28	디아마이드계	~프롤	사이안트라닐리프롤, 클로란트라닐리프롤, 플루벤디아마이드

	[신경계] 현음기관 조절 - 정의되지 않은 작용점 (29)		
29	플로니카미드	-	-
	[신경계] GABA 의존 Cl 통로 조절 (30)		
30	메타-디아마이드계	-	-
	[미분류] 작용기작 불명 (미분류)		
미	아자디락틴, 디코폴	-	디코폴, 벤족시메이트, 아자디락틴, 메탐소듐

2 살충제 종류(작용기작 별)

① 곤충의 [신경계]에 작용하는 기작을 가진 계통

= 1a, 1b, 2a, 2b, 3a, 3b, 4a, 4b, 4c, 4d, 4e, 5, 6, 14, 19, 22a, 22b, 28, 29, 30

② 곤충의 [내분비계]를 교란하는 기작을 가진 계통

= 7a, 7b, 7c, 18

③ [다점] 저해하는 기작을 가진 계통

= 8a, 8b, 8c, 8d, 8e, 8f

④ [곤충생장조정] 및 응애류 생장 조절 기작(키틴대사 등)을 가진 계통

= 10a, 10b, 15, 16, 17

⑤ [세포막] 생합성 및 기능 저해하는 기작을 가진 계통

= 11a, 11b, 23

⑥ [호흡](에너지 대사)을 저해하는 기작을 가진 계통

= 12a, 12b, 12c, 12d, 13, 20a, 20b, 20c, 20d, 21a, 21b, 24a, 24b, 25a, 25b

⑦ 작용기작이 [불명]인 계통

= 미

3 천연 살충제[3]

식물이나 자연 광물에서 얻은 유효 성분을 넣어 만든 살충제

기호	구분	천연 유효 성분	종류
3a	합성 피레스로이드계	제충국의 피레스린	델타메트린, 비펜트린 등 에스펜발러레이트, 펜발러레이트, 에토펜프록스
4a	네오니코티노이드계	담배에 포함된 니코틴	아세타미프리드, 이미다클로프리드, 티아클로프리드, 디노테퓨란, 티아메톡삼, 클로티아니딘
14	네레이스톡신계	바다 갯지렁이 추출물	벤설탑, 카탑
21b	로테논	데리스 속 식물의 뿌리추출물	로테논

3) **천연 살충제** : 식물이나 자연 광물에서 얻은 유효 성분을 넣어 만든 살충제

4 살비제와 살선충제로 많이 쓰이는 약제

① 살비제(살응애제) : 응애는 거미강에 속하며 일반 살충제로 방제가 어려워 응애 방제약제가 별도로 개발되어 있다.
- 합성피레스로이드계 : 비펜트린, 아크리나트린 등
- 아바멕틴계 : 밀베멕틴, 아바멕틴
- 유기주석계 : 싸이틴, 아씨틴, 펜뷰타틴옥사이드 등
- METI계 : 페나자퀸, 피리다벤
- 테트로닉산계 : 스피로디클로펜, 스피로메시펜, 스피로테트라맷 등

② 살선충제 : 선충은 선형동물에 속하며 주로 유기인계 살충제인 이미시아포스, 카두사포스, 포스티아제이트 등에 의해 방제가 이루어진다.

3) 살충제의 작용기작

1 살충제의 작용점 도달

✓ 침입경로에 따라 식독제(소화중독제), 접촉독제 및 흡입독제로 구분

① 식독제 : 입을 통하여 들어가 중장 내에서 흡수되므로 곤충 중장의 pH에 의해 크게 영향을 받는다.
- 산성에 잘 용해되는 약제 : 중장의 pH가 산성인 딱정벌레목 곤충에 효과
- 알칼리성에 잘 용해되는 약제 : 중장의 pH가 알칼리성인 나비목 곤충에 효과

② 접촉독제
- 약제가 곤충의 체벽이나 다리의 환절간막을 통하여 체내로 침입
- 곤충의 상표피에 있는 wax층(지질층)을 통과하기 위해서 약제에 아래와 같은 요인들이 작용해야 함
    가. 화학구조 중 친유성기(phenyl기 등, 계면활성제) 함유
    나. 지질 가수분해 능력(알칼리제)
    다. 지질 용해도(용제) 등이 중요함

4) 주요 작용기작의 이해

1 곤충의 신경계에 작용하는 기작

[1a,1b] 아세틸콜린에스테라제(acetylcholinesterase) 기능 저해   *표시기호 1a=카바메이트계 / 1b=유기인계

- 곤충의 신경계는 시냅스 부위에서 신경전달물질인 아세틸콜린을 분비하여 신호를 전달하고, 전달 후에는 아세틸콜린에스테라제가 아세틸콜린을 아세트산과 콜린으로 분해한다.
- 이때, 아세틸콜린에스테라제의 기능을 억제하여 아세틸콜린이 분해되지 못하고 신경전달이 계속해서 폭주 되도록 하는 것으로 카바메이트와 유기인계가 대표적인 계통이다.

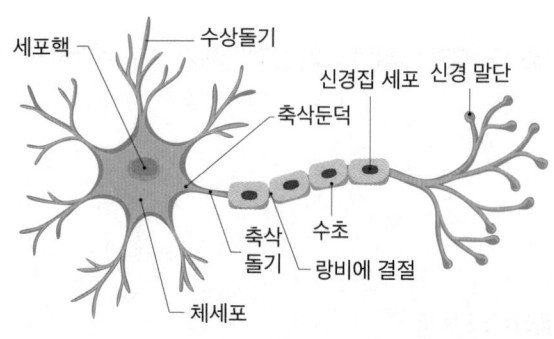
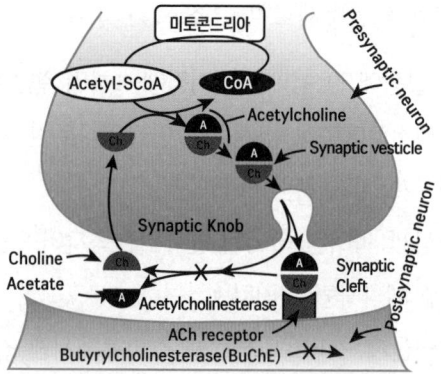

<신경세포> <아세틸콜린에스테라제 작용기작>

[2a, 2b] GABA 의존 염소통로 억제

*표시기호 : 2a = 유기염소 시클로알칸계, 2b = 페닐피라졸계

- 아세틸콜린의 방출을 조절하는 데 관여하는 GABA(gamma amino butyric acid) 의존 염소통로를 억제하여 과다한 신경전달 물질이 방출되도록 함
- 현저한 후방전(after-discharge)에 따른 자발성 흥분의 증대를 통하여 곤충을 죽이는 것으로 페닐피라졸계인 피프로닐이 국내에서 많이 사용되고 있다.

[3a, 3b] Na^+ 통로 조절

*표시기호 3a = 합성피레스로이드계 / 3b = DDT. 메톡시클로르

- 전위 의존 Na^+ 통로를 열린 상태로 유지하여 축삭돌기(axon) 세포막에서 탈분극 상태를 (재)분극 상태로 되돌리는 과정을 저해하는 것으로 합성피레스로이드계가 대표적 계통이다.

📖 나무쌤 잡학사전

탈분극? 재분극? 어디에서 쓰이는 말인가요?

'분극'이라는 말은 '흥분'과 관련하여 사용되는 용어입니다. 흥분이 전달되는 과정은 전기적 신호 전달 방법으로 세포막에 박혀 있는 수송 단백질을 통해 세포 안팎의 이온들이 이동하고 전위차가 발생함에 따라 전기의 이동이 일어나면서 세포막의 전기적 특성이 변하고 이를 통해 정보가 전달되는 과정입니다.

분극상태와 Na^+ 통로랑 어떤 관련이 있나요?

- **분극** : 신경세포인 뉴런에 자극이 없는 상태를 말합니다. 안정을 이루고 있다고 보시면 됩니다. 이때는 세포막에 있는 Na^+ 이온 통로, K^+ 이온 통로가 막혀 있어 이동이 제한적이며 전위는 -70mV로 세포 내부는 -전하를 띠게 됩니다.

- **탈분극** : 분극을 탈출한다는 의미에서 탈분극이라고 하며, 안정된 상태를 탈출한 것이므로 흥분되었다고도 합니다. 어떤 수준 이상의 자극을 받게 되면 세포막에 있던 Na^+ 통로가 열리게 되면서 세포 바깥에 있던 Na^+이 세포 안쪽으로 이동하게 됩니다.

- **재분극** : 탈분극 상태가 계속되면 어떻게 될까요?? 계속해서 흥분만 하는 상태가 되겠죠? 그럼 몸에 엄청난 부담을 주게 될 겁니다. 그러면 다시 안정을 찾아야 하는데 그 과정을 재분극과정이라고 합니다. 이때는 세포 내부의 칼륨이온이 세포 바깥으로 이동하면서 다시 전기적 안정을 취하게 됩니다. 결론적으로 탈분극과 재분극이 번갈아 가면서 일어남으로써 생물체의 흥분은 전달되게 됩니다. 합성피레스로이드계와 같은 계통의 농약은 Na^+ 통로를 항상 열어둠으로써 재분극상태로 전환될 수 없게 만들어버리고, 같은 곳에 흥분이 축적되면서 살충효과를 지니게 되는 것입니다.

		일반적인 자극의 전도과정 Na$^+$-K$^+$	
분극 (휴지상태)	막 안쪽은 음(-)전하, 막 바깥쪽은 양(+)전하를 띤다.		
탈분극	Na$^+$통로가 열려 Na$^+$이 세포 안으로 들어와 막 안쪽이 양(+) 전하, 막 바깥쪽이 음(-)전하를 띠게 된다.		
재분극	Na$^+$통로는 닫히고, 닫혀 있던 K$^+$통로가 열려 K$^+$이 세포 밖으로 나가 막 안쪽이 다시 음(-)전하, 막 바깥쪽이 양(+)전하를 띠게 된다.		
이온의 재배치	K$^+$통로가 모두 닫히고 Na$^+$-K$^+$펌프의 작용으로 Na$^+$이 막 바깥쪽으로, K$^+$이 막 안쪽으로 이동하여 Na$^+$과 K$^+$의 분포가 자극을 받기 전 상태로 돌아간다.		

[4a~4e] 신경전달물질 수용체 차단

*표시기호 : 4a = 네오니코티노이드계, 4b = 니코틴, 4c = 설폭시민계, 4d = 부테놀라이드계, 4e = 메소이온계

시냅스 후막의 아세틸콜린 수용체에 강하게 결합하여 정상적인 아세틸콜린의 결합을 차단함과 동시에 신호를 계속 발생시키는 것

[5] 신경전달물질 수용체 기능항진

*표시기호 : 5 = 스피노신계

시냅스 후막의 아세틸콜린 수용체의 결합력을 비정상적으로 강화해 아세틸콜린이 분리되지 못하게 함으로써 신호를 계속 발생시키는 것

[6] 염소통로 활성화

*표시기호 : 6 = 아바멕틴계, 밀베마이신계

글루탐산(glutamate) 의존 염소통로를 활성화하여 세포 내로 유입되는 염소이온의 양을 증가시켜, 결과적으로 '과분극 상태→신경근육연접부위의 마비 유발'을 통하여 해충을 죽이는 것

[14] 신경전달물질 수용체 통로폐쇄

*표시기호 : 14 = 네레이스톡신계 유사체

신경전달물질 수용체와 아세틸콜린이 결합하면 수용체의 이온 통로가 열리고 Na$^+$가 세포 내로 유입되는데, 이 통로를 폐쇄하여 신호전달을 차단하는 것

[19] 옥토파민 수용체 기능 항진
*표시기호 : 19 = 아미트라즈계 유사체

곤충의 중추신경계에 존재하는 옥토파민(octopamine)의 수용체에 결합하여 모노아민(monoamine) 산화효소와 프로스타글란딘(prostaglandin) 생합성을 억제함으로써 과도한 흥분, 마비, 죽음을 유발하는 것

[22a,22b] 전위 의존 Na 통로 폐쇄
*표시기호 : 22a = 옥사디아진계, 22b = 세미카르바존계

전위 의존 Na^+통로를 폐쇄하여 Na이온의 출입을 막아 분극 상태→탈분극 상태로의 이행을 저해하는 것

> **나무쌤 잡학사전**
> 전위 의존 Na^+통로란?
> 활동전위차에만 의존해서 열리고 닫히는 세포막에 붙어있는 나트륨이온 통로를 말합니다.

[28] 라이아노딘 수용체 조절
*표시기호 : 28 = 디아마이드계

라이아노딘 수용체는 신경근육연접(neuro-muscular junction)에서 칼슘이온(Ca^{2+})의 방출을 조절하는 것으로 살충제가 라이아노딘 수용체와 결합하면 과도한 근육 수축을 야기한다.

2 곤충의 내분비계를 교란하는 기작

[7a~7c] 유약호르몬 작용
*표시기호 : 7a = 유약호르몬 유사체, 7b = 페녹시카브, 7c = 피리프록시펜

곤충의 체내에 존재하는 유약호르몬의 기능과 유사한 역할을 하여 곤충의 정상적인 생리를 교란하는 것

[18] 탈피호르몬 수용체 기능 항진
*표시기호 : 18 = 디아실하이드라진계

탈피호르몬인 엑디손(ecdysone) 수용체에 대신 결합하여 비정상적인 탈피를 촉진하는 것

3 다점 저해하는 기작

[8a~8f] 다점 저해(훈증제)
*표시기호 : 8a = 할로젠화알킬계, 8b = 클로로피크린, 8c = 플루오르화술푸릴, 8d = 붕사, 8e = 토주석, 8f = 이소티오시안산메틸 발생기

곤충의 체내에 존재하는 유약호르몬의 기능과 유사한 역할을 하여 곤충의 정상적인 생리를 교란하는 것으로 대부분의 훈증제가 여기에 속한다.

4 곤충 생장조정 및 응애류 생장조절 기작(키틴대사 등)

[10a,10b] 응애류 생장 저해
*표시기호 : 10a = 클로펜테진, 헥시티아족스 10b = 에톡사졸

생리 작용은 불분명하나 알의 부화 및 어린 약충의 성장을 비선택적으로 저해하는 것

[15] O형 키틴합성 저해
*표시기호 : 15 = 벤조일우레아계

생리 작용은 불분명하나 UDP-NAG(uridine diphosphate-N-acetylglucosamine)의 세포막 이동성을 저해함으로써, 곤충 체벽의 중요 구성 성분인 키틴(chitin) 생합성을 저해하는 것으로 벤조일 우레아계(benzoyl ureas)가 대표적인 계통이다.

> ✓ **UDP-NAG**
> UDP-N-아세틸-글루코사민으로 곤충의 체벽 성분인 키틴을 구성하는 물질입니다.

[16] I형 키틴합성 저해
*표시기호 : 16 = 뷰프로페진

생리 작용은 불분명하나 세포 외로 이동된 UDP-NAG 중합효소인 chitin-UDP-N-acetylglucosaminyl transferase 를 저해하는 것

[17] 파리목 곤충 탈피 저해
*표시기호 : 17 = 사이로마진

생리 작용은 불분명하나 키틴(chitin) 대사와 관련이 있는 것으로 추정되는 것

5 세포막의 생합성 및 기능을 저해하는 기작

[23] 지질생합성 저해
*표시기호 : 23 = 테트론산 및 테트람산 유도체

곤충 체내에서 지질 생합성 과정 중 아세틸-CoA 카복실화효소(acetyl CoA carboxylase)의 기능을 저해하는 것

[11a,11b] 미생물에 의한 중장 세포막 파괴
*표시기호 : 11a = B.t 독성 단백질, 11b = B.t 아종의 독성 단백질

- 세균인 Bt균(Bacillus thuringiensis)은 세포 내에 독성 단백질(내독소, δ-endotoxin)을 생성하며 나방류 곤충의 소화계 중 중장에서 내독소를 세포 외로 방출하여 중장의 세포막을 파괴함으로써 기주를 죽인다.
- 국내에서는 Bt균의 아종인 비티 아이자와이, 비티 쿠르스타키를 직접 이용하거나 내독소만 분리하여 이용하고 있다.

6 호흡(에너지 대사)을 저해하는 기작

✓ 세포 내 mitochondria의 내막에서 일어나는 에너지생성 과정을 세포내 호흡이라 하며, 복합체(complex) I, II, III, IV 및 ATP합성효소(ATP synthase) 등 많은 단백질이 관여하고 있다.

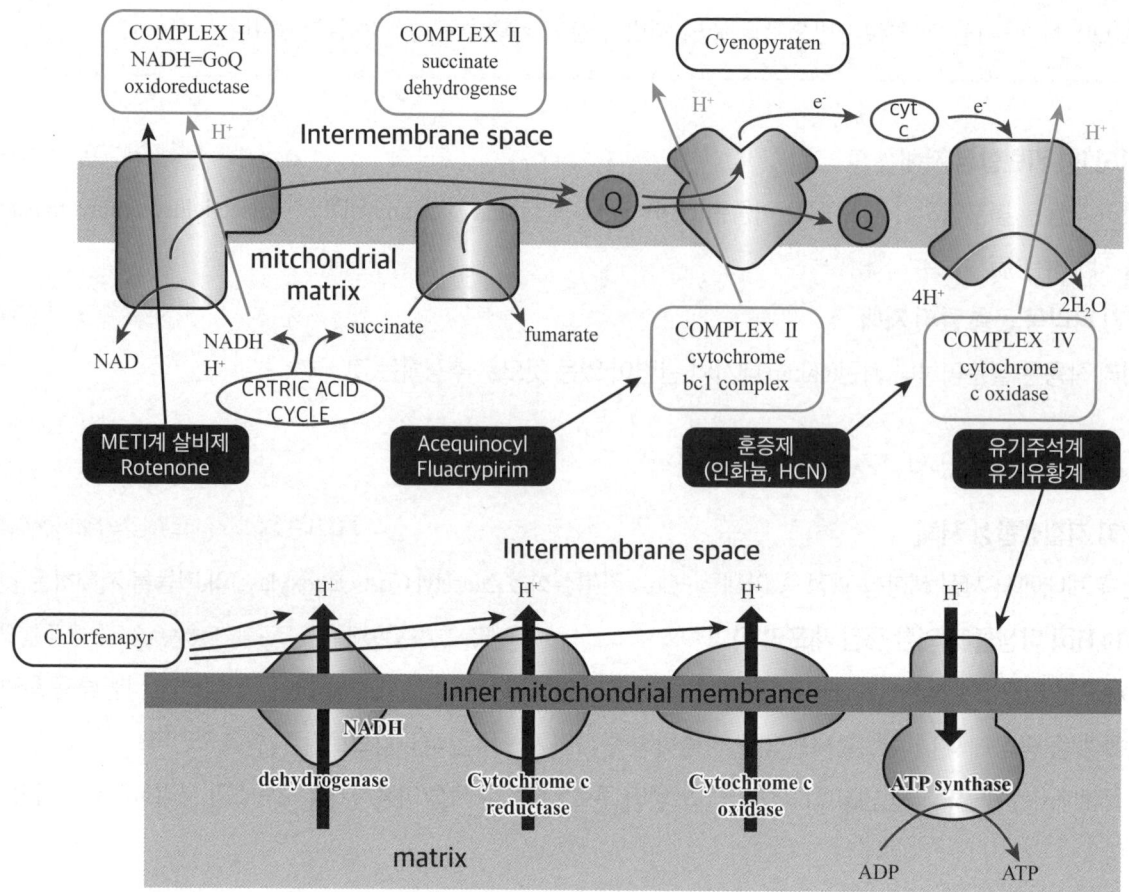

<호흡작용과 관련된 작용기작>

[12a~12d] 미토콘드리아 ATP합성효소 저해

*표시기호 : 12a = 디아펜티우론, 12b = 유기주석 살선충제, 12c = 프로파자이트, 12d = 테트라디폰

- 미토콘드리아 내 막간 공간으로 나간 수소이온이 기질로 들어올 때 ATP합성효소를 경유하며, 이 과정에서 ADP가 ATP로 변화한다. 이 합성효소를 저해하고 ATP 합성을 하지 못하게 함으로써 살충효과를 나타낸다.
- ATP합성효소를 저해하는 것은 유기주석계와 유기유황계가 대표적인 계통이다.

[13] 수소이온 구배형성 저해

*표시기호 : 13 = 피롤계, 디니트로페놀계, 설플루라미드

전자가 복합체 Ⅰ에서 복합체 Ⅳ로 이동할 때 수소이온(H^+)이 protonophore를 통하여 막간 공간으로 펌핑되는 것을 저해하는 것으로 피롤계, 디니트로페놀계, 설플루라미드 등이 국내에서 사용되고 있다.

[21a, 21b] 전자전달계 복합체 Ⅰ 저해

*표시기호 : 21a = METI 살비제 및 살충제, 21b = 로테논

복합체 Ⅰ을 구성하는 NADH 탈수소효소(NADH dehydrogenase)의 기능을 저해하는 것으로 미토콘드리아 전자운송 억제제(METI, mitochondrial electron transport inhibitor)라 불린다.

[25a, 25b] 전자전달계 복합체 II 저해

*표시기호 : 25a = 베타 케토니트릴 유도체, 25b = 카복시닐라이드

복합체 II를 구성하는 석신산탈수소효소(succinate dehydrogenase)의 기능을 저해하는 것으로 β-ketonitrile 유도체(사이에노피라펜, 사이플루메토펜)와 석신산탈수소효소가 국내에서 살비제로 사용되고 있다.

[20a ~ 20d] 전자전달계 복합체 III 저해

*표시기호 : 20a = 하이드라메틸논, 20b = 아세퀴노실, 20c = 플루아크리피림, 20d = 비페나제이트

복합체 III을 구성하는 사이토크롬bc1 복합체(cytochrome bc1)의 기능을 저해하는 것으로 살충제인 하이드라메틸논, 비페나제이트와 살비제인 아세퀴노실, 플루아크리피림이 국내에서 사용되고 있다.

[24a, 24b] 전자전달계 복합체 IV 저해

*표시기호 : 24a = 인화물계, 24b = 시안화물

복합체 IV를 구성하는 사이토크롬 C 산화효소(cytochrome c oxidase)의 기능을 저해하는 것으로 알루미늄포스파이드(Al≡P)와 마그네슘포스파이드(Mg_3P_2)가 저장물 해충 방제제로 국내에서 사용되고 있다.

7 작용기구 불명(unknown mode of action)

작용기구가 알려지지 않은 것으로 메타알데하이드, 메탐소듐, 모란텔타트레이트, 비페나제이트(카바제이트계), 아자디락틴, 피리달릴 등이 국내에서 사용되고 있다.

8 기타 기작

가. 피막 형성

피막을 형성하여 질식시키는 것으로 추정되며 기계유, 파라핀오일이 국내에 등록되어 있다.

나. 해충 기생 미생물

해충에 기생하는 미생물로 뷰베리아 바시아나(Beauveria bassiana), 패실로마이세스 퓨모소로세우스(Paecilomyces fumosoroseus), 모나크로스포리움 타우마시움(Monacrosporiumthaumasium) 등이 국내에서 사용되고 있다.

5. 제초제

1) 제초제의 분류

1 처리부위에 따른 분류

① 경엽처리 제초제

지표에 노출된 잡초의 줄기와 잎에 접촉, 흡수시켜 잡초를 고사시키는 제초제

② 토양처리 제초제

잡초가 발아하기 전에 지표면에 약제를 살포하여 잡초종자가 발아하지못하게 하거나 발아 직후의 어린식물의 생육을 멈추게 하는 제초제

2 선택성에 따른 분류

① 선택성 제초제

- 특정한 초종에만 약효를 보이는 것으로 대부분의 제초제가 이 범주에 속하며, 실제 포장에는 다양한 잡초가 혼재하므로 2가지 이상의 성분을 섞은 혼합제형 제초제가 사용되고 있다.
- 대부분 잎이 넓은 광엽잡초와 잎이 얇고 긴 세엽잡초(화본과잡초)를 선택적으로 살초하는데, 이는 생장점의 위치에 기인한 것이다.(광엽잡초의 생장점 위치 = 줄기나 가지 끝/세엽잡초의 생장점 위치 = 줄기와 땅이 만나는 곳)
- 대표적으로 2,4-D, 뷰타클로르, 벤타존 등이 있다.

② 비선택성 제초제

- 초종에 관계없이 효과를 보이는 제초제로 작물이 자라지 않는 곳(비농경지)에만 사용해야 한다.
- 대표적으로 글리포세이트와 파라쿼트 등이 있다.

3 살초하는 방법에 따른 분류

① 접촉성

- 약제가 직접 접촉한 부위의 세포를 파괴하여 잡초를 죽이는 제초제, 식물의 잎에 접촉하여 광합성을 방해함으로써 잡초를 죽게한다.
- 비피리딜리움계의 파라쿼트, 디쿼트

② 이행성

- 처리된 부위로부터 양분이나 수분의 이동경로를 통해 이동하여 다른 부위에도 약효가 나타나는 제초제
- 벤조티아디아존계의 벤타존, 글리신계의 글리포세이트

2) 제초제의 종류

✓ 제초제에서 자주 사용되는 명칭

✓ 유효성분의 명칭

공통
~포프~, ~딤,~카브~카보(※살충제와 구분),~세이트,~설퓨론~, 이마~,~피리~,~메트린,~쿼트,~펜,~나실, 옥사디아~,~사진,~랄린,~탈린,~잘린,~클로르

예외
글리포세이트, 글루포시네이트암모늄, 벤타존, 파라쿼트, 디플루페니칸, 피라졸리네이트, 메소트리온벤조비사이클론, 아미트롤, 클로마존, 빅슬로존, 아슐람소듐, 디티오피르, 프로디아민, 클로로프로팜, 디클로베닐, 아이속사벤, 인다지플람, 신메틸린, 메티오졸린, 2,4-D, MCPB, MCPA, 메코프로프, 디캄바, 트리클로피르, 플루록시피르멥틸, 퀸메락, 퀸클로락(기타)

1 제초제 종류(전체)

기호	세부작용기작 및 성분	계통	암기법	종류
[작용기작] 지질(지방산) 생합성 저해 (H01)-중요 ★★★					
H01	아세틸CoA 카르복실화 효소 저해	① 아릴옥시페녹시프로피오네이트계 ② 사이클로헥사디온계	~포프(fop)~ ~딤(dim)	① 메타미포프, 플루아지포프-피-뷰틸, 시할로포프-뷰틸 ② 세톡시딤, 클레토딤
기타	기타 지질생합성 저해	① 티오카바메이트계 ② 벤조퓨란계	~카브, 카보 *살충제와 구분 ~세이트	① 에스프로카브, 티오벤카브 ② 벤퓨러세이트, 에토퓨메세이트
[작용기작] 아미노산 생합성 저해 (H02, H09, H10)					
H02	분지 아미노산 생합성 저해 (ALS 저해)	① 설포닐우레아계 ② 이미다졸리논계 ③ 트리아졸로피리미딘계 ④ 피디미디닐벤조에이트계	~설퓨론 (sulfuron)~ 이마(ima)~	① 벤설퓨론메틸, 아짐설퓨론, 사이클로설파뮤론 ② 이마자퀸, 이마조설퓨론 ③ 페녹슐람 ④ 비스피리박소듐, 피리벤족심
H09	방향족 아미노산 생합성 저해 (EPSP 저해)	글리신계	글리포세이트류	글리포세이트
H10	글루타민 합성효소 저해	포스피닉산계	글리포시네이트류	글루포시네이트암모늄, 글루포시네이트

	**[작용기작] 광합성 저해 (H05, H06, H22)-중요 ★★★**
H5	광화학계 II 저해 (D1 Serine 264 binders)	① 트리아진계 ② 트리아지논계 ③ 우레아계 ④ 아마이드계	~메트린(metryne)	① 시메트린, 시마진, 헥사지논 ② 터브틸라진, 메트리뷰진 ③ 리뉴론, 메토브로뮤론, 메타벤스티아주론 ④ 프로파닐
H6	광화학계 II 저해 (D1 Histidine 215 binders)	벤조티아디아지논계	-	벤타존
H22	광화학계 I 저해 (비피리딜리움계)	비피리딜리움계	~쿼트(quat)	파라쿼트(=패러쾃디)
	**[작용기작] 색소 생합성 저해 (H12, H13, H14, H27, H34)**
H14	엽록소 생합성 저해 (PPO 저해)	① 디페닐에테르계 ② 페닐피라졸계 ③ 피리미딘디온계 ④ 옥사디아졸계	~펜(fen) ※살균제와 구분 ~나실(nacil) 옥사디아 (oxadia)~ ~사진(xazin)	① 옥시플루오르펜, 클로메톡시펜, 비페녹스 ② 피라플루펜에틸, 카펜트라존에틸 ③ 뷰타페나실,사플루페나실 ④ 옥사디아존, 옥사디아길 트리플루목사진, 플루미옥사진
H12	카로티노이드 생합성 저해 (PDS 저해)	피리딘 카복사마이드계	-	디플루페니칸
H27	카로티노이드 생합성 저해 (HPPD 저해)	① 피라졸계 ② 트리케톤계	-	① 피라졸리네이트 ② 메소트리온 벤조비사이클론(기타)
H34	카로티노이드 생합성 저해 (Lycopene Cyclase)	트리아졸계(제초제)	-	아미트롤
H13	DXP(Deoxy-D-Xylulose Phosphate Synthase) 저해	이속사졸리디논계	-	클로마존, 빅슬로존
	**[작용기작] 엽산 생합성 저해 (H18)**
H18	엽산 생합성 저해(아슐람)	카바메이트계(제초제)	-	아슐람소듐
	**[작용기작] 세포분열 저해 (H03, H15, H23)**
H03	미소관 조합 저해	디니트로아닐린계	~랄린, 탈린, 잘린	니트랄린, 펜디메탈린, 오리잘린, 디티오피르, 프로디아민
H23	유사분열/미소관 형성 저해	카바메이트계(제초제)	-	클로로프로팜
H15	장쇄 지방산(VLCFA) 합성저해	① 아세트아마이드계 (클로르, 옥시) ② 테트라졸리논계	~클로르	① 알라클로르, 뷰타클로르, 나프로파마이드, 메페나셋 ② 펜트라자마이드

		[작용기작] 세포벽 합성저해 (H29, H30)		
H29	세포벽(셀룰로오스) 합성저해	① 나이트릴계 ② 벤즈아마이드계 ③ 알카라진계	-	① 디클로베닐 ② 아이속사벤 ③ 인다지플람
H30	지방산 티오에스테르화 효소(TE) 저해	이속사졸린계	-	신메틸린, 메티오졸린
		[작용기작] 에너지 대사 저해 (H24)		
H24	막 파괴	-	-	-
		[작용기작] 옥신작용저해·교란 (H04, H19)		
H04	옥신(인돌아세트산) 유사작용	① 페녹시카복실릭산계 ② 벤조익산계 ③ 피리딘카복실릭산계	-	① 2,4-D, MCPB, MCPA, 메코프로프 ② 디캄바 ③ 트리클로피르, 플루록시피르멥틸, 퀸메락, 퀸클로락 (기타)
H19	옥신 이동 저해	-	-	-
		[작용기작] 작용기작 불명 (미분류)		
미	-	-	-	-

2 제초제 종류(작용기작 별)

① 지질(지방산) 생합성 저해 : H01

② 아미노산 생합성 저해 : H02, H09, H10

③ 광합성 저해 : H05, H06, H22

④ 색소 생합성 저해 : H12, H13, H14, H27, H34

⑤ 엽산 생합성 저해 : H18

⑥ 세포분열 저해 : H03, H15, H23

⑦ 세포벽 합성저해 : H29, H30

⑧ 에너지 대사 저해 : H24

⑨ 옥신작용저해·교란 : H04, H19

3) 제초제의 작용기작

1 작용점의 종류

- 제초제의 작용점은 특정한 작용점 하나로 고정된 경우도 있으나, 둘 이상의 작용점을 갖는 경우도 많으며, 사용 방법에 따라 작용점이 변하기도 한다.
- 대체로 광합성 저해, 호흡 저해, 호르몬 작용 저해, 생체 내 생합성 저해 등으로 구분할 수 있다.

2 작용점 도달과정

- 제초제는 식물체의 뿌리, 잎, 줄기 및 어린 싹을 통하여 흡수된다.
- 식물의 잎은 바깥의 표피가 왁스(wax)로 되어 있고 그 내측에 큐틴(cutin), 펙틴(pectin) 및 셀룰로오스(cellulose)의 순으로 배열되어 있어 내부로 갈수록 극성이 높아지며, 투과 시 제초제의 극성 정도에 따라 영향을 받는다.
- 뿌리를 통한 흡수는 아포플라스트(세포벽경로, apoplast), 심플라스트(원형질경로, symplast) 및 apo-symplast의 3가지 경로를 통해 일어난다.

① 아포플라스트 경로는 제초제가 카스페리안대(casparin strip)를 통해서 물관부로 이동
② 심플라스트 경로는 세포벽 투과 후 원형질연락사(plasmodesmata)에 의해 체관부로 이동
③ 여러 경로를 통하여 식물체 내로 흡수된 제초제는 apoplast, symplast, 세포간극을 통하여 식물체 각 부위로 이동하여 작용점에 도달한다.

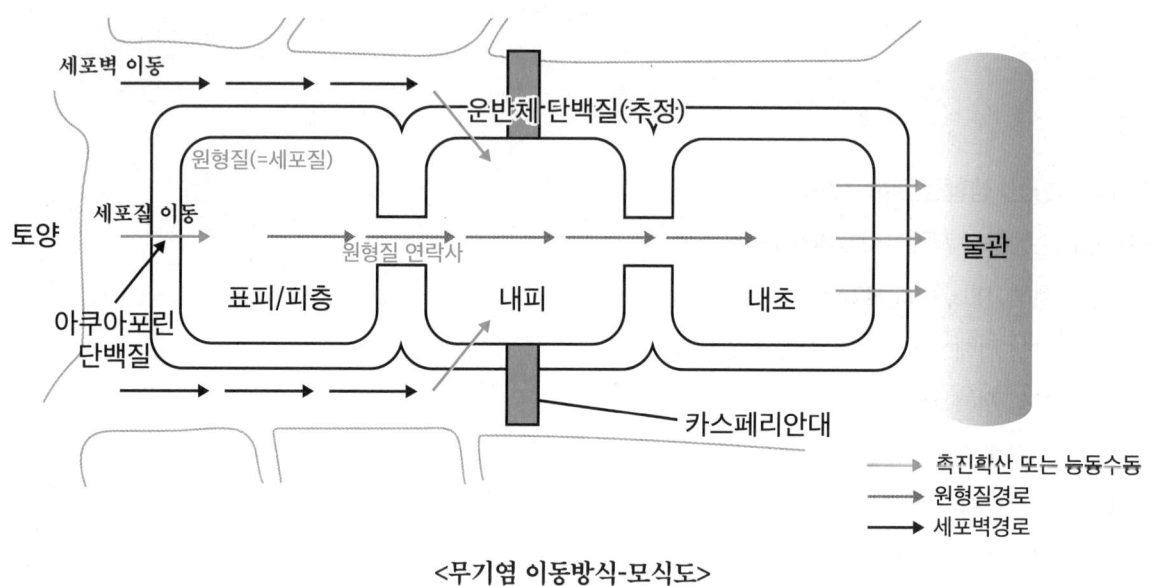

<무기염 이동방식-모식도>

3 제초제의 반응

① 상승작용

두 제초제를 혼합하여 처리하는 경우가 단독으로 처리하는 경우보다 효과가 클 때

② 상가작용

각각의 제초제를 단독으로 처리했을 때의 방제효과를 합친 것이 두 제초제의 혼합처리 효과와 같은 경우

③ 독립효과

두 제초제를 혼합 처리할 때의 반응이 두 제초제 중 효과가 높은 쪽의 반응과 같은 경우

④ 길항작용

두 종류의 제초제를 혼합 처리할 때의 반응이 각각 제초제를 단독 처리할 때 큰 쪽의 반응보다 작은 경우

구분	A단독	B단독	A+B혼합효과
상승작용	1	1	3이상
상가작용	1	1	2
독립효과	1	2	2
길항작용	1	1	1이하

4) 주요 작용기작의 이해

1 지질생합성 저해

아세틸 CoA 카르복실화 효소(ACCase, acetyl CoA carboxylase) 저해 *표시기호:H01

식물 체내에서 지질 생합성 과정 중 아세틸 CoA 카르복실화 효소(acetyl CoA carboxylase)의 기능을 저해하는 기작을 가진 것

> ✔ **H01 제초제의 특성**
> - 이행형이며, 화본과(벼과)에 선택적으로 작용하는 선택성 제초제이다.
> - 피해는 서서히 진행되며, 증상은 신엽에 먼저 나타난다.

2 아미노산생합성 저해

1. 분지 아미노산 생합성 저해(ALS 저해) *표시기호:H02

식물의 필수 분지아미노산인 발린(valine)과 이소류신(isoleucine) 생합성에 관여하는 ALS를 저해하여 세포분열과 생육을 억제하는 기작을 가진 것

> ✔ **H02 제초제의 특성**
> - 토양 및 경엽 처리형으로 잎과 뿌리를 통해 흡수되고, 물관부와 체관부를 통해 새로운 생장 부위로 이동된다.
> - 광엽, 사초과 및 화본과의 일년생 및 다년생 잡초의 초기 생장을 억제한다.

2. 방향족 아미노산 생합성 저해(EPSP 저해)

*표시기호:H09

- 방향족 아미노산인 페닐알라닌(phenylalanine), 티로신(tyrosine), 트립토판(tryptophan) 생합성에 관여하는 EPSP synthase를 저해하여 황백화현상(chlorosis) 초래하는 기작을 가진 것
- 글라이신계(glycines)인 글리포세이트가 국내에서 사용되고 있다.

> ✅ **H09 제초제의 특성**
>
> - 생육기 처리제로 이행형이며, 비선택성 제초제이다.
> - 토양에 살포하면 잔류되지 않고 이행도 되지 않으며 불활성화 된다.

3. 글루타민 합성효소 저해

*표시기호:H10

- 글루타민은 글루타민 합성효소에 의하여 글루타메이트와 암모니아로부터 합성된다.
- 글루타민 합성효소가 저해되면 암모늄 이온이 축적되어 세포 파괴, 광계 Ⅰ, Ⅱ에 대한 직접적인 저해 및 광인산화반응 저해를 초래한다.
- 포스피닉산계(phosphinic acids)인 글루포시네이트암모늄 등이 대표적이다.

> ✅ **H10 제초제의 특성**
>
> - 접촉형이며, 비선택성 제초제이다.
> - 경엽처리형으로 잡초의 지상부위의 살초력이 우수하다.
> - 광에 의해 효과가 좌우되므로 맑은 날 살포하는 것이 효과적이다.

3 광합성 저해

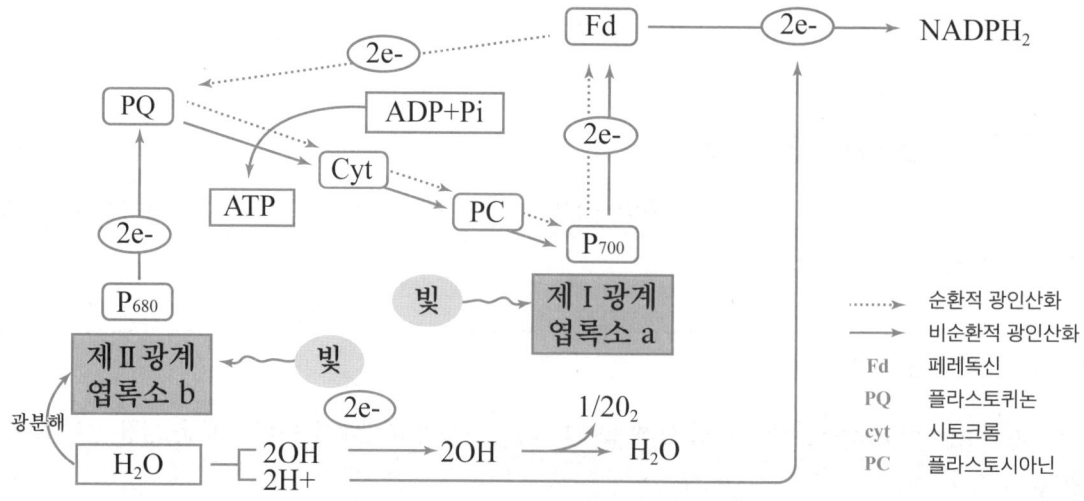

<광반응 전체과정>

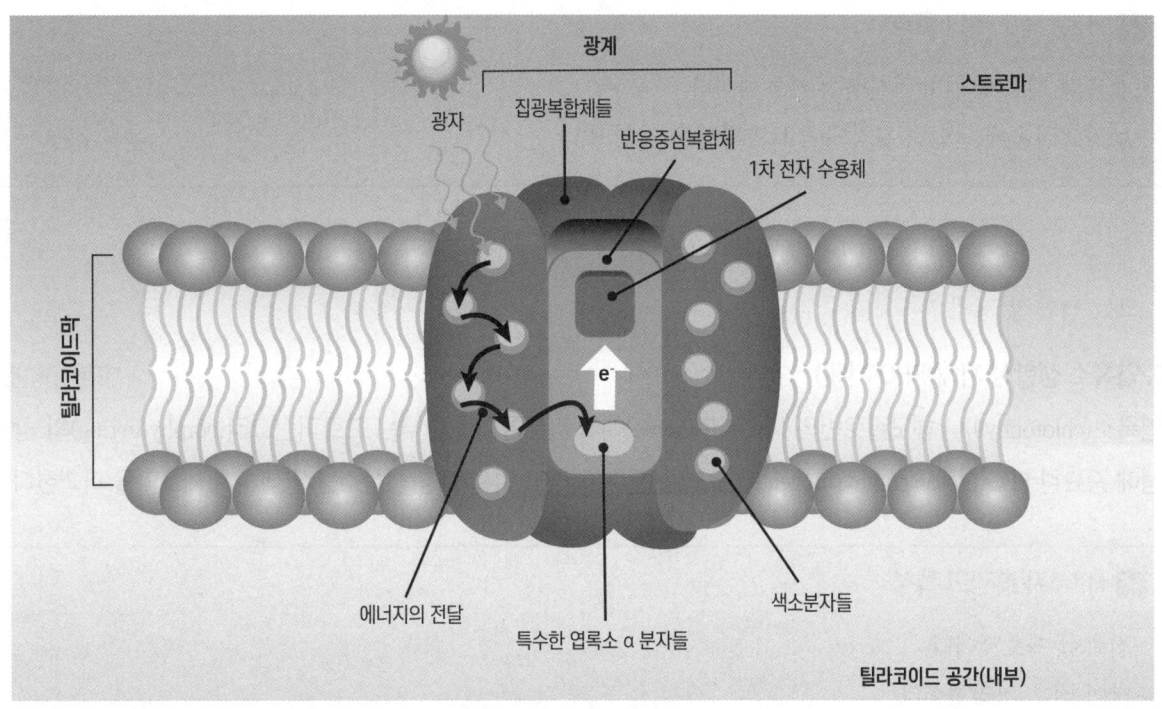

<광합성 중 광계에서의 과정>

1. 광계(광화학계) Ⅱ 에서 광합성 저해
*표시기호: H05, H06

- 광계 Ⅱ에서의 광합성을 Hill 반응이라 하며, 작용점은 변형된 엽록소인 페오피틴(pheophytin)으로 제초제가 페오피틴과 결합하면 플라스토퀴논(plastoquinone)으로의 전자흐름을 차단한다.
- 이 결과 3중 엽록소(triplet chlorophyll)와 활성산소(singlet oxygen)를 발생시켜 지질과산화(lipid peroxidation)를 유발, 주변의 막을 파괴함으로써 제초 효과를 보인다.

> ☑ **H05, H06 제초제의 특성**
>
> **H05**
> - 이행형 제초제이다.
> - 발아전 토양 처리형이다.(경엽 살포할 경우 이행성이 낮다.)
> - 잎의 가장자리 → 엽맥사이 → 낙엽 순으로 증상이 나타난다.(황화, 갈변)
>
> **H06**
> - 이행형 제초제이며, 광엽잡초(방동사니과)에 선택적으로 작용하는 선택성 제초제이다.
> - 생육기 경엽 처리형이다.

2. 광계(광화학계) Ⅰ 에서 광합성 저해(비피리딜리움계)
*표시기호: H22

비피리딜리움계(bipyridyliums) 제초제는 페레독신(ferredoxin) 부근에서 작용하여 산화, 환원과정을 반복하면서 전자를 탈취함으로써 NADPH의 생성을 저해하며, 활성산소(hydrogen peroxide, superoxide 등)를 발생시켜 지질과산화(lipid peroxidation)에 의한 막 파괴를 유발하여 제초작용을 보이는 것으로 파라콰트가 대표적이나 독성 등의 문제로 등록이 취소되었으며, 국내에는 다이콰트디브로마이드가 생장조정제로 사용되고 있다.

> ✓ **H22 제초제의 특성**
>
> - 접촉형 제초제이며, 비선택성 제초제이다.
> - 토양교질물에 단단히 흡착되어 토양활성은 거의 없다.

4 색소 생합성 저해

1. 엽록소 생합성 저해(PPO 저해) *표시기호:H14

엽록소(chlorophyll)나 헤모글로빈의 색소부분(heme)에서 기본골격을 이루는 포르피린고리(porphyrin ring)의 생합성에 중요한 PPO(proto-porphyrinogen IV oxidase)를 저해하고 이 결과 활성산소를 발생시켜 세포막을 파괴한다.

> ✓ **H14 제초제의 특성**
>
> - 접촉형 제초제이다.
> - 발아 전후 처리형이다.

2. 카로티노이드 생합성 저해(PDS 저해) *표시기호:H12

- 식물의 엽록소는 색소인 카로티노이드에 의해 보호되며, 카로티노이드가 사라지면 엽록소가 파괴되어 식물의 잎은 백화(白化)된다.
- 카로티노이드 생합성 과정 중 피토엔 불포화화효소(PDS, phytoene desaturase)를 저해하는 기작을 가진 것

3. 카로티노이드 생합성 저해(HPPD 저해) *표시기호:H27

- 플라스토퀴논(plastoquinone)은 광계 II에서 전자전달자의 역할 뿐만 아니라 피토엔 불포화화효소(PDS, phytoene desaturase)의 보요소(co-factor)로 작용하므로, 플라스토퀴논 생합성이 저해되면 카로티노이드 생합성이 저해되어 식물의 잎은 백화(白化)된다.
- 플라스토퀴논 생합성 과정 중 HPPD(4-hydroxy phenyl-pyruvate dioxigenase)를 저해하는 기작을 가진 것

4. DXP(Deoxy-D-Xylulose Phosphate Synthase) 저해 *표시기호:H13

카로티노이드 생합성을 저해하는 것으로 알려졌으나 작용점이 아직은 불명확한 것으로 이속사졸리디논계(isoxazolidinones)인 클로마존이 국내에서 사용되고 있다.

> ✓ **H12, H27, H34, H13 제초제의 특성**
>
> - 토양 처리형으로 뿌리에서 흡수하여 물관부를 통해 이행한다.
> - 카로티노이드 생합성을 저해해 엽록소가 파괴되고, 식물의 잎은 탈색, 백화되어 식물이 고사하게 된다.

5 엽산 생합성 저해

엽산 생합성 저해(아슐람)
*표시기호 : H18

푸린뉴클레오타이드(purine nucleotide) 합성에 필요한 엽산(folic acid)의 생합성 과정 중 7, 8 - dihydropteroate 합성 효소를 저해하는 것으로 카바메이트계(carbamates)인 아슐람이 국내에서 사용되고 있다.

> ✅ **H18 제초제의 특성**
>
> - 이행성이며, 경엽과 뿌리로 흡수되어 생장점으로 이행된다.
> - 일년생 화본과 잡초 경엽처리로 어린 싹(유아) 생장을 억제한다.

6 세포분열 저해

1. 미소관 조합 저해
*표시기호 : H03

튜불린(tubulin)과 결합하여 미소관(microtubule) 중합체 형성을 저해하는 기작을 가진 것

> ✅ **H03 제초제의 특성**
>
> - 체내에 흡수되지만 이행은 거의 되지 않는다.
> - 어린 뿌리(유근)의 생장을 억제하는 발아 전 처리제로 쓰인다.
> - 단백질 합성이 저해되어 뿌리 선단이 팽창하고 측근이나 2차근 발생 억제 작용을 한다.

2. 유사분열/미소관 형성 저해
*표시기호 : H23

세포분열, 미소관(microtubule) 중합체 형성을 저해하는 기작을 가진 것으로 카바메이트계(carbamates)인 클로르프로팜이 국내에서 생장조절제로 사용되고 있다.

3. 장쇄 지방산(VLCFA) 합성 저해
*표시기호 : H15

- 장쇄 지방산(탄소수 22 이상)은 식물의 발달 및 종자 저장, 트리아실글리세롤(triacylglycerols), 세포벽 외 왁스, 스핑고리피드(sphingolipids) 합성 등에 필수적인 물질이다.
- 장쇄 지방산 합성을 저해함으로써 살초효과를 내는 기작을 가진 것

> ✅ **H15 제초제의 특성**
>
> - 이행성 제초제이다.(체관부)
> - 주로 유아의 전개와 신장을 억제하는 발아 전 처리제로 쓰인다.

7 세포벽(셀룰로오스) 합성 저해

세포벽(셀룰로오스) 합성 저해
*표시기호: H29

- 식물 세포벽은 큐틴(cutin), 펙틴(pectin), 셀룰로오스, 헤미셀룰로오스 등으로 구성되고, 셀룰로오스가 많은 부분을 차지하고 있다.
- 셀룰로오스 합성을 저해하는 기작을 가진 것

> ✅ **H29 제초제의 특성**
> - 이행성 제초제이다.
> - 토양처리형으로 뿌리에서 흡수하여 물관부를 통해 상부의 생장점으로 이행한다.

8 에너지 대사 저해

막 파괴
*표시기호: H24

- 에너지 생성과정에 작용하는 제초제는 대부분이 탈공역에 의한 산화적 인산화 과정을 저해하는 것이다.
- 미토콘드리아(mitochondria) 내막의 내·외측간 H^+ 농도차이가 발생하고 ATP synthase를 통하여 H^+가 이동하면서 ATP를 생성되는데, 탈공역 작용제는 H^+ 농도차이(농도구배)를 없애서 ATP 생성을 저해하는 기작을 가진 것

9 옥신 작용 저해·교란

1. 옥신(인돌아세트산) 유사작용
*표시기호: H04

- 식물 호르몬인 옥신(indole 3 - acetic acid)과 같이 식물체 내 RNA 중합효소(polymerase)의 활성을 증대시켜, RNA 및 단백질 합성량이 증가한 결과 세포벽이 느슨하게 된다.
- 그 외에도 분열조직의 활성화, 이상분열, 형태적 이상, 흡수증진, 엽록소 형성 저해, 세포막의 삼투압 증대 등 기본적 생리 기능을 교란한다.

> ✅ **H04 제초제의 특성**
> - 이행성 제초제이다.
> - 주로 잎에서 이행되지만, 뿌리에서도 흡수되어 물관과 체관부를 통해 이동한다.
> - 주로 광엽 잡초와 칡 방제에 쓰인다.
> - 적정 사용량 이상 처리하면 잔디, 수목에 휘산되어 약해가 발생한다.

2. 옥신이동 저해
*표시기호: H19

옥신의 극이동(polar transport)을 방해하여 분열조직 및 뿌리 부위의 옥신 평형을 깨뜨리는 기작을 가진 것

단원별 마무리 핵심문제

★문제 해설에 관련된 내용이 있는 교재페이지를 기재해 두었습니다. 해설만 보기보다는 교재페이지를 오고가며 다시한번 복습하시는 것을 추천드립니다.★

001

다음 중 등록이 취소된 농약과 취소사유로 옳지 않은 것은?
① DDT - 난분해성
② PCP - 토양잔류성
③ 우스플룬 - 맹독성
④ 클로르피리포스 - 인체유해성
⑤ 파라쿼트 - 고독성

해 우스플룬은 생물농축으로 인해 등록이 취소된 농약이다.

교재 435p

답 ③

002

다음 잔류독성에 대한 설명 중 빈칸에 들어갈 말을 고르시오.

> 토양잔류성 농약이란 토양에 살포된 농약이 ( )일 이내에 초기농도 ( )%가 감소하는 농약을 말한다.

① 90, 30
② 120, 30
③ 120, 50
④ 150, 50
⑤ 180, 50

해 토양잔류성 농약이란 살포된 농약이 '180일' 이내에 초기농도 '50%'가 감소하는 농약을 말한다.

교재 438p

답 ⑤

003

다음 중 농약중독 사고 시 응급처치로 옳지 않은 것은?
① 유기인계 및 카바메이트계 살충제 중독은 안정된 상태에서는 상태가 더 나빠질 수 있으므로 환자의 체위를 계속해서 바꿔주어야 한다.
② 환자의 머리를 가장 낮게 한 채로 옆으로 돌려놓는다.
③ 환자 몸의 온도에 따라 열이 높다면 차가운 수건으로 몸을 닦아주고, 춥다고 느낀다면 이불이나 담요를 덮어주어야 한다.
④ 고독성 농약을 삼킨 경우에는 손가락을 넣어 구토를 유도하며, 의식이 없으면 입에 어떤 것도 넣어서는 안 된다.
⑤ 호흡이 멈췄다면 호흡을 찾을 때까지 인공호흡을 실시한다.

해 유기인계 및 카바메이트계 살충제 중독은 움직일 경우 상태가 더 나빠질 수 있으므로 환자는 최대한 안정된 상태를 유지해야 한다.

교재 438p

답 ①

> **기출문제[7회]**
>
> Q. 한국에서 시행중인 농약의 독성관리 제도에 관한 설명으로 옳지 않은 것은?
>
> ① 동일성분의 경우 고체 제품보다는 액체 제품의 독성이 더 높게 구분되어 있다.
> ② ADI(1일 섭취허용량)는 농약잔류허용 기준 설정의 근거가 된다.
> ③ 농약살포자의 농약 위해성 평가에 대한 중요한 요소는 노출량이다.
> ④ 농약제품의 인축독성은 경구독성과 경피독성으로 구분하여 관리하고 있다.
> ⑤ 농약제품의 독성은 Ⅰ(맹독성), Ⅱ(고독성), Ⅲ(보통독성), Ⅳ(저독성)급으로 구분하고 있다.
>
> 해 농약의 독성은 경구독성, 경피독성, 고체, 액체, 맹독성, 고독성, 보통독성, 저독성 등으로 나뉘는데 고체와 액체를 비교해보았을 때 고체의 독성이 더 높다. [교재 436p]
>
> 답 ①

004

다음 중 농약 포장지에 반드시 표기해야 하는 사항으로 옳지 않은 것은?

① 품목등록번호 또는 제품등록번호
② 안전사용기준 및 취급제한기준
③ 상호 및 소재지
④ 토양잔류농도
⑤ 농작물별 적용병해충 및 사용량

해 토양잔류농도는 포장지에 적혀있는 내용이 아니다.
[교재 439p]

답 ④

005

다음 중 농약의 안전사용기준 항목으로 옳지 않은 것은?

① 품목명
② 농약의 제형
③ 희석배수
④ 안전시기정보
⑤ 안전횟수정보

해 농약의 제형은 농약의 안전사용기준 항목에는 없다. 안전사용기준 항목에는
　① 품목명
　② 등록규격(희석배수)
　③ 대상작물 및 병해충
　④ 안전시기정보(수확 전 최종 사용시기)
　⑤ 안전횟수정보(사용시기 및 최대 사용횟수) 등이 있다.
[교재 441p]

답 ②

006

다음에서 설명하는 농약의 제형을 고르시오.

> ① 물에 녹지 않은 원제를 증량제와 혼합하고 계면활성제와 분산제를 가하여 제제화한 제형
> ② 유제에 비해 고농도 제제가 가능함
> ③ 비산되기 쉬워 호흡기로 흡입 될 위험성이 큼

① 미탁제
② 입제
③ 분제
④ 수화제
⑤ 입상수화제

해 위의 내용은 수화제에 해당되는 내용이다. [교재 443, 444p]

답 ④

기출문제[7회]

Q. 농약의 보조제에 관한 설명 중 옳지 않은 것은?

① 증량제에는 활석, 납석, 규조토, 탄산칼슘 등이 있다.
② 계면활성제는 음이온, 양이온, 비이온, 양성 계면활성제로 구분된다.
③ 협력제는 농약의 약효를 증진시킬 목적으로 사용하는 첨가제이다.
④ 계면활성제의 HLB 값은 20 이하로 나타나며, 낮을수록 친수성이 높다.
⑤ 유기용제는 원제를 녹이는데 사용하는 용매로 농약의 인화성과 관련된다.

해 친수·친유성의 균형비(Hydrophilic·Lipophilic Balance, HLB)
가. 계면활성제의 친수 - 친유의 강약 정도를 수치로 분류한 것
나. 비이온성 계면활성제를 대상으로 HLB의 값이 결정되며, 값은 0 ~ 20 범위를 가짐
다. 계면활성제의 기능을 획일적으로 분류하여 각각의 용도에 맞게 사용하도록 하기 위한 지표가 됨
라. HLB가 0~10은 친유성의 범위로 0에 가까울수록 소수성이 강함
마. HLB가 10~20은 친수성의 범위로 20에 가까울수록 친수성이 강함
[교재 447p]

답 ④

007

다음에서 설명하는 농약보조제를 고르시오.

> ① 원제를 녹이기 위하여 사용하는 용매
> ② 염화탄화수소류, 알코올류, 에테르류 등이 사용된다.

① 증량제
② 계면활성제
③ 용제
④ 고착제
⑤ 협력제

해 위에서 해당하는 설명하는 보조제는 '용제'이다.
[교재 447, 448p]

답 ③

008

다음 중 살균제 표시기호 '가1'의 작용기작은?

① RNA 중합효소 I 저해
② 아데노신 디아미네이즈 저해
③ 핵산 활성 저해
④ DNA 토포이소머레이즈(type II)
⑤ 복합체 II 의 숙신산(호박산염) 탈수소효소 저해

해 살균제 표시기호 '가1'의 작용기작은 RNA 중합효소 I 저해이며, 아실알라닌계의 메탈락실과 옥사졸계의 옥사딕실 등이 있다.
② 아데노신 디아미네이즈 저해 = 가2
③ 핵산 활성 저해 = 가3
④ DNA 토포이소머레이즈(type II) = 가4
⑤ 복합체 II 의 숙신산(호박산염) 탈수소효소 저해 = 다2
[교재 453, 454p]

답 ①

009

다음 중 살충제 표시기호 '3a'인 합성 피레스로이드계의 작용기작은?

① 신경전달물질 수용체 차단
② GABA 의존 Cl통로 억제
③ Na통로 조절
④ Cl통로 활성화
⑤ 미생물에 의한 중장 세포막 파괴

해 살충제 표시기호 '3a'인 합성 피레스로이드계 농약은 'Na통로 조절'의 작용기작을 가지고 있다.
　① 신경전달물질 수용체 차단 = 4a~4e
　② GABA 의존 Cl통로 억제 = 2a~2b
　④ Cl통로 활성화 = 6
　⑤ 미생물에 의한 중장 세포막 파괴 = 11a, 11b

　　　　　　　　　　　　　　　교재 467, 468p

답 ③

010

다음 제초제 중 시메트린의 세부작용기작은?

① 광화학계 Ⅱ 저해 (D1 Serine 264 binders)
② 광화학계 Ⅱ 저해 (D1 Histidine 215 binders)
③ 광화학계 Ⅰ 저해 (비피리딜리움계)
④ 아세틸CoA 카르복실화 효소 저해
⑤ 기타 지질생합성 저해

해 시메트린은 표시기호 'H5'로 광화학계 Ⅱ 저해 (D1 Serine 264 binders)의 작용기작을 가지고 있다.
　② 광화학계 Ⅱ 저해 (D1 Histidine 215 binders) = H6 / 벤타존
　③ 광화학계 Ⅰ 저해 (비피리딜리움계) = H22 / 파라쿼트
　④ 아세틸CoA 카르복실화 효소 저해 = H01 / 메타미포프
　⑤ 기타 지질생합성 저해 = 기타 / 에스프로카브

　　　　　　　　　　　　　　　교재 479, 480p

답 ①

📝 기출문제[7회]

Q. 지방산 생합성 억제 작용기작을 갖는 제초제의 설명으로 옳지 <u>않은</u> 것은?

① Cyclohexanedione계 성분이 있다.
② Aryloxyphenoxypropionate계 성분이 있다.
③ Glufosinate는 지방산 생합성 억제제이다.
④ Cyhalofop-butyl은 협엽(단자엽) 식물에 선택성이 높다.
⑤ 아세틸 CoA 카르복실화효소(ACCase)의 저해작용을 갖는다.

해
글루포시네이트(Glufosinate)는 아미노산 생합성 저해 기작 중 글루타민 합성효소를 저해하는 세부기작을 가진 포스피닉산계 계통의 제초제이다. 지방산 생합성을 억제하는 기작을 가진 것은 표시기호 H01, 기타인 플루아지포프-P-뷰틸, 세톡시딤, 에스프로카브, 벤퓨러세이트 등의 농약이다.

　　　　　　　　　　　[교재 479~481p]

답 ③

나무의사 필기 핵심 이론서&단원별 마무리 문제집

산림정책

산림정책 및 「산림보호법」 등의 관계법령

- 「산림보호법」, 「소나무재선충병 방제특별법」, 「농약관리법」 등 -

> "죽음을 마주해야 삶이 우뚝 선다."
> -철학자 최진석-

우리는 모두 죽습니다. 우리의 삶은 안타깝게도 유한하죠.
만약 "내가 곧 죽는다면?" 지금 내가 하려고 했던 행동을 할까요?
죽음은 분명 두려운 존재이지만
죽음을 대면하면 할수록 내가 지금 무엇을 해야할 지 너무나 명쾌하게 보입니다.
내일 죽을 것처럼 최선을 다해서 산다면 이루지 못할 것은 없습니다.

1. 산림정책

1) 제6차 산림기본계획(2018~2037년)

> **📖 나무쌤 잡학사전**
>
> 산림기본계획이란?
> - 우리나라의 가장 대표적인 산림정책
> - 20년마다 산림 기본계획을 수립하며, 시행함
> - 지역산림계획 및 산림경영계획을 수립하는 기준이 되며, 기본 원칙과 방향을 제시하는 산림분야 최상위 계획
> - 산림자원, 산림산업, 산림복지, 산림보호, 산림생태계, 산지 및 산촌, 국제산림 협력, 산림행정 등에 관한 종합계획
>
> 나무의사라면 국가기관에서 이루어지는 큰 정책들은 알고 움직여야 할 필요가 있습니다.

① 거시환경분석 방법의 하나인 STEEP기법을 활용, 산림·임업부문 주요 메가트렌드 전망

   가. 사회(Social), 기술(Technological), 경제(Economic), 환경(Environmental), 정치(Political) 5개 주요 분야로 구분하여 미래 전망

부문	산림 및 임업 핵심이슈
사회(S)	① 환경과 삶의 질을 중시하는 생활양식으로 다양한 산림휴양 수요 증가 ② 도시 생활환경 개선을 위한 도시림의 중요성 증대 ③ 저출산·고령화로 인한 농산촌 지역의 인구 감소 및 지역사회의 침체 ④ 삶의 불안정성 증대로 산림치유 수요 증가
과학기술(T)	정보통신기술 및 빅데이터를 활용한 산림재해 관리 시스템 강화
경제(E)	시장개방 확대로 인한 국내 임업 경쟁력 약화
환경(E)	① 물 부족 심화로 인한 산림수자원의 중요성 증대 ② 국가 온실가스 감축 목표 달성에 산림(온실가스 흡수원)의 기여 확대 ③ 기후변화로 산림재해(산불·산사태) 대형화 및 산림병해충 피해 증대
정치(P)	남북협력으로 인한 북한지역 산림황폐지 복구사업 추진

   나. 비전 : 일자리가 나오는 경제산림 / 모두가 누리는 복지산림 / 사람과 자연의 생태산림

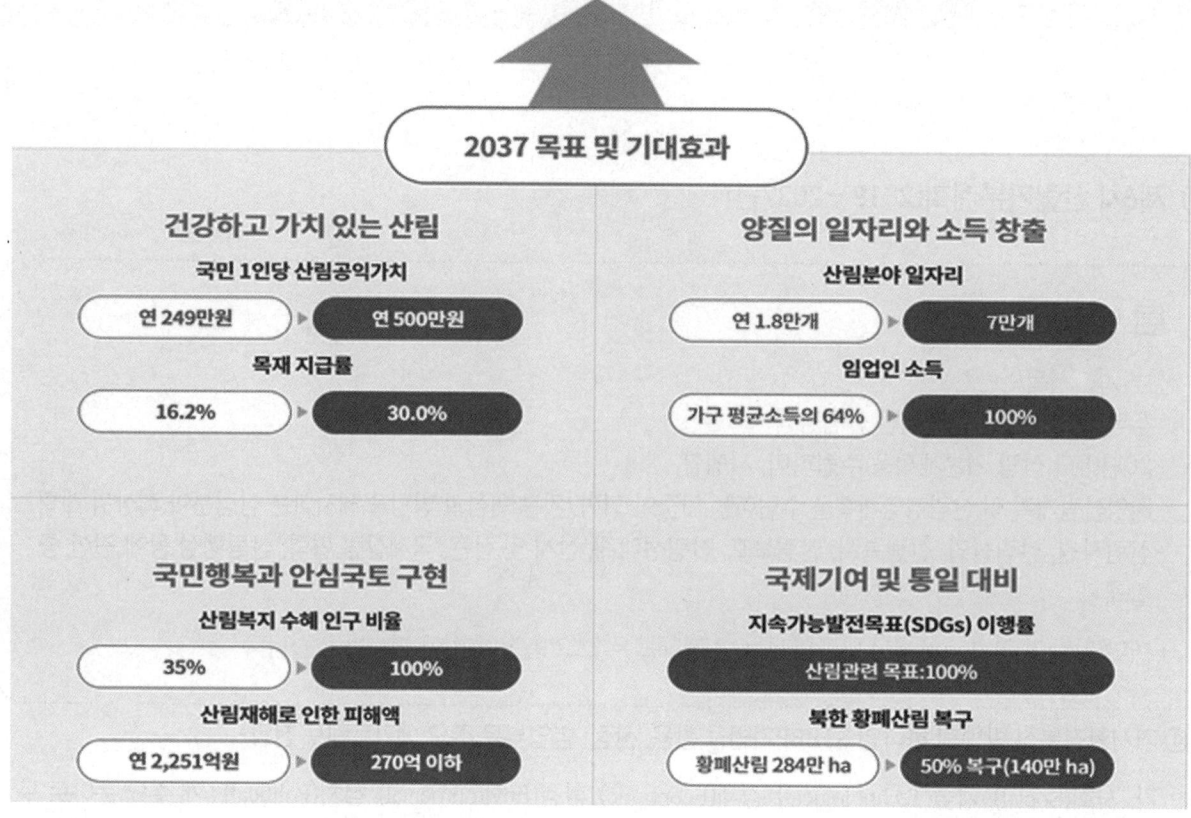

2) 과거 산림기본계획 추진성과

1 제1차 치산녹화 10개년 계획(1973~1978)

① 비전/목표 : 국토의 속성녹화 기반구축
② 성과
　가. 당초계획보다 4년 앞당겨 108만ha에 대한 녹화 완료
　나. 화전정리사업의 완료와 농촌임산연료 공급원 확보
　다. 육림의 날 제정과 산주대회 개최로 애림사상 고취

2 제2차 치산녹화 10년 계획(1979~1987)

① 비전/목표 : 장기수 위주의 경제림 조성과 국토녹화 완성
② 성과
　가. 106만ha의 조림과 황폐산지 복구완료
　나. 대단위 경제림 단지 지정, 집중조림 실시
　다. 산지이용실태조사, 보전·준보전임지 구분체계 도입

3 제3차 산지자원화 계획(1988 ~ 1997)

① 비전/목표 : 녹화성공 후 산지자원화 기반조성

② 성과

    가. 32만ha의 경제림 조성과 303만ha의 육림사업 실행

    나. 산촌개발의 추진과 산림휴양·문화시설 확충

    다. 산지이용체계 재편, 기능과 목적에 의한 이용질서 확립

4 제4차 산림기본계획(1998 ~ 2007)

① 비전/목표 : 지속가능한 산림경영기반 구축→사람과 숲이 어우러진 풍요로운 녹색국가 실현(2003년도 계획변경)

② 성과

    가. SFM 이행을 위한 기준과 지표설정, 「산림법」에서 「산림기본법」 중심의 12개 기능별 법체제로 개편

    나. '심는정책'에서 '가꾸는 정책'으로 전환하여 산림의 가치 증진

    다. 산림의 공익기능 증진과 산촌개발사업 본격추진

    라. 백두대간 등 한반도 산림생태계의 보전 관리체계 구축, 「산지관리법」 제정으로 자연친화적 산지관리기반 마련

    마. 산불진화 역량 확충과 해외조림사업 확대

    바. 국립수목원, 국립자연휴양림관리소 신설 및 FGIS 시스템 구축

5 제5차 산림기본계획(2008 ~ 2017)

① 비전/목표

    가. 비전 : 온 국민이 숲에서 행복을 누리는 녹색복지국가

    나. 목표 : 숲을 활력 있는 일터, 쉼터, 삶터로 재창조하기 위해 다양한 산림 혜택의 선순환 구조 확립

    다. 7대 전략

        1대 : 지속 가능한 기능별 산림자원 관리체계 확립

        2대 : 기후변화에 대응한 산림탄소 관리체계 구축

        3대 : 임업 시장기능 활성화를 위한 기반 구축

        4대 : 산림 생태계 및 산림생물자원의 통합적 보전·이용 체계 구축

        5대 : 국토의 안정성 제고를 위한 산지 및 산지재해 관리

        6대 : 산림복지 서비스 확대·재생산을 위한 체계 구축

        7대 : 세계녹화 및 지구환경 보전에 선도적 기여

3) [산림인의 올림픽] 제15차 세계산림총회 '한국개최!'

① 세계에서 가장 영향력 있는 국제산림행사이며 6년마다 개최된다.

② 산림청과 유엔식량농업기구인 FAO가 공동으로 주관

③ 삼림의 현대와 미래를 논의하며, 이번 제15차 총회에서는 코로나-19사태를 극복하고 지속가능개발목표를 달성하기 위한 방안을 논의

④ 5개의 주제로 진행

　가. 산림훼손의 흐름을 바꾸는 노력

　나. 기후변화대응 및 생물다양성 보전을 위한 자연기반해법

　다. 지속가능한 발전으로 가는 녹색 경로

　라. 숲과 인류의 건강 간 연계성 확인

　마. 산림정보 지식의 관리 및 소통

<제14차 세계산림총회(남아공)>

4) 숲속의 대한민국

① 비전 : 내 삶을 바꾸는 숲, 「숲속의 대한민국」

② 목표

　가. 국토, 산촌, 도시로 이어지는 활력 있는 숲 공간을 구축

　나. 국민 모두를 생태적 감수성을 지닌 생태 시민으로 양성

✓ 30종의 곤충, 30종의 새, 50종의 야생화, 50종의 나무를 구별 삼삼오오 프로젝트

③ 3대 핵심 공간전략 및 11대 주요과제

3대 핵심 공간전략	11대 주요과제
1대 국토 한반도 녹화	① 모두가 누리는 공익림 관리 ② 돈이 되는 경제림 육성 ③ 아름다운 산림경관벨트 구축 ④ 남북협력을 통한 한반도 산림복구

2대 산촌 경제 활성화	⑤ 지역이 주도하는 산촌거점권역 육성 ⑥ 주민이 키워가는 산림산업 진흥 ⑦ 산촌과 도시를 잇는 산림서비스 강화 ⑧ 도약을 위한 산림산업-서비스 단지화
3대 도시녹색공간 확충	⑨ 도시 외곽 숲의 건강성 증진 ⑩ 도시 내부 숲의 체계적 관리 ⑪ 생활 주변의 녹색 공간 확충

5) '남북산림협력' 새산 새숲

> ✅ **새산 새숲**
> 새로운 평화의 시대를 맞아 북한의 산에 나무를 심고, 남한의 숲을 국민의 쉼터로 만들기 위한 숲속의 한반도 만들기 새산새숲 국민캠페인

<새산새숲 엠블럼>

1 엠블럼의 의미

① 새→NEW : 가장 간결한 긍정과 희망의 표현 / 새로운 출발·희망·시작

② 산·숲→FOREST KOREA : 산과 숲이라는 남북산림협력의 핵심가치를 표현 / 한반도에 산과 숲을 만들자

6) '숲으로 나아지는 살림살이! 숲과 함께 쓰는 새로운 미래!'

1. K-포레스트 추진계획

① 4대 뉴노멀 전략 및 16대 중점과제

4대 뉴노멀 전략	16대 중점과제
디지털·비대면 기술의 산림분야 도입	1. 산림데이터 활용을 위한 디지털 산림경영 기반구축 2. 첨단 기술을 접목한 산림복지서비스 접근성 향상 3. 지능형 산림재해 관리로 촘촘한 안전망 구축 4. 비대면 산림행정 및 산림서비스 확대
저성장 시대, 산림산업 활력 촉진	5. 친환경 시장 개척으로 임산업 활성화 6. 도심권 숲을 활용한 생활 속 면역력 증진 7. 숲을 활용한 바이오 생명산업·관광 등 신산업 지원 8. 소외계층을 품는 공공일자리 및 산림형 사회적경제일자리 확대
임업인의 소득안전망 구축	9. 경제림육성단지 재편으로 경영구조 선진화 10. 산림소득정책 발굴로 임업인 소득 보전 11. 산림·임업분야 세제개편으로 산림경영 활성화 12. 임업경영 임지의 적정 규모화 등 경영구조 개선
기후위기 시대의 지속이 가능한 산림관리	13. 산림의 탄소 흡수·감축 기능 증진으로 기후변화 대응 14. 국제사회와 그린연대로 K-포레스트 확산 15. 신(New) 산림재해 대책으로 기후재난 피해 최소화 16. 자연과 공존을 위한 산림생태 및 평화체계 구축

2. 생활권 수목 건강관리 관련 법령

> ✅ 정책과 법규 부분에서는 보통 2~3문제가 출제됩니다.
>
> 이 책에서는 법 전체에 대해서 다루지는 않고 산림보호법(법, 령, 규칙), 재선충특별법(법, 령, 규칙), 농약관리법(법, 령, 규칙) 중에서 가장 중요하고 자주 나오던 부분만을 발췌하고 가공해서 기술하였습니다.

🌳 나무쌤 잡학사전

같은 판단기준일 때, 어떤 법이 적용되어야 하는가?(법령, 시행령, 시행규칙)

만약에 반출금지 구역에서 소나무류를 이동한 자에 대하여 처벌한다고 한다면 시행령에 의하면 1회 100만원의 과태료를 내야하고 법령에 의하면 1년 이하의 징역 또는 1천만원 이하의 벌칙 및 벌금에 처하게 됩니다. 벌금 및 벌칙은 소나무재선충병 방제특별법에 명시되어 있으며, 과태료는 소나무재선충병 방제특별법 시행령에 명시되어 있는 내용이므로, 원래는 상위법인 특별법에 따르는 게 맞습니다.

하지만, 상황에 따라서 관공서나 지자체에서 내려지는 행정처분에 의한 것이면 과태료 기준을 적용하고 그게 아니라 법원의 재판에 의해 결정되는 사안이라면 벌금 기준을 적용하여야 합니다.

즉, 행정처분에 의한 것은 과태료이며 고소 및 인지수사에 의한 형사재판이 열리게 되면 벌칙 및 벌금을 받게 됩니다.

1) 산림보호법

1 나무의사 자격취소 및 정지처분의 세부기준[별표 1의3] - 행정처분기준

① 일반기준

가. 위반행위의 횟수에 따른 행정처분기준은 최근 3년 동안 같은 위반행위로 행정처분을 받은 경우에 적용한다.

나. 가목에 따라 가중된 행정처분을 하는 경우 가중처분의 적용 차수는 그 위반행위 전 부과처분 차수(가목에 따른 기간 내에 행정처분이 둘 이상 있었던 경우에는 높은 차수를 말한다)의 다음 차수로 한다.

다. 위반행위가 둘 이상인 경우로서 그에 해당하는 각각의 처분기준이 다른 경우에는 그중 무거운 처분기준에 따르고, 둘 이상의 처분기준이 같은 자격정지인 경우에는 각 처분기준을 합산한 기간 동안 자격을 정지하되 3년을 초과할 수 없다.

② 개별기준

위반행위	행정처분기준			
	1차 위반	2차 위반	3차 위반	4차 이상 위반
가. 거짓이나 부정한 방법으로 나무의사 등의 자격을 취득한 경우	자격 취소			
나. 동시에 두 개 이상의 나무병원에 취업한 경우	자격 정지 2년	자격 취소		
다. 법 제21조의5에 따른 결격사유에 해당하게 된 경우 ① 미성년자 ② 피성년후견인 또는 피한정후견인 ③ 「산림보호법」, 「농약관리법」 또는 「소나무재선충병 방제특별법」을 위반하여 징역의 실형을 선고받고 그 집행이 종료(집행이 종료된 것으로 보는 경우를 포함한다)되거나 집행이 면제된 날부터 2년이 지나지 아니한 사람	자격 취소			
라. 법 제21조의6제4항을 위반하여 나무의사 등의 자격증을 빌려준 경우	자격 정지 2년	자격 취소		
마. 나무의사 등의 자격정지기간에 수목진료를 행한 경우	자격 취소			
바. 고의로 수목진료를 사실과 다르게 행한 경우	자격 취소			
사. 과실로 수목진료를 사실과 다르게 행한 경우	자격 정지 2개월	자격 정지 6개월	자격 정지 12개월	자격 취소
아. 거짓이나 그 밖의 부정한 방법으로 법 제21조의12에 따른 처방전 등을 발급한 경우	자격 정지 2개월	자격 정지 6개월	자격 정지 12개월	자격 취소

2 나무병원 등록의 취소 또는 영업정지의 세부기준[별표 1의7] - 행정처분기준

① 일반기준

가. 위반행위의 횟수에 따른 행정처분기준은 최근 5년 동안 같은 위반행위로 행정처분을 받은 경우에 적용한다.

나. 가목에 따라 가중된 행정처분을 하는 경우 가중처분의 적용 차수는 그 위반행위 전 부과처분 차수(가목에 따른 기간 내에 행정처분이 둘 이상 있었던 경우에는 높은 차수를 말한다)의 다음 차수로 한다.

다. 위반행위가 둘 이상인 경우로서 그에 해당하는 각각의 처분기준이 다른 경우에는 그중 무거운 처분기준에 따르고, 둘 이상의 처분기준이 같은 영업정지인 경우에는 각 처분기준을 합산한 기간 동안 영업을 정지하되 1년을 초과할 수 없다.

② 개별기준

위반행위	행정처분기준			
	1차 위반	2차 위반	3차 위반	4차 이상 위반
가. 거짓이나 부정한 방법으로 등록을 한 경우	등록 취소			
나. 법 제21조의9제1항에 따른 나무병원 등록 기준에 미치지 못하게 된 경우	영업 정지 6개월	영업 정지 12개월	등록 취소	
다. 법 제21조의9제3항을 위반하여 변경등록을 하지 않은 경우 *변경등록은 해당사항이 변동되었을 때 한다. ① 나무병원의 명칭 ② 나무병원의 대표자 ③ 나무병원의 소재지 ④ 나무의사 등의 선임에 관한 사항	영업 정지 3개월	영업 정지 6개월	영업 정지 12개월	등록 취소
라. 법 제21조의9제3항을 위반하여 부정한 방법으로 변경등록을 한 경우	등록 취소			
마. 법 제21조의9제5항을 위반하여 다른 자에게 등록증을 빌려준 경우	영업 정지 12개월	등록 취소		
바. 법 제21조의14제1항에 따른 보고 또는 자료제출을 정당한 사유 없이 이행하지 않거나 조사·검사를 거부한 경우	영업 정지 1개월	영업 정지 3개월	영업 정지 6개월	영업 정지 12개월
사. 영업정지 기간에 수목진료 사업을 하거나 최근 5년간 3회 이상 영업정지 명령을 받은 경우	등록 취소			
아. 폐업한 경우	등록 취소			

3 과태료 부과기준(시행령 제36조, [별표4])

① 일반기준

가. 위반행위의 횟수에 따른 과태료 부과기준은 최근 1년간 같은 위반행위로 과태료 부과처분을 받은 경우에 적용한다.

나. 부과권자는 다음의 어느 하나에 해당하는 경우에는 제2호의 개별기준에 따른 과태료 금액의 2분의 1의 범위에서 그 금액을 가중할 수 있다.

a. 위반행위가 고의나 중대한 과실로 인한 것으로 인정되는 경우

b. 법 위반상태의 기간이 6개월 이상인 경우

c. 그 밖에 위반행위의 정도, 위반행위의 동기와 그 결과 등을 고려하여 과태료 금액을 가중할 필요가 있다고 인정되는 경우

다. 부과권자는 다음의 어느 하나에 해당하는 경우에는 제2호의 개별기준에 따른 과태료 금액의 2분의 1의 범위에서 그 금액을 감경할 수 있다. 다만, 과태료를 체납하고 있는 위반행위자의 경우에는 그러하지 아니하다.

- 위반행위가 사소한 부주의나 오류로 인한 것으로 인정되는 경우
- 법 위반상태를 시정하거나 해소하기 위한 위반행위자의 노력이 인정되는 경우
- 그 밖에 위반행위의 정도, 위반행위의 동기와 그 결과 등을 고려하여 과태료 금액을 감경할 필요가 있다고 인정되는 경우

② 개별기준

(단위: 만원)

위반행위	과태료 금액		
	1차 위반	2차 위반	3차 이상 위반
가. 신고하지 않고 숲가꾸기를 위한 벌채, 그 밖에 대통령령으로 정하는 입목·죽의 벌채, 임산물의 굴취·채취를 한 경우	100	300	500
나. 허가받지 않고 입산통제구역에 들어간 경우(차량 통행을 한 경우를 포함한다)	10	10	10
다. 산림에 오물이나 쓰레기를 버린 경우			
1) 사업장이나 가정 등에서 배출된 다량의 오물이나 쓰레기를 버린 경우	50	70	100
2) 그 밖의 오물이나 쓰레기를 버린 경우	10	15	20
라. 산림행정관서에서 설치한 표지를 임의대로 옮기거나 더럽히거나 망가뜨리는 행위를 한 경우	10	10	10
마. 나무의사가 진료부를 갖추어 두지 않거나, 진료한 사항을 기록하지 않거나 또는 거짓으로 기록한 경우	50	70	100
바. 나무의사가 수목을 직접 진료하지 않고 처방전 등을 발급한 경우	50	70	100
사. 나무의사가 정당한 사유 없이 처방전 등의 발급을 거부한 경우	50	70	100
아. 나무병원이 나무의사의 처방전 없이 농약을 사용하거나 처방전과 다르게 농약을 사용한 경우	150	300	500
자. 나무의사가 보수교육을 받지 않은 경우	50	70	100
차. 허가를 받지 않고 산림이나 산림인접지역에서 불을 피운 경우(허가를 받은 경우는 제외한다)	30	40	50
카. 허가를 받지 않고 산림이나 산림인접지역에 불을 가지고 들어간 경우(허가를 받은 경우는 제외한다)	10	20	30
타. 산림에서 담배를 피우거나 담배꽁초를 버린 경우	10	20	20
파. 산림이나 산림인접지역에서 농림축산식품부령으로 정하는 기간에 풍등 등 소형열기구를 날린 경우	10	20	30
하. 인접한 산림의 소유자·사용자 또는 관리자에게 알리지 않고 불을 놓은 경우	10	20	20
거. 화기, 인화 물질, 발화 물질을 지니고 산에 들어간 경우	10	20	20
너. 위험표지를 이전하거나 훼손한 경우	50	100	200

4 보호수를 지정하기 위해 공고해야 할 사항

시·도지사 또는 지방산림청장은 역사적·학술적 가치 등이 있는 노목, 거목, 희귀목 등 보호할 필요가 있는 나무를 보호수로 지정해야 한다.

① 지정 사유

② 지정 대상 나무의 소재지

③ 지정 대상 나무의 나무종류, 나무나이, 나무높이, 가슴높이지름, 수관폭(樹冠幅) 등

④ 지정에 관한 이의신청 기간

⑤ 그 밖에 농림축산식품부령으로 정하는 사항

> ✓ **보호수 심의위원회 심의사항**
>
> 시·도지사 또는 지방산림청장은 보호수의 지정·지정해제 및 이전 등에 관한 업무의 전문성을 제고하기 위하여 보호수 심의위원회를 둘 수 있다.
> - 보호수 지정에 관한 사항
> - 보호수 지정해제에 관한 사항
> - 보호수의 이전에 관한 사항
> - 그 밖에 시·도지사 또는 지방산림청장이 중요하다고 인정하는 사항

5 보호수 지정해제의 절차 및 방법

- 지정해제 예정 보호수의 관리번호
- 지정해제 예정 보호수의 수종
- 지정해제 예정 보호수의 소재지
- 지정해제 사유
- 지정해제에 관한 이의신청 기간

6 산림보호원의 임무

산림청장, 시·도지사, 시장·군수·구청장 또는 지방산림청장은 산림보호구역 및 산림정화구역의 훼손·오염 방지 등 산림보호를 위하여 필요하면 산림보호원을 둘 수 있다.

① 산림의 훼손·오염 방지 및 계도

② 산림식물의 보호

③ 산림병해충 예찰

④ 산불예방활동

⑤ 그 밖에 산림보호에 필요한 활동

7 부정행위자에 대한 조치

산림청장은 나무의사 자격시험에서 부정행위를 한 응시자에 대해서는 그 시험을 정지시키거나 무효로 하며, 그 시험 시행일부터 3년간 응시자격을 정지한다.

8 산림병해충의 방제

산림청장 또는 예찰·방제기관의 장이 산림병해충을 방제하려면 사업 시작 14일 전까지 다음 각 호의 사항을 공고하여야 한다. 다만, 긴급하게 방제할 필요가 있는 경우에는 우선 방제를 한 후에 공고할 수 있다.

① 방제 일시 및 대상 지역
② 방제대상 병해충의 종류
③ 방제의 방법과 내용
④ 그 밖에 방제와 관련하여 필요한 사항

　가. 방제작업 결과에 대한 점검과 조치에 필요한 세부 사항은 농림축산식품부령으로 정한다.
　나. 산림병해충의 방제방법에 관한 세부적인 사항은 산림청장이 따로 정한다.

2) 소나무재선충병 방제특별법

1 과태료 부과기준

위반행위	과태료 금액(단위:만원)		
	1차 위반	2차 위반	3차 이상 위반
가. 해당 산림의 연접 토지소유자가 재선충병 피해방제를 위한 산림소유자 등의 토지 출입에 응하지 않은 경우	30	50	100
나. 산림소유자가 국가 및 지방자치단체가 재선충병 방제를 위해 필요한 조치를 할 경우 협조하지 않은 경우	30	50	100
다. 산림소유자가 사전 전용 허가를 받지 않은 산지에 모두베기 방법에 의한 감염목 등의 벌채작업을 했으나 농림축산식품부령이 정하는 바에 따라 그 벌채지에 조림을 하지 않았을 경우	해당 조림 비용 전액		
라. 재선충병 확산을 막기 위해 소나무류를 취급하는 업체에 대하여 관련 자료를 요청했을 때 협조하지 않은 경우	50	100	150
마. 소나무류를 취급하는 업체가 소나무류의 생산·유통에 대한 자료를 작성·비치하지 않았을 경우	50	100	200
바. 반출금지구역에서 소나무를 이동하였을 경우, 감염목을 판매·이용한 경우, 감염목을 발견하였음에도 신고하지 않은 경우	100	150	200
사. 소나무류 운송 중 운송정지 명령에 응하지 않고 반출금지구역 내 반출행위를 위반하였는지 여부 확인을 거부하였을 경우	50	100	150

2 벌칙

① 1년 이하의 징역 또는 1천만원 이하의 벌금형

　가. 부실 설계·감리로 재선충병의 피해 확산 원인을 제공한 자

　나. 부실시공·사업으로 재선충병의 피해 확산 원인을 제공한 자

　다. 반출금지구역에서 소나무류를 이동한 자

② 500만원 이하의 벌금형

　가. 정당한 사유 없이 역학조사를 거부·방해 또는 회피한 자

　나. 방제조치 명령을 위반한 자

　다. 감염목 등을 판매·이용하거나 감염목 등을 보유·발견하고 신고하지 아니한 자

③ 200만원 이하의 벌금형

　반출금지구역이 아닌 지역에서 생산된 소나무류를 이동하고자 하는 자가 산림청장 또는 시장·군수·구청장으로부터 생산확인표를 발급받지 않았을 경우

3 재선충병 역학조사의 내용

① 재선충병의 감염시기·감염원인 및 감염경로

② 재선충병이 발생한 지역(이하 "발생지역"이라 한다) 주변의 피해현황

③ 감염목의 반출·이용 여부에 관한 사항

④ 그 밖에 재선충병의 예방 및 방제에 필요한 사항

> ✔ **역학조사반의 임무**
> - 역학조사 계획의 수립·실시 및 평가
> - 재선충병과 관련된 국내·외 자료의 수집 및 분석
> - 지역역학조사반의 활동에 대한 기술지도(중앙역학조사반에 한한다)
> - 그 밖에 역학조사와 관련된 조사·연구

4 반출금지구역 지정·해체

발생지역과 발생지역으로부터 반경 2킬로미터 이내의 범위에서 행정동·리 단위로 소나무류반출금지구역(이하 "반출금지구역"이라 한다)으로 지정하여야 한다.

5 감염목 전량 방제 후 추가적인 감염목 발생이 없을 시 반출금지구역 지정 해체기간

① 소나무림 및 해송림 지역 : 1년

② 잣나무림 지역 : 2년

6 반출금지구역에서 이동할 수 있는 소나무류

① 포지(圃地)나 분(盆)에서 생산된 경우
② 논·밭·과수원에서 생산된 경우
③ 건물 담장 안의 토지에서 생산된 경우
④ 주택지[주택지조성사업이 완료되어 지목이 대(垈)로 변경된 토지를 말한다]에서 생산된 경우

3) 농약관리법

1 농약관리법에서 규정하고 있는 농약

- 살균제, 살충제, 제초제
- 농작물의 생리기능을 증진하거나 억제하는데 사용하는 약제 : 생장조정제 등
- 농림축산식품부령으로 정하는 약제 : 기피제, 유인제, 전착제

✓ 천연식물보호제도 농약에 속한다.
  - 진균, 세균, 바이러스 또는 원생동물 등 살아있는 미생물을 유효성분으로 하여 제조한 농약
  - 자연계에서 생성된 유기화합물 또는 무기화합물을 유효성분으로 하여 제조한 농약
    즉 천적, 페로몬, 곤충병원성 미생물(BT균, 백강균, 녹강균 등)도 농약에 속한다.

> **나무쌤 잡학사전**
>
> 토양 잔류성 농약
> 토양 중 농약 등의 반감기간이 '180일' 이상인 농약 등으로써 사용결과 농약 등을 사용하는 토양에 그 성분이 잔류되어 후작물에 잔류 되는 농약

2 과태료 부과기준

위반행위	과태료 금액금액(만원)		
	1차	2차	3차 이상
가. 농림축산식품부장관에게 신고를 하지 않고 수출입식물방제업등을 한 경우	300	400	500
나. 수출입식물방제업등의 변경신고를 하지 않고 신고한 사항을 변경한 경우	300	400	500
다. 제조업자 등 수출입식물방제업자의 지위를 승계한 자가 1개월 이내에 지위승계의 신고를 하지 않은 경우	50	75	100
라. 제조업자 등 수출입식물방제업자가 폐업의 신고를 하지 않은 경우	50	75	100

마. 폐업의 신고를 하려는 자가 농약 등 또는 원제의 폐기·반품 등의 적절한 조치를 취하지 않은 경우	50	75	100
바. 농약 등의 가격을 표시하지 않거나 거짓으로 표시하여 판매하는 경우	50	75	100
사. 방제업자 외의 농약 등의 사용자가 안전사용기준을 위반하여 농약 등을 사용한 경우	50	75	100
아. 판매관리인을 지정한 제조업자·수입업자 또는 판매업자가 판매관리인으로 하여금 안전사용기준과 취급제한기준에 대한 교육을 받게 하지 않은 경우	50	75	100
자. 안전사용기준과 다르게 농약 등을 사용하도록 추천하거나 추천하여 판매한 경우	300	400	500
차. 등록되지 아니한 농약, 허가를 받지 아니한 농약 등을 사용한 경우	300	400	500
카. 제조업자·수입업자·판매업자 또는 수출입식물방제업자가 ① 농약 구매자 ② 농약 등의 품목명·수량 등 판매정보 ③ 그 밖에 농림축산식품부령으로 정하는 사항의 정보를 기록하여 보존하지 않은 경우	40	60	80
타. 제조업자·수입업자·판매업자 또는 수출입식물방제업자가 농촌진흥청장가 정하는 사항의 정보를 제공하지 않거나 거짓이나 그 밖의 부정한 방법으로 정보를 제공한 경우	40	60	80
하. 사건과 관계있는 문서 또는 물건의 열람·복사·제출요구를 위반하여 문서 또는 물건을 제출하지 않은 경우 또는 거짓 문서·물건을 제출한 경우	50	75	100

3 벌칙

① 10년 이하의 징역 또는 1억원 이하의 벌금형

등록하지 아니하고 농약 등을 제조·수입·판매하여 사람을 사상에 이르게 한 자

② 3년 이하의 징역 또는 3천만원 이하의 벌금형(1)

가. 등록하지 아니하고 농약 등을 제조·수입·판매하여 사람에게 위해를 가한 자

나. 아래와 같은 행위를 하여 사람에게 위해를 가한 자

  a. 등록하지 아니한 농약 등 또는 원제를 제조·수입하거나 판매한 경우

  b. 농약 등 원제의 표시를 하지 아니하거나 거짓으로 표시한 경우

  c. 판매되어서는 안 되는 농약 등 또는 원제를 제조·생산·수입·보관·진열 또는 판매한 경우

  d. 허위광고 또는 과대광고를 하거나 같은 조에 따른 광고방법에 따르지 아니하고 광고를 한 경우

e. 검사나 시료(試料) 또는 시험용 제품의 수거(收去)를 거부·방해 또는 기피한 경우

f. 농약 등 또는 원제의 수거 또는 폐기의 명령을 위반한 경우

g. 시설 등의 보완명령을 위반하거나 농약 등 관리에 관한 사항에 대해 보고를 하지 아니하거나 거짓으로 보고한 경우

h. 농약 등의 취급제한기준을 위반하여 농약 등을 취급한 경우

i. 농약의 안전사용기준 또는 취급제한기준을 위반하여 농약 등을 사용하거나 취급한 경우

③ 3년 이하의 징역 또는 3천만원 이하의 벌금형(2)

가. 제조업 등의 등록을 하지 아니하고 농약 등 또는 원제의 제조·수입·판매를 업으로 한 자

나. 영업정지명령을 받고도 영업을 한 자

다. 거짓이나 그 밖의 부정한 방법으로 등록하거나 신고를 한 자

라. 처분을 위반하여 품목을 제조·수출입 또는 공급하거나 회수·폐기명령을 이행하지 아니한 자

마. 금지·제한 또는 준수사항을 위반하여 농약이나 원제를 수출입한 자

바. 거짓이나 그 밖의 부정한 방법으로 시험연구기관의 지정을 받은 자

사. 농약 등 또는 원제의 표시를 하지 아니하거나 거짓으로 표시한 자

아. 농약 등 또는 원제를 제조·생산·수입·보관·진열 또는 판매한 자

자. 거짓이나 그 밖의 부정한 방법으로 개인정보를 요구한 제조업자·수입업자·판매업자 또는 수출입식물방제업자

차. 농약 등 또는 원제 등의 수거 또는 폐기의 명령을 위반한 자

카. 제출 자료를 외부에 공개한 사람

④ 1년 이하의 징역 또는 1천만원 이하의 벌금형

가. 등록한 사항 변경 시 제조업 등의 변경등록을 하지 아니하고 등록한 사항을 변경한 자

나. 고의 또는 중대한 과실로 아래의 서류를 사실과 다르게 발급한 자

  a. 시험성적서

  b. 원제의 이화학적 분석 및 독성 시험성적을 적은 서류

  c. 농약활용기자재의 이화학적 분석 등을 기재한 서류

다. 통신판매 또는 전화권유판매의 방법으로 농약 등 또는 원제를 판매한 자

라. 청소년에게 농약 등 또는 원제를 판매한 자

마. 허위광고나 과대광고를 한 자

바. 검사나 시료 또는 시험용 제품의 수거를 거부·방해 또는 기피한 자

사. 자체검사 없이 농약 등을 출하한 제조업자·수입업자와 거짓으로 자체검사성적서를 작성한 검사책임자

⑤ 300만원 이하의 벌금형

제조업자·수입업자 또는 판매업자가 취급제한기준에 어긋나게 농약 등을 취급한 경우

⑥ 200만원 이하의 벌금형

　가. 품목등록제조업자는 품목의 등록사항 중 농림축산식품부령으로 정하는 사항을 변경하였을 때 그 사항을 변경한 날부터 30일 이내에 농촌진흥청장에게 신고하지 않거나 거짓으로 신고했을 경우

　나. 농약 등의 안전사용기준 또는 취급제한기준을 위반하여 농약 등을 사용하거나 취급한 방제업자

　다. 시설 등의 보완명령을 위반하거나 농약 등 또는 원제의 관리에 관한 사항에 대해 보고를 하지 아니하거나 거짓으로 보고한 자

4 농약 등의 안전사용기준

① 적용대상 농작물에만 사용할 것
② 적용대상 병해충에만 사용할 것
③ 적용대상 농작물과 병해충별로 정해진 사용방법, 사용량을 지켜 사용할 것
④ 적용대상 농작물에 대하여 사용시기 및 사용가능횟수가 정해진 농약 등은 그 사용시기 및 사용가능횟수를 지켜 사용할 것
⑤ 사용대상자가 정해진 농약 등은 사용대상자 외의 사람이 사용하지 말 것
⑥ 사용지역이 제한되는 농약 등은 사용 제한지역에서 사용하지 말 것

5 농약 등의 취급제한기준

① 농약 등은 식료품·사료·의약품 또는 인화물질과 함께 수송하거나 과적하여 수송하지 말 것
② 공급대상자가 정하여진 농약 등은 공급대상자 외의 자에게 공급하지 말 것
③ 고독성농약은 안전장치를 갖춘 시설에 저장·보관할 것
④ 그 밖에 독성의 정도에 따라 취급이 제한되는 농약 등은 그 취급기준에 따라 제한사항을 준수할 것

6 농약 등 원제의 표시사항 및 가격 표시방법

① 품목등록번호 또는 제품등록번호
② 농약 등 또는 원제의 명칭 및 제제형태
③ 유효성분의 일반명 및 함유량과 기타성분의 함유량
④ 포장단위
⑤ 농작물별 적용병해충(제초제·생장조정제나 약효를 증진하는 자재의 경우에는 적용대상 토지의 지목이나 해당 용도를 말한다) 및 사용량
⑥ 사용방법과 사용에 적합한 시기
⑦ 안전사용기준 및 취급제한기준(그 기준이 설정된 농약에 한한다)

⑧ 다음 각 목의 어느 하나에 해당하는 표시사항

    가. 맹독성·고독성·작물잔류성·토양잔류성·수질오염성 및 어독성 농약 등의 경우에는 그 문자와 경고 또는 주의사항

    나. 사람 및 가축에 위해한 농약 등 또는 원제의 경우에는 그 요지 및 해독방법

    다. 수서생물에 위해한 농약 등 또는 원제의 경우에는 그 요지

    라. 인화 또는 폭발 등의 위험성이 있는 농약 등 또는 원제의 경우에는 그 요지 및 특별취급방법

⑨ 저장·보관 및 사용상의 주의사항

⑩ 상호 및 소재지(수입하는 농약 등 또는 원제의 경우에는 수입업자의 상호 및 소재지와 제조국가 및 제조자의 상호를 말한다)

⑪ 농약 등 또는 원제 제조 시 제품의 균일성이 인정되도록 구성한 모집단의 일련번호

⑫ 약효보증기간

⑬ 법 위반에 따른 과태료 적용 등 주의사항

3. 산림병해충 예찰 · 방제계획

아래의 내용은 23.12월에 책을 집필하였기때문에 2023년 산림병해충 예찰·방제 계획을 기준으로 작성하였습니다.

1) 소나무재선충 미감염확인증 발급 대상 수종이 아닌 수종

✓ 아래의 수종을 제외하고 나머지는 모두 미감염확인증 발급대상임

① Pinus속 : P. rigida(리기다소나무), P. bungeana(백송), P. taeda L.(테다소나무), P. strobus(스트로브잣나무)

② Abies속 : A. holophylla Maxim(전나무)

③ Larix속 : L. leptolepsis(낙엽송)

2) 주요 산림병해충 기본방향

1 기본방향

① 소나무재선충병
 - 드론 예찰을 통한 예찰체계 강화로 사각지대 방제 및 누락 방지
 - 소나무재선충 유전자 진단키트를 활용하여 신속한 예방 및 방제
 - 큐알코드 활용 설계 · 시공 · 감리 현황 실시간 공유로 방제 투명성 확보
 - 우화기 이전 재선충 감염목과 감염우려목 등 방제대상목 전량 방제
 - 확산 방지를 위한 재선충병 예방사업 및 감염목·감염우려목의 산업적 이용 활성화
 - 재선충병 인위적 확산 방지 및 방제인력의 전문성 향상

② 솔잎혹파리
 - 특별관리체계 확립을 통해 발생지에 대한 책임방제 및 관리 강화
 - 소나무재선충병 발생 유무에 따른 솔잎혹파리 방제방법 차별화
 - 피해도 "중" 이상 지역, 중점관리지역, 주요지역 등 임업적 방제 후 적기 나무주사 시행
 - 주 피해지인 강원·경북은 적기 집중방제를 통해 밀도 경감 및 확산 방지
 - 솔잎혹파리 천적(기생봉)을 이용한 친환경 방제 추진

③ 솔껍질깍지벌레
 - 권역별 특별관리체계를 확립하여 피해 유형별 방제전략 마련
   1) 피해 병징이 뚜렷한 4 ~ 5월 중 전국 실태조사 실시
   2) 남·서해안 선단지 중심으로 피해확산 방지를 위한 예찰·방제 집중 추진
 - 소나무재선충병 발생 유무에 따른 솔껍질깍지벌레 방제방법 차별화
 - 해안가 우량 곰솔림에 대한 종합방제사업 지속 발굴·추진
 - 피해도 "중" 이상 지역 및 우량 곰솔림 등 주요지역은 임업적방제 후 나무주사 실시

④ 참나무시들음병
- 관광지, 주요 선단지, 중점관리지역 등을 중심으로 피해우려지 집중 관리
- 매개충의 생활사 및 현지 여건을 고려한 복합방제로 피해 확산 저지
- 친환경 예방·방제 추진으로 경관 및 건강한 자연생태계 유지
- 드론 정밀예찰 및 공동방제를 통해 방제효과 제고

⑤ 외래·돌발 산림병해충 적기대응
- 예찰조사를 강화하여 조기발견·적기방제 등 협력체계 정착으로 피해 최소화
- 대발생이 우려되는 외래·돌발해충 사전 적극 대응을 통한 국민생활 안전 확보
- 돌발해충 대발생 시 각 산림관리 주체별로 예찰·방제를 실시하고, 광범위한 복합피해지는 부처협력을 통한 공동 방제로 국민생활 불편 해소 및 국민 삶의 질 향상에 최선
- 농림지 동시발생병해충, 과수화상병, 아시아매미나방(AGM), 붉은불개미 등 부처 협력을 통한 공동 예찰·방제
- 밤나무 해충 및 돌발해충 방제를 위한 항공방제 지원

3) 주요 산림병해충 세부추진계획

1 소나무재선충병

- 예찰·진단 강화 및 피해 예측 향상
- 방제전략 수립 및 협업방제 강화
- 소나무재선충 감염목 전량 방제
- 소나무재선충병 방제 사업장 품질 제고
- 소나무재선충 예방사업
- 소나무재선충 감염목·감염우려목의 산업적 이용 활성화
- 소나무재선충 인위적 확산 방지
- 방제인력의 전문성 강화

2 솔잎혹파리

- 솔잎혹파리 피해 발생지에 대한 리·동별 이력관리 강화
- 솔잎혹파리 피해지 중 소나무재선충병 피해 혼생지역은 재선충병 방제방법에 따라 처리하고, 재선충 미발생지역은 임업적 방제
- 지역별 적기 나무주사 실행으로 방제효과 제고 및 안전관리 강화
- 솔잎혹파리 천적을 활용한 친환경 방제

3 솔껍질깍지벌레

- 리·동별 발생조서를 활용하여 방제계획 수립 및 피해지 모니터링
- 솔껍질깍지벌레 피해지 중 소나무재선충병 피해 혼생지역은 재선충병 방제방법에 따라 처리하고, 재선충 미발생지역은 임업적 방제 추진
- 해안가 경관보전 및 재해예방을 위한 방제사업 지속 추진
- 나무주사는 가급적 사전에 임업적 방제를 실행한 후 적기 방제 실행하여 방제 효율성 제고

4 참나무시들음병

- 중점관리지역을 설정하여 지역별 방제전략 수립
- 매개충의 생활사 및 현지 여건에 맞는 복합방제 실행
- 친환경방제 추진으로 경관 및 자연생태계 유지
- 드론 정밀예찰 및 공동방제를 통해 수도권 피해극심지 집중방제

5 외래·돌발 산림병해충 적기대응

- 외래·돌발·혐오 병해충의 신속한 발견·방제로 피해확산 조기 차단
- 국민불편 해소를 위한 도시·생활권 돌발병해충 집중 관리
- 농림지 동시발생병해충 공동 협력방제 강화로 피해 최소화
- 붉은불개미, 아시아매미나방 등 예찰·방제 적극 협력
- 과수화상병 발생지 주변 적기 방제로 농산촌 피해 최소화
- 산림병해충 방제를 위해 현안사항 지속 해소

4) 「산림병해충 방제규정」

1 용어의 정의

① "소나무류"란 소나무, 해송, 잣나무, 섬잣나무와 그밖에 산림청장이 재선충병에 감염되는 것으로 인정하여 고시하는 수종을 말한다.
② "반출금지구역"이란 재선충병 발생지역과 발생지역으로부터 2km 이내에 포함되는 행정 동·리의 전체구역을 말한다.
③ "감염목"이란 재선충병에 감염된 소나무류를 말한다.
④ "감염우려목"이란 반출금지구역의 소나무류 중 재선충병 감염 여부 확인을 받지 아니한 소나무류를 말한다.
⑤ "감염의심목"이란 재선충병에 감염된 것으로 의심되어 진단이 필요한 소나무류를 말한다.
⑥ "피해고사목"이란 반출금지구역에서 재선충병에 감염되거나 감염된 것으로 의심되어 고사되거나 고사가 진행 중인 소나무류를 말한다.

⑦ "기타고사목"이란 반출금지구역에서 재선충병이 아닌 다른 원인에 의해 고사되거나 고사가 진행 중인 소나무류로서 매개충의 서식이나 산란으로 성충으로 우화할 우려가 있어 방제대상이 되는 소나무류를 말한다.

⑧ "비병징목"이란 반출금지구역에서 잎의 변색이나 시들음, 고사 등 병징이 나타나지 않은 외관상 건전한 소나무류를 말한다.

⑨ "비병징감염목"이란 재선충병에 감염되었으나 잎의 변색이나 시들음, 고사 등 병징이 감염당년도에 나타나지 않고 이듬해부터 나타나는 소나무류를 말한다.

⑩ "피해고사목등"이란 반출금지구역에서 재선충병 방제를 위해 벌채대상이 되는 피해고사목, 기타고사목 및 비병징목(비병징감염목을 포함한다. 이하 같다)을 말한다.

⑪ "선단지"란 재선충병 발생지역과 그 외곽의 확산우려지역을 말하며, 감염목의 분포에 따라 점형선단지, 선형선단지 및 광역선단지로 구분한다.

　가. "점형선단지"란 감염목으로부터 반경 2km 이내에 다른 감염목이 없을 때 해당 감염목으로부터 반경 2km 이내의 지역을 말한다.

　나. "선형선단지"란 발생지역 외곽 재선충병이 확산되는 방향의 끝지점에 있는 감염목들을 연결한 선(이하 "선단지선"이라 한다. 이 경우 연결할 수 있는 감염목간의 거리는 2km 이내로 한다)으로부터 양쪽 2km 이내의 지역을 말한다.

　다. "광역선단지"란 2개 이상의 시·군 또는 자치구(이하 "시·군·구"라 한다) 또는 시·도(특별시·광역시·특별자치시·도 및 특별자치도를 말한다, 이하 같다)에 걸쳐 재선충병이 발생한 경우 해당 시·군·구 또는 시·도의 감염목들을 선으로 연결하여 구획한 선형선단지를 말한다.

2 예방사업 - 나무주사

① 예방 및 합제 나무주사 대상지 우선순위
- 선단지 및 재선충병 확산이 우려되는 지역
- 발생지역 중 잔존 소나무류에 대한 예방조치가 필요한 지역. 다만, 송이, 식용 잣 채취지역 등 약제 피해가 우려되는 지역은 제외
- [별표 25]에 따른 소나무류 보존가치가 큰 지역
- (다)의 지역은 [별표 25]에 따른 나무주사 우선순위 및 피해지역으로부터의 거리를 기준으로 기관별 여건에 따라 시행

② 매개충 나무주사 대상지 우선순위
- 선단지 및 재선충병 확산이 우려되는 지역, 다만, 송이, 식용 잣 채취지역 등 약제 피해가 우려되는 지역은 제외
- 발생지역 중 피해 외곽지역 단본 형태로 감염목이 발생하는 지역

③ 대상목 선정

- 예방 및 합제 나무주사 우선순위 이외 지역의 소나무류에 대하여는 피해고사목 주변 20m 내외 안쪽에 한해 예방나무주사 실시
- 재선충병에 감염되지 않은 우량한 소나무류를 선정하고, 형질이 불량하거나 쇠약한 나무, 가슴높이 지름이 10cm 미만인 나무 등은 제외
- 전수조사 방법으로 조사하되, 나무주사 구역이 넓은 경우 등은 표준지조사를 실시하고 필요한 경우 대상목 선목 실시
- 단목벌채, 소구역모두베기, 모두베기 등의 방제 효과를 높이기 위하여 잔존 소나무에 대하여는 벌채방법에 따른 나무주사를 시행

3 산림병해충별 발생밀도(피해도) 조사요령 - [별표 4]

병해충명	구분방법	발생밀도(피해도) 구분		
		심	중	경
솔잎혹파리	충영형성율에 의한 구분	50% 이상	20~50% 미만	20% 미만
솔껍질깍지벌레	외견적 피해율에 의한 구분	30% 이상	10~30% 미만	10% 미만
솔나방	유충의 서식수에 의한 구분	<춘기> 1가지당 1마리 이상	2가지당 1마리	2가지당 1마리 미만
		<추기> 1가지당 2마리 이상	1가지당 1마리	1가지당 1마리 미만
미국흰불나방	유충의군서개소(충소수)에 의한 구분	1나무당 5개 이상	1나무당 2~4개	1나무당 1개 이하
오리나무잎벌레	난괴밀도에 의한 구분	100엽당 5.2개 이상	100엽당 2.1~5.1개	100엽당 2.0개 이하
잣나무넓적잎벌	토중 유충수에 의한 구분	m^2당 150마리 이상	m^2당 91~149마리	m^2당 31~90마리
솔알락명나방	피해구과 비율에 의한 구분	50% 이상	20~50% 미만	20% 미만
버즘나무방패벌레	수관부의 피해면적에 의한 구분	50% 이상	20~50% 미만	20% 미만
복숭아명나방	피해밤송이 비율에 의한 구분	50% 이상	20~50% 미만	20% 미만
꽃매미	약·성충수에 의한 구분	30마리 이상	10~30마리 미만	10마리 미만
갈색날개 매미충	약·성충수에 의한 구분	30마리 이상	10~30마리 미만	10마리 미만
미국선녀벌레	약·성충수에 의한 구분	30마리 이상	10~30마리 미만	10마리 미만

참나무시들음병	피해본수 및 천공수에 의한 구분	50% 이상	20~50% 미만	20% 미만
푸사리움가지마름병	피해본수에 의한 구분	50% 이상	20~50% 미만	20% 미만
피목가지마름병	피해본수 및 피해가지수에 의한 구분	50% 이상	20~50% 미만	20% 미만
벚나무빗자루병	피해본수 및 피해가지수에 의한 구분	50% 이상	20~50% 미만	20% 미만
아밀라리아뿌리썩음병	피해본수에 의한 구분	50% 이상	20~50% 미만	20% 미만
리지나뿌리썩음병	피해본수에 의한 구분	50% 이상	20~50% 미만	20% 미만
이팝나무녹병	피해본수에 의한 구분	50% 이상	20~50% 미만	20% 미만
호두나무갈색썩음병	피해본수 및 피해잎수에 의한 구분	50% 이상	20~50% 미만	20% 미만

4 방제용 약종의 선정기준

- 예방 및 살충·살균 등 방제효과가 뛰어날 것
- 입목에 대한 약해가 적을 것
- 사람 또는 동물 등에 독성이 적을 것
- 경제성이 높을 것
- 사용이 간편할 것
- 대량구입이 가능할 것
- 항공방제의 경우 전착제가 포함되지 않을 것

단원별 마무리 핵심문제

★문제 해설에 관련된 내용이 있는 교재페이지를 기재해 두었습니다. 해설만 보기보다는 교재페이지를 오고가며 다시한번 복습하시는 것을 추천드립니다.★

001

우리나라는 24년도를 기준으로 현재 몇 차 산림기본계획을 진행 중인가?

① 제3차 산림기본계획
② 제4차 산림기본계획
③ 제5차 산림기본계획
④ 제6차 산림기본계획
⑤ 제7차 산림기본계획

해 현재는 2018년부터 시행된 제6차 산림기본계획(2018~2037년)을 실시 중이다.
교재 495p
답 ④

002

아래에서 설명하는 산림정책은?

> 새로운 평화의 시대를 맞아 북한의 산에 나무를 심고, 남한의 숲을 국민의 쉼터로 만들기 위한 숲 속의 한반도 만들기 (　　　) 국민캠페인

① 새남새북
② 새산새림
③ 새산새숲
④ 새북새남
⑤ 새쉼새숲

해 위에서 설명하는 정책은 '새산새숲'이다.
교재 499p
답 ③

003

다음 중 K - 포레스트 추진계획의 4대 뉴노멀 전략이 아닌 것은?

① 디지털·비대면 기술의 산림분야 도입
② 병해충 방제를 위한 연구분야 개발
③ 저성장 시대, 산림산업 활력 촉진
④ 임업인의 소득안전망 구축
⑤ 기후 위기 시대의 지속 가능한 산림관리

해 4대 뉴노멀 전략과 16대 중점과제
　1대 - 디지털·비대면 기술의 산림분야 도입
　2대 - 저성장 시대, 산림산업 활력 촉진
　3대 - 임업인의 소득안전망 구축
　4대 - 기후 위기 시대의 지속 가능한 산림관리
교재 500p
답 ②

004

다음 중 산림보호법에 따른 1차 위반으로 자격이 취소되는 행위가 아닌 것은?

① 거짓이나 부정한 방법으로 나무의사 등의 자격을 취득한 경우
② 결격사유에 해당하게 된 경우
③ 나무의사 등의 자격정지기간에 수목진료를 행한 경우
④ 고의로 수목진료를 사실과 다르게 행한 경우
⑤ 동시에 두 개 이상의 나무병원에 취업한 경우

해 동시에 두 개 이상의 나무병원체 취업한 경우 1차 위반은 자격정지 2년, 2차 위반은 자격취소의 처분을 받게 된다.
교재 502p
답 ⑤

기출문제 [7회]

Q. 「산림보호법 시행령」 제36조 과태료 부과기준에 관한 설명으로 옳지 <u>않은</u> 것은?

① 나무의사가 보수교육을 받지 않은 경우 1차 위반 시 과태료 금액은 50만원이다.
② 법 위반상태의 기간이 12개월 이상인 경우 과태료 금액의 1/2 범위에서 그 금액을 가중할 수 있다.
③ 위반행위가 고의나 중대한 과실에 의한 것으로 인정되는 경우 과태료 금액의 1/2 범위에서 그 금액을 가중할 수 있다.
④ 위반행위가 사소한 부주의나 오류에 의한 것으로 인정될 경우 과태료 금액의 1/2 범위에서 그 금액을 감경할 수 있다.
⑤ 나무의사가 정당한 사유 없이 처방전 등의 발급을 거부한 경우 2차 위반 시 과태료 금액은 70만 원이다.

해 산림보호법 시행령 제36조 과태료 부과기준 일반기준에 따르면 '법 위반상태의 기간이 6개월 이상인 경우' 금액을 1/2 범위에서 가중할 수 있다.

[교재 503, 504p]

답 ②

005

다음 중 아래와 같은 위반행위가 2차 위반되었을 때의 과태료는?

| 나무의사가 보수교육을 받지 않은 경우 |

① 10만원
② 30만원
③ 50만원
④ 70만원
⑤ 100만원

해 나무의사가 보수교육을 받지 않은 경우 1차 위반은 50만원 2차 위반은 70만원 3차 위반은 100만원의 과태료를 부과받는다.

교재 504p

답 ④

006

다음 중 산림보호법에 따른 산림보호원의 임무가 아닌 것은?

① 산림의 훼손·오염 방지 및 계도
② 산림식물의 보호
③ 산림병해충 예찰
④ 산림정책에 대한 홍보
⑤ 그 밖에 산림보호에 필요한 활동

해 산림보호원의 임무
가) 산림의 훼손·오염 방지 및 계도
나) 산림식물의 보호
다) 산림병해충 예찰
라) 산불예방활동
마) 그 밖에 산림보호에 필요한 활동

교재 505p

답 ④

007

소나무재선충병 방제특별법에 따른 위반 횟수와 과태료 액수를 연결한 것으로 옳지 않은 것은?

① 소나무류를 취급하는 업체가 소나무류의 생산·유통에 대한 자료를 작성·비치하지 않았을 경우 - 2차 위반 - 100만원
② 해당 산림의 연접 토지소유자가 재선충병 피해 방제를 위한 산림소유자 등의 토지 출입에 응하지 않은 경우 - 3차 이상 위반 - 100만원
③ 산림소유자가 사전 전용 허가를 받지 않은 산지에 모두베기 방법에 의한 감염목 등의 벌채작업을 했으나 농림축산식품부령이 정하는 바에 따라 그 벌채지에 조림을 하지 않았을 경우 - 1차 위반 - 해당 조림 비용 전액
④ 반출금지구역에서 소나무를 이동하였을 경우, 감염목을 판매·이용한 경우, 감염목을 발견하였음에도 신고하지 않은 경우 - 1차 위반 - 200만원
⑤ 소나무류 운송 중 운송정지 명령에 응하지 않고 반출금지구역 내 반출행위를 위반하였는지 여부 확인을 거부하였을 경우 - 3차 이상 위반 - 150만원

해 반출금지구역에서 소나무를 이동하였을 경우, 감염목을 판매·이용한 경우, 감염목을 발견하였음에도 신고하지 않은 경우 1차 위반 시 100만원의 과태료가 부과된다(2차 : 150만원, 3차 : 200만원). **교재 506, 507p**

답 ④

기출문제[9회]

Q. 「소나무재선충병 방제특별법 시행령」상 반출금지구역에서 소나무를 이동하였을 때 위반 차수별 과태료 금액이 옳은 것은?
(단위 : 만 원)

① 30,   50,   150
② 50,   100, 150
③ 50,   100, 200
④ 100, 150, 200
⑤ 100, 150, 300

해 소나무재선충병 방제특별법 시행령의 과태료 부과기준에 따르면 반출금지구역에서 소나무를 이동하였을 때 1차 : 100만원, 2차 : 150만원, 3차 이상 : 200을 부과한다. **교재 506, 507p**

답 ④

008

소나무재선충병 방제특별법 중 500만원 이하의 벌금형인 위반행위는?

① 정당한 사유 없이 역학 조사를 거부·방해 또는 회피한 자
② 부실 시공·사업으로 재선충병의 피해 확산 원인을 제공한 자
③ 반출금지구역에서 소나무류를 이동한 자
④ 부실 설계·감리로 재선충병의 피해 확산 원인을 제공한 자
⑤ 반출금지구역이 아닌 지역에서 생산된 소나무류를 이동하고자 하는 자가 산림청장 또는 시장·군수·구청장으로부터 생산확인표를 발급받지 않았을 경우

해 ②, ③, ④ - 1년 이하의 징역 또는 1천만원 이하의 벌금형
⑤ - 200만원 이하의 벌금형 **교재 507p**

답 ①

009

다음 중 농약관리법에 의거 3년 이하의 징역 또는 3천만원 이하의 벌금형에 속하는 경우가 아닌 것은?

① 등록하지 아니한 농약 등 또는 원제를 제조·수입하거나 판매한 경우
② 농약 등 원제의 표시를 하지 아니하거나 거짓으로 표시한 경우
③ 등록하지 아니하고 농약 등을 제·수입·판매하여 사람을 사상에 이르게 한 자
④ 농약 등 또는 원제의 수거 또는 폐기의 명령을 위반한 경우
⑤ 농약 등의 취급제한기준을 위반하여 농약 등을 취급한 경우

해 등록하지 아니하고 농약 등을 제·수입·판매하여 사람을 사상에 이르게 한 자는 농약관리법에 의거 10년 이하의 징역 또는 1억원 이하의 벌금형에 처하며, 나머지 ①, ②, ④, ⑤의 내용은 모두 3년 이하의 징역 또는 3천만원 이하의 벌금형에 속하는 경우이다.

교재 510p
답 ③

010

다음 중 농약관리법에 의거 농약 등의 안전사용기준에 속하지 않는 것은?

① 적용대상 농작물에만 사용할 것
② 적용대상 병해충에만 사용할 것
③ 사용대상자가 정해진 농약 등은 사용대상자 외의 사람이 사용하지 말 것
④ 사용지역이 제한되는 농약 등은 사용제한지역에서 사용하지 말 것
⑤ 축사 주변에서는 정해진 사용량을 지켜 사용할 것

해 농약 등의 안전사용기준
가) 적용대상 농작물에만 사용할 것
나) 적용대상 병해충에만 사용할 것
다) 적용대상 농작물과 병해충별로 정해진 사용방법, 사용량을 지켜 사용할 것
라) 적용대상 농작물에 대하여 사용시기 및 사용가능 횟수가 정해진 농약 등은 그 사용시기 및 사용가능 횟수를 지켜 사용할 것
마) 사용대상자가 정해진 농약 등은 사용대상자 외의 사람이 사용하지 말 것
바) 사용지역이 제한되는 농약 등은 사용제한지역에서 사용하지 말 것

교재 511p
답 ⑤

기출문제[9회]

Q. 「농약관리법 시행규칙」상 잔류성에 의한 농약등의 구분에 의하면 "토양잔류성 농약등은 토양 중 농약등의 반감기간이 (   )일 이상인 농약 등으로써 사용결과 농약등을 사용하는 토양(경기를 말한다)에 그 성분이 잔류되어 후작물에 잔류 되는 농약등" 이라고 정의하고 있다. (   ) 안에 들어갈 일수는?

① 60
② 90
③ 120
④ 180
⑤ 365

해
토양잔류성 농약은 반감기간이 '180일' 이상인 농약을 말한다.

답 ④

참고문헌(기본서 목록)

- 수목생리학 : 서울대학교출판문화원 수목생리학(이경준)
- 수목해충학 : 향문사 수목해충학(홍기정, 김철응 외 5명)
- 수목병리학 : 향문사 신고 수목병리학(이종규 외)
- 산림토양학 : 향문사 토양학(김계훈 외)
- 수목관리학
  - 서울대학교출판문화원 수목의학(이경준)
  - 향문사 삼고 산림보호학(김종국, 고상현 외 3명)
  - 「산림보호법」, 「농약관리법」, 「소나무재선충병 방제특별법」
  - 농약, 원제 및 농약활용기자재의 표시기준 [별표8] 작용기작 부분

  ※ 90%이상이 위의 기본서에서 출제가 되며, 이 교재도 위의 교재들을 참고하여 작성되었음을 알려드립니다.

저를 응원해 주시는 모든 분들께 감사 인사 전합니다!

2025 유튜버 나무쌤 나무의사 필기
핵심 이론서 + 단원별 마무리 문제

발행일 2024년 9월 10일
발행인 조순자
발행처 인성재단(종이향기)
편저자 나무쌤 김희성
편집·표지디자인 홍현애
표지 일러스트 김수지

※ 낙장이나 파본은 교환해 드립니다.
※ 이 책의 무단 전제 또는 복제행위는 저작권법 제136조에 의거하여 처벌을 받게 됩니다.

정 가 38,000원　　**ISBN** 979-11-93686-64-5